Konzepte und Studien zur Hochschuldidaktik und Lehrerbildung Mathematik

Die Lehre im Fach Mathematik auf allen Stufen der Bildungskette hat eine Schlüsselrolle für die Förderung von Interesse und Leistungsfähigkeit im Bereich Mathematik-Naturwissenschaft-Technik. Hierauf bezogene fachdidaktische Forschungs- und Entwicklungsarbeit liefert dazu theoretische und empirische Grundlagen sowie gute Praxisbeispiele.
Die Reihe "Konzepte und Studien zur Hochschuldidaktik und Lehrerbildung Mathematik" dokumentiert wissenschaftliche Studien sowie theoretisch fundierte und praktisch erprobte innovative Ansätze für die Lehre in mathematikhaltigen Studiengängen und allen Phasen der Lehramtsausbildung im Fach Mathematik.

Isabell Bausch · Rolf Biehler · Regina Bruder ·
Pascal R. Fischer · Reinhard Hochmuth ·
Wolfram Koepf · Stephan Schreiber ·
Thomas Wassong
Herausgeber

Mathematische Vor- und Brückenkurse

Konzepte, Probleme und Perspektiven

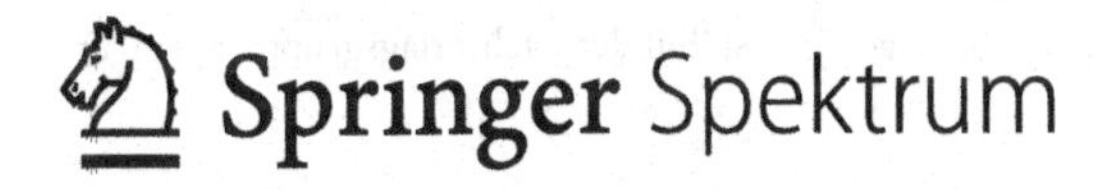

Bandherausgeber/innen:

Isabell Bausch
Technische Universität Darmstadt,
Deutschland
bausch@mathematik.tu-darmstadt.de

Prof. Dr. Rolf Biehler
Universität Paderborn,
Deutschland
biehler@math.upb.de

Prof. Dr. Regina Bruder
Technische Universität Darmstadt,
Deutschland
bruder@mathematik.tu-darmstadt.de

Dr. Pascal R. Fischer
Universität Kassel,
Deutschland
fischer@uni-kassel.de

Prof. Dr. Reinhard Hochmuth
Leuphana Universität Lüneburg,
Deutschland
reinhard.hochmuth@leuphana.de

Prof. Dr. Wolfram Koepf
Universität Kassel,
Deutschland
koepf@mathematik.uni-kassel.de

Dr. Stephan Schreiber
Leuphana Universität Lüneburg,
Deutschland
stephan.schreiber@leuphana.de

Thomas Wassong
Universität Paderborn,
Deutschland
wassong@math.uni-paderborn.de

ISBN 978-3-658-03064-3
ISBN 978-3-658-03065-0 (eBook)
DOI 10.1007/978-3-658-03065-0

Die Deutsche Nationalbibliothek verzeichnet diese Publikation in der Deutschen Nationalbibliografie; detaillierte bibliografische Daten sind im Internet über http://dnb.d-nb.de abrufbar.

Springer Spektrum

Planung und Lektorat: Ulrike Schmickler-Hirzebruch | Barbara Gerlach

Gedruckt auf säurefreiem und chlorfrei gebleichtem Papier.

Springer Spektrum ist eine Marke von Springer DE. Springer DE ist Teil der Fachverlagsgruppe Springer Science+Business Media
www.springer-spektrum.de

Vorwort

Alle in diesem Tagungsband veröffentlichten Beiträge basieren auf einem Vortrag oder einem Poster, welche auf der ersten Arbeitstagung des „Kompetenzzentrums Hochschuldidaktik Mathematik" (www.khdm.de) präsentiert wurden. Die Tagung fand vom 03.11.2011 bis zum 05.11.2011 im Gießhaus der Universität Kassel mit über 100 Teilnehmern statt und wurde in Verbindung mit dem seit 2003 bestehenden assoziierten Projekt „Virtuelles Eingangstutorium Mathematik für die MINT-Fächer" (VEMINT, ehemals VEMA, www.vemint.de) durchgeführt, in dessen Direktorium die Verfasser dieses Vorwortes zusammenarbeiten.

Die Tagung setzte sich unter anderem zum Ziel, einen Austausch zwischen den verschiedenen Bemühungen um Vor- und Brückenkurse herbeizuführen. Die Tagung sollte eine Gelegenheit bieten, sich über jeweils gefundene Antworten und Lösungen zu informieren und Möglichkeiten zur Aufnahme von Kooperationsbeziehungen bieten. Die Beiträge dieses Tagungsbandes zeigen unseres Erachtens eindrucksvoll, dass dies auch gelungen ist.

Das Erstellen eines Tagungsbandes nach einer ersten bundesweiten Konferenz zu Vor- und Brückenkursen mit solch großer Beteiligung sowie den sehr intensiven und auch kontroversen Diskussionen ist eine ganz besondere Herausforderung und hat nun auch einige Zeit erfordert. Wir bedanken uns an dieser Stelle zunächst für die Geduld aller Beitragsautoren und -autorinnen und des Verlages. Den Beitragenden sei herzlich gedankt, insbesondere auch für ihre Gutachten, die wesentlich zur Verbesserung der eingereichten Manuskripte beigetragen haben.

Die Herausgabe dieses Bandes ist eine gemeinschaftliche Arbeit aller acht Herausgeber, die sich auch in der alphabetischen Reihung der Herausgeber ausdrücken soll. Die vier Standorte haben jeweils ein Viertel der Beiträge betreut und alle acht Herausgeber waren bereits aktiv bei der Vorbereitung und Durchführung der Tagung beteiligt. Einen besonderen Dank möchten wir aber Stephan Schreiber ausdrücken, der die Gesamtkoordination bei der Erstellung dieses Tagungsbandes übernommen hat.

Darmstadt, Kassel, Lüneburg, Paderborn, im August 2013

Rolf Biehler, Regina Bruder, Reinhard Hochmuth, Wolfram Koepf

Inhaltsverzeichnis

1 Einleitung

Rolf Biehler (Universität Paderborn),
Regina Bruder (Technische Universität Darmstadt),
Reinhard Hochmuth (Leuphana Universität Lüneburg) und
Wolfram Koepf (Universität Kassel)

Mathematische Vor- und Brückenkurse werden in Deutschland mittlerweile an nahezu allen Universitäten und Fachhochschulen angeboten. Sie dienen insbesondere der Erleichterung des Übergangs von der Schule zur Hochschule. Für die jeweiligen Studiengänge relevante mathematische Inhalte aus der Schule werden wiederholt und zum Teil auch ergänzt. Darüber hinaus besteht häufig der Anspruch, in die abstraktere Sprech-, Schreib- und Argumentationsweise der Mathematikveranstaltungen an den Hochschulen einzuführen. Schließlich findet das Lernen in der Schule im Vergleich zur Hochschule unter anderen zeitlichen Restriktionen und in ganz unterschiedlichen Arrangements statt, was von den Studierenden eine andere Lernorganisation und auch unterschiedliche Lernstrategien erfordert. Während in der Schule der Tagesablauf klar vorstrukturiert ist und neue Lerninhalte meist unmittelbar geübt werden, muss der Studientag eigenverantwortlich gestaltet und jede Vorlesung zunächst eigenständig nachgearbeitet werden. Dies zu erkennen und darauf zielorientiert zu reagieren, fällt Studierenden nicht selten schwer. Es ist ja durchaus verständlich, dass Strategien, die sich in der Schule häufig und über viele Jahre bewährt haben, zumindest zunächst beibehalten werden. In vermutlich allen Vor- und Brückenkursen werden auch solche Brüche im Übergang von der Schule zur Hochschule angesprochen und bewusst gemacht. Manchmal werden auch direkt darauf gerichtete Trainingselemente zur Unterstützung selbstregulierten Lernens in die Kurse integriert oder geeignet ergänzt.

Vor- und Brückenkurse stehen fraglos vor vielfältigen und anspruchsvollen Aufgaben. Dabei sind die Hürden des Übergangs von der Schule zur Hochschule grundsätzlich schon lange bekannt und jeder erfolgreiche oder auch nicht erfolgreiche Studierende der Mathematik könnte davon berichten. Trotzdem liegt die Zeit, in der Vorkurse im Wesentlichen darin bestanden, zentrale Sek-II-Inhalte noch einmal schnell in einem einwöchigen Kurs an die Tafel zu schreiben oder auf Folien zu zeigen und eventuell zu zentralen Inhalten jeweils ein paar Aufgaben rechnen zu lassen, noch nicht lange zurück. Von daher stellt sich die Frage, was zur Änderung der Relevanz dieser Hürden, des Umgehens mit diesen und letztlich zur aktuellen Ausweitung von Vor- und Brückenkursen geführt hat. Meist lassen sich große lokale Veränderungen in der Regel nicht allein aus lokalen Entwicklungen, also hier solchen in der Schule und der Hochschule, erklären und verstehen. Zu eher übergeordneten Prozessen und relevanten gesellschaftlichen Entwicklungen, die es hier durchaus auch gibt, ist bisher wenig geschrieben (und geforscht) worden und auch wir wollen uns in diesem Band auf wesentliche lokale Phänomene und einige wenige allgemeine Bemerkungen beschränken.

Bezogen auf die Schule sind unseres Erachtens vor allem zwei Veränderungen zu nennen, die Anlässe für diese Entwicklungen darstellen. Zunächst gibt es mittlerweile, bedingt durch gesetzliche Änderungen in den einzelnen Bundesländern, zahlreiche Schulabschlüsse, die ein Hochschulstudium ermöglichen. Das gymnasiale Abitur oder, bezogen auf die Fachhochschulen, die Fachhochschulreife, erworben durch ein inhaltlich anspruchsvolles Fachabitur, sind nur noch zwei Möglichkeiten neben vielen anderen. Da sich nicht nur die finalen Abschlüsse unterscheiden, sondern auch die Wege bis dorthin häufig deutlich verschieden sind, betreffen die Unterschiede in den mathematischen Kenntnissen und Fertigkeiten, die Studierende an die Hochschulen mitbringen, nicht nur die Frage, ob beispielsweise Integration bekannt ist oder nicht, sondern insbesondere auch die Verfügbarkeit von Wissensbereichen aus der Sekundarstufe I. Es scheint mittlerweile Konsens in der Vor- und Brückenkurscommunity zu bestehen, dass insbesondere in zentralen Bereichen der Sek-I-Mathematik erhebliche Lücken bestehen und dass diese es erschweren, sich in fortgeschrittenen Bereichen der Elementarmathematik flexibel Konzepte anzueignen und insbesondere auch anzuwenden. Bruchrechnen, Termumformungen, Variablenverständnis spielen eben auch in der Differential- und Integralrechnung oder bei nicht ganz trivialen Modellierungsaufgaben eine wichtige Rolle und werden gegebenenfalls zu einer unüberwindbaren Hürde, wenn sie nicht beherrscht werden. Die durch die vielen möglichen Lernbiographien auf dem Weg zur Hochschule mitbedingten Unterschiede in den Kompetenzen von Studierenden werden typischerweise als ein wesentliches Element eines zunehmenden „Heterogenitätsproblems" verstanden.

Darüber hinaus haben sich auch die mathematischen Inhalte und Anforderungen im Gymnasium und im klassischen Abitur geändert. Dies ist nur teilweise auf G8 zurückzuführen. Schon davor spielten beispielsweise Beweise eine deutlich geringere Rolle als noch vor etwa 25 Jahren. Dafür sind andere Kompetenzen wie etwa das Modellieren oder das Nutzen von Technologien, stärker in den Vordergrund gerückt. Hier lautet dementsprechend auch ein Vorwurf der Schulen an die Hochschulen, dass diese nicht nur Defizite zur Kenntnis nehmen sollten, sondern eben auch die neuen Kompetenzen anerkennen und in der Lehre stärker an diesen anknüpfen sollten. Wie und an welchen Stellen dies tatsächlich möglich ist, ist allerdings nicht ganz so offensichtlich wie manchmal in Diskussionen unterstellt bzw. erwartet wird.

Die Hochschulen haben sich – wir denken, dass wir dies als Hochschullehrkräfte hier anmerken dürfen – bemerkenswert lange mit Reaktionen auf die veränderten Eingangskompetenzen von Studierenden zurückgehalten. Das hat viele Ursachen, teilweise lag es unseres Erachtens am sog. „Bologna-Prozess“ und der Art und Weise seiner Realisierung bzw. Durchsetzung. Auch wenn man Studiengebühren insgesamt kritisch sieht, gilt es jedoch anzuerkennen, dass der durch sie erzeugte Geldstrom an die Hochschulen in Verbindung mit den politischen Vorgaben hinsichtlich der Verwendung der Mittel längst notwendige Prozesse an den Hochschulen angeregt hat: Viele Hochschulen standen nämlich vor der Frage, wie sie diese Gelder sinnvoll ausgeben können. Die Einführung bzw. deutliche Ausweitung mathematischer Vor- und Brückenkurse schien in jedem Fall eine sinnvolle Möglichkeit zu sein. Unter anderem wegen der vor allem auf die mathematischen Studienanteile zurückgeführten Studienabbrüche in nicht im engeren Sinne mathematischen Fächern waren auch deren Vertreter schnell für Vor- und Brückenkurse zu gewinnen. Dabei ist es natürlich eine empirisch offene Frage, ob sich selbst durch eine in der Perspektive der Mathematikausbildung optimale Förderung von Studierenden Abbruchquoten in solchen Fächern deutlich senken lassen. Für das Image der Mathematik wäre es aber sicher von Vorteil, wenn nicht vorwiegend ihr eine gewisse, systemisch eventuell sogar gewünschte „Auslese“-Funktion zukommen würde.

Bedingt durch die neuen finanziellen Möglichkeiten haben sich dann schnell an praktisch allen Hochschulen in Deutschland, an denen Mathematik in irgendeiner Weise eine Rolle spielt und eben nicht selten ein großes Hindernis auf dem Weg zu einem erfolgreichen Studienverlauf darstellt, Initiativen gebildet, dem Studium vorgelagerte Vorkurse bzw. studienbegleitende Brückenkurse einzuführen. Diese Initiativen wurden in der Folge weiter gestützt durch die sog. „Exzellenz der Lehre“-Initiative, die an zahlreiche Hochschulen weitere Finanzmittel zur Stärkung der Lehre brachte. Die Besetzung der Stellen war allerdings nicht nur wegen ihrer großen Zahl nicht ganz unproblematisch. Zum einen verlangen diese Stellen eine fachwissenschaftliche Expertise, wie sie in der Regel lediglich bei erfolgreichen Master-Studierenden der Mathematik zu finden ist. Zum anderen sollten die Studierenden auch gewisse hochschuldidaktische und auf die Hochschulausbildung bezogenes fachdidaktisches Wissen und damit verknüpfte Fähigkeiten mitbringen. Eine mathematikbezogene Hochschuldidaktik als wissenschaftliche Disziplin steht aber noch am Anfang ihrer Entwicklung.

An diesem Punkt setzte die Tagung an. Sie setzte sich unter anderem zum Ziel, einen Austausch zwischen den verschiedenen Bemühungen um Vor- und Brückenkurse herbeizuführen. Unserer Einschätzung nach standen ja vielerorts die neu eingestellten Mitarbeiter vor ähnlichen Fragen und Problemen. Die Tagung sollte deshalb eine Gelegenheit bieten, sich über jeweils gefundene Antworten und Lösungen auszutauschen und Möglichkeiten zur Aufnahme von Kooperationsbeziehungen bieten.

Alle für diesen Tagungsband eingereichten Beiträge basieren auf einem Vortrag oder einem Poster, welche auf der khdm-Tagung präsentiert wurden, sie wurden aber eigens für diesen Band ausgearbeitet. Alle Beiträge wurden sorgfältig von zwei anderen Autoren dieses Bandes und einer Person aus dem Herausgeberteam begutachtet und sind zum Teil mehrfach überarbeitet worden. Das von uns organisierte Review-Verfahren diente neben der Optimierung einzelner Beiträge auch dazu, gewisse wissenschaftsorientierte Standards für diesen Bereich zu etablieren. Es ist naheliegend, dass hier nicht die sogenannten „harten“ Kriterien der Empirischen Bildungsforschung zu Grunde gelegt werden durften. Zum einen gibt es bisher – wenn überhaupt – nur sehr wenige Beiträge, die diesen Kriterien genügen und zum anderen sollten insbesondere Beiträge veröffentlicht werden, die von unmittelbar praktischer Relevanz für das Handeln der Mitarbeiter und der Verantwortlichen für Vor- und Brückenkurse sein können, also einem anderen „Interesse“ als einem rein wissenschaftlichen dienen. Wir haben berücksichtigt, dass es neben wissenschaftlichen Studien eben auch um „Best practice“-Beispiele als Impulsbeiträge für die hochschuldidaktische Diskussion gehen konnte. Auch wenn wir überzeugt davon sind, dass letztlich beides zusammengehört, braucht es Zeit für einen Entwicklungsprozess, der in diesem Feld Standards etabliert, der die verschiedenen Perspektiven adäquat austariert. Sollten wir diesen Prozess mit unserer Tagung einen kleinen Schritt voran gebracht haben, so wären wir zufrieden.

Die Kapiteleinteilung des vorliegenden Tagungsbandes orientiert sich im Wesentlichen an der Struktur der Tagung. Wie die nachfolgenden kurzen Anmerkungen zu den einzelnen Abschnitten des vorliegenden Bandes andeuten, gibt es zwischen den einzelnen Arbeiten vielfältige Überlappungen hinsichtlich ihrer Inhalte und Ausrichtungen. Eine wirklich disjunkte Einteilung erscheint uns deshalb nicht möglich. Letztlich finden sich in nahezu allen Arbeiten Bezüge zu Fragen, die eigentlich schwerpunktmäßig in anderen Kapiteln behandelt werden. Deshalb verzichten wir in dem kurzen Überblick auch darauf, einzelne Arbeiten zu speziellen Fragestellungen zu zitieren. Die jeweiligen Schwerpunktsetzungen und Orientierungen der einzelnen Arbeiten lassen sich unseres Erachtens durchaus gut aus ihren informativen Überschriften entnehmen.

Das Kapitel 1 beschäftigt sich mit Zielen, Inhalten und Adressaten von Vor- und Brückenkursen. Die Ziele variieren zwischen dem Ausgleich mathematischer Defizite, der Wiederholung schulmathematischer Inhalte bis zur Festigung und dem vorsichtigen Ausbau dieser mathematischen Grundlagen. Neben spezifischen mathematischen Inhalten im engeren Sinne werden als weitere zentrale Elemente der angebotenen Kurse die Einführung in den mathematischen Sprachgebrauch an der Hochschule und darüber hinaus die Erarbeitung hochschulbezogener mathematischer Denk- und Arbeitsweisen diskutiert. Damit verbundene Ziele sind unter anderem ein Anheben des verfügbaren Wissens- und Fertigkeitsniveaus von der Schule zur Hochschule, die Entwicklung einer Metaebene, von der aus elementare mathematische Inhalte neu durchdacht werden und schließlich die Effektivierung subjektbezogener Lernprozesse und insbesondere die Förderung von Reflexionskompetenzen. Dabei orientiert sich die konkrete Ausgestaltung der jeweiligen Vorkurse sowohl inhaltlich als auch vom Anspruchsniveau her an den jeweiligen lokalen Adressaten, also deren (meist vermuteten) Vorkenntnissen im Vergleich zu den Kompetenzen, die sie zu Beginn ihres jeweiligen gewählten Studiengangs benötigen.

Die Szenarien, in denen die Vor- und Brückenkurse angeboten werden, gestalten sich durchaus unterschiedlich. Im zweiten Kapitel werden eine ganze Reihe verschiedener Kursszenarien und Lehr-Lernkonzepte, unter besonderer Berücksichtigung der Rolle von E-Learning-Elementen vorgestellt. Eine bereits als klassisch zu bezeichnende Vorkursvariante besteht aus einer vor Semesterbeginn stattfindenden Blockveranstaltung, bei der vormittags Vorlesungen und nachmittags Tutorien von Studierenden aus höheren Semestern angeboten werden. E-Learning wird teilweise ergänzend zu diesen Präsenzveranstaltungen angeboten, teilweise wird die Lehre auch vollständig virtuell angeboten. Präsenzlehre und E-Learning-Elemente werden gelegentlich stark verzahnt, so dass etwa das Lernen der Studierenden im Wesentlichen außerhalb der Hochschule stattfindet, dieses aber durch Präsenzanteile unterstützt und strukturiert wird. Manchmal wird selbst darauf verzichtet und es wird auf ein Modell des reinen Selbststudiums gesetzt. Studienbegleitende Brückenkurse erstrecken sich teilweise nur über drei Wochen, können aber auch bis zu zwei Semestern dauern. Unterschiede gibt es ebenfalls hinsichtlich des Verpflichtungsgrades des Vor- oder Brückenkurses. Die Mehrzahl der Kurse wird auf freiwilliger Basis angeboten. Teilweise, und unserer Wahrnehmung nach zunehmend, finden sich aber auch Modelle, in denen die Teilnahme an den Kursen mehr oder weniger verpflichtend ist. Dies wird etwa durch spezielle Prüfungsordnungen erreicht, in denen bis zu einem bestimmten Zeitpunkt des Studiums sog. Eingangstests bestanden werden müssen, da sonst das Fachstudium nicht fortgesetzt werden darf, oder auch dadurch, dass in den regulären Mathematikeingangsveranstaltungen tatsächlich keine Rücksicht auf bestehende Defizite genommen wird und dies auch nachdrücklich kommuniziert wird.

Ein wichtiges und sicher noch ausbaufähiges Element von Vor- und Brückenkursen stellt ein ziel- und adressatengerechtes Assessment und die Etablierung einer effizienten Diagnostik innerhalb und nach den belegten Kursen dar. Das Kapitel 3 präsentiert mehrere Arbeiten, in denen erste Ansätze dazu beschrieben werden. Es ist zu vermuten, dass sich die Studierenden verschiedener Hochschulen und insbesondere verschiedener Studiengänge deutlich in ihren Eingangsvoraussetzungen unterscheiden. Darauf sollte die Kursgestaltung in ihren verschiedenen Elementen und deren Gewichtung natürlich Rücksicht nehmen. Aber auch die Frage nach der Wirkung von Vor- und Brückenkursen verlangt nach Instrumenten, die verlässlich, objektiv und valide Eingangs- und Ausgangskompetenzen unter Berücksichtigung der jeweiligen Kursziele erfassen. Von großer Bedeutung sind diagnostische Elemente aber auch für die einzelnen Studierenden selbst. In der Regel sind Studienanfänger nicht in der Lage, ihre mathematischen Kompetenzen im Hinblick auf die Anforderungen zu Studienbeginn zuverlässig einzuschätzen. Und auch für den Lernprozess selbst, insbesondere im Kontext von E-Learning-Angeboten, erscheint es uns wichtig, dass Studierende möglichst zielgenau und für den weiteren Lernprozess konstruktiv Rückmeldung über ihren erreichten Lernstand erhalten und nach Möglichkeit auch Hinweise bekommen, wie sie ihren weiteren Lernprozess gestalten sollen.

Mit diesem Thema, also der Frage nach effektiven subjekt- und studiengangbezogenen Unterstützungsmaßnahmen beschäftigen sich insbesondere die Arbeiten des Kapitels 4. Hier reicht die Palette von Angeboten kompletter Self-Assessment-Tests, der Förderung selbstregulierten Lernens im Rahmen eines webbasierten Trainings oder der

Motivierung etwa von Studierenden der Ingenieurwissenschaften, in dem auf die Rolle der Mathematik in ihrem jeweiligen Studiengang eingegangen wird.

Sowohl die Beiträge dieses Bandes als auch das Abschlussplenum der Tagung mach(t)en deutlich, dass Vor- und Brückenkurse noch viele offene praktische und wissenschaftlich interessante Fragen aufwerfen. So scheint uns etwa die Effizienz von Vor- und Brückenkursen nicht wirklich empirisch beantwortet zu sein, wobei natürlich schon die Frage, was hier unter Effizienz zu verstehen wäre, im konkreten Fall jeweils nicht einfach zu beantworten sein wird. In der Regel begleiten Vor- und Brückenkurse ja ein ganzes Spektrum hochgesteckter Erwartungen. Sollen sich zu entwickelnde Taxonomien nun stärker an normativen Erwartungen der Hochschulen und ihrer Dozenten oder an den Wünschen und der aktuellen Zufriedenheit der zukünftigen Studierenden orientieren? Sicher handelt es sich hier um keinen echten Gegensatz, und wir Lehrenden gehen natürlich davon aus, bzw. hoffen, dass sich beide Perspektiven durchaus vereinbaren lassen. Ob und wie dies geschehen kann, ist aber im Detail bisher weder diskutiert noch gibt es konkrete, praxisbezogene und empirisch abgesicherte Vorgehensweisen, dies zu realisieren. Offene Fragen auf dem Weg dorthin und dabei durchaus von eigener Bedeutung sind u.a.: Wie können und sollten E-Learning und Präsenzlernen gestaltet und in Blended-Learning-Szenarien verbunden werden, um bestmögliche Unterstützung für die jeweiligen Lernziele zu bieten? Eignen sich E-Learning-Elemente insbesondere für individuelle Selbstdiagnosen? Welche lokalen bzw. globalen Möglichkeiten liegen tatsächlich in sog. adaptiven Lernsystemen? Wie ist im Rahmen von Vor- und Brückenkursen mit Taschenrechnern bzw. mit Mathematikprogrammen umzugehen? Sollen sich Eingangstests vor allem an technischen Fertigkeiten orientieren? Mit welchen digital auswertbaren Aufgaben lässt sich auch ein gewisses Mathematikverständnis prüfen? Welchen Einfluss haben Vor- und Brückenkurse auf den weiteren Studienverlauf? Oder etwas ketzerisch gefragt: Führen schulmathematische Defizite zum Studienanfang in MINT-Fächern tatsächlich zu höheren Abbruchquoten? Wie sehen realistische Erwartungen von Hochschulen an Schulen aus?

Einige dieser Fragen, insbesondere solche, die den Übergang Schule-Hochschule berühren, wurden insbesondere auf der in diesem Jahr stattgefundenen zweiten khdm-Arbeitstagung „Mathematik im Übergang von der Schule zur Hochschule und im ersten Studienjahr“ wieder aufgegriffen und weiterverfolgt. Diese Tagung fand im Februar 2013 an der Universität Paderborn in Zusammenarbeit mit der gemeinsamen Mathematik-Kommission Übergang Schule-Hochschule der DMV, GDM und MNU statt. Auch zu dieser Tagung wird ein Tagungsband mit weiteren interessanten Beiträgen erscheinen. Es wird spannend sein, darin die weiteren Entwicklungen nachzuvollziehen.

Teil I

Ziele, Inhalte und Adressaten von Vorkursen

2 28 Jahre Esslinger Modell – Studienanfänger und Mathematik

Heinrich Abel (Hochschule Esslingen, Fakultät Grundlagen) und
Bruno Weber (Landesinstitut für Schulentwicklung Stuttgart)

Zusammenfassung

Bei Studienbeginn weisen viele Studierende der Ingenieurwissenschaften gravierende Mängel bei einfachen mathematischen Kenntnissen und Fertigkeiten auf. Diese Schwierigkeiten sind besonders groß bei den Fachhochschulen, die als Zugangsqualifikation neben der allgemeinen und der fachgebundenen Hochschulreife (Abitur) die Fachhochschulreife vorsehen. Studienbewerber mit Fachhochschulreife haben in der Regel einen mittleren Bildungsabschluss, eine abgeschlossene Lehre und eine einjährige zusätzliche Schulausbildung, deren Abschluss die Zulassungsberechtigung für ein Fachhochschulstudium verleiht.

Zur Milderung dieser Schwierigkeiten wird an der Hochschule Esslingen (vormals FHTE) seit dem Wintersemester '83/'84 ein „Kompaktkurs Elementare Mathematik" angeboten. Im vorliegenden Beitrag werden nach einem kurzen Abriss der geschichtlichen Entwicklung Organisation, Inhalte und aktuelle Entwicklung dieses Esslinger Modells vorgestellt.

Zusätzlich wird über zwei neue Vorkurs-Modelle berichtet, die aus der Zusammenarbeit von Mathematiklehrern an beruflichen Schulen und an Fachhochschulen in Baden-Württemberg im Arbeitskreis COSH (Cooperation Schule Hochschule) entstanden sind: den „Aufbaukurs Mathematik für Schüler am Berufskolleg" und die „Auffrischungskurse für BK-Schulanfänger" vor Schulbeginn an einigen Berufskollegs.

2.1 Ausgangssituation

Ein Dauerthema an den Hochschulen ist die allgemeine Klage über mangelhafte Studierfähigkeit der Studienanfänger. Beklagt werden dabei vor allem erhebliche Wissenslücken in Mathematik. Diese Schwierigkeiten sind besonders groß bei den Fachhochschulen, die als Zugangsqualifikation neben der allgemeinen und der fachgebundenen Hochschulreife (Abitur) die Fachhochschulreife vorsehen. Studienbewerber mit Fachhochschulreife haben in der Regel einen mittleren Bildungsabschluss, eine abgeschlossene Lehre und eine einjährige zusätzliche Schulausbildung, deren Abschluss die Zulassungsberechtigung für ein FH-Studium verleiht.

Seit WS 1979/80 werden bei allen Studienanfängern der Hochschule Esslingen (vormals: Fachhochschule für Technik Esslingen (FHTE)) Eingangswissenstests in Mathematik (31 Fragen im Multiple-Choice-Format) durchgeführt. Ausführliche Daten und Interpretationen finden sich in Brenne, Hohloch und Kurz (1981); Brenne, Hohloch und Kümmerer (1982) und Kurz (1988). Die Ergebnisse und Aussagen dieser Tests sind über viele Jahre relativ stabil geblieben. Allerdings ist festzustellen, dass die erreichten Mittelwerte im Laufe der letzten 20 Jahre doch erheblich gesunken sind: im WS 92/93 lag der Mittelwert der Richtigantworten bei allen 400 Studienanfängern bei 18,2 Punkten bzw. 58,7 %; im WS 11/12 mit 537 Studienanfängern bei 14,3 Punkten bzw. 46,1 %. Im Laufe der Zeit haben sich aber auch die Lehrpläne geändert: z. B. kommt der Logarithmus als Funktion in einigen Bundesländern nicht mehr vor, ebenso wenig der Kotangens. Der Eingangswissenstest wurde dementsprechend abgeändert; Aufgaben, die sich auf diese Begriffe beziehen, wurden herausgenommen oder durch ähnliche ersetzt.

Die Tests zeigen erschreckende Schwächen der Studienanfänger in der Elementaren Mathematik: mangelnde Kenntnisse in „bürgerlichem Rechnen", Unsicherheit bei einfachsten algebraischen Umformungen, ungenügende Kenntnisse elementarer Funktionen und ihrer Schaubilder, mangelnde Fertigkeiten bei der Lösung trigonometrischer Gleichungen usw.

Beispielhaft seien die wesentlichen Ergebnisse zu einigen Testfragen genannt (SS '12; 504 Teilnehmer; keine Hilfsmittel zugelassen):

- Nur 50 % erkennen zur Frage „$2^{-3} = ?$" die richtige Lösung in Dezimaldarstellung 0,125 (vor 25 Jahren waren es immerhin noch knapp über 70 %). Übrigens ist –8 eine beliebte Antwort.
- 31 % halten die Gleichung $\frac{1}{a-b} = \frac{1}{a} - \frac{1}{b}$ für richtig.
- Nur 46 % können den kleinsten Wert der Funktion $f(x) = 2\sin(3x)$ angeben.
- 56 % können das Bogenmaß $\frac{2\pi}{3}$ nicht ins Gradmaß 120° umrechnen.
- Nur 31 % erkennen die Identität: $\sin(90° - \alpha) = \cos\alpha$.

Bei der Auswertung des Eingangstests und bei den Übungen zum Kompaktkurs Elementare Mathematik (siehe unten) fallen weitere Defizite auf, z. B.:

- Sinus ist „etwas am rechtwinkligen Dreieck“; dass man damit Schwingungen beschreiben kann, ist nicht bekannt.
- Bei der Auflösung von Exponentialgleichungen wird „mit ln durchmultipliziert“; die Definition des Logarithmus ist weitgehend unbekannt.
- Globale qualitative Eigenschaften elementarer Funktionskurven (asymptotisches Verhalten, geometrische Bedeutung der Ableitungen) sind nicht bekannt.
- Größenordnungsabschätzungen bereiten größte Schwierigkeiten; andererseits werden prozentuale Fehlerangaben mit zehn Nachkommastellen angegeben.
- Totale Abhängigkeit vom Taschenrechner bereits bei einfachsten Rechnungen.
- Schlampiges Arbeiten, nachlässige Schreibweise (z. B. Klammern weglassen).
- Rezeptartiges Anwenden von Formeln und Regeln, ohne die Zusammenhänge zu verstehen.

Dieser Mangel an mathematischen Grundkenntnissen und Fertigkeiten ist unseres Erachtens eines der gravierendsten Probleme beim Beginn eines Ingenieurstudiums. Sicher eröffnet die Einführung grafikfähiger Taschenrechner und/oder von CAS-Systemen ein nicht zu unterschätzendes Potenzial für den Mathematikunterricht; jedoch besteht die Gefahr einer noch stärkeren Vernachlässigung der elementaren, handwerklichen Rechenfertigkeiten. Um dieser verhängnisvollen Tendenz entgegen zu wirken, sind z. B. an der HS Esslingen bei den Prüfungen in Mathematik 1 in den meisten Studiengängen keine elektronischen Rechenhilfsmittel zugelassen.

Neben dem relativ niedrigen Mittelwert der Testergebnisse zeigen die Auswertungen aber noch ein zweites, für die Gestaltung des Mathematikunterrichts für Studienanfänger beinahe noch wichtigeres Resultat: nämlich eine sehr große Spannweite der Ergebnisse des Eingangswissenstests. Diese Heterogenität des Eingangswissens ist das Hauptproblem für die Unterrichtsgestaltung in der Studieneingangsphase. Sie ist an Fachhochschulen zum großen Teil auf die unterschiedlichen Zugangsvoraussetzungen zurückzuführen. So erfolgt der Hauptzugang des zweiten Bildungsweges in Baden-Württemberg über das Berufskolleg. Auffällig ist, dass die Studienanfänger mit dieser Zugangsberechtigung in unseren Tests besonders schwach abschneiden. Das Verhältnis der Studienanfänger mit Abitur zu denen mit Fachhochschulreife (davon überwiegend Berufskolleg) liegt an der Hochschule Esslingen derzeit bei 3:4.

2.2 Kompaktkurs Elementare Mathematik: Organisation und Inhalt – Stand 2012

Aus Versuchen einzelner Dozenten, durch zusätzliche Übungen im ersten Studiensemester die Startschwierigkeiten der Studienanfänger in Mathematik abzubauen, entwickelte sich zu Beginn der 1980er Jahre das **„Esslinger Modell für Studienanfänger“**, bestehend aus dem oben erwähnten Kenntnistest in MC-Form („Diagnose“) und einem Kompaktkurs Elementare Mathematik („Therapie“) (Hohloch und Kümmerer 1994).

Dieser Kurs wird von der Arbeitsgruppe Hochschuldidaktik der Fakultät *Grundlagen* in Zusammenarbeit mit dem Steinbeis-Transferzentrum *Technische Beratung* allen Studienanfängern (außer den Studierenden der Fakultät *Soziale Arbeit, Gesundheit und Pflege* (SAGP)) angeboten. Sein Inhalt beschränkt sich im Wesentlichen auf die Mathematik der Sekundarstufe 1. Die Teilnahme am Kurs ist freiwillig; die Teilnehmergebühr beträgt 75 Euro für 40 h Kursunterricht und Unterrichtsmaterial.

Alle Studienanfänger der technischen und wirtschaftswissenschaftlichen Studiengänge erhalten mit ihrem Zulassungsbescheid ein Anmeldeformular für den Kompaktkurs, der in den letzten beiden Wochen vor Vorlesungsbeginn stattfindet. Das Anmeldeformular enthält eine Reihe typischer Aufgaben, welche die Studienanfänger lösen können sollten. Ist das nicht der Fall, wird ihnen eine Teilnahme am Kompaktkurs dringend empfohlen. Die Teilnahme am Kompaktkurs beruht also auf einer Selbsteinschätzung der Studenten.

An acht Vormittagen werden von Professoren bzw. erfahrenen Lehrbeauftragten wichtige Begriffe aus den Gebieten Algebra (10 h), Trigonometrie (8 h), Elementare Funktionen (8 h) und Analytische Geometrie (6 h) wiederholt und an Musterbeispielen besprochen. In zusätzlichen Übungen (jeweils 2 h an vier Nachmittagen) werden die Teilnehmer von Studierenden höherer Semester betreut, die über die Hilfe beim Lösen mathematischer Aufgaben hinaus auch über das Studium an unserer Hochschule informieren. Die Gruppen werden grundsätzlich nach Studiengängen eingeteilt und bestehen aus nicht mehr als 30 Teilnehmern. Als Kursunterlage wird Band 1 der Reihe „Brücken zur Mathematik" verwendet (Hohloch und Kümmerer 1994). Diesem Band liegt eine CD bei, die neben den ausführlichen Musterlösungen aller Übungsaufgaben auch mehrere interaktiv zu bearbeitende Tests zur Selbstkontrolle (mit Korrektur- und Lösungshinweisen) enthält (Hohloch, Kümmerer und Gilg 2006).

Die Teilnehmerzahlen stiegen seit dem ersten Kurs im WS 1983/84 von knapp 40 % auf zurzeit etwa 60 % aller Studienanfänger. Im WS 11/12 waren es 537 Teilnehmer mit 22 Dozenten und 33 Tutoren. Insgesamt nahmen in den 30 Jahren seit Bestehen des Kursangebots mehr als 20.000 Studienanfängerinnen/Studienanfänger am Kompaktkurs Elementare Mathematik teil; sie wurden in den zusätzlichen Übungen von fast 300 Tutorinnen und 300 Tutoren betreut.

2.3 Auswirkungen des Kompaktkurses

Der Eingangswissenstest wird jeweils in der ersten Vorlesungswoche durchgeführt. Er enthält nahezu die gleichen Aufgaben wie der Test zu Beginn des Kompaktkurses. Bei der Auswertung des Tests wird auch nach Teilnahme/Nichtteilnahme am Kompaktkurs differenziert. Dabei zeigen sich positive Auswirkungen des Kompaktkurses: Teilnehmer am Kompaktkurs erreichen im Mittel etwa 10 % mehr Richtigantworten als Studienanfänger ohne Teilnahme am Kompaktkurs.

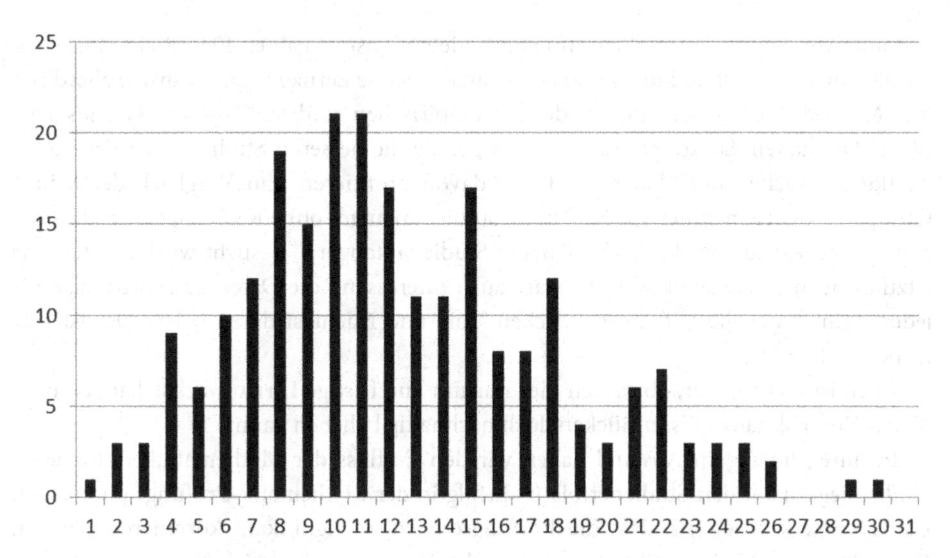

Abb. 2.1 Vor dem Kompaktkurs (n = 237; x = 12,4; s = 5,7). Auf der x-Achse ist die Anzahl der erreichten Punkte abgetragen, auf der y-Achse die absolute Häufigkeit. Die Anzahl der Teilnehmer ist mit n bezeichnet, der Mittelwert der erreichten Punkte mit x, die Standardabweichung mit s

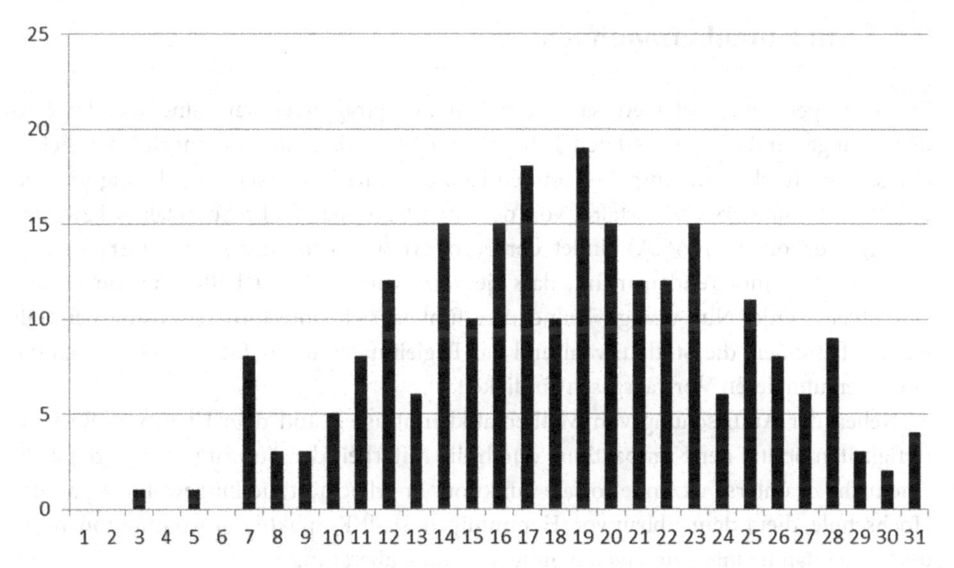

Abb. 2.2 Nach dem Kompaktkurs (n = 237; x = 18,5; s = 5,9). Achsen und Bezeichnungen wie in Abb. 2.1

Noch deutlicher zeigen sich die positiven Auswirkungen der Teilnahme am Kompaktkurs, wenn man die Ergebnisse des Tests vor Beginn des Kurses mit den Ergebnissen zu Studienbeginn vergleicht: die Auswertungen belegen „Lernzuwächse" in der Größenordnung von 20 Prozentpunkten. Im abgebildeten Beispiel gab es 40 % Richtiglösungen vor Beginn des Kompaktkurses und 60 % danach. Diese Lernzuwächse wurden allerdings mit Methoden gemessen, die modernen empirischen und statistischen Grundsätzen nicht standhalten. So könnte es sein, dass gerade die besseren Studierenden den Kompaktkurs besuchen und daher besonders davon profitieren. Ein Vergleich der beiden Gruppen „KK-Teilnehmer vor KK" und „Studienanfänger ohne KK"; zeigt aber, dass der Kurs überwiegend von den „schwächeren Studienanfängern" besucht wird, für die er ja letztlich auch veranstaltet wird. Es wäre auch interessant, die Daten zu paaren, also für jeden Teilnehmer die Differenz zwischen Vor- und Nachtest darzustellen. Das ist hier jedoch nicht erfolgt.

Auch ist nicht sicher, ob es sich hier nur um kurzfristige Lernzuwächse handelt oder ob der Kompaktkurs Wissenslücken doch nachhaltig beheben kann.

In unregelmäßigem Abstand haben wir den Einfluss der Mathematikkenntnisse zu Studienbeginn auf den Studienerfolg (= Erfolg in der Mathematik-Prüfung) untersucht. Dabei zeigte sich jeweils, dass die Prüfungsergebnisse signifikant korrelieren mit den Ergebnissen im Mathematiktest zu Studienbeginn; es ergaben sich Korrelationskoeffizienten in der Größenordnung 0.6–0.65.

2.4 Studentenbefragungen

Die im Folgenden zitierten Aussagen beruhen auf Befragungen der teilnehmenden Studienanfänger und der eingesetzten Tutoren. In diesen wiederholt durchgeführten Befragungen unmittelbar im Anschluss an den Kompaktkurs bzw. nach Beendigung des ersten Studiensemesters (veranstaltet von der Arbeitsgruppe Hochschuldidaktik bzw. unabhängig davon vom AStA) findet der Kurs große Zustimmung. Die überwiegende Mehrheit der Studierenden meint, dass sie vom Kurs profitiert hätte und ihn weiterempfehlen werde. Nur wenige Teilnehmer fühlten sich unterfordert. Positiv beurteilt werden besonders die Stoffauswahl und das Begleitmaterial, die Erklärungen durch die Dozenten und deren Vortragsgeschwindigkeit.

Neben der Auffrischung von Mathematikkenntnissen und dem Üben von Rechenfertigkeiten besitzt der Kompaktkurs durch die Mitarbeit der Tutorinnen/Tutoren auch eine nicht zu unterschätzende soziale Funktion. Er erleichtert die Eingewöhnung an der Hochschule, dient dem Abbau von Hemmungen, stellt Kontakte mit Kommilitonen her und leistet damit einen wichtigen Beitrag zur Studienberatung.

Der Erfolg unseres Esslinger Modells, dokumentiert durch verschiedene Fragebogenaktionen und durch die Ergebnisse von Kenntnistests vor und nach dem Kurs, führte dazu, dass vergleichbare Kurse – teilweise auf der Grundlage der in Esslingen entwickelten Materialien – inzwischen an den meisten baden-württembergischen Fachhochschulen stattfinden (z. B. FH Karlsruhe, FH Stuttgart).

2.4.1 Zitate von Kursteilnehmern

„Der Kurs stellt eine sehr gute Möglichkeit dar, seine elementaren Kenntnisse aufzufrischen. Ebenso wird die Fähigkeit zu lernen wieder geweckt."

„Für Leute, bei denen der Schulabschluss zwei Jahre zurückliegt, sollte der Kurs etwas ausführlicher und langsamer sein."

„Die am besten angelegten 75 Euro des letzten Jahres."

„Ich habe mehr erwartet, ich habe aber auch nicht gewusst, dass die Unterschiede im Wissen, was Mathematik betrifft, so groß sind. Ich war unterfordert."

„Der Kurs sollte Lücken schließen, nicht neue aufdecken!"

2.4.2 Zitate von Tutoren

„... das Bestätigungsschreiben fürs Mathetutorium eignet sich wirklich hervorragend für Bewerbungsschreiben ... Außerdem hat es Spaß gemacht, als Tutorin mitzuarbeiten. Das nächste Mal gerne wieder!"

„... gab meine Tätigkeit als Tutor im Kompaktkurs den Ausschlag dafür, dass ich das Stipendium der Carl-Duisberg-Gesellschaft erhielt."

2.5 Weiterentwicklungen

An Verbesserungsvorschlägen für die Fortentwicklung des Kurses werden in den Studentenbefragungen häufig genannt:

- der Wunsch nach einem zweiwöchigen Kurs (mit Differential- und Integralrechnung),
- der Wunsch nach größerem Zeitraum zwischen Kompaktkurs und Studienbeginn,
- eine Fortsetzung als Stützkurs zur Vorlesung Mathematik 1 während des 1. Semesters
- Kurs- bzw. Begleitmaterial bereits früher anbieten zur selbstständigen Vorbereitung auf das Studium (z. B. während der Bundeswehr- oder Zivildienstzeit).

Dieser letzte Wunsch ist Anlass für die Weiterentwicklung des Mathematik-Kenntnistests und der Kompaktkursunterlagen zu einem Angebot „Orientierungshilfen für Studienbewerber und Studienanfänger". Als Fortsetzung bzw. als Ergänzung zum Kompaktkurs, der vor Vorlesungsbeginn stattfindet, gibt es inzwischen für nahezu alle Studiengänge vorlesungsbegleitende Tutorien zur Mathematik 1.

Als Reaktion auf die Heterogenität der Vorkenntnisse, vor allem bedingt durch die unterschiedliche Vorbildung (Gymnasium mit Abitur – Berufskolleg mit Fachhochschulreife), werden Modelle diskutiert, wie man für schwächere Studienanfänger die Vorlesungsinhalte und Prüfungen der ersten beiden Studiensemester auf drei Semester verteilen kann. Dabei sind jedoch erhebliche formale Hürden zu überwinden.

Im Rahmen der Kooperation zwischen Berufskolleg und Fachhochschule finden an mehreren baden-württembergischen Standorten Mathematik-Zusatzkurse statt, die sich an studierwillige BK-Schüler wenden. Ziel ist es, die Startchancen der BK-Absolventen an der Hochschule im Fach Mathematik zu verbessern.

Im Folgenden wird über zwei neue Vorkurs-Modelle berichtet, die aus der Zusammenarbeit von Mathematiklehrern an beruflichen Schulen und an Fachhochschulen in Baden-Württemberg im Arbeitskreis COSH (Cooperation Schule Hochschule) entstanden sind: den „Aufbaukurs Mathematik für Schüler am Berufskolleg" und die „Auffrischungskurse für BK-Schulanfänger".

2.5.1 PISA-Schock und Unterrichtsstil

Als Folge des PISA-Schocks wurde in den letzten Jahren eine Änderung des Mathematikunterrichts an den Schulen gefordert. Im Zentrum des Unterrichts soll weniger die Vermittlung von Fakten und Rechenfertigkeiten als vielmehr der Lernprozess, das Begründen, Problemlösen und die Kommunikation stehen. Auch der Einsatz von grafikfähigen Taschenrechnern und Computeralgebrasystemen spielt hier eine Rolle. Auf der anderen Seite erfolgt die Wissensvermittlung an der Hochschule nach wie vor traditionell dozentenorientiert; zudem dient in vielen Studiengängen – insbesondere an Fachhochschulen – die Mathematik nur als Hilfswissenschaft. Natürlich gehen die Änderungen im Mathematikunterricht an den Schulen zu Lasten des Umfangs des vermittelten bisherigen Stoffs. Manche Hochschullehrer, vor allem in technischen und naturwissenschaftlichen Studiengängen, befürchten durch die damit verbundene Kürzung der Übungsphasen zusätzlich eine weitere Abnahme der elementaren Rechenfertigkeiten der Studienanfänger.

Aus Unkenntnis der Entwicklungen auf der jeweils anderen Seite entsteht leider häufig eine wechselseitige undifferenzierte Schuldzuweisung zwischen Schule und Hochschule: Lehrer bemängeln, dass die Hochschulen Veränderungen im Schulbereich nicht zur Kenntnis nehmen und auf ihren traditionellen Lehrmethoden verharren, Hochschullehrer beklagen das fehlende Wissen der Schulabgänger und dass sie darauf aufgrund der zeitlichen Enge keine Rücksicht nehmen können. Leidtragende sind die Studienanfänger. Sie müssen sowohl mit den veränderten Unterrichtsmethoden an den Schulen als auch mit dem Vorlesungsstil an den Hochschulen zurechtkommen.

2.5.2 Arbeitsgruppe COSH: Cooperation Schule – Hochschule

Die beruflichen Schulen mit ihren Profilen der Beruflichen Gymnasien, der Berufskollegs und der Berufsoberschulen sind in Baden-Württemberg der größte „Zulieferer" der

Fachhochschulen; knapp zwei Drittel der Studienanfängerinnen/-anfänger kommen aus diesem Schulbereich. Daher war es naheliegend, eine Kooperation zwischen diesen Schultypen und den Fachhochschulen anzustreben. Ausgehend von privaten Kontakten zwischen Lehrern an Berufskollegs und Professoren an Fachhochschulen entstand vor zehn Jahren der Arbeitskreis COSH[1] (Cooperation Schule – Hochschule im Fach Mathematik): Aus dem Reden übereinander wurde ein Reden miteinander. Auf mehreren Arbeitskreissitzungen und Großtagungen, jeweils paritätisch besetzt mit Lehrern an beruflichen Schulen und an Fachhochschulen unter Beteiligung von Studierenden und finanziert von beiden zuständigen Ministerien, wurde zunächst ein Anforderungskatalog in Mathematik für den Übergang Schule/Hochschule definiert. Dabei entstand, vor allem angeregt durch die Studierenden, die Idee eines Aufbaukurses für studierwillige und studierfähige Schüler des einjährigen Berufskollegs zum Erwerb der Fachhochschulreife (Dürrschnabel und Weber 2005; Weber 2010). Seit vier Jahren finden solche Kurse, betreut von studentischen Tutorinnen/Tutoren, an zwölf Berufskollegs in Baden-Württemberg mit gutem Erfolg statt. Die geplante flächendeckende Einführung an allen Berufskollegs ließ sich leider nicht realisieren. Einige Schulen übernahmen unsere Idee und bieten solche Zusatzkurse an ihren Berufskollegs inzwischen in eigener Regie an. Wenn dadurch die Startbedingungen für Studienanfänger besser werden, dann verbuchen wir das natürlich auch als Erfolg der Bemühungen von COSH.

Die Arbeit von COSH beschränkt sich aber nicht auf die Entwicklung und Durchführung der Aufbaukurse und auf die Organisation von Kooperationstagungen. Daneben gibt es noch eine ganze Reihe weiterer Aktivitäten, welche die vertrauensvolle Zusammenarbeit zwischen Beruflichen Schulen und Fachhochschulen in Baden-Württemberg dokumentieren. So wurde 2001/2002 von der Lehrplankommission Mathematik an Beruflichen Gymnasien die Meinung von Professoren der Fachhochschulen eingeholt. Im Jahr 2006 wurden drei Professoren aus verschiedenen Hochschulen und unterschiedlichen Bereichen offiziell zu den Sitzungen der Lehrplankommission Mathematik für die Berufskollegs zum Erwerb der Fachhochschulreife eingeladen. Anregungen und Wünsche von Seiten der Hochschulvertreter wurden sorgfältig geprüft und teilweise in den neuen Lehrplan aufgenommen. Die Mitarbeit der Fachhochschul-Vertreter findet sich auch im Vorwort des neu gestalteten Lehrplans wieder. Bei dieser gemeinsamen Arbeit stellten die Hochschulvertreter gewisse Diskrepanzen zwischen den Lehrplan-Stundenzahlen und den tatsächlich stattfindenden Schulstunden fest und initiierten einen Brief des Vorsitzenden der Rektorenkonferenz an Herrn Minister Rau. Nach einer zunächst etwas enttäuschenden Antwort wurde als Folge dieses Briefes im folgenden Schuljahr in den Berufskollegs mit dem geringsten Mathematikangebot die Mathematik-Stundenzahl tatsächlich angehoben.

Auch gemeinsame öffentliche Auftritte von Schule und Hochschule gehören inzwischen zum Standard. So berichteten Vertreter von Schule und Hochschule im November 2005 auf dem Tag der Lehre in Ulm über die gemeinsamen Anstrengungen zur Verbes-

---

[1] http://www.hs-esslingen.de/de/schulen/richtig-studieren-von-anfang-an/cosh.html

serung der Übergangsproblematik von der Schule zur Hochschule im Fach Mathematik. Das Gleiche geschah im Juli 2006 im Kolloquium der Fakultät Grundlagen der Hochschule Esslingen.

Hochschulprofessoren referierten an Schulen über Studieninhalte und insbesondere über die Schwierigkeiten von Studierenden in den Anfangssemestern. Mathematiklehrer wirkten an Fortbildungsveranstaltungen der Gesellschaft für Hochschuldidaktik mit, bei denen die gewandelten Unterrichtsmethoden und Veränderungen in den Lehrplänen der beruflichen Schulen vorgestellt wurden.

Neben der fachbezogenen Arbeit an der Mathematik-Schnittstelle ist ein wichtiger Bestandteil unserer Tagungen stets ein Vortrag eines Gastreferenten zu einem Thema von allgemeinem Interesse. So referierten bei unseren bisherigen Veranstaltungen unter anderem Vertreter der beiden Ministerien über Probleme und Tendenzen der aktuellen Schul- und Hochschulpolitik, Prof. Albrecht Beutelspacher über „Mathematik als Kulturgut" und Dr. Alexander Mäder, Leiter der Wissenschaftsredaktion der Stuttgarter Zeitung, über „Das Bild der Mathematik in der Gesellschaft". Aus diesen Vorträgen und den anschließenden Diskussionen ergeben sich häufig wertvolle Anregungen für die tägliche Arbeit mit Schülerinnen/Schülern und Studierenden.

2.6 Esslinger Modell und COSH – Zusammenfassung

Ein ständiges Thema an den Hochschulen ist die mangelnde Studierfähigkeit der Studenten, insbesondere aufgrund von Wissenslücken in Mathematik. Um dem entgegen zu wirken, wurde seit den 1980er Jahren das „Esslinger Modell" für Studienanfänger entwickelt. Es besteht aus einem Kenntnistest in Multiple-Choice-Form (Diagnose) und einem Kompaktkurs „Elementare Mathematik" (Therapie). Die Teilnahme am Kurs ist freiwillig und die Studienanfänger schätzen den Kurs als sehr hilfreich ein.

Durch die Aktivitäten von COSH hat die Zusammenarbeit zwischen den Beruflichen Schulen und den Fachhochschulen in Baden-Württemberg im Fach Mathematik eine nicht für möglich gehaltene Entwicklung genommen. Aus anfänglichen unsicheren Kontakten, mit gelegentlich auch durchaus heftigen Auseinandersetzungen, ist eine vertrauensvolle Zusammenarbeit auf breiter Basis entstanden. Man ist nunmehr in der Lage, auch strittige Fragen wie den sinnvollen Einsatz von Computeralgebrasystemen und so schwierige Themen wie die Nachhaltigkeit des Lernens von Mathematik kontrovers zu diskutieren und die Ergebnisse in der täglichen Lehre mit einzuarbeiten.

2.7 Literaturverzeichnis

Abel, H., Niederdrenk-Felgner, C., & Ossimitz, G. (2003). Mathematik für Nichtmathematiker. In: Beiträge zum Mathematikunterricht 2003 (S. 469–476). Hildesheim: Franzbecker.

Brenne, H.-J., Hohloch, E., & Kümmerer, H. (1982). Brückenkurs Mathematik und lernzielorientierte Tests – Ein Erfahrungsbericht. In: Lernzielorientierter Unterricht 2, Heft 4, 25–34. Esslingen: FHTE.

Brenne, H.-J., Hohloch, E., & Kurz, G. (1981). Lernzielorientierte Tests als Erfolgskontrolle in einem Brückenkursangebot Mathematik. In: Lernzielorientierter Unterricht 1, Heft 1, 27–35. Esslingen: FHTE.

Dürrschnabel, K., & Weber, B. (2005). Aufbaukurse Mathematik an den einjährigen Berufskollegs. In: Studienkommission für Hochschuldidaktik an Fachhochschulen in Baden-Württemberg (Hrsg.): Beiträge zum 6. Tag der Lehre (Fachhochschule Ulm, 24. November 2005) (S. 129–133). Karlsruhe.

Hohloch, E., & Kümmerer, H. (1994). Studienanfänger und Mathematik – Das Esslinger Modell. FHTE Spektrum, Heft 6, 1994, 9–13. Esslingen: FHTE.

Hohloch, E., Kümmerer, H., & Gilg, J. (2006). Brücken zur Mathematik Band 1: Grundlagen (4. Auflage), Berlin: Cornelsen.

Kümmerer, H., Abel, H., & Hohloch, E. (2003). 20 Jahre Esslinger Modell für Studienanfänger. In: Werner Fischer/Federico Flückiger (Hrsg.): Information – Communication – Knowledge. Engineering Education Today. Referate des 32. Symposiums der Internationalen Gesellschaft für Ingenieurpädagogik (IGIP) (S. 146–151). Karlsruhe

Kurz, G. (1988). Das Eingangswissen von Studienanfängern in Mathematik und Physik. Wiederholte Querschnittsuntersuchungen an der Fachhochschule für Technik Esslingen (FHTE). Empirische Pädagogik, 2 (1), 5–32. Esslingen: FHTE

Weber, B. (2011). COSH – Ein Projekt zur Schnittstelle Schule-Hochschule im Fach Mathematik. In: Jahresbericht 2010 des Landesinstituts für Schulentwicklung Baden-Württemberg (S. 80–82). Stuttgart: Landesinsitut für Schulentwicklung, http://www.ls-bw.de/wir/Jahresberichte/jb %20 2010_web.pdf.

3 Kompaktstudium Mathematik für Ingenieurwissenschaften an der Technischen Universität Braunschweig

Dirk Langemann
(Technische Universität Braunschweig, Institut Computational Mathematics)

Zusammenfassung

Das Kompaktstudium Mathematik für Ingenieurwissenschaften wurde an der Technischen Universität Braunschweig speziell für den doppelten Abiturjahrgang 2011 in Niedersachsen konzipiert und durchgeführt. Die Veranstaltungen Ingenieurmathematik I–IV aus den ersten beiden Semestern bau- und maschinenbaulicher Ingenieurstudiengänge wurden im Sommer vor dem regulären Studienstart kompakt angeboten. Das Kompaktstudium bietet die Möglichkeit, Hypothesen zur Studienmotivation und zum Studienerfolg der Teilnehmerinnen und Teilnehmer zu überprüfen. Die erste These beschäftigt sich mit dem Einfluss der Freiwilligkeit. Weiterhin wird belegt, dass die Konzentration auf das Fach Mathematik während des Kompaktstudiums Motivation und Erfolg befördert. Außerdem wird nachgewiesen, dass der nachteilige Aspekt der kompakten Inhaltsvermittlung durch die Konzentration auf das Fach Mathematik und die erhöhte Studienbereitschaft ausgeglichen wird. Schließlich spielt die während des Kompaktstudiums verminderte Hochschulsozialisation durch Studierende höherer Semester eine positive Rolle. Die Hypothesen werden im Rahmen des Projekts „Kompaktstudium als alternative Studieneingangsphase: Lernwirksamkeit eines neuen Modells der mathematischen Grundausbildung in technischen Studiengängen und dessen Auswirkung auf die Studienzufriedenheit“ untersucht, aus dem hier erste Ergebnisse vorgestellt werden.

3.1 Einführung

Im Jahr 2011 des doppelten Abiturjahrgangs wurde an der Technischen Universität Braunschweig das Kompaktstudium Mathematik für Ingenieurwissenschaften organisiert und durchgeführt. Durch die kompakte Vermittlung der Ingenieurmathematik im Sommer vor dem regulären Studienbeginn sollte der erwartete Ansturm von Studienanfängerinnen und Studienanfängern verteilt und entspannt werden, woran sowohl seitens der Studienanfängerinnen und Studienanfänger als auch seitens der Hochschule ein großes Interesse bestand.

Damit ergab sich zudem die Gelegenheit, die Teilnehmerinnen und Teilnehmer des Kompaktstudiums mit den reguläre Studienanfängerinnen und Studienanfängern hinsichtlich Studienmotivation und Studienerfolg zu vergleichen.

Nach einer Vorstellung des regulären Studienverlaufs und des Kompaktstudiums gehen wir kurz auf die Gruppe der Teilnehmerinnen und Teilnehmer ein. Danach diskutieren wir vier Hypothesen bezüglich des Einflusses der Freiwilligkeit der Teilnahme am Kompaktstudiums, des Einflusses der thematischen Konzentration auf die Ingenieurmathematik, der Auswirkung der kompakten Inhaltsvermittlung und der Effekte, die sich aus der verminderten Hochschulsozialisation durch höhere Semester ergeben.

Der Artikel schließt mit Beobachtungen zu zwei deutlich verschiedenen Gründen für die Teilnahme am Kompaktstudium. Da die Ingenieurmathematik eine wichtige Brückenfunktion beim Übergang von der schulischen zur universitären Ausbildung übernimmt, begegnen wir in der Diskussion typischen Schwierigkeiten der Studienanfängerinnen und Studienanfänger ebenso wie typischen Verhaltensweisen bei der Informationsbeschaffung, bei der Studiengestaltung und der Organisation des individuellen Lernprozesses.

In diesem Artikel bezeichnen wir den üblichen Studienbeginn im Wintersemester als regulären Studienstart und die eingeschriebenen Studierenden als reguläre Studierende, womit wir sie von den Teilnehmerinnen und Teilnehmern des Kompaktstudiums unterscheiden.

3.2 Ingenieurwissenschaftliche Studiengänge an der TU Braunschweig

3.2.1 Reguläre Studieneingangsphase

Die Studierenden der ingenieurwissenschaftlichen Studiengänge, die an den Fakultäten für Maschinenbau und für Architektur, Bauingenieurwesen und Umweltwissenschaften angeboten werden, besuchen einen gemeinsamen Lehrveranstaltungszyklus Ingenieurmathematik aus mehreren Vorlesungen mit Übungen, der jährlich im Wintersemester startet.

Die Vorlesungen sind Analysis 1 (Ingenieurmathematik I), Lineare Algebra (Ing.-Ma. II) im ersten Semester und Analysis 2 (Ing.-Ma. III) sowie Gewöhnliche Differentialgleichungen (Ing.-Ma. IV) im zweiten Semester. Der Zyklus wird mit der Veranstaltung Partielle Differentialgleichungen (Ing.-Ma. V) im dritten Semester für den Studiengang Maschinenbau fortgesetzt.

Diese Veranstaltungen werden von Studierenden der Bachelor-Studiengänge Maschinenbau, Wirtschaftsingenieurwesen Maschinenbau, Bauingenieurwesen, Wirtschaftsingenieurwesen Bauingenieurwesen, Umweltingenieurwesen, Bioingenieurwesen, Geoökologie sowie Umwelt und Verkehr besucht.

Speziell in den Veranstaltungen des ersten Semesters werden viele Inhalte der Schulmathematik wie beispielsweise die elementaren Funktionen in Analysis 1 und die Vektorrechnung in Linearer Algebra wiederholt. Diese Überschneidung mit den gymnasialen Kernkurrikula erzeugt einerseits die notwendige Kontinuität beim Übergang zwischen Schule und Hochschule, ist andererseits aber auch wegen der mangelnden mathematischen Fähigkeiten, die oft die Inhalte der Sekundarstufe I (Klasse 7 bis 10) und teilweise Inhalte aus tieferen Klassenstufen betreffen, zwingend geboten (IHK Braunschweig 2011; Grünwald et al. 2004; Langemann 2011a).

Zur Vorlesung gibt es Saalübungen, die große Übungen genannt werden und in denen Lösungswege und Überlegungen anhand von Beispielaufgaben präsentiert werden, und kleine Übungen, in denen die Studierenden in kleinen Gruppen oder allein Übungsaufgaben unter Anleitung einer Tutorin bzw. eines Tutors selbstständig bearbeiten und ihren Kommilitoninnen und Kommilitonen vorstellen.

Die Lehrveranstaltungen werden durch ein eigenes lokales Online-Lernangebot, durch den Online-Brückenkurs der TU Berlin (Seiler 2011), durch Sprechstunden, zusätzlich angebotene Tutorien und Wiederholungskurse begleitet.

Jede Vorlesung wird mit einer Klausur abgeschlossen, zu der ein Semester später eine Wiederholungsklausur gestellt wird. Diese Klausuren bestehen in den letzten Jahren aus zehn kurzen Aufgaben, die grundlegende Fähigkeiten und Fertigkeiten der unterschiedlichen Themenbereiche prüfen, nicht aufeinander aufbauen und ohne Taschenrechner zu bearbeiten sind (Risse 2009). Speziell im ersten Semester mit seinen Wiederholungsanteilen ist etwa die Hälfte der Aufgaben mit den Inhalten der gymnasialen Kernkurrikula lösbar (Kerncurriculum 2009).

Der Lehrveranstaltungszyklus Ingenieurmathematik stellt die mathematischen Sachverhalte und Zusammenhänge für das gesamte Bachelor-Studium und mathematische Grundlagen für das Master-Studium bereit. Da unterschiedliche mathematische Inhalte Grundlage nahezu jeder ingenieurwissenschaftlichen Darstellung und Vermittlung sind (VDI 2004), wird die Ingenieurmathematik an allen mitteleuropäischen technischen Universitäten am Beginn des Studiums, üblicherweise in den ersten zwei bis drei Semestern vermittelt (Grünwald, Kossow, Sauerbier und Klymchuk 2004; VDI 2004). Somit werden auch Inhalte vermittelt, deren Zusammenhang mit ingenieurwissenschaftlichen Studieninhalten von den Vortragenden zwar motiviert aber durch die parallel angebotenen einführenden ingenieurwissenschaftlichen Lehrveranstaltungen noch nicht abgefragt werden (Grünwald, Sauerbier, Zverkova und Klymchuk 2006; Sonar 2004). Gelegentlich führt dies bei Studierenden zu Fehleinschätzungen über die Wichtigkeit der mathematischen Grundlagen für ein Ingenieurstudium. Die Fehleinschätzungen werden von Studierenden gelegentlich als Entschuldigung für vorhandene mathematische Schwächen genutzt (Weinhold 2013).

3.2.2 Organisation des Kompaktstudiums

Angesichts des doppelten Abiturjahrgangs 2011 in Niedersachsen, der sich aus dem Wechsel zur achtjährigen Gymnasialstufe ergeben hat (Kredler 2009), wurde an der Technischen Universität Braunschweig das Konzept des Kompaktstudiums Mathematik für Ingenieurwissenschaften entwickelt und nach einem Testlauf im Jahr 2010 im Jahr 2011 erfolgreich durchgeführt. Das Kompaktstudium richtet sich an Studienanfängerinnen und Studienanfänger der Studiengänge, die die Veranstaltung Ingenieurmathematik besuchen, und es verlegt diese Veranstaltung in den Sommer vor den regulären Studienbeginn.

Im Kompaktstudium wurden zwischen Ende Juli und Anfang Oktober die Vorlesungen Ingenieurmathematik I bis IV begleitet von großen und kleinen Übungen wie im regulären Studienverlauf und zusätzlichen Angeboten gehalten. Die Veranstaltungen jedes der beiden ersten Semester, deren Veranstaltungszeitraum regulär aus jeweils 14 Wochen besteht, wurde auf je 4,5 Wochen kompaktifiziert, an die sich jeweils ein Zeitraum von 1,5 Wochen zur Klausurvorbereitung anschloss. Somit wurden im ersten sechswöchigen Zyklus Ingenieurmathematik I und II vermittelt und geprüft und im zweiten Zyklus Ingenieurmathematik III und IV.

Da die beiden Ingenieurmathematik-Vorlesungen in jedem der beiden ersten Semester zusammen mit 8 ECTS-Punkten gewichtet sind und sie somit ein Viertel der regulären Arbeitsbelastung ausmachen, ergibt sich durch die Kompaktifizierung eine Arbeitsbelastung von rechnerisch etwa 70 % der Belastung im regulären Studienbetriebs. Um Schwierigkeiten durch die kompakte Vermittlung der mathematischen Inhalte abzufedern, wurden verstärkt Zusatzangebote wie institutionalisierte Tutorien und Fragestunden, kontrollierte Hausaufgaben, Online-Lernangebote, die auch als Kommunikationsplattform dienten und damit als halb-obligatorisch wahrgenommen wurden, und vermehrt Sprechstunden angeboten.

Die Prüfungen im Kompaktstudium waren analog zum regulären Studium. Die Teilnehmerinnen und Teilnehmer des Kompaktstudiums konnten ihre Prüfungsergebnisse für das anschließende Studium anrechnen lassen. Insbesondere nicht bestandene Prüfungsleistungen mussten jedoch nicht angerechnet werden, so dass die Prüfungen im Kompaktstudium als Freiversuch angesehen werden können.

Das Kompaktstudium Mathematik für Ingenieurwissenschaften wurde aus Studienbeiträgen finanziert. Zusätzliche auswärtige Dozenten konnten gewonnen werden, um das umfangreiche Betreuungsangebot durchzuführen. Für die Teilnehmerinnen und Teilnehmer war es gebührenfrei.

Die Lehrveranstaltungen im Kompaktstudium wurden wie die regulären Veranstaltungen evaluiert. Bei dieser Lehrevaluation wurde die Qualität der Lehrveranstaltung sowie die der Dozenten auf einer Rating-Skala bewertet. Zusätzlich wurde das Kompaktstudium als Gesamtmaßnahme evaluiert, wobei der Fokus auf den Spezifika des Kompaktstudiums wie der konzentrierten Stofffülle, der zeitlichen Lage im Sommer, der zeitlich verdichteten Organisation usw. lag. Bei dieser Evaluation gab es sowohl Antwortmöglichkeiten auf einer Rating-Skala als auch freie Frage. Eine weitere Umfrage mit freien Fragen fragte in jedem kompaktifizierten Semester ein direktes Feedback ab (Aust und Weinhold 2012).

Diese umfangreichen Rückmeldungen sind Ausgangspunkt für das Projekt „Kompaktstudium als alternative Studieneingangsphase: Lernwirksamkeit eines neuen Modells der mathematischen Grundausbildung in technischen Studiengängen und dessen Auswirkung auf die Studienzufriedenheit" (Aust et al. 2011).

Im Folgenden werden erste, leicht ablesbare Ergebnisse und Tendenzen aus den Erhebungselementen wiedergegeben. Dazu werden die Erhebungen der 230 Teilnehmerinnen und Teilnehmer des Kompaktstudiums 2011 und als Vergleichsgruppe die 1.050 regulär Studierenden mit Studienbeginn zum Wintersemester 2011, die die Lehrveranstaltungen Ingenieurmathematik besuchen, herangezogen.

Das fundamentale Ziel des Kompaktstudiums Mathematik für Ingenieurwissenschaften war die Entspannung des regulären Studienbeginns im doppelten Abiturjahrgang 2011, in dem es an der TU Braunschweig wie an allen niedersächsischen Hochschulen etwa 25 % mehr Studienanfängerinnen und Studienanfänger gab, was deutlich hinter früheren Prognosen zurückblieb (Kredler 2009).

Das Ziel der Entspannung des regulären Studienbeginns stellt sich aus Sicht der Studienanfängerinnen und Studienanfänger und aus Sicht der ausrichtenden Hochschule unterschiedlich dar. Während für Teilnehmerinnen und Teilnehmer im Kompaktstudium das hervorragende Betreuungsverhältnis und die Möglichkeit, das anschließende Studium schneller oder entspannter zu durchlaufen, im Vordergrund stand, wollten die Organisatoren an der TU Braunschweig neben dem innovativen Angebot des Kompaktstudiums auch die Betreuungs- und Raumsituation zum regulären Studienstart entspannen.

3.2.3 Teilnehmerinnen und Teilnehmer des Kompaktstudiums

Im Testlauf 2010 gab es ca. 90 Teilnehmerinnen und Teilnehmer, im Jahr 2011 des doppelten Abiturjahrganges waren es ca. 230. Die Veranstaltungen Ingenieurmathematik besuchen durchschnittlich etwa 1000 Hörerinnen und Hörer.

Das Kompaktstudium wurde im Landesschulbezirk Braunschweig über die Schulen und umfangreich in lokalen Print- und Tonmedien beworben. Entsprechend kamen die meisten Teilnehmerinnen und Teilnehmer aus dem Großraum Braunschweig, und fast alle stammten aus Norddeutschland. Vereinzelt kamen Interessierte aus dem Ausland.

Die Umfragen haben ergeben, dass die soziale Herkunft (Berufe der Eltern) gemischt war. Ebenso entsprach die verstrichene Zeit seit dem Ablegen des Abiturs mit im Mittel einem Jahr der einer Stichprobe von durchschnittlichen Studienanfängerinnen und Studienanfängern. Dies heißt insbesondere, dass nur knapp die Hälfte der Teilnehmerinnen und Teilnehmer im Jahr 2011 in diesem Jahr ihr Abitur abgelegt hatten. Bei einzelnen Teilnehmerinnen und Teilnehmern lag zwischen dem Abitur und dem Besuch des Kompaktstudiums eine Berufsausbildung oder eine Berufstätigkeit.

Laut den Evaluierungen des Kompaktstudiums als Gesamtmaßnahme war die überwiegende Mehrheit von 87 % der Teilnehmerinnen und Teilnehmer mit dem Kompaktstudium zufrieden und sahen ihre Erwartungen als erfüllt oder übertroffen an. Kritikpunkte wurden in offenen Fragen abgefragt und betrafen fast ausschließlich organisatorische Probleme wie das Semesterticket, die Wohnraumsituation in Braunschweig und die zeitliche Lage der Lehrveranstaltungen, jedoch keine inhaltlichen und didaktischen Komponenten.

Eine andere offene Frage zielte auf Gründe für die Teilnahme Kompaktstudium. Es konnten zwei grundsätzliche unterschiedliche Gründe herausgearbeitet werden, die von den Teilnehmerinnen und Teilnehmern auch im persönlichen Kontakt mit den Lehrenden kommuniziert wurden. Etwa 60 Studierende gaben in den Umfragen als einen wichtigen Grund ihr Interesse an einem schnelleren Studium an. Diese Studierenden hatten das Ziel, die in den ersten beiden Semestern freiwerdende Zeit, wie von den Organisatoren vorgesehen und in speziellen Studienplänen niedergelegt, dafür zu verwenden, Lehrveranstaltungen aus höheren Fachsemestern vorzuziehen und das Bachelor-Studium schneller zu beenden. Die ersten Studierenden aus dem Kompaktstudium 2010 sind im Jahr 2012 auf dem besten Weg, dieses Ziel zu erreichen (Aust und Weinhold 2012).

Eine zweite etwas größere Gruppe von etwa 100 Teilnehmerinnen und Teilnehmern des Kompaktstudiums war sich ihrer Schwächen in der Schulmathematik sehr bewusst und verwendete das Kompaktstudium als einen verlängerten und intensiven Vorkurs zur Vorbereitung auf den regulären Studienstart, den sie mit allen Veranstaltungen inklusive Ingenieurmathematik im regulären Studienverlauf wahrnehmen wollten (Aust et al. 2011; Aust und Weinhold 2012). Diese Studierenden gaben an, aufgrund der selbstkritischen Einschätzung ihrer schulischen Voraussetzungen im Fach Mathematik an dem Freiversuch bei den Klausuren besonders interessiert zu sein (Langemann 2011b; Weinhold 2013). Da diese Teilnehmerinnen und Teilnehmer des Kompaktstudiums mit dem Start des Wintersemesters zu regulären Studierenden wurden, hat die Technische Universität das Ziel, den regulären Studienstart im doppelten Abiturjahrgang zu entlasten, nur eingeschränkt erreicht.

3.3 Hypothesen

Das Kompaktstudium bietet mit den Teilnehmerinnen und Teilnehmern ein Studiendesign, um diese Gruppe im oben genannten Projekt (Aust et al. 2011) mit den regulären Studierenden zu vergleichen. Aus naheliegenden Gründen ist die Auswahl dieser Gruppe keine zufällige Stichprobe, denn die Teilnahme am Kompaktstudium ist nicht unabhängig von individuellen Eigenschaften wie Motivation, Offenheit und Arbeitseifer der Teilnehmerinnen und Teilnehmer. Unter Berücksichtigung dieser Tatsachen werden ausgehend von Diskussionen, die im Vorfeld der Organisation des Kompaktstudiums mit Vertretern von Schulen, Eltern, Studierenden und Hochschullehrern stattgefunden haben, hier vier Hypothesen formuliert, die im Folgenden diskutiert und an Hand der Ergebnisse der Lehrevaluationen, der Evaluation des Kompaktstudiums als Gesamtmaßnahme und den freien Feedback-Fragen überprüft werden. Neben finanziellen Aspekten bildeten Vermutungen über das Nichtzutreffen der nachfolgend diskutierten Hypothesen die Mehrzahl der Gegenargumente gegen das Kompaktstudium. Ihre Diskussion kann deshalb unter anderem zur Unterstützung ähnlicher Maßnahmen in anderen von doppelten Abiturjahrgängen betroffenen Bundesländern herangezogen werden.

Die wesentlichen Gegenargumente, die eine Diskussion der Hypothesen geboten erscheinen lassen, sind erstens die Beobachtung, dass reguläre Studierende freiwillige Zusatzangebote zwar einfordern aber wenig nutzen, vgl. nichtobligatorische Online-Angebote, Sprechstunden oder Tutorien, zweitens die unter anderem durch Evaluierungskommentare aus dem regulären Studienbetrieb genährte Befürchtung, dass Studierenden ingenieurwissenschaftlicher Studiengänge bei einer alleinigen Beschäftigung mit dem Fach Mathematik der Bezug zu deutlicher anwendungsbezogenen Inhalten fehlt, drittens der Zweifel, dass täglich mehrere mathematische Lehrveranstaltungen das Verständnis mathematischer Inhalte und Sachverhalte erschweren oder ganz unmöglich machen, und schließlich viertens die Annahme, dass die Hochschulsozialisation für ein erfolgreiches Studium unerlässlich sei. Vor dem Hintergrund dieser Gegenargumente ist die Gültigkeit der Hypothesen nicht a priori plausibel.

3.3.1 Freiwilligkeit

Zwar studiert jeder Studierende grundsätzlich freiwillig, doch werden zuweilen Teile des gewählten Studiengangs als obligatorischer Zusatz zum eigentlichen Studienziel empfunden. Wie wir aus zahlreichen freien Kommentaren aus Evaluationsbögen, aus Internetforen und aus persönlichen Gesprächen erfahren haben, betrachtet ein großer Anteil der Studierenden die Pflichtveranstaltung Ingenieurmathematik vor allem in der Studieneingangsphase als einen Zusatz, dessen Verbindung zu den ingenieurwissenschaftlichen Studieninhalten noch nicht vollständig sichtbar ist.

Die Teilnehmerinnen und Teilnehmer des Kompaktstudiums haben sich bewusst dafür entschieden, dieses freiwillige Angebot vor dem regulären Studienstart wahrzunehmen. Wir betrachten dies als einen Ausdruck einer erhöhten Freiwilligkeit, denn die

Teilnehmerinnen und Teilnehmer verzichten auf eine Zeitspanne von mehreren Monaten zwischen dem Abitur und dem regulären Studienstart, in der sie keine Verpflichtungen haben und die sie für Freizeitaktivitäten, Praktika oder Saisonarbeit effektiv und zum eigenen Vorteil nutzen könnten.

Die Hypothese Nr. 1 lautet, dass diese erhöhte Freiwilligkeit zu einer gesteigerten Studienmotivation, einer verstärkten Teilnahme an den Lehrveranstaltungen des Kompaktstudiums und den Zusatzangeboten sowie zu besseren Prüfungsergebnissen im Vergleich zu den regulären Studierenden führt.

3.3.2 Konzentration auf das Fach Mathematik

Während des Kompaktstudiums, welches in seinen Kernelementen eine halbtägige Auslastung mit Mathematik anbot, fanden keine anderen Lehrveranstaltungen statt. Die Teilnehmerinnen und Teilnehmer haben sich ca. drei Monate lang fokussiert mit mathematischen Inhalten beschäftigt.

Im Gegensatz dazu besuchen regulär Studierende viele Lehrveranstaltungen parallel, wobei die Veranstaltungen Technische Mechanik I und II und Grundlagen des Konstruierens nach langjähriger Erfahrung, Evaluationsergebnissen und wiederkehrenden Aussagen der Studierenden den höchsten eigenen Arbeitsaufwand erfordern. Aus diesen Quellen ist bekannt, dass die Ingenieurmathematik in einer Rangfolge der zentralen Fächer hinsichtlich des investierten Arbeitsaufwandes und der zugeschriebenen Studienbedeutung seitens der regulär Studierenden höchstens auf Platz drei hinter den Lehrveranstaltungen Technische Mechanik und Grundlagen des Konstruierens steht, die als stärker zum Ingenieurstudium gehörend angesehen werden. Die Hypothese Nr. 2 lautet, dass die Konzentration auf das Fach Mathematik Motivation und Lernerfolg steigert.

3.3.3 Kompakte Inhaltsvermittlung

Während des Kompaktstudiums werden die mathematischen Inhalte jedes 14-wöchigen Semesters auf 4,5 Wochen kompaktifiziert. Statt zwei Veranstaltungen mit je 2+1+1 Semesterwochenstunden Vorlesung, großer und kleiner Übung, besuchen die Teilnehmerinnen und Teilnehmer durchschnittlich drei Lehrveranstaltungen pro Tag, d. h. etwa sechs Vorlesungen à 90 Minuten pro Woche, drei große Übungen und drei kleine Übungen sowie Zusatzangebote wie Tutorien.

Eine verbreitete Meinung, die auch im Vorfeld der Organisation des Kompaktstudiums diskutiert und als Gegenargument verwendet wurde, besagt, dass die Erarbeitung mathematischer Konzepte, Sachverhalte und Zusammenhänge längere Zeiten der gedanklichen Beschäftigung bei den Studierenden erfordert. Ohne diese Meinung in ihrem Grundgehalt bestreiten oder an dieser Stelle diskutieren zu wollen, kommen wir jedoch zur Hypothese Nr. 3, dass die kompakt Inhaltsvermittlung der ingenieurmathematischen Inhalte der anwendungsbereiten Präsenz dieser Inhalte zumindest nicht schadet.

3.3.4 Verminderte Hochschulsozialisation

Zum regulären Studienbeginn finden zahlreiche einführende Veranstaltungen in einer Brückenwoche und in der ersten Vorlesungswoche statt. Die studentischen Anteile sowie die Unterhaltungsanteile wie Grillfest und Kneipentour werden von den Fachschaften, also von Studierenden höherer Semester, organisiert.

Nach den Einführungsveranstaltungen sind Studienanfängerinnen und Studienanfänger mit der hochschulorganisatorischen und studentischen Infrastruktur vertraut. Sie erhalten eine Prägung hinsichtlich der Wichtigkeit und des Arbeitsaufwands der Lehrveranstaltungen sowie Zugang zu Diskussionsforen wie dem an Studierende gerichteten Maschinenbauforum oder thematischen Gruppen auf Facebook (Risse 2011). Den Zugang zur universitären Infrastruktur und zu studentischer Erfahrung nennen wir hier Hochschulsozialisation.

Zu einem kleinen Teil beinhaltet diese Hochschulsozialisation auch Informationen, welche Lehrinhalte als minimale Anforderung für das Bestehen der Prüfungen angesehen werden. Diese Inhalte werden von einer Auswahl an Studierenden als diejenigen, „die man wirklich braucht" oder als „klausurrelevant" referiert. Hiermit werden leider auch falsche Informationen und Lernstrategien vermittelt.

Beispielsweise beobachtet man Studierende, die sich auf das reine Auswendiglernen von Lösungswegen zu Beispielaufgaben fokussieren. Solche Studierende besuchen häufig nur die kleinen Übungen und urteilen sehr restriktiv über die Anwendbarkeit der mathematischen Inhalte, wobei sie mit Anwendbarkeit meist das Vorkommen in der Klausur meinen. Da die Klausuren vor allem im ersten Semester aus Sicht der Lehrenden Wiederholungsanteile aus dem Schulstoff wie z. B. die graphische Darstellung der elementaren Funktionen, die Differentiation und die Kurvendiskussion enthalten, genügt bei ausreichendem mathematischen Grundverständnis hinsichtlich Notation, Termumstellung, Auflösen von Gleichungen und Darstellung funktionaler Zusammenhänge die Bearbeitung von Beispielaufgaben, wie sie in dem vorlesungsbegleitenden Skript vorhanden sind, zum Bestehen, wobei ein Studierender mit diesem Grundverständnis durch das bloße Auswendiglernen von Lösungswegen hinter seinen Möglichkeiten bleibt, während Studierende ohne dieses Grundverständnis mit der genannten Lernstrategie die Klausur kaum erfolgreich bestehen können (Langemann 2011b).

Teilnehmerinnen und Teilnehmer des Kompaktstudiums erfahren die Hochschulsozialisation in verminderter Weise, weil ihre Einführungsveranstaltungen einen geringeren Umfang haben und weil das studentische Leben wegen der Klausur-, Urlaubs- und Praktikumszeit im Sommer ruhiger ist.

Wir formulieren als Hypothese Nr. 4, dass eine verminderte Hochschulsozialisation der ingenieurwissenschaftlichen Studienanfängerinnen und Studienanfänger zu einer größeren Akzeptanz des mathematischen Lehrangebots als Ganzes führt.

3.4 Untersuchungsmethoden

Als Datenmaterial stehen die Standard-Evaluationen der Lehrveranstaltungen im Rahmen des Kompaktstudiums, die Evaluation des Kompaktstudiums als Gesamtmaßnahme, Umfragen zur Herkunft, Motivation und Zielsetzung der Teilnehmerinnen und Teilnehmer sowie erste Erhebungen und Vergleichsklausuren im Rahmen des Projektes „Kompaktstudium als alternative Studieneingangsphase" im Kompaktstudium und im regulären Studium zur Verfügung (Aust und Weinhold 2012). Diese vier Erhebungsinstrumente werden durch Beobachtungen zum weiteren Studienerfolg der Teilnehmerinnen und Teilnehmer sowie durch ein intensives persönliches Feedback in Tutorien, kleinen Übungen, Sprechstunden und zusätzlichen Gesprächen vor und nach den Lehrveranstaltungen, die während des Kompaktstudiums in verstärktem Maße möglich waren, ergänzt.

Hier beziehen wir uns auf die ca. 230 Teilnehmerinnen und Teilnehmer des Kompaktstudiums 2011. Diese Stichprobe unterscheidet sich hinsichtlich des Alters, der Zusammensetzung nach Männern und Frauen, der geographischen und sozialen Herkunft, der verstrichenen Zeit seit dem Ablegen des Abiturs oder einer anderen Hochschulzugangsberechtigung nicht signifikant von der Vergleichsgruppe der regulär Studierenden, von der diese Daten im zeitlichen Zusammenhang zur Vergleichsklausur abgefragt wurden.

Im Einzelnen beinhaltet die Lehrevaluation Fragen nach der Häufigkeit des Besuchs der Veranstaltungsteile, ihrer Qualität hinsichtlich Stoffvermittlung, Einsatz der Lehrmittel und Lernatmosphäre sowie zur Zufriedenheit der Teilnehmerinnen und Teilnehmer. Die Lehrevaluation besteht aus standardisierten Fragen und Antworten auf einer Rating-Skala. Die Evaluation des Kompaktstudiums als Gesamtangebot besteht aus formulierten Fragen und freien textuellen Antworten. Es werden Fragen zur Studienmotivation, zur Studienzufriedenheit, zu den spezifischen Besonderheiten des Kompaktstudiums und zu einem kleinen Teil zur Herkunft der Teilnehmerinnen und Teilnehmer gestellt. Die Auswertung erfolgt durch eine Sammlung und Kategorisierung der freien Antworten. Die Evaluationsfragen und die Umfragen wurden unabhängig von der vorliegenden Untersuchung und den vorliegenden Hypothesen für die Dokumentation des Kompaktstudiums und des Maßnahmenerfolges entworfen. Die Ergebnisse werden zur Diskussion der vorliegenden Hypothesen a posteriori ausgewertet.

Im Rahmen des Projekts (Aust et al. 2011) wurden Testklausuren – nicht zu verwechseln mit den benoteten Abschlussklausuren der Lehrveranstaltungen – geschrieben, die sich an Testklausuren des Vorkurses Mathematik anlehnen. Sie beinhalten ausschließlich Stoff der Sekundarstufe I und II, und die Bearbeitungszeit beträgt 30 Minuten. Die Ergebnisse der Testklausuren dienen nicht zur Benotung der Studierenden sondern zur individuellen Überprüfung der Selbsteinschätzung. Die Aufgaben prüfen Fertigkeiten im Umgang mit mathematischer Notation, der Rechnung mit rationalen Zahlen, der Handhabung von Potenzen und Wurzeln, das Auflösen von linearen und quadratischen Gleichungen sowie einfache Aspekte der Kurvendiskussion und der Winkelfunktionen. Die

Testklausur besteht aus zehn sehr kurzen Aufgaben und ist so konzipiert, dass ein Schulabsolvent mit sicheren mathematischen Fähigkeiten gemäß dem Kernkurrikulum alle Aufgaben bearbeiten und lösen kann (Kerncurriculum 2009). Die Testklausur beinhaltet drei Aufgaben zur Kurvendiskussion, zur Integralrechnung und zu linearen Gleichungssystemen, die als Vergleichsanker zu den Ergebnissen der Abschlussklausuren nach dem ersten Studiensemester dienen.

3.5 Untersuchungsergebnisse

3.5.1 Diskussion der Hypothesen

Für die Hypothese Nr. 1 des Zusammenhangs zwischen erhöhter Freiwilligkeit und erhöhter Studienbereitschaft und -motivation spricht zunächst der Besuch der Lehrveranstaltungen. Im Kompaktstudium 2011 besuchten gemäß regelmäßiger Zählungen und übereinstimmender Selbstauskunft in den Evaluationen bis auf jeweils einstellige Anzahlen Abwesender alle 230 Studierenden regelmäßig die Vorlesungen, großen und kleinen Übungen. Im Vergleich dazu besuchen von den ca. 1.000 regulär Immatrikulierten und unter stud.IP zur Lehrveranstaltung angemeldeten Studierenden gemäß regelmäßiger Zählung nur etwa 600 die Vorlesungen und 700 die großen Übungen. In den kleinen Übungen ist eine Zählung wegen der Vielzahl der Übungsgruppen und möglicher Doppelbesuche problematisch. Die Anzahl der Hörerinnen und Hörer in den regulären Lehrveranstaltungen ist über den Verlauf der Semester ebenso wie die Anzahl der Downloads der Übungsblätter leicht rückläufig. Der Anteil der Vorlesungsteilnehmerinnen und -teilnehmer ist über die Jahre relativ konstant und unabhängig von der konkreten Person des Dozenten.

Von den 230 Teilnehmerinnen und Teilnehmern des Kompaktstudiums 2011 nutzten 210 das lokale Online-Lernangebot für die Bearbeitung von individuellen Aufgaben aus mindestens drei Themenkomplexen, davon 175 zusätzlich für zwei oder mehr der dort angebotenen freiwilligen Tests zur Selbstüberprüfung. Im Vergleich dazu besuchten während der regulären Vorlesungen zur Ingenieurmathematik jeweils weniger als 200 Studierende der 1.000 regulär angemeldeten Studierenden überhaupt das lokale Online-Lernangebot.

Die Möglichkeit der freiwilligen Abgabe der Hausaufgaben nutzten im Kompaktstudium 160 Studierende im ersten kompaktifizierten Semester und 100 Studierende im zweiten kompaktifizierten Semester für die Abgabe von mindestens der Hälfte der Übungsblätter. Ebenso besuchten etwa 50 Teilnehmerinnen und Teilnehmer des Kompaktstudiums regelmäßig die Tutorien und Fragestunden und beteiligten sich aktiv mit Beiträgen und Fragen. Ein entsprechendes Angebot im regulären Studienbetrieb fand trotz studentischen Wunsches im Sommersemester 2011 insgesamt drei Interessenten von 1000 möglichen.

Diese Zahlen betrachten wir als deutliche Indizien für eine gesteigerte Studienmotivation der Teilnehmerinnen und Teilnehmer. Die Prüfungsergebnisse waren gegenüber dem Durchschnitt in den regulären Lehrveranstaltungen in den Abschlussklausuren zu den einzelnen Klausuren um ca. 0,3 Noten verbessert. Insbesondere gab es deutlich mehr gute und sehr gute Noten und weit weniger Klausuren, die weniger als 25 % der möglichen Punkte erreichten (Aust und Weinhold 2012). Bei der Bewertung dieses Vergleichs muss jedoch berücksichtigt werden, dass alle Klausuren im Kompaktstudium Erstversuche für die Teilnehmerinnen und Teilnehmer waren.

Durch die in Hypothese Nr. 2 angesprochene Konzentration auf das Fach Mathematik standen den Teilnehmerinnen und Teilnehmern des Kompaktstudiums mehr zeitliche Freiräume zur Verfügung, bei deren Einsatz sie sich nicht zwischen mehreren Optionen entscheiden mussten. Gleichzeitig wurde eine verstärkte Annahme der Zusatzangebote beobachtet. Aus den Evaluationen, den Umfragen, die in freien Fragen nach der Einschätzung der Konzentration auf nur ein Fach im Kompaktstudium fragen, sowie den kleinen Übungen und den Tutorien haben die Organisatoren und Dozenten das Feedback erhalten, dass die Teilnehmerinnen und Teilnehmer diese Konzentration als positiv und lernfördernd empfanden. Aus den freien Antworten und aus den Gesprächen mit Studierenden kann man die Vermutung ableiten, dass die unterschiedlichen Teile der Lehrveranstaltungen als ein zusammenhängendes didaktisches Ganzes wahrgenommen wurden und dass den Vorlesungsinhalten eher ein innermathematischer Zweck zugeordnet wurde, der durch die zeitliche Nähe der Themen leichter wahrnehmbar war. Ein zeitnaher Bezug zu den deutlicher anwendungsbezogenen ingenieurwissenschaftlichen Studieninhalten wurde auf Nachfrage in den Evaluationen nicht vermisst. In einer späteren Umfrage bewerteten viele Teilnehmerinnen und Teilnehmer das Vorhandensein der ingenieurmathematischen Grundlagen für die anderen Lehrveranstaltungen als sehr vorteilhaft (Aust und Weinhold 2012).

In ähnlicher Weise wurde die kompakte Inhaltsvermittlung, die besonders in den Evaluationen und Umfragen zur Bewertung des Kompaktstudiums als Gesamtmaßnahme auf einer Rating-Skala und als freie Frage abgefragt wurde, nicht als negativ empfunden. Zusätzlich ist aus der Lehrevaluation der regulären Vorlesungen bekannt, dass die Studierenden nach eigenen Angaben durchschnittlich nur ein bis drei Stunden zusätzlich zur Präsenz in den Lehrveranstaltungenen aufwenden. Damit verwenden Studierende etwa 50 % der Zeit des Besuchs der Lehrveranstaltungen für Vor- und Nachbereitung. Bei der zeitlichen Belastung durch das Kompaktstudium bleibt für diesen Anteil ausreichend Zeit, welche durch Besuche der Tutorien und Sprechstunden zielorientiert genutzt wurde.

Diese Beobachtung hängt eng mit der Vermittlung und Aufbereitung der Inhalte der Lehrveranstaltungen Ingenieurmathematik zusammen, denn die individuelle Verarbeitung tiefliegender mathematischer Inhalte ist in der Tat an Zeit gebunden und innerhalb kompakter Lehrveranstaltungen nur eingeschränkt möglich. Im Gegensatz dazu sind die ingenieurmathematischen Inhalte anwendungsorientiert, wobei Einblicke in tieferliegende Zusammenhänge auch wegen der großen Stofffülle nur im Charakter einzelner

Leuchttürme präsentiert werden können (Strauß 2002). Durch die oben genannten Beobachtungen sehen wir die Hypothese Nr. 3 gestützt.

Hypothese Nr. 4 wird vor allem durch das Ausbleiben typischer Abwanderungserscheinungen und Infragestellungen durch die Teilnehmerinnen und Teilnehmer des Kompaktstudiums gestützt. In deutlich vermindertem Maße wurde der Sinn der Mathematikausbildung für Ingenieure nachgefragt oder der Zweck einzelner Sachverhalte bezweifelt (Aust und Weinhold 2011). Diese schwer zu quantifizierende Beobachtung enthob die Dozenten im Kompaktstudium von dem im regulären Studienverlauf nicht nur latent vorhandenen Rechtfertigungsdruck, der durch die in studentischen Evaluationen und Wortmeldungen wiederkehrende Behauptung, ein modernes Ingenieurstudium käme im Zeitalter der Computer und Simulationsprogramme ohne mathematische Grundlagen aus, aufgebaut wird.

Außerdem waren die Teilnehmerinnen und Teilnehmer in viel geringerem Maße auf die speziellen Lösungswege für Beispielaufgaben fixiert. Vielmehr waren sie bereit, das Vermittlungsziel der Befähigung zum eigenständigen Umgang mit Sachverhalten der höheren Mathematik und ihrer Verwendung zur Modellierung ingenieurwissenschaftlicher Zusammenhänge aufzunehmen und anzustreben (Aust und Weinhold 2012).

Diesen Unterschied führen wir wesentlich auf das Ausbleiben der pejorativen Einflüsse der Hochschulsozialisation zurück. Auf der anderen Seite ist die Frage interessant, durch welche Mechanismen studentische Wertvermittlungen und Einschätzungen bei den jüngeren regulären Studierenden in Lernstrategien übersetzt werden, die aus Sicht der Dozenten ineffektiv und wenig erfolgversprechend sind.

3.5.2 Weitere Beobachtungen

Ein Unterschied in der Verteilung der Klausurergebnisse über die Teilnehmerinnen und Teilnehmer des Kompaktstudiums war auffällig. Während im regulären Studienverlauf die Verteilung der in der Klausur erreichten Punkte mit einer leichten Rechtsschiefe um den Mittelwert konzentriert ist, wurde im Kompaktstudium eine zweihöckrige Verteilung beobachtet. Es gab relativ mehr gute und sehr gute Klausurergebnisse, weniger mittlere und etwa gleich viele gerade ausreichende Klausurergebnisse. Diese zweihöckrige Verteilung kann auf die beiden Gruppen mit unterschiedlichen Gründen für das Kompaktstudium zurückgeführt werden, siehe Teilnehmerinnen und Teilnehmer. Studierende mit guten mathematischen Vorkenntnissen, die ins Kompaktstudium gekommen sind, um schneller zu studieren, erreichten gute bis sehr gute Prüfungsergebnisse, während die Gruppe derer, die das Kompaktstudium als einen verlängerten Vorkurs zur Aufbereitung ihrer mathematischen Fähigkeiten und Fertigkeiten und zur Vorbereitung des regulären Studiums verwenden wollten, eher die durchschnittlichen Ergebnisse erreichten.

Außerdem ist aufgefallen, dass die Teilnehmerinnen und Teilnehmer die Lehrveranstaltung mit ihrem Vermittlungsziel, die Studierenden zum eigenständigen Umgang mit Sachverhalten und Formalismen der höheren Mathematik und zu ihrer Verwendung zur

Modellierung ingenieurwissenschaftlicher Zusammenhänge zu befähigen, wesentlich bereitwilliger angenommen haben als die regulären Studierenden. Die Fixierung auf den Zweck oder Nutzen der mathematischen Inhalte und die Unterstellung, ein Ingenieur bräuchte keinerlei mathematische Grundausbildung, waren im Kompaktstudium wesentlich seltener zu höher als im regulären Studienverlauf. Möglicherweise liegt dies daran, dass der Besuch des Kompaktstudiums mit der konzentrierten mathematischen Wissensvermittlung mit einer erhöhten Bereitschaft korreliert, sich zunächst auf das Lehrangebot einzulassen.

3.6 Zusammenfassung

Das Kompaktstudium Mathematik für Ingenieurwissenschaften war eine innovative Lehrform, die die ingenieurmathematischen Inhalte kompakt vor dem regulären Studienbeginn vermittelte. Ursprünglich zur Abfederung des Studierenden-Ansturms im doppelten Abiturjahrgang 2011 in Niedersachsen konzipiert und organisiert, zeigte diese Lernform einige positive Effekte und lieferte Studienmaterial zur Erforschung der Gemeinsamkeiten und Unterschiede mit dem regulären Studienverlauf.

So konnten Hinweise dafür gefunden werden, dass die Freiwilligkeit des Besuchs der ingenieurmathematischen Lehrveranstaltungen, die einen Unterschied zum regulären Studium aufzeigt, die Studienmotivation und Studienbereitschaft steigert. Die thematische Konzentration wirkte sich offenbar positiv auf Studienmotivation und Studienerfolg aus. Der positive Effekt schien durch die Kompaktheit nicht wesentlich beeinträchtigt. Schließlich wurde unterstrichen, dass die Verminderung der pejorativen Anteile der Hochschulsozialisation durch ältere Semester dazu führen kann, dass die Studierenden seltener tradierten Fehleinschätzungen und ineffektiven Lernstrategien erliegen und sich eher auf das bestehende Lernangebot und Vermittlungsziel einlassen. Schließlich war auffällig, dass es zwei unterschiedliche Gründe für die Teilnahme am Kompaktstudium gab. Eine Gruppe mit guter mathematischer Vorbildung setzte eher auf ein schnelleres Studium, während eine zweite Gruppe das Kompaktstudium vorrangig als verlängerten und intensiven Vorbereitungskurs aufs reguläre Studium verwendet hat.

Eine Weiterführung des Kompaktstudiums ist – nicht zuletzt wegen der nach den studentischen Protesten im Wintersemester 2009/10 erfolgten Änderung der Verwendungsvorschriften und Aufteilung der Studienbeitragsmittel – trotz guter Evaluationsergebnisse und viel positivem Feedback leider nicht geplant.

Beispielhaft für das Feedback seien hier die Meinungen von zwei Studierenden aus dem November-Newsletter der TU Braunschweig (Newsletter TU Braunschweig 2012) wiedergegeben. So schreibt der Maschinenbaustudent Johannes O. dort „Eine tolle Idee war das Mathekompaktstudium.", und Matthias R., Student des Wirtschaftsingenieurwesens Maschinenbau sagt: „Das Kompaktstudium Ingenieurmathematik war super, eine sehr gute Idee. Es war ausgezeichnet organisiert, und die Betreuung war hervorragend."

Danksagung Mein besonderer Dank gilt den Dozenten des Kompaktstudiums Dr. Georg Gutenbrunner, Dr. Thorsten Riedel, Dr. Philipp Zumstein und allen anderen, die das Gelingen des Kompaktstudiums ermöglicht haben.

3.7 Literaturverzeichnis

Aust, K., Hartz, S., Langemann, D., & Schmidt-Hertha, B. (2011). Das Kompaktstudium als alternative Studieneingangsphase: Die Lernwirksamkeit eines neuen Modells der mathematischen Grundausbildung in technischen Studiengängen und dessen Auswirkung auf die Studienzufriedenheit, Projekt im Zukunftsfonds der TU Braunschweig, 2011.

Aust, K., Weinhold, C. (2012). Auswertungen der Standard-Evaluation, der Evaluation des Kompaktstudiums, der Umfrage zur Herkunft, Motivation und Zielsetzung und der Vergleichsklausuren für Kompaktstudium und reguläres Studium, TU Braunschweig.

IHK-Projekt (2011). Die Wirtschaft macht mobil - Mathematik im Fokus von Schule, Ausbildung und Studium, IHK Braunschweig.

Grünwald, N., Kossow, A., Sauerbier, G., & Klymchuk, S. (2004). Der Übergang von der Schul- zur Hochschulmathematik: Erfahrungen aus internationaler und deutscher Sicht, Global J. of Engng. Educ. 8, 283–293.

Grünwald N., Sauerbier, G., Zverkova, T., & Klymchuk, S. (2006). Bestand und Nachhaltigkeit der mathematischen Modellierung für Ingenieurstudenten, Global J. of Engng. Educ. 10, 293–298.

Kredler, C. (2009). Doppelter Abiturjahrgang 2011, Vortrag TU München, 20.06.2009.

Langemann, D. (2011a). Die dunkle Seite der Schulmathematik - eine Parabel, IQ Journal des Braunschweiger VDI-Bezirksvereins 2, 17.

Langemann, D. (2011b). Hochschulzensuren: Ist 2.3 wirklich noch eine gute Note? Wirtschaft IHK Braunschweig 4, 3.

Kerncurriculum für das Gymasium - gymnasiale Oberstufe, Mathematik (2009). Niedersächsisches Kultusministerium Hannover.

Newsletter November/Dezember 2011 der Technischen Universität Braunschweig, 1.

Risse, T. (2009). Zu Risiken und Nebenwirkungen von Taschenrechnern im Mathematik-Unterricht, Vortrag TU Braunschweig, 26.11.2009.

Risse, T. (2011). Warum haben Jugendliche, die ständig online sind, so große Schwierigkeiten mit Mathematik, Source Talk Tage, Göttingen 30.08.-01.09.2011.

Sonar, T. (2004). Mathematik durch Modellierung, Lehrerausbildung und Lehrerfortbildung mit einem portablen Computeralgebrasystem, Mathematische Semesterberichte 51, 95–115.

Seiler, R. (2011). http://www.math.tu-berlin.de/omb/v-menue/home.

Strauß, R. (2002). Braucht man Determinanten für die Ingenieurausbildung? Global J. of Engng. Educ. 6, 251–257.

VDI Verein Deutscher Ingenieure, Pirsch, P. (2004). Stellungnahme zur Weiterentwicklung der Ingenieurausbildung in Deutschland.

Weinhold, C. (2013). Wiederholungs- und Unterstützungskurse in Mathematik für Ingenieurwissenschaften an der TU Braunschweig. In: I. Bausch, R. Biehler, R. Bruder, P. Fischer, R. Hochmuth, W. Koepf, S. Schreiber, & T. Wassong (Hrsg.), Mathematische Vor- und Brückenkurse: Konzepte, Probleme und Perspektiven (S. 243–258). Wiesbaden: Springer Spektrum.

4 Der Übergang von der Schule zur Universität: Theoretische Fundierung und praktische Umsetzung einer Unterstützungsmaßnahme am Beginn des Mathematikstudiums

Elisabeth Reichersdorfer (TUM School of Education, TU München),
Stefan Ufer (Mathematisches Institut, LMU München),
Anke Lindmeier (Didaktik der Mathematik, IPN Kiel) und
Kristina Reiss (TUM School of Education, TU München)

Zusammenfassung

Hohe Studienabbruchzahlen zu Beginn des Mathematikstudiums (Heublein et al. 2005) und niedrige Erfolgsquoten in den Grundlagenvorlesungen der Mathematik fordern Handlungsbedarf seitens der Universitäten, das Lernen an der Schnittstelle Schule – Hochschule effektiver zu gestalten. Mögliche fachbedingte Ursachen für Schwierigkeiten in der Studieneingangsphase können unter anderem auf die Spezifika der wissenschaftlichen Disziplin Mathematik zurückgeführt werden. Charakteristisch für die Hochschulmathematik ist ein formal axiomatischer Aufbau sowie ein erhöhter Abstraktions- und Formalisierungsgrad (Freudenthal 1971; Vinner 1991). Außerdem ändert sich die Lernkultur an der Universität: In üblichen Mathematikvorlesungen wird die mathematische Theorie überwiegend als fertiges Produkt präsentiert. Der Prozesscharakter mathematischer Erkenntnisgewinnung (Freudenthal 1973; Dreyfus 1991) muss von den Studierenden selbst erkannt und ergänzt werden, sodass die Anforderungen an selbstreguliertes Lernen steigen. Basierend auf Unterschieden zwischen der schulischen und akademischen Mathematik und den daraus resultierenden Schwierigkeiten werden Zielbereiche für Unterstützungsmaßnahmen in der Studieneingangsphase formuliert. Brücken- oder Vorkurse können Schwerpunkte setzen, indem sie z. B. Studierende in die mathematische Arbeitsweise einführen, Lernstrategien, Methodenwissen und spezifische Fertigkeiten vermitteln oder organisatorische Aspekte des Studiums aufgreifen. Einige dieser Zielbereiche konnten bereits erfolgreich in Vorkursen umgesetzt werden. Für diese Unterstützungsmaßnahmen stehen jedoch meist begrenzte Ressourcen zur Verfügung. Wie auf dieser Basis eine begründete Auswahl getroffen werden kann und dabei zentrale Zielbereiche orchestriert werden können, wird am Beispiel eines Brückenkurskonzepts aus München exemplarisch aufgezeigt. Erste Ergebnisse einer Evaluation mit Schwerpunkt auf der Wahrnehmung der Studierenden bezüglich der unterschiedlichen Zielbereiche werden berichtet.

4.1 Unterschiede zwischen Schul- und Hochschulmathematik

Beim Übergang von der Schul- zur Hochschulmathematik müssen sich die Lernenden vielfältigen Herausforderungen stellen, deren Ursachen nicht zuletzt darin liegen, dass Schule und Hochschule unabhängig vom jeweils studierten Fach unterschiedliche Lern- und Arbeitsweisen erfordern. Wesentliche fachbedingte Differenzen entstehen durch eine veränderte Sicht auf die Disziplin Mathematik sowie durch eine neue Lernkultur. Die letzten zwei Bereiche sollen auch in Bezug auf die jeweils resultierenden Schwierigkeiten für Lernende im Folgenden genauer dargestellt werden.

4.1.1 Veränderte Sicht auf die Disziplin Mathematik

Studienanfängerinnen und -anfänger bringen ein Bild[1] der *Disziplin Mathematik* mit, das weitgehend vom Profil des *Schulfaches Mathematik* geprägt ist. Sicherlich gibt es im Grunde nur *eine* Mathematik, dennoch unterscheidet sich das Arbeiten in der wissenschaftlichen Disziplin klar von der Art und Weise, wie Mathematik im schulischen Kontext gesehen und genutzt wird. Mathematikunterricht an allgemeinbildenden Schulen ist auf den Erwerb von Kompetenzen ausgerichtet, die zur Bewältigung von Anforderungssituationen in Alltag, Beruf und gesellschaftlichem Leben befähigen sollen (KMK 2003). Entsprechend spielt die Anwendung von Mathematik zur Lösung von Problemstellungen der Realität oder in anderen Fächern eine tragende Rolle in der schulischen Mathematik. Eine theoretische Fundierung wird zwar geleistet, stützt sich aber oft auf empirische Evidenz oder Erfahrung. Im Gegensatz dazu ist das universitäre Studium auf die Vermittlung von spezifischen Begrifflichkeiten, Theorien und Arbeitsweisen einer wissenschaftlichen Disziplin ausgerichtet. Wissenschaftliches Arbeiten spielt damit im universitären Studium, aber nicht in der Schulmathematik, eine zentrale Rolle.

Theoretische Betrachtungen haben wiederholt ergeben, dass die wissenschaftliche Mathematik durch den Aufbau einer formal-axiomatischen, deduktiven Theorie charakterisiert ist. Der schulischen Mathematik, sofern axiomatische Theoriebildung betrieben wird, unterliegt eine *inhaltliche Axiomatik* (siehe auch Heintz 2000). Axiome sind so lediglich Eigenschaften von bekannten Begriffen, die allgemein als korrekt angesehen

[1] Eine ausführliche Darstellung zu Beliefs und mathematischen Weltbildern findet man bei Leder et al. (2002).

werden. In der universitären Mathematik geht es hingegen um eine *formale Axiomatik*, so wie sie durch die Arbeit von David Hilbert begründet wurde (z. B. *Grundlagen der Geometrie*, 1899; vgl. Heintz 2000). Dabei werden Begriffe vollständig durch die in Axiomen festgelegten Eigenschaften bestimmt. Diese für Studienanfängerinnen und -anfänger ungewohnte Art der Theoriebildung führt zu Brüchen im fachlichen Verständnis am Übergang von der Schule zur Hochschule.

Eine zunehmende „Abstraktheit der Inhalte" wird häufig als weitere Hürde am Übergang genannt. Unter Abstraktion versteht man dabei den Prozess, charakteristische Eigenschaften eines gegebenen Objekts fokussiert und unabhängig von dem speziellen Objekt zu betrachten (Harel und Tall 1991). Damit können Strukturen über konkrete Instanzen hinweg untersucht und Systematisierungen vorgenommen werden, also Begriffe weitgehend unabhängig von ihren Repräsentanten exploriert werden. Werden Begriffe auf einem abstrakten Niveau eingeführt, so müssen zum gelingenden Begriffsaufbau damit auch Konkretisierungen verbunden werden. Dieser Aspekt soll im Folgenden erläutert werden.

Vinner (1991) führt zur Charakterisierung des Begriffserwerbs die Unterscheidung zwischen *concept image* und *concept definition* ein. Während sich *concept image* auf eine mentale Repräsentation eines Begriffs bezieht, also z. B. grafische oder erfahrungsgebundene Vorstellungen sowie prototypische Repräsentanten, bezeichnet *concept definition* die formale Definition des Begriffs. Im Rahmen der Schulmathematik werden Begriffe oft aus der konkreten Erfahrung heraus gebildet (z. B. EIS-Prinzip, Bruner 1988). Entsprechend werden aus Repräsentanten eines Begriffs definierende Eigenschaften abstrahiert und daraus die Definition abgeleitet. In universitären Mathematikvorlesungen werden die Studierenden oft aber lediglich mit einer formal-axiomatischen Definition neuer Begriffe konfrontiert. Der eigene Aufbau oder die selbstständige Anpassung eines *concept image* und damit die Konkretisierung des Begriffsumfangs der *concept definition* sind typische Anforderungen im Mathematikstudium. Vinner (1991) nimmt an, dass spontan immer das *concept image* eines Begriffs abgerufen wird, sodass mathematisches Arbeiten in einem formal-axiomatischen System nur möglich wird, wenn ein geeignetes *concept image* mit der *concept definition* vernetzt wird. Da die Schulmathematik vornehmlich mit konkreten, anschauungsgebundenen Objekten arbeitet und somit einen niedrigen Abstraktionsgrad aufweist, fallen unvollständig repräsentierte Begriffe nicht unbedingt auf. In der akademischen Mathematik kann dies allerdings zu erheblichen Schwierigkeiten führen. Freudenthal (1973, S. 47) formulierte als Konsequenz aus diesem Konflikt: „Anschauungen ohne Begriffe sind leer, Begriffe ohne Anschauungen sind blind".

Die Behandlung von Begriffen unabhängig von geeigneten Repräsentanten und einem *concept image* setzt eine alternative Repräsentationsform für die Begriffe voraus. Mit ihren formalen Notationen und entsprechenden Begrifflichkeiten hat die wissenschaftliche Disziplin Mathematik ein eigenes Repräsentationssystem entwickelt, das den Lernenden am Anfang des Studiums allenfalls teilweise bekannt ist. Der hohe Formalisierungsgrad in der Kommunikation ihrer Ergebnisse ist damit ein weiteres Charakteristikum der Mathematik, mit dem Lernende konfrontiert werden. Freudenthal (1973, S. 36) bezeichnet die „bewusste Beschäftigung mit der Sprache als exaktem Ausdrucksmittel“ als Formalisierung. Im Fokus steht dabei eine exakte, widerspruchsfreie Darstellung der Inhalte. Tatsächlich stellt die Handhabung formaler Kurzschreibweisen oder auch formaler Notationen der Aussagenlogik nur einen oberflächlichen Teil des Formalismus dar. Viel tiefgreifender ist die oben angesprochene präzise Verwendung von Sprache, die durch formale Notationen lediglich gestützt werden kann. Nun sind formale Schreibweisen ein Hilfsmittel, aber nicht unbedingt ein konstituierendes Merkmal der Mathematik. Verschiedene Studien zeigen jedoch, dass Schülerinnen und Schüler diese Sichtweise kaum teilen. Sie neigen dazu, Argumentationen in formaler Notation eher als fachlich korrekt einzuschätzen als solche in verbaler Form (Healy und Hoyles 1998; Ufer et al. 2009). Neben dem Umgang mit Formalismus in der Mathematik stellt also die adäquate Einschätzung seiner Funktion eine Herausforderung dar, die spätestens beim Übergang in die Universität auftritt.

Wichtiger als die Form eines Arguments ist, dass jenes aus Sicht der Mathematik akzeptabel ist. Da mathematische Argumentationen selten bis ins letzte Detail ausformuliert kommuniziert werden, beruht ihre Akzeptanz nicht nur auf inhaltlichen und formalen Kriterien. Dies wurde von Manin (1977, S. 48) als sozialer Prozess beschrieben: „A proof becomes a proof after the social act of accepting it as a proof.“ In die Regeln und Normen dieser von Heintz (2000) als sehr kohärent beschriebenen „mathematischen Kultur“ werden Studierende in den Anfangssemestern mehr oder weniger implizit eingeführt. Für sie stellt sich als zentrale Frage, unter welchen Umständen eine Argumentation in dieser Kultur akzeptiert wird. Insbesondere geht es darum, wie detailliert Argumentationen ausgeführt werden müssen, was in unterschiedlichen Kontexten allerdings variieren kann: So werden bei der Lösung einer Übungs- oder Klausuraufgabe im ersten Semester in der Regel detailliertere Ausführungen für den Beweis einer bestimmten Aussage erwartet als in einer wissenschaftlichen Arbeit gegen Ende des Studiums.

Aber auch in solchen Details wird der Unterschied zwischen Schule und Hochschule deutlich. Argumente, die in der mathematischen Kultur der Schule akzeptiert werden, können im Studium als unzulässig oder fehlerhaft angesehen werden. Hilfreich zur Beschreibung dieses Übergangs erscheint das Konzept der *Beweisschemata*, das basierend auf Beobachtungen entwickelt wurde (Harel und Sowder 1998). Das Beweisschema einer Person beschreibt, welche Argumentationen diese Person – in bestimmten Kontexten wie z. B. bei der Bearbeitung eines Übungsblatts zu einer Mathematikvorlesung – als beweisend oder überzeugend ansieht. Harel und Sowder (1998) unterscheiden drei Kategorien von prototypischen Beweisschemata, die hierarchisch geordnet sind und in Kombination auftreten können. Beweisschemata, die auf externen Überzeugungen beruhen, zeichnen sich dadurch aus, dass Rituale, Forderungen oder typische Vorgehensweisen einer Autoritätsperson oder aber formal-symbolische Notationen als wesentlich und überzeugend für eine mathematische Argumentation gelten. Empirische Beweisschemata greifen auf Beispiele oder sinnlich wahrnehmbare Erfahrungen zurück, so dass Argumentationen auf Basis von solchen Konkretisierungen als gültig angesehen werden. Analytische Beweisschemata schließlich sind durch eine kohärente Folge deduktiver Argumente charakterisiert. Es zeigte sich, dass die Beweisschemata von Schülerinnen und Schülern der Sekundarstufe überwiegend empirisch oder durch externe Überzeugungen geprägt sind (z. B. Healy und Hoyles 1998). Sogar bei Mathematikstudierenden finden Harel und Sowder (1998) nur selten analytische Beweisschemata. In der schulischen Mathematik werden analytische Beweisschemata im Sinne eines lokalen Ordnens eines Inhaltsbereichs (Freudenthal 1973) durchaus thematisiert. Da jedoch eine formal-axiomatische Rahmentheorie fehlt, werden Axiome und manchmal auch Sätze mit Beweisen auf der Basis empirischer Schemata formuliert und als gültig anerkannt.

Die Trennung zwischen empirisch gefundenen Grundlagen und nur im lokalen Kontext deduktiv abgeleiteten Aussagen scheint in der Sekundarstufe allerdings nur unvollständig zu gelingen, wie empirische Untersuchungen zum Beweisen und Argumentieren zeigen. Letztlich werden im Laufe der Sekundarstufe immer wieder auch anschauungsbasierte Argumente genutzt, um mathematische Aussagen abzuleiten. Dies geschieht insbesondere dort, wo keine lokale Ordnung des Inhaltsbereichs angestrebt wird, beispielsweise bei der Begründung von Rechenregeln für neue Zahlbereiche. Im Studium wird dagegen eine formal-axiomatische Rahmentheorie geschaffen innerhalb der nur noch analytische Beweisschemata als akzeptabel gelten, um mathematische Erkenntnisse zu begründen. Daneben bleiben aber experimentelle und quasi-empirische Arbeitsweisen für die Gewinnung mathematischer Ideen und das Finden von passenden Argumenten für eine Aussage zentral (Heintz 2000). Gerade zu Studienbeginn ist es daher wichtig, die Studierenden bei der Wahl von geeigneten Beweisschemata in unterschiedlichen Lern- und Leistungssituationen zu unterstützen und dabei auch die Funktion anschauungsgebundener Heuristiken zu klären.

Letztlich führt die Fokussierung mathematischen Arbeitens auf den Aufbau und die Anwendung einer formal-axiomatischen Theorie dazu, dass spezifische Arbeitsweisen und Problemlösestrategien notwendig werden, die im schulischen Kontext nicht in dieser Intensität thematisiert werden (Ufer und Reiss 2009).

4.1.2 Veränderungen in der fachbezogenen Lernkultur

Neue mathematische Konzepte werden in der Schule meist unter Einbezug von Erfahrungen und individuellen Vorkenntnissen entwickelt. Beispielsweise findet man im Lehrplan der 7. Klasse für das Gymnasium in Bayern, dass Lernende Zusammenhänge in der ebenen Geometrie entdecken sollen. Dabei wird durch das Finden von neuen Aussagen der Prozesscharakter der Mathematik deutlich. Im Gegensatz dazu wird in den universitären Mathematikvorlesungen meist überwiegend eine fertige, formal-axiomatische Theorie nach dem Schema Definition–Satz–Beweis präsentiert. Somit besteht ein großer Teil des Studiums aus dem Lesen und Nachvollziehen von Beweisen, wobei nur wenige Vorerfahrungen dazu vorhanden sind (Mejia-Ramos et al. 2012). Nicht selten wird der Entstehungsprozess dieser Theorien in den Vorlesungen ausgeblendet und es kommt zur Diskrepanz zwischen Entwicklung und Art der Vermittlung einer mathematischen Theorie. Demnach muss der Prozesscharakter mathematischer Erkenntnisgewinnung in Mathematikvorlesungen von den Lernenden selbst erkannt und ergänzt werden (Freudenthal 1973). Eine eigenständige Rekonstruktion dieser Prozesse stellt hohe Anforderungen an selbstreguliertes Lernen, wobei kognitive Lernstrategien eine wichtige Rolle spielen. Gelingt die Anpassung an die neue Lernkultur zügig, so werden Übergangsschwierigkeiten abgemildert. Dies wird auch durch Befunde von Rach und Heinze (2011) deutlich. Studienanfängerinnen und -anfänger wurden dazu befragt, ob ihre Lernstrategie eher durch das Nachvollziehen von Lösungen ohne zusätzliche Selbsterklärungen, mit Selbsterklärungen oder das selbstständige Lösen des Problems mit Selbsterklärungen charakterisiert ist. Es konnte nachgewiesen werden, dass der Einsatz von Lernstrategien zu Studienbeginn den Lernerfolg signifikant beeinflusst.

4.2 Ansätze und Ziele für Unterstützungsmaßnahmen

Ausgehend von den Unterschieden zwischen Schul- und Hochschulmathematik und den Schwierigkeiten am Übergang werden im Folgenden fünf Zielbereiche für Unterstützungsmaßnahmen am Studienbeginn unter Einbezug von theoretisch und empirisch relevanten Ansätzen für das Erreichen der Ziele thematisiert.

Ein erster Lernzielbereich (*Arbeitsweisen der Mathematik*) bezieht sich auf Arbeitsweisen, Herangehensweisen und Strategien, die für die akademische Mathematik typisch sind und die Studienanfängerinnen und -anfänger nach einer gezielten Förderung kennen und anwenden sollen. Insbesondere Prozesse mathematischen Arbeitens, die in regulären Vorlesungen nicht expliziert werden, wie das Generieren von mathematischen Aussagen, das Finden von adäquaten (Gegen-)Argumenten für diese Aussage bis hin zur Formulierung einer deduktiven Beweiskette in einer formal-axiomatischen Theorie, sollen fokussiert werden, um so auf Probleme einzugehen, die durch eine formale Axiomatik der universitären Mathematik bedingt sind.

Eine vielversprechende Unterstützungsmaßnahme sind heuristische Lösungsbeispiele. Dabei wird neben der Problemstellung und der Lösung auch ein realistischer, schrittweise abgegrenzter Bearbeitungsprozess dargestellt, der in regulären Vorlesungen ausgeblendet ist (Reiss und Renkl 2002). Durch ein Prozessmodell wird der in der Bearbeitung thematisierte Problemlöseprozess strukturiert und heuristische Strategien werden expliziert. Speziell für Conjecturing-Aktivitäten (vgl. Lin et al. 2012) kann das Prozessmodell von Boero (1999) herangezogen werden, das einen Problemlöseprozess in sechs Phasen gliedert: (1) Untersuchung der Problemstellung, (2) Formulierung einer Vermutung, (3) Exploration der Vermutung, (4) Auswahl und Verknüpfung von Argumenten, wobei hier noch keine Vollständigkeit erwartet wird, (5) Skizzieren des Beweis und (6) Annäherung an einen formalen Beweis. In einer dem Lösungsbeispiel ähnlichen Situation, etwa bei der selbstständigen Bearbeitung einer Beweisaufgabe auf einem Übungsblatt, sollen diese Strategien und Herangehensweisen abgerufen und entsprechend angewendet werden. Heuristische Lösungsbeispiele haben sich insbesondere zur Förderung mathematischer Argumentations- und Beweiskompetenz als effektiv erwiesen (z. B. Reichersdorfer et al. 2012) und stellen so eine geeignete Maßnahme für die Aneignung mathematischer Arbeitsweisen dar.

Ein weiterer fachlicher Zielbereich betrifft die Einführung und Vermittlung neuer *Lernstrategien*, die vor allem für den Begriffserwerb, aber auch für das Lesen von Beweisen zentral sind. Speziell für den Begriffserwerb sollen instruktionale Maßnahmen die Lernenden bei der Vernetzung von *concept image* und *concept definition* unterstützen (Vinner 1991). Falls das *concept image*, mit dem in der Schule meist gearbeitet wird, mit der eingeführten *concept definition* eines Begriffs in der Hochschulmathematik nicht übereinstimmt, gibt es nach Vinner (1991) drei Möglichkeiten: Entweder wird das *concept image* so angepasst, dass es mit der *concept definition* übereinstimmt (Akkommodation), das *concept image* bleibt bestehen und die formale Definition wird in dieses Konzept integriert oder aber beide Konzepte existieren nebeneinander, ohne dass sie in Verbindung gebracht werden. Während der erste Fall wünschenswert wäre, tritt bei Studienanfängerinnen und -anfängern häufig der zweite Fall ein (z. B. beim Erwerb des Tangentenbegriffs; Vinner 1991). Um eine Akkomodation von *concept image* und *concept definition* zu erreichen, muss nach Vinner (1991) ein kognitiver Konflikt hervorgerufen werden, was z. B. durch intensives Diskutieren von Spezialfällen erreicht werden kann. So kann auch ein Bewusstsein für die präzise Verwendung und Analyse von Formulierungen in der Hochschulmathematik geschaffen werden. Zusammenfassend sollen in Vorbereitung auf das Mathematikstudium Strategien eingeführt werden, die für eine Verknüpfung der Konzepte hilfreich sind, aber auch den Aufbau eines *concept image* für formal-axiomatische Definitionen neuer Begriffe ermöglichen. Elaborationsstrategien, wodurch neue Informationen sinnvoll in das bereits vorhandene Wissen integriert werden, spielen eine wesentliche Rolle.

Zum Lesen von Beweisen haben Mejia-Ramos et al. (2012) unter Einbezug von bestehenden Vorarbeiten und Interviews mit Mathematikern ein Modell mit sieben Dimensionen aufgestellt. Dieses Modell kann verwendet werden, um instruktional die Vorgehensweise beim Lesen von Beweisen zu thematisieren. Demzufolge sollen auf einer ersten Dimension Begriffe, Definitionen und Aussagen in einem Beweis identifiziert sowie deren Bedeutung für den Beweis reflektiert werden. Implizite Folgerungen im Beweis explizieren aber auch spezielle Argumente für eine Behauptung identifizieren ist Teil einer zweiten Dimension. In einem nächsten Schritt soll die Relevanz der im Beweis verwendeten Sätze herausgestellt und eine logische Struktur erkannt werden, bevor dann die allgemeine Beweisidee abstrahiert wird. Anschließend wird der Leser aufgefordert, den Beweis so allgemein zu formulieren, dass er in einer ähnlichen Situation abgerufen werden kann. Im letzten Schritt erfolgt schließlich eine Anwendung auf Beispiele. Das Modell kann so als prototypisches Vorgehen beim Lesen von Beweisen dienen, aber im Umkehrschluss auch verwendet werden, um potenzielle Schwierigkeiten von Studienanfängerinnen und -anfängern in den einzelnen Dimensionen festzustellen.

Der Aufbau von *Methodenwissen*, vor allem Wissen über die Akzeptierbarkeit mathematischer Argumente, bildet einen dritten Zielbereich für Unterstützungsmaßnahmen. Harel (2008) hat mit der DNR-Theorie konzeptuelle Rahmenbedingungen beschrieben, wie man Studierende bei der Wahl von geeigneten Beweisschemata unterstützen kann. Dabei gilt es drei Prinzipien zu beachten, die mit duality – necessity – repeated reasoning (DNR) überschrieben sind. Das *duality principle* betrifft die Wechselwirkung zwischen dem individuell verankerten *Beweisschema* und dem *Produkt des Beweisens*, dem schriftlichen Beweis. Die Aufgabe von Unterstützungsmaßnahmen besteht darin, durch den aufgeschriebenen Beweis das Beweisschema dieser Person zu erkennen, um gegebenenfalls gezielt instruktionale Hilfen zur Anpassung dieses Beweisschemas anzubieten. Das *necessity principle* fußt auf der Erkenntnis, dass man *Beweisschemata* nur ändern kann, wenn in den Lernenden selbst das Bedürfnis dazu erwächst. Demnach kann ein *Beweisschema* nur durch Instruktionsmaßnahmen beeinflusst werden, die sich an den aktuellen Kenntnissen des Lernenden orientieren. Eine ähnliche Idee steckt in dem Prinzip des *conceptual change* (Krüger 2007). Formale Notationen als relevantes Werkzeug, aber nicht als konstituierendes Merkmal von Argumenten zu erkennen wäre ein Teil der hier zu vermittelnden Einsicht. Das letzte Prinzip (*repeated reasoning*) besagt, dass Lernende beim Beweisen Argumentationsmuster wiederholt anwenden sollen, um bestimmte *Beweisschemata* zu internalisieren.

Ein vierter Zielbereich für Unterstützungsmaßnahmen am Studienanfang betrifft *neue Fertigkeiten*, die spezifisch für die akademische Mathematik sind aber in der Schulmathematik nicht zentral sind. Dazu zählen etwa Grundprinzipien der Logik oder der Umgang mit formalen Elementen der Mathematik als Präzisierung von Sprache. Verschiedene Studien konnten belegen, dass Schülerinnen und Schüler in diesem Bereich Defizite aufweisen (Hoyles und Küchemann 2002).

Die übliche Praxis des Arbeitens mit Vorlesungsnotizen kann auch mit dem Lernen aus Texten verglichen werden. Untersuchungen zum Textverstehen stützen die Annahme, dass verschiedene mentale Repräsentationssysteme existieren, die bei Verständnisprozessen interagieren. Kintsch (1998) unterscheidet in seinem Modell zunächst zwei Ebenen: Um einen schriftlichen Text zu verstehen und zu erinnern wird dieser in eine propositionale Struktur enkodiert. Damit entsteht eine erste mentale Repräsentation des Textes, die sogenannte Textbasis. Situationsmodelle oder mentale Modelle, stellen ein zweites Repräsentationssystem dar und haben weitgehend eine ikonische Struktur. Sie vereinen Wahrnehmungen und Verständnis einer Beschreibung (vgl. *concept image*), stellen aber immer noch eine alltagssprachliche Repräsentation dar. Für das Textverstehen und das Lösen eines mathematischen Problems wird eine dritte Modellebene relevant (Kintsch 1998). Während das Situationsmodell für die lösungsrelevante (z. B. algebraische) Interpretation eines Problemtextes benötigt wird, wird die Mathematisierung der Situation in einem Problemmodell erreicht. Eine Verknüpfung des Situationsmodells mit dem Problemmodell kann insbesondere Fehlvorstellungen verhindern, die durch ein Situationsmodell schnell erkannt werden. Ziel von Unterstützungsmaßnahmen soll demnach sein, eine Verbindung zwischen verschiedenen Repräsentationsebenen herzustellen, um einen flexiblen Wechsel zu gewährleisten.

Schließlich umfasst ein letzter, überfachlicher Zielbereich die *Studienorganisation*. Studienanfängerinnen und -anfänger sollen durch das Kennenlernen der räumlichen und organisatorischen Gegebenheiten an der Universität Unterstützung erhalten, sodass sie mit ihrem Umfeld vertraut sind und sich besser auf die Studieninhalte konzentrieren können. Auch das Kennenlernen von zukünftigen Kommilitoninnen und Kommilitonen soll den Start ins Studium und die Zusammenarbeit erleichtern.

4.3 Einordnung bereits bestehender Unterstützungsmaßnahmen

Den aus den Übergangsschwierigkeiten synthetisierten Zielbereichen kann durch verschiedene - und in Bezug auf Zeit und Ressourcen sehr unterschiedlich aufwändige - Unterstützungsmaßnahmen in der Studieneingangsphase begegnet werden. Viele Unterstützungsangebote sind auf mehrere Zielbereiche zugeschnitten, die jedoch oft unterschiedlich gewichtet sind. Im Folgenden werden zwei Ansätze für Studienanfängerinnen und -anfänger des Faches Mathematik mit Hilfe der Zielbereiche eingeordnet. Die Analyse beschränkt sich dabei auf Schichl und Steinbauer (2009) sowie Hochmuth und Fischer (2009), da diese ausreichend dokumentiert sind. Den jeweiligen Schwerpunktsetzungen wurde soweit erkennbar Rechnung getragen.

Im Vordergrund des Projekts VEMA von Hochmuth und Fischer (2009) steht das Auffrischen von Schulmathematik. Die Studienanfängerinnen und -anfänger können dabei digitale Materialien zum eigenständigen Lernen oder integriert in Brückenkursen nutzen. Mit dem Einsatz von VEMA in Darmstadt werden durch zusätzliche interaktive Selbstregulationstrainings *Lernstrategien* fokussiert (Bellhäuser et al. 2011). Auch soziale Ziele werden in assoziierten Vorkursen verfolgt. Spezielle Einführungstage bieten Gelegenheit für organisatorische Fragen, aber auch zum Kennenlernen von Mitstudierenden und des Universitätslebens (*Studienorganisation*).

Schichl und Steinbauer (2009) nehmen in ihrem Konzept alle erwähnten Zielbereiche auf. In einem verpflichtenden Einführungskurs, geblockt vor Beginn der Hauptvorlesungen, steht der Übergang zu einem adäquaten Abstraktionsniveau für die akademische Mathematik im Zentrum (*Neue Fertigkeiten*). Auf Basis ausführlicher Beweise unter Diskussion von Fehlvorstellungen, wird der Aufbau von *Methodenwissen* und *Arbeitsweisen der Mathematik* inklusive formalisierter Darstellungen fokussiert. Nachdem ein grundlegendes Verständnis erreicht ist, wird der Abstraktionsgrad erhöht, indem erklärende und anschauliche Beschreibungen reduziert werden. Speziell für den Begriffserwerb werden diverse Möglichkeiten gezeigt, mathematische Objekte zu definieren, um so ein profundes Verständnis der Konzepte sicherzustellen (*Lernstrategien*). In freiwilligen Workshops werden außerdem Inhaltsbereiche aus der Schulmathematik wiederholt. In Kooperation mit Spreitzer und Tonti (2011) wird zusätzlich Unterstützung für die *Stu-*

dienorganisation angeboten, indem begleitend zum Einstiegssemester eine Betreuung der Erstsemester durch Mentoren in organisatorischen Belangen längerfristig angezielt ist.

Gemeinsam haben viele Bemühungen in der Studieneingangsphase, dass sie eine Wiederholung der Schulmathematik fokussieren, während andere Zielbereiche unterschiedlich intensiv verfolgt werden. Obwohl bei Studienanfängerinnen und -anfängern sicherlich Nachholbedarf besteht, konnte Fischer (2006) nachweisen, dass das sichere Beherrschen von Inhalten nicht ausreichend ist für einen erfolgreichen Einstieg ins Studium. Demnach wurde der „Reparaturcharakter" als Zielbereich in diesem Beitrag bewusst etwas vernachlässigt. Im Folgenden wird vor allem auf kürzere Unterstützungsmaßnahmen, häufig bezeichnet als Brücken- oder Vorkurse, Bezug genommen. Auch hier können prinzipiell die Zielsetzungen erfolgreich verfolgt werden, wie Beiträge in diesem Band zeigen, meist stehen jedoch begrenzte Ressourcen zur Verfügung. Wie auf dieser Basis eine begründete Auswahl getroffen werden kann und dabei zentrale Zielbereiche orchestriert werden können, wird am Beispiel eines Brückenkurskonzeptes aus München exemplarisch aufgezeigt.

4.4 Münchner Brückenkurse

In Kooperation der Lehrstühle für Mathematikdidaktik an der Ludwig-Maximilians-Universität (LMU) und der Technischen Universität München (TUM) wurde ein Brückenkurskonzept entwickelt, das seit 2010 an der Universität Regensburg und der TUM, sowie seit 2011 auch an der LMU implementiert wird. Der zweiwöchige, ganztägige Kurs findet unmittelbar vor Semesterbeginn auf dem Universitätsgelände statt und setzt sich aus den Veranstaltungsformen Vorlesung und Übung zusammen. Während die Vorlesung größtenteils klassisch vor dem ganzen Publikum gehalten wird, sind die Übungen in Kleingruppen organisiert, wobei die Diskussion und Präsentation von eigenen Ideen unter Anleitung von Tutorinnen und Tutoren gefördert wird (*Arbeitsweisen der Mathematik*). Ein Rahmenprogramm soll die Studierenden in der *Studienorganisation* unterstützen, indem sie ihre Universität erkunden und bei gemeinsamen Aktivitäten mit den Lehrenden Auskunft über ihr Studium erhalten und Kontakte knüpfen. Der Kurs ist freiwillig, kostenlos und zählt nicht als Studienleistung. Im Vorfeld werden alle Studienanfängerinnen und -anfänger über das Kursangebot und die mögliche Teilnahme informiert.

Wie auch bei anderen Brücken- oder Vorkursen, ist der Kurs als unterstützende Maßnahme am Übergang an die Hochschule konzipiert. Dabei werden alle oben angesprochenen Zielbereiche berücksichtigt, wobei die Themen didaktisch fundiert ausgewählt wurden. Der Kurs expliziert deshalb nur an ausgewählten Fällen Übergangsschwierigkeiten und mögliche Hilfemaßnahmen. Wie dies konkret umgesetzt wurde, soll im Folgenden durch drei Beispiele detailliert dargestellt werden, um so auch die mathematische Strukturierung des Kurses zu verdeutlichen.

Ein Schwerpunkt des Münchner Brückenkurses liegt in der Einführung und in der Vermittlung von *Lernstrategien*, die für die Begriffsbildung der akademischen Mathematik geeignet sind. Ziel ist es, anhand ausgewählter Beispiele – wie im Folgenden für den Funktionsbegriff dargestellt – formal-axiomatische Definitionen vorhandenen Begriffsvorstellungen aus der Schule gegenüberzustellen. Auf diese Weise soll den Studienanfängerinnen und -anfängern aufgezeigt werden, wie eine Akkommodation von *concept image* und *concept definition* gelingt. In der Schule wird meist mit der anschaulichen Definition der eindeutigen Zuordnung gearbeitet, wobei Vinner (1991) in seinen Untersuchungen feststellte, dass bei Studierenden selbst wenn sie die *concept definition* kennen häufig das *concept image* besteht, dass es für eine Funktion eine bestimmte Zuordnungsregel (Funktionsgleichung) geben muss. Beispiele und Veranschaulichungen sowie Diagramme von Zuordnungen beliebiger Mengen ohne Funktionsterm können hilfreich sein, um diese unvollständigen Repräsentationen zu adäquaten mentalen Modellen zu ergänzen. Neben dem Aufgreifen der individuellen Vorerfahrungen soll schließlich die fehlende formal-axiomatische Herleitung dieses Funktionsbegriffs von den Studierenden erkannt und durch die Vorlesung ergänzt werden. In diesem Zusammenhang bietet ergänzend die Einführung von neuen Begriffen (z. B. injektiv, surjektiv) durch eine *concept definition*, also auf einer formal-axiomatischen Basis, die Chance, hilfreiche Lernstrategien für den Aufbau eines neuen vollständigen *concept image* zu thematisieren. Detaillierte Analysen der Definition mit Variation der Bedingungen aber auch grafische Repräsentationen sollen dabei unterstützend wirken.

Das zweite Beispiel betrifft den Aufbau spezifischer *neuer Fertigkeiten*. Durch eine Einführung in die Aussagenlogik sollen die Studienanfängerinnen und -anfänger mit der präzisen Verwendung mathematischer Sprache vertraut werden und dabei die zentralen Elemente der Abstraktion, Formalisierung und Exaktheit kennenlernen, um so bereits früh der Gefahr einer oberflächlichen Bearbeitung der Vorlesungsinhalte entgegenzuwirken. Sie sollen aber auch diese algorithmischen, formalisierten Fertigkeiten als Kontrollwerkzeug für das Erlernen inhaltlicher Fertigkeiten, wie etwa den Umgang mit mathematischen Aussagen und der Analyse von Beweistypen, erkennen und nutzen lernen. Die Aufmerksamkeit der Lerner muss also, um die Charakteristika einer präzisen Darstellung akademischer Mathematik überhaupt erfahrbar zu machen, auf eine Verbindung von Textbasis und mentaler Repräsentation der Inhalte gelenkt werden. So ist es bei der Einführung von Quantoren und Junktoren zunächst weniger wichtig, dass die Lerner die konkreten Fachbegriffe und Notationen kennen, als dass sie mit den dahinterstehenden Beziehungen umgehen können. Dazu werden in der Vorlesung Aussagen aus der symbolischen Schreibweise in Alltagssprache (und umgekehrt) beispielhaft übersetzt und im weiteren Verlauf durch Übung vertieft. Zusätzlich werden Wahrheitstafeln eingeführt, um zu verdeutlichen, wann eine Kombination von Aussagen durch eine andere Kombination von Aussagen ersetzt werden darf. Auch dadurch soll eine Verbindung zwischen verschiedenen Repräsentationsformen gefördert werden, um einen flexiblen Wechsel zwischen den Modellen zu gewährleisten und so Verständnis zu fördern. Um sich von der Gültigkeit dieser äquivalenten Kombinationen zu überzeugen und um ein geeignetes mentales Modell dieser Konzepte aufzubauen, können Grafiken genutzt werden. Dabei wird auch der Unterschied zwischen Äquivalenz und Implikation thematisiert, da Studienanfängerinnen und -anfänger hiermit oft Probleme haben. Auch Fehlvorstellungen, die durch den alltäglichen Sprachgebrauch von „und" und „oder" entstehen, werden aufgegriffen. Im weiteren Verlauf des Kurses werden Studierende angehalten ihre Fertigkeiten in der Logik fortlaufend anzuwenden, um die Passung von Aussagen- und Beweisstruktur zu überprüfen. Somit werden in der Unterstützungsmaßnahme spezifische Fertigkeiten deutlich gemacht, die im Laufe des Studiums eher implizit thematisiert werden.

Eine Einführung in die authentischen *Arbeitsweisen der Mathematik* und damit die Betonung des Prozesscharakters der Mathematik ist ein weiterer Schwerpunkt des Münchner Brückenkurses. Im Vordergrund stehen dabei Erfahrungen bei der Generierung eines Theoriebausteins im formal axiomatischen Aufbau, um so zielführende Vorgehensweisen und hilfreiche Strategien insbesondere für das Beweisen kennenzulernen. Als Inhaltsbereich wurde beispielhaft die Teilbarkeitslehre gewählt, wobei lediglich offensichtliche Eigenschaften der ganzen und natürlichen Zahlen verwendet wurden. Die Bearbeitung von heuristischen Lösungsbeispielen soll die Aneignung von zielführenden Vorgehensweisen und Strategien beim Aufstellen einer Vermutung bis hin zu der Formulierung eines formal-axiomatischen Beweises fokussieren. Dabei werden in den heuristischen Lösungsbeispielen neben einem Prozessmodell zum Beweisen auch die Anwendbarkeit und Grenzen verschiedener Beweisschemata und heuristischer Hilfsmittel thematisiert. Darüber hinaus sollen Conjecturing-Aktivitäten (z. B. Lin et al. 2012) die eigenständige Entwicklung von Theorien bei Studienanfängerinnen und -anfängern anregen. Da das Mathematikstudium neben selbstständigem Beweisen vielfach das Nachvollziehen von Beweisen fordert, werden im Brückenkurs auch Strategien zum Lesen eines Beweises thematisiert, indem – exemplarisch beim Beweis des Satzes von der Division mit Rest – gezielt zu Phasen des Modells von Mejia-Ramos et al. (2012) Selbsterklärungen angeregt werden. Durch derartige Überlegungen soll die Textbasis, bestehend aus der minimalen deduktiven Beweiskette, durch ein adäquates mentales Modell angereichert werden. Den Studierenden soll so bewusst werden, dass diese Überlegungen für ein Verständnis des Beweisens zentral sind, jedoch im Studium von ihnen selbst geleistet werden müssen und in Vorlesungen kaum expliziert werden.

Die angeführten Beispiele stellen nur einen Auszug aus den Inhalten des Brückenkurses dar und sollen Einblick geben, wie die analysierten Schwierigkeitsbereiche thematisiert und verschiedene Zielsetzungen im Münchner Brückenkurskonzept umgesetzt wurden. Inwieweit diese Ziele und das Konzept auch von den Studierenden wahrgenommen wurden, soll im nächsten Abschnitt geklärt werden.

4.5 Erfahrungen aus zwei Zyklen Brückenkurs

Zum Wintersemester 2010/11 nahmen am Brückenkurs Mathematik 197 Studienanfängerinnen und -anfänger der TUM und der Uni Regensburg teil. Mit Einführung des Kurses an der LMU stieg die Anzahl auf insgesamt 402 Teilnehmende zum Wintersemester 2011/12 an. An den beiden Münchner Universitäten richtete sich der Kurs überwiegend an zukünftige Lehramtsstudierende mit Unterrichtsfach Mathematik im gymnasialen Studiengang (GYM), wobei an der LMU auch B. Sc. Studierende im Fach Mathematik berücksichtigt wurden. In Regensburg adressierte der Kurs zusätzlich noch Studierende mit Unterrichtsfach Mathematik in nicht-gymnasialen Studiengängen (nicht GYM; Realschule, Hauptschule, Grundschule). Vereinzelt nahmen auch Studienanfängerinnen und -anfänger aus anderen Fachrichtungen teil (z. B. Lehramt ohne Mathematik als Unterrichtsfach, LA), die jedoch in den folgenden Analysen ausgeschlossen werden.

In den Abschlussveranstaltungen der Brückenkurse sollten die Teilnehmerinnen und Teilnehmer offene Fragen zum Kurs beantworten. Da diese Befragung an der LMU aus organisatorischen Gründen nicht stattfinden konnte, haben nur 267 von den jahrgangsübergreifend 599 Studienanfängerinnen und -anfängern die Fragen direkt im Anschluss an die Veranstaltung bearbeitet. Außerdem wurden die Teilnehmenden der Brückenkurse 2010 und 2011 zu Beginn des Sommersemesters 2012, also sieben bzw. 19 Monate nach Belegung des Kurses, per Email gebeten einen Online Fragebogen auszufüllen. Insgesamt wurden 552 E-Mails versendet, die Rücklaufquote liegt bei 58 %.

Die Studierenden wurden sowohl bei der Anmeldung zum Kurs als auch in der Online-Umfrage nach ihrem künftigen bzw. derzeitigen Studienfach befragt. In Abb. 4.1 findet man die Entwicklung der Studienanfängerinnen und -anfänger 2010 bzw. 2011 nach einem bzw. drei Semestern. Insgesamt haben von den Teilnehmerinnen und Teilnehmern – die auch an der zeitlich versetzten Online-Umfrage teilnahmen – des Jahrgangs 2010 drei und aus 2011 zwei Studierende ihr Studium bis zum Frühjahr 2012 abgebrochen. Der Großteil der Studierenden blieb bei dem zu Beginn gewählten Studiengang. Dabei sind sich ca. 85 % der Studierenden relativ sicher, dass sie ihr Studium nicht mehr abbrechen oder wechseln.

Zur Evaluation des Münchner Brückenkurskonzepts ist neben dem Studienfortgang die Wahrnehmung der intendierten Zielbereiche durch die Studienanfängerinnen und -anfänger bzw. Studierenden von besonderem Interesse. Die Teilnehmenden sollten dazu in offenem Format notieren, was für sie von dem, was sie im Brückenkurs Mathematik gelernt haben, am Wichtigsten war. „Die mathematische Denk- und Sprachweise. Erster Einblick in Beweistechniken hat am Anfang sehr viel erleichtert! Universitäres Umfeld kennengelernt, erste Kontakte geknüpft.“, „Wie die Mathematik überhaupt aufgebaut ist mit ihren Sätzen und Definitionen. Ohne den Brückenkurs hätte ich in der Vorlesung einen Schock gekriegt.“.

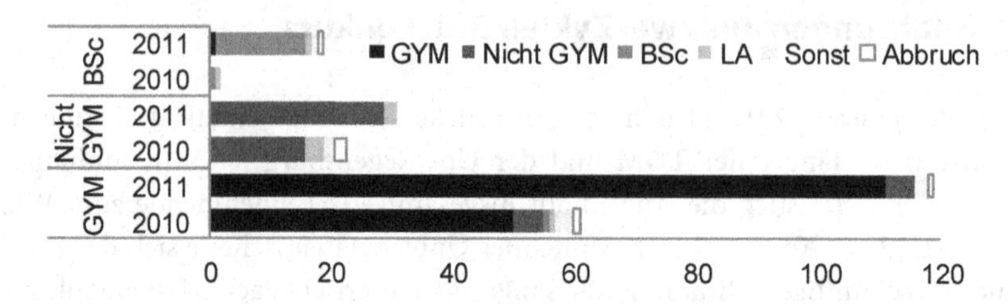

Abb. 4.1 Entwicklung der Studienanfängerinnen und -anfänger im Lehramt mit Unterrichtsfach Mathematik (gymnasial, nicht gymnasial) und B. Sc. Mathematik nach einem (2011) bzw. drei (2010) Semestern

Diese Antworten stehen stellvertretend für eine Vielzahl ähnlicher Äußerungen, die in zwölf Kategorien sortiert wurden. Vier Kategorien beziehen sich speziell auf die fünf intendierten Zielbereiche: *Arbeitsweisen der Mathematik* (wobei unter diese Kategorie aufgrund von Überschneidungen auch Äußerungen zum *Methodenwissen* eingeordnet wurden), Thematisierung von *Lernstrategien*, Aufbau *neuer Fertigkeiten* und *Studienorganisation*. Antworten, die sich speziell auf die Vermittlung eines Einblicks in Charakteristika der Disziplin Mathematik oder auf die Wiederholung von Inhalten der Schulmathematik bezogen wurden extra kategorisiert, genauso wie Äußerungen, die allgemein den Vergleich Schule – Hochschule oder eine emotionale Vorbereitung betreffen. Eine Antwort kann dabei auch mehreren Kategorien zugeordnet werden. Am Häufigsten fielen Antworten in die Bereiche *Arbeitsweisen der Mathematik*, *neue Fertigkeiten*, *Studienorganisation* und *Lernstrategien*, was den Zielsetzungen des Kurses entspricht. Eine Übersicht findet man in Abb. 4.2.

Zusätzlich zu den offenen Fragen wurden in der Online-Umfrage Multiple-Choice-Fragen eingesetzt, die ebenfalls die oben aufgeführten Zielbereiche thematisierten. Die Studierenden sollten auf einer fünfstufigen Skala angeben, wie hilfreich der Brückenkurs aus ihrer heutigen Sicht für verschiedene Studieninhalte war (1 = in keiner Weise hilfreich; 5 = sehr hilfreich). Der Mittelwert für *Beweisen in der Mathematik* lag bei M = 2,81 (SD = 1,02) und *mathematisch Formulieren* bei M = 3,51 (SD = 1,01), wobei sich ein ähnlicher Mittelwert für das *Überwinden von Unterschieden zwischen Schul- und Hochschulmathematik* ergab. Fachunabhängige Ziele wurden als besonders hilfreich eingeschätzt. Für das *Kennenlernen zukünftiger Kommilitonen* lag der Mittelwert bei M = 4,21 (SD = 1,12) und für die *Orientierung an der Universität* bei M = 3,94 (SD = 1,04).

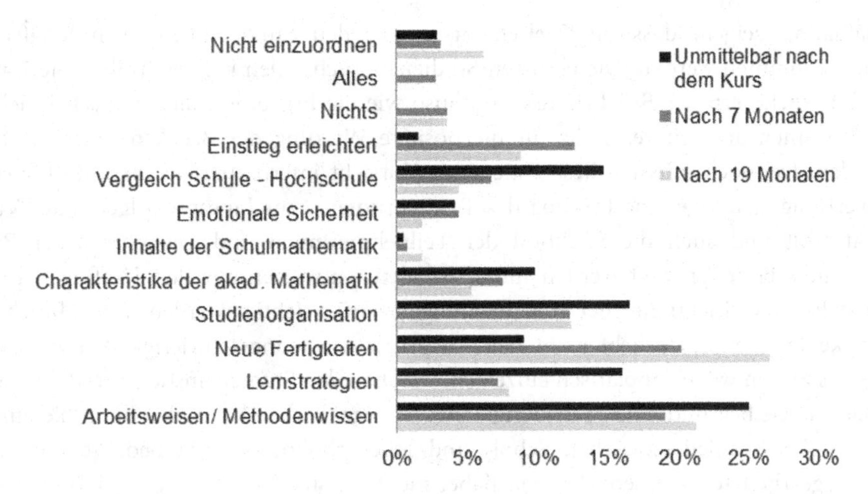

Abb. 4.2 Antworten auf die Frage: „Was war (aus heutiger Sicht) von dem, was Sie im Brückenkurs Mathematik gelernt haben am Wichtigsten?"

Neben diesen Erhebungen der Einschätzungen wurde etwa ein halbes Jahr nach dem Brückenkurs 2010 in den Vorlesungen zur Linearen Algebra II ein Test mit Beweisaufgaben zu den Themenbereichen lineare Unabhängigkeit und lineare Abbildungen durchgeführt. Jeweils 60 Studierende, die am Brückenkurs 2010 teilgenommen haben und 60 weitere Studierende, die nicht im Brückenkurs Mathematik waren, bearbeiteten diese Aufgaben. Eine Kovarianzanalyse mit der Kovariate *Abiturnote* als Prädiktor für kognitive Fähigkeiten, den Testwerten als abhängige Variable und der Teilnahme am Brückenkurs als unabhängige Variable zeigte signifikant bessere Leistungen der Studierenden, die an einem der Brückenkurse teilgenommen hatten ($F(1;117) = 7{,}15$; $p < 0{,}01$; part. $\eta^2 = 0{,}06$).

4.6 Zusammenfassung

In diesem Beitrag wurden ausgehend von einer Analyse der Übergangsschwierigkeiten von der Schule zur Hochschule und mit Einbindung von Ansätzen zum Lernen akademischer Mathematik, fünf Zielbereiche für Unterstützungsmaßnahmen an der Schnittstelle Schule – Hochschule identifiziert. Diese betreffen (1) Arbeitsweisen der Mathematik, (2) Lernstrategien, (3) Methodenwissen, (4) neue Fertigkeiten und (5) Studienorganisation. Einige dieser Zielbereiche wurden bereits erfolgreich umgesetzt, wobei gerade Brücken- oder Vorkurse häufig nur begrenzte Ressourcen zur Verfügung haben. Am Beispiel eines Brückenkurskonzeptes aus München wurde exemplarisch aufgezeigt, wie mit Hilfe der dargestellten Analysen eine begründete Auswahl getroffen werden kann und dabei zentrale Zielbereiche orchestriert werden können. Die Ergebnisse der

Evaluation zeigen, dass die Zielsetzungen von den Studierenden auch langfristig wahrgenommen werden. Die geringen Studienabbruchzahlen bei den Teilnehmerinnen und Teilnehmern der Brückenkurse, genauso wie die Ergebnisse aus dem schriftlichen Test können als weiteres Indiz für die positive Wirkung des Brückenkurses gesehen werden. Dennoch müssen diese Daten mit Vorsicht interpretiert werden, da für eine zuverlässige Aussage eine Prüfung des Testinstruments zur Linearen Algebra auf Validität fehlt und auch die Selektion der Teilnehmerinnen und Teilnehmer der Brückenkurse berücksichtigt werden muss. Bei den Antworten aus den Umfragen muss zusätzlich die Selektivität der Rückmeldungen berücksichtigt werden. Das Münchner Brückenkurskonzept erhebt nicht den Anspruch, Übergangsschwierigkeiten zu beseitigen, sondern will exemplarisch aufzeigen, wie man den Studieneinstieg erleichtern und gezielt sowie begründet den Schwierigkeiten entgegenwirken kann, die durch die analysierten Unterschiede zwischen Schul- und Hochschulmathematik bedingt sind. Die herausgearbeiteten Zielbereiche sind dabei nicht nur für Brückenkurse relevant, wünschenswert wäre vielmehr auch eine adäquate Berücksichtigung in den Anfängervorlesungen.

4.7 Literaturverzeichnis

Bellhäuser, H., Lösch, T., & Schmitz, B. (2011). Fostering self-regulated learning online. 14th Conference of the EARLI, Exeter. http://www.earli2011.org/nqcontent.cfm?a_id=487. Gesehen am 29.04.2013.

Boero, P. (1999). Argumentation and mathematical proof: A complex, productive, unavoidable relationship in mathematics and mathematics education. International Newsletter on the Teaching and Learning of Mathematical Proof, 990708. http://www.lettredelapreuve.it/OldPreuve/Newsletter/990708Theme/990708ThemeUK.html. Gesehen am 29.04.2013.

Bruner, J. S. (1988). Studien zur Kognitiven Entwicklung. Stuttgart: E. Klett-Cotta.

Dreyfus, T. (1991). Advanced Mathematical Thinking Processes. In: D. Tall (Hrsg.), Advanced mathematical thinking (S. 25–41). Dordrecht [u. a.]: Kluwer.

Dubinsky, E., & McDonald, M. (2001). APOS: A Constructivist Theory of Learning In Undergraduate Mathematics Education Research. In: D. A. Holton (Hrsg.), The teaching and learning of mathematics at university level. An ICMI study (S. 275–282). Dodrecht, Boston: Kluwer Academic.

Fischer, A. (2006). Vorstellungen zur linearen Algebra: Konstruktionsprozesse und -ergebnisse von Studierenden. Dissertation. Dortmund: Universität Dortmund.

Freudenthal, H. (1973). Mathematik als pädagogische Aufgabe. Stuttgart: Klett.

Harel, G. (2008). DNR Perspective on Mathematics Curriculum and Instruction: Focus on Proving, Part I. Zentralblatt für Didaktik der Mathematik, 40, 487–500.

Harel, G., & Sowder, L. (1998). Students' proof schemes: Results from exploratory studies. In: E. Dubinsky, A. H. Schoenfeld, & J. J. Kaput (Hrsg.), Research in collegiate mathematics education (S. 234–283). Providence, RI: American Mathematical Society.

Harel, G., & Tall, D. (1991). The general, the abstract, and the generic. For the Learning of Mathematics, 11, 38–42.

Healy, L., & Hoyles, C. (1998). Justifying and proving in school mathematics: Technical report on the nationwide survey. London: Univ. of London, Inst. of Education.

Heintz, B. (2000). Die Innenwelt der Mathematik: Zur Kultur und Praxis einer beweisenden Disziplin. Wien; New York: Springer.

Heublein, U., Schmelzer, R., & Sommer, D. (2005). Studienabbruchstudie 2005. Hannover: Hochschul-Informations-System.

Hochmuth, R., & Fischer, P (2009). eLearning in mathematischen Vorkursen mit Beispielen zur Analysis. In: Zur Zunkunft des Analysisunterrichts vor dem Hintergrund der Verfügbarkeit neuer Medien (und Werkzeuge). Bericht über die 27. Arbeitstagung des AK „Mathematikunterricht und Informatik" in der GDM vom 25.–27.09.2009 in Soest.

Hoyles, C., & Küchemann, D. (2002). Students' understanding of logical implication. Educational Studies in Mathematics, 51, 193–223.

Kintsch, W. (1998). Comprehension: A paradigm for cognition. Cambridge [u. a.]: Cambridge Univ. Press.

Krüger, D. (2007). Die Conceptual Change-Theorie. In: D. Krüger & H. Vogt (Hrsg.), Theorien in der Biologiedidaktischen Forschung (S. 81–92). Heidelberg: Springer.

Kultusministerkonferenz (2003). Bildungsstandards im Fach Mathematik für den mittleren Schulabschluss. Bonn: KMK.

Leder, G. C., Pehkonen, E., & Törner, G. (2002). Beliefs: A hidden variable in mathematics education? Dordrecht: Kluwer Academic Publishers.

Lin, F. L., Yang, K.-L., Lee, K.-H., Tabach, M., & Stylianides, G. (2012). Principles of task design for conjecturing and proving. In: G. Hanna, & M. de Villiers (Hrsg.), Proof and proving in mathematics education (S. 305–325). Dodrecht: Springer.

Manin, Y. (1977). A Course in mathematical logic. New York: Springer.

Mejia-Ramos, J. P., Fuller, E., Weber, K., Rhoads, K., & Samkoff, A. (2012). An assessment model of proof comprehension in undergraduate mathematics. Educational Studies in Mathematics, 79(1), 3–18.

Rach, S., & Heinze, A. (2011). Studying mathematics at the university: the influence of learning strategies. In: Ubuz. B. (Hrsg.), Proceedings of the 35th Conference of the International Group for the Psychology of Mathematics Education (S. 9–16). Ankara: PME.

Reichersdorfer, E., Vogel, F., Fischer, F., Kollar, I., Reiss, K., & Ufer, S. (2012). Different collaborative learning settings to foster mathematical argumentation skills. In: T.-Y. Tso (Hrsg.), Proceedings of the 36th Conference of the International Group for the Psychology of Mathematics Education. (Band 3, S. 345–352) Taipei: PME.

Reiss, K., & Renkl, A. (2002). Learning to prove: The idea of heuristic examples. Zentralblatt für Didaktik der Mathematik, 34(1), 29–35.

Schichl H., & Steinbauer, R. (2009). Einführung in das mathematische Arbeiten: Ein Projekt zur Gestaltung der Studieneingangsphase an der Universität Wien. Mitteilungen der DMV, 17(4), 244–246.

Spreitzer, C., & Tonti, F. (2012). Studierende als Lehrende in der Studieneingangsphase Mathematik an der Universität Wien. Beitrag auf der KHDM Arbeitstagung, Kassel, 03.-05.11.2012.

Ufer, S., & Reiss, K. (2009). Was macht mathematisches Arbeiten aus? Empirische Ergebnisse zum Argumentieren, Begründen und Beweisen. Jahresbericht der DMV, 4-2009, 155–177.

Ufer, S., Heinze, A., Kuntze, S., & Rudolph-Albert, F. (2009). Beweisen und Begründen im Mathematikunterricht. Die Rolle von Methodenwissen für das Beweisen in der Geometrie. Journal für Mathematikdidaktik, 30(1), 30–54.

Vinner, S. (1991). The Role of Definitions in the Teaching and Learning of Mathematics. In: D. Tall (Hrsg.), Advanced mathematical thinking (S. 65–81). Dordrecht [u. a.]: Kluwer.

5 Brückenkurs für Studierende des Lehramts an Grund-, Haupt- oder Realschulen der Ludwig-Maximilians-Universität München

Leonhard Riedl, Daniel Rost und Erwin Schörner
(Mathematisches Institut der Ludwig-Maximilians-Universität München)

Zusammenfassung

In folgendem Artikel sollen Struktur und Charakter, Adressaten, Inhalte sowie zentrale Ziele des Brückenkurses für Studierende des Lehramts an Grund-, Haupt- oder Realschulen der Ludwig-Maximilians-Universität München geschildert werden. Das Hauptaugenmerk liegt dabei auf den Inhalten des Kursszenarios, welche anhand von ausgewählten Beispielaufgaben thematisiert werden. Ein abschließendes Resümee kommentiert den Gesamteindruck des Kurses und bietet in einem Ausblick Vorschläge zur Optimierung des Angebots.

5.1 Struktur und Charakter

Der Brückenkurs findet in den beiden Wochen direkt vor der Vorlesungszeit des Wintersemesters statt, um eine direkte Verbindung zum Studienbeginn zu schaffen. Mit dieser Konstellation können möglichst viele Studierende erreicht werden. In dieser Phase werden ferner sehr interessante Orientierungsangebote der Fachschaft Mathematik mit Erfahrungsberichten von Studierenden höherer Fachsemester sowie Informationsveranstaltungen zum Ablauf des Studiums angeboten. Die Studierenden erfahren somit einen idealen und strukturiert organisierten Start in ihr Studium.

An jedem Tag des Kurses wird ein Themenkomplex zunächst in einer zweistündigen Vorlesung fokussiert und anschließend durch ergänzende dreistündige Übungen in Kleingruppen vertieft; dabei werden die Teilnehmenden von Tutorinnen und Tutoren im Verhältnis 7:1 betreut, um den Studierenden zu jeder Zeit intensive Unterstützung und Beratung bieten zu können. Des Weiteren können in diesem Gefüge neben inhaltlichen mathematischen Aspekten auch wichtige Informationen bezüglich des Studiums zwischen dem Tutorenteam und den Studierenden ausgetauscht werden. Das Tutorenteam setzt sich aus Studierenden höherer Fachsemester der gleichen Studienrichtung zusammen. Der Dozent sowie die Tutorinnen und Tutoren des Brückenkurses sind auch das begleitende Team in der Anfängervorlesung im ersten Semester, was für die Studierenden von großem Nutzen ist. Zudem begleitet dieses Team die Studierenden die ersten vier Semester und damit über die Hälfte der Regelstudienzeit. Ferner fungiert der Dozent des Brückenkurses als Studienberater für die Studierenden des Lehramts an Grund-, Haupt- oder Realschulen sowie als Studiengangskoordinator. Diese Aspekte untermauern diese Konstellation bei der Betreuung des Kurses. Diese Struktur gibt beiden Seiten eine hervorragende Möglichkeit, sich kennen zu lernen und erste Kontakte zu knüpfen. Die Studierenden begegnen auf diese Weise dem Charakter der universitären Mathematik, indem sie unter anderem die Vermittlungsform der Hochschulmathematik in ihren Grundzügen erfahren. Die Vorlesung und Tutorien sind konzeptionell an den Betrieb des Semesters angepasst. Eben diese Umstellung vom Mathematikunterricht der Schule zum Ablauf im universitären Umfeld löst auf Seiten der Studierenden oft Probleme aus. Die Schulmathematik ist durch ihren beispielorientierten und algorithmischen Aufbau charakterisiert, während die universitäre Mathematik sich durch ihre axiomatisch-deduktive Auslegung kennzeichnet. Dieser Aspekt spiegelt sich unter anderem in dem von Felix Klein geprägten Begriff der „Doppelten Diskontinuität“ wider, welchen er in der Einführung seines Werkes „Elementarmathematik vom höheren Standpunkte aus“ formuliert, wobei in seinen Ausführungen der Schwerpunkt beim Übergang von der Schule zur Hochschule sicherlich auf den inhaltlichen mathematischen Aspekten liegt. Im Vorwort seines Werkes formuliert er: „Der junge Student sieht sich am Beginn seines Studiums vor Probleme gestellt, die ihn in keinem Punkt mehr an die Dinge erinnern, mit denen er sich auf der Schule beschäftigt hat; natürlich vergisst er daher alle diese Sachen rasch und gründlich.“ (Klein 1933, S. 1).

5.2 Adressaten

Der Brückenkurs ist speziell für Studierende des Lehramts an Grund-, Haupt- oder Realschulen konzipiert, um eine fachspezifische inhaltliche Ausrichtung zu gewährleisten. Studierende für das Lehramt an Gymnasien mit dem Fach Mathematik können zusammen mit Bachelorstudierenden einen speziell auf diese Zielgruppe angepassten Kurs besuchen. Diese inhaltliche Trennung ist auch im Verlauf des Studiums verankert, da spezielle Vorlesungen für Studierende des Lehramts an Grund-, Haupt- oder Realschulen angeboten werden, um fachspezifisch Inhalte für diese Gruppe realisieren zu können. Ferner sind zwei erfahrene Dozenten in diesem Bereich im Einsatz, die genau die didaktische Aufbereitung und stoffliche Vermittlung für diese Fachvorlesungen im Auge haben.

Die Informationen über den Brückenkurs werden den künftigen Erstsemestern zum einen bei ihrer Einschreibung in das Studium als auch auf der Internetseite des Mathematischen Instituts dargereicht. Vielleicht kann das Herantragen der Informationen bezüglich des Brückenkurses noch verbessert werden, um eine große Dichte der Studentenschaft für dieses Kursszenario begeistern zu können; bei der ersten Durchführung des Angebots konnten knapp über ein Drittel der Studierenden für die Teilnahme gewonnen werden.

5.3 Inhalte

Die inhaltlichen Aspekte dieses Kurses erstrecken sich über die Darstellung des Grundwesens, Charakters und zentraler Themengebiete universitärer Mathematik, wobei nach einem kurzen Abriss der Geschichte der Mathematik (vorgestellt in Kurzreferaten der Teilnehmenden) die Behandlung von Termen, Gleichungen und Ungleichungen samt Äquivalenzumformungen sowie die Betrachtung der Aussagenlogik ergänzt durch exakte mathematische Formalisierung folgt. Dabei soll anhand zentraler schulischer Inhalte die universitäre Denk- und Arbeitsweise durch die Fokussierung dieser Inhalte von einem höheren Standpunkt vermittelt werden.

Bei der inhaltlichen Ausrichtung soll besonderes Augenmerk auf die universitären Denk- und Arbeitsweisen der Mathematik gelegt werden, indem das Problemlösen durch Modellbildung fokussiert wird. Dabei soll eine vorliegende Problemstellung analysiert und durch Abstraktion in ein geeignetes mathematisches Modell übersetzt werden. Das nunmehr mathematische Problem kann mithilfe früher erworbener Kenntnisse oder neu zu entwickelnder Methoden gelöst werden. In einem abschließenden Schritt im Rahmen dieser Modellbildung soll das gewonnene Ergebnis hinsichtlich der ursprünglichen Fragestellung interpretiert und überprüft werden. Folgende Graphik (Abb. 5.1) gibt nochmals einen Überblick über den Ablauf des Problemlösens durch Modellbildung.

Bei der inhaltlichen Ausrichtung des Brückenkurses ist es ein essentielles Anliegen, dass die vermittelten Themengebiete keine Aspekte des Studiums vorwegnehmen. Das Angebot dieses Kursszenarios ist freiwillig, weswegen nur ein Teil der Studierenden erreicht werden kann; daher erstrebt der Aufbau dieses Angebots keine Auslagerung bzw. Ausdehnung der Vorlesung auf diese beiden Wochen vor Semesterbeginn. Die Aussagenlogik greift im Rahmen des Kurses die vorangestellten Inhalte nochmals auf und rundet die Themenauswahl damit ab. In einer ausführlichen Darstellung der Aussagenlogik wird die Anfängervorlesung eröffnet. An dieser Stelle soll den Inhalten des Kurses noch mehr Gewicht zukommen, indem vertieft auf diese eingegangen wird.

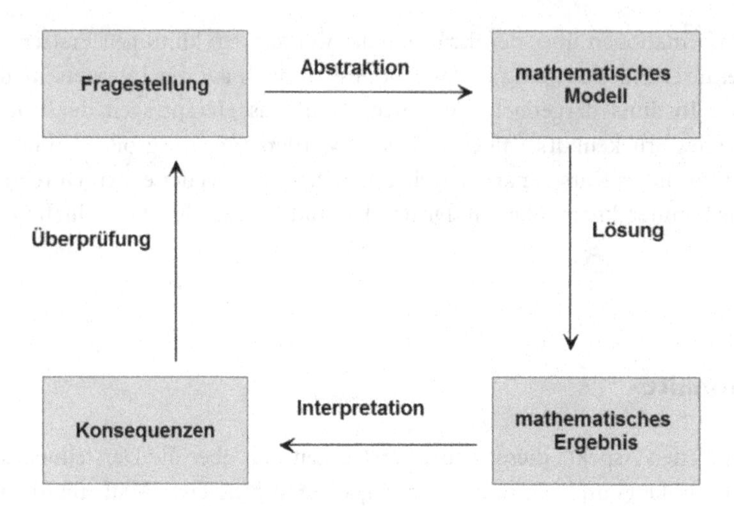

Abb. 5.1 Problemlösen durch Modellbildung

Die einleitende Vorlesung soll den Studierenden einen ersten Einblick in universitäre Mathematik liefern; dabei werden die griechischen Wurzeln und die Bedeutung des Wortes Mathematik analysiert und daraufhin Euklids Parallelenaxiom erörtert (Fritsche 2003, S. 6). Diese Auseinandersetzung mit einem mathematischen Problem soll den angehenden Studierenden den Charakter der universitären Mathematik in ersten Zügen näher bringen. Des Weiteren werden die Studieninhalte des gesamten Studienverlaufs zusammen mit den Studierenden besprochen und dabei die Herkunft und Verwendung der jeweiligen Disziplin analysiert. Das Studium wird durch folgende Disziplinen charakterisiert:

- **Geometrie**; Ursprung: Messen von Längen und Winkeln, Bestimmung von Flächen und Volumina.
- **Arithmetik** bzw. **Zahlentheorie**; Ursprung: Wirtschaft, Verteilung von Gütern.
- **Lineare Algebra**; Ursprung: Lösbarkeit und Lösungsmenge linearer Gleichungssysteme.
- **Analysis**; Ursprung: Grenzprozesse, Flächenbestimmung.
- **Stochastik**; Ursprung: Glücksspiel.

Die Konzeption der ergänzenden Übung schlägt eine Brücke zu den Inhalten dieser ersten Vorlesung und sieht einen Abriss der Geschichte der Mathematik vor. Dabei werden von den Studierenden auf der Grundlage der Ausführungen von V. L. Hansen folgende historische mathematische Inhalte dargestellt (Hansen 2006):

- Mathematik der Ägypter, Mesopotamier und Mayas
- Das mathematische Erbe der Griechen
- Das goldene Zeitalter der Hindus und Araber in der Mathematik
- Mathematik in China

- Europäische Mathematik während der Renaissance
- Mathematik und die wissenschaftliche Revolution (16.–18. Jahrhundert)
- Mathematik des 19. und 20. Jahrhunderts
- Mathematik für immer

Dieser Exkurs zu den geschichtlichen Aspekten bietet eine Abwechslung zu den fachlichen Inhalten und hat sowohl den Studierenden wie Übungsleitern/innen viele interessante Informationen geliefert. Die konzeptionelle Ausrichtung sieht bei der Behandlung dieser geschichtlichen Fakten vor, dass die oben geschilderten Themenbereiche in Kleingruppen bearbeitet und diskutiert sowie anschließend dem Plenum kurz vorgestellt werden. Diese Konzeption schult die Präsentationskompetenz der angehenden Studierenden bzw. Lehrkräfte und bietet die Möglichkeit zur ersten Kontaktaufnahme unter den Lernenden (Meyer 2004).

Ein weiterer großer Themenblock beinhaltet die Behandlung von Termen, Gleichungen und Ungleichungen samt Äquivalenzumformungen; es soll im Folgenden an Beispielaufgaben aus dem Übungsbetrieb aufgezeigt werden, welche Intentionen durch die Auseinandersetzung mit diesem Gebiet verfolgt werden. Exemplarisch wird ein Beispiel einer Wurzelgleichung aus dem Übungsbetrieb herausgegriffen, um die Gleichungslehre hinsichtlich der Äquivalenzumformungen zu thematisieren. Die Aufgabenstellung lautet:

Gesucht sind die Lösungen der Gleichung $\sqrt{2x-3} = 2 + \sqrt{x+7}$.

a) Für welche $x \in \mathbb{R}$ ist die Gleichung definiert?

b) Man bestätige, dass man durch Quadrieren der Gleichung zur Beziehung $x - 14 = 4\sqrt{x+7}$ gelangt.

c) Man bestimme durch erneutes Quadrieren diejenigen $x \in \mathbb{R}$, die als Lösungen der ursprünglichen Gleichung in Frage kommen.

d) Man gebe die Lösungsmenge der gegebenen Gleichung an.

Anhand der Lösungsskizze dieser Aufgabe sollen prägnante Punkte besprochen werden:

a) Wegen $2x - 3 \geq 0 \Leftrightarrow x \geq \frac{3}{2}$ und $x + 7 \geq 0 \Leftrightarrow x \geq -7$ ergibt sich als Definitionsmenge $D = \{x \in \mathbb{R} | x \geq \frac{3}{2}\}$.

b) Für alle $x \geq \frac{3}{2}$ ergibt sich

$$
\begin{aligned}
&\sqrt{2x-3} = 2 + \sqrt{x+7} \Rightarrow \\
&\left(\sqrt{2x-3)}\right)^2 = \left(2 + \sqrt{x+7}\right)^2 \Rightarrow \\
&2x - 3 = 4 + 2 \cdot 2 \cdot \sqrt{x+7} + \left(\sqrt{x+7}\right)^2 \Rightarrow \\
&2x - 3 = 4 + 4 \cdot \sqrt{x+7} + x + 7 \Rightarrow \\
&x - 14 = 4 \cdot \sqrt{x+7}.
\end{aligned}
$$

c) Durch erneutes Quadrieren erhalten wir

$$(x-14)^2 = \left(4\cdot\sqrt{x+7}\right)^2 \Rightarrow$$
$$x^2-28x+106 = 16\cdot(x+7) \Rightarrow$$
$$x^2-28x+196 = 16x+112 \Rightarrow$$
$$x^2-44x+84 = 0 \Rightarrow$$
$$(x-2)\cdot(x-42) = 0,$$

und damit als mögliche Lösungen $x = 2$ und $x = 42$.

d) Wegen $\sqrt{2\cdot 2-3} = 1 \neq 5 = 2+\sqrt{2+7}$ ist 2 nicht in der Lösungsmenge enthalten, es ist also $2 \notin L$ und wegen $\sqrt{2\cdot 42-3} = 9 = 2+\sqrt{42+7}$ ist 42 in der Lösungsmenge enthalten, es ist also $42 \in L$ und damit ergibt sich insgesamt die Lösungsmenge $L = \{42\}$.

Durch die Probe wird deutlich, dass durch das zweimalige Quadrieren in den Teilaufgaben b) und c) „Scheinlösungen" hinzukommen, die letztendlich aber nicht in der Lösungsmenge enthalten sind; damit soll den Studierenden klar werden, dass das Quadrieren beider Seiten einer Gleichung nicht zwingend eine Äquivalenzumformung ist, sondern lediglich eine Implikation. Genau dieser elementaren Problematik wendet sich auch Bosch in seinem Werk „Brückenkurs Mathematik" zu (Bosch 2007). Ähnliche Aspekte dieser Thematik schildert unter anderem auch Cramer in seinem Werk „Vorkurs Mathematik" (Cramer und Neslehova 2004).

Ein weiterer Aspekt in diesem Themenblock ist die Behandlung der binomischen Formeln; in der Vorlesung überführen die Studierenden zusammen mit dem Dozenten die erste binomische Formel Schritt für Schritt von der Ausgangsbeziehung $(a+b)^2$ schließlich zum Term $a^2+2ab+b^2$; dabei wenden sie in jedem Schritt die Rechengesetze der reellen Zahlen wie Definition des Quadrats, Distributivgesetz, Assoziativgesetz der Addition und Multiplikation sowie das Kommutativgesetz der Multiplikation an und diskutieren diese Gesetzmäßigkeiten. In der Übung sollte entsprechend die Herleitung der beiden anderen binomischen Formeln erfolgen und als Anwendungsbezug dieser Formeln die Ausdrücke 104^2, 98^2 und $53\cdot 47$ berechnet werden.

Ferner werden intensiv quadratische Gleichungen behandelt; typische Aspekte sind das Lösen quadratischer Gleichungen mit verschiedenen Methoden wie quadratischer Ergänzung, Satz von Vieta und Lösungsformel für quadratische Gleichungen. Zu diesem Typ von Gleichung wird in der Übung eine schöne anwendungsbezogene Aufgabe gestellt, die folgendermaßen formuliert ist:

Ein rechteckiges Areal, das an einer Seite durch einen Fluss begrenzt wird, soll an den verbleibenden drei Seiten durch einen Zaun einer gegebenen Gesamtlänge abgesteckt werden. Wie muss der Zaun aufgebaut werden, damit das Areal einen möglichst großen Flächeninhalt besitzt? Wie groß ist dieser in diesem Fall?

Diese Aufgabespricht die Kompetenz „Mathematisch modellieren" der allgemeinen mathematischen Kompetenzen der Bildungsstandards im Fach Mathematik für den

Mittleren Schulabschluss an (KMK 2004, S. 8). Die gegebene Problemsituation ist ein Extremwertproblem; gesucht ist dabei der maximale Flächeninhalt des rechteckigen Areals, die durch eine quadratische Gleichung beschrieben werden kann, deren Graph eine nach unten geöffnete Parabel darstellt; das Maximum entspricht in diesem Fall also dem Scheitel der Parabel.

Nach den bisher aufgeführten Inhalten zu diesem Themenblock werden dann Ungleichungen, insbesondere auch in der Gestalt von Bruchgleichungen bzw. Bruchungleichungen behandelt; hierzu soll ein anwendungsbezogenes Beispiel aufgezeigt werden.

Gegeben seien die beiden Taxiangebote mit folgenden Konditionen:

- Taxi 1: Grundgebühr: 5 Euro, Kosten pro Kilometer: 1,00 Euro
- Taxi 2: Grundgebühr: 2 Euro, Kosten pro Kilometer: 1,50 Euro
- Für welche Fahrstrecken muss man bei Taxi 1 weniger als 35 Euro bezahlen?
- Für welche Fahrstrecken muss man bei Taxi 2 mindestens 12 Euro bezahlen?
- Für welche Fahrstrecken ist Taxi 1 günstiger als Taxi 2?

Auch in diesem Fall wird wiederum die Modellierungskompetenz gemäß der allgemeinen mathematischen Kompetenzen der Bildungsstandards im Fach Mathematik für den Mittleren Schulabschluss angesprochen, da eine Alltagssituation in einen mathematischen Zusammenhang abstrahiert werden soll (KMK 2004).

Der nächste große Themenabschnitt betrachtet in Grundzügen die Aussagenlogik ergänzt durch exakte mathematische Formalisierung. Zentrale Aspekte sind unter anderem:

- Wahrheitsgehalt von Aussagen prüfen (mit Negation),
- Verknüpfung von Aussagenvariablen (Konjunktion, Disjunktion, Implikation und Äquivalenz),
- Formalisierung von Aussagen mit Hilfe logischer Verknüpfungen,
- Beweistechniken: direkter Beweis und indirekter Beweis sowie Beweis durch Widerspruch.

Es werden stellvertretend drei Übungsaufgaben angeführt, welche die Studierenden zusammen mit den Tutorinnen und Tutoren bearbeiten sollen. Die erste Beispielaufgabe spezifiziert die Formalisierung von Aussagen mit Hilfe logischer Verknüpfungen, die Aufgabenstellung lautet dabei:

a) Man formalisiere die Aussage „Everybody loves somebody“ unter Verwendung logischer Verknüpfungen sowie der Abkürzung $L(x, y)$ für die Beziehung „x liebt y“.
b) Man formuliere die Negation obiger Aussage, erst umgangssprachlich, dann unter Verwendung logischer Verknüpfungen.
c) Man formalisiere die Aussage „Somebody is loved by everybody“ und begründe, ob diese hinreichend bzw. notwendig für die Aussage in a) ist.

Diese doch anspruchsvolle Aufgabe soll den Studierenden eine Möglichkeit geben, exakte mathematische Formalisierung einzuüben; auch an dieser Stelle ist Alltagsbezug gegeben. Der Inhalt dieser Aufgabe stellt einen engen Kontext zwischen Sprache und mathematischer Formalisierung dar; gerade dieser Dualismus zwischen Textverständnis und exakter Formalisierung der Informationen in mathematischer Sprache bereitet Schüler/innen und somit wohl auch den angehenden Studierenden Probleme (Baumert et al. 2002; Kunter et al. 2002).

Des Weiteren soll eine einfache Beweisführung explizit an folgender Aufgabe vollzogen werden, wobei hier ebenso auf eine exakte Formulierung hoher Stellenwert gelegt wird; die Aufgabenstellung lautet folgendermaßen:

Man zeige die folgenden Aussagen für alle $a, b \in \mathbb{Z}$

a) a, b gerade $\Rightarrow a+b$ gerade,
b) a, b ungerade $\Rightarrow a+b$ gerade,
c) a, b gerade $\Rightarrow a \cdot b$ gerade,
d) a, b ungerade $\Rightarrow a \cdot b$ ungerade.

Man untersuche, ob auch jeweils die Umkehrung $\Leftarrow$ gilt.

Diese Aufgabe beinhaltet in einfachen Grundzügen einige Beweistechniken, welche zusammen mit den Lernenden bereits in der Vorlesung behandelt wurden. Diese Aufgaben werden in der Regel angeleitet bewerkstelligt, Teilaufgabe a) wird beispielsweise zusammen mit den Tutorinnen und Tutoren erarbeitet, und die weiteren (in diesem Fall sehr ähnlichen) Teilaufgaben werden von den Studierenden selbst gelöst. Inhaltlich soll hier der Aspekt von notwendiger und hinreichender Bedingung einer mathematischen Aussage und damit die Begriffe Implikation und Äquivalenz wiederum thematisiert werden. Als abschließendes Beispiel soll eine Aufgabe vorgestellt werden, die in einem universitären Umfeld eingebettet ist, aber mit Kenntnissen der 7. bzw. 8. Klasse (binomische Formeln) gelöst werden kann; folgende Aufstellung ist dabei die Grundlage:

Gegeben seien die beiden Aussagen

- $D(z)$: z ist die Differenz zweier Quadrate.
- $U(z)$: z ist ungerade.

Man zeige oder widerlege:

a) $U(z) \Rightarrow D(z)$ für alle $z \in \mathbb{Z}$.
b) $D(z) \Rightarrow U(z)$ für alle $z \in \mathbb{Z}$.

Bei dieser Aufgabe werden die angehenden Studierenden mit einer typischen Fragestellung aus dem universitären Umfeld konfrontiert, dennoch sind die fachlichen Kenntnisse zur erfolgreichen Bearbeitung der Aufgaben im Bereich der Mittelstufenmathematik angesiedelt. Jede ungerade ganze Zahl kann als Differenz zweier aufeinanderfolgender Quadrate dargestellt werden; so ist etwa $1=1^2-0^2$ und $3=2^2-1^2$; allgemein gilt also $z=2n+1=(n+1)^2-n^2$ mit $n \in \mathbb{Z}$. Damit ist Teilaufgabe a) gezeigt; wegen $z=16=4^2-0^2$ ist z die Differenz zweier Quadrate aber keine ungerade ganze Zahl. Damit ist Teilaufgabe b) durch ein Gegenbeispiel widerlegt. In diesem Fall werden wiederum die binomischen Formeln motiviert. Die Fülle der gegebenen Beispiele liefert einen anschaulichen Querschnitt durch die Themenbereiche Gleichungslehre bzw. Behandlung von Termen sowie die Auseinandersetzung mitmathematischen Aussagen bzw. exakter mathematischer Formalisierung. Anhand der Beispiele wird deutlich, dass einige inhaltliche Aspekte wie beispielsweise die Unterscheidung von Implikation und Äquivalenz sowie die Anwendung der binomischen Formeln in verschiedenen Kontexten motiviert werden und sich wie ein roter Faden durch das Kursszenario ziehen. Damit kann man wohl inhaltlich von einem abgerundeten und zusammenhängenden Konstrukt sprechen.

5.4 Ziele

Die Intentionen und Ziele des Brückenkurses sind in Grundzügen die Wiederholung, Festigung und Reflexion von mathematischen Schulinhalten sowie das Kennenlernen hochschulmathematischer Denk- und Arbeitsweisen. Ferner soll der universitäre Charakter der Mathematik sowie deren Vermittlungsstruktur in Form von Vorlesung und ergänzenden Übungen dargestellt werden. Zudem wird den Studierenden ein Forum eröffnet, das künftige Lernumfeld mit den Lehrenden und den anderen Erstsemestern kennen zu lernen. Die inhaltlichen Aspekte des Kurses zum einen, aber auch die soziale Komponente sind wichtige Faktoren für einen gelungenen Start ins Studium. Folgende Graphik stellt eine Bewertung des Brückenkurses im Wintersemester 2010/11 durch die Studierenden dar; diese sollen angeben, inwiefern sie vom dem Kursangebot am Mathematischen Institut der LMU München profitiert haben. Im abgebildeten Säulendiagramm sind acht vorgegebene Aspekte des Kursszenarios (Rechtswertachse) gegen die entsprechende Prozentzahl der Studierenden (Hochwertachse) aufgetragen, für die der jeweilige Punkt von besonderem individuellen Nutzen ist.

Die Studierenden favorisieren im Rückblick auf den Brückenkurs vor allem Aspekte wie das Kennenlernen von Kommilitonen/innen, Dozenten- und Tutorenteam sowie des Charakters der universitären Mathematik, aber auch andere Gesichtspunkte wie das Einleben in die universitäre Atmosphäre sowie in mathematische Denk- und Arbeitsweisen und den Zugang zu Informationen hinsichtlich des gewählten Studienganges. Die Wiederholung und Festigung des Schulstoffes bewerten die Studierenden nicht so hoch (vgl. Abb. 5.2). Im Vorwort zum Werk „Brückenkurs Mathematik" schildert Bosch, dass Studierende anderer Disziplinen oft in den Vorlesungen und Übungen im Fach Mathematik große Probleme haben, da ihnen die fundamentalen und elementaren Kenntnisse aus der Schule fehlen (Bosch 2007). Die Teilnehmenden des Kurses haben sich mit der Wahl ihres Studiums bewusst auf das Fach Mathematik eingelassen, weswegen das Schließen von Lücken aus der Schule in einem zweiwöchigen Kurs nicht als primäres Anliegen gesehen wird. Die Standardwerke zu Brücken- bzw. Vorkursen im Fach Mathematik liefern oft ein gewisses Überblickwissen zu den elementaren Schulinhalten, um akute Wissenslücken zu schließen, die in der Regel zu Studienbeginn vorausgesetzt werden; ferner bieten sie zudem ein Grundlagenwissen für die fundamentalen Inhalte des Studienbeginns (Bosch 2007; Walz 2011; Fritsche 2003).

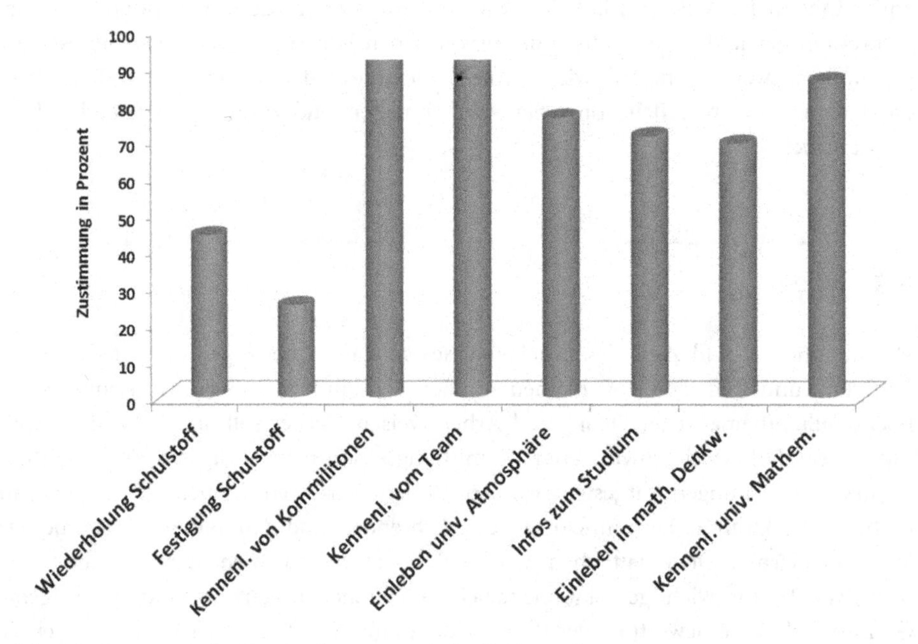

Abb. 5.2 Bewertung des Brückenkurses durch die Studierenden

5.5 Ausblick

In einem abschließenden Resümee soll die positive Rückmeldung der Teilnehmenden bezüglich Struktur, Ablauf und Inhalt des durchgeführten Brückenkurses erwähnt sein. Ferner wird diese Meinung durch das ebenso erfreuliche Feedback des Dozenten und der Tutorinnen und Tutoren komplettiert. Diese Gründe sprechen für die Fortführung dieses Brückenkurses in seiner Struktur, Zielvorstellung und mit seiner Adressatengruppe. Eine intensivere Evaluierung soll in der zukünftigen Konzeption dieses Brückenkurses integriert werden, nicht zuletzt um damit den Aspekt zu beleuchten, ob die Durchführung dieses Kursszenarios die von Felix Klein thematisierte Bruchstelle zwischen Schule und Universität in Ansätzen kompensieren kann (Klein 1933).

5.6 Literaturverzeichnis

Baumert, J., Artelt, C., Klieme, E., Neubrand, J., Prenzel, M., Schiefele, U., Schneider, W., Schumer, G., Stanat, P., Tillmann, K.-J., & Weis, M. (Hrsg.).(2002). PISA 2000 - Die Länder der Bundesrepublik Deutschland im Vergleich. Zusammenfassung zentraler Befunde. Berlin: Max-Planck-Institut für Bildungsforschung.

Bosch, K. (2007). Brückenkurs Mathematik. Eine Einführung mit Beispielen und Übungsaufgaben. München: Oldenburg Verlag.

Cramer, E., & Neslehova, J. (2004). Vorkurs Mathematik: Arbeitsbuch zum Studienbeginn in den Wirtschafts- und Sozialwissenschaften. Berlin: Springer Verlag

Fritsche, K. (2003): Mathematik für Einsteiger. Vor- und Brückenkurse zum Studienbeginn. Berlin: Spektrum Akademischer Verlag.

Hansen, V. L. (2006). Mathematik durch die Jahrtausende. Übersetzung: Mathematik.de.http://www.mathematik.de/ger/information/matheInGeschichteUndGegenwart/jahrtausende/jahrtausende.html. Stand: 31.01.2006.

Klein, F. (1933). Elementarmathematik vom höheren Standpunkte aus. Erster Band. Berlin: Springer Verlag.

Beschluss der Kultusministerkonferenz KMK (2004). Bildungsstandards im Fach Mathematik für den Mittleren Schulabschluss - Beschluss vom 4.12.2003. München: Luchterhand Verlag.

Kunter, M., Schumer, G., Artelt, C., Baumert, J., Klieme, E., Neubrand, M.,Prenzel, M., Schiefele, U., Schneider, W., Stanat, P., Tillmann, K.-J., & Weis, M. (2002). PISA 2000. Dokumentation der Erhebungsinstrumente. Berlin: Max-Planck-Institut für Bildungsforschung.

Meyer, H. (2004). Was ist guter Unterricht? Berlin: Cornelsen Scriptor.

Walz, G., Zeilfelder, F., & Rießinger, Th. (2011). Brückenkurs Mathematik für Studieneinsteiger aller Disziplinen. Berlin: Spektrum Akademischer Verlag.

6 Teilnahmeentscheidungen und Erfolg

Eine Fallstudie zu einem Vorkurs aus dem Bereich der Wirtschaftswissenschaften

Rainer Voßkamp und Angela Laging (Universität Kassel und khdm)

Zusammenfassung

Der Beitrag setzt sich mit der Frage auseinander, wodurch die Ergebnisse eines Leistungstests in Mathematik zu Beginn des 1. Semesters bestimmt werden. Basis der Analyse sind Ergebnisse aus Leistungstests und Befragungen, die in den Jahren 2009 bis 2011 im Fachbereich Wirtschaftswissenschaften der Universität Kassel durchgeführt wurden. Betrachtet werden sozioökonomische und bildungsbiographische Variablen (z. B. Geschlecht, Zeitraum zwischen Schulabschluss und Studienbeginn, Schulnoten). Insbesondere wird aber in dem Beitrag untersucht, welchen Einfluss ein Vorkurs auf die Ergebnisse der Leistungstests hat. Hierzu werden verschiedene quantitative Methoden angewendet. Darüber hinaus wird untersucht, welche Gründe für Teilnahme bzw. Nichtteilnahme an dem Vorkurs relevant sind.

6.1 Einleitung

In den Wirtschaftswissenschaften spielen quantitative Methoden eine zentrale Rolle. Aus diesem Grund sind üblicherweise in grundständigen wirtschaftswissenschaftlichen Studiengängen Mathematik- und Statistik-Module verankert (Lorscheid 2009). Die entsprechenden Modulbeschreibungen setzen in der Regel – explizit oder implizit – Kenntnisse der Schulmathematik voraus.

Die Erfahrungen an der Universität Kassel, die sich weitgehend mit Erfahrungen an anderen Hochschulen decken (z. B. Büning 2004), zeigen, dass Studienanfänger/innen der Wirtschaftswissenschaften zum Teil extreme Defizite bei den schulmathematischen

Grundlagen aufweisen. Allerdings liegen keine umfassenden Bestandsaufnahmen vor, so dass letztlich die Sachlage unklar ist.

Zudem besteht, insbesondere an der Universität Kassel, ein hoher Grad an Heterogenität in Hinblick auf die bisherigen Bildungsverläufe der Studienanfänger/innen, speziell in Hinblick auf die Art des Schulabschlusses. Studienanfänger/innen, die das Abitur (o. Ä.) absolviert haben, können im Durchschnitt auf deutlich bessere Schulmathematikkenntnisse zurückgreifen als Studienanfänger/innen, die eine Fachoberschule (o. Ä.) (FOS) erfolgreich abgeschlossen haben.

Die Hochschulen haben hierauf in den letzten Jahren mit Bündeln von Maßnahmen reagiert. Insbesondere wurden an sehr vielen Hochschulen mathematische Vorkurse für wirtschaftswissenschaftliche Studiengänge implementiert, wie sie für Studienanfänger/innen von mathematischen, naturwissenschaftlichen und ingenieurwissenschaftlichen Studiengängen bereits schon länger existieren.

Die kurz-, mittel- und langfristigen Wirkungen auf die Lernerfolge der Studierenden sind allerdings umstritten. Während ein Teil der Autor/innen keine oder nur geringe positive Wirkungen durch Vorkurse feststellen (z. B. Lagerlöf und Seltzer 2009 oder Di Pietro 2012), sehen andere die Wirkungen deutlich positiver (z. B. Espey 1997 oder Ballard und Johnson 2004).

An der Universität Kassel wurde im Jahr 2009 erstmals ein zweiwöchiger Vorkurs eingerichtet. Flankiert wurden die Vorkurse durch Evaluationen und Leistungstests. Auf dieser Datengrundlage sollen in diesem Beitrag zwei Themenkomplexe diskutiert werden, wobei der zweite ausführlicher behandelt werden soll:

1. Teilnahmeentscheidungen:
   a) Wer nimmt an den Vorkursen teil?
   b) Was sind die Gründe für die Teilnahme bzw. Nichtteilnahme?
2. Teilnahmeerfolg:
   a) Welchen Einfluss hat der Vorkurs auf die Leistungen in einem nachgelagerten Leistungstest?
   b) Welche methodischen Probleme sind bei der Beurteilung der Vorkurse zu beachten?

Dabei soll im Zuge der Diskussion des zweiten Themenkomplexes vor dem Hintergrund statistischer und methodischer Probleme auch analysiert werden, welche quantitativen Verfahren angewendet werden sollten. Insbesondere wird auf das Problem eingegangen, dass bei der Beurteilung der Erfolge von Vorkursen Vorsicht geboten ist, wenn Selektionseffekte bedeutsam sind und in diesen Fällen nicht adäquate quantitative Methoden zum Einsatz kommen.

Der Beitrag ist wie folgt gegliedert: In Abschnitt 6.2 werden notwendige Hintergrundinformationen zu den Vorkursen zusammengetragen. Abschnitt 6.3 befasst sich mit der Datengrundlage. Anschließend wird in Abschnitt 6.4 die Frage untersucht, wer am Vorkurs teilnimmt und welche Gründe für die Teilnahme und Nichtteilnahme maßgeblich sind. Unter Verwendung verschiedener quantitativer Verfahren werden in Abschnitt 6.5 die Wirkungen des Vorkurses auf die Leistungen der Studierenden in einem Leistungstest zu Beginn des Semesters besprochen. Ein kurzes Fazit beschließt den Beitrag.

6.2 Hintergrund

Die Mathematik hat in den Wirtschaftswissenschaften eine wachsende Bedeutung. Dies lässt sich einerseits an der wirtschaftswissenschaftlichen Forschung ablesen: Mathematische und statistische Verfahren haben einen zunehmend höheren Stellenwert - und zwar in allen wirtschaftswissenschaftlichen Teildisziplinen, unabhängig von der paradigmatischen Ausrichtung.

Andererseits zeigt auch der Blick in die wirtschaftswissenschaftliche Praxis die Bedeutung quantitativer Methoden. In fast allen Bereichen, in denen Wirtschaftswissenschaftler/innen tätig sind, wird mit quantitativen Daten gearbeitet, die die Grundlage entsprechender Untersuchungen bilden. Zur Anwendung kommen quantitative Verfahren, die weit über das in der Schule Gelernte hinausgehen. Dass die Bedeutung der Mathematik in der Betriebswirtschaftslehre (BWL) und in der Volkswirtschaftslehre (VWL) zunimmt, lässt sich auch daran ablesen, dass Mathematiker/innen und Wirtschaftsmathematiker/innen in klassische Domänen der Ökonomen vordringen.

Vor diesem Hintergrund war und ist die Mathematik ein wesentliches Modul in wirtschaftswissenschaftlichen Studiengängen. Dabei hat die Mathematik im Prinzip einen propädeutischen Charakter, wenngleich die Wirtschaftsmathematik und insbesondere die Mathematische Wirtschaftstheorie etablierte Teilgebiete der Wirtschaftswissenschaften darstellen.

Einem großen Teil der Studienanfänger/innen ist die Bedeutung der Mathematik in wirtschaftswissenschaftlichen Studiengängen offensichtlich nicht bekannt. Einem weiteren großen Anteil mag dies bekannt sein, sie ignorieren diese Tatsache allerdings. Es kann vermutet werden, dass dies auch mit Motiven der Wahl des Studienganges zusammenhängt. So zeigt eine Studie des HIS (Heublein, Hutzsch et al. 2009) zu den Ursachen des Studienabbruchs, dass bei Studierenden der Wirtschaftswissenschaften z. B. das Motiv der „persönlichen Neigungen und Begabungen" eine relativ geringere Bedeutung hat als bei Studierenden anderer Studiengänge. Beim Motiv „gute Verdienstmöglichkeiten" ist es genau umgekehrt (Heublein, Hutzsch et al. 2009, S. 56).

Dies bedingt, neben den „üblichen" Gründen, dass die Studienanfänger/innen gerade in Wirtschaftswissenschaften mit heterogenen schulmathematischen Kenntnissen das Studium aufnehmen und sich in erheblichem Umfang nicht bewusst sind, welche Voraussetzungen sie für die Aufnahme eines wirtschaftswissenschaftlichen Studiums mitbringen sollten.

Vor diesem Hintergrund bietet der Fachbereich Wirtschaftswissenschaften der Universität Kassel seit 2009 jeweils im Herbst einen zweiwöchigen Vorkurs an. In der Tab. 6.1 sind wesentliche Eckpunkte des Vorkurses genannt.

Tab. 6.1 Eckdaten der Vorkurse

Jahr	2009	2010	2011
Vorlesung (in h)	27	27	16
Übungen (in h)	18	18	16
Summe (in h)	45	45	32
Gegenstand	Grundlagen, Differentialrechnung	Grundlagen, Differentialrechnung	Grundlagen

Die Vorkurse der Jahre 2009 und 2010 unterscheiden sich hinsichtlich ihrer Eckdaten nicht. Aus organisatorischen Gründen konnte der Vorkurs im Jahr 2011 nur in kürzerer Form angeboten werden. Insbesondere musste der Vorlesungsteil reduziert werden. In der Folge konnten Themen aus dem Bereich der Differentialrechnung nicht behandelt werden.

Die zentralen Inhalte des Vorkurses beziehen sich auf Grundlagen, die üblicherweise und überwiegend Gegenstand der Lehrpläne bis Klasse 10 sind:

1. Grundlagen Logik, Zahlen, Mengen
2. Rechnen mit reellen Zahlen
3. Potenzen, Wurzeln und Logarithmen
4. Geometrie
5. Funktionen
6. Gleichungen und Ungleichungen
7. Differentialrechnung

Das Konzept des Vorkurses sieht vor, dass diese Grundlagen in einer typisch hochschulischen Form präsentiert werden. So erleben die Teilnehmer/innen in der Regel im Rahmen des Vorkurses erstmals Vorlesungen mit mehreren Hundert Teilnehmer/innen und somit eine neue Lehrform. Für den größeren Teil der Teilnehmer/innen ist zudem das Arbeiten mit Definitionen, Sätzen und Beweisen neu. Auch der Verzicht auf in der Schule übliche Notationen (z. B.: x steht für eine reellwertige Variable, f für eine reelle Funktion) stellt für viele Studienanfänger/innen eine große Hürde dar.

Das Vorkurskonzept sieht zudem eine enge inhaltliche Verzahnung des Vorkurses mit der Veranstaltung „Mathematik für Wirtschaftswissenschaften I" (kurz: Mathematik I) vor. Dies bedeutet, dass in der Veranstaltung Mathematik I verschiedentlich Bezug auf einzelne Abschnitte des Vorkurses genommen wird.

Der Vorkurs selbst wurde mit folgenden Zielsetzungen konzipiert:

1. Der Vorkurs soll zum Ausgleich von schulmathematischen Defiziten beitragen.
2. Der Vorkurs soll eine Hilfestellung bieten, um die eigenen Mathematikkenntnisse besser einschätzen zu können.

3. Der Vorkurs soll die Möglichkeit bieten, erste Erfahrungen mit der Universität zu machen.
4. Der Vorkurs soll die Möglichkeit bieten, Kommiliton/innen kennenzulernen, mit denen man während des Studiums zusammenarbeiten kann.

Die Zielsetzungen gehen sehr bewusst über das übliche Ziel, Defizite zu beseitigen (Ziel 1) hinaus. Vor dem Hintergrund des relativ geringen Stundenumfangs des Vorkurses ist klar, dass der Vorkurs nur in sehr begrenztem Maß direkt Defizite reduzieren kann. Vielmehr soll der Vorkurs erste Rückmeldungen zum individuellen Mathematik-Kenntnisstand geben (Ziel 2) und deutlich machen, wie durch die Entwicklung und die Anwendung geeigneter Lernstrategien nachhaltig Defizite ausgeglichen werden können. Die Entdeckung universitärer Angebote (Ziel 3) und das Gründen von Arbeitsgruppen (Ziel 4) sind hierbei wichtige Elemente.

Im Rahmen dieses Beitrags soll zunächst nur das erste Ziel betrachtet werden. Inwieweit die Ziele 2 bis 4 erreicht werden, soll – auf der Basis entsprechender Evaluierungen – an anderer Stelle diskutiert werden. Somit soll nachfolgend festgestellt werden, inwieweit sich vorkursbedingte Erfolge nachweisen lassen. Daneben soll – wie eingangs erläutert – auch untersucht werden, wer den Vorkurs besucht und wer nicht.

6.3 Datengrundlage

Wesentliche Grundlage für die quantitative Analyse sind Daten aus anonymen Befragungen und Leistungstests, die ca. zwei Wochen nach Abschluss der Vorkurse im Rahmen der Mathematik I durchgeführt worden sind.

Für die weiteren Untersuchungen werden nur Studierende des Studiengangs Wirtschaftswissenschaften im 1. Semester (Studienanfänger/innen) betrachtet. Darüber hinaus besuchen weitere Studierende aus anderen Studiengängen mit wirtschaftswissenschaftlichen Anteilen die Veranstaltung Mathematik I (z. B. Wirtschaftspädagogik). Da diese Studierenden die Mathematik I fakultativ besuchen und sich auf verschiedene Studiengänge verteilen, wurde der Fokus auf die Gruppe der WiWis im 1. Semester gesetzt. Die Tab. 6.2 verdeutlicht die betrachtete Grundgesamtheit.

Die Tab. 6.3 gibt einen Überblick über die wichtigsten Eckdaten der Leistungstests der Jahre 2009 bis 2011. Die Tests unterscheiden sich konzeptionell sehr stark. Während im Jahr 2009 die Aufgaben ad hoc vor dem Hintergrund „ähnlicher" Klausuraufgaben ausgewählt wurden, sind die Aufgaben in den Jahren 2010 und 2011 skalenorientiert zusammengestellt worden. Zudem wurden 2011 einige Aufgaben aus MathBridge (Biehler et al. 2010) verwendet, so dass perspektivisch Vergleiche mit anderen Untersuchungen möglich sind. Gegenstandsbereiche der Leistungstests waren in allen Jahren die mathematischen Grundlagen sowie die Differentialrechnung. In 2010 wurden zudem einige Aufgaben aus dem Bereich Stochastik aufgenommen.

Tab. 6.2 Grundgesamtheit der Befragung

Jahr	2009	2010	2011
Teilnehmer/innen Mathematik I	372	393	447
WiWis im 1. Semester	239	239	249
davon Vorkursler/innen (in %)	45,6	60,3	52,6

Tab. 6.3 Eckdaten der Leistungstests

Jahr	2009	2010	2011
Gegenstand	Grundlagen, Differential-rechnung	Grundlagen, Differentialrechnung, Stochastik	Grundlagen, Differential-rechnung
Konzept	Ad hoc	Skalenorientierung, (Pre-Test khdm-Projekt)	Skalenorientierung (khdm-Projekt), Ankeraufgaben MathBridge
Maximal erreichbare Punktzahl	60	75	30
Durchschnittlich erreich-te Punktzahl (Fallzahl)	27,15 (240)	22,46 (241)	6,15 (248)
Dauer des Tests in Minuten	90 + x	60 + x	30 + x

Insgesamt sind die Leistungstests sehr schlecht ausgefallen, wobei das Fällen eines Urteils sehr schwierig ist, da insbesondere ein Vergleich mit Ergebnissen anderer Leistungstests an anderen Universitäten nicht möglich ist. Gewisse Vergleichsmöglichkeiten bestehen zwischen den Tests für die Jahre 2010 und 2011, da eine größere Zahl von Aufgaben in beiden Leistungstests verwendet wurde (vgl. Unterabschnitt 6.5.1).

Die Einschätzung der Ergebnisse beruht somit wesentlich auf den subjektiven Einschätzungen des Autors und der Autorin sowie der an der Konzeption und Korrektur beteiligten wissenschaftlichen und studentischen Mitarbeiter/innen vor dem Hintergrund der individuellen Einschätzungen über die in den Leistungstests verankerten Anforderungen und die angewendeten Bewertungsschemata.

Die Testzeit wurde über die Jahre hinweg reduziert von 90 über 60 auf 30 Minuten, wobei die Teilnehmer/innen bis zu 30 Minuten überziehen konnten. In allen drei Jahren haben ca. 250 Studierende im 1. Semester des Studiengangs Wirtschaftswissenschaften teilgenommen. Maximal hätten zulassungsbedingt ca. 300 Studierende teilnehmen können.

6.4 Teilnahmeentscheidungen

Auf der Basis der zuvor dargestellten Datengrundlage wurden relative Teilnahmehäufigkeiten berechnet. Dabei wurde nach zwei Merkmalen differenziert:

- Geschlecht (männlich/weiblich);
- Schulabschluss (Abitur (o. Ä.)/Fachoberschulreife (o. Ä.)).

Bevor die Teilnahmequoten analysiert werden, soll kurz auf die Repräsentativität der Stichprobe eingegangen werden. Auf der Basis der 246 Antworten zeigt sich, dass 44,7 % der teilnehmenden Studierenden weiblich sind. Mit Stichtag 11.11.2011, also ca. drei Wochen nach der Erhebung der Daten, weist die Studierendenstatistik der Universität Kassel 285 Studierende, davon 121 weibliche Studierende, im Studiengang Wirtschaftswissenschaften im 1. Semester aus (vgl. Universität Kassel 2012). Damit ergibt sich mit 42,5 % eine nur unwesentlich geringere Quote. Für die Art des Schulabschlusses können derartige Überlegungen nicht angestellt werden, weil entsprechende Daten nicht vorhanden sind.

Dargestellt sind in Tab. 6.4 die Ergebnisse für das Jahr 2011, weil bei dieser Befragung auch nach den Gründen der Teilnahme bzw. Nichtteilnahme am Vorkurs gefragt wurde. Es zeigt sich für das Jahr 2011, dass nur geringe geschlechtsspezifische Unterschiede bestehen.

Tab. 6.4 Teilnahmequoten 2011 (in Klammern: Fallzahlen)

Geschlecht	Abitur (o. Ä.)	FOS (o. Ä.)	Gesamt
Männlich	58,0 (69)	47,8 (67)	52,9 (136)
Weiblich	55,4 (65)	46,7 (45)	51,8 (110)
Gesamt	56,7 (134)	47,3 (112)	52,4 (246)

Weibliche Studierende haben den Vorkurs etwas weniger häufig besucht als männliche Studierende. Dies gilt sowohl für die Gruppe der Studierenden mit Abitur (o. Ä.) als auch für die Gruppe der Studierenden mit FOS (o. Ä.). Deutliche Unterschiede gibt es allerdings hinsichtlich des Schulabschlusses. Während 56,7 % der Studierenden mit Abitur (o. Ä.) den Vorkurs besucht haben, sind es in der Gruppe derer Studierenden mit FOS (o. Ä.) lediglich 47,3 %. Dies ist insbesondere deshalb problematisch, da – wie sich im nächsten Abschnitt zeigen wird – Studierende mit FOS (o. Ä.) beim Leistungstest deutlich schlechter abgeschnitten haben als Studierende mit Abitur (o. Ä.).

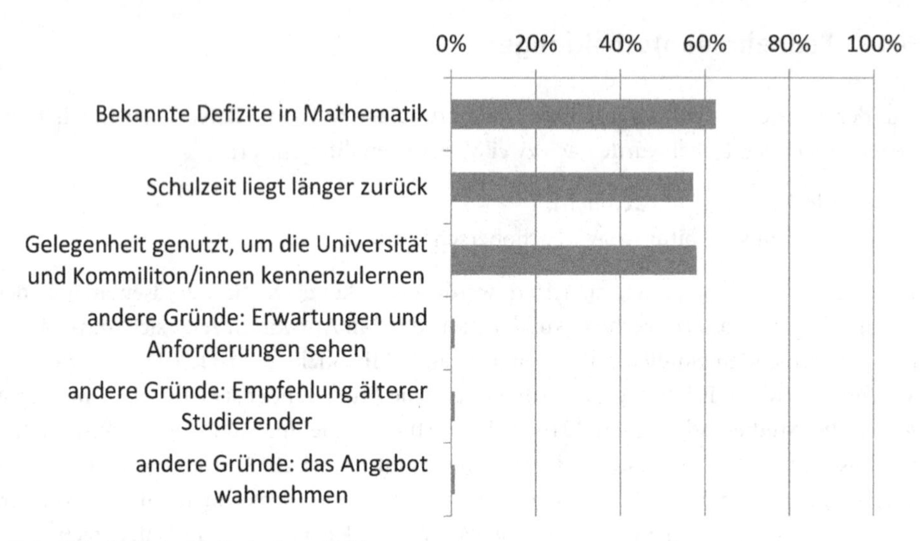

Abb. 6.1 Gründe der Teilnahme 2011

In den Abb. 6.1 und 6.2 sind die Häufigkeiten für die Nennung der Gründe der Teilnahme bzw. Nichtteilnahme dargestellt. Es waren Mehrfachantworten möglich. Zudem konnten in einem offenen Feld andere Gründe angegeben werden. Vor dem Hintergrund der schlechten Ergebnisse in den Tests deuten die Antworten zum ersten Item bei den Gründen der Teilnahme auf ein grundlegendes Problem hin: Fast alle Studienanfänger/innen haben deutliche Defizite in Mathematik, doch knapp 40 % der Teilnehmer/-innen am Vorkurs haben nicht ihre Defizite als Grund für die Teilnahme genannt. Hier deutet sich eine deutliche Überschätzung der eigenen Mathematikkenntnisse an. Diese Vermutung und der negative Einfluss der Selbstverschätzung auf die Punktzahl im Leistungstest wird durch Analysen weiterer eingesetzter Instrumente bestätigt, die in diesem Rahmen nicht erläutert werden (vgl. hierzu Laging, in Vorbereitung). Auch aus theoretischer Sicht handelt es sich bei einer Fehleinschätzung der eigenen Kenntnisse meist um eine Überschätzung (Bandura 1997, S. 72).

Das längere Zurückliegen der Schulzeit wird von ca. 55 % der Vorkurs-Teilnehmer/-innen als Grund genannt. Das entspricht ungefähr dem Anteil der Studierenden, die nicht die Schule im Jahr 2011 abgeschlossen haben. Ein ähnlicher Anteil sieht den Vorkurs als Gelegenheit, um die Universität und Kommiliton/innen kennenzulernen. Andere Gründe wurden nur vereinzelt genannt.

Für die Nichtteilnahme gab es im Wesentlichen nur einen Grund: zeitliche oder räumliche Gründe. Eine Analyse differenziert nach Art des Schulabschlusses zeigt, dass es keine gravierenden Unterschiede zwischen Studienanfänger/innen mit Abitur bzw. FOS gibt. Die These, dass Studienanfänger/innen mit FOS aufgrund beruflicher Gründe am Vorkurs, der schon im September startet, nicht teilnehmen können, bestätigt sich nicht.

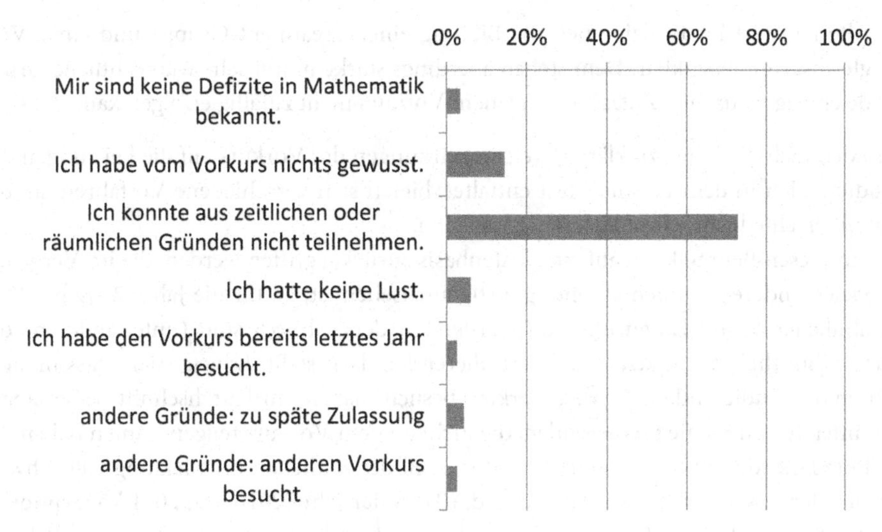

Abb. 6.2 Gründe der Nicht-Teilnahme 2011

Hintergrund könnte sein, dass auch ein großer Teil der Studienanfänger/innen mit Abitur (o. Ä.) nicht unmittelbar ins Studium geht. Während 39,4 % der Studienanfänger/-innen mit Abitur (o. Ä.), die zum Wintersemester 2011/12 das Studium aufgenommen haben, auch im Jahr 2011 das Abitur bestanden haben, liegt der Anteil in der entsprechenden Gruppe der Studienanfänger/innen mit FOS bei 36,4 %.

Hier stellt sich die Frage, ob und ggf. wie mehr Studierenden die Möglichkeit geboten werden kann, an einem Vorkurs teilzunehmen. Dass ein kleinerer Teil von dem Vorkurs nichts gewusst hat, kann der Tatsache geschuldet sein, dass einige ihre Studienplatzzusage im Nachrückverfahren erst nach Beginn des Vorkurses erhalten haben.

6.5 Teilnahmeerfolg

6.5.1 Teilnahmeerfolg auf den ersten Blick

Die Evaluation von Lehrinnovationen wie die Einführung von Vorkursen ist aus methodischer Sicht ein schwieriges Unterfangen. Im Vergleich zu experimentellen Studien stellen sich verschiedene Probleme. Insbesondere sind zwei Probleme zu lösen (vgl. z. B. McEwan 2010):

- Jede Studierende und jeder Studierende wird zu Studienbeginn den Vorkurs besuchen oder nicht. Es ist nicht möglich zu untersuchen, wie für eine Studentin bzw. einen Student die Teilnahme und zugleich die Nichtteilnahme an dem Vorkurs wirkt. Deshalb sind kontrafaktische Analysen wünschenswert.

- Alternativ ist im Prinzip auch die Bildung einer Treatment-Gruppe und einer Vergleichsgruppe denkbar. Dem stehen allerdings starke moralische wie rechtliche Gründe entgegen, da eine Zulassung zu einem Vorkurs nicht zufällig erfolgen kann.

Um dennoch die Frage zu klären, welche Wirkungen der Vorkurs auf die Leistungen der Studierenden in dem Leistungstest entfaltet, bieten sich verschiedene Verfahren an, die mit unterschiedlichen Problemen behaftet sind.

Für diesen Beitrag kann auf eine Datenbasis zurückgegriffen werden, die im Vergleich zu vielen anderen Studien als eher günstig anzusehen ist, da für die Jahre 2009 bis 2011 in ähnlicher Weise Daten erhoben wurden. In der Tab. 6.5 sind (unter anderen) die durchschnittlichen Punktzahlen der Studierenden dargestellt. Es zeigt sich, dass in allen Jahren die Studierenden, die den Vorkurs besucht haben, im Durchschnitt besser abgeschnitten haben als die Studierenden, die nicht an dem Vorkurs teilgenommen haben.

Eine Einordnung der Ergebnisse und speziell der zeitlichen Entwicklung fällt schwer, da sich der Test aus dem Jahr 2009 und die Tests der Jahre 2010 und 2011 konzeptionell deutlich unterscheiden. Eine gewisse Vergleichbarkeit der Ergebnisse kann aber dadurch hergestellt werden, dass für die Jahre 2010 und 2011 die entsprechenden durchschnittlichen Punktzahlen nur für die 14 Aufgaben berechnet werden, die in beiden Leistungstests aufgenommen wurden. Es zeigt sich, dass die durchschnittlichen Punktzahlen insgesamt sehr gering ausfallen. Die – nicht ausgewiesenen – relativen durchschnittlichen Unterschiede sind durchaus deutlich, im Verhältnis zur erreichbaren Punktzahl aber eher gering.

6.5.2 Teilnahmeerfolg nach Art des Schulabschlusses und Geschlecht

Für eine Beurteilung des Vorkurses sind die in Tab. 6.5 dargestellten Ergebnisse nur bedingt nützlich. Eine Heranziehung der zuvor diskutierten Differenzen kann schnell in die Irre führen, wenn sich die beiden Gruppen strukturell unterscheiden. Dass dies aber der Fall ist, hat bereits die Tab. 6.4 gezeigt. Auch Tab. 6.6 zeigt, dass die Betrachtung der Differenz der durchschnittlichen Punktzahlen höchst problematisch ist. Die Tabelle zeigt die zuvor schon für das Jahr 2011 dokumentierten Ergebnisse, nun allerdings differenziert nach Geschlecht und Schulabschluss. Nach dieser Tabelle ergeben sich im Durchschnitt für männliche Studierende mit FOS-Abschluss (o. Ä.) die stärksten positiven Effekte durch den Vorkurs. Weiblichen Studierenden mit Abitur müsste hiernach wohl vom Besuch des Vorkurses abgeraten werden, da die Studentinnen ohne Vorkursteilnahme besser abschneiden als die Studentinnen mit Vorkursteilnahme. Spätestens an dieser Stelle wird klar, dass hier einfache Mittelwertvergleiche problematisch sind.

Tab. 6.5 Gesamtergebnisse

		2009	2010	2011	2010	2011
	Aufgaben	alle	alle	alle	14	14
(1)	Maximal erreichbare Punktzahl	60	75	30	14	14
(2)	Durchschnittliche Punktzahl ohne Vorkurs	23,14	20,75	5,25	2,00	2,25
(3)	Durchschnittliche Punktzahl mit Vorkurs	31,81	23,56	7,03	2,96	3,11
(4)=(3)-(2)	Differenz	8,67	2,81	1,78	0,96	0,86
(4)/(1)	Verhältnis der Differenz zur maximal erreichbaren Punktzahl	0,14	0,04	0,06	0,07	0,06

Tab. 6.6 Durchschnittliche Punkte nach Geschlecht und Schulabschluss 2011

Geschlecht		Abitur (o. Ä.)	FOS (o. Ä.)	Gesamt
Weiblich	Ohne Vorkurs	7,85	2,98	5,65
	Mit Vorkurs	7,38	4,43	6,29
	Differenz	-0,47	1,45	0,64
Männlich	Ohne Vorkurs	7,86	2,49	4,92
	Mit Vorkurs	9,08	5,78	7,61
	Differenz	1,22	3,29	2,69
Zusammen	Ohne Vorkurs	7,86	2,69	5,25
	Mit Vorkurs	8,27	5,25	7,03
	Differenz	0,41	2,56	1,78

6.5.3 Regressionsanalysen

Einen ersten Ausweg aus dieser Problemlage bieten lineare Regressionsanalysen. Damit verbunden ist die Modellvorstellung, dass eine abhängige Variable y (hier: individuelle Punktzahl im Leistungstest) durch eine Linearkombination von m unabhängigen Variablen x_1 bis x_m (hier z. B.: sozioökonomische und bildungsbiografische Variablen) erklärt werden kann:

$$y = \beta_0 + \beta_1 x_1 + \ldots + \beta_m x_m$$

Auf der Basis von Beobachtungen für die Variablen können mit Hilfe von Schätzverfahren (hier: Kleinste-Quadrate-Verfahren) die Koeffizienten $\beta_0, \ldots, \beta_m$ geschätzt werden. Da die geschätzten Koeffizienten Zufallsvariablen darstellen, kann getestet werden, ob die Koeffizienten signifikant von 0 verschieden sind. Ist dies der Fall, kann davon ausgegangen werden, dass die entsprechende unabhängige Variable einen Einfluss auf die abhängige Variable ausübt.

Tab. 6.7 Berücksichtigte unabhängige Variablen

Kurzbezeichnung	Art	Erläuterung	Ausprägungen
Vorkurs	Binär	Gibt an, ob die/der Studierende an dem Vorkurs teilgenommen hat	Teilnahme ja: 1 Teilnahme nein: 0
Schulabschluss	Binär	Gibt an, ob die/der Studierende die Schule mit Abitur (o. Ä.) oder mit FOS (o. Ä.) abgeschlossen hat	Abitur (o. Ä.): 1 FOS (o. Ä.): 0
Note Mathematik	Metrisch	Durchschnittliche Mathematiknote der/des Studierenden in den Klassen 11 bis 12 bzw. 13	1 (sehr gut) bis 5 (mangelhaft)
Jahr des Schulabschlusses	Metrisch	Jahr, in dem die/der Studierende den höchsten Schulabschluss erlangt hat	1999 bis 2011
Geschlecht	Binär	Gibt das Geschlecht der/des Studierenden an	Männlich: 1 Weiblich: 0
Einschätzung Mathematikkenntnisse	Metrisch	Einschätzung der/des Studierenden der eigenen Mathematikkenntnisse	1 (sehr gut) bis 5 (mangelhaft)

Ein Gütekriterium für den Erklärungsgehalt des Regressionsergebnisses stellt das (bereinigte) Bestimmtheitsmaß dar, welches angibt, welcher Anteil der Varianz der abhängigen Variablen durch das Modell erklärt werden kann. Beträgt der Wert 1, so wird die abhängige Variable vollständig durch die unabhängigen Variablen erklärt. Ist der Wert 0, so tragen die unabhängigen Variablen in keiner Weise zur Erklärung der abhängigen Variablen bei.

Für die Regressionsanalysen konnten jeweils ca. 230 Beobachtungen berücksichtigt werden. Die Fallzahlen sind etwas niedriger als zuvor, da einige Studierende nicht alle Fragen beantwortet haben. Die abhängige Variable ist jeweils die Punktzahl der Studierenden bzw. des Studierenden. Sechs unabhängige Variablen wurden zur Erklärung der abhängen Variablen herangezogen. Die Variablen sind in Tab. 6.7 zusammengestellt. Einige Variablen, die im Sinne von Schulnoten formuliert sind, werden, auch wenn dies nicht unproblematisch ist, als metrisch angenommen, obwohl sie eigentlich „nur“ ordinal skaliert sind.

In Tab. 6.8 sind die Schätzungen für die Regressionskoeffizienten dargestellt. Bei jeweils einer Schätzung für die Jahre 2009 bis 2011 wurden alle Aufgaben der Tests berücksichtigt. Um einen Vergleich für die Jahre 2010 und 2011 zu ermöglichen, wurden zudem zwei Schätzungen durchgeführt, die auf 14 Aufgaben basieren, die in 2010 und 2011 gestellt wurden.

Tab. 6.8 Regressionsergebnisse (abhängige Variable: Punktzahl)

	2009	2010	2011	2010	2011
Vorkurs (ja = 1, nein = 0)	7,47***	4,19***	1,61***	1,07***	0,85***
Schulabschlusss (Abitur = 1, sonst. = 0)	5,56***	9,17***	3,42***	1,29***	1,58***
Note Mathematik (1 bis 5)	-1,63**	-2,74***	-1,22***	-0,65***	-0,62***
Jahr des Schulabschlusses	0,47**	0,34	-0,09	-0,04	-0,11
Geschlecht (männlich = 1, weiblich = 0)	-1,48	4,53***	0,71	0,80***	0,24
Einschätzung Mathematikkenntnisse (1 bis 5)	-3,06***	-2,84***	-1,61***	-0,55**	-0,64***
N	236	224	237	224	237
Adj. R^2	0,45	0,37	0,39	0,23	0,27
Nachrichtlich: Aufgaben	alle	alle	alle	14	14
Nachrichtlich: Durchschnittlich erreichte Punktzahl	27,15	22,46	6,15	2,59	2,69

Signifikanz: ***: α = 0,01; **: α = 0,05

Mit zwei Ausnahmen zeigen sich recht einheitliche Wirkungen der unabhängigen Variablen auf die Punktzahl. Der Vorkurs hat in allen Fällen einen signifikanten (jeweils $p < 0{,}01$) positiven Einfluss auf die Punktzahl. Ebenso hat der Schulabschluss einen Einfluss auf die Punktzahl. Studienanfänger/innen mit Abitur schneiden signifikant (jeweils $p < 0{,}01$) besser ab. Da beide Variablen als 0-1-Variable skaliert wurden, können die Einflüsse verglichen werden. Es zeigt sich, dass im Jahr 2009 der Vorkurs-Einfluss stärker als der Schulabschluss-Einfluss war. Somit hat ein/e Studienanfänger/in den Nachteil eines FOS-Abschlusses durch die Teilnahme am Vorkurs kompensieren können. In den zwei anderen Jahren gilt dies nicht. Die Gründe können vielfältig sein. So hat sich z. B. der Vorkurs im Laufe der Zeit geändert (siehe Tab. 6.3). Ferner wurden unterschiedliche Tests gestellt. Um diesen Einfluss ausschießen zu können, sind in den letzten beiden Spalten die Ergebnisse für die bereits angesprochene Auswahl von 14 Aufgaben dargestellt. Es zeigt sich, dass der Vorkurs-Effekt in 2011 deutlich geringer ausfällt als im Jahr 2010. Eine Erklärung ist, dass der Vorkurs im Jahr 2011 aus organisatorischen Gründen zeitlich deutlich kürzer ausgefallen ist und ein wesentlicher Bestandteil, die Differentialrechnung, entfallen ist, obwohl sie Gegenstand des Tests war.

Die Mathematiknote hat – nicht unerwartet – in allen Schätzungen einen negativen Einfluss auf die Punktzahl: Je schlechter (d. h. höher) die Mathematiknote, desto geringer die Punktzahl im Leistungstest. Gleiches gilt für die Einschätzung der Mathematikkenntnisse. Auch hier zeigen sich durchgehend signifikante Einflüsse.

In den Regressionsrechnungen wurde zudem die erklärende Variable Jahr des Schulabschlusses berücksichtigt. Hier zeigt sich ein unerwartetes Ergebnis. In zwei Jahren (2010 und 2011) hat das Jahr des Schulabschlusses keinen Einfluss auf die Punktzahl. Ein signifikanter Einfluss wurde nur für das Jahr 2009 geschätzt. Aufgrund der Skalierung der Variablen reduziert jedes Jahr, das zwischen Schulabschluss und Studienbeginn liegt, die Punktzahl im Durchschnitt jeweils um 0,47 Punkte. Ein Schulabschluss, der 10 Jahre zurückliegt, hat also (hochgerechnet) betragsmäßig einen Effekt, der ungefähr so groß ist wie der Einfluss des Abiturs.

Auch beim Einfluss des Geschlechts ergeben sich für diese ersten Analysen uneinheitliche Ergebnisse. In den Jahren 2009 und 2011 hat die Variable Geschlecht keinen signifikanten Einfluss auf die Punktzahl. Die Gründe dafür, dass die männlichen Teilnehmer im Jahr 2010 signifikant ($p < 0{,}01$) besser abschneiden, sind noch nicht gefunden.

Das Bestimmtheitsmaß ist für die Modelle, die auf der Basis aller Aufgaben geschätzt wurden, mit 0,37 bis 0,45 nicht unbedingt sehr hoch. Folglich spielen weitere Einflüsse eine Rolle. Erste Analysen von Laging (in Vorbereitung) zeigen, dass motivationale, volitionale und emotionale Variablen zum Teil bessere Erklärungen liefern können.

6.5.4 Erste Ergebnisse einer Matching-Analyse

In diesem Unterabschnitt sollen erste Ergebnisse von Matching-Analysen präsentiert werden. Damit wird nochmals auf das eingangs angesprochene Problem eingegangen, dass nur kontrafaktische Untersuchungen das ideale Vorgehen darstellen, um die Wirkungen eines Vorkurses zu ermitteln.

Die Grundidee von Matching-Verfahren lässt sich wie folgt skizzieren. Ausgegangen wird von zwei Gruppen, wobei die Teilnehmer/innen einer Gruppe jeweils ein Treatment erhalten (hier: Teilnahme am Vorkurs). Da angenommen wird, dass sich die Gruppen strukturell unterscheiden können, werden statistische Zwillinge gesucht. Im konkreten Fall werden zu jeder/jedem Vorkursteilnehmer/in vier Studienanfänger/innen gesucht, die dieser/diesem Vorkursteilnehmer/in möglichst ähnlich sind, aber nicht am Vorkurs teilgenommen haben. Für die Studienanfänger/innen, die nicht am Vorkurs teilgenommen haben, wird analog verfahren.

Im Idealfall werden statistische Zwillinge gefunden, die sich nicht von der/dem Vorkurs-Teilnehmer/in unterscheiden. Für die Suche nach statistischen Zwillingen werden Variablen vorgegeben, die zur Bestimmung der Ähnlichkeit herangezogen werden. Für die nachfolgende Schätzung wurden die Variablen Schulabschluss, Note Mathematik, Jahr des Schulabschlusses, Geschlecht und Einschätzung der Mathematikkenntnisse gewählt (vgl. Tab. 6.7). Zur Bestimmung der Ähnlichkeit können verschiedene Methoden angewendet werden. Hier wurde das Verfahren „Nearest Neighbor“ angewendet.

Auf der Basis der statistischen Zwillinge werden die entsprechenden Werte der interessierenden Variablen (hier: Punktzahl im Test) berechnet und verglichen (vgl. Tab. 6.9). Berechnet werden kann dann (unter anderem) der durchschnittliche Treatment-Effekt. Er gibt an, um wie viele Punkte im Durchschnitt die Vorkurs-Teilnehmer/innen – in dem skizzierten Sinne – besser abschneiden. Vor diesem Hintergrund kann gesagt werden, dass der Vorkurs einen positiven Effekt hat, der nicht durch Selektionseffekte bei der Frage der Belegung des Vorkurses begründet ist.

Tab. 6.9 Erste Ergebnisse aus Matching-Analysen

	2009	2010	2011	2010	2011
Durchschnittlicher Treatment-Effekt	6,72	5,17	2,03	1,23	0,95
Standardfehler	1,06	1,31	0,58	0,32	0,34
Nachrichtlich: Regressionskoeffizient	7,47	4,19	1,61	1,07	0,85
Nachrichtlich: Aufgaben	alle	alle	alle	14	14
Nachrichtlich: Durchs. erreichte Punktzahl	27,15	22,46	6,15	2,59	2,69

6.6 Schlussbemerkungen

Ziel des Beitrages war es, einige Ergebnisse quantitativer Untersuchungen zu Vorkursen zur Mathematik, die an der Universität Kassel im Fachbereich Wirtschaftswissenschaften in den Jahren 2009 bis 2011 angeboten wurden, zu präsentieren.

Hinsichtlich der Teilnahmeentscheidungen hat sich gezeigt, dass Studienanfänger/-innen mit FOS-Abschluss die Vorkurse relativ seltener besucht haben als Studienanfänger/innen mit Abitur, wenngleich Studienanfänger/innen mit FOS-Abschluss im Durchschnitt mit deutlich geringeren Schulmathematikkenntnissen das Studium aufnehmen. Die Gründe für die Teilnahme am Vorkurs deuten an, dass ein Großteil der Studierenden die eigenen Vorkenntnisse überschätzt. Die Nichtteilnahme ist im Wesentlichen durch zeitliche oder räumliche Restriktionen begründet. Genauere Aussagen sollen auf der Basis differenzierterer Befragungen, die im Zuge des Vorkurses im Herbst 2012 erfolgen sollen, getroffen werden.

Die Analysen zum Teilnahmeerfolg haben gezeigt, dass bei simplen Mittelwertvergleichen zwischen der Gruppe der Teilnehmer/innen und der Gruppe der Nichtteilnehmer/innen Fehlinterpretationen der Ergebnisse möglich sind, wenn sich die Gruppe der Teilnehmer/innen und die Gruppe der Nichtteilnehmer/innen strukturell unterscheiden. Dies hat sich insbesondere daran gezeigt, dass die Gruppe der weiblichen Studienanfängerinnen mit Abitur, die den Vorkurs besucht hat, beim Leistungstest im Durchschnitt schlechter abgeschnitten hat als die entsprechende Gruppe der Studienanfängerinnen, die den Vorkurs nicht besucht haben. Da anzunehmen ist, dass der Vorkurs nicht zu einer Verschlechterung der individuellen Kenntnisse beiträgt, ist zu vermuten, dass Selektionseffekte im Spiel sind, d. h., dass die entsprechenden Vorkursteilnehmerinnen deutlich ungünstigere Voraussetzungen mitbringen als die entsprechenden Nichtteilnehmerinnen.

Vor diesem Hintergrund wurden Regressionsanalysen durchgeführt, die den signifikanten (positiven) Einfluss des Vorkurses und des Abiturs sowie den signifikanten (negativen) Einfluss der Mathematiknoten und der eingeschätzten Mathematikkenntnisse (gemessen mit Hilfe einer Schulnotenskala) zeigen. Das Geschlecht und auch die Länge des Zeitraums zwischen Schulabschluss und Studienbeginn hatten in der überwiegenden Zahl der Fälle keinen signifikanten Einfluss.

Die Regressionsschätzungen waren durch mittlere Bestimmtheitsmaße gekennzeichnet. Deshalb ist anzunehmen, dass weitere oder andere unabhängige Variablen von Bedeutung sind. Anzunehmen ist, dass weitere bildungsbiografische Variablen eine Rolle spielen (z. B. Qualität des Schulmathematikunterrichts). Außerdem zeigen erste Analysen (Laging in Vorbereitung), dass motivationale, volitionale und emotionale Variablen die Ergebnisse in Leistungstests deutlich besser erklären als die Mathematiknote. So leistet z. B. die mathematische Selbstwirksamkeitserwartung einen wichtigen Beitrag zur Leistung, da sie die Denkprozesse, das Niveau und die Persistenz der Motivation und den affektiven Zustand beeinflusst, die wiederum wichtige Determinanten der realisierten Leistung sind (Bandura 1997).

In einem letzten Schritt haben erste Ergebnisse einer Matching-Analyse den signifikant positiven Effekt des Vorkurses bestätigt, auch in der Größenordnung, die sich im Rahmen der Regressionsanalysen gezeigt hat.

Insgesamt zeigt sich, dass Analysen zu den Teilnahmeentscheidungen und zum Teilnahmeerfolg herausfordernd sind. Wenngleich in diesem Beitrag auf quantitative Untersuchungen Bezug genommen werden konnte, die auf einer eher günstigen Datenlage basieren, zeigen sich – wie dargestellt – zahlreiche Problemfelder. Um diese Probleme zu lösen, sollen zwei Wege beschritten werden:

- Daten: Um allgemein gültige Aussagen treffen zu können, muss die Datenbasis erweitert werden. Für einzelne Fragestellungen (z. B. im Hinblick auf die Teilnahmeentscheidung) sind umfassendere Befragungen notwendig. Um valide Aussagen über den Erfolg von Vorkursen treffen zu können, müssen möglichst viele Vorkurse im Längs- und/oder Querschnitt verglichen werden. Dies setzt in einem ersten Schritt voraus, dass in den entsprechenden Leistungstests Ankeraufgaben aufgenommen werden und die entsprechenden Daten aus den begleitenden Befragungen und den Leistungstests zusammengeführt und ausgewertet werden.
- Methoden: Um die Wirkungen von Lehrinterventionen im Allgemeinen und von Vorkursen im Speziellen beurteilen zu können, sind adäquate Methoden anzuwenden. So können einerseits Regressionsverfahren angewendet werden, die über die hier angewendeten Verfahren hinausgehen (z. B. Beachtung kategorialer Variablen von Interaktionstermen). Andererseits können verfeinerte Verfahren zur Bestimmung von Treatment-Effekten zur Anwendung kommen (z. B. das Propensity Score Matching).

Diese beiden Wege sollen im Zuge der Vorkurse, die in den nächsten Jahren stattfinden, beschritten werden.

6.7 Literaturverzeichnis

Ballard, C. L., & Johnson, M. F. (2004). Basic math skills and performances in an introductory economics class. Journal of Economic Education, Winter 2004, 3–23.

Bandura, A. (1997). Self-efficacy. The exercise of control. New York: W. H. Freeman and Company.

Biehler, R., Fischer, P. R., et al. (2010). How to support students learning in mathematical bridge-courses using an ITS? Remedial scenarios in the European project Math-Bridge. Paper for the Conference Student Mobility and ICT: World in Transition.

Büning, H. (2004). Breites Angebot an falschen Lösungen: Mathematikkenntnisse von Studienanfängern im Test. Forschung und Lehre, 11/2004, 618–620.

Di Pietro, G. (2012). The short-term effectiveness of a remedial mathematics course: evidence from a UK university, IZA Discussion Paper Series, No. 6358.

Espey, M. (1997). Testing math competency in introductory economics. Review of Agricultural Economics, 19(2), 484–491.

Heublein, U., Hutzsch, C., et al. (2009). Ursachen des Studienabbruchs in Bachelor- und in herkömmlichen Studiengängen: Ergebnisse einer bundesweiten Befragung von Exmatrikulierten des Studienjahres 2007/08. Hannover: HIS.

Lagerlöf, J. N. M., & Seltzer, A. J. (2009). The effects of remedial mathematics on the learning of economics: evidence from a natural experiment. Journal of Economic Education, Spring 2009, 115–136.

Laging, A. (in Vorbereitung). Analyse der Leistungen und Leitungsentwicklungen in Mathematik von Studienanfänger/innen in wirtschaftswissenschaftlichen Studiengängen.

Lorscheid, P. (2009). Statistik-Ausbildung im wirtschaftswissenschaftlichen Bachelor-Studium: Eine kommentierte Bestandsaufnahme an deutschen Universitäten. Wirtschafts- und Sozialstatistisches Archiv, 3, 285–298.

McEwan, P. J. (2010). Empirical research methods in the economics of education. In: D. J. Brewer & McEwan, P. J. (Hrsg.). Economics of Education. Amsterdam: Elsevier.

Universität Kassel (2012). Studierende nach 1. Studienrichtung, Geschlecht und Staatsangehörigkeit (Wintersemester 2011/12). http://www.uni-kassel.de/hrz/db4/statistik/his/statistik2011-11-15/statistik_9212_personen.pdf. Abgerufen am 12.10.2012.

Teil II

Kursszenarien und Lehr-Lern-Konzepte, inklusive Rolle von E-Learning-Elementen

Facetten von Blended Learning Szenarien für das interaktive Lernmaterial VEMINT – Design und Evaluationsergebnisse an den Partneruniversitäten Kassel, Darmstadt und Paderborn

7

Isabell Bausch (Technische Universität Darmstadt),
Pascal Rolf Fischer (Universität Kassel) und
Janina Oesterhaus (Universität Paderborn)

Zusammenfassung

Die khdm – Arbeitstagung zu mathematischen Vor – und Brückenkursen hat eindrucksvoll die Vielfalt existierender Vorkursszenarien in Deutschland und darüber hinaus demonstriert. Es zeigte sich, dass Vorkurse im Fach Mathematik vermutlich für alle mathematikhaltigen Studiengänge und an allen Arten von Hochschulen angeboten werden. Deren konkrete Zielsetzung und Umsetzung variiert dabei jedoch stark. In engem Zusammenhang mit den im Projekt VEMINT entwickelten, interaktiven Lernmaterials für mathematische Vor- und Brückenkurse (Biehler et al. 2013), wird in diesem Artikel die konkrete Organisation und Durchführung der Vorkurse an drei am VEMINT – Projekt maßgeblich beteiligten Standorten vorgestellt. Um aufzuzeigen, dass standortspezifische Rahmenbedingungen sich auch bei Verwendung desselben Lernmaterials auf die Ziele und die inhaltliche Schwerpunktsetzung von Vorkursen und damit insbesondere auch auf die jeweilige Umsetzung in Kursszenarien auswirken, werden im Artikel insbesondere die Unterschiede und damit die Spezifika der einzelnen Standorte – TU Darmstadt, Universität Kassel und Universität Paderborn – herausgestellt. Im Fokus stehen hierbei die verschiedenen Facetten der Blended-Learning-Kursszenarien, die jeweilige Verwendung des interaktiven Lernmaterials aus dem gemeinsamen Projekt VEMINT, die Nutzung der Onlineplattform moodle sowie weiterführende Maßnahmen zur Unterstützung und Verbesserung des selbstregulierten Lernens an den verschiedenen Standorten. Als Basis für eine stetige Verbesserung der Vorkurse wird ein Feedback zur Akzeptanz der Vorkurse seitens der Teilnehmer im Kontext jährlicher Evaluationen in allen Vorkursen der drei Kooperationspartner genutzt. Das Design dieser Evaluationen einschließlich eines kurzen Blickes in ausgewählte Ergebnisse sowie daraus abgeleitete Projektvorhaben für die nähere Zukunft werden den Artikel beschließen.

7.1 Einleitung

Der vorliegende Artikel beschreibt die verschiedenen Blended Learning Szenarien, die im Rahmen des Projekts VEMINT an den beteiligten Universitäten standortspezifisch ausgestaltet werden. Ziel des Projekts VEMINT ist die Entwicklung von interaktiven Lernmaterialien für mathematische Vor- und Brückenkurse sowie die Entwicklung, Erprobung und Beforschung des Einsatzes dieser Lernmaterialien in verschiedenen Lehr-Lernszenarien (Biehler et al. 2013). Das Projekt VEMINT wurde im Jahr 2003 unter dem Titel *Multimediavorkurs MathematiK* in Kassel gegründet. Im Jahr 2004 wurde das Projekt in Kooperation mit der TU Darmstadt unter dem Titel *VEMA – Virtuelles Eingangstutorium Mathematik* weiterentwickelt. Da mittlerweile auch die Universität Paderborn und die Leuphana Universität Lüneburg als Kooperationspartner gewonnen werden konnten, wird das Projekt seit 2012 mit Blick auf künftige inhaltliche Neuorientierungen unter dem Titel VEMINT fortgeführt.

Grundidee aller im Kontext des Projekts VEMINT entwickelten und beforschten Vorkursszenarien ist eine gezielte Kombination aus selbstgesteuertem Lernen und externer Steuerung des Lernens durch Lehrende. Damit sollen vor allem zwei wichtige Faktoren berücksichtigt werden (Biehler et al. 2012b): Zum einen sind die Studienanfänger neu an der Universität und erhalten im Vorkurs bereits die Möglichkeit, sich in einem geschützten Rahmen in das neue Lernumfeld „Universität" einzugewöhnen. Zum anderen werden sie so noch vor Beginn des ersten Semesters an ein höheres Maß an Selbstorganisation und Selbstregulation herangeführt. Um die Studienanfänger bestmöglich dabei zu unterstützen diese Anforderungen zu bewältigen, werden die im Projekt VEMINT entwickelten Lernmaterialien (Biehler et al. 2013) an den Partneruniversitäten Kassel, Darmstadt und Paderborn in unterschiedlichen, standort- und studiengangspezifischen Blended Learning Szenarien (Mandel und Kopp 2006) eingesetzt und evaluiert.

Der Artikel beschreibt zunächst kurz zentrale Aspekte der an allen Standorten eingesetzten Lernplattform moodle. Anschließend werden die Kursszenarien der drei Standorte Kassel, Darmstadt und Paderborn beschrieben, dabei Gemeinsamkeiten und Unterschiede hervorgehoben sowie ausgewählte Evaluationsergebnisse präsentiert. Der abschließende dritte Abschnitt des Artikels fasst zentrale Erkenntnisse des Artikels zusammen und gibt einen Ausblick auf künftige Projektperspektiven hinsichtlich geplanter Untersuchungen und Entwicklungen sowie neuer Kooperationsvorhaben.

7.1.1 Implementierung der VEMINT-Lernmaterialien in moodle

Da die Lernplattform moodle an allen Standorten des VEMINT-Projekts bereits als zentrale Lernplattform etabliert war und sich für Lehrende wie Lernende durch ihre einfache Bedienbarkeit auszeichnet, bot es sich an, moodle auch für die mathematischen Vor- und Brückenkurse als zentrale Lernplattform einzusetzen. Um eine standortspezifische Gestaltung der mathematischen Vor- und Brückenkurse zu ermöglichen, wurden die VEMINT-Lernmaterialien möglichst flexibel mit den Möglichkeiten von moodle verbunden (Biehler et al. 2012a). Somit kann moodle in den verschiedenen Blended Learning Szenarien sowohl als Content-Management-System, als auch als Kommunikationsplattform genutzt werden. Moodle ist damit der zentrale Lernort für alle Phasen selbstständigen E-Learnings. Für VEMINT heißt das: Der Lerner findet die VEMINT-Lernmaterialien in moodle, erhält ein individuelles Feedback zu seinem Lernstand inklusive Lernempfehlungen und kann sich mit Lehrenden und Lernenden austauschen.

Das individuelle Feedback und die Lernempfehlungen basieren auf modulspezifischen elektronischen Vor- und Nachtests, die den Lerner bei einer Selbstdiagnose unterstützen (Biehler et al. 2013). Die automatische und semiautomatische Auswertung dieser Tests ermöglichen ein schnelles Feedback zum individuellen Lernstand. Dem Lerner werden gezielte Bearbeitungsempfehlungen zu den VEMINT-Modulen gegeben, die seine Selbsteinschätzung und Selbstregulation unterstützen sollen. Die Intensität des Einsatzes dieser Elemente im Kurs ist dabei eng mit der Gestaltung des jeweiligen Blended Learning Szenarios verbunden. Wie und in welchem Blended Learning Szenario die VEMINT-Lernmaterialien eingesetzt werden, hängt zum einen von den Spezifika des jeweiligen Standortes und zum anderen von der Gestaltung durch den Dozenten ab.

7.2 Facetten der Blended Learning Szenarien in Kassel, Darmstadt und Paderborn

7.2.1 VEMINT in Kassel

In Kassel wurden im Kontext von VEMINT seit 2003 interaktive Lernmaterialien für Mathematikvorkurse entwickelt (Biehler et al. 2013). Die VEMINT-Lernmaterialien beinhalten Themen aus der Sekundarstufe I sowie die Grundlagen von Logik, Beweisen, Analysis und Vektorrechnung. Diese Lernmaterialien wurden bereits frühzeitig in die dortigen Vorkurse integriert und durch Evaluationen in Form von Befragungen der Vorkursteilnehmer begleitet. Diese Evaluationen belegten, dass Kurse und Material von den Teilnehmern durchaus positiv bewertet wurden. Ebenfalls wurde jedoch deutlich, dass die Dozenten das Material als Ergänzungsmaterialien zu den Kursen anboten und eher sporadisch einsetzten (Fischer 2007). Eine Befragung der Studienanfänger, die nicht am freiwilligen Vorkurs teilnahmen, belegte, dass extrinsische Gründe, wie z. B. Berufstätigkeit in der Übergangsphase, eine Teilnahme vor Ort mitunter unmöglich machten. Die Evaluationen 2006 belegten erstmals die extreme Heterogenität der Kursteilnehmer, was in der Studie 2008 bestätigt wurde (Fischer und Biehler 2011). Aus diesen Erkenntnissen sowie den zunehmenden Engpässen bezüglich der Raum- und Personalressourcen aufgrund der wachsenden Teilnehmerzahlen entstand im Rahmen eines Dissertationsprojekts die Idee der Entwicklung einer E-Learning-Variante mathematischer Vorkurse (so genannter E-Kurs), die im Jahr 2007 erstmals alternativ zu den traditionellen Mathematikvorkursen (P-Kurse) in Kassel angeboten wurden. Die Ergebnisse der Vorstudie 2007 belegten die Machbarkeit und die Akzeptanz eines solchen E-Learning Kurses seitens der Studierenden (Fischer 2008): Als formativ angelegte Evaluation wurde diese im Sinne des Design-Based Research (Mandl und Kopp 2006, S. 14 f.) dazu genutzt, das Konzept der E-Kurse zu verbessern und auch die P-Kurse umzugestalten. Im Jahr 2008 wurden erstmals zwei alternative Blended Learning Varianten mathematischer Vorkurse mit einem überarbeiteten E- und P-Kurskonzept angeboten, welche im Wesentlichen auch heute noch so in Kassel durchgeführt werden.

7.2.2 Blended Learning Szenarien in Kassel

Am Kasseler Mathematikvorkurs nahmen im Wintersemester 2011/12 insgesamt rund 1300 Studienanfänger aus unterschiedlichen mathematikhaltigen Studiengängen teil, die sich zwischen den E-Kursen mit erhöhtem E-Learning-Anteil und den P-Kursen mit erhöhtem Präsenzanteil entscheiden konnten. Um den studiengangspezifischen Anforderungen gerecht zu werden, wurden die Teilnehmer nach Studiengängen in spezifische Kursgruppen pro Kursvariante eingeteilt:

Die Vorkurse werden jeweils vier bzw. sechs Wochen vor Vorlesungsbeginn angeboten. Zu den Kursvarianten im Einzelnen:

Die E-Kurse Die E-Kurse sind als Blended Learning Szenarien mit erhöhtem E-Learning Anteil gestaltet. Nach zwei Einführungstagen, in denen die Teilnehmer in organisatorische Abläufe des Kurses, in die Verwendung des Materials und in das selbstständige Lernen im Kurs eingeführt werden, findet wöchentlich jeweils ein Präsenztag je Kursgruppe statt. Die Präsenztage beginnen mit einer einführenden Fragestunde. Im Anschlusswird eine Vorlesung gehalten, deren Themen die Teilnehmer vorher in der Lernplattform gemeinsam mitbestimmen können (VL und ÜB). Dadurch konzentrieren sich die Präsenztage genau auf den Stoff, der aus Sicht der Teilnehmer wichtig erscheint. Am Nachmittag finden Übungen mit Aufgaben zu den Themen der Vorlesung sowie weiteren Übungsaufgaben zu ausgewählten Modulen statt. Die übrigen Tage sind für das selbstständige Lernen (SL) in moodle reserviert. Der typische Verlauf eines vierwöchigen E-Kurses wird durch Tab. 7.1 illustriert:

Tab. 7.1 Kursstruktur eines E-Kurses

Woche\Tag	Mo.	Di.	Mi.	Do.	Fr.
1	VL und ÜB	VL und ÜB	SL	SL	VL und ÜB
2-4	SL	SL	SL	SL	VL und ÜB

In den E-Kursen steuern die Studierenden hauptverantwortlich ihr Lernen: Sie sind nicht nur verantwortlich für die Auswahl der Themen in den Phasen selbstständigen Lernens sondern auch in den Vorlesungen und werden damit zu aktiven Gestaltern ihres Lernens (Niegemann et al. 2008).

Das Lehrpersonal besteht je Kursgruppe aus einem Dozent, einem Tutor für die Präsenzübungen sowie einem Online-Tutor, der wochentags von 9 Uhr bis17 Uhr in moodle zur Verfügung steht. Die Lehrenden übernehmen in den E-Kursen die eher passive Rolle des Lernbegleiters (Vovides et al. 2007). Moodle dient als zentrale Lern- und Kommunikationsplattform für den gesamten Kurs. Um die Teilnehmer in ihrer Selbsteinschätzung und Selbstregulation zu unterstützen, werden dort elektronische Vor- und Nachtests (Biehler et al. 2013) angeboten, die den Teilnehmern einen Überblick über den Lernstand sowie konkrete Hinweise zur Weiterarbeit geben. Des Weiteren finden sich in moodle Modulempfehlungen (vgl. Abb. 7.1), die mittels eines Ampelsystems anzeigen, welche Module für den jeweiligen Studiengang von Bedeutung sind und in welcher Woche diese zur Bearbeitung empfohlen werden.

Modulempfehlung E4 Grundschullehramt

4. Höhere Funktionen

4.1 Polynome

4.1.1 Polynomfunktionen	Woche 3
4.1.2 Hornerschema	Woche 3
4.1.3 Polynomdivision	Woche 3
4.1.4 Nullstellen	Woche 3

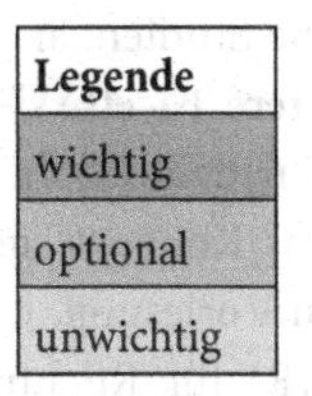

Abb. 7.1 Modulstruktur

Die Vorteile der E-Kursvariante liegen zum einen in einer effizienteren Nutzung der universitären „Ressourcen“: So werden weniger Räume und Personal benötigt. Zugleich ist es durch geschickte Kombination von automatischem Feedback und zielgerichtet eingesetzten Präsenzphasen möglich, trotz großer Teilnehmerzahlen eine Beseitigung individueller Defizite zu ermöglichen, ohne dass sich die Teilnehmer im Verlauf des Kurses „allein gelassen“ fühlen.

Die P-Kurse 2008 wurden alle P-Kurse in Kassel auf ein Blended Learning Szenario umgestellt. Durch explizite Integration von Phasen selbstständigen Lernens wurde ein höheres Maß an Individualisierung ermöglicht, obgleich das Lernen in dieser Variante stärker durch den Dozenten geleitet wird als in den E-Kursen. Das P-Kursszenario sieht drei Präsenztage pro Woche mit Vorlesungen am Vormittag und Übungen in Kleingruppen am Nachmittag vor (Tab. 7.2). Die übrige Zeit wird für selbstständiges Lernen mit den VEMINT-Materialien reserviert.

Tab. 7.2 Typischer Verlauf einer Woche im vierwöchigen P-Kurs

Woche\Tag	Mo.	Di.	Mi.	Do.	Fr.
1 - 4	VL und ÜB	SL	VL und ÜB	SL	VL und ÜB

Die P-Kurse werden ausschließlich vom jeweiligen Dozenten gestaltet. Dieser ist für die Themenauswahl an den Präsenztagen sowie für die Gestaltung der Hausaufgaben an den Selbstlerntagen zuständig. Die Hausaufgaben strukturieren das selbstständige Lernen und ermöglichen dem Dozenten eine Auslagerung des Stoffes: Teil A der Hausaufgaben umfasst Übungsaufgaben zur Wiederholung des Vorlesungsstoffs, die in den nachmittäglichen Übungen gemeinsam besprochen werden, Teil B enthält Lernaufträge für die VEMINT-Lernmaterialien zur zielgerichteten Vor- und Nachbereitung der Vorlesungen. Wie in den E-Kursen wird auch in den P-Kursen moodle als Lern- und Kommunikationsplattform verwendet, allerdings findet hier keine intensive Online-Betreuung statt, dafür werden in den P-Kursen mehr Übungsgruppenleiter eingesetzt.

Für die Studiengänge Elektrotechnik, Informatik sowie Mechatronik wurde seit 2009 eine weitere Facette der P-Variante konzipiert, die auf sechs Wochen gestreckt wurde und einen deutlich höheren Präsenzanteil mit Intensivierung der Übungsphasen aufweist. Das Konzept sieht fünf Präsenztage pro Woche mit einem halbtägigen Wechsel zwischen Vorlesung, Übungen und Selbstlernphasen sowie einem wöchentlichen Repetitorium (R) für Rückfragen und Vertiefungen vor (Tab. 7.3). In den Selbstlernphasen stehen den Teilnehmern betreute Computerarbeitsplätze zur Verfügung, sie können aber auch von zu Hause via moodle lernen.

Tab. 7.3 Typischer Verlauf einer Woche im sechswöchigen P1-Kurs

Woche\Tag	Mo.	Di.	Mi.	Do.	Fr.
1–6	VL und ÜB	SL und VL	ÜB und SL	VL und ÜB	R und SL

Für alle Vorkursvarianten wird in Kassel seit 2007 bei erfolgreicher Teilnahme am Abschlusstest (mindestens 50 % der Punkte) ein Zertifikat ausgestellt. Dabei wurden im Laufe der Zeit sowohl Paper & Pencil-Tests als auch elektronische Tests in moodle sowie im E-Klausurcenter der Universität Kassel durchgeführt.

7.2.3 Evaluationsergebnisse, offene Fragen und Vorhaben zur Weiterentwicklung

Evaluationen des VEMINT-Lernmaterials und der Kursszenarien in Kassel wurden bereits an verschiedenen Stellen publiziert (Fischer 2007, 2008, 2009; Fischer und Biehler 2010 und 2011; Biehler et al. 2012a). Diese belegen nicht nur den Erfolg beider Kursvarianten bezüglich der Akzeptanz der Teilnehmer sondern auch einen vergleichbaren Lernerfolg in E- und P-Kursen, der mithilfe eines Prä-Posttest-Designs ermittelt wurde (Biehler et al. 2012b).

Eine Untersuchung der Gründe für die Wahl der Kursvariante zeigte, dass die E-Kursvariante selten aus extrinsischen Motiven (z. B. Beruf, Wohnungswechsel, Urlaub), sondern vielmehr aus intrinsischen Motiven (z. B. Möglichkeit der freieren Zeiteinteilung, individuellere und zielgerichtete Themenwahl) gewählt wurde. Die Wahl der P-Kurse war nicht durch den erhöhten Einsatz des Computers in den E-Kursen motiviert, vielmehr bevorzugten die Teilnehmer vor allem den persönlicheren Kontakt zu Dozenten und Kommilitonen sowie das Kennenlernen des „Vorlesungsbetriebes" (Fischer 2009). Die Studie 2008 belegte die bereits in den Jahren zuvor beobachtete Heterogenität der Vorkursteilnehmer (Fischer und Biehler 2011). Weitere Ergebnisse der Studie 2008 sind in der noch unveröffentlichten Dissertationsschrift von Fischer zu finden.

7.2.4 VEMINT in Darmstadt

An der Technischen Universität Darmstadt werden die VEMINT-Lernmaterialien seit 2007 innerhalb eines vierwöchigen Online-Mathematikvorkurses für Studienanfänger der Fachbereiche Bauingenieurwesen, Informatik, Mathematik, Maschinenbau und Mechanik eingesetzt. Insgesamt nehmen jährlich rund 800 Studienanfänger an diesem Mathematikvorkurs teil. Da viele der Studienanfänger vor dem eigentlichen Beginn der Lehrveranstaltungen Praktika absolvieren oder eine Wohnung suchen, wurde der Mathematikvorkurs an der TU Darmstadt von Anfang an als E-Learning Lehrveranstaltung (Sonnberger 2008) konzipiert.

7.2.5 Das E-Learning Szenario mit Selbstregulationselementen in Darmstadt

Der Kurs startet circa fünf Wochen vor Vorlesungsbeginn mit einem eintägigen optionalen Präsenzworkshop an der TU Darmstadt und wird anschließend in studiengangspezifischen Moodle-Lernumgebungen fortgeführt. Hierbei wird der Lernprozess der Teilnehmer durch studentische Tutoren vier Wochen lang online begleitet. Innerhalb des Kurses gibt es bisher keine zeitlichen und inhaltlichen Vorgaben, die erfüllt werden müssen. Es werden vielmehr Empfehlungen gegeben, die den Vorkursteilnehmern helfen sollen, Lerninhalte ihren eigenen Leistungen entsprechend auszuwählen. Diese Empfehlungen werden im Nachfolgenden noch näher spezifiziert. Nach dieser Vorbereitungsphase auf das Studium stehen die Lernmaterialien den Studierenden als CD und im Internet weiterhin zur Verfügung.

Die mathematischen Vorkenntnisse der Studienanfänger in Darmstadt sind heterogen. Aus diesem Grund werden die VEMINT-Lernmaterialien als Online-Selbstlernumgebung angeboten, sodass jeder Teilnehmer seinem Kenntnisstand entsprechende eigene Lernwege wählen kann (Sonnberger 2008). Diese Wahlmöglichkeiten können zum einen motivierend und zum anderen auch überfordernd wirken, da die Lernmaterialen sehr vielfältig sind und damit eine große Auswahlmöglichkeit bieten. Um einer Überforderung der Teilnehmer durch die Wahlmöglichkeiten entgegenzuwirken, wurden neben dem vorgestellten Modulempfehlungssystem und den diagnostischen Vor- und Nachtests folgende Unterstützungselemente in dem Vorkurs implementiert:

- **Einstiegsworkshop an der TU Darmstadt:**
  Um den Online-Mathematikvorkurs zu eröffnen und die Lernbereitschaft bei den Studierenden zu unterstützen, beginnt der Mathematikvorkurs mit einem optionalen Einstiegsworkshop an der TU Darmstadt. Ziel des Einstiegsworkshops ist, die individuelle Modulauswahl bzw. Lernzielformulierung der Studierenden für den Vorkurs zu unterstützen, sodass sie sich innerhalb der Lernumgebung zeitlich und inhaltlich selbstständig organisieren können. Der Workshop soll die Teilnehmer befähigen ihre aktuelle Leistung einzuschätzen, um darauf aufbauend selbstreguliert (Schmitz und Schmidt 2007) neue Lerninhalte auszuwählen und zu bearbeiten. Der Workshop ist in drei Phasen unterteilt. Zu Beginn des Workshops wird neben technischen und inhaltlichen Empfehlungen zur Nutzung der Lerninhalte auch ein Expertenpuzzle durchgeführt. Dieses Expertenpuzzle hat zwei Ziele: Zum einen sollen sich die Teilnehmer kennenlernen und zum anderen soll der Einstieg in die Mathematik durch offene Problemlöseaufgaben, die auf verschiedenen Niveaus gelöst werden können, erleichtert werden. In der zweiten Phase des Workshops erhalten die Studierenden einen aufgabenorientierten Überblick über die Vorkursinhalte. Durch das Lösen dieser exemplarischen Aufgaben können die Studierenden einschätzen, welche mathematischen Inhalte sie beherrschen und welche sie nochmal wiederholen möchten. Auf dieser Basis planen die Teilnehmer anschließend ihre Lernwege im Vorkurs, sodass ein selbstreguliertes Lernen ermöglicht wird (vgl. Abb. 7.2). Den Abschluss des Workshops bildet eine „Online-Aufgabe", die den Bezug zur moodle -Lernumgebung wieder herstellt. Hierbei werden die Teilnehmer aufgefordert, ihre Aufgabenlösung im „Knobelforum" zu posten, andere Lösungen zu kommentieren, zu ergänzen oder nachzufragen. Somit wird durch diese Aufgabe eine aktive Teilnahme im Online-Kurs angeregt, sodass sich eine Kommunikationskultur im Kurs entwickeln kann.

- **Web-Based-Training zum selbstregulierten Lernen:**
  Das eigenständige Lernen mithilfe von digitalen Lernumgebungen ist für die Vorkursteilnehmer zum Teil neu und ungewohnt. Da durch den Einstiegsworkshop nur begrenzt Tipps und Tricks zum selbstregulierten Lernen gegeben werden können, wird den Vorkursteilnehmern ein optionales paralleles Web-Based-Training zum Thema „selbstreguliert Lernen" angeboten (Bellhäuser und Schmitz 2013).

Komponenten der Selbstregulation	Aufgaben im Mathematikvorkurs online	Elemente zur Unterstützung des selbstregulierten Lernens im Vorkurs
Präaktionale Phase (vor dem Lernen)	Lerninhalte bzw. Module anhand des eigenen Leistungsniveaus auswählen	- Einführungsworkshop - Modulempfehlungssystem, - Vortests
Aktionale Phase (während des Lernens)	Ausgewählte Lerninhalte bearbeiten	-Verschiedene Lernzugänge innerhalb der Module - Aufgabenvielfalt - teletutorielle Betreuung
Postaktionale Phase (nach dem Lernen)	Lernerfolg überprüfen	- Nachtests - Knobelforum

Abb. 7.2 Zusammenfassung des selbstregulierten Lernens innerhalb des Vorkurses in Anlehnung an die Komponenten der Selbstregulation nach Schmitz und Schmidt (2007)

Neben diesen Hilfestellungen stehen den Kursteilnehmern verschiedene Kommunikationsmöglichkeiten zur Verfügung, um inhaltliche oder organisatorische Fragen zu klären. So betreuen studentische Tutoren den Lernprozess der Studierenden und geben Tipps für die erfolgreiche Bearbeitung der Lerninhalte via E-Mail, Chat oder Forum. Um die Motivation der Teilnehmer während des Kurses aufrecht zu halten, werden einmal in der Woche Knobelaufgaben im „Knobelforum" gepostet. Neben einer motivierenden Funktion zielen diese Aufgaben darauf ab, das schulische Wissen mithilfe offener Problemlöse- oder Modellierungsaufgaben zu aktivieren und eine Vernetzung der mathematischen Lerninhalte im Sinne einer komplexen Übung (Bruder 2008) zu fördern.

Entsprechend der Kategorisierung von Schulmeister (2004) lässt sich der vorgestellte Online-Mathematikvorkurs als E-Learning Typ A einstufen, in dem sich die Lernenden „vorwiegend mit vorgefertigten Lernobjekten auseinandersetzten" (Schulmeister 2004) und das Lernmaterial eigenständig auswählen. Es findet hier ein selbstreguliertes Lernen statt, das mithilfe von Abb. 7.2 zusammengefasst werden kann.

7.2.6 Evaluationsergebnisse, offene Fragen und Vorhaben zur Weiterentwicklung

Am Ende des vierwöchigen Online-Mathematikvorkurses werden die Teilnehmer gebeten den Vorkurs zu evaluieren. Um eine Teilnahme an der Evaluation zu motivieren, wird diese mit der VEMINT-CD, die alle Lerninhalte des Vorkurses beinhaltet, belohnt. Mithilfe dieser kleinen Motivation nehmen im Durchschnitt knapp 70 % aller Vorkursteilnehmer an der Evaluation teil.

Die Evaluation wird online durchgeführt. Der Fragebogen basiert auf dem Evaluationsinstrument, das auch in Kassel eingesetzt wird und an die Rahmenbedingungen in Darmstadt adaptiert wurde. Im Herbst 2011 haben sich 464 (50,5 %) Studienanfänger an der Evaluation beteiligt und den Kurs aus ihrer Sicht beurteilt.

Der Vorkurs wurde im Allgemeinen sehr positiv bewertet: so entsprechen z. B. die Lerninhalte des Vorkurses den Erwartungen der Vorkursteilnehmer (94,1 %; n = 458). Der Lernzuwachs durch die Teilnahme am Vorkurs wurde von 73 % (n = 459) hoch eingeschätzt. Die Strukturierung der Lernmaterialien (85,2 %; n = 459), das Aufgabenangebot (83 %; n = 460) und die vorhandenen Lösungen (90,5 %; n = 450) wurden positiv bewertet. Ebenso wurden die vorhandenen Vor- und Nachtests von 87,4 % der Befragungsteilnehmer (n = 445) als hilfreich angesehen. Die zusätzlichen Knobelaufgaben scheinen nur sehr wenig zur Motivation der Vorkursteilnehmer beigetragen zu haben, denn nur 13,8 % der Befragten (n = 398) fanden diese Aufgaben motivierend. Die Ursache hierfür könnte an unterschiedlichen Lernstilen liegen (Gregory 2005). Um dies zu untersuchen, müssen weitere nach Lernstildifferenzierte Angebote entwickelt und evaluiert werden. Fachlich empfanden die Vorkursteilnehmer mehrheitlich die Kapitel „Logik und Beweis", „Folgen", „Grenzwerte" und „Stetigkeit" als schwierig.

Mit der Organisation und der Betreuung des Vorkurses waren die Vorkursteilnehmer zufrieden. Ebenso wurde positiv bewertet, dass es keinen festen Zeitplan gab (64,4 %; n = 441), obwohl einige im offenen Feedback den Wunsch nach einem Zeitplan explizit äußerten. Die Frage nach dem Mehrwert des Einstiegsworkshops wurde weniger eindeutig beantwortet. Für die eine Hälfte der Teilnehmer war der Workshop nützlich und für die andere eher nicht. Dies mag vielleicht daran liegen, dass der Workshop eher Lernhilfen als mathematische Inhalte vermittelte. Ein Indiz dafür ist, dass in den offenen Fragen mehrfach der Wunsch nach einem fachlichen Input im Einstiegsworkshop geäußert wurde.

Die Schwierigkeiten in den Modulen „Logik und Beweis", „Folgen", „Grenzwerte" und „Stetigkeit" und der Wunsch nach etwas mehr mathematischem Input im Einstiegsworkshop werden in den kommenden Vorkursen zu einem neuen Einstiegsworkshop kombiniert, sodass dieser fachmathematisch angereichert wird. Es ist ebenso denkbar, dass der Einstiegsworkshop auch in ähnlicher Form wie er als Präsenzveranstaltung konzipiert ist, als Online-Workshop umgesetzt werden kann. So würde auch denjenigen, die nicht zur Veranstaltung nach Darmstadt kommen können, die inhaltliche Teilnahme an einem Einstiegsworkshop ermöglicht.

7.2.7 VEMINT in Paderborn

An der Universität Paderborn haben Mathematikvorkurse eine lange Tradition, jedoch hat sich ihre inhaltliche sowie organisatorische Ausgestaltung im Laufe der letzten Jahre stark verändert.

Durch den Wechsel von Prof. Dr. Rolf Biehler an die Universität Paderborn wurden die bisherigen Vorkurse auf eine neue didaktisch reflektierte Basis gestellt. Dies beinhaltete insbesondere die Umgestaltung des Kursangebotes in Blended Learning Formate mit studiengangspezifischer Ausprägung. Als neue Materialgrundlage diente fortan das multimedial und interaktiv gestaltete Lernmaterial für Mathematikvorkurse aus dem Projekt VEMINT.

Seit 2009 finden die vierwöchigen Mathematikvorkurse jeweils im September als Vorbereitung für den Studienstart im Wintersemester statt. Jährlich nehmen ca. 800 Studienanfänger - mit wachsender Tendenz - an diesen Vorkursen teil.

7.2.8 Blended Learning Szenarien mit Lernzentren in Paderborn

Die Vorkursteilnehmer in Paderborn haben ähnlich wie in Kassel die Wahl zwischen einem Blended Learning Kurs mit erhöhtem Präsenzanteil (P-Kurs) oder einem Blended Learning Kurs mit erhöhtem E-Learning-Anteil (E-Kurs).

Die P-Kurse Die Blended Learning Kurse mit erhöhtem Präsenzanteil gliedern sich in studiengangsspezifische Kursgruppen.

Jede Kursgruppe wird von einem wissenschaftlichen Mitarbeiter des Instituts für Mathematik als Dozent betreut. Der Dozent hat selbst einen der Studiengänge seiner Vorkursgruppe studiert oder steht mindestens in seiner Funktion als wissenschaftlicher Mitarbeiter in engem Kontakt mit einem der Studiengänge.

Der Ablauf des P-Kurses ist identisch zu dem in Kassel (vgl. Tab. 7.2). Die drei Präsenztage Montag, Mittwoch und Freitag umfassen jeweils eine dreistündige, dozentengeleitete Vorlesung (VL) am Vormittag sowie eine zweistündige Übung (ÜB) in Kleingruppen am Nachmittag, welche von ausgewählten studentischen Hilfskräften als Tutoren durchgeführt wird. Innerhalb der Übungen steht, neben der Besprechung der Hausaufgaben, insbesondere die gemeinsame Bearbeitung von Präsenzaufgaben im Vordergrund. Die verbleibende Zeit dient dem selbstständigen Lernen (SL) sowie der Bearbeitung der Hausaufgaben aus den Übungen. Die Taktung innerhalb des Kurses sowie die Themenauswahl werden schwerpunktmäßig durch den Dozenten im Rahmen seiner Konzeption der Präsenzveranstaltung vorgegeben. Der tatsächliche Einsatz der VEMINT-Materialien erfolgt daher je nach Kursgruppe und Dozent mehr oder weniger selektiv und wird gegebenenfalls durch weitere, für den jeweiligen Studiengang zentrale Themen ergänzt.

Der E-Kurs In diesem Kurs wird in Paderborn nicht nach Studiengängen differenziert, sodass alle Teilnehmer eine gemeinsame Kursgruppe bilden, welche von einem wissenschaftlichen Mitarbeiter als Dozent betreut wird. Das typische, wöchentliche Lehr-Lernszenario im E-Kurs wird durch Tab. 7.4 veranschaulicht.

Der E-Kurs wird mit einer einmaligen, dreistündigen Einführungsveranstaltung an der Universität eröffnet. Diese dient hauptsächlich organisatorischen sowie informativen Zwecken, soll aber auch ein erstes persönliches Kennenlernen von Teilnehmern und Dozent ermöglichen. In den folgenden Wochen besteht der Präsenzanteil in diesem Kurs aus fakultativen Lernzentren.

Tab. 7.4 Ablauf der ersten beiden E-Learning-Wochen

Woche\Tag	Mo.	Di.	Mi.	Do.	Fr.
1	Einführung	SL	SL	Lernzentren	SL
2	SL	Lernzentren	SL	SL	SL

Die Lernzentren sind ein Paderborner Spezifikum, welches im Jahr 2009 zunächst durch eine aus organisatorischen Gründen notwendige Abwandlung der aus Kassel übernommenen wöchentlichen Vorlesungen für die Teilnehmer des E-Kurses entstand. Es handelt sich bei den Lernzentren um dreistündige Übungen in Kleingruppen, die einmal pro Woche, abwechselnd dienstags oder donnerstags, sowohl am Vormittag als auch am Nachmittag stattfinden. Ziel ist das Wiederholen, Vertiefen und Üben der Vorkursinhalte. Die Durchführung obliegt dem Dozenten mit Unterstützung durch zwei Tutoren, sodass vormittags sowie nachmittags bis zu drei Lernzentren parallel durchgeführt werden können, was die Behandlung von bis zu sechs mathematischen Themen wöchentlich ermöglicht. Ein E-Kurs-Teilnehmer kann also pro Woche bis zu zwei Lernzentren belegen. Die Auswahl der in den Lernzentren angebotenen Inhalte erfolgt durch vorherige Abstimmung der Vorkursteilnehmer über moodle.

Die zentralen Lehr-/Lerninhalte bilden in diesem Kurs die VEMINT-Lernmaterialien. Das Lern- und Arbeitstempo sowie die generelle Auswahl der zu bearbeitenden mathematischen Inhalte obliegen im E-Kurs hauptverantwortlich dem Lerner. Dieser wird bei der Strukturierung seines Lernprozesses durch zahlreiche Hilfestellungen unterstützt. Angelehnt an das in Kassel und Darmstadt verwendete Ampelsystem, erhalten die Vorkursteilnehmer Modulempfehlungen in Form einer Übersichtstabelle zu allen VEMINT-Modulen mit an der Relevanz für den jeweiligen Studiengang orientierter, farblicher Kennzeichnung. Darüber hinaus bieten die dozentengesteuerte Freischaltung der VEMINT-Lerninhalte auf moodle sowie das individuelle Feedback der selbstdiagnostischen Tests eine Orientierungshilfe im Lernprozess. Ergänzend zu diesen Strukturierungshilfen wird bereits in der Einführungsveranstaltung des E-Kurses ein kurzer, aufgabenfokussierter Blick in jedes Themengebiet – mit Hinweis auf die Relevanz für die verschiedenen Studiengänge – geworfen und eine zugehörige „typische" Aufgabe gemeinsam gelöst. Auf einem vorgefertigten Arbeitsplan trägt jeder Teilnehmer – im Sinne der Förderung des selbstregulierten Lernens – basierend auf seiner Selbsteinschätzung und der angegebenen Studiengangsrelevanz ein, welche Themengebiete er für sich als wichtig erachtet im Sinne von „dieses Themengebiet sollte ich im Vorkurs bearbeiten".

7.2.9 Evaluationsergebnisse, offene Fragen und Vorhaben zur Weiterentwicklung

Auch in Paderborn werden die Vorkurse jährlich evaluiert. Dies geschieht anhand einer freiwilligen Online-Befragung der Vorkursteilnehmer via moodle nach Vorkursende. Die Ausgestaltung dieser Befragung basiert ebenfalls auf dem Kasseler Evaluationsinstrument.

Bezüglich der Wahl zwischen den beiden Blended Learning Formaten zeigte sich seit 2009, dass durchgängig ungefähr 2/3 der Teilnehmer den Blended Learning Kurs mit erhöhtem Präsenzanteil gegenüber einem erhöhten E-Learning-Anteil favorisieren und nach Ende des Vorkurses mit dieser Entscheidung zufrieden sind (vgl. Abb. 7.3).

Auffällig ist ein starker Rückgang der Teilnehmerzahlen im P-Kurs für das Lehramt für Grund-, Haupt- und Realschulen (vgl. Abb. 7.4). Möglicherweise lässt sich dieser sowohl durch die Veränderung der Eingangsbedingungen in diesem Studiengang wie auch durch die Umstellung des Lehramtsstudiengangs auf das Bachelor/Master-System erklären: Es erfolgte eine Neustrukturierung der Praxisphasen im Studium, sodass seit 2011 viele Lehramtsstudenten ihr erstes Praktikum bereits in der Zeit zwischen Abitur und Studienbeginn absolvieren. Für diese Studienanfänger scheint die E-Learning-Variante daher aus organisatorischen und zeitlichen Gründen geeigneter. Ein Übergewicht der Teilnehmer im Kurs Service-Mathematik und Informatik sowie der dortige Teilnehmerzuwachs spiegeln möglicherweise die besonderen Auswirkungen wider, die der Wegfall der Wehrpflicht sowie die ersten doppelten Abiturjahrgänge auch auf die allgemeinen Studienanfängerzahlen in diesen Fächern hatten.

Die Teilnehmer zeigen sich jedes Jahr sehr zufrieden mit der Organisation und Betreuung und schätzen den Vorkurs als gewinnbringend für die Vorbereitung auf das Studium ein (95,1 %; n = 102). 86 % der Teilnehmer (n = 102) schätzen ihren Lernzuwachs während des Vorkurses positiv ein. In Bezug auf die Bedeutung von Präsenzphasen in beiden Blended Learning Formaten bestätigen 89 % der befragten Teilnehmer aus dem E-Kurs (n = 38), dass die Lernzentren eine wichtige Ergänzung zu den E-Learning-Phasen sind, um verbliebene Unklarheiten aus dem Online-Material zu klären. Ebenso befürworten 83 % der befragten P-Kurs-Teilnehmer (n = 64), dass sie die Inhalte ohne die Vorlesungen und 78 % (n = 64), dass sie die Inhalte ohne die Tutorien (eher) nicht verstanden hätten, wobei die Übungen und Vorlesung gleichwertig für das Verständnis eingeschätzt werden.

Das Konzept der Lernzentren ermöglicht den Teilnehmern trotz gewählter E-Learning-Variante einen persönlichen Kontakt zum Dozenten und neuen Lernumfeld. Darüber hinaus kann im Rahmen dieses stark unterrichtsähnlichen Konzepts des Lernens in Kleingruppen besser auf die individuellen Bedürfnisse dieser Lerner eingegangen werden. Des Weiteren erwies sich die in den Lernzentren geforderte Zusammenarbeit von Vorkursteilnehmern verschiedener Studiengänge im Hinblick auf das kooperative Lernverhalten als anregend.

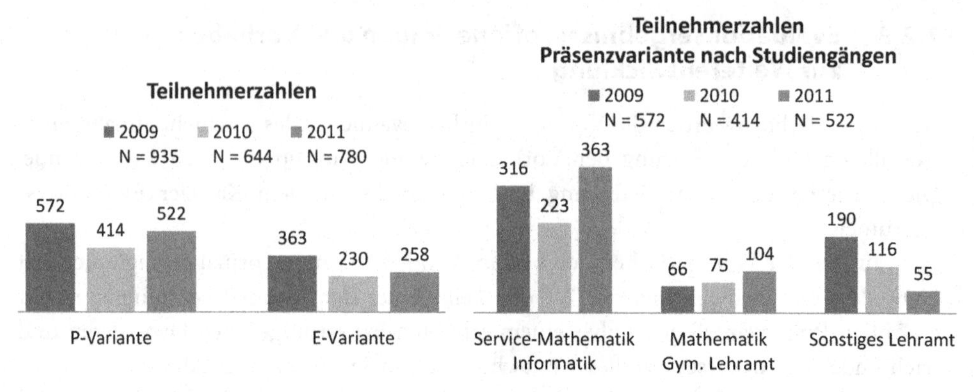

Abb. 7.3 Teilnehmerzahlen gesamt

Abb. 7.4 Teilnehmerzahlen P-Kurse

Die Eignung von moodle als Lernplattform für das selbstständige Lernen würden 78 % (n = 102) als hervorragend einstufen und 86 % empfanden die Online-Betreuung hier als optimal. Das Arbeitstempo, die Stoffmenge und die Anforderungen werden in allen Kursen von der Mehrheit der Teilnehmer als „gerade richtig" eingestuft und der Großteil gibt an, seine Stärken und Schwächen in Mathematik (75 %; n = 102) nun besser zu kennen. Im Rahmen des Kompetenzzentrums Hochschuldidaktik Mathematik (*khdm*), dem das Projekt VEMINT assoziiert ist, ist nun als nächster Schritt die Ausdehnung der Vorkurse auf die Studieneingangsphase in Paderborn geplant. Eine Erweiterung der Funktionen bezüglich der Lernplattform ist im Rahmen des EU-Projektes *MathBridge* (vgl. Biehler, Fischer, Hochmuth und Wassong 2013) angedacht, welches den Einsatz einer adaptiven Lernplattform für Mathematikvorkurse mit mehrsprachigen Lernobjekten, interaktiven Aufgaben und individueller Zusammenstellung der Lernobjekte ermöglicht. Erste Schritte zum Einsatz und der Erprobung des Vorkursmaterials in regionalen Lehrerfortbildungen wurden bereits durch die Paderborner Beteiligung am *Deutschen Zentrum für Lehrerbildung Mathematik* in die Wege geleitet.

7.3 Zusammenfassung und Ausblick

Der Artikel stellte unterschiedliche Blended Learning Szenarien vor in denen die im Kontext von VEMINT entwickelten Lernmaterialien eingesetzt, beforscht und weiterentwickelt werden.

Die hier präsentierten Evaluationsergebnisse belegen dabei die Akzeptanz sowohl der VEMINT-Lernmaterialien als auch der Kursszenarien, zeigen aber zugleich auch deren Entwicklungspotenzial. Offen bleibt im Kontext der Evaluation bislang eine differenzierte Untersuchung der Effekte in Bezug auf den Lernerfolg der unterschiedlichen Kursvarianten, ebenso wie eine Studie zu den Langzeiteffekten der Vorkurse insgesamt sowie der verschiedenen Kursvarianten im Speziellen. Darüber hinaus ist die Gruppe der Nicht-Teilnehmer am Vorkurs sowie der Abbrecher näher zu untersuchen, um gegebenenfalls noch Optimierungsbedarf aufzudecken.

Der inzwischen Bundesland übergreifende Einsatz des VEMINT-Lernmaterials nicht nur an den Partneruniversitäten des Projekts VEMINT (Darmstadt, Kassel, Lüneburg und Paderborn) sondern auch an weiteren Hochschulen (unter anderem DHBW Mannheim, FH Kaiserslautern) belegen dessen standortübergreifendes Einsatzpotenzial in verschiedensten Vorkursszenarien. Die Erfahrungen und Evaluationen der letzten Jahre zeigen jedoch auch weiteres Potenzial zur Ausdifferenzierung des Lernmaterials mit Blick auf studiengangspezifische Anforderungen. Daher wird sowohl stetig an der Weiterentwicklung des Lernmaterials gearbeitet, als auch in neuen Kooperationsvorhaben ein Ausbau der Lerninhalte zu Themenfeldern der Informatik, Naturwissenschaften und Technik geplant. Damit wird dem wachsenden Bedürfnis verschiedener Hochschulen Rechnung getragen, auch für diese Themenfelder Vorkurse anzubieten.

Im Rahmen des *khdm* konzentriert sich die VEMINT-Gruppe auf die Erleichterung des Übergangs zwischen Schule und Universität und dabei insbesondere auf Unterstützungsmaßnahmen in der ersten Phase des Studiums.

Darüber hinaus werden weitere Unterstützungselemente zum selbstständigen Lernen im Allgemeinen sowie im Kontext von VEMINT im Speziellen an den verschiedenen Standorten entwickelt (beispielsweise Bellhäuser und Schmitz 2013). Ebenso wird derzeit an der Weiterentwicklung des Modulempfehlungssystems gearbeitet, um hierdurch eine zielgerichtete Lerninhaltsauswahl weitgreifender zu unterstützen.

Im Rahmen eines weiteren VEMINT-Projektes, das derzeit in der Planung steht, soll der Einsatz von mobilen Endgeräten in Vorlesungen unter Verwendung der VEMINT-Lernmaterialien erprobt und beforscht werden.

Die starke Vernetzung von VEMINT bietet damit vielfältige Forschungs- und Weiterentwicklungsmöglichkeiten sowohl für das Lernmaterial als auch für verschiedene Kurskonzepte im Bereich des E-Learning. Ziel ist es auch, weiterhin Best Practice Beispiele zum E-Learning in der Studieneingangsphase zu generieren und zu beforschen.

7.4 Literaturverzeichnis

Bellhäuser, H., & Schmitz, B. (2013). Förderung selbstregulierten Lernens für Studierende in mathematischen Vorkursen: ein Web-Based Training (WBT). In: I. Bausch, R. Biehler, R. Bruder, P. R. Fischer, R. Hochmuth, W. Koepf, S. Schreiber, & T. Wassong (Hrsg.), Mathematische Vor- und Brückenkurse: Konzepte, Probleme und Perspektiven (S. 343–358). Wiesbaden: Springer Spektrum.

Biehler, R., Bruder, R., Koepf, W., Bausch, I., Fischer, P. R., Wassong, T. (2013). VEMINT– Interaktives Lernmaterial für mathematische Vor- und Brückenkurse. In: I. Bausch, R. Biehler, R. Bruder, P. R. Fischer, R. Hochmuth, W. Koepf, S. Schreiber, & T. Wassong (Hrsg.), Mathematische Vor- und Brückenkurse: Konzepte, Probleme und Perspektiven (S. 261–276). Wiesbaden: Springer Spektrum.

Biehler, R., Fischer, P. R., Hochmuth, R., Wassong, T. (2012a). Designing and evaluating blended learning bridging courses in mathematics. In: M. Pytlak, T. Rowland, & E. Swoboda (Eds.), Proceedings of the Seventh Congress of the European Society for Research in Mathematics Education (CERME 7), 9–13 February 2011 (S. 1971–1980). Rzeszów, Poland.

Biehler, R., Fischer, P. R., Hochmuth, R., & Wassong, T. (2012b). Mathematische Vorkurse neu gedacht: Das Projekt VEMA. In: M. Zimmermann, C. Bescherer, & C. Spannagel (2012). Mathematik lehren in der Hochschule - Didaktische Innovationen für Vorkurse, Übungen und Vorlesungen (S. 21-33). Hildesheim und Berlin: Franzbecker.

Biehler, R., Fischer, P. R., Hochmuth, R., & Wassong, T. (2013). Eine Vergleichsstudie zum Einsatz von Math-Bridge und VEMINT an den Universitäten Kassel und Paderborn. In: I. Bausch, R. Biehler, R. Bruder, P. R. Fischer, R. Hochmuth, W. Koepf, S. Schreiber, & T. Wassong Koepf (Hrsg.), Mathematische Vor- und Brückenkurse: Konzepte, Probleme und Perspektiven (S. 103–122). Wiesbaden: Springer Spektrum.

Biehler, R., Hochmuth, R., Fischer, P. R., & Wassong, T. (2011). Transition von Schule zu Hochschule in der Mathematik: Probleme und Lösungsansätze. Beiträge zum Mathematikunterricht 2011, Freiburg, 111–114.

Bruder, R. (2008). Üben mit Konzept. mathematik lehren, 147, 4–11.

Fischer, P. R. (2007). E-Learning als effizienteres Mittel für den Brückenschlag zwischen Schule und Universität? Beiträge zum Mathematikunterricht 2007, Hildesheim und Berlin, 779–782.

Fischer, P. R. (2009). E-Learning zwischen Schule und Universität? Ergebnisse einer empirischen Studie zum Einsatz einer E-Variante mathematischer Brückenkurse. Beiträge zum Mathematikunterricht 2009, Oldenburg, 91–94.

Fischer, P. R. (2008). vem@-online: Ein E-Learning-Vorkurs zur individualisierten Beseitigung mathematischer Defizite. Beiträge zum Mathematikunterricht 2008, Budapest, 59–62.

Fischer, P. R., & Biehler, R. (2010). Ein individualisierter eVorkurs für 400 Studierende und mehr. Ein Lösungsansatz für mathematische Brückenkurse mit hohen Teilnehmerzahlen. Beiträge zum Mathematikunterricht 2010, München, 297–300.

Fischer, P. R., & Biehler, R. (2011). Über die Heterogenität unserer Studienanfänger. Ergebnisse einer empirischen Untersuchung von Teilnehmern mathematischer Vorkurse. Beiträge zum Mathematikunterricht 2011, Freiburg, 255–258.

Gregory, G. H. (2005). Differentiating Instruction With Style: Aligning Teacher and Learner Intelligences for Maximum Achievement. Thousand Oaks: Corwin.

Mandl, H., & Kopp, B. (2006). Blended Learning: Forschungsfragen und Perspektiven (Forschungsbericht Nr. 182). LMU München: Lehrstuhl für Empirische Pädagogik und Pädagogische Psychologie.

Niegemann, H. M., Domagk, S., Hessel, S., Hein, A., Hupfer, M., & Zobel, A. (2008). Kompendium multimediales Lernen. Heidelberg: Springer.

Schmitz, B., & Schmidt, M. (2007). Einführung in die Selbstregulation. In: M. Landmann, & B. Schmitz (Eds.), Selbstregulation erfolgreich fördern: Praxisnahe Trainingsprogramme für effektives Lernen (S. 9–18). Stuttgart: Kohlhammer.

Schulmeister, R. (2004). Kriterien didaktischer Qualität im E-Learning zur Sicherung der Akzeptanz und Nachhaltigkeit. In: D. Euler & S. Seufert (Eds.), E-Learning in Hochschulen und Bildungszentren (S. 473–492). München: Oldenburg Wissenschaftsverlag.

Sonnberger, J. F. M. (2008). Das „E-Learning-Label" an der TU Darmstadt: Entwicklung, Einführung und Auswertung eines Modells zur Qualitätssicherung und Qualitätsentwicklung von E-learning-Veranstaltungen. Berlin: Logos-Verlag.

Vovides, Y., Sanchez-Alonso, S., Mitropoulou, V., & Nickmans, G. (2007).The use of e-learning course management systems to support learning strategies and to improve self-regulated learning. Educational Research Review, 2(1), 64–74.

8 Eine Vergleichsstudie zum Einsatz von Math-Bridge und VEMINT an den Universitäten Kassel und Paderborn

Rolf Biehler (Universität Paderborn),
Pascal Rolf Fischer (Universität Kassel),
Reinhard Hochmuth (Leuphana Universität Lüneburg) und
Thomas Wassong (Universität Paderborn)

Zusammenfassung

Im Rahmen des EU-Projektes Math-Bridge wurde eine Online-Lernplattform für Vor- und Brückenkurse entwickelt. Die Lernplattform Math-Bridge zeichnet sich durch einen sehr umfangreichen und mehrsprachig verwendbaren Inhalt und durch eine Reihe Lerner-orientierter adaptiver Eigenschaften aus. Neben Math-Bridge gibt es weitere Projekte, die in Lernplattformen einbettbare Materialien für Vor- und Brückenkursen entwickelt haben. Eines der in Deutschland bekannteren Projekte ist VEMINT (ehemals VEMA), getragen durch die Universitäten Darmstadt, Kassel, Lüneburg und Paderborn.

Dieser Artikel berichtet über eine Studie aus dem September 2011, die in Kassel und Paderborn durchgeführt wurde und in der wir Nutzer der beiden Lernsysteme im Hinblick auf ihre allgemeine Zufriedenheit im Umgang mit den Systemen, der Zufriedenheit mit den Inhalten, der Navigation und der Benutzung des Systems befragten. Während der Einsatz der VEMINT-Materialien in Vor- und Brückenkursen über viele Jahre hinweg optimiert wurde, wurde die Math-Bridge-Plattform nach 33 Monaten Entwicklungsarbeit hier zum ersten Mal in einem größeren Umfang in der Lehre eingesetzt.

Der im Rahmen der Studie vorgenommene Vergleich diente unter anderem der Beantwortung der beiden folgenden Fragen: Wie zufrieden sind die Nutzer des neuen Systems Math-Bridge im Vergleich zu Nutzern der VEMINT-Materialien? Und im Sinne einer formativen Evaluation: Wo zeigt das System Math-Bridge, insbesondere im Vergleich zu VEMINT, Defizite, und umgekehrt?

Unsere hier präsentierten deskriptiven Ergebnisse zeigen, dass Math-Bridge gegenüber dem VEMINT-Material hinsichtlich einer Reihe von Zufriedenheitsaspekten vergleichbare positive Ergebnisse erzielte, andererseits wurden auch spezifische Verbesserungspotenziale deutlich.

8.1 Hintergrund

Das von der EU im Programm eContentPlus (ECP-2008-EDU-428046-Math-Bridge) geförderte Projekt „Math-Bridge" (http://www.math-bridge.org) hatte sich zum Ziel gesetzt, europaweit verwendbares Material für mathematische Brückenkurse bereitzustellen, sowie Empfehlungen für den Einsatz der Materialien zu geben. Durch die Bereitstellung einer unentgeltlich verfügbaren Lernplattform sollte zu einer Senkung der hohen Abbruchquoten (vor allem) in ingenieurwissenschaftlichen Studiengängen beigetragen werden. Dazu wurden europaweit zusammengetragene, qualitativ hochwertige Lernmaterialien in eine didaktisch reflektierte Weiterentwicklung des adaptiven Lernsystems ActiveMath (http://www.activemath.org) integriert. Zentrale Arbeitspakete des EU-Projekts beinhalteten (1) die Definition einheitlicher, sowohl inhaltlicher als auch didaktischer Rahmenvorgaben zur Strukturierung des Materials, (2) die Bereitstellung von mehrsprachigem Content, (3) die Weiterentwicklung von ActiveMath, (4) die Beschreibung von Einsatzszenarien für das Material und das Lernsystem und insbesondere (5) die Evaluation des entwickelten Systems. Die Lernplattform selbst sowie dessen Design-Prinzipien werden bereits in einem anderen Artikel in diesem Band vorgestellt (vgl. Sosnovsky et al. 2013). In diesem Beitrag wird über einige Aspekte der Evaluation berichtet.

Die Evaluation des neuen Lernsystems Math-Bridge wurde im Rahmen von Vor- und Brückenkursen an verschiedenen Universitäten in ganz Europa durchgeführt. Da die beiden an Math-Bridge beteiligten deutschen Universitäten Kassel und Paderborn zugleich an dem Projekt VEMINT[1] beteiligt sind, bot sich die Möglichkeit, die subjektiven Nutzererfahrungen beim Einsatz von Math-Bridge und VEMINT vergleichend zu untersuchen. Die Studie wurde an den beiden Universitäten im Rahmen mathematischer Vorkurse im September 2011 durchgeführt.

Bei VEMINT handelt es sich um ein bereits 2003 an der Universität Kassel durch Rolf Biehler und Wolfram Koepf gegründetes Projekt. Mittlerweile wirken an dem Projekt auch die TU Darmstadt (Regina Bruder), die Leuphana-Universität Lüneburg (Reinhard Hochmuth) und die Universität Paderborn (Rolf Biehler seit 2009) mit. Das Projekt zielt auf die Entwicklung multimedialen Lernmaterials und die Entwicklung und Erprobung von Blended-Learning Szenarien für mathematische Vor- und Brückenkurse sowie die

[1] Bis Anfang 2012 lief das Projekt VEMINT unter dem Namen VEMA. Weitere Informationen zum Projekt finden sich unter http://www.vemint.de.

fortlaufende Evaluation von Materialien und Blended-Learning-Szenarien und deren Weiterentwicklung auf Basis der Evaluationsergebnisse. VEMINT kann heute auf mehrjährige Erfahrungen im Kontext von Vor- und Brückenkursen und auf fortlaufend optimierte Lehr-/Lernmaterialien und deren Einsatzszenarien zurückgreifen. Ein umfassender Überblick über das Projekt findet sich in (Biehler et al. 2011) sowie in weiteren Artikeln in diesem Band (vgl. Biehler et al. 2013; Bausch et al. 2013).

Die hier vorgestellte vergleichende Akzeptanzstudie diente unter anderem der Beantwortung der beiden folgenden Fragen: Wie zufrieden sind die Nutzer des neuen Systems Math-Bridge im Vergleich zu Nutzern des bereits etablierten und fortlaufend optimierten Systems VEMINT? Und im Sinne einer formativen Evaluation: Wo zeigt das System Math-Bridge, insbesondere im Vergleich zu VEMINT, Defizite, und umgekehrt?

Im Folgenden werden nun zunächst auf der Makroebene kurz die Gestaltung und der Aufbau des VEMINT-Materials und das im Rahmen der Entwicklung von Math-Bridge transformierte und erweiterte Lernmaterial vorgestellt. Danach werden die Blended-Learning-Szenarien skizziert, in deren Kontext die Materialien verwendet und die Studie durchgeführt wurden. Anschließend werden die Messinstrumente vorgestellt, die damit untersuchten Fragestellungen und die Ergebnisse der Studie präsentiert und diskutiert. Eine Zusammenfassung beschließt unsere Arbeit.

8.2 Der Aufbau des VEMINT-Materials

Ein wesentliches Charakteristikum des VEMINT-Materials auf der Gestaltungsebene ist die Unterteilung der Inhalte in kleine Pakete, so genannte „Module". Jedes Modul konzentriert sich auf ein bestimmtes mathematisches Thema. Dabei sind die Module in identische Wissens- bzw. Lernbereiche gegliedert: Jedes Modul beginnt mit einem Überblick und nennt seine Lernziele. Es folgen die Bereiche Hinführung, Info, Begründung/Interpretation/Herleitung, Anwendung, typische Fehler und Übungen. Im Bereich Info findet sich eine Übersicht über wichtige Definitionen und Sätze. Das Layout des Materials reflektiert diese Struktur. So besitzt jedes Modul im oberen Teil eine Navigationsleiste mit wiedererkennbaren Symbolen für die einzelnen Wissens- und Lernbereiche, wie es der Screenshot in Abb. 8.1 zeigt.

Ist in einem Modul ein Bereich nicht vorhanden, so wird dieser Bereich „ausgegraut". Die zusätzlichen Bereiche „Visualisierung" und „Ergänzung" bieten jeweils eine spezifische Auswahl von Inhalten und müssen explizit in der Navigationsleiste angewählt werden, da sie so in der „normalen" Reihung der Materialien nicht vorkommen. Ergänzend gibt es die Buttons „Weiter" und „Zurück", die der Navigation dienen. Eine genaue Beschreibung der verschiedenen Wissensbereiche finden sich bei Biehler et al. (2011) sowie bei Biehler et al. (2013) in diesem Band.

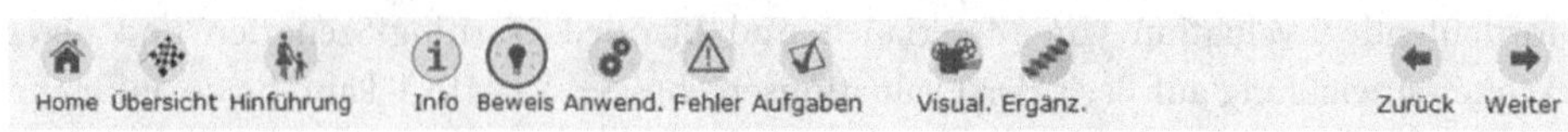

Die Multiplikation von a mit einer positiven Zahl c entspricht, wie man sehen kann, einer Streckung des Abstandes von a zur Null um den Faktor c .
Bei der Multiplikation mit einem negativen Faktor erfolgt zusätzlich eine Spiegelung am Ursprung. Lag a vorher links von b , so liegt bei negativem c dann $c \cdot a$ rechts von $c \cdot b$.

Info 1.2.1-14 Seien $a, b > 0$ dann folgt aus $a < b$: $\frac{1}{b} < \frac{1}{a}$.

Beispiel 1.2.1-15 Obiger Satz lässt sich - wie so oft bei Brüchen - anhand der Teilung einer Pizza leicht veranschaulichen:
Nimmt man eine Pizza und teilt sie in 5 gleich große Stücke, so hat man sicherlich mehr Pizzaecken als bei einer Vierteilung der Pizza (klar: $5 > 4$). Dafür sind die Fünftel - Stücke wiederum kleiner als die Viertel, denn es gilt $\frac{1}{5} < \frac{1}{4}$.

Die obige Aussage zu den Kehrwerten lässt sich auch für $a, b < 0$ machen, denn diesen Fall kann man durch Muliplikation mit (-1) in den behandelten Fall überführen.

Vorsicht ist allerdings geboten, wenn a und b unterschiedliche Vorzeichen haben - dann bleibt die Relation erhalten, denn die Vorzeichen werden durch die Kehrwertbildung ja nicht berührt und etwas Negatives ist immer kleiner als etwas Positives.

Info 1.2.1-16 Für die **Kleiner-oder-Gleich-Relation** (und entsprechend für die Größer-oder-Gleich-Relation) gelten folgende Gesetze:

$a \leq b$ und $b \leq c$	$\Rightarrow$	$a \leq c$,	Transitivität,
$a \leq b$	$\Rightarrow$	$a + c \leq b + c$,	Monotonie der Addition,
$a \leq b$ und $c \geq 0$	$\Rightarrow$	$a\ c \leq b\ c$.	Monotonie der Multiplikation.

Mit Ungleichungen kann man - unter Beachtung der hier aufgeführten Rechengesetze - genauso rechnen wie mit Gleichungen.

Abb. 8.1 Screenshot des Lernmaterials im VEMINT-Design

Diese wohldefinierte Struktur ist konsequent im Material umgesetzt und unterstützt die Lernenden beim Lernen und bei der Navigation durch das Material und seiner verschiedenen Elemente.

Die VEMINT-Materialien selbst bestehen hauptsächlich aus statischen HTML-Seiten und wurden mit zahlreichen interaktiven JavaScript-Aufgaben, Flash-Filmen und Java-Applets angereichert. Zentrale Textteile („Lernobjekte") sind Definitionen, Theoreme, Axiome, Übungen und Beispiele.

8.3 Die Integration des VEMINT-Materials in Math-Bridge

In das Projekt Math-Bridge brachten die Universitäten Kassel und Paderborn die Inhalte aus dem VEMINT-Projekt in der Version 3.1 ein. Um es in Math-Bridge verwenden zu können, wurde es in das OMDoc-Format (Kohlhase 2006) transformiert. Ein wichtiger Schritt im Transformationsprozess war es, den kompletten Inhalt in einzelne Lernobjekte (LOs) zu zerlegen und diese mit Metadaten, beispielsweise dem Typ des Lernobjekts (Definition, Satz etc.), anzureichern. Dieses „Slicing" hatte zur Folge, dass der Inhalt in kleinere und weitgehend voneinander unabhängige Abschnitte aufgeteilt wurde. Naturgemäß gingen hierbei die pädagogischen und didaktischen Ideen in Bezug auf die Reihung und den Kontext der Lernobjekte weitgehend verloren.

Dieser Verlust wurde durch die Möglichkeit aufgefangen, LOs durch vordefinierte Bücher (vgl. Biehler et al. 2010) wieder in ihre ursprüngliche Reihenfolge zu bringen: In diesen sind die einzelnen Wissensbereiche in einer festen Reihung in Unterkapiteln repräsentiert. Allerdings konnte die zuvor beschriebene Navigationsleiste nicht wieder hergestellt werden. Sie wurde durch ein Inhaltsverzeichnis (jeweils auf der linken Seite sichtbar) ersetzt. Die „Weiter"- und „Zurück"-Buttons fehlen, ebenso der Zugriff auf die optionalen Bereiche „Visualisierung" und „Weiterführendes". Diese Unterschiede zu den VEMINT-Modulen könnten für das Nutzerverhalten und die Nutzerzufriedenheit bedeutend sein.

Der internationale Austausch von Lernobjekten eröffnete seinerseits die Möglichkeit, interessante LOs anderer Projektpartner zu ergänzen. Hierzu zählen unter anderem LOs, die neue Zugänge zu einzelnen Themen, vertiefende Beispiele oder neue Aufgaben enthalten. Darüber hinaus wurden den VEMINT-Materialien LOs hinzugefügt, die ein erweitertes Feedback durch das System ermöglichen. Hierzu gehören Aufgaben aus dem LeActiveMath-Projekt (http://www.leactivemath.org/), STACK-Aufgaben (http://www.stack.bham.ac.uk), die Antworten mit Hilfe eines Computer-Algebra-Systems überprüfen und bewerten, sowie IDEAS-Aufgaben (http://ideas.cs.uu.nl/www/), die bei mehrschrittigen Rechenaufgaben die einzelnen Schritte mit Hilfe eines interaktiven Domain-Reasoners überprüfen und potenziell zu jedem Lösungsschritt ein Feedback geben können. Die Integration solcher Aufgabenformate erhöhte die Interaktivität der VEMINT-Materialien wesentlich.

Der Screenshot in Abb. 8.2 zeigt die Präsentation der Inhalte im Math-Bridge-System. Neben vorgefertigten Büchern bietet Math-Bridge die Möglichkeit, automatisch generierte, individuelle Bücher erstellen zu lassen. Hierfür nutzt das System ein Lerner-Modell, welches für jeden User auf Basis der vom Lerner erreichten Punktzahlen bei Aufgaben und deren Kompetenzanforderungen ein Kompetenzprofil des Lerners bezüglich einzelner Themenbereiche schätzt. Als Kompetenzen werden technische Kompetenz, innermathematisches Problemlösen, mathematisches Modellieren außermathematischer Probleme und mathematisches Kommunizieren unterschieden (vgl. Biehler et al. 2009). Der Algorithmus zur Schätzung des Kompetenzprofils basiert auf einer Kombination aus einem Transferable-Belief-Model und Aspekten der Item-Response-Theorie (vgl. Faulhaber und Melis 2008).

Will der Lernende ein individuelles Buch erstellen, so hat er zunächst zwischen unterschiedlichen Lernzielen zu wählen: „Neue Inhalte lernen", „Inhalte wiederholen", „Kompetenzen vertiefen" und „Prüfungen simulieren". Den Lernzielen entsprechen dabei bestimmte Reihenfolgen von Lernobjekttypen. Beispielsweise wird bei „Inhalte wiederholen" zunächst die Definition des zu wiederholenden Begriffs präsentiert, diese dann durch ein Beispiel illustriert und abschließend werden dem Lerner Aufgaben angeboten.

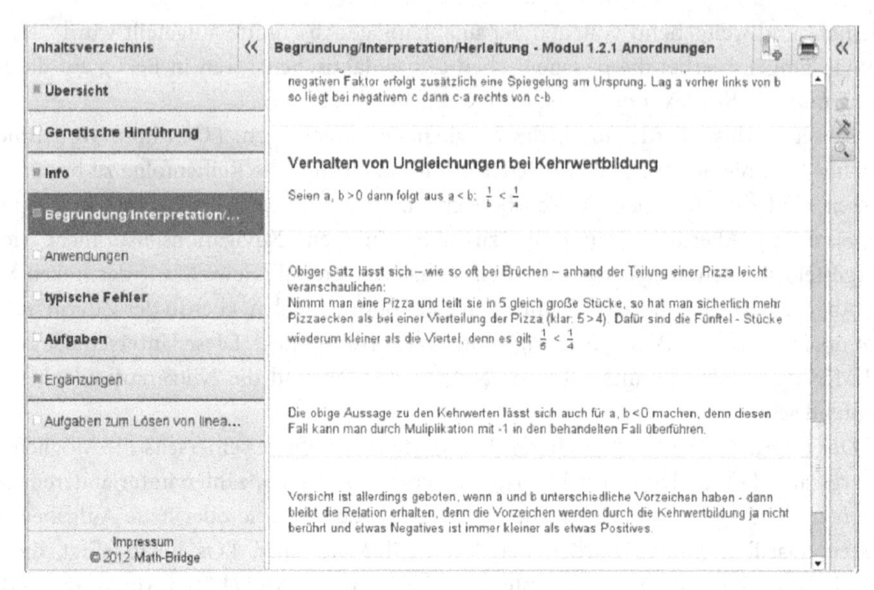

Abb. 8.2 Screenshot des Materials im Math-Bridge-Design

Nach dem Lernziel wählt der Lernende ein Themengebiet aus. Das System sucht dann automatisch passende Lernobjekte aus der Menge aller verfügbaren Lernobjekte aus, wobei die Auswahl unter Berücksichtigung der Metadaten der Lernobjekte und der im Lernerprofil gespeicherten Daten zum Studiengang und Ausbildungsstand erfolgt. Die Wahl der Beispiele und Aufgaben berücksichtigt darüber hinaus das Lerner-Modell, um dem Kompetenzprofil des Lerners angepasste Lernobjekte auszuwählen. Das Lernziel „Kompetenzen vertiefen" wählt etwa sowohl Aufgaben und Beispiele, die auf eine schwächere und eine stärkere Ausprägung der Kompetenzen zielen. So kann der Lernende potenziell seine Kompetenzen gestuft üben (vgl. Biehler et al. 2010).

8.4 Die Studie

An den Universitäten Kassel und Paderborn wurden die Vorkurse in einer E-Variante und in einer P-Variante durchgeführt, wie sie ausführlich bei Bausch et al. (2013) in diesem Band beschrieben werden. Da diese Untergruppenbildung in unserem Bericht über die Ergebnisse der durchgeführten Studie keine Rolle spielen wird, skizzieren wir die beiden Varianten im Folgenden nur kurz und der Vollständigkeit halber: In der E-Variante bildeten die bereitgestellten Module das zentrale Lernmaterial. Die Teilnehmenden hatten die Aufgabe, sich mit den Modulen auseinanderzusetzen. Bei der Auswahl sowie der Steuerung der Intensivität der Bearbeitung der Inhalte wurden die Lernenden modulbezogen durch Vor- und Nachtests unterstützt. Dabei ermöglichen die Vortests die Identifikation von Schwächen und geben darauf zielende Empfehlungen zum Durcharbeiten des Materials. Die Nachtests dienen den Lernenden zur Kontrolle des erreichten Lernstands. In der P-Variante wurde ein großer Teil der Inhalte in Vorlesungen und in von studentischen Tutoren betreuten Übungsgruppen präsentiert. Takt, Tempo und Inhalte der Lehrveranstaltung wurden dabei durch den Dozenten vorgegeben. An den Selbstlerntagen, die ebenfalls Teil der P-Variante waren, gab es neben Aufgaben zur Wiederholung und Vertiefung des Vorlesungsstoffes Arbeitsaufträge, in denen sich die Lernenden selbstständig mit Hilfe der Materialien Inhalte aneignen sollten.

Für die Vergleichsstudie wurden die beiden folgenden Gruppen gebildet:

- Die *Gruppe MB* bestand aus den Paderborner Kursteilnehmern und einer Teilgruppe der Lernenden der Kasseler E-Variante, welche mit den Lernmaterialien in Math-Bridge lernten. Da zum Zeitpunkt der Studie nicht alle Module in Math-Bridge vorlagen, wurden fehlende Module im VEMINT-Design bereitgestellt. Die Mitglieder dieser Gruppe konnten also Erfahrungen mit beiden System machen und diese somit direkt miteinander vergleichen.
- Die *Gruppe VEMINT* bestand aus den restlichen Lernenden der Kasseler E- und P-Variante, die ausschließlich die VEMINT-Lernmaterialien nutzten.

Thematisch stand beiden Gruppen im Wesentlichen das gleiche Lernmaterial zur Verfügung. Bezüglich der Funktionalität wurden zentrale Unterschiede zwischen beiden Systemen oben bereits beschrieben. Ergänzend ist noch zu erwähnen, dass in der P-Variante der *Gruppe MB* für die Selbstlerntage Aufgaben angeboten wurden, die das Generieren eigener personalisierter Bücher erforderten. Ferner sollten IDEAS- und STACK-Aufgaben selbstständig aktiv genutzt werden. In der E-Variante wurden sowohl im Eingangsworkshop sowie in einem Einführungsmodul alle verfügbaren Unterstützungsangebote vorgestellt, darunter auch die Möglichkeiten personalisierte Bücher zu generieren und interaktive Aufgaben (IDEAS) zu bearbeiten.

8.5 Items und Hypothesen

Die hier beschriebene Teilstudie war in die Large-Scale-Evaluation des EU-Projektes Math-Bridge eingebettet. Für diese Gesamtevaluation wurde von den Partnern des EU-Projekts unter anderem ein Fragebogen für Studierende erarbeitet (vgl. Embacher et al. 2010), der Auskunft über die Nutzung von Math-Bridge geben sollte und von allen Partnern des Projektes verwendet wurde. Dieser Studierenden-Fragebogen bildete die wesentliche Grundlage für unseren Fragebogen.

Die beiden *Gruppen MB* und *VEMINT* erhielten weitgehend identische Fragebögen: Neben geringfügig unterschiedlichen Formulierungen, die sich etwa bei der Ersetzung des Begriffs „Math-Bridge" aus dem EU-Fragebogen durch „interaktive Vorkursmaterialien" oder „Lernplattform" ergaben, enthielt der Fragebogen für die *Gruppe MB* vier zusätzliche Fragen zum direkten Vergleich der beiden Varianten.

Im Folgenden präsentieren wir im Einzelnen die Items der Fragebögen und diskutieren einige darauf bezogene Hypothesen unter Berücksichtigung der nachfolgend stichpunktartig zusammengetragenen, potenziellen Stärken und Schwächen der Math-Bridge-Materialien im Vergleich zu den VEMINT-Materialien.

- Potenzielle Stärken der Math-Bridge-Materialien
  - Größerer Umfang des Materials durch Anreicherung von Materialien von EU-Projekt-Partnern
  - Erweiterte interaktive Funktionalitäten:
    - User-model zur adaptiven Anpassung des Inhalts an die Kompetenzen des Lerners
    - Automatisierte Buchgenerierung für unterschiedliche Lernszenarien
    - „Ideas exercises" für prozessorientiertes Feedback auf Basis eines domain reasoners
    - Parametrisierte Aufgaben mit randomisierter Parameterauswahl und automatischer Auswertung der Lösung (STACK-Aufgaben)
- Potenzielle Schwächen der Math-Bridge-Materialien
  - Fehlende Navigationselemente
  - Größere Komplexität der Funktionalitäten
  - Relative Neuheit des interaktiven Lernsystems:
    - Noch vorhandene Implementationsfehler bzw. -lücken etc.
    - Fehlende Erfahrungen im Hinblick auf eine effiziente Kurseinbettung

8.5.1 Gemeinsame Items beider Gruppen

Die Items für beide Gruppen wurden mit Blick auf die Abschlussevaluation des Projektes in drei Blöcke zusammengefasst: Ein Block zur Bewertung der Inhalte, ein Fragenblock zur Bewertung der Navigation im System und ein abschließender Block zur Gesamtbewertung des Systems. Die Items wurden im diskursiven Austausch innerhalb des internationalen Math-Bridge Consortiums auf Basis vorhandener Items der Projektpartner, unter anderem aus der Dissertation des zweiten Autors dieses Artikels (Fischer 2013), in der Konzepte zur Evaluation von Vorkursmaterialien aufgearbeitet und weiterentwickelt wurden, pragmatisch ausgewählt und in der Abschlussevaluation verwendet. Der erste Block (vgl. Tab. 8.1) umfasst neun Items und fokussiert auf subjektive Einschätzungen zu den angebotenen Inhalten, dabei unter anderem auf deren Umfang, ihre Schwierigkeit und Verständlichkeit und inwieweit sie als hilfreich für den Kurs angesehen wurden.

Ausgehend vom größeren Umfang der Materialien und der größeren interaktiven Funktionalität könnte man erwarten, dass sowohl bezüglich des Umfangs als auch bezüglich des Entwickelns von Problemlösekompetenz das Math-Bridge-Material als positiver eingeschätzt wurde. Mangelnde Erfahrung oder auch Effizienz bei der Integration der neuen Materialien in die Vorkurse bzw. noch Implementationsfehler oder -lücken könnten hingegen zu negativen Einschätzungen führen.

Tab. 8.1 Items der Ausgangsbefragung zu den verwendeten Inhalten

Item	Formulierung
Inhalt1	Die Inhalte werden umfassend erklärt.
Inhalt2	Ich konnte die Inhalte nicht ganz alleine lernen.
Inhalt3	Math-Bridge/Die Lernplattform bietet mir NICHT genug Material an, um die Inhalte (des Kurses) zu lernen.
Inhalt4	Die Inhalte von Math-Bridge/Die interaktiven Vorkursmaterialien haben den richtigen Schwierigkeitsgrad.
Inhalt5	Math-Bridge hat/Die interaktiven Vorkursmaterialien haben mir geholfen, schwierige Konzepte zu verstehen.
Inhalt6	Math-Bridge hat/Die interaktiven Vorkursmaterialien haben mir NICHT geholfen, Problemlösekompetenz zu entwickeln.
Inhalt7	Math-Bridge hat/Die interaktiven Vorkursmaterialien haben mich intellektuell herausgefordert.
Inhalt8	Mit Math-Bridge/Mit den interaktiven Vorkursmaterialien zu arbeiten, hat NICHT zu meinem Lernprozess (in diesem Kurs) beigetragen.
Inhalt9	Die Formulierungen in Aufgaben, Theoremen und anderen Texten waren klar.

Tab. 8.2 Items der Ausgangsbefragung zur Navigation in den Systemen

Item	Formulierung
Navigation1	Math-Bridge ist/Die interaktiven Vorkursmaterialien sind unnötig kompliziert.
Navigation2	Math-Bridge bietet/Die interaktiven Vorkursmaterialien bieten alle nötigen Funktionalitäten, um meine Arbeitsaufgaben in effektiver Weise zu erledigen.
Navigation3	Die Navigation von Math-Bridge/in den interaktiven Vorkursmaterialien unterstützt effizientes Arbeiten.
Navigation4	Die Navigation von Math-Bridge/in den interaktiven Vorkursmaterialien ist NICHT leicht zu verstehen.
Navigation5	Math-Bridge reagiert/Die interaktiven Vorkursmaterialien reagieren auf Eingaben so, wie ich es erwartet habe.
Navigation6	Bei der Bedienung/Benutzung von Math-Bridge/den interaktiven Vorkursmaterialien fühle ich mich sicher.
Navigation7	Ich kann mir vorstellen, dass die meisten Benutzer/innen schnell lernen, mit Math-Bridge/den interaktiven Vorkursmaterialien umzugehen.
Navigation8	Ich musste viel lernen, bevor ich mit Math-Bridge/den interaktiven Vorkursmaterialien gut umgehen konnte.
Navigation9	Math-Bridge ist/Die interaktiven Vorkursmaterialien sind leicht an individuelle Bedürfnisse anzupassen.
Navigation10	Math-Bridge benutzt/Die interaktiven Vorkursmaterialien benutzen Ausdrücke oder Abkürzungen, die schwierig zu verstehen sind.
Navigation11	Math-Bridge bietet/Die interaktiven Vorkursmaterialien bieten hilfreiche und konstruktive Fehlermeldungen.
Navigation12	Math-Bridge ist/Die interaktiven Vorkursmaterialien sind leicht zu benutzen.
Navigation13	Math-Bridge hat/Die interaktiven Vorkursmaterialien haben einige verstörende und nutzlose Funktionalitäten.

Der zweite Block (vgl. Tab. 8.2) umfasste 13 Items zur Navigation im jeweiligen System.

Unter den 13 Items ließen sich nach inhaltlichen Kriterien drei Unterblöcke bzw. Skalen identifizieren, auch faktorenanalytisch, worüber aber an anderer Stelle ausführlicher berichtet werden soll.

- **Skala 1:** Die Items fünf bis acht und 12 fokussieren die Verlässlichkeit und Erwartungskonformität der „Reaktionen" der Systeme, den Lernaufwand für die Nutzung des Systems und das „Sicherheitsgefühl" bei der Nutzung.
- **Skala 2:** Bei den Items eins, vier, zehn und 13 handelt es sich um Items, bei denen interaktive Funktionalitäten kritisch bewertet werden, da diese als unnötig kompliziert, unverständlich oder sogar als verstörend erfahren werden.
- **Skala 3:** Die verbleibenden Items zwei, drei, vier und elf erheben, ob die Materialien in ihrer Funktionalität als geeignet, hilfreich und effizient erfahren werden.

Noch vorhandene Implementierungsfehler oder -lücken im Math-Bridge-System und dadurch auftretende Navigationsprobleme sollten sich insbesondere in Ergebnissen bezüglich der Skalen dieses Itemblocks auswirken. Dies gilt auch für das Fehlen von gegebenenfalls als nützlich erachteten Navigationselementen oder Probleme bei der Verwendung komplexer interaktiver Möglichkeiten, wie der Erstellung individueller Bücher. Insbesondere dies könnte im Rahmen des Vorkurses von den Teilnehmern als überflüssig angesehen worden sein. Negative Erfahrungen in diesem Bereich könnten Auswirkungen auf die Beantwortung von Items anderer Blöcke haben. Das müsste in weiteren Untersuchungen empirisch geklärt werden.

Der dritte Block (vgl. Tab. 8.3) fokussiert mit seinen sieben Items auf eine abschließende Bewertung der Systeme, also wie diese im Allgemeinen bewertet werden, ob sie für empfehlenswert oder nützlich angesehen werden und inwieweit sie den Nutzern bedeutsame Lernerfahrungen ermöglicht haben.

Es ist zu erwarten, dass die Beantwortung der allgemeinen Einschätzungsfragen von denen in anderen Itemblöcken erfragten spezifischeren Erfahrungen bezüglich der Inhalte und der Navigation beeinflusst wird. Sollten letztere eher negativ ausfallen, so sollte dies auch bezüglich der allgemeinen Einschätzungsfragen zutreffen. Darüber hinaus scheint uns die allgemeine Einschätzung auch davon abzuhängen, inwieweit die umfangreicheren interaktiven Funktionalitäten des Math-Bridge-Systems überhaupt benutzt wurden bzw. aufgrund noch vorhandener Fehler oder Lücken benutzt werden konnten. Dies wurde im Rahmen dieser Untersuchung jedoch nicht kontrolliert.

Jedes Item der drei beschriebenen Blöcke wurde mit einer Likert-Skala mit vier Antwortoptionen versehen: (1) Stimme nicht überein ... (4) Stimme überein. Für die Datenauswertung wurden die Skalen bei negativ gestellten Fragen entsprechend umgepolt, so dass bei allen Skalen ein Wert über 2,5 für eine positive Einschätzung steht und ein Wert kleiner als 2,5 für eine negative Einschätzung. Umgepolte Items sind im Folgenden jeweils mit (inv) gekennzeichnet.

Tab. 8.3 Items der Ausgangsbefragung zur abschließenden Bewertung

Item	Formulierung
Bewertung 1	Ich würde Math-Bridge/die interaktiven Vorkursmaterialien wieder benutzen.
Bewertung 2	Das Arbeiten mit Math-Bridge/den interaktiven Vorkursmaterialien hat eine bedeutsame Lernerfahrung für mich dargestellt.
Bewertung 3	Durch das Arbeiten mit Math-Bridge/den interaktiven Vorkursmaterialien habe ich KEIN verstärktes Interesse an diesem Gebiet entwickelt.
Bewertung 4	Math-Bridge hat/Die interaktiven Vorkursmaterialien haben mir KEINE Möglichkeiten geboten, neu erlernte Fähigkeiten anzuwenden.
Bewertung 5	Ich arbeite gerne mit Math-Bridge/den interaktiven Vorkursmaterialien.
Bewertung 6	Ich würde (die Nutzung von) Math-Bridge/den interaktiven Vorkursmaterialien meinen Freunden empfehlen.
Bewertung 7	Math-Bridge ist/Die interaktiven Vorkursmaterialien sind nützlich.

8.5.2 Zusätzliche Vergleichsfragen für die *Gruppe MB*

Der Fragebogen für die *Gruppe MB* enthält vier zusätzliche auf einen direkten Vergleich gerichtete Fragen (vgl. Tab. 8.4). Wie oben beschrieben, hat diese Gruppe sowohl Module im VEMINT-Design als auch das Math-Bridge-System verwendet.

Tab 8.4 Items des direkten Vergleichs der Systeme Math-Bridge und VEMINT

Item	Formulierung
MBVemint1	Welches Design gefällt Ihnen besser?
MBVemint2	Welches Design ist übersichtlicher?
MBVemint3	Welche System-Variante unterstützt Sie besser in Ihrem Lernprozess?
MBVemint4	Welche System-Variante würden Sie einem Freund/ einem Kommilitonen empfehlen?

Die vergleichenden Items fokussieren auf die subjektive Zufriedenheit der Nutzer bezüglich des Designs, bezüglich der Unterstützung durch das System und auf die Frage, welches System man eher empfehlen würde. Die Items dieses Blocks wurden bezüglich einer Likert-Skala mit fünf Optionen erhoben: (1) Math-Bridge ... (3) neutral ... (5) VEMINT.

Da die Studierenden überwiegend mit Materialien im Math-Bridge-Design arbeiteten, sich der Aufbau der Inhalte bezüglich der Reihenfolge der einzelnen Bereiche eines Moduls aber nicht wesentlich unterschieden, erwarteten wir ein eher neutrales Antwortverhalten. Außerdem bot Math-Bridge stärker die Möglichkeit, den individuellen Lerner im Lernen direkt zu unterstützen. Daher und da das System von den Teilnehmern intensiver genutzt wurde, war eine Tendenz zu Math-Bridge zu erwarten, sofern die Performanz des Systems überzeugte.

8.6 Ergebnisse

Die Gesamtevaluation von Math-Bridge umfasste neben leistungsbezogenen Eingangs- und Ausgangstests auch Online-Befragungen vor und nach dem Kurs. Von insgesamt 1918 Vorkursteilnehmern waren 796 in der *Gruppe MB* und 1122 in der *Gruppe VEMINT*. An der Ausgangsbefragung nahmen 359 Lernende teil, davon waren 128 in der *Gruppe MB* und 231 in der *Gruppe VEMINT*.

Wir beginnen zunächst mit den vier vergleichenden Items, um einen ersten Eindruck aus dem direkten Vergleich zu erhalten. Im zweiten Schritt werden wir die übrigen Items im Hinblick auf Unterschiede im Antwortverhalten zwischen den beiden *Gruppen MB* und *VEMINT* analysieren. Dieser zweite Schritt liefert uns Hinweise, welche Aspekte bezüglich der Inhalte, der Nutzung sowie der Gesamtbewertung zu Bewertungsunterschieden im direkten Vergleich geführt haben.

8.6.1 Direkter Vergleich anhand der Zusatzfragen

In der nachfolgenden Tab. 8.5 sind die statistischen Ergebnisse bezüglich der einzelnen Items dokumentiert. In der zweiten Spalte findet sich für jede Variable das arithmetische Mittel, in der dritten Spalte die Standardabweichung (SD). Die drei letzten Spalten geben die relative Häufigkeit der Antwortoptionen 1 und 2 (Pro Math-Bridge), 3 (Neutral) und 4 und 5 (Pro VEMINT) an. Für alle Merkmale gilt N = 128.

Durchweg zeigt sich eine leichte Präferenz für Math-Bridge. Jedoch hat der Großteil der Befragten (je nach Item zwischen 57,03 % und 65,63 %) mit „(3) neutral" geantwortet.

Eine Reliabilitäts-Analyse der vier vergleichenden Fragen zeigt, dass diese mit einem Cronbach's Alpha von 0,912 eine reliable Skala bilden. Die Trennschärfen liegen zwischen 0,784 und 0,822, somit lässt sich aus statistischer Perspektive aus diesen vier Items eine Skala bilden. Der Skalenmittelwert liegt bei 2,6 (SD = 0,97). Wie das nachfolgende Histogramm (Abb. 8.3) zeigt, ergibt sich für ca. 45 % der Befragten ein Skalenmittelwert von 3, so dass bei dieser Gruppe keine Präferenz für ein System erkennbar ist. Bei ca. 41 % der Fälle ist der Skalenmittelwert kleiner als 3 und zeigt damit eine Präferenz von Math-Bridge und in ca. 14 % eine Präferenz von VEMINT.

Der direkte Vergleich zeigt also eine leichte Präferenz für das System Math-Bridge, die jedoch durch die hohe Zahl „Unentschlossener" relativiert wird. Dennoch bevorzugt der größere Teil der Gruppe das Math-Bridge-System. Berücksichtigt man das Design der durchgeführten Studie, so ist das Ergebnis keine große Überraschung: Die befragten Vorkursteilnehmenden gehörten alle der *Gruppe MB* an, die vorwiegend mit Math-Bridge gearbeitet haben. Lediglich einzelne spätere Teilkapitel wurden mit den VEMINT-Modulen durchgeführt, nachdem die Lernenden schon längere Zeit und intensiver mit Math-Bridge gearbeitet hatten. Es lässt sich somit vermuten, dass Math-Bridge leicht bevorzugt wurde, da sich die Teilnehmer daran bereits gewöhnt hatten.

Tab. 8.5 Ergebnisse der Items zum Vergleich von Math-Bridge und VEMINT

Merkmal	Arithmethisches Mittel	SD	Pro Math-Bridge	Neutral	Pro VEMINT
MBVemint1	2,53	1,08	32,03 %	60,94 %	7,03 %
MBVemint2	2,59	1,14	32,03 %	57,03 %	10,94 %
MBVemint3	2,75	1,02	23,44 %	65,63 %	10,94 %
MBVemint4	2,52	1,10	34,38 %	57,81 %	7,81 %

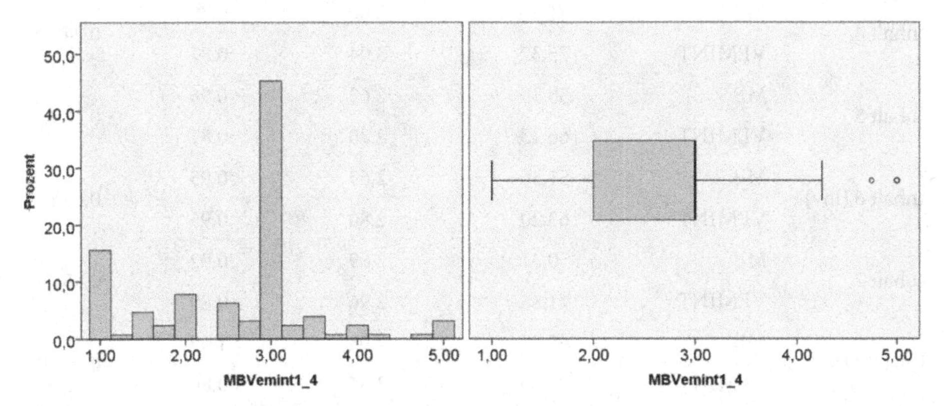

Abb. 8.3 Histogramm (links) und Boxplot (rechts) der Skala zum Vergleich von VEMINT und Math-Bridge

Darüber hinaus zeigen auch die weiteren Ergebnisse der Befragung, dass die Studierenden mit den Designs beider Systeme durchweg zufrieden waren.

Für detailliertere Aussagen wenden wir uns nun den Resultaten bezüglich Fragen zu, die in beiden Gruppen gestellt wurden.

8.6.2 Indirekter Vergleich anhand der gemeinsamen Items

Widmen wir uns zunächst den Items bezüglich der **Inhalte** (hinsichtlich Qualität und Quantität der Lernobjekte). Ergebnisse bezüglich der einzelnen Items finden sich in der Tab. 8.6. Dabei wurden jeweils die Anzahl der Antworten zu den Antwortoptionen 1 und 2 (Ablehnung) und 3 und 4 (Zustimmung) zusammengefasst, um den Anteil an Zustimmung und Ablehnung deutlicher hervorzuheben. Auf die daraus entstandene 4-Felder-Tafel wurde ein Chi-Quadrattest zur Überprüfung der Abhängigkeit der beiden Gruppen angewendet. Items mit signifikanten Unterschieden zwischen den *Gruppe MB* und der *Gruppe VEMINT* sind durch Sternchen in der Spalte *p-Wert* markiert. Die mit *inv* gekennzeichneten Variablen wurden rekodiert, damit alle Items in die gleiche Richtung zeigen.

Tab. 8.6 Ergebnisse der Items zu den Inhalten

Merkmal	Gruppe	Zustimmung (in %)	M	SD	p-Wert
Inhalt 1	MB	85,16	3,26	0,90	0,99
	VEMINT	85,71	3,34	0,78	
Inhalt 2 (inv)	MB	56,25	2,73	1,02	0,179
	VEMINT	64,07	2,82	1,00	
Inhalt 3 (inv)	MB	71,88	3,19	0,94	0,002**
	VEMINT	86,15	3,47	0,85	
Inhalt 4	MB	81,25	3,06	0,79	0,248
	VEMINT	75,32	3,04	0,87	
Inhalt 5	MB	58,59	2,62	0,96	0,185
	VEMINT	66,23	2,80	0,87	
Inhalt 6 (inv)	MB	51,56	2,63	0,95	0,042*
	VEMINT	63,20	2,80	0,95	
Inhalt 7	MB	70,31	2,89	0,92	0,85
	VEMINT	71,86	2,96	0,89	
Inhalt 8 (inv)	MB	67,19	2,93	1,09	0,002**
	VEMINT	82,25	3,36	0,86	
Inhalt 9	MB	66,41	2,85	0,97	0,987
	VEMINT	67,10	2,84	0,85	

Hier zeigt sich zunächst ein positives Bild: Bei allen Items überwiegt der prozentuale Anteil an Zustimmung deutlich. Die Materialien werden insgesamt also positiv eingeschätzt. Mit Ausnahme des Items Inhalt4 sind dabei die Zustimmungsanteile in der *Gruppe VEMINT* durchweg höher als die der *Gruppe MB*. Signifikant positivere Ergebnisse zeigen sich dabei in den Items drei, sechs und acht: Das bedeutet, dass insbesondere im Hinblick auf den Umfang der Materialien, die Effizienz im Hinblick auf die Entwicklung von Problemlösekompetenz und den Lernprozess als solches, die *VEMINT-Gruppe* ihre Materialien positiver einschätzte als die *Gruppe MB*. Einzig bezüglich des Schwierigkeitsgrades der Lernmaterialien schneidet das Math-Bridge-System (nicht signifikant) besser ab. Dies erscheint angesichts der faktischen Unterschiede zunächst erstaunlich, weist aber möglicherweise darauf hin, dass die tatsächliche Nutzung und eventuell auch die Nutzbarkeit der umfangreicheren und interaktiveren Materialien im Math-Bridge-System hinter dessen potenziellen Möglichkeiten zurückblieben.

Betrachten wir nun die Ergebnisse der Items zur **Navigation** (vgl. Tab. 8.7). Der Aufbau der Tabelle entspricht der vorherigen.

Tab. 8.7 Ergebnisse der Items zur Navigation in den Systemen

Merkmal	Gruppe	Zustimmung (in %)	M	SD	p-Wert
Navigation1 (inv)	MB	69,53	3,02	1,01	0,248
	VEMINT	75,76	3,14	1,01	
Navigation2	MB	72,66	2,91	0,89	0,114
	VEMINT	80,52	3,03	0,77	
Navigation3	MB	73,44	2,87	0,94	0,223
	VEMINT	79,65	3,18	0,87	
Navigation4 (inv)	MB	61,72	2,91	1,04	0***
	VEMINT	82,25	3,33	0,91	
Navigation5	MB	49,22	2,47	1,01	0,001***
	VEMINT	68,40	2,93	0,98	
Navigation6	MB	66,41	2,73	0,96	0***
	VEMINT	86,15	3,31	0,79	
Navigation7	MB	76,56	3,06	0,94	0,002**
	VEMINT	89,18	3,44	0,77	
Navigation8 (inv)	MB	74,22	3,15	0,96	0,002**
	VEMINT	87,88	3,44	0,77	
Navigation9	MB	63,28	2,71	0,88	0,921
	VEMINT	63,20	2,74	0,94	
Navigation10 (inv)	MB	67,97	2,95	0,95	0,585
	VEMINT	64,50	2,77	0,98	
Navigation11	MB	57,03	2,54	0,87	0,264
	VEMINT	63,64	2,72	0,89	
Navigation12	MB	71,10	2,95	0,98	0***
	VEMINT	88,31	3,38	0,76	
Navigation13 (inv)	MB	64,06	2,86	1,02	0,005**
	VEMINT	78,35	3,18	0,87	

Auch hier zeigt sich zunächst ein ähnlich homogenes, positives Bild, allerdings mit einer Ausnahme: Das Item Navigation5 („*Math-Bridge reagiert/Die interaktiven Vorkursmaterialien reagieren auf Eingaben so, wie ich es erwartet habe.*“) zeigt in der *Gruppe MB* ein höheren Anteil an Befragten, die die Aussage (eher) ablehnen. Auch hier liegen die Zustimmungsanteile für die *Gruppe VEMINT* mit Ausnahmen der Items 9 und 10 über denen der *Gruppe MB*. Der Chi-Quadrattest zeigt signifikant höhere Zustimmungsanteile für die *Gruppe VEMINT* bezüglich der Items 4 bis 8 sowie 12 und 13. Dies bedeutet, dass die Nutzer des VEMINT-Materials dieses signifikant als leichter zu verstehen, verlässlicher, dessen Reaktionen als erwartungskonformer und den Lernaufwand für die Bedienung des System als angemessener einschätzen und sich darüber hinaus bei der Nutzung sicherer fühlten. Dies scheint dafür zu sprechen, dass sich vereinzelt noch vorhandene Implementierungsschwächen doch stärker ausgewirkt haben. Allerdings könnte es auch sein, dass die komplexeren Möglichkeiten des Math-Bridge-Systems zunächst einer umfangreicheren Unterstützung und Anleitung bedürfen. Zudem entzieht Math-Bridge als adaptives System teilweise Nutzern gewisse Entscheidungen, worauf diese verunsichert reagieren könnten. Da in dieser Studie diesbezüglich nur ein Teil der prinzipiellen Möglichkeiten umgesetzt wurden, könnte es sein, dass sich dieser Effekt bei einer vollen Implementierung und Nutzbarmachung sogar noch prägnanter zeigt. Hierfür sprechen insbesondere auch die signifikanten Unterschiede bezüglich der Items 4 und 13: Die Nutzer erfuhren die Navigation als signifikant weniger leicht zu verstehen und neigten eher dazu, Funktionalitäten als verstörend und nutzlos zu deuten.

Bezüglich der übrigen Items, die sich eher darauf fokussieren, ob die Materialien geeignet, hilfreich und effizient sind, zeigten sich keine signifikanten Unterschiede zwischen den Gruppen.

Schließlich betrachten wir noch die Ergebnisse der Items des dritten Blocks zur **allgemeinen Bewertung der Systeme** (vgl. Tab. 8.8).

Tab. 8.8 Ergebnisse der Items zur abschließenden Bewertung

Merkmal	Gruppe	Zustimmung (in %)	M	SD	p-Wert
Bewertung 1	MB	72,66	3,10	1,06	0***
	VEMINT	88,31	3,53	0,77	
Bewertung 2	MB	60,94	2,64	0,99	0,036*
	VEMINT	72,29	3,00	0,88	
Bewertung 3 (inv)	MB	57,03	2,72	1,03	0,106
	VEMINT	66,23	2,88	1,01	
Bewertung 4 (inv)	MB	78,12	3,29	0,90	0,307
	VEMINT	83,12	3,36	0,83	
Bewertung 5	MB	66,41	2,73	0,96	0,076
	VEMINT	75,76	3,01	0,89	
Bewertung 6	MB	70,31	2,88	1,01	0,007**
	VEMINT	83,12	3,29	0,79	
Bewertung 7	MB	82,81	3,20	0,89	0,004**
	VEMINT	93,07	3,54	0,68	

Auch hier ergibt sich ein ähnliches Bild wie zuvor: Die Zustimmungsanteile zeigen für beide Systeme ein positives Bild, wobei die Anteile zur Zustimmung in der *Gruppe VEMINT* stets höher sind als die der *Gruppe MB*. Bezüglich vier Items (1, 2, 6 und 7) ist dieser Unterschied sogar signifikant: Die Nutzer der *Gruppe VEMINT* stimmen signifikant häufiger zu, ihre Materialien wieder zu benutzen, finden diese nützlicher, schätzen das Lernen mit Ihnen eher als bedeutsame Lernerfahrungen ein und würden deren Nutzung eher Freunden empfehlen als die Lerner der *Gruppe Math-Bridge*.

8.7 Zusammenfassung und Diskussion

Aus den dokumentierten Ergebnissen lassen sich insbesondere die folgenden Konsequenzen ziehen:

(1) Die Stärken der Math-Bridge-Materialien, insbesondere ihr größerer Umfang und die erweiterten interaktiven Funktionalitäten führten bei den Lernenden insgesamt nicht zu einer positiveren Bewertung im Vergleich zur VEMINT-Gruppe. Möglicherweise lag dies daran, dass beides nicht hinreichend in die Kurse integriert wurde, von den Lernenden nicht genutzt wurde oder aufgrund noch vorhandener Implementationsmängeln nicht nutzbar war und stattdessen zu Problemen führte.

(2) Die *Gruppe MB* gab an, dass ihr System tendenziell eher unerwartet reagierte, während die Materialien im VEMINT-Design tendenziell wie von den Lernenden erwartet funktionierten. Dies könnte beispielsweise an der generell größeren Komplexität der Funktionalitäten des Systems Math-Bridge oder an schon oben erwähnten Implementationsmängeln liegen. Diese negativen Einschätzungen könnten eine Ursache für weitere signifikante Unterschiede darstellen: die schwächere Zustimmung zur Verständlichkeit der Navigation, zur Sicherheit im Umgang mit dem System, zum Lernaufwand zur Nutzung des Systems sowie zur allgemeinen Nutzbarkeit des Systems.

(3) Primär muss zunächst die Nutzbarkeit des Systems Math-Bridge verbessert werden. Math-Bridge sollte dabei stets so reagieren, wie es vom Benutzer erwartet wird. Dies scheint uns auch eine notwendige Voraussetzung für eine höhere Akzeptanz gegenüber den adaptiven Komponenten von Math-Bridge darzustellen.

Die Analyse der vergleichenden Fragen in der Gruppe der Studierenden, die mit beiden Systemen gearbeitet haben, zeigte tendenziell eine leichte Bevorzugung von Math-Bridge, was angesichts der größeren Vertrautheit mit Math-Bridge keine stark positive Aussage zugunsten von Math-Bridge zulässt.

Einschränkend sollte bezüglich der Interpretation der hier dokumentierten empirischen Ergebnisse angemerkt werden, dass in dieser Studie die Vergleichbarkeit der beiden Gruppen methodisch nicht kontrolliert wurde und auch das tatsächliche Nutzungsverhalten der Lernenden nicht erfasst wurde. Die im Rahmen der Math-Bridge-Evaluation ebenfalls durchgeführten Leistungstests erlauben gewisse Aussagen über die Vergleichbarkeit der gebildeten Gruppen und Unterschiede zwischen den Gruppen in einer

Reihe weiterer Analysen zu berücksichtigen. Darüber soll aber, wie schon angemerkt, an anderer Stelle ausführlicher berichtet werden.

Trotz der (insbesondere methodisch) gebotenen Vorsicht bei der Interpretation unserer Ergebnisse kann jedoch zusammenfassend festgestellt werden, dass Math-Bridge insgesamt auch positiv bewertet wurde.

Abschließend sei noch bemerkt, dass im Anschluss an die Studie bereits bekannte Usability-Probleme des Systems Math-Bridge behoben wurden. Die im Juni 2012 aktuelle Version 1.0 zeigt in dieser Hinsicht bereits erhebliche Fortschritte. Zudem sind weitere Projekte zum effizienten Einsatz des Math-Bridge-Systems in der Lehre und zur Weiterentwicklung adaptiver Komponenten angelaufen bzw. in der Planung. Im Fokus steht dabei unter anderem eine Weiterentwicklung des User-models sowie auf dessen Basis die Entwicklung einer Learning-Advice-Component. Damit würde das adaptive Potenzial des Math-Bridge-Systems entschieden weiter ausgebaut. Die Akzeptanz und Nutzungsweise dieser adaptiven Erweiterung müsste zum Gegenstand weiterer Erprobungen und Studien gemacht werden.

8.8 Literaturverzeichnis

Bausch, I., Fischer, P., & Oesterhaus, J. (2013). Facetten von Blended Learning Szenarien für das interaktive Lernmaterial VEMINT - Design und Evaluationsergebnisse an den Partneruniversitäten Kassel, Darmstadt und Paderborn. In: I. Bausch, R. Biehler, R. Bruder, P. Fischer, R. Hochmuth, W. Koepf, S. Schreiber, & T. Wassong (Hrsg.), Mathematische Vor- und Brückenkurse: Konzepte, Probleme und Perspektiven (S. 87–102). Wiesbaden: Springer Spektrum.

Biehler, R., Bruder, R., Hochmuth, R., Koepf, W., Bausch, I., Fischer, P. R., & Wassong, T. (2013). VEMINT - Interaktives Lernmaterial für mathematische Vor- und Brückenkurse. In: I. Bausch, R. Biehler, R. Bruder, P. Fischer, R. Hochmuth, W. Koepf, S. Schreiber, & T. Wassong (Hrsg.), Mathematische Vor- und Brückenkurse: Konzepte, Probleme und Perspektiven (S. 261–276). Wiesbaden: Springer Spektrum.

Biehler, R., Fischer, P. R., Hochmuth, R., & Wassong, T. (2012). Self-Regulated Learning and Self Assessment in Online Mathematics Bridging Courses. In: A. A. Juan, M. A. Huertas, S. Trenholm, & C. Steegman (Hrsg.). Teaching Mathematics Online: Emergent Technologies and Methodologies (S. 216–237). Hershey, PA: IGI Global.

Biehler, R., Hochmuth, R., Fischer, P., & Wassong, T. (2010). EU-Project Math-Bridge - D1.3: Pedagogical Remedial Scenarios. http://subversion.math-bridge.org/math-bridge/public/WP01_Pedagogical_Preparation/Deliverables/D1.3-pedagogical_remedial_scenarios/D13_remedial_Scenarios.pdf. Zugriff am 25.04.2013.

Biehler, R., Hochmuth, R., Fischer, P., & Wassong, T. (2009). Math-Bridge: Deliverable 1.1 - target competencies. http://subversion.math-bridge.org/math-bridge/public/WP01_Pedagogical_Preparation/Deliverables/D1.1-target_competencies/D1 %201_target_competencies.pdf. Zugriff am 27.03.2013.

Embacher, F., Wallach, D., Sosnovsky, S., Andres, E., Dietrich, M., & Mercat, C. (2010). EU-Project Math-Bridge - D8.2v1: Report on user feedback collection process and results (first version). Unveröffentlichtes Deliverable des Projektes Math-Bridge.

Faulhaber, A., & Melis, E. (2008). An Efficient Student Model Based on Student Performance and Metadata. In: M. Ghallab, C.D. Spyropoulos, N. Fakotakis, N., & N. Avouris (Eds.). Proceedings of the 18th European Conference on Artificial Intelligence (ECAI 2008) (S. 276–280). Amsterdam: IOS Press.

Fischer, P. (2013). Mathematische Vorkurse im Blended Learning Format - Konstruktion, Implementation und wissenschaftliche Evaluation. Unveröffentlichte Dissertation. Universität Kassel.

Kohlhase, M. (2006). An Open Markup Format for Mathematical Documents (Version 1.2). Lecture Notes in Artificial Intelligence, Nr. 4180. Heidelberg: Springer.

Sosnovsky, S., Dietrich, M., Andrès, E., Goguadze, G., & Winterstein, S. (2013). Math-Bridge: Adaptive Plattform für Mathematische Brückenkurse. In: I. Bausch, R. Biehler, R. Bruder, P. Fischer, R. Hochmuth, W. Koepf, S. Schreiber, & T. Wassong (Hrsg.). Mathematische Vor- und Brückenkurse: Konzepte, Probleme und Perspektiven (S. 231–242). Wiesbaden: Springer Spektrum.

9 Studieren im MINT-Kolleg Baden-Württemberg

Daniel Haase (Karlsruher Institut für Technologie)

Zusammenfassung

Das MINT-Kolleg Baden-Württemberg ist eine gemeinsame Einrichtung des Karlsruher Instituts für Technologie und der Universität Stuttgart mit dem Ziel, die Abbruchquoten in den MINT-Studiengängen (Mathematik, Informatik, Naturwissenschaften, Technik) durch propädeutische und studienbegleitende Kurs- und Onlineangebote zu reduzieren. Das Angebot des MINT-Kollegs besteht dabei aus einem Online-Assessmenttest, einem kombinierten Vorkurs über die MINT-Fächer sowie studienvorbereitenden und studienbegleitenden Präsenzkursen. Das MINT-Kolleg wird im Rahmen des Qualitätspakts Lehre vom Bundesministerium für Bildung und Forschung gefördert[1]. Im Rahmen des von der Landesregierung Baden-Württemberg eingerichteten Programms „Studienmodelle individueller Geschwindigkeit" erhalten die Studenten zudem bei nachgewiesener regelmäßiger Teilnahme an den Präsenzkursen eine Verlängerung der Prüfungsfristen in der Orientierungsphase des Bachelorstudiums. Mittlerweile wurde das Kursangebot um postpädeutische (also nach einer Vorlesung stattfindende) Kurse und antizyklische (im komplementären Semester stattfindende) Vorlesungen sowie um eine Einstiegsmöglichkeit im Sommersemester erweitert. Um den Studienanfängern eine sachliche Entscheidung für oder gegen eine Teilnahme an den Kursen des MINT-Kollegs zu ermöglichen, wurde ein Online-Assessmenttest über die Fächer Mathematik, Informatik, Physik und Chemie eingerichtet. Obwohl der Test eine gute Streuung aufweist und eine genaue Einordnung des Kenntnisstands der Teilnehmer ermöglicht, gibt es keine Korrelation zwischen

[1] Das MINT-Kolleg Baden-Württemberg wird im Rahmen des Qualitätspakts Lehre mit Mitteln des Bundesministeriums für Bildung und Forschung (BMBF) gefördert (Förderkennzeichen 01PL11018A): http://www.qualitaetspakt-lehre.de.

dem Testergebnis und der Entscheidung des Teilnehmers für oder gegen eine Teilnahme an den Kursen des MINT-Kollegs. Die Ursachen für diese Problematik, die daraus entstehenden Schwierigkeiten für die Konzeption der Kurse und die mittlerweile eingerichteten Lösungen werden im Beitrag erläutert, der Onlinetest sowie die angebotenen Vorkurse werden detailliert vorgestellt.

9.1 Programm des MINT-Kollegs

Die Angebote des MINT-Kollegs richten sich an Studienanfänger vor Beginn des regulären Studiums sowie an Erst- und Zweitsemester in den MINT-Fächern. Die verschiedenen Angebote sind aufeinander abgestimmt und können von den Studierenden beliebig kombiniert werden.

Tab. 9.1 Angebote des MINT-Kollegs

Programmpunkt	Zeitraum	Zielgruppe	Angebot
Online-Assessment	Ständig	Studieninteressierte, Schüler	Onlineservice
Vorkurse	September	Eingeschriebene Studienanfänger	Präsenzkurse plus Onlineinhalte
Propädeutikkurse vor und während dem Studium	Im Semester	Fachsemester 1/2	Präsenzkurse plus Onlineinhalte
Aufbaukurse	Vorlesungsfreie Zeit	Fachsemester 1/2	Präsenzkurse
Repetitorien	Im Semester	Fachsemester 2/3	Präsenzkurse

Details zu den verschiedenen Angeboten des MINT-Kollegs sowie eine Einführung in den Assessmenttest finden sich auf der Homepage des MINT-Kollegs[2]. Im Folgenden beschreiben wir jeden Programmpunkt kurz, das Online-Assessment und die Vorkurse sowie die Auswertung der erhobenen Daten werden ausführlich vorgestellt.

9.2 Online-Assessment

Das Online-Assessment besteht aus einer Reihe von Onlinetests, die abhängig vom angestrebten Studiengang ausgewählt und durchgeführt werden können. Die Tests selbst werden über die Lernplattform ILIAS bereitgestellt. Zu diesem Zweck hat das MINT-

[2] Homepage des MINT-Kollegs: http://www.mint-kolleg.de.

Kolleg einen ILIAS-Server[3] eingerichtet, der ohne Einschränkungen und für alle Interessenten zugänglich ist. Nach Abschluss eines Tests erhält der Teilnehmer ein automatisch erstelltes Zertifikat über den Test, das beispielsweise bei der Bewerbung für einen Platz in den MINT-Vorkursen oder den Propädeutika des MINT-Kollegs verwendet werden kann. Die eingerichteten Tests sind für die Standorte Karlsruhe und Stuttgart identisch.

Die Tests sind reine Wissens- und Fähigkeitstests, es gibt insbesondere keine Fragen zu Neigung, Arbeitsverhalten oder Bildungshintergrund des Teilnehmers. Jeder Test besteht aus einem Kernteil mathematischer Fragen (etwa zur Hälfte Wissens- und Rechenaufgaben) sowie einfachen Fragen aus den MINT-Fachbereichen, sowie einem vom Teilnehmer wählbaren Fachbereich mit schwierigeren Fragen. Dieser Fachbereich soll vom Teilnehmer nach Neigung und angestrebtem Studiengang gewählt werden, als Wahlmöglichkeiten stehen Mathe+Statistik, Mathe+Physik, Mathe+Chemie, Mathe+Informatik sowie ein vollständiger Test („Strebertest") mit sämtlichen Fragen aus den Fachbereichen zur Verfügung. Grundlage zur Erstellung der Fragen ist der Bildungsplan (2004) für bildende Gymnasien in Baden-Württemberg, die Fragen wurden zudem von Mitgliedern des Lehrerseminars Stuttgart gegengerechnet und didaktisch korrigiert.

Die Fragen des Tests gliedern sich in folgende Typen:

- Wissensfragen, die der Teilnehmer durch Ankreuzen oder durch Verschieben von Textboxen im ILIAS-Test beantworten kann.
- Rechenaufgaben mit Zahlenwerte, bei denen Parameter für die Aufgabe von ILIAS zufällig generiert werden. Das Ergebnis der Berechnung wird vom Teilnehmer dann eingetragen und mit einer gewissen Rundungs- und Fehlermarge mit der exakten Lösung verglichen.
- Rechenaufgaben mit (mathematischen oder chemischen) Formeln als Antwort, diese werden meist über Multiple- oder Singlechoice-Fragen formuliert. Der Teilnehmer kann aus mehreren Antwortalternativen wählen.
- Fragen zu Bildern und Diagrammen, bei denen der Teilnehmer zu gegebenen Bildern oder Diagrammen Formeln oder Werte zuordnen soll.

Zu jeder Frage gibt es eine vom Schwierigkeitsgrad abhängige Anzahl von Maximalpunkten. Die Auswertung des Tests geschieht auf mehreren Ebenen: Der Teilnehmer erhält ein Zertifikat mit Bewertungen „Sehr gut", „Gut", „Absolviert" oder „Teilgenommen" in Abhängigkeit von der Prozentzahl der erreichten Punkte. Bei nachfolgenden Beratungen oder bei der Zuordnung von Plätzen im MINT-Kolleg kann der Assistent aber auch die Prozentzahlen in den einzelnen Fragebereichen einsehen und die Defizite des Kandidaten lokalisieren. Der Teilnehmer erhält ebenfalls eine detaillierte Auswertung als PDF-Datei sowie die Musterlösung. Zur Bearbeitung der Tests werden folgende Rahmenbedingungen vorgegeben: Die empfohlene Testdauer ist 90 Minuten (120 für den vollständigen Test), die tatsächlich aufgewendete Zeit wird zwar erfasst, geht aber nicht in die Testbewertung ein. Die Teilnehmer werden explizit aufgefordert, während

[3] Siehe MINT-Onlinetest https://mintlx1.scc.kit.edu/ilias.

des Tests zusätzliche Hilfsmittel (Taschenrechner, Formelsammlung, Wikipedia etc.) zu verwenden, insbesondere darf man auch das Testfenster am Rechner während des Tests minimieren oder beliebig lange mit der Eingabe warten. Der Kandidat kann den Test mehrfach ausführen, dann zählt das beste erreichte Testergebnis. Bei jedem Durchlauf werden für die Rechenaufgaben neue Zahlenwerte generiert sowie die Auswahl und die Reihenfolge der Wissensfragen verändert. Die Teilnahme am Test ist rein freiwillig und hat keine Konsequenzen für das Fachstudium.

9.3 Auswertung der Tests

Das Online-Assessment des MINT-Kollegs wird sehr intensiv genutzt, im Jahr 2011 hatten bis zum ersten Vorlesungstag ca. 950 Studieninteressierte einen Test durchgerechnet. Die folgenden Zahlen beziehen sich auf Personen, nicht auf Tests (die von einer Person mehrfach durchgerechnet werden können). Sie beziehen sich auf beide Standorte des MINT-Kollegs gemeinsam, zudem wurden nur ernsthaft bearbeitete Tests (nicht abgebrochen, mindestens 15 Minuten Bearbeitung, mindestens 25 % der Fragen bearbeitet) in die Statistik aufgenommen (vgl. Tab. 9.2).
Die Gesamtauswertung über alle Teilnehmer ergab folgende Kenngrößen:

- Der Mittelwert der Punkte der Teilnehmer ist 70 % (Bewertung „gut").
- Die Streuung ist hoch (Standardabweichung 35 %) und erlaubt eine klare Unterscheidung der Leistungen, in den Verteilungen erkennt man klar Spitzengruppe, Mittelfeld und Schlussfeld.
- Insgesamt 320 (34 %) Teilnehmer haben kein „Gut" in der Bewertung erreicht, diese waren natürlichen Kandidaten für das Propädeutikprogramm des MINT-Kollegs.

Jedoch gibt es keine Korrelation zwischen der Teilnahme am Programm und dem Testergebnis. Diese Unkorreliertheit existiert in beide Richtungen, d. h. die meisten Assessmentteilnehmer mit schlechtem Ergebnis haben keine Propädeutik als Konsequenz in Erwägung gezogen und umgekehrt haben viele Teilnehmer mit sehr gutem Ergebnis versucht, am Programm teilzunehmen um sich weiter zu verbessern (wovon in der Beratung dann aber abgeraten wurde). Für den im Vergleich zu anderen Assessmenttests hohen Mittelwert der erreichten Punkte vermuten wir folgende Gründe:

- Die Teilnehmer konnten (nicht nur bei schlechtem Testergebnis) den Test erneut durchführen.
- Nachschlagen von Begriffen oder Formeln im Internet auch während des Testlaufs war ausdrücklich erwünscht.
- Die Tests bestehen nur zu 50 % aus Mathematikfragen, der Rest stammt aus den anderen Fachbereichen sowie dem vom Kandidaten gewählten Gebiet. Typischerweise haben die Kandidaten in diesem Bereich die meisten Punkte erarbeitet.

Tab. 9.2 Auswertung Online-Assessment des MINT-Kollegs im Jahr 2011.

Onlinetest	Teilnehmer	Bewertung „Sehr Gut“	Bewertung „Absolviert“
Mathe+Statistik	340 (36 %)	37 %	30 %
Mathe+Physik	255 (27 %)	42 %	33 %
Mathe+Chemie	140 (15 %)	44 %	42 %
Mathe+Informatik	184 (19 %)	37 %	43 %
Kompletter Test	100 (11 %)	23 %	46 %

In der Gesamtauswertung wurden Fragen zum Mathematikstoff der Sekundarstufe II (insbesondere Ableiten und Integrieren) sowie einfache Wissensfragen aus den Naturwissenschaften am häufigsten erfolgreich bearbeitet. Dagegen gab es die meisten Punktverluste bei Rechenaufgaben mit Ungleichungen und Betrag und dem Umsetzen von Kurvenfragen auf quadratische oder lineare Gleichungen.

9.4 Vorkurse am MINT-Kolleg

Zum Zeitpunkt der Gründung des MINT-Kollegs gab es bereits Vorkurse an den beiden Standorten:

- Am KIT gab es einwöchige Mathematikvorkurse sowie einige spezielle Vorkurse für bestimmte Studiengänge (beispielsweise einen auf die Vorlesung abgestimmten Online-Vorkurs Mathematik für Wirtschaftswissenschaftler).
- An der Universität Stuttgart gab es umfangreiche und bereits etablierte Mathematikvorkurse getrennt nach Studiengängen.

Das MINT-Kolleg bietet seit dem Wintersemester 2011 ein integriertes Vorkursprogramm über die MINT-Fachbereiche an, bestehend aus einem einheitlichen Mathematikvorkurs, Informatikkursen sowie Praktika in Physik und Chemie. Die Kurse finden jeweils im Monat September statt, die zeitliche Ausgestaltung und die Stoffauswahl unterscheiden sich an den Standorten Stuttgart und Karlsruhe. Wir stellen hier im Detail das Vorkursprogramm am KIT vor. Im September 2011 wurden folgende Kurse angeboten:

- Vorkurs Mathematik, drei Stunden pro Tag, 20 Tage
- Vorkurs Informatik, drei Stunden pro Tag, 15 Tage
- Praktikum Physik/Chemie, drei Stunden pro Tag, zehn Tage

Die Termine der Einzelkurse wurden so konzipiert, dass die Studenten jeweils einen Mathematikkurs mit einem Informatikkurs oder einem Praktikum kombinieren konnten. An diese Kurse schloss sich der ursprüngliche Vorkurs der Fakultät für Mathematik an (mit einer Woche Dauer und Integration mit den Einführungsaktivitäten der Fachschaften am KIT). Sämtliche Kurse wurden 2011 als Präsenzkurse angeboten, Onlinematerial sowie Musterlösungen wurden im Kurs bereitgestellt, waren aber zum Besuch des Kurses nicht zwingend erforderlich. 2011 ist der Probelauf für die Vorkurse des MINT-Kollegs gewesen, daher war die Platzanzahl gering und die etablierten Vorkurse der Fakultäten liefen parallel zu den Kursen des MINT-Kollegs. Für das Wintersemester 2012 wird die Anzahl der Kurse in den drei Vorkursbereichen (Mathematik, Informatik, Praktikum) jeweils verdoppelt. Für den Besuch der Kurse wurde eine einmalige Gebühr von 30 Euro erhoben, in denen ein Onlinezugang zum ILIAS sowie die Kurs-CD enthalten waren.

9.4.1 Vorkurs Mathematik

Als Grundlage des Vorkurses Mathematik diente der Multimedia-Vorkurs[4] des VEMA-Projekts. Da die Vorkurse am KIT auf 4 Wochen beschränkt sind, wurde nur eine Auswahl der Themen des Kurses behandelt. Der Vorkurs wurde als reiner Präsenzkurs durchgeführt mit der zusätzlichen Möglichkeit, die Kursinhalte auf CD oder als ILIAS-Lernmodul zu Hause nachzuarbeiten. Die hohe Anzahl an Bewerbern, die keinen Platz in den Präsenzkursen erhalten hatten, konnten über einen personalisierten Onlinezugang zum Karlsruher ILIAS-System die Kursinhalte bearbeiten. Der Präsenzkurs selbst war in zwei Gruppen zu 183 Plätzen eingeteilt. Jede Gruppe wurde dann nochmal in Kleingruppen zum Bearbeiten der Übungsaufgaben geteilt. Der Präsenzkurs umfasste am KIT insgesamt vier Wochen zu jeweils fünf Tagen. Für den Mathematikvorkurs wurden pro Tag drei Stunden eingeteilt:

- eine Stunde Vorstellung des Stoffs als Vorlesung im Hörsaal,
- eine Stunde Übung in Kleingruppen unter Anleitung durch Tutoren,
- eine Stunde Nachbesprechung und Ausblick wieder im Hörsaal.

1. Woche: Begrüßung und Eingangstest, Einführung in Gleichungen, Ungleichungen, Mengen, Potenzen, Wurzeln und Logarithmen.
2. Woche: Polynome, Geraden und Parabeln als Beispiele für Funktionen, Eigenschaften von Funktionen, Exponential- und Logarithmusfunktion, Trigonometrische Funktionen.
3. Woche: Randverhalten von Funktionen und Grenzwerte, Ableitung, Extrema und Wendepunkte, Kurvendiskussion, einfache Integration.
4. Woche: Integrationsmethoden, Tricks zum Integrieren, LGS, Vektoren, Geraden, Matrizenrechnung, Ausgangstest und Evaluation.

[4] Siehe http://www.mathematik.uni-kassel.de/~vorkurs.

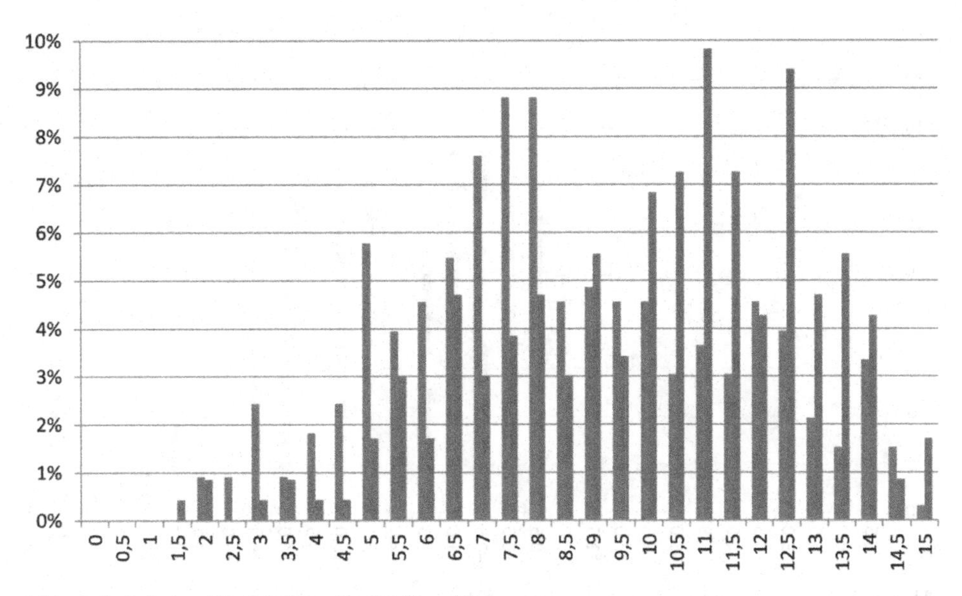

Abb. 9.1 Relative Häufigkeiten der Punktezahlen

In den Übungsgruppen wurden Aufgaben des VEMA-Projekts passend zur ersten Stunde sowie einige für das KIT spezifische Aufgaben unter Aufsicht einer studentischen Hilfskraft gerechnet. Im Vorkurs wurden ein Ein- sowie ein Ausgangstest jeweils schriftlich durchgeführt und korrigiert (vgl. Abb. 9.1).

Die statistischen Daten der Testauswertung sind:

- Eingangstest (linke Blaken): 329 Teilnehmer mit Mittelwert 8,40 (von 15 Punkten), Standardabweichung 2,96, Interquartilsabstand ist 4,00.
- Ausgangstest (rechte Balken): 234 Teilnehmer mit Mittelwert 10,10 (von 15), Standardabweichung 2,80, Interquartilsabstand ist 4,5.

In der Statistik ist eine Verbesserung des Punkteschnitts erkennbar, diese ist aber kein guter Indikator, da die beiden Tests unterschiedliche Teilnehmerzahlen und verschiedene Schwierigkeitsgrade hatten. Daher wurde zusätzlich eine gepaarte Stichprobe erstellt mit eindeutiger Zuordnung der Teilnehmer zu beiden Tests über eine Kennnummer. Teilnehmer, die nur den Ein- oder nur den Ausgangstest geschrieben hatten, wurden nicht in diese Statistik aufgenommen. Der Ausgangstest hatte ein höheres Niveau als der Eingangstest, da einige Rechentechniken gefragt wurden, die (da sie im Bildungsplan Baden-Württemberg nicht mehr vorkommen) im Eingangstest nicht gefragt werden konnten, beispielsweise die Substitutionsregel. Dadurch erklärt sich zum Teil, dass ein beachtlicher Anteil der Studierenden eine niedrigere Punktzahl erreicht hat als im Eingangstest (vgl. Abb. 9.2).

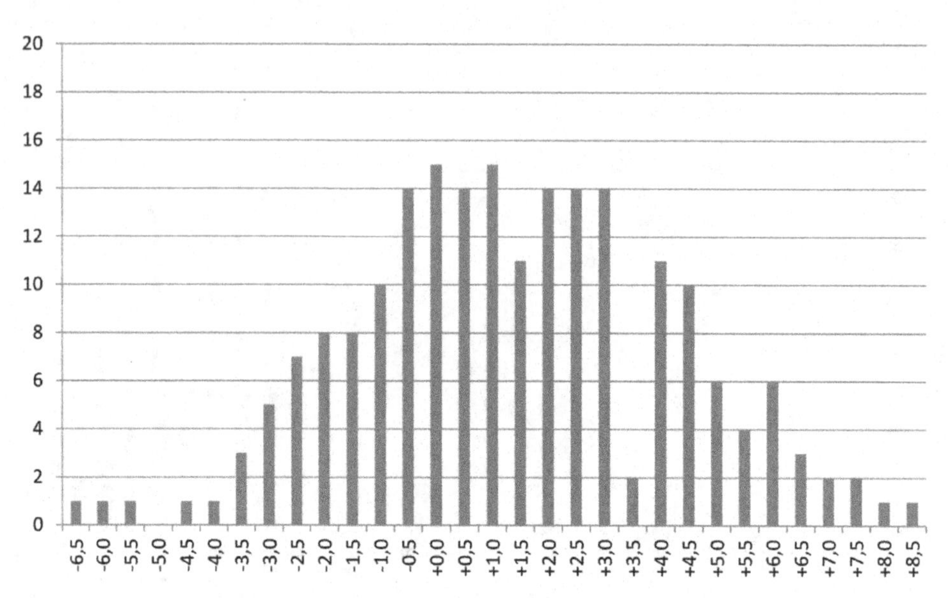

Abb. 9.2 Gepaarte Punktedifferenz Ausgangstest minus Eingangstest

Es gab insgesamt 205 Teilnehmer an beiden Tests, der Mittelwert der Verbesserung beträgt 1,35 Punkte, die Standardabweichung der Verbesserung beträgt 2,82 Punkte, der Interquartilsabstand dagegen 3,5 Punkte.

Beide Auswertungen sind unserer Meinung nach aber kaum repräsentativ, da die Fragen auf die Kursinhalte abgestimmt waren und die Teilnehmerzahl vom Eingangs- zum Ausgangstest stark gefallen ist. Eine wesentlich umfassendere Befragung mit Einbeziehung einer nicht am Vorkurs teilnehmenden Kontrollgruppe sowie Fragen zum Bildungshintergrund und zum familiären Umfeld wird im Wintersemester 2012 durch das HIS durchgeführt und ausgewertet.

9.4.2 Vorkurs Informatik

Im Gegensatz zum Vorkurs Mathematik wurden die Inhalte und Materialien des Vorkurses Informatik vom MINT-Kolleg vollständig neu konzipiert. Informatik ist im aktuellen Bildungsplan für Baden-Württemberg kein Pflichtfach, meist haben die Schulabgänger Informatik oder Programmieren nur in AGs oder durch nebenberufliche Tätigkeit kennen gelernt. Obwohl alle Studienanfänger über die alltäglich verwendeten Kommunikationsgeräte wie Heimcomputer oder Smartphones verfügen, beherrschen doch nur wenige den Umgang mit diesen Geräten über die bloße Kommunikation und das Starten von Anwendungen hinaus. Fast alle technischen und naturwissenschaftlichen Bachelor-Studiengänge am KIT beinhalten eine Informatik- oder Programmieren-Vorlesung im ersten Semester mit einer anschließenden Prüfung. Mit wenigen Ausnahmen wird dort Java als Programmiersprache vermittelt, die Übungsaufgaben bestehen in der Abgabe von selbst erstelltem Programmcode. Die meisten Studienanfänger beherrschen selbst einfache Vorgänge wie das Erstellen von Programmdateien oder das Versenden von Dateien nicht mehr, sobald ein anderes Betriebssystem als Windows oder eine professionelle Entwicklungsumgebung zum Einsatz kommt. Zudem ist der Schritt von der reinen Anwendung zum selbstständigen Programmieren und das dafür notwendige strukturierte und planende Denken den meisten Anfängern fremd und nicht schnell zu erlernen. Die meisten Vorlesungen am KIT behandeln diese Probleme naturgemäß nicht, sondern erklären nur die Syntax einer Programmiersprache während in den Übungsaufgaben fachspezifische Probleme mithilfe der Programmiersprache zu lösen sind. Um den Einstieg in diese Vorlesungen zu erleichtern, hat das MINT-Kolleg einen Vorkurs Informatik eingerichtet, der mit dem Vorkurs Mathematik kombinierbar war. Auch dieser Vorkurs wurde als reiner Präsenzkurs durchgeführt mit der zusätzlichen Möglichkeit, die Kursinhalte (PDF-Slides und Übungsblätter in einem ILIAS-Kursraum) zu Hause nachzuarbeiten. Der Präsenzkurs selbst war in zwei Gruppen zu 48 Plätzen eingeteilt. Die Bearbeitung der Aufgaben konnte (musste aber nicht) in Gruppen mit bis zu vier Personen durchgeführt werden. Der Kurs umfasste

- drei Wochen zu jeweils fünf Tagen
- Unterricht täglich drei Stunden, davon
- eine Stunde Vorstellung des Stoffs als Vorlesung im Hörsaal,
- zwei Stunden praktisches Üben im Rechenzentrum unter Aufsicht des Dozenten, in dieser Zeit konnten auch die Aufgaben bearbeitet werden.
- Ab der dritten Woche nur noch Üben im Rechenzentrum, neuer Stoff wurde ggf. dort eingeführt und kurz erklärt.
- Jeder Student hatte einen separaten Rechner zum Programmieren zur Verfügung, der auch außerhalb der Vorkurszeiten zugänglich war.

Folgende Themen wurden im Vorkurs Informatik behandelt:

1. Woche: Eingangstest, was ist Information, wie wird Information in einem Rechner gespeichert, Hardwaregrundlagen und Vorstellung verschiedener Betriebssysteme, Einführung in Linux/KDE, Arbeiten mit der Konsole anstatt mit Mausklicks.
2. Woche: Erstellung einfacher Programme mit einem Texteditor und dem JDK, Arbeiten mit einem ILIAS-Kursraum und elektronischem Kursmaterial, erste Programme mit einfacher Ein- und Ausgabe, numerische Lösung von Aufgaben aus dem Vorkurs Mathematik.
3. Woche: Echte Interaktion mit dem Benutzer, Abfragespiele, Einlesen und Verarbeiten von extern erzeugten Daten, Verarbeitung und Darstellung von Daten und Statistiken mit Java, objektorientierter Programmieransatz, Standardalgorithmen zum Suchen und Sortieren, Programmierung des Gaußverfahrens für LGS, Evaluation.

Zu jedem Unterrichtsblock erhielten die Studenten den Foliensatz als PDF sowie das Übungsblatt als PDF (nicht als Ausdruck). Die Aufgaben wurden während der Erstellung vom Dozenten kontrolliert und ggf. korrigiert, so dass zum Ende des Unterrichts jede Kleingruppe eine funktionierende Lösung erstellt hatte. Gerade in der ersten Woche war dabei intensive Betreuung und Hilfe zum Umgang mit der Linux-Konsole und einfachen Texteditoren notwendig, die den meisten Teilnehmern aufgrund ihres täglichen Umgangs mit rein touchpad-basierten Kommunikationsgeräten völlig fremd war. Viele Aufgaben waren auf die parallel im Vorkurs Mathematik gestellten Aufgaben abgestimmt, um das Verständnis auf beiden Seiten zu erhöhen. Besonders effektiv war diese Kombination beim Verständnis der Berechnung von Sinus/Kosinus über die Reihe, konkreter Flächenberechnung und beim Verständnis des Gaußverfahrens zur Lösung von LGS (nicht nur „auf gut Glück" sondern gezwungenermaßen systematisch im Programmcode). Im zu Beginn des Kurses durchgeführten Eingangstest ergab sich, dass von 96 Teilnehmern 40 % schon einmal etwas programmiert haben (Niveau und Sprache offengelassen), aber nur 20 % weitergehende Kenntnisse über Informatik besaßen. Insbesondere die bereits mit Informatik vertrauten Studenten waren auch die ersten, die sich kurz nach Zusendung des Zulassungsbescheids für ihren Studiengang beim MINT-Kolleg online für die Vorkurse angemeldet hatten und damit frühzeitig einen Kursplatz bekamen.

9.4.3 Praktikum Physik/Chemie

Im Gegensatz zu den Vorkursen Mathematik/Informatik gab es im Praktikum keine Vorlesung. Es bestand aus 15 Versuchen, die in Gruppen zu je zwei Teilnehmern in den Labors der Fakultäten durchgeführt wurden. Die Versuche wurden kurz eingeführt und nach ihrer Durchführung begutachtet. Zu jedem Versuch war ein Protokoll anzufertigen sowie ggf. eine systematische Messfehleranalyse durchzuführen. Dazu wurden Verfahren aus dem Vorkurs Mathematik eingesetzt, insbesondere bei den folgenden Versuchen:

- Messung der Fallbeschleunigung
- Untersuchung des Federpendels
- Anwendung des Oszilloskops
- Temperaturabhängige Widerstände
- Gitterspektrometrie

Da für jede Zweiergruppe ein Arbeitsplatz in einem Fachlabor notwendig war, konnte nur eine sehr begrenzte Anzahl an Plätzen eingerichtet werden. Das Praktikum hatte die folgende Zeiteinteilung:

- Zwei Wochen zu fünf Tagen
- Pro Tag drei Stunden mit ein bis zwei Versuchen

9.4.4 Evaluation der Vorkurse

Am Standort Karlsruhe wurden die Kurse wie folgt besucht:

	Plätze	Nachfrage
Vorkurs Mathematik	368	715
Vorkurs Informatik	96	284
Praktikum Physik/Chemie	38	212

Am Standort Stuttgart ergaben sich dagegen folgende Teilnehmerzahlen:

	Plätze
Vorkurs Mathematik	580
Vorkurs Informatik	63
Vorkurs Physik	185
Vorkurs Chemie	154

Aufgrund der unproblematischen Raumsituation sowie der Integration mit den bestehenden Vorkursen in Mathematik konnten in Stuttgart sämtliche Bewerber mit einem Vorkursplatz versorgt werden. Die Vorkurse am Standort Stuttgart hatten zum Teil andere Inhalte sowie einen anderen Zeitplan als die Karlsruher Variante.

Trotz der hohen Arbeitslast von drei + drei Stunden täglich (bei Kombination zweier Kurse) gab es in der Evaluation keine Beschwerden, das integrierte Angebot wurde von allen Teilnehmern als gut abgestimmt und vom Arbeitsaufwand her gerade richtig eingestuft.

Negative Bemerkungen seitens der Studenten gab es in der Evaluation kaum, außer dass das Rechnen mit Gleichungen und das Umformen von den Teilnehmern des Vorkurses Mathematik am Beginn als überflüssig und zu einfach empfunden wurde. Dem widerspricht aber die nach wie vor hohe Fehlerrate beim Umformen in den Prüfungen im Studium, worauf die Studenten auch hingewiesen wurden. Die folgenden Aspekte (nur Standort Karlsruhe) entwickelten sich dagegen nicht so, wie ursprünglich geplant:

- Die in den Vorkursen angebotenen Foren im ILIAS-Kursraum wurden kaum und nur von einer kleinen Minderheit verwendet. Eine echte Kommunikation zur Lösung von Aufgaben fand dort nicht statt. Die Foren waren zwar durch den Dozenten moderiert, jedoch hat kaum jemand Fragen gestellt, bevorzugter Ansprechpartner war der Tutor in der Kleingruppe.
- Trotz entsprechender Hinweise bei der Anmeldung besaßen etwa 40 % der Teilnehmer des Vorkurses Informatik schon Kenntnisse in der Programmierung. Um auch diesen Teilnehmern etwas bieten zu können, wurden auf jedem Übungsblatt Spezialaufgaben mit harten Problemen eingefügt.

- Im Vorkurs Mathematik gab es über den ganzen Monat einen Schwund von ca. 30 % der Teilnehmer, dagegen war der Schwund im Vorkurs Informatik und in den Praktika minimal mit nur wenigen Einzelfällen, was wir auf die intensive Einbindung in Kleingruppen mit zwei bis vier Teilnehmern pro Gruppe zurückführen.
- Wie schon beim Online-Assessmenttest gab es keine Korrelation zwischen dem Ergebnis des Ausgangstests und der Teilnahme an den Propädeutikmaßnahmen des MINT-Kollegs nach den Vorkursen.

9.5 Propädeutikkurse

Als gänzlich neues Instrument zur Behebung von Defiziten bei Studienanfängern hat das MINT-Kolleg an beiden Standorten zusätzlich zu den Vorkursen Propädeutikkurse in den Fächern Mathematik, Informatik, Physik und Chemie angeboten. Diese Kurse wurden ebenfalls als reine Präsenzkurse angeboten und durch Onlinemodule unterstützt[5]. Die Teilnehmer können die Kurse zusätzlich zu den Veranstaltungen des Fachstudiums besuchen. Durch Weglassen einiger Veranstaltungen kommt es nicht zu einer Arbeitsüberlastung, diese müssen jedoch später nachgeholt werden. Bei Belegung von 10 SWS oder mehr im MINT-Kolleg können die Teilnehmer im Rahmen des Programms „Studienmodelle individueller Geschwindigkeit“[6] die Frist ihrer Orientierungsprüfung um ein oder zwei Semester verschieben und so die entfallenen Fachveranstaltungen nachholen. Das MINT-Kolleg bietet im WS 2011/2012 folgende Propädeutikkurse an:

- Mathematik 6 SWS
- Informatik 4 SWS
- Physik 4 SWS
- Chemie 4 SWS

Diese Kurse finden über einen Zeitraum von zwei Semestern statt und bilden eine Brücke zwischen dem Schulstoff und dem systematischen und exakten Arbeiten an der Hochschule. Die Kurse werden im Kurssystem mit kleiner Teilnehmerzahl (höchstens 20) angeboten und in persönlicher und dialogbasierter Atmosphäre gehalten, so dass Defizite bei den einzelnen Teilnehmern gezielt behoben werden können. Jeder Kurs besteht aus 14 Teilmodulen, die auch als Onlinemodule auf dem zentralen ILIAS-Server des KIT zur Verfügung stehen. Dort können auch nicht am Propädeutikprogramm teil-

[5] Ein öffentlich einsehbares Preview einiger Onlinemodule gibt es unter http://mintlx1.scc.kit.edu/auswahl.

[6] Das MINT-Kolleg Baden-Württemberg wird zudem im Rahmen des Programms „Studienmodelle individueller Geschwindigkeit“ vom Ministerium für Wissenschaft, Forschung und Kunst Baden-Württemberg (MWK) gefördert: http://mwk.baden-wuerttemberg.de/studium-und-lehre/studienmodelle-individueller-geschwindigkeit.

nehmende Studierende des KIT bei punktuellen Wissenslücken aus der Schule den Stoff lesen und nacharbeiten. Die Inhalte der MINT-Propädeutikkurse sind für alle Studiengänge identisch, genauere Informationen zu den 14 x 4 = 56 Modulen finden sich auf der Homepage[7] des MINT-Kollegs.

Im ersten Probelauf ist das Propädeutikprogramm des MINT-Kollegs nur spärlich angenommen worden. Die absichtliche Verlängerung des Studiums um ein Jahr wirkt zu abschreckend, zudem besteht kein wirkliches Bewusstsein für das Problem der hohen Durchfallquoten in den MINT-Studiengängen, bevor nicht die erste Prüfung geschrieben wurde. Zudem empfinden die meisten Studenten das integrierte Vorkursprogramm schon als hinreichend, auch wenn sie im Ausgangstest keine gute Bewertung bekommen haben. Von den ca. 50 Teilnehmern im Propädeutikprogramm im WS2011 planen zudem nur wenige einzelne Studenten eine tatsächliche Verlängerung des Studiums. Die restlichen Teilnehmer hören die MINT-Kurse parallel zu allen Veranstaltungen und erhöhen dadurch (freilich im Gegensatz zur ursprünglichen Idee der Studienmodelle individueller Geschwindigkeit) ihre Arbeitslast in den ersten Semestern. Um diesen Trend aufzufangen, wurden eine Reihe weiterer Angebote vom MINT-Kolleg ins Leben gerufen.

9.6 Aufbaukurse und Repetitorien

Aufbaukurse finden nicht im Semester, sondern in der vorlesungsfreien Zeit und typischerweise zeitnah zu einer Prüfung statt. Im Aufbaukurs wird der Inhalt einer Vorlesung in kleinen Gruppen wiederholt und durch Aufgaben eingeübt, die im Unterricht selbst gerechnet und vom Dozenten während der Rechnung überwacht werden. Dabei werden die Inhalte aus den ursprünglichen Propädeutikmodulen (insbesondere die Umformungstechniken und das exakte Aufschreiben von Mathematik) anhand des Stoffs der konkreten Fachvorlesung eingeübt. Die Aufbaukurse entsprechen vom zeitlichen Umfang her der Vorlesung (typischerweise 8 SWS pro Woche über sechs Wochen), beinhalten aber neben der Präsentation des Stoffs auch das Rechnen der Aufgaben vor Ort. Im ersten Probelauf 2012 wurden Aufbaukurse zu den vier Fachrichtungen des MINT-Kollegs (Mathematik, Informatik, Physik, Chemie) zu ausgewählten Vorlesungen des ersten Semesters angeboten. In der Evaluation zeigte sich, dass die Studenten dieses Angebot sehr sinnvoll finden und im nächsten Semester wieder besuchen werden.

Im Gegensatz zu den Aufbaukursen wiederholen die Repetitorien eine Vorlesung des Fachstudiums ein Semester später in der Vorlesungszeit. Wie bei den Aufbaukursen wird dabei nicht nur Stoff wiederholt, sondern es werden auch die Techniken aus den Propädeutikmodulen anhand der Vorlesungsinhalte eingeübt. Die Repetitorien haben typischerweise 6 SWS und laufen das ganze Semester. Wie die Propädeutikkurse berechtigen

[7] Homepage des MINT-Kollegs: http://www.mint-kolleg.de.

auch über die Aufbaukurse und Repetitorien erworbenen SWS zu einer Verlängerung der Prüfungsfristen. Der erste Durchlauf begann im März 2012, daher liegen noch keine detaillierten Statistiken vor. Jedoch sind die Aufbaukurse und Repetitorien gut besucht. Viele Studierende geben an, dass sie in der Rückschau das Propädeutikum wählen würden, aber zu Studienbeginn nicht richtig informiert waren oder den Anspruch des Studiums unterschätzt haben.

9.7 Zusammenfassung und Ausblick

Die Angebote des MINT-Kollegs werden größtenteils wie erwartet angenommen: Der Onlinetest sowie die Vorkurse werden intensiv genutzt, nur das Propädeutikangebot hat noch zu geringe Teilnehmerzahlen. Aufgrund der Reaktionen der Studenten nach den ersten Prüfungen und den Rückmeldungen aus den Aufbaukursen liegt dies aber eher an einer fehlenden (oder zu wenig intensiven) Beratung der Studierenden bei der Entscheidung für oder gegen eine Teilnahme. Dagegen haben sich Aufbaukurse und Repetitorien bereits im ersten Durchlauf zu einem stark nachgefragten Programmpunkt entwickelt, der von den Studierenden sehr begrüßt wird. Aufgrund der Teilnehmerzahlen und der Evaluation bilden die vom MINT-Kolleg angebotenen integrierten Vorkurse den wichtigsten Baustein im Angebot. Um der hohen Nachfrage gerecht zu werden, ist eine Verdoppelung der Kapazitäten der drei Kurse am KIT zum Wintersemester 2012 vorgesehen. Der Online-Assessmenttest wird wie im letzten Jahr geschaltet, jedoch wird die anschließende (bisher nur auf Handeln des Studenten stattfindende) Beratung modifiziert mit dem Ziel, mehr Studierende in die Propädeutikkurse zu bringen, da diese unserer Meinung nach den nachgelagerten Angeboten vorzuziehen sind. Ein zentraler Ansatz des MINT-Kollegs, das rein präsenzbasierte Kurssystem mit Onlineinhalten nur zur Unterstützung, wird von den Studenten einhellig begrüßt. Viele geben an, erst im kleinen Kurs mit einem ansprechbaren Dozenten das Handwerk und die vielen Rechentechniken in den einzelnen Fächern wirklich verstanden zu haben und das die Motivation im kleinen Kurs erheblich höher ist als in der Vorlesung. Bei den Vorkursen sowie den Aufbaukursen kommt hinzu, dass die Studenten einen Monat lang nur diese Kurse besuchen und nicht mehrere Veranstaltungen gleichzeitig haben, was die Konzentration und die Fokussierung auf das Thema enorm anhebt.

9.8 Literaturverzeichnis

Bildungsplan für das Gymnasium der Normalform (Stand 04/2004), Amtsblatt des Ministeriums für Kultur, Jugend und Sport von Baden-Württemberg.

10 Die Konzeption des Heidelberger Vorkurses und Erfahrungen mit der Online-Version „MATHEMATISCHER VORKURS zum Studium der Physik"

Klaus Hefft (Institut für Theoretische Physik, Ruprecht-Karls-Universität Heidelberg)

Zusammenfassung

Die lange Entstehungsgeschichte, die detaillierte Struktur und die weite Verbreitung des ONLINE-Kurses „MATHEMATISCHER VORKURS zum Studium der Physik" werden beschrieben, den das Institut für Theoretische Physik der Ruprecht-Karls-Universität Heidelberg inzwischen weltweit in deutscher, englischer und spanischer Sprache unter der Adresse „www.thphys.uni-heidelberg.de/~hefft/vk1" kostenlos auf dem Netz anbietet. Für die Heidelberger Physiker ist das seit über einem halben Jahrhundert beklagte Mathematik-Problem der Physikstudienanfänger/innen durch das optimale Lernen gelöst, das der ONLINE-Kurs zusammen mit dem Präsenzkurs und den PDF-Ausdrucken seit nunmehr neun Jahren ermöglicht. Aus vielen Tausenden von Downloads aus über 156 Städten des deutschen Sprachraums und aus 84 über den ganzen Erdball verstreuten Ländern und vielen E-Mails von Benutzern kann geschlossen werden, dass der ONLINE-Kurs weltweit gegen den beklagten Notstand hilft und zur Studienzeitverkürzung und Senkung der Abbrecherquoten beiträgt. Der Deutsche Akademische Austauschdienst wünscht dazu eine russische Version des Kurses, verfügt aber nicht über Mittel für Übersetzungen.

10.1 Der Notstand

Die Eigenart der Konzeption des Mathematischen Vorkurses der Heidelberger Physiker mit seiner ONLINE-Version „MATHEMATISCHER VORKURS zum Studium der Physik" kann nur richtig verstanden werden, wenn man einen kurzen Blick auf seine lange *Entstehungsgeschichte* wirft: Jahrzehntelang gerieten die Abiturientinnen und Abiturienten, die sich für ein naturwissenschaftliches Studium, insbesondere das der Physik, entschieden hatten, am Studiumsbeginn in eine tiefe *Krise*. Die in der Schule oft so glänzend absolvierte Mathematik hatte mit dem, was schon in den ersten Stunden z. B. der Physik-Vorlesung gebraucht wird, nur wenig zu tun und die vorgeschriebenen Mathematik-Vorlesungen lieferten das Benötigte zunächst nicht. Manche erlitten einen regelrechten *„Mathe-Schock"*.

In *Heidelberg*, wo die Physik-Studienanfänger/innen bis heute grundsätzlich mit den Vorlesungen der „reinen" Mathematiker konfrontiert werden, waren die jungen Leute in den 1950er Jahren, von humanistisch eingestellten Schulen mit kriegsbedingtem Lehrermangel in zu kleine Hörsäle kommend, oft noch zusätzlich jungen ehrgeizigen Mathematik-Dozenten ohne große Erfahrung in der Lehre ausgesetzt, während es noch keine Lehrbücher zu kaufen gab und die Bibliothek des Mathematischen Instituts nur für ältere Studierende zugänglich war. So war die Abbrecherquote z. B. bei einer Gruppe von Physikanfänger/innen auf 70 % derart angestiegen, dass dieses Thema im Psychologischen Institut sogar in einer Motivstudie als Dissertation (Lehmann 1963) untersucht wurde. In dieser Situation habe ich, damals Physikanfänger, mir vorgenommen, „wenn ich da durchkomme", etwas Wirkungsvolles zur Milderung des „Mathe-Schocks" zu tun – ja, ihn wenn irgend möglich völlig zu überwinden. 1956 entstand bei mir erstmals der Gedanke an einen (notfalls privaten) „Mathematischen *Ferienkurs* für Physikstudierende" in der langen ungenützten Zeit zwischen Abitur und Semesteranfang, und die eigenen leidvollen Erfahrungen führten zu ausführlichen Notizen über die wünschenswerte Struktur und Stoffauswahl dazu.

Nach diesen Erfahrungen, über die man in meiner Danksagung beim Vorwort des ONLINE-Kurses Näheres erfahren kann, ergaben sich mit dem Besuch der folgenden Vorlesungen, Übungen und Praktika bei genauerer Untersuchung augenscheinlich *drei* Gründe für die Schwierigkeiten der Physikanfänger/innen:

1. große Defizite in den überalterten Mathematik-*Curricula* der Gymnasien, die (eventuell aus falsch verstandener Rücksicht auf die Schüler) der rasanten Entwicklung der Naturwissenschaften und dem Fortschritt der Technik hinterherhinkten und noch immer hinken, z. B. bei der Scheu vor dem alle Drehbewegungen beherrschenden Vektorprodukt und vor den komplexen Zahlen, die für alle periodischen Bewegungen und die den nichtrelativistischen Mikrokosmos beherrschende Schrödinger-Gleichung von entscheidender Wichtigkeit sind,
2. große Defizite und auch zu wenig Zeit bei der umfassenden Erklärung und vor allem aber beim intensiven Training fantasievoller Anwendungen wenigstens der behandelten mathematischen Techniken durch schlecht ausgebildete und zu wenig motivierte gymnasiale Lehrkräfte (trotz der erfreulich häufigen Angebote von Mathematik-Arbeitsgemeinschaften), z. B. beim Differenzieren und insbesondere beim Integrieren, und
3. die ungenügende Thematisierung und pädagogische Berücksichtigung des *Wesensunterschieds* im Zugang zur Mathematik zwischen der auf empirischen Evidenzen und Erfahrungen basierenden und auf Anwendung ausgerichteten Schul-Mathematik und

der axiomatisch-deduktiv aufgebauten Hochschul-Mathematik bei der Gestaltung der mathematischen Vorlesungen für das erste Semester. (Unter diesem letzten Grund, der relativ leicht *ohne* Vorkurse von den einzelnen Mathematikdozenten durch geeignete Gestaltung und ein angepasstes spezielles Vorlesungsangebot für das erste Semester behoben werden könnte, litten und leiden auch die *Mathematik*anfänger/innen.)

Während diese Erkenntnisse reiften, sammelten sich auf meinen Notizblättern weitere *Ideen* und *Prinzipien* zur Gestaltung der erhofften „Ferien- oder Vorkurse", aber auch ganz spezielle Gedanken für einzelne Übungsaufgaben:

I. In diesem *frühen* Stadium sollten nur *die* mathematischen Begriffe eingeführt werden, die zum Verständnis und Arbeiten unbedingt *notwendig* sind. (Die vor allem für die künftigen Theoretiker wichtige volle Breite, Strenge und Schönheit der höheren Mathematik kommt dann später in den höheren mathematischen Vorlesungen noch rechtzeitig.)
II. Alle wichtigen mathematischen Begriffe sollten durch *physikalische* Argumente und Begründungen eingeführt werden, damit klar wird, *warum* wir uns damit beschäftigen *müssen* und warum sie dann *so* definiert werden.
III. Möglichst viele der mathematischen Übungsaufgaben sollten ganz oder teilweise aus physikalischen Übungen oder Überlegungen stammen oder später in irgendeinem physikalischen Zusammenhang verwendbar und nützlich sein.

Auch während meiner experimentellen Großpraktikums- und Diplomarbeit und anschließend bei meiner theoretisch-physikalischen Dissertation und bei der Teilnahme an mathematischen und physikalischen Übungen (bei den letzteren später dann auch als Korrektor, Tutor und Veranstalter) kamen weitere Vorkurs-Wünsche und Vorschläge zu diesen Notizen hinzu.

Trotz vielfältig verbesserter Umstände wurde der Mathematik-Notstand am Anfang des Physik-Studiums auch in den folgenden Jahrzehnten immer noch als sehr schwierig empfunden. Denn die tiefere Ursache liegt in dem *grundsätzlichen* Strukturproblem, dass die für die Physiker, insbesondere für die zukünftigen Theoretiker, zurecht vorgeschriebenen Vorlesungen der „reinen" Hochschul-Mathematik axiomatisch mit den Grundlagen beginnen und die für die Physik dringend schon zu den ersten Vorlesungen und Übungen „zum Ausrechnen" benötigten mathematischen Werkzeuge meist erst sehr viel später behandeln, z. B. die für die physikalische „Arbeit" benötigten Integrale meist erst am Ende des zweiten Semesters.

Solange die Curricula der Schulen den Bedürfnissen der Naturwissenschaften immer noch nicht angenähert sind, müssen die jungen Physiker da abgeholt werden, wo die Schulen sie entlassen. In den 1970er Jahren wurden jedoch unsere Bemühungen in Richtung Ferienkurs jahrelang durch die Bedenken und Verbote unserer Universitätsverwaltung zum Scheitern verurteilt, da die Kursteilnehmer *vor* dem offiziellen Beginn des Semesters nicht *versichert* waren. In Heidelberg wurden damals z. B. mehrere Semester lang die Studierenden in dem auch von der Physik benützten Hörsaal der Botaniker nur durch ein hörsaalgroßes Nylonnetz vor herabstürzenden Deckenverkleidungsplatten geschützt.

Erst 28 Jahre nach meiner ersten Idee, zum Wintersemester 1983/84 konnte deshalb die Fakultät für Physik und Astronomie der Universität Heidelberg beschließen, die interessierten Abiturient/inn/en schon zwei Wochen *vor* Semesterbeginn zu einem ganztägigen Mathematischen *Vorkurs* einzuladen.

10.2 Der Heidelberger Vorkurs

Der *Stoffumfang* unseres Kurses wurde in engem Kontakt mit unseren experimentalphysikalischen Kollegen einerseits und im Einverständnis mit den Heidelberger Mathematikern andererseits festgelegt und ganz bewusst *sehr eng* begrenzt auf genau das, was in den ersten Physik-Vorlesungen gebraucht wird – allein schon damit der Stoff in zwei Wochen gut bewältigt werden kann. Beim Lehrtext handelte es sich praktisch um die ersten Abschnitte bzw. Kapitel der dreisemestrigen Vorlesung „Mathematische Hilfsmittel des Physikers I–III", mit denen ich zwischen 1980 und 1984 die Physik-Kursusvorlesungen begleitet hatte. Die bereits 1956 konzipierte und 1980 verwendete Reihenfolge der Kapitel hat sich im Laufe der Erprobung durch die vielen Heidelberger Vorkurs-Dozenten bewährt und durchgesetzt: 1. Messen, 2. Zeichen und Zahlen, 3. Folgen und Reihen, 4. Funktionen, 5. Differentiation, 6. Taylor-Entwicklung, 7. Integration, 8. Komplexe Zahlen und 9. Vektoren. Nur *ein* Kollege hat einmal versuchsweise das Vektor-Kapitel vorgezogen. Vor allem bei den Übungsaufgaben konnte ich aus dem angesammelten Schatz aus den inzwischen gemachten Erfahrungen aus höheren Mathematikvorlesungen, physikalischen Kursusvorlesungen und eigenen Übungen zur Physik schöpfen. Neben Ideen aus meinen alten Notizen flossen auch Anregungen von anderen Dozenten aus unserem Institut in die detaillierte Stoffauswahl und in die Argumentationen bei den Übungsaufgaben ein. So wurde z. B. der Abschnitt 6.6 über „die genauen Regeln für das ungenaue Rechnen" auf Vorschlag eines unserer Ordinarien in das Kapitel über die Taylor-Entwicklung eingefügt. Nach etwa acht bis zehn Durchgängen war die Phase des Ausprobierens einzelner Ideen (z. B. des Levi-Civita-Symbols) beendet und die Bearbeitung der Stoffauswahl verbindlich *festgelegt*, sodass ich bald mein Manuskript in ein 82-seitiges WORD-Skriptum mit dem Titel „Mathematischer Vorkurs für PhysikerInnen" ausarbeiten konnte und die nachfolgenden Vorlesungen sich auf diese gemeinsame Grundlage verlassen und darauf aufbauen konnten.

Entsprechend meinen „Prinzipien" von 1956 werden z. B. überhaupt *nur* zehn Folgen beispielhaft studiert, nur die Treppenfunktion neu eingeführt, *keine* Distributionen und bei den komplexen Zahlen nicht einmal die Differentiation behandelt. Die Vektoren werden nur in drei Raumdimensionen, dort aber in moderner Weise mit dem Levi-Civita-Symbol studiert, das die bekannten Minuszeichen im Vektorprodukt und bei der

Berechnung der Determinanten zusammenführt und an das viel später bei der Vorlesung über die Allgemeine Relativitätstheorie noch angeknüpft werden kann. Auch von Matrizen und Determinanten wird nur eine Übersicht über deren Eigenschaften zusammengestellt. Sogar Differentialgleichungen und Mehrfachintegrale werden nur in Einzelbeispielen vorgestellt. In die Fehlerrechnung wird in Heidelberg von den Experimentalphysikern in den ersten Stunden des Praktikums eingeführt. Auch auf Statistik oder Wahrscheinlichkeitstheorie wurde ganz verzichtet, da all diese Weiterführungen rechtzeitig zu den entsprechenden Kursvorlesungen in der begleitenden Vorlesung „Mathematische Methoden der Physik I–III“ bereitgestellt werden, die ich in der Folgezeit fünf Mal gelesen habe.

Der *Unterricht* erfolgt in der Regel von neun bis 13 und nach gemeinsamer Mittagspause in der nahen Mensa von 14 bis 17 oder 18 Uhr durch einen Dozenten des Instituts für Theoretische Physik in ein oder höchstens zwei großen Gruppen mit jeweils hundert bis zweihundert Teilnehmern in größeren *Hörsälen*, in denen nach Möglichkeit jede *dritte* Sitzreihe freigehalten werden kann. So können der Dozent und seine (meist zwei) studentischen Hilfskräfte in den Übungsphasen auf Handzeichen hin, ohne die anderen zu stören, jeden einzelnen erreichen und durch Hilfen unterstützen. Je nach dem Stil des Dozenten werden meist etwa zwei Drittel der Zeit für die immer wieder möglichst frei und unangekündigt eingefügten langen *Übungsphasen* verwendet zum Erlernen und Einüben der Techniken mit einschlägigen Aufgaben in möglichst immer neuem Gewand nach dem Grundsatz „vom *Kennen* zum *Können*“. Durch diese Struktur kann von vornherein der Gedanke, die Übungsphasen zu meiden, gar nicht erst aufkommen. Es wird grundsätzlich nicht kontrolliert, sodass häufig auch Chemie-Anfänger/innen oder interessierte Biologen und sogar Mathematiker daran teilnehmen, obwohl inzwischen nach unserem Vorbild ein spezieller Vorkurs für Mathematikanfänger von der mathematischen Fachschaft angeboten wird. Auch z. B. vier Studienanfänger aus Ulm, die in einem VW-Bus angefahren kamen, haben sich mir einmal „geoffenbart“. Auch kann ich mich noch sehr gut an Trost-Gespräche nach dem Kurs auf einer Bank am Neckar erinnern, die bis in die Abenddämmerung dauerten, weil es in einem Fall um Mutmachen ging, in einem anderen um die Klärung, dass es auch noch andere interessante Gebiete gibt außerhalb der Physik.

Für den ersten Kurs im WS 1983/84 konnten wir als *Dozenten* einen bei den Studierenden besonders beliebten Professor unseres Instituts gewinnen, den zweiten Kurs vor dem SS 84 habe ich selbst gehalten und dazu ein detailliertes Manuskript angefertigt, das ich mit nur geringfügigen Verbesserungen auch bei meinen späteren drei Kursen 1985, 1990 und 2000 und neben mir auch viele andere Dozenten benützt haben. Da man in Heidelberg bis zum Jahr 2007 auch in jedem Sommersemester mit dem Physikstudium beginnen konnte, haben wir im WS 2010/11 das Jubiläum des „50. Mathematik-Vorkurses der Heidelberger Physiker“ gefeiert. Im Laufe der Jahre wurde erreicht, dass wenigstens *alle Professoren*, die theoretische Kursvorlesungen halten, mindestens einmal den Vorkurs betreut haben, sodass deren Anregungen berücksichtigt werden konnten, und die Dozenten wissen, was auf sie zukommt. Als besonders beliebt erwies sich diese Lehraufgabe *vor* dem eigentlichen Semesterbeginn, obwohl sie zwei Wochen lang harten ganztägigen Einsatz erforderte, bei denjenigen Professoren, die gerade als Institutsdirektoren, Dekane oder Prorektoren *während* des Semesters besonders beansprucht waren. In jüngster Zeit haben auch Professoren der Experimentalphysik oder der Astronomie Vorkurse übernommen. Zurzeit hält mein Nachfolger Dr. Eduard Thommes zusammen mit einem Experimentalphysiker zwei Kurse gleichzeitig parallel wegen der großen Zahl von ca. 500 Anmeldungen, von denen allerdings nur ca. 350 akzeptiert wurden. In den letzten Semestern wurde unser Mathematischer Vorkurs häufig bei gleichbleibender Stundenzahl auf drei Wochen gedehnt und durch dazwischen geschaltete, zusätzliche von einem Experimentalphysiker gehaltene „Basiskurse" aufgelockert. Diese Kurse behandeln Themen wie allgemeine Studieninformationen, Lernmethoden, Vorlesungsmitschrift, Nachbereitung, Referate, Gruppenarbeit, Zeitmanagement, Prüfungsvorbereitung und die Nutzung der Möglichkeiten der Universitätsbibliothek.

Durch den Ausgleich der Unterschiede in der schulischen Vorbildung durch den Mathematischen Vorkurs wird so ein gemeinsames verlässliches Standard-Fundament gelegt, sodass die Mathematik-Probleme für die Heidelberger Studienanfänger/innen durch diese ca. 80 Stunden harter Arbeit, wenn auch mit Stress verbunden, seit 1984 als weitgehend entschärft betrachtet werden können. Die Notwendigkeit und der Nutzen von mathematischen Vorkursen für die deutschsprachigen Physik- und Ingenieur-Studienanfänger/innen sind inzwischen allgemein akzeptiert. Auch an vielen physikalischen Fakultäten anderer Universitäten gibt es inzwischen derartige Brückenkurse, oft allerdings von Mathematikern organisiert.

10.3 Der ONLINE-Kurs

Erst durch meine ONLINE-Fassung des Vorkurses, die das Institut für Theoretische Physik seit dem 17.04.2001 unter der Adresse www.thphys.uni-heidelberg.de/~hefft/vk1 auf dem Internet anbietet, wurde es jedoch möglich, dass sich künftige Studierende nach individuellem Zeitplan zwischen Schulabschluss und Studienbeginn weltweit *stressfrei* kostenlos auf die mathematischen Anforderungen ihres Studiums effektiv vorbereiten können. Thomas Fuhrmann, der damals als Doktorand des Instituts gerade Vorkurs-Tutor war, hat die Idee zu dieser ONLINE-Fassung angestoßen und für drei herausragende, wichtige Stellen JAVA-Applets und ein einfaches JAVA-Funktionenschaufenster beigesteuert, lange bevor es „graph.tk" oder „wolframalpha.com" gab und als „Mathematica" vielen noch nicht zugänglich war.

Es handelt sich bei dieser ONLINE-Fassung um einen (einschließlich Stichwortverzeichnis) voll verlinkten Kurs in W3C HTML 1.0, der auf allen Browsern mit DOM, wie etwa Microsoft, Mozilla, Netscape oder Opera läuft und seit 01.12.2001 aus einem *ZIP-Archiv* als Ganzes *kostenlos* heruntergeladen werden kann, während wir noch für das Skriptum 10 DM und für eine CD-ROM 2 DM verlangen mussten. Der Kurs ist zweischichtig aufgebaut mit vielen Einschüben und einigen größeren „Schubladen", die bei einem schnellen ersten Durchgang eventuell übergangen werden können. Die ONLINE-Fassung entstand nach meinem seit Jahren bewährten Skriptum und nun konsequent nach meinen Prinzipien von 1956 in dauerndem Kontakt, reger Diskussion und unter Mithilfe von ganz jungen begeisterten Studierenden, die den Präsenzkurs gerade erlebten oder vor kurzem absolviert hatten. So wurde z. B. das Grundkonzept der Navigation von Hendrik Ballhausen entwickelt. Der Kurs enthält 144 eigens gezeichnete bunte GIF-Abbildungen, von denen 28 in einer bisher nicht bekannten Art zu einprägsamen GIF-Animationen ausgeweitet worden sind, die Freude vermitteln und noch lange im Gedächtnis haften sollen.

Das gesamte *Layout* wurde bis zur Farbgebung der Navigationsleiste genau überlegt und insgesamt möglichst einfach, schlicht und sachlich gehalten ohne elektronische Effekthaschereien: Blaue Kästen für Übungsaufgaben und rote Kästen für alles Wichtige, das zum Auswendiglernen empfohlen wird. Die Anregung eines Professors aus unserem Institut, am Anfang jedes Kapitels ein kleines Video einzufügen, in dem der Dozent über das Kommende spricht, wurde verworfen. Ebenso wurde der Vorschlag, zur Ergänzung des „trockenen" Kurses quasi als „Erholungsgarten für zwischendurch" den elektronischen Physikbaukasten aus Fuhrmanns Doktorarbeit (Fuhrmann 1999) anzuhängen, nicht berücksichtigt, da die dort illustrierten Differentialgleichungen außerhalb der Reichweite unseres Kurses liegen. Meine jungen begeisterten Berater wollten unbedingt „schöne" Formeln und Gleichungen und waren bereit, dafür ca. 5.000 LATEX-Bildchen in meinen HTML-Text einzubauen.

Von ganz entscheidender Wichtigkeit für den ONLINE-Kurs auf dem Weg „vom Kennen zu Können" sind jedoch die 532 *Übungsaufgaben*, meistens aus der Physik und oft mit tieferer zukunftsträchtiger Bedeutung, deren Lösungen meist schrittweise abgefragt werden können, um Eigeninitiative zu fördern und Selbstvertrauen zu stärken. Bei der Auswahl und Formulierung der Aufgaben kam mir die ganze Erfahrung aus 30 Jahren Lehrtätigkeit zugute: fünf Kurse Mediziner-Praktikum, fünf Semester als Assistent in den Praktika für Naturwissenschaftler, ferner viele Jahre als Übungsgruppenleiter und 19 Semester selbstständige Durchführung der Übungen „Spezielle Probleme" zu allen vier Vorlesungen der „Theoretischen Physik". Aus dem Schatz von weit über hundert selbst gebauten Übungsaufgaben konnte ich oft wenigstens einfache Teile auswählen, so führt z. B. in Aufgabe A5.9 das zweimalige Differenzieren der angegebenen Lösungen einfacher mechanischer Probleme auf die entsprechenden Differentialgleichungen. Sogar mehrere kleine ganz spezielle Ideen für eindrucksvolle Einschübe oder Übungsaufgaben stammen aus der frühen Zeit, z. B. der Einschub über den Vergleich der Exponential-Reihe mit der Exponential-Folge oder die Aufgabe A3.4b zu Konvergenz von Folgen. Ein besonderes Anliegen war mir die Betonung des Transformationsverhaltens der Vektoren, insbesondere auch gegen Spiegelungen. Anschaulichkeit wird nicht gemieden, sondern bewusst gesucht, z. B. in den Animationen zum Skalarprodukt B9.16 und zum Vektorprodukt B9.22, insbesondere aber in Kapitel 8 geradezu übertrieben, um Werbung für die zu unrecht gefürchteten komplexen Zahlen zu machen. Auch auf Kleinigkeiten wurde geachtet: z. B. wurden für die Indices der Vektoren nicht die üblichen Buchstaben i, j, k sondern k, l, m gewählt, weil das „i“ durch die wichtige Eulersche imaginäre Einheit der komplexen Zahlen und in der Physik „i“ und „j“ noch zusätzlich als Zeichen für die Stromdichten gebraucht werden, dazu handschriftlich oft schlecht zu unterscheiden sind und außerdem gewisse Theorien zwischen gepunkteten und ungepunkteten Indizes unterscheiden.

Durch die ONLINE-Fassung des Vorkurses, die vorbereitend je nach den individuellen Bedürfnissen, Wünschen und Zeitplänen *überall* und *jederzeit* kostenfrei, z. B. in der Zeit zwischen Abiturprüfung und dem Präsenzkurs kurz vor dem Semesterbeginn stressfrei genützt werden kann, sind geradezu ideale Bedingungen für ein *optimales Lernen* entstanden, seit ab 15.04.2003 die beigefügte *PDF-Version* (ohne die Lösungen zu den Aufgaben) auf 271 Seiten auf Wunsch ausgedruckt werden kann mit dunklerfarbigen PNG-Bildern, die auch bei Schwarz-weiß-Druck wirkungsvoll zur Geltung kommen. Zusätzlich dazu hat der Elsevier-Verlag 2006 darauf bestanden, im Rahmen eines Pilot-Projekts nachträglich ein 340 Seiten starkes, teueres Begleitbuch (ISBN 3-8274-1638-8) herauszubringen, das natürlich keine Animationen, keinen Funktionen-Plotter und die Abbildungen meist nur in Schwarz-weiß, aber in einem Anhang die Lösungen zu den Aufgaben enthält.

Aus vielen Gesprächen und E-Mails kann man leicht einen beispielhaften Verlauf dieses *optimalen Lernens* durch Zusammenwirken von ONLINE-Kurs, PDF-Ausdruck und Präsenzkurs für einen *typischen* deutschen Benutzer konstruieren: Nach dem Bestehen des Abiturs und einigen Erholungswochen entdeckt er durch Googlen im Netz die Adresse unseres Online-Kurses und lädt sich, gelockt von den Animationen und genervt vom Frontalunterricht im Klassenverband während der Schulzeit, den ganzen Kurs oder wenigstens die *PDF-Version* herunter und druckt diese aus, die er auch z. B. ins Schwimmbad mitnehmen kann. In dem wie eine Vorlesung dargebotenen Stoff kann er nun *ohne* die geringste Spur von *Zeitdruck* die Teile, die ihm unmittelbar einleuchten oder die er in der Schule schon richtig gelernt und geübt hat, durcheilen und, auf seine persönlichen Bedürfnisse und seine eigenen Schwächen abgestimmt, Teile eventuell mehrmals wiederholen oder auch mit der Gruppe seiner Freunde bearbeiten, und sie können mit- und voneinander lernen. Er kann ausprobieren, wie weit er bei der Lösung der zugehörigen Aufgaben kommt, und am Abend dann seine Ergebnisse vor dem Bildschirm mit den im *ONLINE-Kurs* stückweise gezeigten Lösungen vergleichen. Mit den so bearbeiteten Teilen des Kurses kommt er dann zum *Präsenzkurs* zu den vielen Kommilitonen und Kandidaten für künftige Freundschaften, weiß schon ganz genau, welche Stellen ihm Schwierigkeiten bereitet haben, und hat eine ganze Menge von teilweise schon ganz spezifischen Fragen. Er weiß sehr genau, wo er Nachbarn helfen kann und wo er die Hilfe des Tutors oder Dozenten braucht. Der kann beim nochmaligen Durcharbeiten des mit seinen Worten dargebotenen Stoffes und der neu formulierten Übungen die Geschwindigkeit und Intensität des Vorgehens ganz individuell nach den Wünschen und Bedürfnissen der jeweiligen Zuhörer einrichten und auf alle auftauchenden Fragen kompetente Auskunft geben oder diese gemeinsam erarbeiten.

Diese ideale Lern-Situation mit ONLINE-Kurs, PDF-Ausdruck und Präsenz-Unterricht hat in Heidelberg zu einer sehr intensiven und dennoch entspannten und lockeren Arbeits-Atmosphäre in den zwei Wochen des nun extrem effektiven Präsenz-Vorkurses geführt. Aus gelegentlichen Befragungen am Kursanfang wissen wir, dass zwischen 93 und 98 % der Studienanfänger, die in Heidelberg zum Präsenzkurs kommen, den ONLINE-Kurs zuvor kannten und sich damit in individueller Weise mehr oder weniger vorbereitet haben. Einige haben sogar den ganzen Kurs bereits durchgearbeitet und kommen mit Fragen der zweiten und dritten Generation. Auch *alle Veranstalter* des Präsenzkurses stimmen darin überein, dass sich die Stimmung der Studienanfänger spürbar gehoben hat. Der Übergang von der Schule zum Studium ist beträchtlich erleichtert, der jahrzehntelang beklagte „Mathe-Schock" ist überwunden, 46 Jahre nach meinen ersten Ideen dazu.

10.4 Das Echo

Das *Echo* auf die ONLINE-Fassung war überwältigend. Schon von Anfang an war der Ansturm derart stark, dass wir gezwungen waren, zeitweise eine zweite Version auf dem schnelleren Server des Heidelberger Universitätsrechenzentrums zu installieren. Obwohl der ONLINE-Kurs ja von überall angesteuert und benutzt werden kann, hat sich die Zahl der Anmeldungen für das Physik-Studium in *Heidelberg* innerhalb von zwei Jahren mehr als verdoppelt, sodass die Fakultät 2003 erstmalig seit 1945 einen lokalen *Numerus Clausus* mit einem „Eignungsprüfungsverfahren" auch durch Gespräche mit Professoren einführen musste und seither häufig zwei parallel laufende Vorkurse anbietet. Wir haben durch Dozent/inn/en oder direkt von den Student/inn/en Kenntnis erhalten, dass der zunächst nur für die Heidelberger Studierenden gedachte Kurs von vielen Tausenden jungen physikinteressierten Schüler/innen, Abiturient/inn/en und Erstsemestern der Physik aus dem *ganzen deutschen* Sprachraum, aber auch von Dozent/inn/en anderer Hochschulen, Gymnasiallehrer/innen und Studienanfänger/innen der Mathematik, der Ingenieurwissenschaften und der technischen Universitäten mit großem Nutzen verwendet bzw. empfohlen wurde und wird.

Innerhalb der Gemeinde der intensiven Nutzer des Internet, das ja von Physikern erfunden wurde, gibt es *neue* Kommunikationswege: Lob und Tadel kommen rasch per E-Mail, und nicht mehr so sehr die Zahl der Zitate, sondern eher die Anzahl der *Downloads* dient als Maß für den Erfolg. Die *Zugriffe* auf den ONLINE-Kurs zählen wir *nicht*, denn auch zum Appetitanregen, Ausprobieren, Vorausdenken oder zur Prüfung von Lösungen wird der Kurs offenbar sehr häufig verwendet. Wir zählen nur die *echten Downloads* des gesamten HTML-Kurses und die Ausdrucke der beiden PDF-Versionen in Deutsch oder Englisch, für die wir seit zwei Jahren auch die IP-Adressen ausgedruckt erhalten. Die folgende Tab. 10.1 gibt einen Überblick über die Anzahl der Downloads.

Tab. 10.1 Anzahl der Downloads in den letzten 15 Monaten

Monat/Jahr	PDF: deutsch	PDF: englisch	HTML-dreisprachig	Summe
07.11	686	310	35	1.031
08.11	1.012	138	40	1.190
09.11	1.556	284	132	1.972
10.11	1.465	327	66	1.858
11.11	522	178	24	724
12.11	417	260	13	690
01.12	589	201	23	813
02.12	580	236	11	827
03.12	606	230	23	859
04.12	589	174	20	783
05.12	623	150	30	803
06.12	612	181	37	830
07.12	725	220	35	980
08.12	703	253	35	991
09.12	1.189	309	68	1.566

Die meisten Downloads kommen natürlich von neutralen Adressen, aus denen der Heimatort des Benutzers nicht ersichtlich ist. Bei den übrigen Adressen haben wir über 156 deutschsprachige *Städte* registriert. Darunter sind alle Hochschulorte mit einer physikalischen oder ingenieurwissenschaftlichen Fakultät. Besonders zahlreich sind die Downloads jeweils in den Monaten September und Oktober, wo dort eventuell auch Vorkurse laufen. In diese Zeit fallen auch Besuche von jungen Leuten in meiner Sprechstunde, die manchmal mitten in einem Vorkurs stecken und sich mit unserem ONLINE-Kurs Hilfe und Mut holen wollen.

Die meisten *Rückmeldungen* kamen stoßweise per E-Mail mitunter rührend dankbare Lebensberichte, z. B. aus einem Ferienpraktikum in Australien. Einige waren mit Tippfehlermeldungen verknüpft, sodass die noch verbliebenen Fehler im Kurs in kürzester Zeit beseitigt werden konnten. Aber auch eine CD-ROM-Anforderung aus Russland traf ein und vom Landesinstitut für Erziehung und Unterricht in Stuttgart, wo Curricula entworfen werden. Schon kurz nach dem Start auf dem Netz 2001 erhielten wir viele lobende und dankbare Rückmeldungen mündlich vor allem von Physik- und Mathematik-Lehrer/innen aus Baden-Württemberg, Hessen und der Pfalz und per E-Mail auch von Professoren und Dozent/inn/en z. B. aus Aachen, Darmstadt, Frankfurt, Hildesheim, Ilmenau, Kaiserslautern, Karlsruhe, Mainz, Utrecht, aus Estland und ein Angebot zur Zusammenarbeit aus Norwegen. Besonderer Dank kam von einer Professorin aus Bonn, da der Kurs ihr „*viel Arbeit abnehmen wird*". Ein Dozent aus Braunschweig bat um die Erlaubnis, den Kurs, „*der nun wirklich nichts zu Wünschen übrig läßt*", benutzen zu dürfen. Ein Dozent aus Ilmenau bat darum, „*gezielte Links*" auf unseren Kurs setzen zu dürfen. Ein Dozent aus Hamburg-Harburg bot uns an, den Kurs gemeinsam an den Bereich der Ingenieurswissenschaften zu *„adaptieren"*. Ein Dozent aus Freiburg wollte in der ersten Begeisterung über das enorme Echo auf unseren Kurs mit Freiburger Hilfskraftgeld eine betreute Korrekturmöglichkeit für eingesandte Übungsaufgaben etablieren, was wir aber nach ausführlichen Diskussionen mit Professoren unseres Instituts damals gemeinsam wieder verworfen haben, denn erfahrungsgemäß lässt sich ein derartiges System nie längere Zeit auf hohem Niveau aufrechterhalten und wird vor allem in der Zeit, während der es läuft, viel Geld erfordern. Eine Abiturientin aus Nürnberg bat für ihre Jahresarbeit um die Reproduktionserlaubnis für die Bilder B8.9 und B8.12 über die komplexen Funktionen. Ein Heidelberger Ordinarius beklagte sich über die Schwierigkeit, zu einzelnen Punkten neue Aufgaben zu finden, weil unsere Übungen *„alle wichtigen Fragenkomplexe schon erschöpfend"* abdecken. Einem Professor aus den USA gefallen besonders die Animationen B6.3, B6.4 und B6.5 über die Taylorentwicklungen und einem Professor in Islamabad die Behandlung des Vektorprodukts in Abschnitt 9.6 und das *„Portrait des Levi-Civita-Symbols"* im Bild B9.25. Auch haben wir Kenntnis davon erhalten, dass in „Rundmails" und „Kontaktbriefen" von Lehrern und Lehrervereinen und zwischen 2004 und 2005 auch in Amtsblättern bzw. auf Landesbildungsservern der Kultusministerien fast aller Bundesländer, auch in Österreich und der Schweiz und sogar von der Bundesanstalt für Arbeit auf unseren ONLINE-Kurs aufmerksam gemacht wurde. Viele Mails von Benutzern loben besonders die physikalischen Begründungen der wichtigen mathematischen Begriffe. Pädagogisch tätigen Benutzern gefallen die oft stückweise abrufbaren *Lösungen, „da sie zum Selbstdenken anregen, zum Finden der persönlichen Lernform und zum Beurteilen des wirklichen Verstehens"*. Schließlich fördern die Animationen die angstfreie Atmosphäre und machen *„einfach Spaß"*, ohne welchen nachhaltiges Lernen ja kaum vorstellbar ist.

Wir halten die zurzeit vielerorts übliche Praxis der *Evaluationen* aus folgenden Gründen nicht für aussagekräftig: 1) *Umfragen am Beginn* der Kurse spiegeln meist nicht viel mehr als den Frust der Schüler über den Frontalunterricht der Schulen und das Prinzip Hoffnung. 2) Bei *Klausuren am Anfang* gibt sich erfahrungsgemäß kein Schüler richtig Mühe. 3) Am *Ende* des Kurses sind *Umfragen* über das Befinden zu dieser Zeit nicht sinnvoll, da die Teilnehmer ja noch gar nicht beurteilen können, als wie einschlägig und hilfreich die einzelnen Teile des gelernten Stoffs sich erweisen werden. 4) *Spätere Umfragen* erfassen nach unseren Recherchen meist nur einen kleinen Teil der Kursteilnehmer und klarerweise meist nur die Eifrigeren bzw. Erfolgreicheren. 5) Am ehesten sind noch *Klausuren am Kursende* hilfreich, da sie wenigstens formal den Lerneffekt wiedergeben, der natürlich *immer* mehr oder weniger positiv ist, wenn sich ein fähiger Dozent ernsthaft bemüht hat. Solche *„Selbsttests"* mit Korrektur, aber *ohne* Benotung, werden bei uns seit der Umstellung auf Bachelor- und Master-Studiengänge 2006 regelmäßig angeboten und dann sogar verlangt, wenn die Vorkursteilnehmer die drei möglichen „Credit Points" gutgeschrieben haben wollen, die der Vorkurs bringen kann. Auf besonderen Wunsch eines Vorkursdozenten konnte er ausnahmsweise in das bestehende Evaluationsverfahren einbezogen werden, mit dem unsere Fachschaft alle übrigen Vorlesungen der Physik bewertet.

Wir verlassen uns lieber als Maß für den Erfolg auf die Anzahl der echten Downloads, quasi eine „Evaluation per Hand", und auf unbestellte direkte Äußerungen, entweder mündlich oder per E-Mail. Denn Ziel unserer Bemühungen war nicht, „Wissenschaft zu betreiben", sondern den jungen Menschen in einer kritischen Zeit ihres Lebens wirkungsvoll zu helfen, und das ist uns offenbar gelungen - nicht nur in Heidelberg wie ursprünglich beabsichtigt, sondern auch darüber hinaus.

10.5 Die englische Fassung

Nach der Einführung der Bachelor- und Master-Studiengänge in unserer Fakultät wurde 2006 auf Anregung unseres Rektorats und auch auf Wünsche aus Utrecht, Athen, Norwegen und Pakistan eine englische Fassung „MATHEMATICAL PREPARATION COURSE before Studying Physics" angefertigt, von Prof. Dr. Alfred Actor von der Pennsylvania State University Korrektur gelesen und (auf jeder Seite umschaltbar) auf dem Netz angeboten – auch in Erwartung von mehr Studenten aus Osteuropa und dem asiatischem Raum. Auch die englische Übersetzung (mit Dezimalpunkten statt -kommata) kann zur Optimierung des Lernens in PDF ausgedruckt werden. Obwohl die meisten Benutzer neutrale IP-Adressen bzw. Provider verwenden wie z. B. „.com" oder „.net", konnten wir aus den Länderkürzeln der übrigen für die nun *zwei*sprachige Fassung Resonanz bzw. Tausende von Downloads vor allem auch der PDF-Version aus folgenden 73 über die ganze Erde verstreuten *Ländern* feststellen: aus Ägypten, Australien, den Bahamas, Belgien, Bosnien, Bulgarien, der VR China, Dänemark, England, Estland, Finnland, Frankreich, Ghana, Griechenland, Indien, Indonesien, Iran, Irland, Israel, Italien, Japan, dem Jemen, Kanada, dem Kongo, Kroatien, dem Libanon, Liechtenstein, Litauen, Luxemburg, Malaysia, Marokko, Mazedonien, Namibia, Neuseeland, den Niederlanden, Niue, Norwegen, Österreich, Pakistan, den Philippinen, Polen, Rumänien, Saudi-Arabien, Schottland, Schweden, der Schweiz, Serbien, Simbabwe, Singapur, der Slowakei, Slowenien, Sri Lanka, Südafrika, Taiwan, Tansania, Thailand, Togo, Tschechien, der Türkei, Tuvalu, Ungarn, den USA, Vietnam und Zypern sowie einige wenige aus Armenien, Aserbaidschan, Kasachstan, Kirgisistan, Moldawien, der Mongolei, Russland, der Ukraine und Weißrussland.

Über die Wege dieser in der Tat weltweiten Verbreitung der englischen Fassung wissen wir nur wenig. Die Vermutung, dass an einigen Orten ehemalige Student/inn/en aus Heidelberg daran beteiligt sind, kann nur einen verschwindend kleinen Teil erklären. Sicher spielen die wachsende Selbsthilfementalität der Jugend und die internationalen Suchmaschinen, mit deren Hilfe unser Kurs leicht zu finden ist, eine zunehmende Rolle. Die zweisprachige Fassung wurde z. B. in der großen Physik-Vorlesung in Teheran empfohlen und in der Quaid-i-Azam University in Islamabad und in Wuhan in der Volksrepublik China benutzt.

10.6 Eine spanische Übersetzung

Dass das oben beschriebene Mathematik-Problem der Physikstudent/inn/en am Studiumsbeginn offenbar keineswegs auf den deutschen Sprachraum beschränkt ist, hat uns Herr Prof. Dr. Lautaro Vergara vom Departamento de Física der Universidad de Santiago de Chile gezeigt, als er nach seinem Vortrag in unserem Kolloquium von unserem ONLINE-Kurs gehört und kurz darauf darum gebeten hat, eine *spanische* Übersetzung anfertigen zu dürfen. Mit dieser Übersetzung „CURSO DE MATEMÁTICA PREPARATORIO para el estudio de la Física" bieten wir den Kurs seit 28.07.2010 (auf jeder Seite umschaltbar) sogar *drei*sprachig an. Für diese Fassung haben wir nun auch viele Downloads aus folgenden elf Ländern registriert: Argentinien, Brasilien, Chile, Guatemala, Kolumbien, Mexiko, Nicaragua, Peru, Portugal, Spanien und Venezuela. Aus Barcelona und von zwei Professoren aus Mexiko haben wir dankbare E-Mails erhalten.

Die Tausende von Downloads aus 84 über den ganzen Erdball verstreuten Ländern (ohne jede Werbung) zeigen, dass unser ONLINE-Kurs nach so vielen Jahren nun endlich die Möglichkeit bietet, den offenbar weit über den deutschsprachigen Raum hinaus verbreiteten Mathematik-Notstand der Physik-Studienanfänger *weltweit* zu überwinden und dass diese Möglichkeit von den jungen Leuten und ihren Lehrern auch in *weiten Teilen* der Welt *wirklich* genutzt wird, soweit sie die Fähigkeit und Chance haben, von unserem ONLINE-Kurs zu erfahren bzw. ihn z. B. über Google zu finden. Allerdings bedürfen die vielen Studienanfänger in Physik oder den Ingenieurwissenschaften zwischen Minsk und Wladiwostok bzw. von Moldawien bis zur Mongolei, von denen die Mehrzahl offenbar nicht genügend gut Englisch oder Deutsch sprechen kann, noch der Hilfe.

10.7 Arbeiten und Pläne zur Weiterentwicklung

Im Juli 2010 hat unser Dekanat überraschend eine Anfrage vom Deutschen Akademischen Austauschdienst (DAAD) erhalten mit dem detailliert begründeten Wunsch nach einer *russischen* Übersetzung unseres ONLINE-Kurses. Der DAAD vergibt jährlich etwa 5000 verschiedene Stipendien allein in die Russische Föderation, verfügt aber grundsätzlich über keine Mittel für Übersetzungen. Auch Prof. Dr. Dmitri Melikhov vom D. V. Skobeltsyn Institute of Nuclear Physics der M. V. Lomonosov Moscow State University, der schon vor vielen Jahren eine CD-ROM unseres ONLINE-Kurses erbeten hatte, hat eine russische Version für *alle* Interessenten aus dem russischen Sprachbereich befürwortet und uns die Übernahme der Endkorrektur der russischen Version angeboten. Nach vielen vergeblichen Versuchen, die Finanzierung einer professionellen Übersetzung zu erreichen, ist die russische Version unter dem Titel „ПОДГОТОВИТЕЛЬНЫЙ КУРС ПО МАТЕМАТИКЕ для начинающих студентов-физиков" in Kooperation mit Frau Prof. Dr. J. Lebedewa vom Heidelberger *Institut für Übersetzen und Dolmetschen* bei zwei Master-Studentinnen in Arbeit.

Wie wir vor kurzem ausprobiert haben, funktioniert der Kurs schon jetzt auch auf iPads. Nach Fertigstellung der russischen Version planen wir, zu untersuchen, ob eine *Umstellung auf HTML5* die Darstellung auf den Rechnern, den Laptops und den iPads zu verbessern vermag. Außerdem wollen wir dann neben dem *vier*sprachigen Kurs „.../vk1" unter der Bezeichnung „.../vk3" die zurzeit angebotene *drei*sprachige Version mit einem Umfang von 18,8 MB und unter „.../vk2" eine *zwei*sprachige Version nur in Deutsch und Englisch mit 16,7 MB getrennt im ZIP-Archiv zum Herunterladen anbieten.

Es ist *nicht* beabsichtigt, am *Stoffumfang* oder den Übungen etwas zu ändern. Die Phase des Ausprobierens von Teilen des Textes oder der Übungen liegt infolge der langen Geschichte des Kurses nun schon mehr als 20 Jahre zurück. Im Gegenteil ist ein Charakteristikum unseres Kurses, dass sich die anderen Dozenten der folgenden Vorlesungen darauf verlassen können, dass genau dieser Stoff im Kurs bearbeitet und von den Student/inn/en dann so beherrscht wird, dass darauf aufgebaut werden kann.

10.8 Schlusswort

Wir Physiker wollen die Grundlagen der Natur „verstehen" und die Mathematik lotet die Klaviatur der Fähigkeiten des menschlichen Gehirns aus und hilft uns, unsere Ergebnisse zu bewerten, zu ordnen und, wenn wir an die Grenzen unserer Denkfähigkeit kommen, manchmal noch ein wenig über unsere Anschauung oder Alltagslogik hinauszuschauen. Die Erfolge der Physik in der Vergangenheit und ihre gegenwärtigen epochalen Schwierigkeiten im Verständnis der Welt lassen es nicht zu, dass wir junge fantasievolle und kluge Köpfe durch vermeidbare Studienzeitverlängerungen behindern oder gar durch Studienabbruch verlieren, nur weil wir ihnen nicht mit allen zur Verfügung stehenden Mitteln helfen, die strukturbedingten, eigentlich lächerlich kleinen mathematischen Probleme am Studienbeginn zu überwinden. Es handelt sich bei unserem ONLINE-Kurs genau genommen keineswegs um eine mathematische oder physikalische wissenschaftliche Arbeit, sondern um eine pädagogische Hilfsaktion für Menschen in Not, zur Studienzeitverkürzung und gegen den überstürzten Studienabbruch, der allein durch mangelnden Kontakt und ungenügendes Verständnis zwischen Schulbehörden und Hochschulen verursacht wird, und durch zeitgemäße Modernisierung der Curricula und bessere Ausbildung der Lehrkräfte leicht behoben werden könnte.

10.9 Literaturverzeichnis

Fuhrmann, Th., Heermann, D. W., Hefft, K., & Hüfner, J. (1999). Entwicklung eines web-basierten interaktiven Physikbaukastens und mathematischen Vorkurses, Proceedings of the Workshop of Physics and Computer Science (S. 157–161). Kiel, Germany.

Hefft, K. (2002). Mathematischer Vorkurs zum Studium der Physik online, 2. Workshop „Neue Medien in der Lehre, Vom digitalen Skript zur virtuellen Vorlesung" am 16.05.2002 (S. 29). Ruprecht-Karls-Universität Heidelberg.

Hefft, K. (2003). Mathematischer Vorkurs zum Studium der Physik: Online, 3. Workshop „E-Learning der Universität Heidelberg" am 23.10.2003 (S. 39). Ruprecht-Karls-Universität Heidelberg.

Hefft, K. (2006). Kein Mathe-Schock mehr am Studiumsbeginn, elf Semester Erfahrungen mit dem Heidelberger Online-Kurs: „Mathematischer Vorkurs zum Studium der Physik", 10. Workshop „Multimedia in Bildung und Wirtschaft", am 14.09.2006 an der Technischen Universität Ilmenau (S. 9). www.bildungsportal-thueringen.de/portals/bpt2005/Multimediaworkshop/2006/tagungsband2006/pdf.

Lehmann, H. (1963). Motivstudie über den Wechsel des Studienfaches - Ergebnisse einer Erhebung an der Universität Heidelberg im Sommersemester 1963, Inaugural-Dissertation zur Erlangung der Doktorwürde der Philosophischen Fakultät, Ruprecht-Karls-Universität Heidelberg.

An online remedial summer course for new students

11

Antoine Rauzy (UPMC Sorbonne Universités, Paris, Faculté de mathématiques)

Abstract

CapLicence is a remedial course, which is part of a complete tool that the UPMC (Université Pierre et Marie Curie, Paris) offers to the new students just after the baccalauréat if they feel that their level may be inadequate during the coming year. It is a distance course with no limit of the number of enrolled students. The issue of raising the number of students passing to second year in the French universities has been a pedagogical problem for a long time. It is now a political question. The French system is characterised by the fact that higher education is only partially taught by the universities. We give the figures for the first year pass rate and for the different post-baccalauréat pathways; they show that the universities are below expectations. The implementation of the tool is based on our experience of distance teaching. The student decides by answering multiple-choice questionnaires the topics that he needs to improve. He finds online or on a CD the pedagogical support on the subjects he chose. Some tutorials on difficult parts of the course are presented on videos. The programme is implemented on SAKAI, the LMS of the university. It means that the students can chat online together and also ask a tutor on the forum. The number of connections per student is good and the feedback of the users is excellent. However from our point of view, the interactions with the tutors or between the students themselves are too weak. Any scientifically founded measurement of the efficiency of the tool is beyond our current capability. But we are able to measure the satisfaction of our students and ask them if they think it helped their insertion in the first year. The answer is very positive. It doesn't mean that the tool cannot evolve.

11.1 Introduction

French universities, backed by the successive governments, have been trying for two decade to decrease the failure rate in the first year. Specifically, the political target is that every student leaves the educational system with a training and a diploma giving access to the labour market. Experience shows that a key approach is to better support the students during the transition school-university.

At UPMC, several specific teaching strategies have been implemented to this end. A specific path during the year for the students with technical baccalauréat (which leads to 85 % failure rate) is proposed. Studies are somewhat longer (roughly the first year last one and a half year) but a significant portion of these students is capable of regaining the traditional curriculum and obtaining a licence. Other systems are or have been introduced. Giving some examples without being exhaustive, the university offers intensive courses before classes start in the first year for a small group of students; it also supports the students on a voluntary basis during the year through a system of tutors. This leads to a set of proposals made to the student to find a balance between the level of the courses that he will follow and his academic potential.

The purpose is to present here a branch of this set called CapLicence. This is a remote device that was designed to allow students to work during the holidays between the baccalauréat and the beginning of the first year of university. An alternative is offered throughout the year to students on campus who become aware that they are about to drop out and wish to review the basics and the concepts supposedly acquired in the last year of high school. The point is to give a perspective of a specialist practitioner in distance learning and to treat particularly of the mathematical part of the device since it is my academic background. This programme is offered in mathematics, physics and biology under the responsibility of the ODL (Open and Distant Learning) department I head.

Let us begin by outlining some characteristics of the French universities system that explain why the problem of failure in the first year is particularly acute for those institutions before examining what research offers as food for thought on these failures. We will then turn to the description of the device, its principle at first then its implementation. We will conclude the article by an evaluation of the results obtained to date and by considering some further developments.

11.2 Some features of post baccalauréat education in France

The French University system is very different from the German system. Secondary school finishes with a national exam, the "baccalauréat" which is obtained by 80 % of students. Within the University system there is no *numerus clausus* and to enroll is a right for every baccalauréat holder. This absence of initial selection gives rise to multiple strategies applied by higher education institutions in order to select their undergraduate students. The faculty of medicine and certain law faculties have a very selective exam at the end of first year whereby sometimes only 20 % of students may be admitted into the second year. Other universities in contrast choose to gradually select students, receiving each year a large majority of the student population, with a limited selection at the end of each year, to get as many as possible to a degree.

Another level of complexity is added by the existence of so called "Grandes Écoles" since the time of Napoleon. This system regroups tertiary institutions that confer engineering degrees as well as three schools called "normales supérieures" that prepare researchers and teachers of the highest standards. This whole system is independent and parallel to the university system. The schools award degrees up to five years after the baccalauréat, but their particularity is that they are not allowed to confer PhD degrees that can only be delivered by the universities. The entry into this system is highly selective. Most of these "Grandes Écoles" select their students through competitive entry exams prepared in high schools. Therefore the students do not pass through the university. Not surprisingly the student profile in this system is of very high quality.

Faced with this situation, a large scientific university such as UMPC in Paris, one of the top scientific teaching and research institutions in the world, needs to decide how to best position itself within the constraints of the French system. At one end of the spectrum UPMC must organise excellence pathways that allow recruitment at each level, be it undergraduate or master, of high calibre students who can in turn progress to PhD studies that are globally recognised. At the other extreme the teaching body must take charge of students enrolled in the first year having passed their "baccalauréat" but not necessarily having the level required to follow the undergraduate programme. In the worst-case scenario these students will be compelled to leave the university system after a few years without a degree.

Let us begin by looking at the baseline situation after the baccalauréat in France. The table below (fig. 11.1) is an extract from a study commissioned by the Ministry (Dethare 2005) of Education, higher education and research. It had been included in a 2006 report (Hetzel 2006) published by the French Academy of Sciences. It summarises very well the issues.

In the second column we have the overall situation of the French students while in subsequent columns these students are divided into four cohorts corresponding to the French education system. Thus the third column "university" corresponds with the students enrolled in the first year of the University, whilst the second column "engineers" represents students who have finished secondary school and are preparing for the entrance exams to the "Grandes Écoles" described above. As these special classes are held in selected secondary schools, these students do not attend university. Technical students attend specific programmes in technical institutes located outside universities. Until very recently these institutes were not administered by the university structures. These students are clearly a very separate population and in majority are located off main campus site. A selection on specific criteria is part of the admission process. Last column, "others" refers to specialist tertiary studies such as paramedical or social professions, or indeed private art and performing arts schools.

%	All French first year students	University students	Engineering course preparation	Technical students	Others students
Pass in 2nd year	62.2	47.5	76.5	> 77	38.6
Stay in 1st year	17.4	30.1	1.3	< 9	24.3
Change their curriculum	14	16.4	22.2	3	19.7
Stop studying	6.5	6	na	6	17.5

Fig. 11.1 Evolution of first-year students according to their type of studies

Overall 94 % of students that have decided to start tertiary education continue their studies: 62.2 % pass in second year, 17.4 % repeat the first year and 14 % change their curriculum. 6 % drop out. However in the University student cohort, which is of most interest to us, 30 % repeat their first year and more than 16 % of students change their curriculum. If we also include 6 % who drop out, this means that more than half of first year university students do not pass into their second year.

The key statistic that we retain is that only 47.5 % of high school leavers enrolled in the first year of university pass into the second year. It is a much lower rate that for the whole student population. This statistic is even more unacceptable when compared with engineering or technical students where over 75 % of students progress into their second year. (The "other" category is too heterogeneous to make a valid comparison.)

11.3 The causes of failure within the University system

The report of French Academy of Sciences cited above highlights some of the university characteristics that explain, at least partly, this high proportion of failure.

The first point that is underlined is the heterogeneity of the student body. The absence of *numerus clausus* and the lack of selection at entry into the first year result in very non-equilibrated lecture theatres and tutorial groups. The teacher will, in that case, position himself on the "average" segment. But what appears to be appropriate and sufficient for a student group with the same academic level is now quite catastrophic for the weakest. Their capabilities are too far below the level taught, which means they cannot follow and this results in abandonment and drop out.

If this heterogeneity is expected and has been described in several studies, a more surprising contributing factor is the lack of knowledge by certain students about the process of university education. They do not know how the university functions, have no idea about the pre-requisites for the subjects that they want to study, nor about the quantity and structure of work that is expected. But the University on the contrary requires a proactive student who is self-disciplined, chooses his subjects appropriately and is in charge of his timetable. Unfortunately the practical experience shows that it is eminently possible to arrive at university by accident, without knowing exactly what the chosen subjects involve, their content nor in fact the employment opportunities that these studies lead to. A public that is still quite adolescent in their manner enrols passively in subject matters that they had not really chosen. If, as it happen quite often, the selected subjects have reached the maximum number of students, they are offered an alternative syllabus that they accept by default, without any motivation and quite frequently without understanding what they will be studying. A typical example is "careers in sport" whereby the wrong interpretation of the title leads to confusion (there is actually no practice of sport).

Finally there are financial issues linked with accommodation and cost of living in the university centres. Although they may appear secondary they significantly decrease the time that many students can dedicate to their studies.

This lack of maturity and autonomy of first year students demands a large investment in scholarships and in tutorial system. The government spending per university student in France is very low (Ministère de l'enseignement supérieur et de la recherche 2011), compared with the spending for a student in one of the "Grandes Écoles", which is 50 % higher at 14 850 Euro versus 10 220 Euro per annum. The level of spending in France is also lower than in other OECD countries, estimated at 8 837 USD/year in France versus 10 504 USD/year in Germany in 2001 (OECD 2005). This lack of financial investment results in the absence of teaching support that should be a crucial component of the success for first year student.

Observations of the team of academic staff teaching at UPMC are translating these theoretical findings. We note every day the lack of motivation and the absence of good work habits in students in apparent condition of failure. We have therefore conceived as first measures to implement a targeted supervision programme during the enrolment process as well as pedagogical support during the first semester of teaching.

11.4 Transition High School/University, a change in mathematical culture

The challenge that represents entry into the university has been well described (Coulon 2004) and this experience has been shared internationally, see Sauvé et al. (2009) for a Canadian example. We are interested by the particular variant of this question in Mathematics. We know from experience that the students are confronted with a brutal cultural change not just in the contents but also in their practices (see Hall 1959 and Artigue 2008). The tacit knowledge changes. The reasoning methods that need to be applied rely on logic that is neither explicit nor necessarily acquired. It is impossible to rely on collective class memory of "as we had seen last year". As this stable basis disappears with the change of the teaching establishment, a "decontextualisation" of the knowledge is needed; the notion has to be understood without requiring any particular context. In addition university teachers have often relatively weak knowledge of the secondary school teaching syllabus as many research and teaching assistants come from various backgrounds.

The new student is thus confronted with a series of micro-breaks as described by Praslon and Artigue (2000) or Durand-Guerrier and Arsac (2003). All of a sudden the notions become more numerous and at the same time more abstract. The learning pace accelerates whilst at the same time the technical complexity increases. Whereas secondary level questions often indicate the method of problem solving, (*in examining the derivative of the function, demonstrate that* ...), i. e. they ask to demonstrate a certain competence within a context, the problem solving at University requires competences that have not been even implicitly hinted at. This is what Robert (1998) describes as utilisation of "available" knowledge as opposed to "mobilisable" knowledge.

Taking into account these theoretical results, the objective of the project is to make available to a large group of students this use of "decontextualised knowledge", through a re-exposure of the notions previously learned in secondary school within the language and demeanour of the first semester of teaching at UPMC.

11.5 The Device

11.5.1 The principle

Since 2007 the government has implemented a national programme called "réussir en licence" i. e. "success in the undergraduate programme", with special funding for selected projects. We have seized this opportunity to propose a distance-teaching module that we have called CapLicence. The implementation of the tool is based on our experience of distance teaching, as our centre is one of the oldest in France and one of the biggest in sciences. We decided to cooperate with the CNED (Centre National d'Enseignement à Distance, National Centre for Distance Learning), a French body that unifies the primary and secondary distant education in France. The CNED is recognised for the quality of the formations it delivers. It has a good experience of distance teaching just before the baccalauréat but no direct access to the post-baccalauréat level. In this manner we endeavour to associate the specialists of the final years of the secondary system with those involved in the first year of the undergraduate programme so that the result is as tailored to the needs as possible. We have therefore constructed a bridging programme, which is in principle available during the summer vacation after the baccalauréat and before the start of the academic year. This programme is free for the UPMC students. We have some 200 students enrolled and about 160 have actually tried the tool (in math). The majority of the work is done between 15th of August and 15th of September, a short period where it can be difficult to find tutors as they are in the midst of their summer vacation. As both the teachers and the students are away form the University, it seemed logical to use the new ICT tools available for distance teaching.

Our starting point was the finding that high quality Internet connections may be hard to find whilst a short visit to the Internet café to ask the tutor a single question seems always feasible. For this reason we have made the programme available on a CD even though it also exists in a downloadable version. The module is presented in the introductory lectures held at the time of enrollment (end of June/beginning of July) and the CD is distributed at the same time. It allows good information of the students. They can still download the necessary documents from the CMS of the University if they have not got a copy of the CD.

11.5.2 The MCQs and the set of lecture notes and exercises

As the initial step we propose a system of self-evaluation through MCQs on different parts of the syllabus. The level of questions is that of the last year of high school. We do not try to replicate the entire syllabus of the year but instead we focus on the notions that will be crucial for the first semester at UPMC. Based on the results they have obtained, the students can then prioritise the chapters that they need to work on (see fig. 11.2).

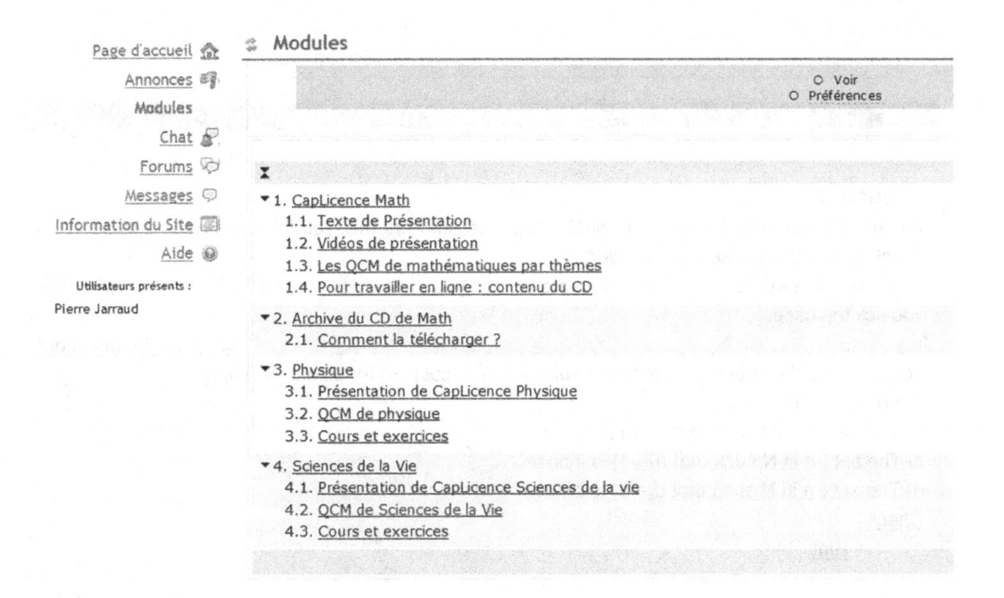

Fig. 11.2 MCQ on Sakai, the University LMS (in French but the words are very similar)

Once the weaknesses had been identified, the student can then proceed with his studies. Our aim has been to create a mixture of classical study methods and ICT-driven modules, even if we are somewhat limited by the portability of the tool. We have therefore decided to propose fact sheets, which are not long lecture notes but rather summaries of key points. In the mathematics syllabus we have selected five major themes: the complex numbers, sequences, continuity and limits, derivatives and integration. Each fact sheet comes with an associated set of exercises (see fig. 11.3).

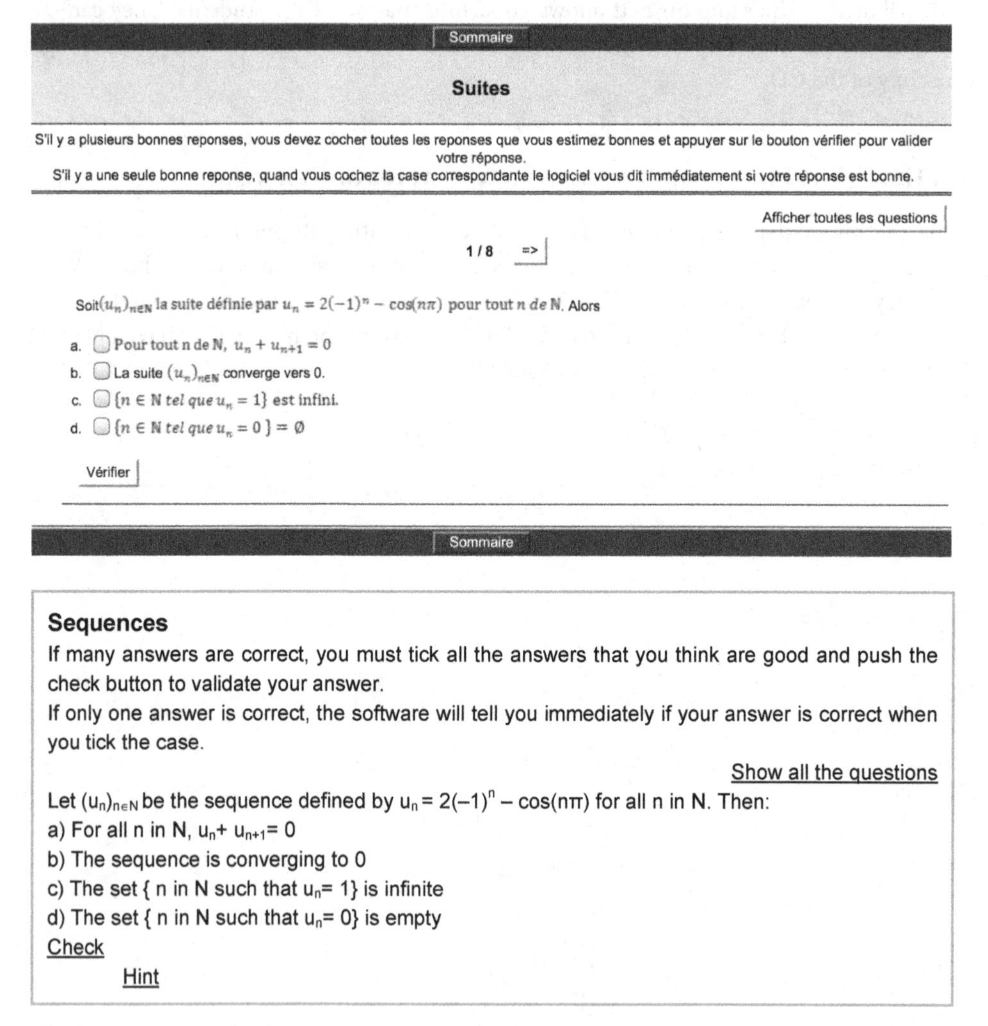

Fig. 11.3 An example of a question with the English translation

In the initial package we only hint at solution or correction methods. In order for the student to see a complete answer they must ask the tutor for a password. The interest of this set up is twofold. From a pedagogical point of view, we try to maximise the time that the student tries to work it out on his own, which we have found to be frequently far too short and, at the same time, we promote the interaction with the tutor. From the administrative point of view, this allows us to measure the number of students that stay the whole course.

We have also decided to add videos to our teaching module. These are of two types: the introductory videos and teaching videos. We have found that the first type is just as useful as the latter. In the introductory videos we explain in two to three minute bite-sized presentations how to use the module, the principles behind the LMS university system and how to communicate with the tutor or the teaching body. In the second type we explain key points of the syllabus using a typical set of exercises. In both cases our aim is to pass on a message. The style of the introductory videos is addressed primarily at an undergraduate audience. In this manner we try to illustrate that the university public is composed of autonomous adults. We apply the same principle to the teaching videos: we reformulate the notions acquired in secondary school in a more general and abstract manner but we immediately illustrate them with simpler exercises, specifically chosen for their paradigmatic quality. We always have to bear in mind that we are passing on the message of the culture change between secondary and university levels but at the same time we acknowledge that our audience is composed of students that may well feel threatened by this change. We must therefore explain very explicitly what we are doing and sometimes accept to make compromises. It remains nevertheless true that by showing the teacher "in action", we humanise the device significantly. This concrete modality at the time of enrolment allows a reassuring first approach for the students that have no knowledge of the university system.

11.6 The results, strengths and weaknesses and perspectives

We are currently in our third year of this modality. We had first used it in mathematics, before extending it to biology. The success has been immediate and durable.

The students perceive this modality as proof that the institution cares about their success and is ready to make investments and dedicated efforts to allow them to succeed. The use of ICT methods is greatly appreciated as being modern and in certain aspects positively surprising. The system is also currently set up to run during the first semester on an entirely voluntary basis for students who feel that they are failing; here again the number of inscriptions is high.

Having given a priority to the implementation, we have thus far lacked a quantifiable evaluation tool; a satisfaction survey has now been approved for use next summer. We believe that it will give us a more robust feedback on certain issues that come to mind with a tool such as this one, and should also allow us to further evolve this modality.

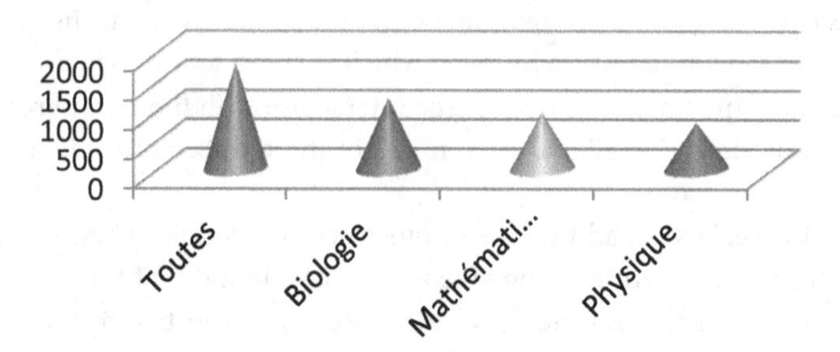

Fig. 11.4 Number of MCQ fulfilled in the different topics. All, biology, mathematics and physics

Without waiting for these results we have in the meantime decided to improve the quality of the videos first designed at the start of the programme. This reflects our accrued understanding of the presenting style more appropriate for video recording. At the same time this has allowed us to revise the presentations, taking into account the proposed changed in the syllabus for the high school students that are due to be implemented for the 2013 academic year. We have also selected more interactive tools such as Wims software (see Wims server in the references) for the exercises.

The weakness, or at least a perceived failing, is the very limited interaction between the students and the tutor that we have observed thus far. Our first impression, although it needs to be confirmed by further research, is that the students that have elected long distance learning are capable of communication with such minimal interaction. For our target audience of secondary leavers and first year campus students this is a brand new teaching modality, even if they are familiar with the Internet and the web 2.0 in their private lives. They must be able to overcome the mental block that allows them to expose their weaknesses to someone that they still perceive as the "Professor" who judges them rather than as a dedicated tutor whose role is to accompany them during their progress. Our next steps is to accelerate this process of perception so that the role of the tutor is rapidly given the fundamental place that it needs to have in the students' minds in order for this tool to be more successful.

11.7 Conclusion

Within the French post secondary system the University is the place where the issue of abandonment and lack of degree at exit is the most acute. The transition between the high school and the university is a key success factor and even with a vast amount of documentation on this subject even more research is currently being undertaken.

Our project is an important testimony on the importance of the answer that our University aims to provide, within a wider context of the political importance given to this particular issue in France.

Our tool is both portable and remote and is based on modern distance teaching modalities, and in particular ICT. Having been conceived by specialists in distance teaching, it allows self-evaluation for the students followed by fully autonomous work.

We have at this stage restrained the programme to topics essential for the first semester of the first year. We wish to clearly show the teaching and presentation mode of the post-secondary system, insisting on "decontextualisation", on more general and abstract information but at the same time ensuring that the students progress in understanding the notions that they already know but which are differently taught.

The system has been quite successful but we are already working on improvement in the quality of the materials as well as on updating the content to prepare for the forthcoming change in the syllabus of the last year of high school. We are putting in place an evaluation questionnaire that will allow us to objectively assess the strengths but also indicate potential improvements through critical answers from the student body. Whilst this is on going, we perceive that the weak point of the modality is the limited interaction between the students and the tutor. We are convinced that this is a key success factor in making students progress even more but we need some further work to convince the students that this is indeed the case.

It is of course essential that this tool needs to be continuously developed as a function of the ever-changing syllabus in the secondary schools but also with our increasing understanding of the methods and student customs. We hope that these programmes, which are becoming more widely known at UPMC and have gained student acceptance, will in turn allow us to design new teaching modalities for the campus students to be used throughout the academic year.

Acknowledgments This article is the last version of a team project that is being conducted jointly by Pierre Jarraud, Claire Cazes and the author, see Trouche et al. (2011). The author wishes to express his gratitude to his colleagues for their kind advice and support.

11.8 References

Artigue, M. (2008). Actes du séminaire national de didactique 2007. Paris: IREM. http://publimath.irem.univ-mrs.fr/biblio/AAR07008.htm.

Coulon, A. (2004). Le métier d'étudiant : L'entrée dans la vie universitaire. Paris: Economica. http://www.unige.ch/fapse/life/livres/alpha/C/Coulon_1997_A.html.

Dethare, B. (2005), Que deviennent les bacheliers deux années après leur bac?. Note d'information, 05-19, 1-6, http://www.education.gouv.fr/cid1783/que-deviennent-les-bacheliers-les-deux-annees-apres-leur-bac.html.

Durand-Guerrier, V., & Arsac, G. (2003). Méthodes de raisonnement et leurs modélisations logiques. Spécificité de l'analyse. Quelles implications didactiques? Recherches en didactique des mathématiques, 23(3), 295–342.

Hall, E. T. (1959). The silent language. New York: Doubleday.

Hetzel, P. (2006). De l'université à l'emploi. Paris: La Documentation française. http://www.ladocumentationfrancaise.fr/rapports-publics/064000796/index.shtml

Ministère de l'enseignement supérieur et de la recherche (2011). Les chiffres clés 2010 de l'Enseignement supérieur, http://www.enseignementsup-recherche.gouv.fr/cid54957/les-chiffres-cles-2010-de-l-enseignement-superieur.html.

Organisation de coopération et de dévellopement économiques (2005). Dépenses d'éducation par niveau d'enseignement. http://www.oecd.org/fr/sites/panoramadesstatistiquesdelocde/34749520.pdf.

Praslon, F. (2000). Continuités et ruptures dans la transition terminale S/DEUG Sciences en analyse. Le cas de la notion de dérivée et son environnement. Paris: Université de Paris 7-Denis Diderot.

Robert, A. (1998). Outils d'analyse des contenus mathématiques à enseigner au lycée et à l'université. Recherches en didactique des mathématiques 18(2), 139–190.

Sauvé, L., Debeurme, G., Wright, A., Racette, N., & Pépin, K. (2009). Validation d'un dispositif en ligne d'aide à la persévérance aux études postsecondaires. International Journal of Technologies in Higher Education, 6(2–3). http://www.ritpu.org/IMG/pdf/RITPU_v06_n02-03_71.pdf

Trouche, L., Cazes, C., Jarraud, P., Rauzy, A., & Mercat, C. (2011) Transition lycée-université, penser des dispositifs d'appui, Revue internationale des technologies en pédagogie universitaire, International Journal of Technologies in Higher Education, 8 (1–2), 37–47. http://www.ritpu.org/spip.php?article193&lang=fr.

Wims server. Université Nice Sophia-Antipolis. Interactive mathematics on the internet, http://wims.unice.fr/.

12 Brückenkurs Mathematik an der FH Südwestfalen in Meschede – Erfahrungsbericht

Monika Reimpell (Fachhochschule Südwestfalen),
Daniel Hoppe (Universität Marburg),
Torsten Pätzold und Adriane Sommer (Fachhochschule Südwestfalen)

Zusammenfassung

Der Brückenkurs Mathematik für Ingenieur- und Wirtschaftswissenschaftler an der Fachhochschule Südwestfalen in Meschede wurde in den letzten Jahren überarbeitet, um den Defiziten der Studienanfänger, insbesondere im Bereich Mittelstufenmathematik, besser gerecht zu werden. Neben einem dreigliedrigen Brückenkurs aus Vorlesungen, vertiefenden Übungen und E-Learning wurde ein automatisch ausgewerteter Online-Test zur Mittelstufenmathematik als Studienvorleistung integriert. Der Artikel stellt das Konzept vor und berichtet über die Erfahrungen.

12.1 Ausgangssituation

Die Fachhochschule Südwestfalen ist eine Flächenfachhochschule für die Region Südwestfalen. Erklärtes Ziel ist es, Fachkräfte „aus der Region für die Region" auszubilden. Am Standort Meschede der Fachhochschule Südwestfalen werden die Fachrichtungen Wirtschaft, Maschinenbau und Elektrotechnik gelehrt. Das Studienangebot ist innerhalb des Fachbereichs Ingenieur- und Wirtschaftswissenschaften organisiert und eng verzahnt, so dass neben Bachelor- und Masterstudiengängen in den „reinen" Fachrichtungen interdisziplinäre Studiengänge wie International Management with Engineering und Wirtschaftsingenieurwesen angeboten werden.

In allen Bachelorstudiengängen der Fachhochschule Südwestfalen in Meschede werden im ersten Semester bzw. in den ersten Semestern Grundlagenkompetenzen in Mathematik vermittelt und zwar fachbezogen in den Veranstaltungen „Wirtschaftsmathematik" für Studierende der Studiengänge Wirtschaft und International Management with Engineering sowie „Ingenieurmathematik 1 & 2" für Studierende der Studiengänge Elektrotechnik, Maschinenbau und Wirtschaftsingenieurwesen. Die Mathematikmodule werden dabei als „Servicemodule" angesehen, die den Studierenden die Kenntnisse, Fähigkeiten und Fertigkeiten vermitteln sollen, die sie in den weiterführenden Modulen ihres Studiengangs benötigen. Die Inhalte der Mathematikmodule sind entsprechend in enger Kooperation mit den Fachdozenten der weiterführenden Module abgestimmt.

Die Rahmenbedingungen an der Fachhochschule Südwestfalen in Meschede sind in den letzten Jahren gekennzeichnet einerseits durch hohe und weiter steigende Studierendenzahlen – ca. 250 Studienanfänger im Modul „Wirtschaftsmathematik" lassen eine intensive Einzelbetreuung unmöglich erscheinen – und andererseits durch eine durch Studienbeiträge bzw. Hochschulpakt- und Qualitätsverbesserungsmittel aus Land und Bund deutlich verbesserte Personalausstattung in Form von Lehrkräften für besondere Aufgaben, wissenschaftlichen Mitarbeitern und studentischen Hilfskräften, die neue Lehrformate wie die Einrichtung eines Tutorenprogramms (siehe z. B. Reimpell und Szczyrba 2006) und den Einsatz von neuen Lehr- und Lernformen möglich machen.

12.2 Problem

Seit Jahren beobachten wir an der Fachhochschule Südwestfalen in Meschede hohe Durchfallquoten in den Mathematikmodulen des ersten Semesters.

Obwohl das Problem vielschichtig ist[1], hat sich in der detaillierten Analyse der Klausuren ein wesentlicher Punkt ergeben; viele Studierende scheitern aufgrund von fehlenden elementaren Mittelstufenmathematikkenntnissen an den Klausuren. Beispiele hierfür sind Bruchrechenkenntnisse, die z. B. für das Vereinfachen von Ableitungen benötigt werden, das Ausmultiplizieren von Klammerausdrücken, der Umgang mit Potenzen und Wurzeln sowie das Lösen einfacher linearer und quadratischer Gleichungen.[2]

12.3 Analyse

Im folgenden Abschnitt versuchen wir, das Problem bezüglich Eingangsparametern (Studienanfänger, Studierverhalten, Vorkenntnisse) und Ausgangsparametern (Anforderungen der Fachhochschule) zu analysieren, um daraus Maßnahmen zur Lösung ableiten zu können.

---

[1] Siehe Abschnitt „Analyse".

[2] Siehe hierzu auch analoge Erfahrungen an anderen Hochschulen, z. B. Schäfer et al. 2012, Hecker 2003, Schmitz 2010, Knospe 2008 und Jordanova-Duda 2011.

12.3.1 Studienanfänger

Mit welchen Vorkenntnissen kommen die Studienanfänger an die Fachhochschule Südwestfalen in Meschede?

Ein Blick in die Hochschulstatistik zeigt eine heterogene Studierendenschaft. Die schulische Vorbildung der Studienanfänger in den Studiengängen Wirtschaft und International Management with Engineering, auf die sich die weiteren Untersuchungen in diesem Artikel konzentrieren, besteht bei ca. 40 % aus dem Abitur und ca. 60 % aus der Fachhochschulreife. Zunehmend kommen Studierende ohne klassische Hochschulzugangsberechtigung hinzu. Über 60 % der Studierenden haben vor Beginn des Studiums eine berufliche Ausbildung abgeschlossen. Daraus ist abzuleiten, dass bei mehr als der Hälfte der Studienanfänger die schulische Mathematikausbildung schon einige Jahre zurückliegt. Es ist anzunehmen, dass dadurch zu Studienbeginn einige Kenntnisse bereits in Vergessenheit geraten sind.

Nach Analysen der Studienberatung ist davon auszugehen, dass bei den meisten Studienanfängern Mathematik nicht gerade zu den Lieblingsfächern in der Schule gehörte. Zahlreichen Studienanfängern ist – trotz gegenteiliger Aussagen in den Beratungsgesprächen – nicht bewusst, dass sie sich in einem Studium im Bereich Wirtschaft mit Mathematik beschäftigen müssen.

Gespräche mit Mathematiklehrern der Gymnasien und Berufskollegs der Region zeigen zwei weitere Probleme in der schulischen Vorbildung der Studienanfänger auf. Die Stundenkontingente in Mathematik werden als zu gering eingestuft. Die Curricula werden als überfrachtet angesehen – was an den Gymnasien durch die Umstellung auf das G8-System noch verschärft wird –, so dass zum Teil nicht alle für ein Schuljahr vorgesehenen Inhalte behandelt werden können.

Beide Aspekte deuten auf Wissens- und Kompetenzlücken gegenüber dem schulischen Curriculum hin.

12.3.2 Veranstaltungsinhalte

Welche Ziele werden in den grundlegenden Mathematikmodulen verfolgt und welche Kenntnisse, Fähigkeiten und Fertigkeiten sollen die Studierenden nach dem erfolgreichen Absolvieren erworben haben?

Entsprechend dem Selbstverständnis der interdisziplinären Verzahnung der Module werden die Mathematikmodule als „Servicemodule" aufgefasst, die diejenigen mathematischen Kompetenzen vermitteln, die in den weiterführenden Modulen des Studiengangs benötigt werden. Im Rahmen der Umstellung auf die Bachelor- und Masterabschlüsse erfolgte hierzu eine umfassende Analyse und Absprache mit den Fachdozenten.

Auszug aus dem Modulhandbuch für das Modul „Wirtschaftsmathematik":

Lernergebnisse
Die Studierenden kennen die grundlegenden Rechenmethoden aus dem „Werkzeugkasten Wirtschaftsmathematik", die für weiterführende Vorlesungen benötigt werden, beherrschen die Anwendung der Methoden sicher und können im Anwendungskontext die jeweils passenden Lösungsmethoden auswählen und anwenden.

Inhalte
Vermittelt werden, inhaltlich und zeitlich abgestimmt auf die Lehre in den anderen Fächern, die mathematischen Grundlagen, die in den betriebswirtschaftlichen Fächern benötigt werden. Der Schwerpunkt liegt auf dem Verständnis der mathematischen Konzepte und dem Erlernen der Rechenmethoden. Themen: Folgen & Reihen und deren finanzmathematische Anwendungen, Funktionen, Differentialrechnung einer Veränderlichen, Differentialrechnung mehrerer Veränderlichen, Extremwertaufgaben mit und ohne Nebenbedingungen, Integralrechnung, Matrizenrechnung, Lösen linearer Gleichungssysteme, betriebswirtschaftliche Anwendungen zu den mathematischen Themenbereichen wie mathematische Interpretation von Grenzkosten, Elastizitäten, Isoquanten, Berechnung von Konsumenten- und Produzentenrente, Teilebedarfsmatrizen usw.

Der vergleichsweise umfangreiche Inhalt des Moduls „Wirtschaftsmathematik" erfordert ein gewisses Mindestniveau als Eingangsqualifikation, um die Inhalte innerhalb eines Semesters erarbeiten zu können. Aus diesem Grund werden Kompetenzen in Mittelstufenmathematik im Modul „Wirtschaftsmathematik" vorausgesetzt.

12.3.3 Studierverhalten (gewünschtes und beobachtetes)

Während sich Dozenten wahrscheinlich überall auf der Welt über den gesamten Verlauf des Semesters gut vorbereitete, interessierte, engagierte, mitdenkende, selbstständig arbeitende, kreative, neugierige Studierende wünschen, die die Inhalte verinnerlichen und auch später im Studium und im Leben noch abrufen, anwenden und weiterentwickeln können, beobachten wir auch in Meschede einige davon abweichende Phänomene[3]:

- „Saisonarbeit": Die Beschäftigung mit einem Modul beschränkt sich auf einige Wochen vor der Klausur. Veranstaltungen während des Semesters werden zwar besucht, aber nicht oder nur unzureichend vor- und nachbereitet.
- „Konsumentenhaltung": Es besteht bei vielen Studierenden eine relativ hohe Hürde, ins eigenständige Tun zu gelangen, also tatsächlich überhaupt damit zu *beginnen*, eine Aufgabe anzugehen.
- „Aufwandsminimierung": Ausprägungen sind Abschreiben statt selbstständigem Lösen, Auswendiglernen statt Verstehen. Speziell werden Aufgabentypen ohne systematische Erarbeitung der theoretischen Zusammenhänge memoriert, so dass bereits geringfügig abweichend formulierte Aufgaben nicht gelöst werden können.
- „Lernen für die Prüfung": Lernen, Klausur schreiben, vergessen – bereits in nachfolgenden Modulen sind Inhalte oft nicht mehr präsent.

[3] Basierend auf den Beobachtungen des Studienberaters in über 2500 Beratungsgesprächen in fünf Jahren sowie moderierten Dozentenworkshops im Rahmen hochschuldidaktischer Schulungen.

Hinzu kommen:

- Lückenhafte Vorkenntnisse
- Fehlende Motivation - Wozu brauche ich denn Mathematik? In Mathematik war ich immer schlecht ...
- Unzureichende Studiertechniken - z. B. beim Lesen und präzisen Beantworten von Aufgabenstellungen oder bei der zuverlässigen Informationsbeschaffung
- Fehlendes Problembewusstsein - Ratschläge werden erst angenommen, wenn die ersten Prüfungen nicht bestanden wurden
- Unrealistische Selbsteinschätzung - z. B. bezogen auf eigene mathematische Kenntnisse oder das eigene Engagement zum Kompensieren von Defiziten
- Mangelndes Selbstmanagement - z. B. werden Prüfungen geschoben oder unzureichend vorbereitet
- Fehlende Selbstverantwortung für den eigenen Studienerfolg[4]

12.4 Maßnahmen

Zur „Lösung" des Problems wurde an der Fachhochschule Südwestfalen in Meschede ein ganzes Paket an aufeinander abgestimmten Maßnahmen umgesetzt. Der Fokus in diesem Artikel liegt auf der Beschreibung des Brückenkurs Mathematik, der insbesondere das Problem „lückenhafte Vorkenntnisse in Mittelstufenmathematik" adressiert. Weitere Maßnahmen können im Rahmen dieses Artikels nur skizziert werden.

12.4.1 Brückenkurs Mathematik

12.4.1.1 Vorerfahrungen mit Brückenkursen in Mathematik

Die Fachhochschule Südwestfalen in Meschede blickt auf langjährige Vorerfahrungen mit Brückenkursen im Bereich Mathematik zurück.

Zunächst wurde der Brückenkurs Mathematik im Sinne der „Wiedererinnerung" viertägig mit den Themenschwerpunkten Zahlen und Rechenregeln, Logik, Funktionen und Trigonometrie durchgeführt.

Ab 2007 konnte aufgrund von zusätzlich verfügbaren Ressourcen der Erkenntnis, dass man Mathematik nur durch eigenes Tun und durch Üben lernt, mit einer Erweiterung des Brückenkurses Mathematik auf zwei Wochen Rechnung getragen werden. Hierbei wurden insbesondere die Übungsanteile in Form von durch wissenschaftliche Mitarbeiter betreutem Bearbeiten von Übungsaufgaben in Kleingruppen ausgeweitet.

---

[4] Siehe hierzu aus psychologischer Sicht auch Winterhoff und Thielen 2010. Ausprägungen an der Hochschule sind z. B. Studieninteressierte, die mit ihren Eltern zur Studienberatung kommen, oder Eltern, die juristisch gegen nicht bestandene Prüfungen vorgehen.

Ab 2010 wurde der Brückenkurs Mathematik noch einmal auf aktuell vier Wochen ausgedehnt. Hierdurch konnte der Brückenkurs „entschleunigt" werden. Neben Mathematik wurden Informationsblöcke zum „praktischen Studierendenleben", zur Studienorganisation und zu Studiertechniken integriert. Am Ende des Brückenkurses Mathematik kann als Studienvorleistung für das Modul „Wirtschaftsmathematik" ein „Mittelstufenmathematiktest"[5] abgelegt werden.

12.4.1.2 Dreigliedriger Aufbau des Brückenkurses

Der Brückenkurs Mathematik ist aktuell dreigliedrig aufgebaut, und zwar aus den Bausteinen:

- Vorlesungen
- Übungen
- E-Learning

Die Elemente Vorlesungen und Übungen sind in „Vorlesungstage" und „Vertiefende Übungstage" gruppiert.

Ein „Vorlesungstag" besteht aus Vorlesungen inklusive Übungen, Einheiten mit Input durch den Dozenten, Diskussionen, Lösen von Übungsaufgaben in größeren und kleineren Gruppen usw. wechseln sich ab. Die Themen für einen „Vorlesungstag" stehen im Vorfeld fest und werden den Studierenden bekannt gegeben, um die themenbezogene Teilnahme an einzelnen Brückenkurstagen zu erleichtern. Im Wintersemester 2011/12 wurden zehn „Vorlesungstage" zu den in Tab. 12.1 aufgelisteten Themengebieten angeboten.

Die „Vertiefenden Übungstage" dienen dazu, die Inhalte der „Vorlesungstage" weiter einzuüben und zu verinnerlichen. Zur Betreuung der Studierenden sind hierfür zahlreiche wissenschaftliche Mitarbeiter eingebunden.

Im Wintersemester 2011/12 folgte auf jeweils zwei „Vorlesungstage" ein „Vertiefender Übungstag". Die Aufgaben in den Übungseinheiten bezogen sich auf die Themenbereiche, die in den Vorlesungstagen davor besprochen wurden. Pro Thema gab es ein Übungsblatt mit Lösungen, die Lösungen wurden am Ende des „Vertiefenden Übungstags" verteilt.

Um die Motivation, an den „vertiefenden Übungstagen" teilzunehmen, zu erhöhen, wurden Informationsveranstaltungen zu allgemeinen Themen rund um den Studienbeginn integriert. Die Themen reichen von Studienstrategien über die Anerkennung außerhochschulischer Leistungen, Studienfinanzierung wie BAföG, kooperative Studienmodelle, Stipendien usw. bis hin zu Möglichkeiten für Auslandaufenthalte während des Studiums und eröffnen zugleich die Möglichkeit, die Ansprechpartner innerhalb der Hochschule wie Studienberatung und Akademisches Auslandsamt kennenzulernen.

[5] Siehe Abschnitt „Mittelstufenmathematiktest".

Tab. 12.1 Themen im Brückenkurs Mathematik

Tag	Themen
1	Grundbegriffe der Mengenlehre, Termumformungen, einfache Beweistechniken
2	Binomische Formeln, Bruchrechnen
3	Lineare und quadratische Funktionen
4	Lineare Gleichungssysteme
5	Rechnen mit Wurzeln, Potenzen, Polynomdivision
6	Logarithmen, Exponentialfunktionen
7	Winkel, Strahlensätze, Flächensätze, Ähnlichkeit
8	Trigonometrie, Funktionsgraphen
9	Grundlagen der Differentialrechnung, Differenzieren von Polynomen
10	Grundlagen der Integralrechnung, Integrieren von Polynomen

Der Personaleinsatz für die Durchführung der Präsenzangebote des Brückenkurs Mathematik für 200 bis 250 Studierende umfasste im Wintersemester 2011/12 eine Lehrkraft für besondere Aufgaben, die die Vorlesungen leitete, die Übungsaufgaben vorbereitete und während des vierwöchigen Brückenkurses jederzeit für Fragen zur Verfügung stand. Wissenschaftliche Mitarbeiter standen im Umfang von ca. 50 Personentagen für die Betreuung der Studierenden in den Übungseinheiten zur Verfügung. Organisatorisch wurde die Durchführung des Brückenkurses von einer studentischen Hilfskraft im Umfang von ca. 20 Personentagen unterstützt.

Zusätzlich zu den Präsenzangeboten wird für den Brückenkurs Mathematik eine E-Learning-Komponente angeboten.

Darin werden als Selbstlernmöglichkeit z. B. kommentierte Videos, in denen von Studierenden höherer Semester Inhalte der Themenblöcke erklärt oder Beispielaufgaben Schritt für Schritt vorgerechnet und erklärt werden, angeboten. Ein zentraler Bereich der E-Learning-Komponente ist ein Pool mit Aufgaben, die direkt in der Online-Plattform gelöst werden können und zu denen ein direktes Ergebnisfeedback mit Hinweisen zu Wissenslücken und weiteren Lernmöglichkeiten angeboten wird (vgl. Abb. 12.1 und Abb. 12.2).

Da die Inhalte der E-Learning-Komponente auf die Inhalte der Präsenzangebote des Brückenkurs Mathematik abgestimmt sind, kann sie Studienanfängern auch Hinweise liefern, inwiefern die Teilnahme an den Präsenzen im Einzelfall sinnvoll bzw. notwendig ist.

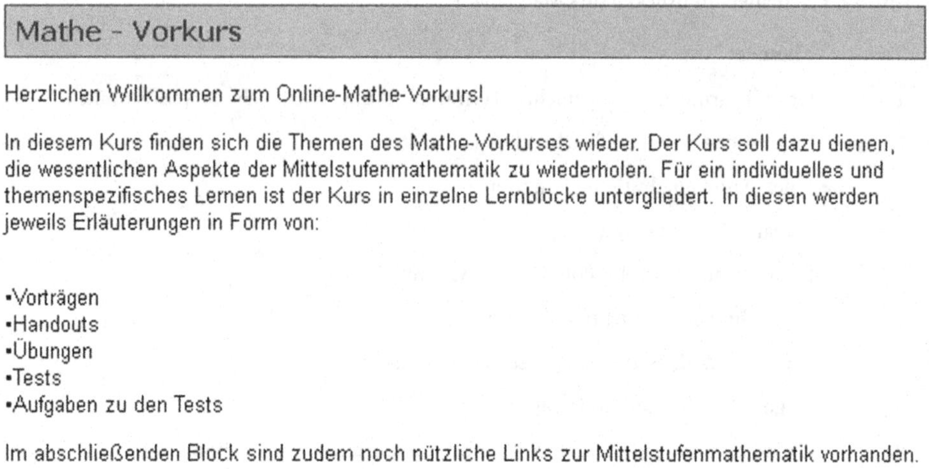

Mathe - Vorkurs

Herzlichen Willkommen zum Online-Mathe-Vorkurs!

In diesem Kurs finden sich die Themen des Mathe-Vorkurses wieder. Der Kurs soll dazu dienen, die wesentlichen Aspekte der Mittelstufenmathematik zu wiederholen. Für ein individuelles und themenspezifisches Lernen ist der Kurs in einzelne Lernblöcke untergliedert. In diesen werden jeweils Erläuterungen in Form von:

•Vorträgen
•Handouts
•Übungen
•Tests
•Aufgaben zu den Tests

Im abschließenden Block sind zudem noch nützliche Links zur Mittelstufenmathematik vorhanden.

Abb. 12.1 E-Learning-Angebot zum Brückenkurs Mathematik – Einstieg

Beträge

Welche Fälle habe ich zu unterscheiden?

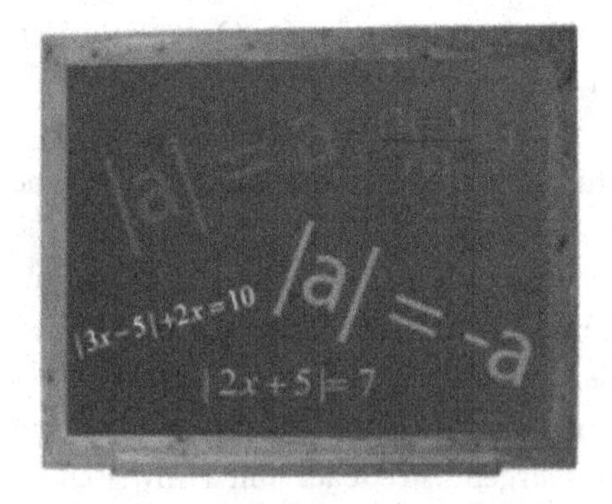

Beträge - Skript
Beträge - Vortrag
Beträge - Übung
Test zu Beträgen
Aufgaben zum Test - Beträge

Abb. 12.2 E-Learning-Angebot zum Brückenkurs Mathematik – exemplarische Übersicht

12.4.2 Mathematiknachhilfe

Für Studierende, bei denen der Brückenkurs Mathematik die Lücken in Mittelstufenmathematik nicht ausreichend schließen konnte, bietet die Fachhochschule Südwestfalen in Meschede zusätzlich semesterbegleitend zum ersten Studiensemester Angebote im Bereich „Mathematiknachhilfe" an, die von Lehrern aus Schulen der Region und von Studierenden höherer Semester angeboten werden.

12.4.3 Mittelstufenmathematiktest

12.4.3.1 Online-Test zur Mittelstufenmathematik

Mit „Mittelstufenmathematiktest" wird an der Fachhochschule Südwestfalen in Meschede ein Test bezeichnet, der aus Aufgaben aus dem Bereich der Mittelstufenmathematik besteht. Der Test ist als Online-Test konzipiert und technisch in der Lernplattform Moodle umgesetzt. Für die Bearbeitung stehen jeweils 30 Minuten zur Verfügung. Der Test wird unter Aufsicht von wissenschaftlichen Mitarbeitern in den PC-Poolräumen der Fachhochschule durchgeführt. Der Computer stellt hierzu aus einem großen Aufgabenpool nach bestimmten Vorgaben für jeden Teilnehmer einen Test zusammen. Der Test wird vom Computer automatisch ausgewertet. Ein Test wird als bestanden gewertet, wenn mindestens 75 % der Punkte erreicht wurden. Der Schwellwert von 75 % wurde mit Hilfe von Testpersonen aus den Gruppen wissenschaftliche Mitarbeiter, Studierende höherer Semester und Studienanfänger ermittelt, um einerseits ein „Lernen auf Lücke" unattraktiv zu machen, andererseits aber einzelne Rechenfehler nicht gleich zum Nichtbestehen des Tests führen zu lassen.

Im Test werden die folgenden Themen (in Tab. 12.2 alphabetisch sortiert) abgedeckt. Den Aufgaben sind je nach Schwierigkeitsgrad bzw. Umfang ein bis fünf Punkte zugeordnet. In einem Test können bis zu 28 Punkte erreicht werden.

Tab. 12.2 Beispielaufgaben „Mittelstufenmathematiktest"

Thema	Punkte/Typ	Beispielaufgaben	
Ausklammern	1P & 2P (wahr/falsch)	Beurteilen Sie, ob es sich bei der nachfolgenden Umformung um eine mathematisch korrekte Veränderung handelt: $(a+b)^2-(a-b)^2=0$	(4.1)
Beträge	2P (Lückentext)	Bestimmen Sie die Lösungen der nachfolgenden Gleichung: $\left\|\frac{2x+4}{6x-2}\right\|=2$	(4.2)
Bruchrechnen	1P & 3P (numerisch)	Bestimmen Sie die Lösung der nachfolgenden Gleichung: $\frac{3}{x+2}+\frac{5}{2}=0$	(4.3)
	3P (Multiple Choice)	Lösen Sie die folgende Bruchgleichung nach x auf. Vereinfachen Sie soweit wie möglich und wählen Sie die richtige Antwort: $\frac{a-b^2}{x}-\frac{c-b^2}{x}-b=0$	(4.4)
		Lösungsalternativen: $x=\frac{a+c}{b}$ $x=\frac{b+c}{b}$ $x=\frac{a-c}{b}$	(4.5–4.7)

Tab. 12.2 Fortsetzung

Funktionen erkennen	5P (Zuordnung)	Ordnen Sie den in der Abbildung dargestellten Funktionen die richtigen Funktionsgleichungen zu: 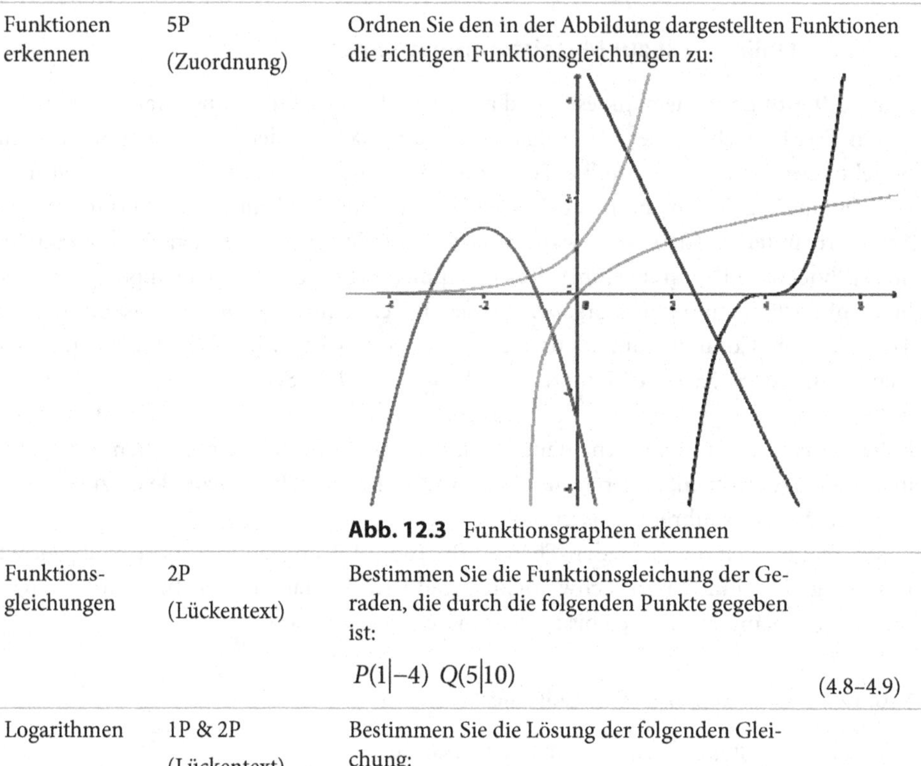 **Abb. 12.3** Funktionsgraphen erkennen
Funktions-gleichungen	2P (Lückentext)	Bestimmen Sie die Funktionsgleichung der Geraden, die durch die folgenden Punkte gegeben ist: $P(1\|-4)\ Q(5\|10)$ (4.8–4.9)
Logarithmen	1P & 2P (Lückentext)	Bestimmen Sie die Lösung der folgenden Gleichung: $-\ln(-x)=1$ (4.10)
Nullstellen	2P (Lückentext)	Bestimmen Sie die Nullstellen der folgenden quadratischen Funktion: $-3x^2-9x+12=0$ (4.11)
Potenzen	1P (wahr/falsch)	Beurteilen Sie, ob die folgende Umformung mathematisch korrekt ist: $a^{\mathrm{n}}\cdot b^{\mathrm{n}}=(ab)^{2\mathrm{n}}$ (4.12)
Vereinfachen	1P & 2P (numerisch)	Vermindert man das Vierfache einer Zahl um 2 und dividiert man durch die um 4 verminderte Zahl, so erhält man 11. Wie heißt diese Zahl?
Wurzeln	1P (wahr/falsch)	Beurteilen Sie, ob die angegebene Umformung mathematisch korrekt ist: $\sqrt{a}+\sqrt{b}=\sqrt{a+b}$ (4.13)
Zins- und Potenz-rechnung	1P (numerisch)	Silke möchte sich ein neues Fahrrad kaufen. Wegen eines kleinen Fehlers gibt der Händler ihr einen Sonderpreis. Sie zahlt 720 Euro, das sind 81 % vom Originalpreis. Wie hoch ist dieser?

Die Themen der Aufgaben sind so gewählt, dass sie wesentliche Bereiche des Brückenkurs Mathematik abdecken. Die Aufgaben werden so ausgewählt, dass insbesondere die Themenbereiche abgedeckt werden, bei denen in der Vergangenheit in den Klausuren vermehrt Fehler gefunden wurden bzw. wo es durch fehlendes Grundlagenwissen in der Vorlesung zu Verzögerungen gekommen ist. Der Aufgabenpool wird laufend ergänzt, sowohl durch zusätzliche Aufgaben als auch zum Teil durch Ergänzung um weitere Themenbereiche. Durch die IT-technische Realisierung des Tests in Moodle müssen Restriktionen bezüglich möglicher Aufgabentypen in Kauf genommen werden. Diese beruhen einerseits auf inhaltlichen Anforderungen. Da der Test aufgrund der hohen Studierendenzahlen auf jeden Fall automatisch ausgewertet werden soll, sind die Aufgabentypen entsprechend gewählt und es sind bewusst keine Freitextantworten vorgesehen. Des Weiteren sind die Aufgaben bewusst so klein gehalten, dass bei der Auswertung auf die Vergabe von Teilpunkten verzichtet werden kann.

Andererseits ergeben sich durch die IT-technische Realisierung auch Restriktionen seitens des IT-Systems. Folgende Fragetypen sind aktuell realisiert:

- Multiple Choice und wahr/falsch
- Numerische Aufgaben mit absoluter und relativer Ergebnistoleranz
- Zuordnungen
- Lückentexte mit allen Antworttypen
- Numerische Aufgaben, die nach Formelvorgaben automatisch erzeugt werden

Insgesamt bedeuten diese Limitierungen, dass nur ausgewählte Aufgabendesigns möglich sind und sich nicht alle didaktisch wünschenswerten Anforderungen an Aufgaben im Test realisieren lassen. Dies wird jedoch als vertretbar eingestuft, da die Grundlagenmodule in Mathematik genügend Raum für die didaktischen Aspekte lassen, die im „Mittelstufenmathematiktest" vernachlässigt werden.

Systemtechnisch setzt der Online-Test zur Mittelstufenmathematik den Betrieb einer entsprechenden Online-Plattform voraus. Die Verwendung des Online-Tests als Prüfungselement setzt voraus, dass das Authentifizierungsproblem gelöst ist – entweder administrativ, z. B. durch Termin- und Zugangsdatenvergabe sowie persönliche Beaufsichtigung der Tests, oder über IT-Lösungen. Hierzu zählt auch, dass Fragen des Umgangs mit Systemausfällen geklärt sind.

Der Aufgabenpool für den „Mittelstufenmathematiktest" umfasst aktuell ca. 500 Aufgaben[6] und wird laufend ergänzt. Die Aufgaben wurden von wissenschaftlichen Mitarbeitern der Fachhochschule Südwestfalen erstellt. Hierfür ist, nach einer Einarbeitungszeit, mit einem Zeitaufwand von ca. 50 Aufgaben pro Personentag zu rechnen. Beispiele für ähnliche Aufgaben finden Sie z. B. in Knorrenschild 2004, Kreul und Ziebarth 2009, Poguntke 2009 und Schäfer et al. 2009. IT-technische Details zu möglichen Fragetypen und deren Umsetzung, Formeldarstellungen, Importmöglichkeiten aus anderen Aufgabenquellen und -formaten usw. finden sich z. B. in Gertsch 2007.

[6] Numerische Aufgaben, die nach Formelvorgaben automatisch erzeugt werden, werden als eine Aufgabe gezählt, obwohl die konkreten Werte vom System variiert werden.

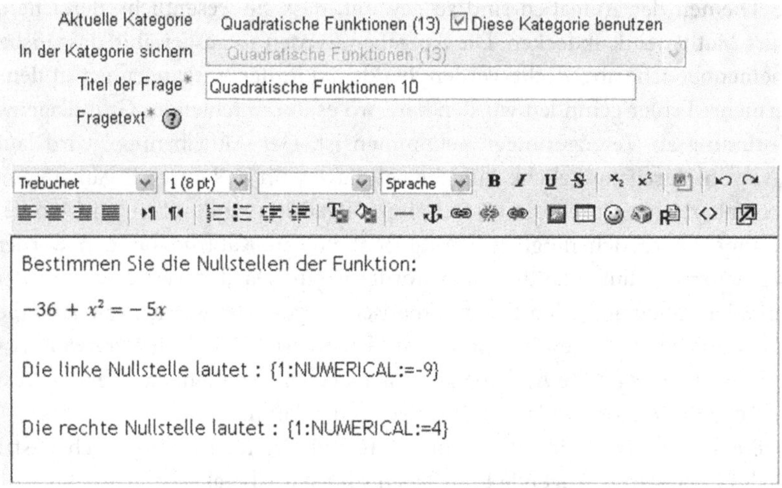

Aktuelle Kategorie Quadratische Funktionen (13) Diese Kategorie benutzen
In der Kategorie sichern Quadratische Funktionen (13)
Titel der Frage* Quadratische Funktionen 10
Fragetext*

Trebuchet 1 (8 pt) Sprache

Bestimmen Sie die Nullstellen der Funktion:

$-36 + x^2 = -5x$

Die linke Nullstelle lautet : {1:NUMERICAL:=-9}

Die rechte Nullstelle lautet : {1:NUMERICAL:=4}

Abb. 12.4 Beispiel für Aufgabenerstellung in Moodle

12.4.3.2 Motivation für den Mittelstufenmathematiktest

Der Mittelstufenmathematiktest wurde als extrinsische Motivation[7] eingeführt, damit sich die Studienanfänger mit Mittelstufenmathematik auseinandersetzen.

Idealerweise sollte *vor* Beginn der Grundlagenmodule in Mathematik sichergestellt sein, dass die für das Verständnis der Modulinhalte notwendigen Kenntnisse in Mittelstufenmathematik vorhanden sind. Hieraus resultiert einerseits die zeitliche Anordnung des Brückenkurses Mathematik *vor* Beginn der regulären Vorlesungen im ersten Studiensemester und andererseits das Angebot, den Mittelstufenmathematiktest am Ende des Brückenkurses, also ebenfalls vor Beginn der regulären Vorlesungen, abzulegen.

Die zeitliche Anordnung des Mittelstufenmathematiktests am Ende des Brückenkurses Mathematik und vor Beginn der regulären Vorlesungen resultiert noch aus weiteren Überlegungen:

- Studienanfänger können ihre erste Studienleistung bereits direkt zu Beginn des Semesters erwerben.
- Studierende können vor Beginn des Besuchs der Grundlagenmodule in Mathematik ihren Wissensstand in Mittelstufenmathematik überprüfen.
- Teilnehmer des Brückenkurses Mathematik können ihre neu gewonnenen Kenntnisse direkt in eine Studienleistung einbringen.
- Studierende mit guten Vorkenntnissen in Mathematik können den Mittelstufenmathematiktest ablegen ohne den Brückenkurs Mathematik besucht zu haben.

[7] Es hat sich leider über Jahre herausgestellt, dass „gutes Zureden" allein nicht ausreicht.

Es hat sich gezeigt, dass eine zeitliche Anordnung des Mittelstufenmathematiktests innerhalb der ersten Wochen der Vorlesungszeit ungünstig ist, da sich dann viele Studierende auf den Mittelstufenmathematiktest fokussieren und nicht auf die Inhalte der Grundlagenmodule in Mathematik konzentrieren, was die Gefahr birgt, gleich zu Beginn des Semesters den Anschluss zu verlieren.

Als Alternativtermine und für Studierende, die den Test im ersten Versuch nicht bestanden haben, werden weitere Termine im Verlauf des Semesters angeboten. Hierdurch soll sichergestellt werden, dass auch Studierende mit geringen Vorkenntnissen bei entsprechendem Einsatz die Möglichkeit haben, das Modul „Wirtschaftsmathematik" im ersten Semester erfolgreich abzuschließen. Ein weiterer Termin liegt kurz vor Weihnachten zum Abschluss eines semesterbegleitend angebotenen „Mathematiknachhilfe"-Repetitoriums. Ein weiterer Termin liegt ca. 1,5 bis zwei Monate vor der Klausur „Wirtschaftsmathematik". Termine, die näher am Klausurtermin liegen, werden nicht angeboten, da nach unseren Beobachtungen viele Studierende sequenziell lernen, sich also erst nach Bestehen des Mittelstufenmathematiktests mit den Inhalten des Moduls „Wirtschaftsmathematik" beschäftigen, und daher sonst nicht genug Zeit für eine sinnvolle Klausurvorbereitung bleibt.

12.4.3.3 Ergebnisse des Mittelstufenmathematiktests

Im Folgenden werden examplarisch einige Auswertungen zu den Ergebnissen des Mittelstufenmathematiktests gezeigt.

Ein Vergleich der durchschnittlichen Ergebnisse direkt nach Teilnahme am Brückenkurs Mathematik zeigt eine signifikante Verbesserung zwischen den Ergebnissen 2009 nach zweiwöchigem Brückenkurs und 2010 nach vierwöchigem Brückenkurs.

Die Quote der Studierenden, die den Test im 1. Versuch bestanden haben, konnte 2010 (n = 179) gegenüber 2009 (n = 191) auf ca. 46 % gegenüber 32 % (bezogen auf die Testteilnehmer 1. Semester) bzw. auf ca. 63 % gegenüber 50 % (bezogen auf die bestandenen Tests 1. Semester) erhöht werden.

Der Mittelstufenmathematiktest wurde als Studienleistung im Wintersemester 2009/10 erstmalig eingeführt. Aus prüfungsrechtlichen Gründen war er in einigen Prüfungsordnungen erst im Wintersemester 2010/11 verbindlich verankert, so dass wir für das Jahr 2009 Vergleichsdaten bezüglich der Ergebnisse in der Klausur „Wirtschaftsmathematik" zwischen Studierenden mit und ohne verbindlichem Mittelstufenmathematiktest vorliegen haben. Die Studierenden mit Mittelstufenmathematiktest erreichten eine signifikant höhere durchschnittliche Punktzahl in der Klausur (43 von 75 Punkten) als die Studierenden ohne Mittelstufenmathematiktest (34 von 75 Punkten). Dies kann als Indikator gesehen werden, dass eine erzwungene Beschäftigung mit Mittelstufenmathematik das Abschneiden in der Klausur „Wirtschaftsmathematik" verbessert.

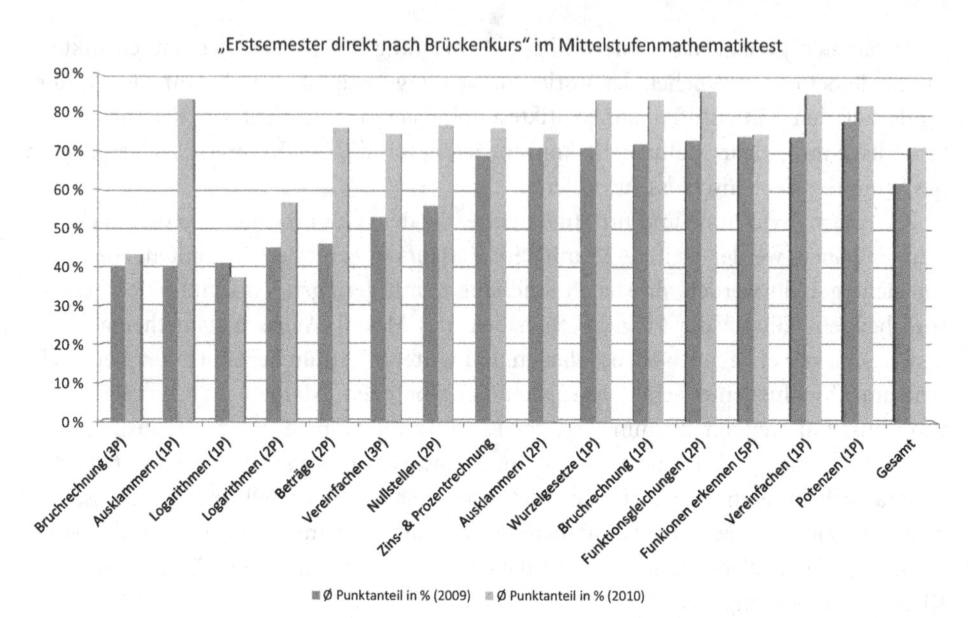

Abb. 12.5 Vergleich der durchschnittlichen Ergebnisse pro Aufgabentyp – Erstsemester direkt nach Brückenkurs 2009 (zweiwöchig) und 2010 (vierwöchig)

12.5 Fazit

Mit dem Brückenkurs Mathematik in der aktuellen Form und dem Mittelstufenmathematiktest konnten Bausteine geschaffen werden, die helfen, fehlende Vorkenntnisse in Mathematik zu Beginn des Studiums auszugleichen und den Wissensstand, der als Ausgangsbasis für die Grundlagenmodule in Mathematik dient, anzugleichen.

Bezüglich der weiteren in der Problemanalyse herausgearbeiteten Herausforderungen verfolgt die Fachhochschule Südwestfalen in Meschede sowohl in der Gestaltung des Moduls „Wirtschaftsmathematik" wie mit Angeboten der Studienberatung verschiedene Ansätze.

Leider haben wir hier noch nicht zu allen Punkten *die* Lösung gefunden. Gerade beim Selbstverständnis der Hochschule als „*Hoch*schule mit erwachsenen, eigenverantwortlichen, selbstständigen Studierenden" stehen wir möglicherweise noch am Anfang unseres Weges (vgl. Tab. 12.3).

Tab. 12.3 Lösungsansätze

Problem	Ursachen	Lösungsansätze
Lückenhafte Vorkenntnisse	Heterogene Studierendenschaft Mehrere Jahre zwischen Schule und Hochschule Nichtmathematischer Fokus in der Schule Mathematikunterricht an Schulen	Brückenkurs Mathematik Mittelstufenmathematiktest Kooperation mit Schulen (in der Region) Mathematiknachhilfe
„Saisonarbeit", „Konsumentenhaltung", „Aufwandsminimierung"	Fehlendes Problembewusstsein Unrealistische Selbsteinschätzung Mangelndes Selbstmanagement Fehlende Selbstverantwortung	Ausweitung Präsenzzeiten Bonusaufgaben Interaktive Veranstaltungsformate Klausuren so stellen, dass Auswendiglernen nicht hilft Tutorenprogramme und Tutorenzertifizierung
„Lernen für die Prüfung"	Fehlende Motivation	Anwendungen „fürs Leben" aufzeigen Transparenz über Veranstaltungsinhalte unter Dozenten In weiterführenden Modulen auf Grundlagen aufbauen
Unzureichende Studiertechnik	Studiertechniken nicht in Schule erlernt Schulabschluss mit Minimalaufwand erworben	Studienberatung Lerncoaching

12.6 Literaturverzeichnis

Gertsch, F. (2007). Das Moodle-1.8-Praxisbuch. Online-Lernumgebungen einrichten, anbieten und verwalten. München: Addison-Wesley.

Hecker, J. (2003). Studie: NRW-Fachhochschüler – in Mathematik mangelhaft. VDI Nachrichten, Nr. 07/2003, 6.

Jordanova-Duda, M. (2011). Unikurse beheben Schwachstelle „Mathe". VDI Nachrichten, Nr. 38/2011, 13.

Knorrenschild, M. (2004). Vorkurs Mathematik. Ein Übungsbuch für Fachhochschulen. München: Carl-Hanser.

Knospe, H. (2008). Mathematik-Vorkenntnisse von Studienanfängern der Ingenieurwissenschaften. Fachhochschule Köln. http://www.nt.fh-koeln.de/fachgebiete/mathe/knospe/slides-vorkenntnisse.pdf. Abgerufen am 08.10.2012.

Kreul, H., & Ziebarth, H. (2009). Mathematik leicht gemacht. Frankfurt a. M.: Deutsch.

Modulhandbuch Bachelor-Wirtschaft der Fachhochschule Südwestfalen in Meschede, http://www4.fhswf.de/media/downloads/hv2/download_12/verlaufsplaene_modulhandbuecher/meschede/BA_Wirtschaft_Modulhandbuch.pdf.

Poguntke, W. (2009). Hochschulmathematik für Einsteiger. Wiesbaden: Vieweg+Teubner.

Reimpell, M., & Szczyrba, B. (2006). Studierende als Dozierende - Kompetenzentwicklung durch ein Tutorenzertifizierungsprogramm. In: Berendt, B. et al., Neues Handbuch Hochschullehre, Stuttgart: Raabe.

Schäfer, M. et al. (2012). Improving Current Math State of Knowledge for First Year Students. 1st Moodle ResearchConference.

Schäfer, W. et al. (2009). Mathematik-Vorkurs. Übungs- und Arbeitsbuch für Studienanfänger. Wiesbaden: Vieweg+Teubner.

Schmitz, W. (2010). „Turbo-Abi“ verschlechtert Mathematikkenntnisse. VDI Nachrichten, Nr. 12–13/2010, 5.

Winterhoff, M., &Thielen, I. (2010). Persönlichkeiten statt Tyrannen. Oder: Wie junge Menschen in Leben und Beruf ankommen. Gütersloh: Gütersloher Verlagshaus.

13

E-xploratives Lernen an der Schnittstelle Schule/Hochschule

Didaktische Konzepte, Erfahrungen, Perspektiven

Katherine Roegner (Technische Universität Berlin), Ruedi Seiler (Integral Learning GmbH) und Dagmar Timmreck (Freie Universität Berlin)

Zusammenfassung

Der Online Mathematik Brückenkurs (OMB) mit virtuellem Tutorium wird von der TU Berlin, der RWTH Aachen, der TU Braunschweig und der TU Kaiserslautern angeboten. Er basiert inhaltlich und didaktisch auf dem in Schweden entwickelten Mathematik-Brückenkurs MATH.SE, der an der KTH Stockholm und sechs weiteren schwedischen Universitäten genutzt wird. In diesem Beitrag wird über den Kurs und die Erfahrungen an der TU Berlin berichtet.

Wir beginnen mit einer inhaltlichen und didaktischen Beschreibung des virtuellen Blended Learning Kurses. Konkret wird über den Einsatz an der TU Berlin einschließlich der organisatorischen Aspekte berichtet. Anschließend werden Lernszenarien, die über den gegenwärtigen Stand hinausgehen, dargestellt. Sie haben zum Ziel, den Kurs verstärkt interaktiv zu gestalten und den Lernenden eine personalisierte Lernumgebung anzubieten. Diese Lernszenarien bauen auf Erfahrungen auf, wie sie seit einigen Jahren im Bereich Blended Learning in der Mathematikausbildung der Studienanfänger an der TU Berlin gemacht worden sind. Zum Abschluss schildern wir die Ergebnisse einer Befragung von Studierenden im ersten Studienjahr.

13.1 Konzept, Organisation und Inhalte

Der Online Mathematik Brückenkurs (OMB)[1] ist ein freiwilliges ganzjähriges Angebot für angehende Studierende, deren Studium Mathematik-Pflichtveranstaltungen umfasst. An der TU Berlin sind dies zum größten Teil angehende Studierende der Ingenieurswis-

1 http://www.math.tu-berlin.de/OMB/

senschaften. Der OMB realisiert ein virtuelles Blended Learning Konzept mit Online-Kursmaterial und einem virtuellen Tutorium. Er wird durch abgestimmte Präsenzkurse vor Semesterbeginn ergänzt. Das Online-Kursmaterial umfasst ein Skript, Prüfungsaufgaben mit automatischer Korrektur sowie umfangreichere Einzel- und Gruppenaufgaben, die online bearbeitet und von einem Tutor korrigiert werden. Im virtuellen Tutorium lernen die Teilnehmer miteinander in von Tutoren moderierten Foren und haben an 360 Tagen im Jahr täglich zehn Stunden die Möglichkeit, über Skype, Telefon und E-Mail persönlich mit einem Tutor im OMB-Call-Center Kontakt aufzunehmen.

Der Kurs stammt aus Schweden und wird in Deutschland in Kooperation mit der „Königlich Technischen Hochschule Stockholm" derzeit an den vier Universitäten RWTH Aachen, TU Berlin, TU Braunschweig und TU Kaiserslautern angeboten. Die laufenden Kosten des Kurses – zum größten Teil Personalkosten für das virtuelle Tutorium – werden auf die teilnehmenden Universitäten umgelegt. Der Kurs ist offen für weitere Partneruniversitäten. Organisation und Projektleitung des OMB für Deutschland liegen an der TU Berlin. Der Kurs läuft auf der Online-Lernplattform MUMIE[2], die auch in den Ingenieur-Anfängerveranstaltungen an der TU Berlin eingesetzt wird. Ein Großteil der OMB-Teilnehmer sammelt so bereits Erfahrungen mit einer Lernplattform, die ihnen im ersten Semester wieder begegnet.

Das didaktisch-organisatorische Modell des virtuellen Tutoriums ist so aufgebaut, dass einfache Fragen von Lernenden selbst im Forum geklärt werden (first-level support). Weitergehende Fragen werden von den Tutorinnen und Tutoren beantwortet (second-level support). Fragen, die die Tutoren nicht beantworten können, gehen an die Projektleitung (third-level support). Damit skaliert der OMB sehr gut, d. h. mit überschaubaren Kosten können auch sehr große Zahlen von Lernenden betreut werden. Gegenwärtig sind im Mathematik-Call-Center trotz hoher Anmeldezahlen noch freie Kapazitäten vorhanden. Bei Bedarf kann es leicht und kostengünstig aufgestockt werden.

Der OMB wird an den verschiedenen teilnehmenden Universitäten sowohl als Online-Brückenkurs mit virtuellem Tutorium, als auch als Übungsumgebung zur Ergänzung des klassischen Präsenz-Kurses oder als Repetitorium für Studierende im ersten Studienjahr genutzt. An der TU Berlin gehört zum Präsenz-Brückenkurs nur eine Vorlesung und eine große Übung pro Tag. Übungen in Kleingruppen (Tutorien) werden nicht angeboten. Der OMB ermöglicht hier den Teilnehmern das dringend notwendige eigene Üben, bei Bedarf mit Unterstützung durch die Tutoren des OMB und erspart der Universität damit größere Kosten.

Inhaltlich ist der OMB die deutsche Variante des bewährten, schwedischen Brückenkurses MATH.SE[3]. Dieser Kurs wird an der KTH Stockholm und sechs weiteren schwedischen Universitäten seit mehr als zehn Jahren eingesetzt und jeden Sommer von zirka 10.000 Teilnehmern zur Vorbereitung auf das Studium verwendet. Der Kurs wurde in den vergangenen drei Jahren nicht nur ins Deutsche übersetzt, sondern auch auf die

2 https://www.mumie.net
3 http://www.math.se/

Lernplattform MUMIE portiert und neu strukturiert, um den Wünschen der Partneruniversitäten nachzukommen. Dabei wurden die vorhandenen Inhalte auf zwei Hauptteile und zwei Erweiterungsmodule aufgeteilt. Die beiden Hauptteile bilden den inhaltlichen Kern des OMB, der an allen Partneruniversitäten zum Standardstoff der Brückenkurse gehört. Die Erweiterungsmodule decken Themen ab, die an einigen Universitäten oder für einige Studiengänge den Standardstoff der Vorkurse ergänzen.

Der erste Teil beinhaltet Schulstoff, der bis zur 9. Klasse behandelt wird. Im Einzelnen sind das:

- Grundrechenarten,
- Brüche,
- Potenzen,
- algebraische Ausdrücke,
- lineare Gleichungen und
- quadratische Gleichungen.

Der zweite Teil behandelt fortgeschrittene Themen aus der Mittelstufe und der gymnasialen Oberstufe. Die Themen sind:

- Wurzeln und Wurzelgleichungen,
- Logarithmen und Logarithmusgleichungen,
- Trigonometrie und
- Differentialrechnung.

Die Erweiterungsmodule behandeln fortgeschrittene Themen aus der gymnasialen Oberstufe und Themen, die nicht (mehr) überall zum verpflichtenden Teil der schulischen Lehrpläne gehören, sondern nur als Wahlthemen angeboten werden. Derzeit gibt es zwei Erweiterungsmodule:

- Integralrechnung und
- komplexe Zahlen.

Beide Hauptteile und die Erweiterungsmodule enthalten jeweils ein Online-Skript sowie eine Reihe von Prüfungsaufgaben (Beispiel siehe Abb. 13.1), mit denen die Teilnehmer testen können, ob sie den Stoff beherrschen. Die Antworten werden automatisch korrigiert.

Zum Abschluss jedes Hauptteils gibt es außerdem eine etwas umfangreichere Hausaufgabe, die in zwei Schritten zu lösen ist. Im ersten wird die Lösung online in einer Wiki-artigen Arbeitsumgebung mithilfe von LaTeX-Befehlen (unterstützt durch ein Eingabe-Pad) eingegeben und von den Tutoren auf grobe Fehler hin korrigiert. Im zweiten Schritt werden Teilnehmer mit verschiedenen Hausaufgaben zu einer Arbeitsgruppe zusammengefasst. In einem Online-Gruppenforum diskutiert die Arbeitsgruppe über die eingereichten Lösungen und vervollkommnet diese in einer eigenen Arbeitsumgebung. Das Gruppenendergebnis wird von den Tutoren korrigiert.

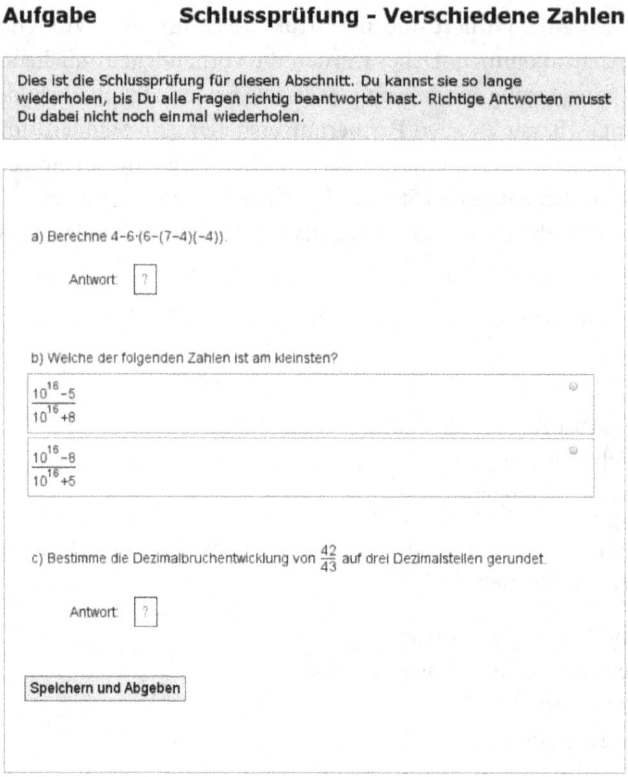

Aufgabe **Schlussprüfung - Verschiedene Zahlen**

Dies ist die Schlussprüfung für diesen Abschnitt. Du kannst sie so lange wiederholen, bis Du alle Fragen richtig beantwortet hast. Richtige Antworten musst Du dabei nicht noch einmal wiederholen.

a) Berechne $4-6\cdot(6-(7-4)(-4))$.

Antwort: ?

b) Welche der folgenden Zahlen ist am kleinsten?

$\frac{10^{16}-5}{10^{16}+8}$

$\frac{10^{16}-8}{10^{16}+5}$

c) Bestimme die Dezimalbruchentwicklung von $\frac{42}{43}$ auf drei Dezimalstellen gerundet.

Antwort: ?

Speichern und Abgeben

Abb. 13.1 Schlussprüfung des ersten Abschnitts

Falls die Abgabe noch nicht den Ansprüchen an eine gute und nachvollziehbare Lösung entspricht, gibt der Tutor entsprechendes Feedback und fordert die Gruppe auf, die Abgabe noch einmal zu überarbeiten. Dieser Zyklus kann durchaus mehrmals durchlaufen werden, bis der Tutor die Abgabe als bestanden wertet. Damit gilt dann auch der jeweilige Brückenkursteil als bestanden.

13.2 Präsenz- versus Online-Brückenkurse

Präsenz-Brückenkurse bieten die Möglichkeit die Universität und den universitären Lernstil frühzeitig kennenzulernen. Teilnehmer von Präsenz-Brückenkursen haben daher mehr Zeit sich in der Universität zurecht zu finden, was erfahrungsgemäß den Studieneinstieg erleichtert. In einem Präsenzkurs mit persönlicher Betreuung in Kleingruppen können Tutoren individuell auf die Teilnehmer eingehen und ihnen Anstöße zum Selbstlernen geben. Diese Vorteile zeigen, dass Präsenz-Brückenkurse in der Studienvorbereitung eine positive Rolle spielen.

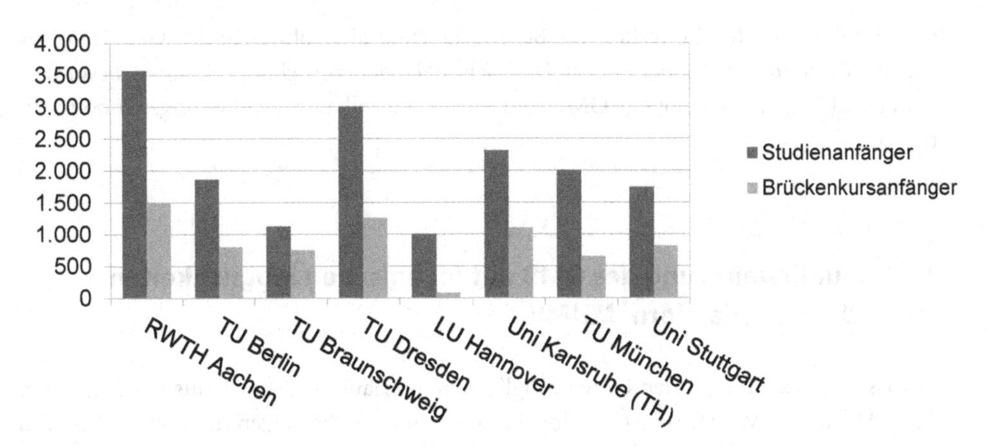

Abb. 13.2 Brückenkursanfänger und Studienanfänger WS 2008/09

Online-Brückenkurse haben in wichtigen Bereichen Vorteile, die sie zu einer sinnvollen Ergänzung von Präsenzkursen oder sogar zu einer guten Alternative machen, vor allem dann, wenn der Kurs mit einem virtuellen Tutorium verbunden ist und so der persönliche Kontakt zwischen Lernenden unter sich und mit den Tutoren des Kurses gewährleistet ist. Besonders die zeitliche und örtliche Flexibilität machen Online-Kurse für Noch-Schüler und angehende Studierende attraktiv.

Präsenz-Brückenkurse werden oft nur von einem kleinen Teil der angehenden Studierenden genutzt. Abb. 13.2 illustriert die Situation an verschiedenen großen deutschen Universitäten, wie sie im Wintersemester 2008/09 von Meiner und Seiler (2009) erhoben wurde.

Verschiedenste Gründe führen dazu, dass angehende Studierende nicht an Präsenz-Brückenkursen teilnehmen. Insbesondere ist der Studienort oft noch nicht bekannt oder der Umzug an den Studienort hat noch nicht stattgefunden. Mit dem ortsunabhängigen Online-Angebot kann deshalb ein größerer Teil der angehenden Studierenden erreicht werden.

Nicht nur die Unabhängigkeit vom Ort, sondern auch die zeitliche Unabhängigkeit bei der Bearbeitung eines Online-Kurses ist ein großer Vorteil. Durch die Chance den Kurs über einen ausgedehnten Zeitraum, bei selbstgewähltem Tempo und zu passenden Zeiten zu bearbeiten, wird den angehenden Studierenden ein effektives Lernen ermöglicht. Deshalb werden die angehenden Studierenden bereits mit der Antwort auf ihre Bewerbung für einen Studienplatz über den OMB informiert und gebeten, daran teilzunehmen. Die TU Berlin geht sogar noch einen Schritt weiter und wirbt in einigen Schulen bereits vor dem Abitur für den OMB.

Im Gegensatz dazu finden die Präsenz-Brückenkurse erst kurz vor Semesterbeginn statt. Dadurch bleibt oft nicht genügend Zeit, die vorhandenen Wissenslücken zu schließen. Die Problematik wird durch die in den letzten Jahren immer ausgeprägtere Heterogenität der angehenden Studierenden verschärft, beispielsweise auf Grund der Öffnung der Universitäten für Bewerber mit Berufserfahrung aber ohne Abitur. Gerade solche angehende Studierende, deren Schulzeit schon länger zurückliegt, können besonders vom ganzjährigen Angebot des OMB und dem frei wählbaren Bearbeitungstempo profitieren.

13.3 Zur Erweiterung des OMB mit technischen Möglichkeiten der Lernplattform MUMIE

In diesem Abschnitt werden einige Möglichkeiten erläutert, die sich aus der Migration des OMB in die MUMIE-Lernplattform ergeben haben. Sie zeigen die Richtung auf, in der der OMB weiter entwickelt wird, um die Lernprozesse zu unterstützen. Beispiele dafür entnehmen wir den Kursen Lineare Algebra und Analysis für Ingenieure an der TU Berlin, in denen diese Möglichkeiten bereits genutzt werden.[4]

Der mathematische Text in Form eines Online-Buches wird künftig um „Demos" mit wesentlich vielseitigerem und flexiblerem Aufbau erweitert. In diesem Modus wird vor allem mit visuellen Darstellungen gearbeitet. So werden viele Inhalte lebendiger. Es lassen sich verschiedene Möglichkeiten der Visualisierung realisieren. Einige davon sind:

- Blinkende Kästchen betonen die Schritte in einem Algorithmus.
- Präsentationen lassen sich vom Lernenden steuern: Animierte Demos können mit einer Pause-Taste angehalten werden, um den Lernenden mehr Zeit zu geben, die Inhalte zu verstehen. Ein Geschwindigkeitsregler gibt den Lernenden die Möglichkeit, das Tempo der Präsentation individuell anzupassen.
- Eine gut gewählte Farbgestaltung hebt Verbindungen zwischen Definitionen, Sätzen und illustrierenden Beispielen hervor.
- Ein algebraischer Ausdruck (z. B. ein Vektor) kann interaktiv verändert werden. Seine geometrische Veranschaulichung (Pfeil) macht die Änderung mit - und umgekehrt.
- Komplizierte Demos können schrittweise angezeigt oder in aufklappbare Abschnitte unterteilt werden, um den Lernenden nicht zu überfordern und um die Demo übersichtlich zu gestalten.

Ein Beispiel zur Illustration der ersten beiden Punkte liefert die Präsentation der Matrixmultiplikation (siehe Abb. 13.3).

Sowohl in Übungsaufgaben wie auch in Tests können wesentlich differenziertere Aufgabenformen eingesetzt werden.

[4] Alle Beispiele sind in der Demo-MUMIE enthalten, die unter https://www.mumie-hosting.net/demo/ frei zugänglich ist.

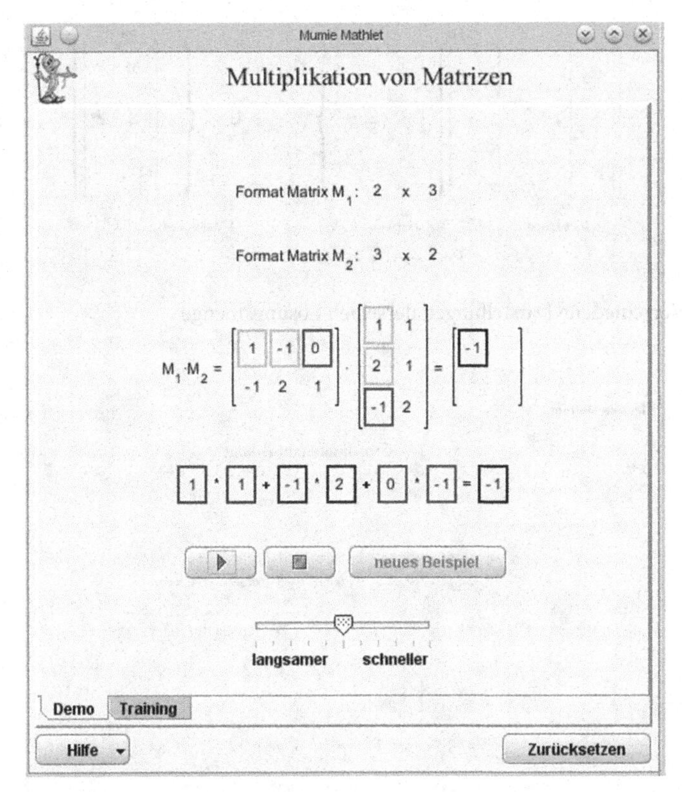

Abb. 13.3 Snapshot aus der animierten Präsentation der Matrixmultiplikation

Sollen Lernende bestimmte Inhalte einüben, wird ihnen in einem Trainingsmodul derselbe Aufgabentyp mit unterschiedlichen Zahlen oder verschiedene Varianten aus einem Pool mit ähnlichen Aufgaben solange zur Bearbeitung angeboten, bis sie genügend Sicherheit haben.

Bei manchen Aufgaben ist bereits die Art der Darstellung des Ergebnisses ein wesentlicher Teil der Antwort. Um durch die Vorgabe einer Ergebniseingabemaske nicht bereits zu viel von der Lösung vorwegzunehmen, kann der eigentlichen Antworteingabe die Auswahl einer passenden Eingabemaske vorgeschaltet werden. Bei der Frage nach der Lösungsmenge eines (inhomogenen) Gleichungssystems kann beispielsweise die Form der Darstellung flexibel ausgewählt und die Eingabemaske auf die Zahl der vorkommenden Vektoren und Parameter eingestellt werden (Abb. 13.4).

Bei Trainingsaufgaben, die in mehreren Schritten zu lösen sind, kann nicht nur die Korrektur des Endergebnisses, sondern auch die der Zwischenschritte angezeigt werden. Dies wird in den Abb. 13.5 bis 13.8 anhand einer Aufgabe zur Berechnung der Koordinatenabbildung illustriert.

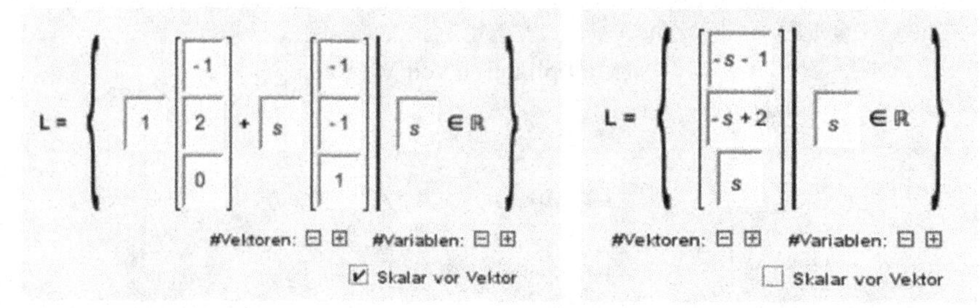

Abb. 13.4 Verschiedene Darstellungen derselben Lösungsmenge

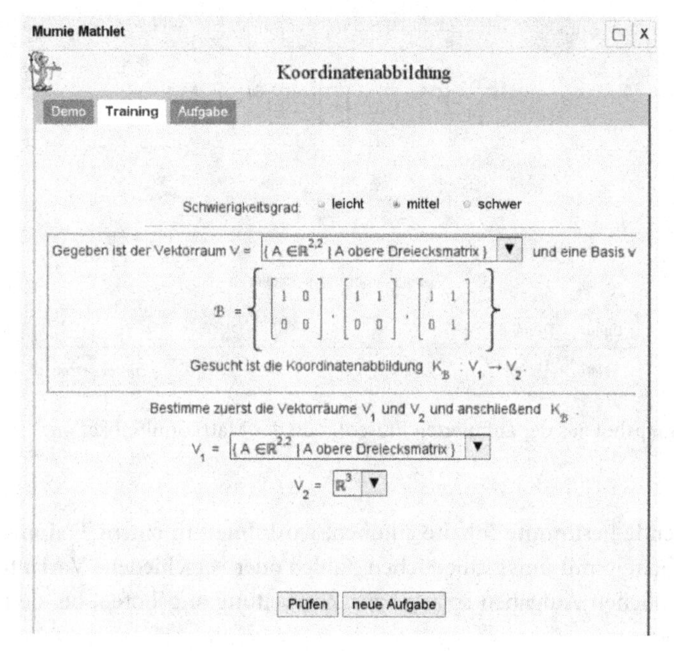

Abb. 13.5 Schritt 1 – Auswahl von Definitions- und Wertebereich

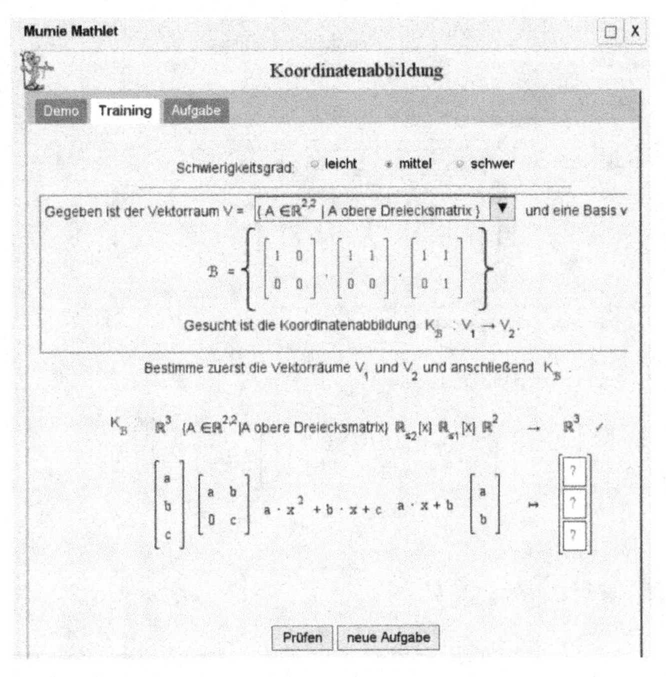

Abb. 13.6 Schritt 2 – Definitions- und Wertebereich sind korrekt

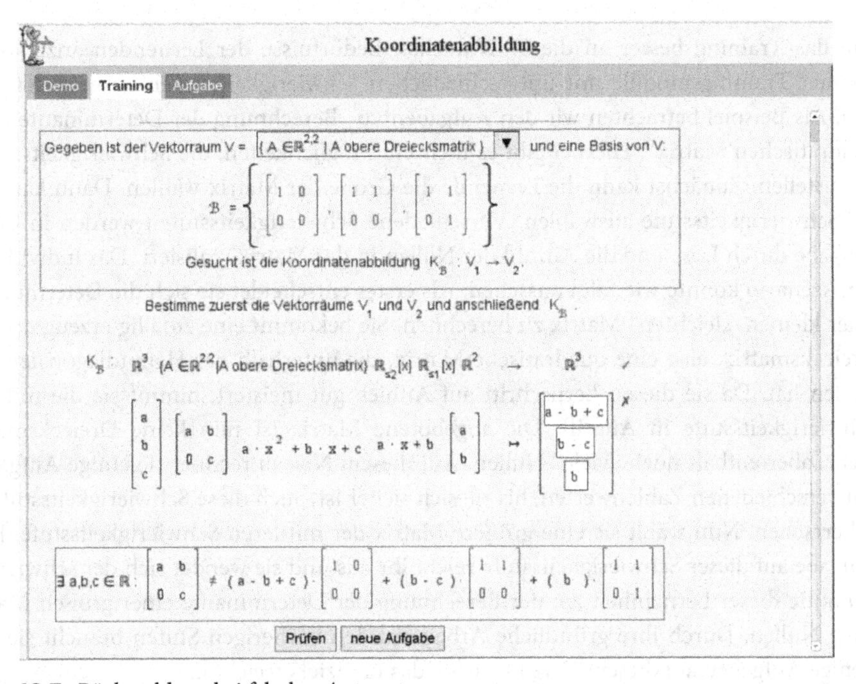

Abb. 13.7 Rückmeldung bei falscher Antwort

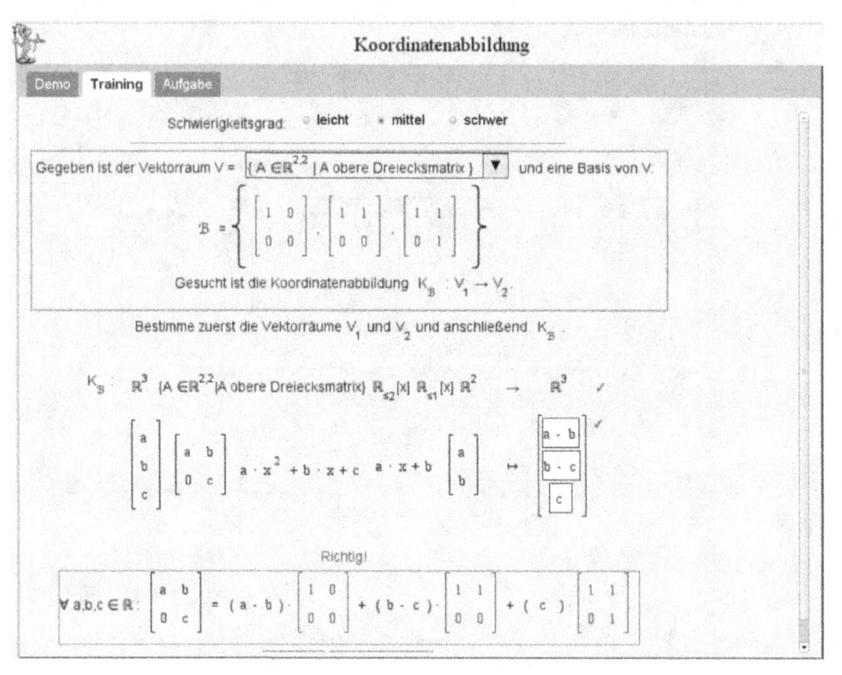

Abb. 13.8 Rückmeldung bei richtiger Antwort

Um das Training besser an die individuellen Bedürfnisse der Lernenden anzupassen, können Trainingsmodule mit unterschiedlichen Schwierigkeitsstufen ausgestattet werden. Als Beispiel betrachten wir den Aufgabentyp „Berechnung der Determinante einer quadratischen Matrix". Hierbei gibt es mehrere Möglichkeiten, die Schwierigkeitsstufen einzustellen. Zunächst kann die Lernende die Größe der Matrix wählen. Dann kann sie die Schwierigkeitsstufe auswählen. Verschiedene Schwierigkeitsstufen werden in dieser Aufgabe durch Lage und die Anzahl der Nullen in der Matrix realisiert. Das individuelle Lernszenario könnte wie folgt aussehen: Als erstes entscheidet sie sich die Determinante einer kleinen, „leichten" Matrix zu berechnen. Sie bekommt eine zufällig erzeugte obere Dreiecksmatrix, also eine quadratische Matrix, die unterhalb der Hauptdiagonalen nur Nullen hat. Da sie diesen Lernschritt auf Anhieb gut meistert, nimmt sie die mittlere Schwierigkeitsstufe in Angriff: Die angebotene Matrix ist nun keine Dreiecksmatrix mehr, aber enthält noch „viele" Nullen. Auf diesem Niveau rechnet sie einige Aufgaben mit verschiedenen Zahlenwerten, bis sie sich sicher ist, auch diese Schwierigkeitsstufe zu beherrschen. Nun wählt sie eine größere Matrix der mittleren Schwierigkeitsstufe. Eine Aufgabe auf dieser Schwierigkeitsstufe reicht ihr aus und sie wendet sich der schwierigsten Stufe dieser Lerneinheit zu: der Berechnung der Determinante einer großen Matrix ohne Nullen. Durch ihre gründliche Arbeit auf den vorherigen Stufen braucht sie nur wenige Aufgaben auf diesem Niveau, bis sie das Lernziel erreicht hat.

Eine wesentliche Stärke von E-Learning ist nach Schulmeister (1999) die Möglichkeit, vorbereitete Umgebungen für das explorative Lernen zur Verfügung zu stellen. In vielen Visualisierungen können Lernende durch Veränderung von Parametern selbst experimentieren. Auf diese Weise können komplexe Zusammenhänge leichter und besser verstanden werden.

In Abb. 13.9 ist ein Snapshot eines Filmes dargestellt, mit dem die Studierenden ein Gefühl für die Zusammenhänge zwischen dem Einheitskreis und den trigonometrischen Funktionen entwickeln können: Der Punkt P durchläuft ein Segment des Einheitskreises und gleichzeitig werden die Graphen von Sinus, Kosinus und Tangens nachgefahren. Eine Aufgabe, die zu diesem Film gehört, ist, die Anzahl der Nullstellen von Sinus und Kosinus und die Anzahl der Pole des Tangens während des Durchlaufs zu zählen.

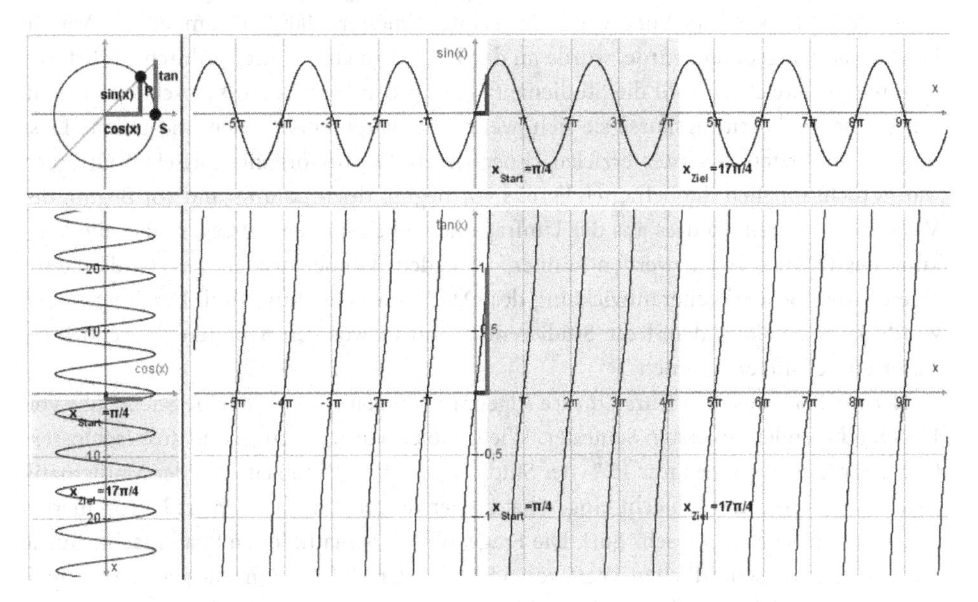

Abb. 13.9 Snapshot einer Animation zu Sinus, Kosinus und Tangens

Bei der elektronischen Korrektur können auch Lösungen erkannt werden, die nur teilweise korrekt sind, und es kann Rückmeldung gegeben werden, welcher Anteil der Lösung richtig ist. Falls das System einen Fehler als Standardfehler erkennt, können Hinweise zum weiteren Vorgehen im Sinne von Pólya (1957) gegeben werden. Auch Folgefehler zu berücksichtigen, ist bei den Aufgaben in den genannten Kursen in vielen Fällen möglich. Insgesamt bietet die Online-Lernplattform MUMIE viele Möglichkeiten, den OMB in Zukunft interaktiver und individualisierter zu gestalten.

13.4 Daten und Umfrageergebnisse

Im akademischen Jahr 2010/11 haben sich insgesamt 8.364 Teilnehmer zum OMB angemeldet. Dies ist ungefähr die Größenordnung der Studienanfängerzahlen an den teilnehmenden Universitäten. In Abb. 13.10 sind die Anmeldezahlen aufgegliedert in die Neuanmeldungen pro Kalendermonat aufgeführt. Sie zeigen – wie zu erwarten – den größten Anstieg jeweils vor Semesterbeginn, aber auch eine deutliche Nachfrage im Laufe des ganzen Jahres.

Schaut man sich an, wie viele Teilnehmer mit den Tests im OMB arbeiten, erhält man eine bereinigte Teilnehmerzahl von 4.226. Dies sind immer noch mehr Teilnehmer, als an den teilnehmenden Universitäten einen Präsenz-Brückenkurs begonnen haben. Es ergibt sich eine ähnliche Verteilung über das Jahr mit insgesamt niedrigeren Zahlen.

Als der Brückenkurs kurz vor dem Wintersemester 2009/10 zum ersten Mal in Deutschland angeboten wurde, wurde an der TU Berlin eine Umfrage durchgeführt, um zu ermitteln, welches Profil die Studienanfänger in den Ingenieurwissenschaften haben, für welche Vorbereitungskurse sie sich, wenn überhaupt, entscheiden und welche Leistung sie im ersten Semester erzielen (Roegner 2011). Aus organisatorischen Gründen war es nicht möglich die Befragten bereits vor Beginn des Studiums und vor Beginn der Vorkurse zu testen, so dass aus der Umfrage keine belastbaren Aussagen über die Wirkung des OMB gezogen werden können. Trotzdem können wir einige Trends daraus ablesen, die für die Weiterentwicklung des OMB von Bedeutung sind. Der Fragebogen wurde kurz gehalten, damit die Studierenden ihn in wenigen Minuten während ihres Tutoriums ausfüllen konnten.

Der Rücklauf aus dem Kurs Lineare Algebra für Ingenieure ergab eine Stichprobe von 1269 Studierenden im ersten Semester. Wiederholer wurden weitgehend ausgeschlossen. Interessanterweise haben nur 15 % der Studierenden ihre Fähigkeiten in der Mathematik als eher schlecht oder schlecht eingeschätzt. Der durchschnittliche Wert betrug hierbei 3,19 (1 = schlecht bis 5 = sehr gut). Die Frage, ob Mathematik ihnen Spaß macht, wurde mit einem durchschnittlichen Wert von 3,54 (auf der Skala 1 = macht gar keinen Spaß bis 5 = macht viel Spaß) beantwortet. Die Einstellung der Studierenden kann daher als recht positiv bezeichnet werden. Über die Hälfte (53 %) hatten in der Schule einen Leistungskurs (Unterricht auf erhöhtem Niveau und größerem zeitlichen Umfang in den letzten beiden Jahren vor dem Abitur) in Mathematik belegt. Knapp die Hälfte nahm am OMB und etwas weniger als die Hälfte an dem auf den OMB abgestimmten Einführungskurs ohne Tutorien (EK) teil.

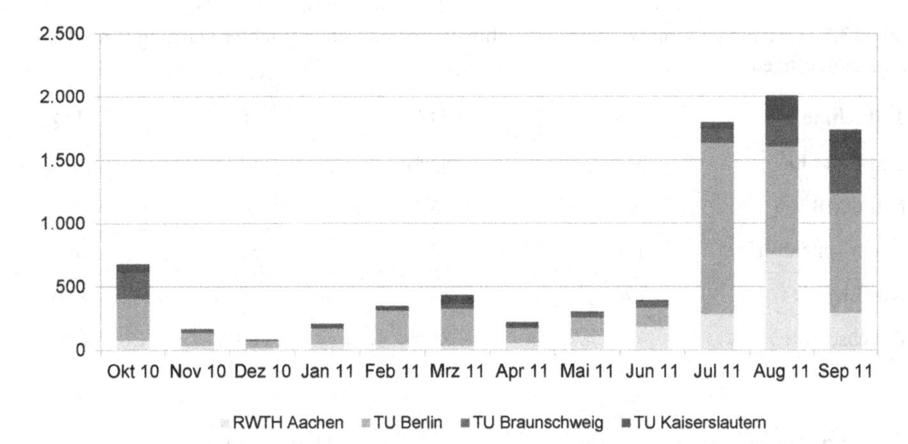

Abb. 13.10 Neuanmeldungen im OMB im akademischen Jahr 2010/11 aufgeschlüsselt nach Kalendermonaten

Die Resultate aus der Befragung der Studierenden wurden dann mit den Studienleistungen der Befragten im Kurs Lineare Algebra für Ingenieure in Verbindung gebracht und drei Quoten errechnet:

- Die Hausaufgabenquote (HA): Sie bezeichnet den Anteil derer, die die Hausaufgabenkriterien für die Klausurzulassung erfüllten.
- Die Klausurquote (KL): Sie bezeichnet den Anteil derer, die im ersten Studienjahr die Klausur bestanden unter denen, die sich zur Klausur angemeldet hatten.
- Die Erfolgsquote (EQ): Sie bezeichnet den Anteil derer, die im ersten Studienjahr die Klausur bestanden unter denen, die sich zu Beginn des Semesters in den Kurs eingetragen hatten.

In Tab. 13.1 werden diese drei Quoten aufgeschlüsselt nach der Teilnahme an den verschiedenen Vorbereitungskursen dargestellt.

Die Studierenden, die sowohl am OMB als auch am Einführungskurs teilgenommen haben, erreichten unser Ziel, den Kurs innerhalb eines Semesters zu bestehen, am besten. Unabhängig von ihrer Teilnahme am Einführungskurs, waren die Erfolgsquoten der OMBler mehr als 12 % höher als die der nicht OMBler. Schlusslicht waren wider Erwarten die Studenten, die nur am Einführungskurs ohne Übungsanteil in Kleingruppen teilgenommen hatten.

Um die Ergebnisse in Tab. 13.1 besser zu verstehen, werden in Tab. 13.2 die Kennzahlen HA, KL und EQ in Zusammenhang mit der Teilnahme an einem Vorbereitungskurs (OMB und/oder EK) und einem Leistungskurs Mathematik dargestellt. Wie zu erwarten, sind diejenigen, die einen Leistungskurs besucht haben, erfolgreicher. Des Weiteren ist anzumerken, dass 62 % der Studierenden mit einem Leistungskurs einen Vorbereitungskurs belegten. Für Studierende ohne einen Leistungskurs ist dieser Anteil nur leicht höher, nämlich 67 %.

Tab. 13.1 Zusammenhang zwischen Teilnahmeverhalten und erbrachter Leistung (Erläuterung der Abkürzungen im Text)

Teilnahme	n =	HA	KL	EQ
OMB und EK	349	82 %	61 %	51 %
Nur OMB	253	75 %	66 %	48 %
Keine Teilnahme	471	63 %	58 %	36 %
Nur EK	196	61 %	50 %	33 %
Durchschnitt		71 %	60 %	43 %

Tab. 13.2 Leistung nach Vorbereitung und Leistungskurs in Mathematik

Umfang der Teilnahme an einem Vorbereitungskurs	Mit Leistungskurs			Ohne Leistungskurs		
	HA	KL	EQ (in %)	HA	KL	EQ (in %)
0 %	72	62	42	56	49	27
1 - 50 %	85	62	53	67	49	33
51 - 100 %	84	68	59	67	61	41

Wie Tab. 13.2 zeigt, ist die Hausaufgabenquote der Studierenden, die sich für einen Vorbereitungskurs entschieden haben, höher. Damit ist auch die Erfolgsquote bei diesen Studierenden höher. Die Klausurquoten derjenigen, die gar nicht oder nur weniger als die Hälfte an einem Vorbereitungskurs teilgenommen haben, sind gleich. Diejenigen, die über die Hälfte eines Vorbereitungskurses besucht haben, haben eine bessere Klausurquote, wodurch sich die Erfolgsquoten zusätzlich erhöhen. Die Hausaufgabenquote ändert sich mit einer stärkeren Teilnahme am Vorbereitungskurs nicht weiter. Studierende mit einem großen Teilnahmeumfang am Vorbereitungskurs beweisen dadurch eine hohe Motivation. Diese Motivation könnte ein wesentlicher Faktor für die gute Klausurquote dieser Gruppe von Studierenden sein.

Die Frage, ob die Selbsteinschätzung und Einstellung zur Mathematik mit den Leistungen der Studierenden im Kurs zusammenhängen, wird in Tab. 13.3 beantwortet – soweit dies bei der vorhandenen Datenlage möglich ist. Die Stichprobe für diese Tabelle besteht aus allen Teilnehmern im Kurs „Lineare Algebra“, die Fragen über ihre Teilnahme an einem Vorbereitungskurs, ihre Selbsteinschätzung sowie ihre Einstellung zur Mathematik in dem Fragebogen beantwortet haben. Wieder ist der Anteil von Zulassungen zur Klausur durch das Bestehen eines Hausaufgabenkriteriums (HA) sowie die Erfolgsquoten (EQ) auf alle Teilnehmer in der Stichprobe bezogen. Der Anteil von bestandenen Klausuren (KL) ist auf die Anzahl der zur Prüfung angemeldeten Studierenden bezogen.

Tab. 13.3 Leistungskennzahlen in % nach Vorbereitung, Spaß und Selbsteinschätzung (Leerstellen bedeuten: Anzahl ist weniger als 10)

Spaß/Einschätzung	**Gut**			**Mittel**			**Schlecht**		
(Ohne Vorbereitungskurs)	**HA**	**KL**	**EQ**	**HA**	**KL**	**EQ**	**HA**	**KL**	**EQ**
Mathe macht Spaß	72	60	51	67	63	43	64	50	36
Mathe ist OK	50	58	29	61	53	30	56	42	20
Mathe macht keinen Spaß							38	40	23
(1 – 50 % eines Vorbereitungskurses)	**HA**	**KL**	**EQ**	**HA**	**KL**	**EQ**	**HA**	**KL**	**EQ**
Mathe macht Spaß	79	69	56	72	56	43	75	83	63
Mathe ist OK	70	54	35	72	41	28	52	45	33
Mathe macht keinen Spaß				50	43	21	45	50	20
(51 – 100 % eines Vorbereitungskurses)	**HA**	**KL**	**EQ**	**HA**	**KL**	**EQ**	**HA**	**KL**	**EQ**
Mathe macht Spaß	84	70	65	80	67	57	96	57	54
Mathe ist OK	67	55	41	70	49	39	65	59	38
Mathe macht keinen Spaß				52	47	24	48	40	15

Betrachten wir die Daten in einer Zeile so kann man als Tendenz ablesen: Leistungskennzahlen nehmen mit abnehmender Selbsteinschätzung ab. Betrachten wir eines der Kästchen (3 × 3-Datenmatrix), so fallen die Leistungskennzahlen bis auf wenige Ausnahmen in den Spalten ab.

Die Daten zeigen ein Bild, was sicherlich nicht verwundert und in ähnlicher Weise auch von anderen Autoren beschrieben und diskutiert wurde, z. B. von Akey (2006). In der Regel gilt: Je mehr die Mathematik den Studierenden Spaß macht, je besser ihr Selbstvertrauen in ihre eigenen Fähigkeiten ist und je besser Studierende sich auf das Studium vorbereiten, desto erfolgreicher sind sie im Studium.

Ohne dass wir aus den obigen Daten eine zwingende Folgerung ziehen können, legen die Daten nahe, dass eine Weiterentwicklung des OMB so gestaltet werden sollte, dass Lernende Vertrauen in ihre eigenen mathematischen Fähigkeiten entwickeln und gerne mit dem OMB arbeiten.

13.5 Literaturverzeichnis

Akey, T. (2006). School context, student attitudes and behavior, academic achievement: an exploratory analysis, mdrc publications. Abgerufen am 18.05.2012: http://inpathways.net/school_context.pdf.

Meiner, S., & Seiler, R. (2009). Abschlussbericht Expertentreffen „Brückenkurs Mathematik". Abgerufen am 18.05.2012: http://www3.math.tu-berlin.de/mathphys/seiler/publikationen_e-pedagogy.html.

Pólya, G. (1957). How to solve it (2nd ed.), Princeton: University Press.

Roegner, K. (2011). TUMULT: A comprehensive blended learning model utilizing the MUMIE platform for improving success rates in mathematics courses for engineers. Technische Universität Berlin.

Schulmeister, R. (1999). Virtuelle Universität aus didaktischer Sicht. In: Das Hochschulwesen 47, 166–174. Abgerufen am 08.10.2012: www.zhw.uni-hamburg.de/pdfs/VirtUni.pdf.

Thorbiörnson, J. (2006). Stora studentgrupper och god pedagogik. Går det att kombinera? Abgerufen am 18.05.2012: http://www.math.kth.se/%7Ejohantor/foredrag/.

Mathematikdidaktische Potenziale philosophischer Denkrichtungen[1]

14

Jörn Schnieder (Universität zu Lübeck, Institut für Mathematik)

Zusammenfassung

Am Beispiel der Mathematik soll ein philosophiedidaktisch motivierter Vorschlag für ein fächerübergreifendes Kompetenzmodell vorgestellt und in seinen unterrichtspraktischen Konsequenzen für die Hochschulmathematik erläutert werden. Als wesentliches Merkmal dieses Modells werden grundlegende Kompetenzen durch philosophische Denkmethoden (wie beispielsweise phänomenologische, analytische hermeneutische, dialektische, spekulative und konstruktivistische Methode) beschrieben, wie sie im Anschluss an klassische Positionen der Philosophie in der modernen Philosophiedidaktik (E. Martens, J. Rohbeck, J. Steenblock u. a.) ausgearbeitet worden sind. Wurden diese Methoden bisher nur zur didaktischen Analyse von Philosophieunterricht eingesetzt, so sollen sie jetzt im Sinne „elementarer Denkmethoden" auch zur didaktischen Analyse in der Hochschulmathematik (und schließlich in allen Disziplinen) angewendet werden.

Mit Hilfe dieses Ansatzes lassen sich gezielt bestimmte Lern- und Arbeitstechniken, wie beispielsweise das Lernen und Anwenden mathematischer Begriffe, Definitionen, Sätze, Beweise wie auch mathematischer Theorien (bzw. übergreifender Themen) insgesamt explizit thematisieren und einüben. Außerdem lassen sich mit diesem Ansatz wissenschaftstheoretische Grundlagen und Voraussetzungen der Mathematik aufdecken, problematisieren und diskutieren. Mit anderen Worten: Mit philosophiedidaktischen Methoden lässt sich, so der hier vertretene Anspruch, eine Lehre in der Mathematik „verstehensorientiert" durchführen, in dem es um ein „Verstehen wie

[1] Der Titel ist bewusst in enger Anlehnung an eine Formulierung aus (Rohbeck 2010, S. 75) formuliert.

Mathematik im Prinzip funktioniert" (H. v. Hentig) geht und der gerade insofern auch das Lernen von Mathematik selber lehr- und lernbar macht.

Der Aufsatz wird im Wesentlichen in drei Abschnitte gegliedert sein: 1) Ausgehend von einem sprachkritisch-pragmatischem Mathematikverständnis (P. Lorenzen, F. Kambartel, C. Thiel, P. Janich, P. Stekeler-Weithofer u. a.) wird zunächst gezeigt, dass das übliche Kompetenzmodell für die Mathematik (Bildungserlass KMK 2003) in nahe liegender Weise auf diese „elementaren Denkmethoden" zurückführbar ist. So kommen beispielsweise beim Definieren als der terminologischen Normierung einer interessengeleiteten Unterscheidungspraxis unter anderem phänomenologische und hermeneutische Methoden zur Anwendung: Sinnvolle Unterscheidungen an einem Gegenstandsbereich zu treffen und damit sinnvolle Definitionen allererst zu ermöglichen, setzt die Anwendung phänomenologischer Methoden auf diesen Gegenstandsbereich voraus. Die Interessen, die mit dieser Unterscheidung verbunden sind, stehen häufig in einem theoriegeschichtlich bereits vorgegebenen Forschungs- und Interessenzusammenhang, sie aufzudecken und dadurch allererst kritisierbar zu machen, wird durch die Anwendung hermeneutischer Methoden möglich. 2) In einem nächsten Schritt wird gezeigt, wie die „elementaren Denkmethoden" der Philosophiedidaktik aus ihrem philosophiespezifischen Kontext herausgelöst und etwa zur Konstruktion geeigneter Aufgaben und Lehrszenarien jetzt aber mit mathematischen Inhalten umformuliert werden können. So werden beispielsweise praktisch erprobte Aufgaben vorgestellt, in denen mit Hilfe hermeneutischer und dialektischer Texterschließungsverfahren gezielt das Analysieren, detaillierte Nachvollziehen, aber auch das selbstständige Konstruieren und angemessene Aufschreiben mathematischer Beweise thematisiert und eingeübt werden. 3) Schließlich soll in einem Ausblick plausibel gemacht werden, dass dieses Kompetenzmodell fächerübergreifend zur didaktischen Analyse aller Fächer bzw. Disziplinen – in Schule und Hochschule – anwendbar ist.

14.1 Einleitung

In diesem Aufsatz soll gezeigt werden, dass die Philosophie ein hohes mathematikdidaktisches Potenzial hat. Es soll gezeigt werden, dass sich Denk- und Arbeitsmethoden charakteristischer Grundströmungen der Philosophie „transformieren". (Der Titel ist bewusst in enger Anlehnung an eine Formulierung aus Robeck (2010, S. 75) formuliert.) lassen, so dass mit ihnen mathematische Begriffe, Sätze und deren Beweise sowie Theorien und ihre Begründungsarchitektur insgesamt selbstständig und unter wissenschaftlichen Gesichtspunkten erarbeitet werden können. Aus philosophischen Denk- und Arbeitsmethoden lassen sich – so unsere Behauptung – mathematische Lernstrategien entwickeln, die insbesondere mathematische Anfänger dazu anleiten können, ihr Mathematiklernen selbstständig zu organisieren und ihren Lernerfolg schließlich auch zu reflektieren. Inwieweit sich dieser Ansatz auch praktisch und d. h. nicht zuletzt auch für Studienanfänger, etwa in Vorkursen als hilfreich erweisen wird, muss sich in Zukunft zeigen. Philosophische Denk- und Arbeitsmethoden, so unsere Behauptung, können einen wichtigen Beitrag zum Erwerb mathematischer Lernkompetenz[2] (im Unterschied zum Erwerb mathematischer Sachkompetenz) leisten.

Es ist nur auf den ersten Blick überraschend, dass philosophische Denk- und Arbeitsmethoden auch für das Mathematiklernen fruchtbar gemacht werden können: die Philosophie, zumindest sehr einflussreiche Strömungen in ihr, hat im Verlauf ihrer langen und facettenreichen Geschichte thematisch immer auch Fragen nach den Bedingungen und der Möglichkeit von Wahrheit, Erkenntnis und Wissenschaft überhaupt (Mittelstrass 2004, 1970) und gestellt und in ihrem Verlauf ein reiches „Argumentationsarsenal" (Spaemann 1983, S. 108) zur Präzisierung und methodisch gestalteten Beantwortung dieser Fragen entwickelt.

Welche Vorteile könnten sich aus diesem Ansatz für den Hochschulunterricht im Allgemeinen und für den mathematischen Hochschulunterricht im Besonderen ergeben? Zunächst lässt sich, so unsere Vermutung, das, was hier exemplarisch für die Mathematik (und auch in diesem Fall nur in Ansätzen) gezeigt wird, auch auf andere Disziplinen, und zwar insofern sie als Wissenschaft gelernt und gelehrt werden, übertragen und etwa im Rahmen eines fächerübergreifenden Kompetenz- genauer Lernkompetenzmodells (Hentig 1999) für wissenschaftliches Denken und Arbeiten verallgemeinern und systematisch darstellen. Einen weiteren Vorteil dieses Ansatzes sehen wir darin, dass Studierende mit ihm fachspezifische und auf den wissenschaftlichen Anspruch der jeweiligen Disziplin bezogene Lernstrategien erwerben können. Sie können damit die Schwierigkeit umgehen, allgemeine Anleitungen zur fächerübergreifenden Förderung der Lernkompetenz für Schule und Hochschule selbstständig auf ihr jeweiliges Fach beziehen zu müssen. Für Dozenten der jeweiligen Disziplin könnte ein wichtiger Vorteil dieses Ansatzes darin liegen, dass sie sich bei der mathematikdidaktischen Transformation philosophischer Denk- und Arbeitsmethoden in fachspezifische Lernstrategien gerade keine umfangreichen philosophischen Kenntnisse und Fähigkeiten benötigen, sondern bei den Erkenntnissen der aktuellen Philosophiedidaktik und -methodik „bedienen" können (Martens 2003; Brüning 2003; Rohbeck 2010), deren Anspruch es ja ist, im Prinzip für jedermann nicht nur verständlich, sondern auch ganz praktisch nachvollziehbar zu sein (Martens 2003, S. 19).

In der vorliegenden Arbeit werden schwerpunktmäßig didaktische und weniger unterrichts- bzw. lehrmethodische Aspekte des Ansatzes vorgestellt. Überlegungen zur methodischen Umsetzung in der Lehre, d. h. Überlegungen dazu, wie diese Denk- und Arbeitsmethoden überhaupt und schließlich auch auf unterschiedlichen Kompetenzstufen (vgl. Meyer 2007) und Anforderungsniveaus erworben werden können, werden in

[2] Zum Kompetenz und Lernkompetenz aus allgemeinpädagogischer Perspektive sehr klar und verständlich (Meyer 2007, S. 148–161), einen ersten Überblick aus mathematikdidaktischer Perspektive findet sich etwa in (Blum 2006, S. 33–50) und neuerdings in (Kratz 2011).

einem nächsten Aufsatz vorgestellt werden[3]. Mathematikdidaktisch konzentrieren wir unsere Darstellung auf das Sinn verstehende Lesen mathematischer Beweise, einem gerade für mathematische Anfänger (sehr) schwierigen Problem, für dessen „Entschärfung" der hier skizzierte Ansatz unserer Einschätzung nach eine plausible und sinnvolle Hilfestellung anbieten kann. Auch aus philosophischer Perspektive nehmen wir eine Einschränkung vor. Wir orientieren uns an der üblichen Einteilung der Gegenwartsphilosophie in fünf Grundrichtungen (Hermeneutik, analytische Philosophie, Dialektik, Phänomenologie und spekulative Philosophie) und beschränken uns darauf, lediglich das mathematikdidaktische Potenzial von Hermeneutik, analytischer Philosophie und Dialektik, und zwar unter der genannten Perspektive des Sinn verstehenden Lesens mathematischer Beweise zu untersuchen[4].

Die Arbeit enthält neben der **Einleitung**, dem **Literaturverzeichnis** und einem **Anhang** vier Abschnitte: Im **ersten Abschnitt (14.2)** wird im Anschluss an grundlegende wissenschaftstheoretische Überlegungen und einer kurzen Skizze der fünf wichtigsten Denkrichtungen der Gegenwartsphilosophie ein philosophiedidaktisch motiviertes Kompetenzmodell wissenschaftlichen Lernens am Beispiel der Mathematik vorgestellt. Im **zweiten Abschnitt (14.3)** und **dritten Abschnitt (14.4)** werden die Grundideen von Hermeneutik und analytischer Philosophie genauer beschrieben. Dabei liegt der Fokus unserer Darstellung jeweils darauf, welche Hilfestellung diese Denkrichtungen bei der selbstständigen Erarbeitung und dem selbstständigen Sinn verstehenden Lesen mathematischer Beweise geben können. Der **vierte Abschnitt (14.5)** fasst die wesentlichen Ergebnisse der Arbeit nochmals zusammen.

14.2 Philosophische Aspekte allgemeiner wissenschaftlicher Arbeitsmethoden

Der Grundgedanke zur mathematikdidaktischen Transformation philosophischer Denk- und Arbeitsmethoden lässt sich in einem einfachen Raster darstellen (siehe Anhang). In diesem Raster werden die vertikalen Begriffe „Begriff", „Satz" und „Theorie" mit den fünf wichtigsten Denkrichtungen der Philosophie, nämlich der Hermeneutik, der analytischen Philosophie, der Phänomenologie, der Dialektik und der spekulativen Philosophie „gekreuzt". Dabei stehen die Begriffe „Begriff", „Satz" und „Theorie" für die logi-

[3] Voraussichtlich schon zum Beginn des kommenden Schuljahres 2012/13 wird der in dieser Arbeit skizzierte Ansatz im Rahmen einer ganztägigen Lehrerfortbildung in Kooperation mit dem IQSH Schleswig-Holstein im schulischen und im Rahmen einer mathematischen Vorkurswoche auch zum Beginn des kommenden WS 12/13 an der Universität zu Lübeck praktisch erprobt.

[4] Das Potenzial der Phänomenologie und der spekulativen Philosophie wird in einer nachfolgenden Arbeit vorgestellt.

schen Grundbausteine einer jeden Wissenschaft (Mittelstrass 1974, S. 29 ff.) und insbesondere auch eine unter wissenschaftlicher Perspektive betriebenen Mathematik (vgl. Thiel 1973).

Als philosophische Denkrichtungen[5] unterscheidet man horizontal die

- **Hermeneutik** als die Reflexion auf die Methoden systematischer Interpretation nicht nur von Texten und etwa Kunstwerken, sondern ganz allgemein auch von Handlungen überhaupt
- **analytische Philosophie** als die Reflexion auf die Methoden korrekten Definierens und schlüssigen Argumentierens
- **Dialektik** als die Reflexion auf die Methoden zur Bearbeitung von (Denk-)Widersprüchen und allgemein zum Führen gelingender Dialoge und Gespräche
- **Phänomenologie** als die Reflexion auf die Methoden korrekten Beschreibens und Wahrnehmens lebensweltlicher und wissenschaftlicher Zusammenhänge
- **spekulative Philosophie** als der systematischen Reflexion auf Methoden zur Entwicklung intuitiv-kreativen Denkens und der „Horizonterweiterung".

Dass und wie genau mit diesem Schema den wissenschaftsdidaktischen Idealen von „Mitteilung", „Verständlichkeit", „Gewissheit", „Spezialisierung", „Kontinuität", „Verfügbarkeit" (vgl. Hentig 2003, S. 181 ff.) einerseits und den wissenschaftstheoretischen Idealen der Wahrheit, der Begründung, der Erklärung und des Verstehens, der Selbstreflexion und der Intersubjektivität (Tetens 2008) in besonderer Weise Rechung getragen wird, muss an anderer Stelle ausführlich erläutert werden[6].

Auch geht es in diesem Schema nicht darum, die einzelnen Methoden trennscharf gegeneinander abzugrenzen (Blum 2006). Gleichwohl haben sie, und das wird im Folgenden noch zu verdeutlichen sein, charakteristische Eigenschaften, durch die sie sich spezifisch abgrenzen lassen. Dass und wie sich in diesem Schema auch die fachdidaktisch üblicherweise gebräuchlichen mathematischen Kompetenzen, wenngleich in ihrer philosophisch-methodischen Anteile zerlegt, wieder finden lassen, auch das muss einer späteren Detailanalyse überlassen bleiben.

---

[5] Wir orientieren uns an den Ausführungen in (Martens 2003). Ein alternatives Modell mit sechs statt fünf Grundrichtungen liefert (Rohbeck 2010). Beide Ansätze sind aber im Wesentlichen identisch. Ein erster Vergleich beider Ansätze findet sich in (Tiedemann 2004). In (Rentsch 2007) wird mit sprachphilosophisch-pragmatischen Argumenten gezeigt, dass beide Ansätze als „Hochstilisierung" alltagssprachlich vermittelter Denk- und Handlungspraxen rekonstruierbar und insofern vergleichbar sind.

[6] Vgl. dazu die Ausführungen in meinem Manuskript „Mehr Philosophie wagen im Mathematikunterricht – an Schule und Hochschule!", das voraussichtlich am Jahresende publiziert wird.

14.3 Mathematikdidaktisches Potenzial der Hermeneutik

„Die Sprache Mathematik ist eine der schriftlichen Texte" (Mertens 1990, S. 9). Mathematik betreiben heißt nicht zuletzt auch fähig sein, mathematische Texte Sinn entnehmend zu lesen. Die mathematische Sprache besteht zwar nicht selten aus einem komplizierten Wechselspiel aus Prosa- und Formelsprache in der es „um Möglichkeiten des Setzens von Zeichen nach strengen Regeln" (Mertens 1990, S. 12) geht, „die sich ohne Widersprüchlichkeiten ineinander fügen" (Mertens 1990, S. 12). Mathematische Beweise erschöpfen sich aber nicht in der logischen Schlüssigkeit und einen Beweis und mit ihm den bewiesenen Satz zu verstehen, heißt auch mehr als seine logische Schlüssigkeit nachvollzogen und überprüft zu haben. Vielmehr erschließt sich auch aus geltungstheoretischer Perspektive das Ganze eines Beweises oft aus dem Einzelnen und umgekehrt das Einzelne nur aus dem Ganzen, d. h. aus einer wechselseitigen Betrachtung kleinerer und größerer Beweisabschnitte, d. h. dass sich ein adäquaten Verständnis als „ein Prozess der Bildung und Korrektur von Hypothesen darstellt." (Ridder 2000, S. 127). Insgesamt, so lässt sich die geltungstheoretische Perspektive auf einen Beweis verallgemeinern, kann ein Beweis erst dann als verstanden gelten, wenn sein Leser über ein vollständiges Bild seiner theoriegeschichtlichen wie auch seiner forschungslogischen Bedeutung verfügt, also erst nach seiner Einordnung in den forschungsgeschichtlichen Horizont, d. h. erst nach der Aufdeckung etwa der leitenden Forschungsinteressen. Mathematische Theorien ordnen sich in einen geschichtlich gegebenen Forschungskontext ein und sind nicht selten auf ein spezielles Forschungsinteresse des jeweiligen Mathematikers[7] bezogen. Die (theorie-)geschichtlichen Ausgangspunkte mathematischen Wissens, ihrer Theorien, Sätze und schließlich auch Begriffe bleiben nicht nur als „Spuren", sondern als „unauslöschliche Prägung" in seinen „Endformen" (Hentig 2003, S. 181) erhalten. Gerade aber insofern jede Wissenschaft als Handlungszusammenhang und damit unter Zweck-Mittelperspektive zu rekonstruieren sein sollte (vgl. dazu und zum kulturalistischen Wissenschaftsverständnis insgesamt Janich 1997), gehört zu einem vollständigen Verständnis mathematischer Begriffe, Sätze und letztlich auch Theorien die umfassende Kenntnis der jeweils forschungsleitenden Interessen und der durch sie verdrängten Alternativen.

Die Hermeneutik als Theorie und Praxis des Verstehens von Texten (vgl. Veraart und Wimmer 2004) widmet sich nun genau den Problemen, die dadurch entstehen, „dass die Sprache, in der Behauptungen formuliert und Argumente bzw. Begründungen zur Sicherung von Geltungsansprüchen vorgetragen werden, nicht oder nur in Teilen auch die ‚eigene' Sprache ist" (Mittelstrass 1982, S. 170 ff.). Sie stellt ihrem Selbstverständnis nach Methoden bereit, mit denen „das, was von anderen gesagt ist, insbesondere was uns

[7] Dieser Ansatz eröffnet geradezu eine soziologische Perspektive auf geltungstheoretische Aspekte der Mathematik wie etwa in (Heintz 2000, S. 17 f.) und in (Ufer et al. 2009, S. 31 f.), der allerdings, zumal in den angegebenen Beispielen, eine Verwechselung von Gründe- und Wirkungsgeschichte zugrunde liegt (vgl. Mittelstrass 1989, S. 174 ff.).

schriftlich überliefert ist, in unser eigenes theoretisches Denken einbezogen werden" (Lorenzen 1974, S. 18 f.) kann, die in diesem Sinn auch keine spezifisch „geisteswissenschaftliche" Methode, sondern als „Kunst" für das Verstehen sprachlicher Ausdrücke und auch logischer Zusammenhänge (Lorenzen 1974, S. 11) in sämtlichen Wissenschaften und insbesondere auch in der Mathematik anwendbar sind. Von besonderer Bedeutung für die Hermeneutik ist der „hermeneutische Zirkel" (vgl. dazu Gadamer 1990, S. 274 f.) und aus sprachkritischer Perspektive (Janich et al. 1974, S. 128–137, insbesondere S. 128 f.), den Hans-Georg Gadamer in seinem philosophischen Klassiker „Wahrheit und Methode" als einen Prozess von „Vorentwurf", „Textverstehen" und „Verschmelzung der Horizonte" auffasst (Gadamer 1990, S. 383). Im Verstehensprozess bewegen wir uns notwendigerweise in dem „hermeneutischen Zirkel" (zur Begriffsgeschichte siehe Veraart und Wimmer 2004), dass wir einen Text mit unseren Erwartungen lesen, ferner dass wir die Einzelaussagen eines Textes nur aus dem Gesamtzusammenhang, und diesen umgekehrt erst aus den Einzelaussagen verstehen.

Im Sinne einer konkreten didaktischen Anregung lassen sich – ohne Anspruch auf Vollständigkeit und ohne hier alle Einzelheiten detailliert erläutern zu können – die mathematikdidaktischen Transformationen der Hermeneutik in einem Fragenkatalog (siehe Abb. 14.1) zusammenfassen. Dieser Fragenkatalog könnte Studierenden als Handreichung zum hermeneutischen Lesen mathematischer Beweise, ggf. nach entsprechender Reduktion oder Erweiterung hinsichtlich des Ausgangsniveaus der Adressaten, dienen[8].

Der wesentliche Ansatz dieses Katalogs besteht dabei darin, das „Vorverständnis" der Studierenden und das später erarbeitete „Textverständnis" explizit zu machen und anschließend gegenüber zu stellen und zu vergleichen bzw. zu kontrastieren. Die Erwartungen können sich in bestimmten Beweisen bestätigen, sie können jedoch auch enttäuscht oder aber gar übertroffen werden. So könnte beispielsweise vor der Erarbeitung eines Beweises der mathematische „Erwartungshorizont" des zu beweisenden Satzes erschlossen werden. Dazu werden wesentliche Schlüsselbegriffe, Beweisstrategien und Denkfiguren aufgedeckt, wie sie im theoretischen Umfeld bereits vorerschlossen sind oder verwendet wurden, um über den zu erwartenden Beweis, seine Hauptgedanken, die eingehenden Schlüsselbegriffe und Denkfiguren nachzudenken. Die Methode der Konfrontation von Erwartung und Lektüre kann innerhalb des Textes wiederholt werden, indem man nach der Erarbeitung eines Beweises erneut fragt, wie es nach den Vermutungen des Lesers weitergeht. Dieser Impulskatalog ermöglicht ein eigenständiges Erarbeiten mathematischer Beweise. Die Impulse knüpfen an die individuellen Vorkenntnisse der Studierenden an und überlassen ihm die Entscheidung, wie oft der Dreischritt „Vorverständnis formulieren – Textverständnis erarbeiten – Horizontverschmelzung" wiederholt wird.

---

[8] Bei Interesse können weitere Fragenkataloge zur Analytischen Philosophie, zur Phänomenologie, zur Spekulativen Philosophie und Dialektik bei mir angefordert werden.

Fragen- und Impulskatalog zum hermeneutischen Lesen mathematischer Beweise

1. Erschließung und Explikation von Vorverständnis und Erwartungshorizont
Welche Begriffe, Argumente und Denkfiguren werden vermutlich im Beweis eine zentrale Rolle spielen? Wo wird vermutlich die größte Hürde, der „Knackpunkt" im Beweis liegen? Welches Wissen, welche Begriffe und Zusammenhänge, welche Theoriekontexte werden benötigt und/oder als Vorkenntnisse vorausgesetzt oder – didaktisch formuliert – was ist das Ausgangsniveau? Welche Stellung hat der Satz bezogen auf das Theorieganze bzw. auf die Theoriegeschichte: Was lässt sich über die Entstehungssituation des Beweises, seinen gesellschaftlichen, kulturellen und historischen Hintergrund sagen (erfassen)? Inwiefern erweitert er bereits bestehende Erkenntnisse und baut auf diesen auf? Welche Bedeutung hat dieser Satz für den weiteren Aufbau der Theorie?

Erläutern Sie die Bedeutung des Satzes und seines Beweises an Beispielen, die die Voraussetzungen des Satzes nicht erfüllen. Auf welche Fragen – auch im Blick auch auf meinen persönlichen Lernprozess – möchte ich beim Durcharbeiten des Beweises besonders achten? Was werde ich gelernt haben, wenn ich den Satz und seinen Beweis am Ende vollständig verstanden haben werde? Welchen Erkenntnisgewinn erwarte ich nach der Erarbeitung des Beweises? Wie viel Geduld welches Maß an Lernbereitschaft, Selbstkritik und Bescheidenheit wird die vollständige Durchdringung des Beweises erfordern?

2. Lektüre des Beweises
Versuchen Sie Satz für Satz nachzuvollziehen und versuchen Sie sämtliche Lücken und Leerstellen in der Beweisformulierung auszufüllen und zu ergänzen. Übersetzen Sie dazu auch gegebene Formeln in grammatikalisch korrekte Sprache. Versuchen Sie aber auch umgekehrt Prosa – wo es sinnvoll und möglich ist – in Formelsprache zu übersetzten. Bestimmen Sie die Hauptbegriffe, die wesentlichen Beweisschritte und Argumente. Formulieren Sie geeignete Überschriften. Fertigen Sie Strukturskizzen, Schaubilder und Analyseschemata zur Bestimmung des Argumentationsganges an.

Um welches Phänomen geht es im Beweis? Worin besteht/bestehen die tatsächliche(n) Hauptschwierigkeit(en) im Beweis? Was ist das Neue, Ungewohnte des Beweises im Blick auf seine Methode und seinen Inhalt?

3. Konfrontation von Vorerfahrung und Erwartungshorizont und Horizontverschmelzung
Was ergibt sich aus dem Vergleich/der Konfrontation des „Vorverständnisses" und des „Erwartungshorizontes" mit den tatsächlich erarbeiteten Ergebnissen? Welche Fragen wurden beantwortet, welche Erwartungen wurden erfüllt bzw. blieben offen oder wurden enttäuscht? Worin liegen die Ursachen für die Differenz zwischen Erwartung und Ergebnis? Welche Konsequenzen ergeben sich aus diesem Ergebnis? Wie wären für einen erneuten Durchlauf der hermeneutischen Spirale Vorverständnis und Erwartungshorizont neu zu formulieren?

Letztlich ist die Durchführbarkeit dieses Dreischritts unabhängig von den Vorgaben des Lehrenden und somit ist dieses Verfahren auf die Autonomie des Studierenden ausgelegt. Dieses Verfahren ist als Lernstrategie besonders geeignet, weil es den Nutzer immer wieder auffordert, seine eigenen Kenntnisse und Fähigkeiten einzuschätzen und seinen Lernprozess zu reflektieren, was zu einem selbstgesteuerten Lernprozess unabdingbar dazugehört.

14.4 Mathematikdidaktisches Potenzial der analytischen Philosophie

Begrifflich-argumentatives Rechenschaftsgeben gehörte zwar seit jeher zur Technik philosophischer Reflexion, wie sich an vielen Beispielen etwa bei Sokrates, Platon, Aristoteles, Montaigne, Descartes, Frege, Russel, Wittgenstein, Carnap, Quine (vgl. Martens 2003 und Rohbeck 2010) und vielen anderen zeigen lässt. Aber in ihrer ausdrücklich selbstreflexiven Form, d. h. in ihrem Interesse an systematischen und im wesentlichen vom historischen Kontext unabhängigen Geltungsfragen, ist sie eine besondere Form der Gegenwartsphilosophie, wie sie insbesondere durch angelsächsische und skandinavische Philosophen vertreten wird. Die analytische Philosophie betont besonders die methodischen Aspekte nicht nur des Philosophierens, sondern ganz allgemein des geltungsorientierten und schließlich wissenschaftlichen Nachdenkens. Sie stellt ihrem eigenen Anspruch nach klare Regeln der Begriffsdefinition, Argumentation und Kritik auf. Die analytische Philosophie[9] vertritt – so lässt sich stark vereinfachend sagen – als zentrales Anliegen, den Geltungsanspruch von Sätzen der Wissenschafts- und Alltagssprache durch die methodisch geleitete Analyse der in diese Sätze und ihrer Begründung eingehenden Begriffe, Sätze und Argumentationen zu klären. Dabei kommt es ihr, und das ist aus mathematikdidaktischer Perspektive wichtig, insbesondere auch darauf an, diese Methoden selber explizit zu machen und sie nochmals einer geltungstheoretischen Überprüfung zu unterziehen.

Viele Verfahren der allgemeinen Begriffs- und Argumentationsanalyse werden in der mathematischen Forschung wie selbstverständlich aber eben stillschweigend und bloß implizit verwendet bzw. vermieden: Bei begriffsanalytischen Verfahren handelt es sich neben vielen anderen etwa um Verfahren der impliziten und expliziten Definition, der exemplarischen Einführung, und – für die Mathematik ganz wesentlich – das Verfahren der Abstraktion, aber auch um Verfahren wie „Begriffliche Zusammenhänge verstehen", „Begriffe integrativ analysieren", „Unbemerkte Implikationen aufdecken", „Trennscharfe Begriffe verwenden", „Absolute und relative Begriffe unterscheiden" und noch einige mehr. Als Verfahren der allgemeinen Argumentationsanalyse sind besonders hervorzuheben „Widerspruchsfreiheit prüfen", „Tautologien vermeiden", „Syllogismen verwen-

[9] Ein guter Überblick zu Geschichte und Inhalt der analytischen Philosophie findet sich in Lorenz (2004).

den", „Das Toulmin-Schema: Argumente inhaltlich prüfen" und „Den unendlichen Regress vermeiden" und noch einige mehr[10].

Mit Hilfe der sprachanalytischen Philosophie zusammen mit den unterrichtsmethodischen Anregungen der modernen Philosophiedidaktik könnten diese Methoden nicht nur explizit und dadurch einem systematischen Training – etwa auch für leistungsschwächere Studierende – zugänglich gemacht werden. Vielmehr ist damit auch die Grundlage einer kritischen Methoden- bzw. „Selbstreflexion" (Tetens 2008, S. 24) selbst gegeben, wenn beispielsweise die Verfahren der impliziten, expliziten sowie der exemplarischen Einführung (vgl. Janich et al. 1974) von Begriffen gegeneinander abgegrenzt und etwa in ihrer ontologischen, d. h. gegenstands-konstitutiven Funktion für die Mathematik[11] kritisch bewertet werden.

Wie können nun analytische Methoden beim selbstständigen Studium mathematischer Beweise konkret helfen? Selbstverständlich gehorchen mathematische Texte und insbesondere mathematische Beweise strengen Regeln, gleichwohl sind sie aber nicht bzw. nur teilweise formal-logisch, d. h. streng deduktiv aufgebaut. Vielmehr bestehen mathematische Beweise aus einem Wechselspiel aus Prosa- und Formelsprache, dessen Wahrheits- bzw. Geltungsanspruch insbesondere für den mathematischen Anfänger gerade deshalb schwer nachzuvollziehen ist und kompliziert erscheint, weil es, vor der „formale(n) Logik als Kontrastfolie" (vgl. dazu Tetens 2004, S. 45 ff.) betrachtet, auch unvollständige Argumente enthält. Häufig werden in Beweisen Argumente in sehr verkürzter Form angegeben, und zwar ohne die verwendeten Prämissen, vorausgesetzte Hintergrundkenntnisse und die verwendeten Schlussregeln explizit zu benennen. Es „fehlt ein analoges Regelwerk, das in vertrackten Argumentationszusammenhängen konsultiert werden könnte" (Benz 2010, S. 4). Wir schlagen deshalb vor, den (klassischen) Begriff des Arguments sowie die Methoden der Prämissen- und Schlussregelergänzung[12] explizit einzuführen und einzuüben. Dadurch wird ein explizit lehr- und lernbares Werkzeug zur präzisen und detaillierten Analyse und Bewertung einzelner Argumente durch deduktive Rekonstruktion bereitgestellt[13].

[10] Ausführliche Erläuterungen mit vielen weiteren Literaturhinweisen finden sich in (Martens 2003, S. 109–124).

[11] Siehe dazu die sehr lesenswerte Einführung in die Philosophie der Mathematik in (Thiel 1995).

[12] Die Begriffe Argument, Prämissen- und Schlussregelergänzung werden sehr ausführlich und mit vielen Beispielen gestützt in dem sehr aufschlussreichen Buch (Tetens 2004, insbesondere S. 38 ff.) erläutert.

[13] Wir vermuten, dass die explizite Einführung relevanter argumentationstheoretischer Werkzeuge in der bisherigen fachdidaktischen Diskussion (genau genommen nicht nur der Mathematik sondern fast aller Disziplinen an Schule und Hochschule) ein wesentlicher Schlüssel für ein „ursprüngliches Verstehen" (Wagenschein), ein Verstehen, wie Mathematik „im Prinzip" (von Hentig) funktioniert, sehr hilfreich sein kann. Vgl. dazu die Ausführungen in meinem Manuskript „Mehr Philosophie wagen im Mathematikunterricht – an Schule und Hochschule!", das voraussichtlich am Jahresende erscheinen wird.

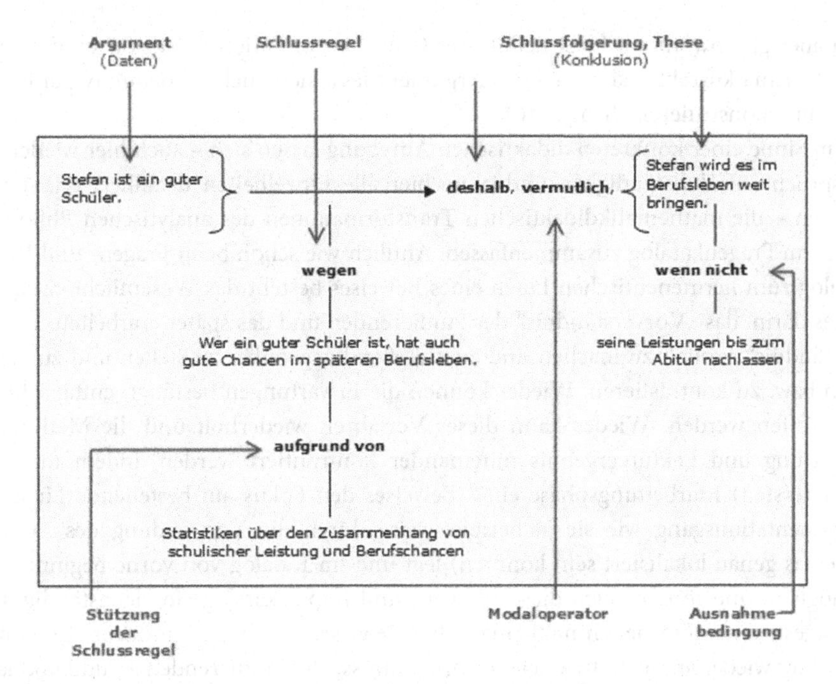

Abb. 14.1 Das Toulmin-Schema der Argumentationsanalyse. Quelle: http://www.teachsam.de/deutsch/d_rhetorik/argu/arg_mod_toul_4.htm (Stand: 18.05.2012)

Inwiefern diese Methode mit einer Analyse der „Makrostruktur"[14] einer Beweisargumentation verbunden werden kann, so dass sich die deduktive Rekonstruktion nicht auf eine Untersuchung einzelner Details beschränkt, sondern den Blick auf den argumentativen Gesamtzusammenhang eröffnet, darüber wird in der Diskussion der Dialektik im nächsten Abschnitt noch zu reden sein.

Als alternatives Werkzeug zur detaillierten Argumentationsanalyse besonders geeignet erscheint uns auch das Toulmin-Schema. Hierbei handelt es sich um ein „Modell der inhaltlichen orientierten Argumentationsanalyse", das aus der Einsicht entwickelt wurde, dass die formale Logik „nur eingeschränkt als Instrument für die Klärung alltagspraktischer Argumentationen brauchbar ist" (Martens 2003, S. 120). Toulmin hat dieses Modell in eine eingängige Graphik, wie in Abb. 14.1 dargestellt, angeordnet.

Wir sehen den besonderen Vorteil des Toulmin-Schemas darin, dass es gerade für formal-logisch unvollständige Argumentationen innerhalb eines Beweises ein systematisches Suchraster zu deren logisch deduktiver Vervollständigung anbietet. Es trägt der Tatsache Rechnung, dass mathematische Beweise als schriftliche Texte verfasst sind, die sich – zumindest im Blick auf ihre sprachliche Oberfläche – nur graduell von anderen wissenschaftlichen und alltagssprachlichen Texten und Argumentationen unterscheiden,

[14] Ein sehr anschauliches und auf die Lektüre mathematischer Beweise übertragbares Verfahren wird vorgestellt in Benz (2010, S. 52 ff.).

sich aber gleichwohl am Ideal deduktiver Gültigkeit orientieren. Jedes nach dem Toulmin-Schema korrekt rekonstruiertes Argument lässt sich auch als deduktiv gültiges Argument rekonstruieren (Benz 2010).

Im Sinne einer konkreten didaktischen Anregung lassen sich – auch hier wieder ohne Anspruch auf Vollständigkeit und ohne hier alle Einzelheiten detailliert erläutern zu können – die mathematikdidaktischen Transformationen der analytischen Philosophie in einem Fragenkatalog zusammenfassen. Ähnlich wie schon beim Fragen- und Impulskatalog zum hermeneutischen Lesen eines Beweises besteht das Wesentliche dieses Ansatzes darin, das „Vorverständnis" der Studierenden und das später erarbeitete „Beweisverständnis" explizit zu machen und anschließend gegenüber zu stellen und zu vergleichen bzw. zu kontrastieren. Wieder können die Erwartungen bestätigt, enttäuscht oder übertroffen werden. Wieder kann dieses Verfahren wiederholt und die Methode der Erwartung und Lektüreergebnis miteinander konfrontiert werden, indem man nach einer (ersten) Erarbeitungsphase eines Beweises den Fokus auf bestehende Lücken im Argumentationsgang wie sie ja beispielsweise durch die Verwendung des Toulmin-Schemas genau lokalisiert sein könnten) legt und im Katalog von vorne beginnt. Somit ermöglicht und fördert auch dieser Fragen- und Impulskatalog ein eigenständiges und selbstgesteuertes Erarbeiten mathematischer Beweise. Die Fragen und Impulse knüpfen auch hier wieder an die individuellen Vorkenntnisse der Studierenden an und überlassen ihm die Entscheidung, wie oft der Dreischritt „Vorverständnis klären – Beweisverständnis erarbeiten – Konfrontation von Erwartung und Ergebnis" wiederholt wird. Letztlich ist die Durchführbarkeit dieses Dreischritts unabhängig von den Vorgaben des Lehrenden und ist somit auf die Autonomie des Studierenden ausgelegt. Dieses Verfahren ist als Lernstrategie besonders geeignet, weil es den Nutzer immer wieder auffordert, seine eigenen Kenntnisse und Fähigkeiten einzuschätzen und seinen Lernprozess zu reflektieren, was zu einem selbstgesteuerten Lernprozess unabdingbar dazugehört.

14.5 Zusammenfassung und Ausblick

In dieser Arbeit haben wir zu zeigen versucht, dass und wie sich philosophische Methoden in konkrete mathematische Denk- und Arbeitsmethoden transformieren lassen. Inwieweit sich dieser Ansatz auch praktisch und d. h. nicht zuletzt auch für Studienanfänger als hilfreich erweisen wird, muss sich in Zukunft zeigen. Über erste Erfahrungen dieses Ansatzes im Rahmen der Lehrerbildung in Schleswig-Holstein und in mathematischen Vorkursen und Anfängervorlesungen der Universität zu Lübeck wird ab Herbst 2012[15] zu berichten sein. Eine Durchführbarkeit dieses Ansatzes in anderen Disziplinen müsste nach Aufarbeitung des Materials möglich sein und könnte bei Interesse von entsprechenden Kursleitern vorbereitet werden.

[15] Vgl. dazu die Fußnote 3.

14.6 Anhang

	Hermeneutische Perspektive	Phänomenologische Perspektive	Dialektische Perspektive	Spekulative Perspektive	Analytische Perspektive
Begriff	Unterscheidungsinteressen hinter den Begriffen aufdecken und wissenschaftsgeschichtlich einordnen.	Unterscheidungsinteressen hinter den Begriffen an beobachtbaren Phänomenen und Situationen bzw. der Alltags- und der Wissenschaftspraxis verdeutlichen und beschreiben.	Die Zweckmäßigkeit begrifflicher Unterscheidungen im (inneren) Dialog durch Abwägung von Pro- und Contra-Argumente überprüfen und anderen verständlich mitteilen.	Alternative Begriffsbildungen finden und auf Zweckmäßigkeit und Relevanz überprüfen.	Begriffe exakt und angemessen definieren und präzise verwenden.
Satz	Den Erkenntnisgewinn neuer Argumente und Beweise relativ zum theoriegeschichtlichen und eigenen Vorwissen formulieren.	Sätze (und ihre Begründung) als Interpretation und Verallgemeinerung beobachtbarer (auch innermathematisch gegebener) Situationen, Wissenschafts- und Alltagspraxen verstehen und beurteilen.	Argumentationen und Beweise als (inneren) Dialog, als Abwägung von Pro- und Contra-Argumenten zuspitzen und anderen verständlich mitteilen.	Die Prämissen von Sätzen gedanklich variieren zu neuen, auf Stichhaltigkeit und Relevanz zu prüfenden Vermutungen.	Argumentationen und Beweise auf Stichhaltigkeit und Gültigkeit überprüfen und selber schlüssige Beweise formulieren.
Theorie	Die Geschichte einzelner Theorien aus wirkungs- und gründegeschichtlicher Perspektive rekonstruieren.	Vorgängig gegebene außer- und innermathematische Praxen und Handlungs- und Theoriezusammenhänge als Grundlage für die Konstruktion neuer Ansätze und Theorien nutzen.	Zweckmäßigkeit und Aufbau einer Theorie anderen verständlich mitteilen.	Grundlegende Annahmen und Voraussetzungen von Theorien variieren, weiterentwickeln und die auf theoretische und praktische Relevanz und argumentative Stringenz überprüfen.	Theorien als logisch-deduktive Zusammenhänge bewiesener Sätze rekonstruieren und aufbauen.

14.7 Literaturverzeichnis

Benz, G. (2010). Theorie dialektischer Strukturen. Frankfurt a. M.

Blum, W., Drüke-Noe, C., Hartung, R., & Köller, O. (Ed.) (2006). Bildungsstandards Mathematik: konkret. Sekundarstufe I: Aufgabenbeispiele, Unterrichtsanregungen, Fortbildungsideen. Berlin: Cornelsen.

Bruder, R. (2006). Sicherung von Basiskompetenzen. In: R. Bruder, T. Leuders, A. Büchter, Mathematikunterricht entwickeln. Bausteine für kompetenzorientiertes Unterrichten (S. 53–79). Berlin: Cornelsen.

Brüning, B. (2003). Philosophieren in der Sekundarstufe: Methoden und Medien. Weinheim, Basel, Berlin: Beltz.

Dietze, M. (2005). An fünf Fingern abgezählt – die Disposition im Philosophieunterricht. In: E. Martens et al. (Ed.), Zeitschrift für Didaktik der Philosophie und Ethik, 27(3), 122–128.

Draken, K. (2011). Sokrates als moderner Lehrer. Eine sokratisch reflektierte Methodik und ein methodisch reflektierter Sokrates für den Philosophie- und Ethikunterricht. Berlin: LIT.

Gadamer, H.-G. (1990). Wahrheit und Methode. Grundzüge einer philosophischen Hermeneutik. In: H.-G. Gadamer, Ges. Werke, Band I. Tübingen: Mohr Siebeck.

Heintz; B. (2000). Die Innenwelt der Mathematik. Zur Kultur und Praxis einer beweisenden Disziplin. Wien: Springer.

Hentig, H. v. (1999). Bildung. Ein Essay. Weinheim und Basel: Beltz.

Hentig, H. v. (2003). Wissenschaft. Eine Kritik. Weinheim und Basel: Beltz.

Janich, P. et al. (1974). Wissenschaftstheorie als Wissenschaftskritik. Frankfurt a. M.: Aspekte.

Janich, P. (1997). Kleine Philosophie der Naturwissenschaften. München: Beck.

Kamlah, W., & Lorenzen, P. (1967). Logische Propädeutik. Vorschule des vernünftigen Redens. Mannheim: Bibliographisches Institut.

Kratz, H. (2011). Wege zu einem kompetenzorientierten Mathematikunterricht. Ein Studien- und Praxisbuch für die Sekundarstufe. Seelze: Friedrich Verlag.

Lehn, M. (2012). Wie halte ich einen Seminarvortrag? http:/www.mathematik.uni-mainz.de/Members/lehn/le. Zugriff am 18.05.2012.

Lorenzen, P. (1974). Logik und Hermeneutik. In: P. Lorenzen, Konstruktive Wissenschaftstheorie (S. 11–21). Frankfurt a. M.: Suhrkamp.

Lorenz, K. (2004): Analytische Philosophie. In: J. Mittelstrass (Ed.), Enzyklopädie Philosophie und Wissenschaftstheorie Band 3 (S. 139–145). Stuttgart: Metzler.

Lorenzen, P., & Lorenz, K. (1978). Dialogische Logik. Darmstadt: Wissenschaftliche Buchgesellschaft.

Martens, E. (2003). Methodik des Ethik- und Philosophieunterrichts. Philosophieren als elementare Kulturtechnik. Hannover: Siebert.

Mehrtens, H. (1990). Moderne Sprache Mathematik. Eine Geschichte des Streits um die Grundlagen der Disziplin und des Subjekts formaler Systeme. Frankfurt a. M.: Suhrkamp.

Meyer, H. (2007). Leitfaden Unterrichtsvorbereitung. Berlin: Cornelsen.

Mittelstrass, J. (1970). Neuzeit und Aufklärung. Studien zur Entstehung der neuzeitlichen Wissenschaft und Philosophie. Berlin und New York: Springer

Mittelstrass, J. (1974). Die Möglichkeit von Wissenschaft. Frankfurt a. M.: Suhrkamp.

Mittelstrass, J. (1982). Wissenschaft als Lebensform. Reden über philosophische Orientierung in Wissenschaft und Universität. Frankfurt a. M.: Suhrkamp.

Mittelstrass, J. (1989). Der Flug der Eule. Von der Vernunft der Wissenschaft und der Aufgabe der Philosophie. Frankfurt a. M.: Suhrkamp.

Mittelstrass, J. (2004). Philosophie. In: J. Mittelstrass (Ed.), Enzyklopädie Philosophie und Wissenschaftstheorie Band 3 (S. 131–139). Stuttgart: Metzler.

Rentsch, T. (2007). Der Status der Philosophie. In: P. Breitenstein et al. (Ed.), Geschichte - Kultur - Bildung. Philosophische Denkrichtungen. Hannover: Siebert.

Ridder, L. (2000). Textarbeit im Philosophieunterricht aus hermeneutisch-intentionalistischer Sicht am Beispiel des Homo-mensura-Satzes von Protagoras. In: E. Martens et al. (Ed.), Philosophie Ethik. Zeitschrift für Didaktik der Philosophie und Ethik., 22(2), 124–132.

Rohbeck, J. (2010). Didaktik der Philosophie und Ethik. Dresden: Thelem.

Solso, R. (2004). Kognitive Psychologie. Heidelberg: Springer.

Spaemann, R. (1983). Die kontroverse Natur der Philosophie. In: R. Spaemann, Philosophische Essays (S. 104–129). Stuttgart: Reclam.

Stekeler-Weithofer, P. (2008). Formen der Anschauung. Eine Philosophie der Mathematik. Berlin: De Gruyter.

Tetens, H. (2004). Philosophisches Argumentieren. München: Beck.

Tetens, H. (2012). Die Idee der Universität und ihre Zukunft. http://repo.sawleipzig.de:80/pubman/item/escidoc:11009/component/escidoc:16040/denkstroeme-heft1_24-33_tetens.pdf, 24–33. Stand 27.05.2012.

Thiel, C. (1973). Das Begründungsproblem der Mathematik und die Philosophie. In: F. Kambartel, & J. Mittelstrass (Ed.), Zum normativen Fundament der Wissenschaft (S. 91–114). Frankfurt a. M.: Athenäum.

Thiel, C. (1995). Philosophie und Mathematik. Eine Einführung in ihre Wechselwirkungen und in die Philosophie der Mathematik. Darmstadt: Wissenschaftliche Buchgesellschaft.

Tiedemann, M. (2004). Ethische Orientierung für Jugendliche. Berlin und Münster: LIT.

Ufer, S., Heinze, A., Kuntze, S., & Rudolph-Albert, F. (2009). Beweisen und Begründen im Mathematikunterricht. Die Rolle von Methodenwissen für das Beweisen in der Geometrie. In: Journal für Mathematikdidaktik, 30(1), 30–54.

Veraart, A., & Wimmer, R. (2004). Hermeneutik. In: J. Mittelstrass (Ed.), Enzyklopädie Philosophie und Wissenschaftstheorie, Band 2 (S. 85–90). Stuttgart: Metzler.

15 Studienvorbereitungskurse „Mathematik" an der Fachhochschule Brandenburg

Mirco Schoening (Fachhochschule Brandenburg) und
Reinhard Wulfert (Agentur für wissenschaftliche Weiterbildung und Wissenstransfer e. V., Brandenburg)

Zusammenfassung

Bedingt durch die Möglichkeit, in Brandenburg auch ohne Abitur studieren zu können, werden zu Studienbeginn zunehmend stark differierende Kenntnisse und Fertigkeiten in der Mathematik festgestellt. Da die Stoffvermittlung in den Bachelor-Studiengängen sehr konzentriert erfolgt, ist es im Rahmen der planmäßigen Veranstaltungen kaum möglich, auf vorhandene Defizite einzugehen.

Hierzu werden an der FH Brandenburg seit fünf Jahren Studienvorbereitungskurse (SVK) vor Beginn eines Studiums angeboten, um lückenhaftes oder fehlendes Wissen aufzufrischen oder zu ergänzen. Zusätzlich wird ein in den ersten Studienwochen begleitendes Propädeutikum durchgeführt.

Durch diese Angebote haben sich sichtbare Erfolge im Fach Mathematik gezeigt. Neben der fachlichen Kompetenzentwicklung ist hier auch ein besonderer Wert auf ein angstfreies Lernen gelegt worden, da viele Studierende Lernblockaden aufweisen, die gelöst werden müssen. Vielfach werden Musterlösungen erwartet und auch auswendig gelernt mit dem Ergebnis, dass schon bei leichter Modifizierung der Problemstellung Schwierigkeiten auftreten können. Aus diesem Grund wird in den Brandenburger Kursen zunehmend die moderierte gemeinsame Lösungserarbeitung praktiziert. Dadurch werden die Studierenden aus einer möglicherweise passiven Rolle herausgelöst.

Kursbegleitend wird ein Studienbrief genutzt, der vom Dozenten verfasst wurde. Hier wird aus der Sicht von drei Studenten im Rahmen eines SVK der notwendige Stoff aufbereitet. Der Stoff wird nicht nur vermittelt, sondern aus der Perspektive der Studenten hinterfragt.

Die SVK werden durch eine Lernplattform unterstützt, über die die Teilnehmer zusätzliche Aufgaben und Materialien erhalten und auch mit dem Lehrenden und untereinander kommunizieren können.

Der angebotene Studienvorbereitungskurs wurde auf der khdm-Tagung im Rahmen eines eingereichten Posters vorgestellt.

15.1 Einführung

Aufgrund der in den letzten Jahren verstärkt wahrgenommenen Möglichkeit, auch ohne Abitur studieren zu können, zeigen sich bei den Studierenden zu Studienbeginn zunehmend stark differierende Kenntnisse und Fertigkeiten insbesondere im Fach „Mathematik". Zum anderen liegt bei vielen Berufstätigen, die ein berufsbegleitendes Studium aufnehmen, ein Teil ihres Wissens nicht anwendungsbereit vor, da ihre Schulzeit mitunter schon lange zurückliegt. Durch diese beiden Effekte sowie die unterschiedliche Herkunft der Studierenden aus verschiedenen Bundesländern und auch aus dem Ausland wird die Gesamtheit der Studierenden zunehmend heterogener.

Aber auch innerhalb der Gruppe den traditionellen Studierenden mit Hochschulzugangsberechtigung bestehen Differenzen. So hat hier die zu Studienbeginn festgestellte Methodenkompetenz in den letzten Jahren merklich abgenommen: So bereitet etwa das Lösen einfacher Gleichungen und das von Gleichungssystemen zunehmend große Schwierigkeiten.

Die Umwandlung der Diplom- in Bachelor-Studiengänge hat zu einer sehr konzentrierten Stoffvermittlung geführt, sodass es im Rahmen der planmäßigen Veranstaltungen kaum möglich ist, auf diese vorhandenen Defizite gezielt einzugehen. Da aber mathematische Fähigkeiten zum Verständnis anderer Disziplinen, wie beispielsweise der Volkswirtschaftslehre, unabdingbar sind, ist es notwendig, zeitnah nach Studienbeginn eine Angleichung der festgestellten divergierenden Ausgangsniveaus herzustellen.

Zu diesem Zweck werden seit 2006 an der Fachhochschule Brandenburg in Kooperation mit der Agentur für wissenschaftliche Weiterbildung und Wissenstransfer (AWW) e. V. Studienvorbereitungskurse (SVK) „Mathematik" vor Beginn eines Studiums angeboten, um lückenhaftes bzw. fehlendes Wissen aufzufrischen bzw. zu ergänzen. Dieses Angebot richtet sich an Präsenz- und Fernstudierende. Ergänzt werden diese Kurse durch ein in den folgenden ersten Studienwochen stattfindendes Mathematik-Propädeutikum. Im Fachbereich „Wirtschaft" der Fachhochschule Brandenburg liegen die Durchführung der Studienvorbereitungskurse und die Lehrveranstaltung „Mathematik" in einer Hand, sodass hier ein optimalerAnschluss gegeben ist.

15.2 Historie zur Entwicklung der Studienvorbereitungskurse „Mathematik"

Schon Mitte der 1990er Jahre wurde ein einsemestriges Mathematik-Propädeutikum in der Fernstudienagentur des FVL (Fachhochschul-Fernstudienverbund der Länder) entwickelt. Die zugehörigen fernstudiendidaktisch aufbereiteten Studienbriefe wurden im Zusammenhang mit der Entwicklung des grundständigen Diplom-Fernstudiengangs „Wirtschaftsingenieurwesen" von Professoren des FVL-Fachausschusses erstellt. Diese Studienmaterialien waren die Keimzelle der dann in Brandenburg entwickelten Studienvorbereitungskurse.

Der Präsident der Fachhochschule Brandenburg, Herr Prof. Janisch, der gleichzeitig wissenschaftlicher Leiter der Fernstudienagentur und Vorsitzender des Verwaltungsrates des FVL war, hatte dann Ende 2004 die Idee, für seine Hochschule verschiedene Studienvorbereitungskurse von der AWW e. V. entwickeln zu lassen. Die AWW (Agentur für wissenschaftliche Weiterbildung und Wissenstransfer) e. V. war 2003 als Weiterbildungseinrichtung der Fachhochschule Brandenburg gegründet worden. Als Nachfolgeeinrichtung des FVL war 2003 die Service-Agentur des Hochschulverbundes Distance Learning (HDL) entstanden und nun Teil der AWW e. V.

Zur Konzepterarbeitung der SVK wurden zunächst Befragungen an allen Schulen in der Stadt Brandenburg mit einer Sek II-Stufe durchgeführt und das Gespräch mit allen in Frage kommenden Mitarbeitern und Professoren der Hochschule gesucht.

Parallel wurde 2005 die Präsenzstelle der Fachhochschule Brandenburg in der Prignitz (Pritzwalk) eröffnet. Sie sollte für die Unternehmen in der Region und deren Mitarbeiter Angebote entwickeln und betreuen.

Das erste AWW-Konzept mit Studienvorbereitungskursen für Berufstätige bzw. Schüler wurde zum Sommersemester 2006 erstmalig in der Präsenzstelle Pritzwalk mit den Kursen „Mathematik", „Wie studiere ich richtig?" (Wissenschaftliches Arbeiten) und Kursen zur Vorbereitung auf die Eignungsprüfung für die Studiengänge „Maschinenbau", „BWL" und „Informatik" realisiert. (Eignungsprüfungen mussten bis 2008 im Land Brandenburg von allen Studieninteressierten ohne schulische Hochschulzugangsberechtigung vor einer Immatrikulation bestanden werden.) Die Kurse für Berufstätige bestanden kompakt aus allen drei Teilkursen; die Kurse für Schüler enthielten nur die Teile Mathematik und wissenschaftliches Arbeiten.

In der Tradition des FVL (jetzt: HDL) waren die neu entwickelten Kurse eine Kombination aus Präsenzeinheiten und Fernstudienelementen, ergänzt durch eine Online-Betreuung über die Opensource-Lernplattform „Moodle". Das Konzept sah, insbesondere für die Mathematik-Kurse, eine längere Zeitdauer (zunächst ca. vier bis sechs Wochen) vor, um den Teilnehmern viel Zeit zum Üben und zum Fragen-Entwickeln (Lernen) zu geben. Dieser Ansatz wurde von Beginn an von allen Teilnehmenden sehr positiv evaluiert.

Nach dem ersten erfolgreichen Angebot im Sommersemester 2006 in Pritzwalk, wurden die Kurse in den Folgesemestern an verschiedenen Studienorten angeboten (Brandenburg, Pritzwalk, Hennigsdorf, Schwedt) und mit unterschiedlichem Erfolg wiederholt. Manche Kurse mussten wegen zu geringer Teilnehmerzahl abgesagt werden. Tatsächlich haben sich die Kurse in Brandenburg etabliert. In Pritzwalk findet in der Regel einmal im Jahr ein Kurs statt.

Nach jedem veranstalteten Kurs wurden Evaluationen auf der Basis von AWW-Fragebögen durchgeführt. Die Evaluationsergebnisse ergaben primär, neben einer hohen Zufriedenheit mit der Art und Weise der Stoffbehandlung, den Wunsch nach noch mehr Übungsaufgaben, um den Stoff weiter verfestigen zu können. Diese Übungsaufgaben sollten möglichst mit ausführlichen Musterlösungen versehen sein. Die Kurse sind von Anfang an immer offen für neue Themen. Nach Teilnehmerwünschen wurden auch zusätzliche Themen in die Kurse aufgenommen oder auch Gewichtungen von Kursabschnitten verändert.

Bis 2010 waren die Studienbriefe des Propädeutikums „Mathematik" (siehe oben) die Basis der inhaltlichen Kursarbeit. Anhand der erlangten Evaluationsergebnisse und der langfristigen Kurserfahrungen wurden 2010 neue Materialien vom Dozenten des Kurses in Absprache mit der Service-Agentur des HDL entwickelt und erstellt. 2011 erschienen die beiden entsprechenden (Fern-)Studienbriefe (Schoening 2011; Schoening et al. 2011), die nun in den Kursen zum Einsatz kommen, parallel Interessenten anderer Hochschulen zur eigenen Durchführung solcher Kurse zur Verfügung stehen (siehe Website des AWW-Onlineshop).

15.3 Durchführung der Studienvorbereitungskurse „Mathematik"

Nach den einleitenden Ausführungen zur Entwicklung der Studienvorbereitungskurse in Brandenburg soll nun im folgenden Hauptteil auf die praktische Durchführung der Kurse und den didaktischen Ansatz sowie auf Vorhaben zur Anpassung der Kurse eingegangen werden.

Viele Hochschulen befassen sich seit Jahren mit der Problematik der Schwierigkeiten gerade der Studentinnen und Studenten in den ersten Semestern mit der Mathematik. Dabei geht es sowohl um Probleme mit der Mathematik als eigenständigem Fach als auch der Anwendung mathematischer Instrumente in anderen Fächern. Es besteht ein signifikanter Zusammenhang zwischen Gründen für den vorzeitigen Abbruch eines Studiums und den erbrachten Leistungen auf mathematischem Gebiet.

An der Fachhochschule Brandenburg wurde festgestellt, dass die überwiegende Mehrheit der Studienabbrecher bereits im Verlauf des ersten Semesters das Studium beendet. Befragungen der betroffenen Studierenden haben ergeben, dass die Mathematik einen erheblichen Einfluss auf diese Entscheidung genommen hat. Zum einen waren sich einige Studierende vor Studienbeginn nicht im Klaren darüber, wie hoch die Rolle der Mathematik im gewählten Studiengang sein würde. Zum anderen wurden die eigenen Fähigkeiten in Mathematik oft überschätzt. Selbst Studierende, die zuvor einen Leistungskurs in Mathematik absolviert hatten, waren den Anforderungen dieses Fachs im Studium nicht immer gewachsen.

Bedingt durch die veränderten gesetzlichen Rahmenbedingungen in Brandenburg entwickelten sich die neuen Studienjahrgänge ständig heterogener. Nicht alle Studierenden haben zuvor eine allgemeine Hochschulreife erworben. In den an der Fachhochschule Brandenburg installierten berufsbegleitenden Studiengängen besteht ein deutlich größeres Altersintervall im Gegensatz zu den reinen Präsenzstudiengängen. Damit verbunden ist eine wesentlich länger zurückliegende Schulzeit der Studierenden und eine sehr unterschiedliche Abrufbereitschaft mathematischer Kenntnisse und Fertigkeiten. Bei älteren Studierenden, von über 40 Jahren, die nur einen einstelligen Prozentanteil an der Gesamtstudierendenschaft ausmachen, sind die rein rechnerischen Fähigkeiten noch stärker ausgeprägt – die Abhängigkeit vom Taschenrechner ist noch etwas geringer. Die jüngeren Studierenden dagegen beherrschen häufig einfachste Rechnungen nur noch mithilfe eines Taschenrechners. Das geht einher mit dem Verlust einer genauen Erwartungshaltung an ein zu ermittelndes Ergebnis: Resultate werden einfach vom Display des Taschenrechners abgelesen – kritiklos übernommen.

So wird beispielsweise in der Finanzmathematik ein Ergebnis aus einer mehrjährigen Sparreihe, mit einem Zinssatz, der größer Null ist, nicht daraufhin überprüft, ob dieses nicht zumindest größer als die Summe der Einzahlungen ist. Schon dieses Verständnis muss im Unterricht nachhaltig entwickelt werden. Das macht deutlich, dass nicht nur kognitive Ziele, wie der Erwerb von Kenntnissen oder das Beherrschen bestimmter Verfahren, angestrebt werden. Friedrich Zech nennt hier auch die affektiven Ziele, wie die *„Bereitschaft zum Verstehen"* und die *„Bereitschaft zum ‚Durchdringen' eines vorgegebenen mathematischen Sachverhalts"* (Zech 1998).

Damit ist bereits ein wichtiger Punkt in Bezug auf die Studienvorbereitungskurse in Brandenburg benannt: Die angehenden Studierenden sollen dazu befähigt werden, erzielte Ergebnisse kritisch zu reflektieren und grobe Unregelmäßigkeiten aufzudecken. Einen nächsten Schwerpunkt bildet die Herstellung bzw. Wiederherstellung von mathematischen Kompetenzen, um ein Instrumentarium zur Hand zu haben, welches bei der Lösung der unterschiedlichen praxisnahen Problemstellungen notwendig ist.

Der Begriff der „Kompetenz" wird seit Jahren umfassend erforscht, wie Leuders und Holzäpfel (2011) in ihrem Fachartikel zur kognitiven Aktivierung im Mathematikunterreicht ausführen. Zur Kompetenz gehören das deklarative und prozedurale Wissen, das strategische Wissen und letztlich Überzeugungen (Leuders und Holzäpfel 2011). Arnold sieht in der Summe der Kompetenzen gar die Präsentation der beruflichen Identität des Einzelnen. Diese ergibt sich aus verschiedenen Bildungsgängen und beruflichen Erfahrungen (Arnold 2006).

Im weiteren Vorgehen wird die Ausarbeitung der Fähigkeit zum Abstrahieren und Transferieren notwendig. Es muss erreicht werden, dass die Fähigkeiten und Fertigkeiten, ausgehend von praktizierten Anwendungen, auf verwandte Probleme übertragen werden können. Der **Hochschulunterricht** stellt sich qualitativ deutlich anders dar als der Unterricht in der Schule. Die Fächer sind hier viel enger miteinander verflochten. Die Aufgabenstellungen sind nicht selten daher auch fächerübergreifend.

Mathematische Fragestellungen sind nicht immer direkt formuliert, so wie es bei den klassischen Lehrbuchaufgaben oft der Fall ist. Die Fragestellung muss aus dem Problem zunächst abgeleitet werden. Anschließend sind benötigte Informationen zu beschaffen und danach unter Anwendung mathematischer Instrumente derart zu verarbeiten, dass eine Lösung des Ausgangsproblems erreicht wird. Das erfordert eine Loslösung von vorgegebenen Lösungsschemata. Die **Arbeit mit Musterlösungen**, die auch das Thema eines Vortrages von Christoph Ableitinger von der Universität Duisburg-Essen auf der khdm-Fachtagung in Kassel war, muss völlig neu organisiert werden. Das reine Nachvollziehen einer Musterlösung zu einer vorgegebenen Aufgabe führt nur zu sehr geringen Fortschritten. Wird die eigene vollständige Lösung anhand einer Musterlösung schrittweise verifiziert, können eigene Fehler und Schwächen direkt und sehr genau erkannt werden. Nicht zuletzt ist anzumerken, dass bei einigen Studierenden regelrechte Ängste vorhanden sind, in mathematischen Disziplinen zu versagen.

Diese Punkte wurden auch bei der Konzeption und stetigen Weiterentwicklung der Studienvorbereitungskurse an der Fachhochschule Brandenburg sukzessive berücksichtigt und eingearbeitet. Die Erfahrungen aus jedem durchgeführten Kurs wurden möglichst zeitnah in die Konzeption übernommen, um eine statische Arbeitsweise vollständig zu vermeiden.

Um den Kursteilnehmenden ein optimales Eingehen auf ihren Leistungsstand zu ermöglichen, werden zu Beginn eines Kurses Aufgaben zu einem Einführungstest vor Kursbeginn übersandt. Diese Aufgaben sind selbstständig zu bearbeiten und zum ersten Termin mitzubringen. Durch diesen Test wird überprüft, welche grundlegenden Fähigkeiten vorhanden sind. Unter anderem sind Gleichungen und Gleichungssysteme zu lösen, Termumformungen durchzuführen, Funktionen abzuleiten und Integrale zu lösen. Ergänzt werden die Aufgaben durch finanzmathematische Probleme von geringem Anforderungsgrad. Der überwiegende Teil der Aufgaben ist derart konzipiert, dass sie auch ohne Taschenrechner gelöst werden können, wenn mathematische Gesetze zielgerichtet angewendet werden. Hier kann der Dozent bereits sehen, ob bereits mathematisches Verständnis vorliegt oder ob die Mathematik noch in erster Linie mit dem Lösen von rechnerischen Problemen in Verbindung gebracht wird.

In der ersten Lehrveranstaltung werden die Aufgaben dann besprochen und die Lösungen schrittweise erarbeitet. Die Rolle des Erklärenden sollen die Teilnehmer/innen möglichst selbst übernehmen, der Dozent versteht sich hier als Moderator des Lösungsprozesses. Somit wird den Teilnehmenden gezeigt, was sie wissen und beherrschen. Im Verlauf der Besprechung erkannte eigene Defizite werden dann nicht mehr als persönliches Versagen angesehen. Das könnte sich ansonsten als problematisch im eigentlichen Kursverlauf erweisen. Die Entwicklung des Vertrauens in die eigene Leistung ist unabdingbar für einen guten und vor allem nachhaltigen Kurserfolg. Hier setzt die kognitive Aktivierung ein, die die unterschiedlichen Ausgangsvoraussetzungen der Teilnehmer/innen berücksichtigt und gleichzeitig alle angeregt werden, in mehreren Stufen immer anspruchsvollere Probleme lösen zu können (Leuders und Holzäpfel 2011, S. 215).

Basierend auf der Lehrerfahrung des Dozenten wurden die Themen für den Studienvorbereitungskurs zusammengestellt. In den ersten Jahren konnten noch einzelne Module belegt werden, so dass sich die Teilnehmer/innen ihren individuellen Kurs zusammenstellen konnten. Dieser Ansatz hat sich wenig bewährt, so dass seit 2009 nur ein ganzheitlicher Studienvorbereitungskurs angeboten wird. Lediglich in der Art der Durchführung werden zwei Varianten angeboten. Zum einen wird der Kurs mit einem Umfang von 24 Präsenzstunden als Kompaktkurs an zwei Wochenenden mit je vier Stunden am Freitag und je acht Stunden am Samstag durchgeführt und zum anderen wird der Kurs über mehrere Wochen mit je vier oder acht Stunden wöchentlich am späten Nachmittag bzw. Abend angeboten. Der Vorteil der letzteren Variante ist, dass die Beschäftigung mit der Materie über einen deutlich längeren Zeitraum erfolgt, so dass hier eine größere Nachhaltigkeit erreicht werden kann.

Die Themen wurden derart zusammengestellt, dass eine Behandlung des Stoffes erfolgen kann, der von den Studierenden nur unbefriedigend bzw. gar nicht beherrscht wird. Das betrifft vorwiegend Inhalte aus der Sekundarstufe II. Zunehmend wurde in den letzten Jahren aber festgestellt, dass auch die Anwendung des Stoffes aus der Sekundarstufe I nicht durchweg gesichert ist. Dies wurde auf der khdm-Tagung in Kassel von Dirk Langemann von der TU Braunschweig vorgetragen. Relativ einfache Bruchrechnungen bereiten Probleme und werden ohne Taschenrechner nicht immer sicher gelöst. Mit der Weiterentwicklung der Taschenrechner in den letzten Jahren haben die meisten Studierenden jedoch ein Gerät zur Hand, das auch die Bruchrechnung durchführen kann und die Darstellung der Resultate sowohl als gemeiner Bruch als auch in Dezimalform ermöglicht.

Auf diese grundlegenden Fähigkeiten wird in den Kursen in Brandenburg nicht gesondert eingegangen, diese werden vorausgesetzt, um die vorhandene Unterrichtszeit für die im Folgenden dargestellten Themen in vollem Umfang nutzen zu können.

Der erste Schwerpunkt des Studienvorbereitungskurses befasst sich mit dem Lösen von Gleichungen. Zunächst geht es um die Anwendung der standardisierten Verfahren, wie der p/q-Formel und der Polynomdivision, um Gleichungen zweiten und höheren Grades lösen zu können. Hier genügt oft eine kurze Aufbereitung des Stoffes, dieser wird im Allgemeinen gut beherrscht. Da nicht alle Gleichungen derart einfach lösbar sind, wird im weiteren Kursverlauf nach der Behandlung der Differentialrechnung noch auf das näherungsweise Lösen von Gleichungen eingegangen. So verfügen die Kursteilnehmer anschließend über die Möglichkeit, die Regula falsi oder das Newton-Verfahren anzuwenden.

An das Lösen von Gleichungen schließt sich das Lösen von Gleichungssystemen an. Im Studiengang Betriebswirtschaftslehre wird diese Fähigkeit in verschiedenen Fächern wie der Volkswirtschaftslehre, der Statistik und der Kosten- und Leistungsrechnung vorausgesetzt. Ein besonderer Schwerpunkt wird hier auf die sichere Anwendung des Gauß´schen Algorithmus gelegt, da mit diesem ein sicheres Lösen auch von Gleichungssystemen mit einer größeren Anzahl von Unbekannten erfolgen kann. Zudem fällt im späteren Studienverlauf die Arbeit mit dem Simplexverfahren in der linearen Optimierung leichter, wenn der Gauß'sche Algorithmus zügig angewendet werden kann. Bei diesem Thema sind die Fertigkeiten in der Mehrheit kaum oder gar nicht ausgeprägt. Die meisten Studenten versuchen ein Gleichungssystem mit dem Einsetzverfahren zu lösen, was bei einer höheren Anzahl von Variablen kaum noch anwendbar ist. Das Erlernen des Gauß'schen Algorithmus gestaltet sich meist recht langwierig und kompliziert. Die recht klare Struktur des Verfahrens wird nicht immer sofort erkannt. Hier hat es sich als hilfreich erwiesen, zur Unterstützung ein vom Dozenten erstelltes Excel-Arbeitsblatt zu verwenden, was den Teilnehmenden demonstriert, dass sich jedes Gleichungssystem nach der gleichen Vorgehensweise lösen bzw. seine Nichtlösbarkeit feststellen lässt. Das Erkennen der Nichtlösbarkeit oder der mehrdeutigen Lösbarkeit wird im Kurs erlernt und trainiert. Ein stetiges Üben über einen längeren Zeitraum, was mit Aufgaben zum Selbststudium ermöglicht wird, hat gezeigt, dass viele Kursteilnehmer/innen ihre Leistungen hier deutlich verbessern konnten. Es hat sich einerseits die Anzahl der richtig gelösten Aufgaben erhöht als auch der dafür benötigte Zeitaufwand verringert. Kursteilnehmer/innen mit diesem Leistungsbild haben dann im späteren Studium einen deutlich schnelleren Zugang zu den dann gestellten Problemfällen erreicht. Hier ist es gelungen, die Teilnehmer/innen mit Schlüsselqualifikationen auszustatten. Schlüsselqualifikationen statten die Auszubildenden und Studierenden mit universellen Kompetenzen aus, die eine möglichst breite Anwendung zulassen. Der Studierende wird befähigt, *„berufliche, gesellschaftliche und individuelle Probleme selbstständig zu lösen"* (Döring 2006). In den Studienvorbereitungskursen und im nachfolgenden Fachunterricht wird der Begriff des Werkzeugkastens verwendet, der die verschiedenen Problemlösungswerkzeuge enthält, deren Anwendung jedoch erlernt und trainiert werden muss.

Es schließt sich ein Studienabschnitt zum Thema Funktionen an. Neben grundlegenden Begrifflichkeiten werden die einzelnen Eigenschaften von mathematischen Funktionen veranschaulicht. Besonderer Wert wird hierbei jeweils auf die Visualisierung dieser Eigenschaften gelegt, um sie in den verschiedenen Funktionsverläufen in der Praxis wiederzuerkennen. Das Zeichnen des Graphen einer Funktion wird ebenso ausgeführt wie das Erkennen eines Funktionstyps anhand der graphischen Abbildung. Damit wird das Verständnis für funktionale Zusammenhänge ausgearbeitet und das Studium von fachbezogener Literatur oftmals erst ermöglicht, da viele Autoren diese Fähigkeiten implizieren. Dieses ist auch in der späteren Statistikausbildung eine wichtige Grundlage, um für eine Regressionsrechnung den geeigneten Funktionstyp zugrunde legen zu können.

Nach diesem Schwerpunktthema wird die Analysis behandelt. Bedingt durch die sehr heterogenen Jahrgänge mit den verschiedensten Bildungswegen vor dem Studium, ist dieser Abschnitt mit besonderer Sorgfalt zu bearbeiten. Diejenigen Studierenden, die kein Abitur haben, verfügen in der Regel über keinerlei Kenntnisse in der Differential- und Integralrechnung und unterliegen daher nach dem Studienbeginn einem deutlich erhöhten Risiko, dem dargebotenen Stoff nicht folgen zu können. In der Hochschullehre wird das Beherrschen dieses Stoffgebietes in den meisten Fällen vorausgesetzt. Studierende ohne derartige Vorbildung sind damit nicht mehr in der Lage, den neu vermittelten Inhalten vollumfänglich zu folgen, weil die Brückenkenntnisse hierzu nicht vorhanden sind. Der Studienvorbereitungskurs ist somit eine wichtige Möglichkeit, derartige Defizite zu erkennen und auszugleichen. Studierende ohne Erfahrungen in der höheren Mathematik sind sich dessen oftmals nicht bewusst und werden damit in der Hochschullehre völlig überraschend konfrontiert. Da auf derartige Probleme in der planmäßigen Lehrveranstaltung kaum eingegangen werden kann, ist es umso wichtiger, einen Vorbereitungskurs obligatorisch anzubieten.

Der didaktische Ansatz beginnt in den Studienvorbereitungskursen beim Verstehen wichtiger Grundbegriffe und Zusammenhänge der Differentialrechnung. Ein sehr auffälliges Merkmal ist, dass vielen Studierenden die am häufigsten benutzten Standardableitungen bekannt sind und sie auch einfache Funktionen ableiten können. Jedoch fehlt fast völlig das Verständnis für den inhaltlichen Nutzen des Bildens von Ableitungen. In Befragungen wurde oft ausgesagt, dass die reine Technik in der Schule geübt wurde, eine Interpretation der erhaltenen Ergebnisse aber höchstens rudimentär erfolgte. Hier ist ein wichtiger Ansatzpunkt für die Arbeit im Studienvorbereitungskurs. Durch die Notwendigkeit von Kenntnissen der Differentialrechnung z. B. in der Volkswirtschaftslehre muss von Anfang an klar sein, welche Bedeutung die Ableitungen haben. Die reine Technik zu beherrschen ist hier nicht ausreichend, da gerade in der Volkswirtschaftslehre komplexe Sachverhalte rein formalisiert ausgedrückt werden. Wenn beispielsweise eine marginale Konsumquote ermittelt wird, um den von einer zusätzlichen Einheit Einkommen konsumierten Anteil zu bestimmen, muss die Konsumfunktion abgeleitet werden. Durch die große Fülle des zu behandelnden Stoffes wird dann in den Vorlesungen keine Zeit darauf verwendet, die verwendeten Instrumentarien zu erläutern. Einige Fachbuchautoren sind aber in den letzten Jahren dazu übergegangen, einen Abschnitt über mathematische Grundlagen einzuführen, wie beispielsweise die Autoren Homburg und Felderer (2005). In den Kursen wird daher am Anfang auf die graphische Darstellung des Zusammenhangs zwischen Funktionen und ihren Ableitungen großen Wert gelegt. Besonders gut wird das anhand der Sinusfunktion mit ihrer Ableitung der Kosinusfunktion verstanden. Die Erfahrung hat gezeigt, dass über diesen Weg den Teilnehmenden auch eine gewisse Scheu vor der höheren Mathematik zu nehmen ist. Die Einführung der Grundbegriffe und wesentlichen Zusammenhänge gleich zu Beginn über rein exakte formalisierte Schreibweisen führt zu größeren Verständnisschwierigkeiten. Wenn diese notwendige Darstellungsform sich an das schon erreichte Verständnis anschließt, wird das in dann schon vorhandenes Wissen eingefügt und auch später noch richtig wiedergegeben.

Nach diesen Grundlagen werden die Kursteilnehmer/innen mit den verschiedenen Ableitungsmethoden vertraut gemacht bzw. die vorhandenen Kenntnisse darüber aufgearbeitet. Die Arbeit mit der Summenregel, der Konstanter-Faktorregel und auch der Produktregel wird im Normalfall gut nachvollzogen und nach kurzer Übungszeit (wieder) beherrscht. Schwieriger stellt sich das schon bei der Quotientenregel und vor allem der Kettenregel dar. Hier sind für eine erfolgreiche Anwendung größere Erfahrungen und Kenntnisse der Umformungen von Termen, und des Ausnutzens von Vereinfachungsmöglichkeiten notwendig. So wird bei der Anwendung der Quotientenregel oft eine richtige Ableitungsfunktion ermittelt, jedoch werden nicht hinreichend Vereinfachungen durchgeführt. Das führt dann zwangsläufig zu großen Schwierigkeiten, wenn darauf noch die Bildung der zweiten oder gar dritten Ableitung erfolgt. Diese werden dann kaum noch richtig bestimmt. Wenn die Kettenregel anzuwenden ist, fällt es vielen Kursteilnehmenden schwer, allein die innere und die äußere Funktion sicher zu bestimmen. Hier sind wesentlich längere Übungsphasen notwendig. In den durchgeführten Einführungstests konvergiert der Anteil der Teilnehmer/innen, die erfolgreich komplexere Ableitungen durchführen können regelmäßig gegen 5 %. Das wurde durch die Auswertung von Einführungstests an der Fachhochschule Brandenburg im Fachbereich Wirtschaft in den Jahren 2009 bis 2012 mit insgesamt rund 650 Studienanfängern nachgewiesen. Das lässt auf eine unzureichende Anwendbarkeit des in der Schule zweifelsfrei erworbenen Wissens schlussfolgern. Ebenso wichtig sind das Training der Auswahl der geeigneten Ableitungsregel sowie das kombinierte Einsetzen von zwei oder drei Regeln zur Ableitung von Funktionen mit einer deutlich höheren Komplexität.

Im letzten Thema zur Differentialrechnung werden Kurvendiskussionen behandelt. Durchweg alle Teilnehmer/innen mit allgemeiner Hochschulreife haben hier angegeben, dieses Thema in der Schulzeit behandelt zu haben. Das zeigt sich auch in der Besprechung im Kurs. Auf die Frage des Dozenten, was für Merkmale im Rahmen einer Kurvendiskussion untersucht werden müssen, werden von den Teilnehmenden im Regelfall alle wichtigen zu untersuchenden Eigenschaften wie beispielsweise Definitionsbereich, Symmetrie, Krümmungsverhalten, Extremwerte und Wendepunkte genannt. Das Wissen zur Durchführung dieser Analysen ist aber dann nur partiell vorhanden und muss im Rahmen des Studienvorbereitungskurses umfassend erarbeitet werden. Für polynomische Funktionen wird das in der Folge schneller beherrscht als bei gebrochen rationalen Funktionen, da die Grenzwertbetrachtung im Umfeld von Unstetigkeitsstellen kaum anwendungsbereit ist. Zur Einführung der Kurvendiskussionen wird zunächst auf die vielen Teilnehmenden aus der Schule bekannten Wertetabellen eingegangen, anhand derer der Graph einer Funktion bestimmt werden kann, indem die errechneten Punkte in das Koordinatensystem eingetragen und verbunden werden. Hier erfolgen die Auswahl der Funktionen dafür und die Anzahl der zu errechnenden Punkte derart, dass sich auf dieser Basis ein Graph ergibt, der sich deutlich vom exakten Bild unterscheidet. Durch das Verbinden zweier Punkte wird immer unterstellt, dass sich dazwischen keine Extremwerte oder Unstetigkeitsstellen befinden können. Durch das Aufzeigen solcher Effekte in Verbindung mit einer Funktion, die einen schnell verständlichen praktischen Zusammenhang darstellt, kann hier regelmäßig eine hohes Interesse und eine daraus abgeleitete höhere Motivation für die Arbeit mit Kurvendiskussionen erreicht werden.

Der letzte Hauptabschnitt der Studienvorbereitungskurse geht auf die Integralrechnung ein. Hier wird fast vollständig reflektiert, dass hierdurch die Berechnung von Flächeninhalten zwischen Funktionsgraphen zweier Funktionen bzw. zwischen Funktionsgraph einer Funktion und der Abszisse erfolgt. Eine weitere Vorstellung zur Interpretation eines Integrals besteht bei den Kursteilnehmenden nur sehr selten. In den Jahren der

Durchführung der Studienvorbereitungskurse hat der Dozent in nur einem einzigen Fall ein über die Flächenberechnung hinausführendes Beispiel von einem Kursteilnehmer erhalten. Mit Beispielen aus der Ökonomie wird daher zunächst das Verständnis für die Aussagefähigkeit eines Integrals entwickelt. Hierzu wird eine Nachfragefunktion nach einem bestimmten Gut in Abhängigkeit vom Kaufpreis verwendet. Es besteht die praktische Zielstellung, dass in Berücksichtigung der unterschiedlichen Preisbereitschaft der Konsumenten, der Umsatz durch Preissenkungen erhöht werden kann. Wird aber beispielsweise ein Preis für ein Gut von 100 Euro auf 80 Euro gesenkt, so werden sich alle Konsumenten, die bereit sind, zwischen 80 Euro und 99,99 Euro auszugeben, für den Kauf entscheiden. Eine vorherige Preissenkung auf 90 Euro hätte somit einen höheren Gesamtumsatz ergeben. Im Laufe der Aufgabenberechnung wird dann die Aussage abgeleitet, dass der Umsatz immer weiter erhöht werden kann, wenn eine häufige Preissenkung in kleinen Schritten erfolgt. Das mathematische – allerdings in der Realität nicht erreichbare – Maximum wird erlangt, wenn in unendlich vielen Schritten unendlich kleine Preissenkungen durchgeführt werden. Dies wird mit einer stetigen nichtlinearen Funktion dargestellt. Die Fläche unter der Gesamtfunktion steht dann für den Gesamtumsatz. Somit kann der Wert mit Hilfe der Integralrechnung bestimmt werden, der bei gleichem Nachfrageverhalten definitiv nicht überstiegen werden kann. Somit ist gezeigt, welchen praktischen Nutzen die Integralrechnung liefern kann. Durch derartige Beispiele wird auch hier eine höhere Aufmerksamkeit und damit verbundene Leistungsbereitschaft erreicht.

In der Kursdurchführung werden dann wiederum wichtige Grundbegriffe vermittelt und der Unterschied zwischen einem bestimmten und einem unbestimmten Integral erarbeitet. Der Begriff der Stammfunktion wird erläutert und visualisiert. Über die Grundintegrale werden dann die Integrationsmethoden vorgeführt und ausführlich geübt. Hier werden die Integration durch Substitution, die partielle Integration und die Integration durch Partialbruchzerlegung behandelt. Bei der letzteren Methode werden die Teilnehmer/innen dann völlig unerwartet aber zwangsläufig wieder mit dem Lösen eines Gleichungssystems konfrontiert. Dieses Erleben der Notwendigkeit, verschiedene bekannte Instrumente anwenden zu müssen, verbessert die Motivation noch einmal. Die einzelnen mathematischen Themen werden nicht mehr in einer nicht nachvollziehbaren Abfolge abgearbeitet, sondern es wird zielgerichtet mit ihnen gearbeitet, um reale Probleme aus der Praxis zu lösen. Die damit verbesserte Arbeitseinstellung führt im späteren Studienverlauf nach Aneignung eines effizienteren Arbeitsstils zu guten Erfolgen. Nicht selten wird dem Dozenten dann mitgeteilt, dass erstmals seit Schulbeginn Mathematik gut verstanden wurde. Ist dieser Punkt erreicht, hat sich die Richtigkeit der angewandten Methodik gezeigt.

Insgesamt hat sich unter den Teilnehmenden der Studienvorbereitungskurse gezeigt, dass die Teilnahme erfolgreich zur Festigung und Erweiterung des mathematischen Wissens und der damit verbundenen Fertigkeiten beigetragen hat. Zum Abschluss des Kurses haben die Teilnehmer/innen die Möglichkeit, einen Abschlusstest auf dem Anforderungsniveau des Eingangstestes zu absolvieren. Hier hat die Auswertung gezeigt, dass von einem Mittelwert von rund 30 % der erreichten Punkte beim Eingangstest eine Steigerung auf 70 % erreicht werden konnte. In Anbetracht der relativ kurzen Kurslaufzeit von zwei Wochen beim Kompaktkurs bzw. vier Wochen beim Abendkurs ist dieses Ergebnis durchweg positiv zu werten. Unabhängig von den hier beschriebenen Kursen wird an der Fachhochschule Brandenburg seit 2010 ein Propädeutikum angeboten, das im Rahmen der Studieneingangswoche vor Beginn des Wintersemesters mit acht Stunden in dieser Woche beginnt und im weiteren Semesterverlauf bis Anfang Dezember einmal wöchentlich mit zwei Stunden angeboten wird. Durch die Semesterbegleitung erhöht sich der Lerneffekt noch weiter, da das Wissen in einem längeren Zeitraum aufgebaut und damit nachhaltiger verfestigt wird. Die Studierenden, die diesen Kurs die gesamte Zeit über besuchen, haben im regulären Fachunterricht durchweg bessere Leistungen erreicht.

15.4 Didaktische Ansätze

Im letzten Abschnitt dieses Artikels soll nun auf didaktische Ansätze im Rahmen der Durchführung der Studienvorbereitungskurse eingegangen werden. Nach Zech sollen didaktische Prinzipien das „*komplexe Unterrichtsgeschehen für den Praktiker einigermaßen überschaubar … machen*" (Zech 1998, S. 114). Grundsätzlich sind die Kurse dazu konzipiert, um den künftigen Studierenden den Einstieg in das Hochschulstudium in Bezug auf die mathematische Vorbildung zu erleichtern. Dazu gehören zum einen die Vermittlung eines anwendungsbereiten Grundlagenwissens und des Verständnisses für mathematische Zusammenhänge. Mindestens in gleichem Maße notwendig ist die Befähigung der Teilnehmer, aus einem gegebenen Sachverhalt auf die einzusetzenden Instrumente zu schlussfolgern und diese an die Problemstellung anzupassen. Grundlegende Zusammenhänge müssen erkannt und weiterentwickelt werden. Dazu ist es notwendig, Aufgaben- und Problemstellungen häufig zu variieren und komplexe Sachverhalte, die sich aus mehreren Determinanten ergeben, genau auf ihre Abhängigkeit von jeder Größe zu untersuchen (Zech 1998, S. 122). Dazu ist es notwendig, Formeln nach allen enthaltenen Variablen umstellen zu müssen, was die Fertigkeiten und das Verständnis erhöht. Für das Hochschulstudium ist das eine wichtige Voraussetzung.

Die didaktische Vorgehensweise in den Studienvorbereitungskursen entspricht in wesentlichen Zügen den Lernphasen, die Zech anführt: Phase der Motivation, Phase der Schwierigkeiten und Phase der Überwindung der Schwierigkeiten, Sicherungsphase, Anwendungs- und Übungsphase und Transferphase (Zech 1998, S. 185).

Jeder Abschnitt wird durch den Dozenten kurz eingeführt und wesentliche Inhalte anhand von Demonstrationen und Beispielen dargestellt. Unmittelbar danach erhalten die Teilnehmer die ersten Übungsaufgaben dazu. Die Anfangsaufgaben orientieren sich noch an den Beispielen, im weiteren Verlauf werden diese immer weiter modifiziert, um eine zunehmende Ablösung von der ursprünglichen Problemform zu erreichen (Transferphase). Diese anspruchsvolleren Aufgaben werden in der Anfangsphase sehr schlecht beherrscht, die Erfolgsquote liegt hierbei deutlich unter 10 %. Kurzfristige Erfolge lassen sich nach den Erfahrungen kaum generieren. Aus diesem Grund werden über die Lernplattform Moodle nach jeder Kursstunde weitere Aufgaben bereitgestellt, die im Rahmen des im Kurs integrierten Selbststudiums gelöst und in der folgenden Veranstaltung besprochen werden können (Phase der Schwierigkeiten und ihrer Überwindung). Die Quote der Teilnehmenden, die diese Aufgaben vollständig bearbeiten, ist sehr gering. Vielmehr besteht noch eine große Erwartungshaltung bezüglich der Vorführung und Besprechung in der Präsenzveranstaltung. Einige Teilnehmer/innen sitzen mit leeren Blättern an ihrem Platz und schreiben dann vollständig eine dargebotene Lösung ab. Diese Arbeitsweise führt nur zu einem sehr geringen Lerneffekt, da eigene Überlegungen nicht im Rahmen der Besprechung verifiziert werden können und signifikante Fehlerquellen so nicht identifizierbar sind. Diesem Verlangen von Teilnehmenden nach ausführlichen Musterlösungen ist daher unbedingt zu begegnen. „Musterlösungen entfalten nur dann ihr volles Potenzial für den Lernprozess, wenn sie auch gründlich durchgearbeitet und verstanden werden" (Ableitinger und Herrmann 2011). Musterlösungen sind dann sinnvoll, wenn sie dem Studierenden nicht die eigentliche Arbeit des Lösens einer Aufgabe abnehmen, sondern lediglich eine Unterstützungsfunktion anbieten. Das gehört zur Motivationsphase. Dies ist für die Lehrenden mit deutlich mehr Aufwand verbunden, führt aber zu deutlich besseren Lernergebnissen. Gerade in den Studienvorbereitungskursen, bei denen die Teilnehmerzahl selten über 20 liegt, ist hier ein individuelleres Arbeiten möglich.

Bei der **Arbeit mit Musterlösungen** wird seit 2012 das Phasenmodell von Ableitinger und Herrmann in die Durchführung der Kurse integriert (Ableitinger und Herrmann 2011). Erst eine künftige längere praktische Arbeit mit dem Modell wird zu tragfähigen Aussagen über eine erfolgreiche Nutzung führen.

Die Teilnehmer/innen werden in die Erarbeitung der Lösung aktiv eingebunden, der Dozent moderiert diesen Prozess und wird zusätzliche Hinweise nur geben, wenn kein geeigneter Ansatz gefunden wird. Auf diese Art und Weise können die Teilnehmer/-innen ihr vorhandenes Wissen aktiv einbringen und erzielen eigene Teilerfolge in der Problemlösung. Das Verständnis wird so deutlich nachhaltiger gefestigt und weiterentwickelt (Sicherungsphase). Im Verlauf des Prozesses kann der Dozent erkennen, welche Fertigkeiten bereits gut entwickelt sind und welche Fortschritte gemacht wurden. Problemfelder können deutlich enger eingegrenzt werden und gezielt aufgearbeitet werden. Die Teilnehmer/innen haben so nicht mehr die Möglichkeit, eine gesamte Lösung nachzufragen und eine genaue Fokussierung auf ihre Problempunkte zu vermeiden. Es hat sich immer wieder gezeigt, dass einzelne Teilnehmer/innen aus Bequemlichkeit eine Anspruchshaltung entwickeln und diese sich ausschließlich passiv in einem Kurs verhalten. Werden solche Lösungen von vornherein ausgeschlossen, erfolgt die Aktivierung in stärkerem Maße. Der Zeitaufwand für die Erarbeitung einer derartigen Lösung beträgt oft das Drei- bis Fünffache des Zeitfensters, dass für eine reine Vorführung der Lösung benötigt wird. Dies erweist sich jedoch stets als sehr gute Investition, da durch eine solche Vorgehensweise eine tatsächliche Kompetenzentwicklung stattfindet. Das Vertrauen in die eigenen Fähigkeiten kann erhöht werden und der für künftige andersgeartete Aufgabenstellungen notwendige Erfahrungsschatz beim Lösen komplexerer Aufgaben wird zielgerichtet erweitert. Die von den Teilnehmenden mitunter angefragten sogenannten „Eselsbrücken" werden zum einen dann nicht mehr benötigt und auf der anderen Seite sind sie nicht immer vorhanden. Eine strukturierte Vorgehensweise bei der Lösungsfindung ist hierbei maßgeblich.

Ein weiterer Aspekt, der in den Studienvorbereitungskursen an der Fachhochschule Brandenburg didaktisch Berücksichtigung findet, liegt im Arbeiten mit Aufgaben und vorgegebenen Lösungsmöglichkeiten auf Multiple-Choice-Basis. Die Teilnehmer erhalten im Rahmen der Präsenzveranstaltungen Aufgaben unterschiedlichen Niveaus und verschiedener Komplexität gestellt und erhalten sofort drei bis vier Lösungsmöglichkeiten dazu. Genau eine Lösung ist dabei stets die richtige, es wird bei den Aufgabenstellungen auf Eindeutigkeit der Lösbarkeit geachtet. Die anderen Lösungen werden jedoch nicht willkürlich angegeben, sondern basieren auf prinzipiell möglichen Überlegungen, die allerdings Fehler enthalten. Diese Lösungen werden aufgrund der Erfahrungen des Dozenten entwickelt und reflektieren Arbeitsergebnisse von Teilnehmenden früherer Kurse oder von Studierenden der Hochschule. Die Teilnehmer/innen stellen damit bei einem eigenen falschen Ergebnis fest, dass ihre Gedankengänge durchaus prognostiziert worden sind. Gerade bei denjenigen, die im Fach Mathematik mit Ängsten und wenig Selbstbewusstsein auftreten, kann dadurch erreicht werden, dass sie erkennen, dass sich ihre Überlegungen in einem denkbaren Rahmen befinden und nicht vollkommen unlogisch sind, sondern eben korrigierbare Fehler enthalten. Oftmals unterscheiden sich die Lösungsalternativen durch kleine Fehler bei Umformungen oder im Verwenden von falschen Basiswerten. Diese Fehler werden dann wiederum thematisiert ohne die einzelnen Teilnehmenden zu diskreditieren. Die Kursteilnehmer/innen werden systematisch an klassische Schwachstellen herangeführt und lernen die Auswirkungen von bestimmten Fehlschlüssen kennen. Ein Fehler wird nicht nachhaltig dadurch korrigiert, dass er einfach beseitigt wird. Das Wesentliche ist, dass die Fehlerursachen identifiziert werden und dass die Notwendigkeit der Korrektur von den Teilnehmenden erkannt wird. Wichtig ist in diesem Zusammenhang, dass das Vorwissen und die Vorerfahrungen der Teilnehmer/innen in erheblichem Ausmaß zu berücksichtigen sind. Hieran orientiert sich die konstruktivistische Didaktik, die seit den 1990er Jahren verstärkt entwickelt wurde (Käser 2004). Die bedeutendsten didaktischen Ansätze stellen in der zweiten Hälfte des 20. Jahrhunderts die bildungstheoretische Didaktik, die lerntheoretische Didaktik und die konstruktivistische Didaktik dar. Die bildungstheoretische Didaktik der Göttinger Schule wurde unter anderen geprägt von Wolfgang Klafki und ist sehr stark an Inhalte und deren Auswahl gebunden. Die lerntheoretische Didaktik (Berliner Modell) wurde von Paul Heimann, Gunter Otto und Paul Schulz entwickelt. Sie geht von einer formalen Struktur des Unterrichtsverlaufes aus, dessen Inhalte aber variabel und situationsabhängig sind.

15.5 Fazit und Ausblick

Mit den Studienvorbereitungskursen an der Fachhochschule Brandenburg in Kooperation mit der AWW e. V. in Brandenburg wurde ein richtiger Weg eingeschlagen. Teilnehmer/innen an den Kursen konnten durchweg ihre mathematischen Fertigkeiten verbessern und haben weniger Probleme mit dem Verständnis des neuen Stoffes in den ersten beiden Semestern gehabt. Es ist aber anzumerken, dass nur eine stetige Befassung mit den behandelten Themen in der Folgezeit zu nachhaltigen Erfolgen führen kann. Anderenfalls fallen viele Teilnehmer/innen innerhalb weniger Wochen auf ihr Niveau zu Kursbeginn zurück.

Jeder Kurs wird evaluiert, kritische Hinweise werden möglichst schon im nächsten Kurs berücksichtigt. Dadurch wird ein dynamisches Arbeiten erreicht. Der vom Dozenten erarbeitete Studienbrief entspricht konzeptionell und von der Themenauswahl den durchgeführten Kursen und begleitet die Teilnehmer/innen während der Kursdurchführung. Hier wird aus der Sicht von zwei Studentinnen und einem Studenten im Rahmen eines Studienvorbereitungskurses „Mathematik" der notwendige Stoff aufbereitet. Der Stoff wird nicht nur vermittelt, sondern aus der Perspektive der Student/inn/en hinterfragt. Neben der Aufbereitung wichtiger Grundlagen der Algebra und Analysis werden in die Themen viele Anwendungsbeispiele eingebettet (Schoening 2011). Teilweise werden die Ausführungen durch Exkurse aus anderen Studienbriefen erweitert, die als Zusatzstudienbrief angeboten werden (Schoening et al. 2011).

Die Kurse werden vor Beginn des Wintersemesters 2012/2013 wieder angeboten. Die Selbstlernphasen werden dann noch intensiver gestaltet werden, so dass eine noch höhere Aktivierung der Teilnehmer erreicht wird. Andere Hochschulen ersetzen zum Teil die Vorbereitungskurse durch das Lernen mit den verschiedenen Onlineplattformen. Hier gibt es bereits sehr komplexe Lösungen wie MathBridge, die den Lernenden in Abhängigkeit von seinem Arbeitsfortschritt unterstützen. Je nach Ergebniseingabe und etwaigen Fehlern erscheinen dann weiterführende Hinweise, die direkt auf den Nutzer zugeschnitten sind. Dies ist eine nützliche Verfahrensweise, die vor allem auch nach Studienbeginn den Studierenden eine zusätzliche Unterstützung bieten kann.

Gerade vor dem Hintergrund der starken Heterogenität der Studierenden wird es aus Sicht der Autoren für richtig erachtet, auch künftig Studienvorbereitungskurse in Präsenzform anzubieten. Die Teilnehmer/innen überwinden schnell ihre anfänglichen Hemmungen und treten in eine aktive Kommunikation untereinander und auch mit dem Dozenten ein. Auch für künftige Studierende, die einen berufsbegleitenden Studiengang aufnehmen ist diese Präsenzphase nützlich, um schon vor Studienbeginn eigene Arbeitsweisen zu überprüfen und reflektieren zu lassen. Wenn die angebotenen Möglichkeiten der Kontaktierung des Lehrenden auch während der Selbstlernphasen deutlich intensiver genutzt werden, könnte auf ein entstandenes Problem zeitnaher reagiert werden. Eine schnelle Weiterbearbeitung wäre möglich und zur folgenden Präsenzveranstaltung wäre bereits eine fertige Lösung diskussionsfähig, da nicht während der Bearbeitung abgebrochen wurde. Diese Notwendigkeit zur aktiven Teilnahme muss sich in der

Zukunft noch besser einprägen, um für den Einzelnen bessere Ergebnisse zu erreichen bzw. eine gezielte individuelle Förderung zu ermöglichen.

Abschließend ist noch festzustellen, dass bei den Studienvorbereitungskursen, die die Teilnehmer/innen selbst bezahlen müssen, fast 100 % der Teilnehmer den Kurs auch vollständig absolvieren, was sicher auch an den kleineren Gruppen liegt. Die Teilnahme an dem Kurs kostet 150 Euro. Die beiden Studienbriefe werden mit ausgereicht und sind im Preis enthalten. Bei den in den letzten Jahren durchgeführten Propädeutika sind anfangs die Teilnehmerzahlen sehr hoch und liegen bei etwa 100 Teilnehmern. Sie nehmen aber stetig nach Semesterbeginn ab. Da die Kurse allen Studierenden der ersten Semester ermöglicht werden sollen, finden diese prinzipiell erst ab 16.00 Uhr statt. Studierende mit einem Freiblock vor dem Propädeutikum nehmen sich dann oft nicht mehr die Zeit für die Teilnahme. Hier sind andere stringentere Verfahren angezeigt, um einen höheren Verpflichtungscharakter zu erreichen. Im vergangenen Wintersemester 2011/2012 war die Zahl der Teilnehmer an dem Propädeutikum auf 15 % der Anfangszahl gesunken. Einige Studierende haben den Studienbrief erworben und wendeten sich danach dem Selbststudium ohne Präsenzteilnahme zu. Etwa 50 % der Anfangsteilnehmer/innen des Propädeutikums haben sich weder mit den Materialien befasst noch haben Sie wahrnehmbar andere Maßnahmen zum Ausgleich ihrer Defizite in Mathematik ergriffen. Hier muss für die Zukunft ein neues Verfahren zur Regelung der Teilnahme eingeführt werden. So ist etwa denkbar, eine Zulassung zur Prüfung im Fach Mathematik nur mit Nachweis des Besuchs eines Studienvorbereitungskurses bzw. des Propädeutikums und einer Mindestanwesenheitsdauer zu erteilen.

Die Teilnehmer der Studienvorbereitungskurse waren durch die Arbeit in kleineren Gruppen besser zu motivieren, eine bessere Lernatmosphäre führte zu einem guten und intensiven Arbeiten. Auf diesen Erfolgen soll in den kommenden Jahren aufgebaut und das bestehende Angebot weiterentwickelt werden.

15.6 Literaturverzeichnis

Ableitinger, Christoph, & Herrmann, Angela (2011). Lernen aus Musterlösungen zur Analysis und linearen Algebra: Ein Arbeits- und Übungsbuch. Wiesbaden: Vieweg+Teubner.

Arnold, Rolf (2006). Schlüsselqualifikationen aus berufspädagogischer Sicht. In: Arnold, Rolf, & Müller, Hans-Joachim (Hrsg.), Kompetenzentwicklung durch Schlüsselqualifikationsförderung (S. 21–30). Hohengehren: Schneider.

Döring, Roman (2006). Schlüsselqualifikationen aus kognitionspsychologischer Sicht. In: Arnold, Rolf, & Müller, Hans-Joachim (Hrsg.), Kompetenzentwicklung durch Schlüsselqualifikationsförderung (S. 55–71). Hohengehren: Schneider.

Felderer, Bernhard, & Homburg, Stefan (2005). Makroökonomik und neue Makroökonomik, Heidelberg: Springer.

Käser, Udo (2004). Didaktische Modelle mathematisch-naturwissenschaftlichen Unterrichts und ihre Umsetzung in der Unterrichtswirklichkeit, Inaugural-Dissertation zur Erlangung der Doktorwürde der Philosophischen Fakultät der Rheinischen Friedrich-Wilhelms Universität zu Bonn.

Leuders, Timo, & Holzäpfel, Lars (2011). Kognitive Aktivierung im Mathematikunterricht, Unterrichtswissenschaft Heft 3, 213–230.

Schoening, Mirco (2011). Mathematik - Vorbereitung auf ein Studium, Service-Agentur des Hochschulverbundes Distance Learning.

Schoening, Mirco et al. (2011). Mathematik - Vorbereitung auf ein Studium (Anlagen), Service-Agentur des Hochschulverbundes Distance Learning.

Zech, Friedrich (1998). Grundkurs Mathematikdidaktik: Theoretische und praktische Anleitungen für das Lehren und Lernen von Mathematik. Weinheim: Beltz.

16 Math-Bridge: Adaptive Plattform für Mathematische Brückenkurse

Sergey Sosnovsky, Michael Dietrich, Eric Andrès (DFKI, Centre for e-Learning Technology, Saarbrücken), George Goguadze (Leuphana Universität Lüneburg, Institut für Mathematik und ihre Didaktik) und Stefan Winterstein (DFKI, Centre for e-Learning Technology, Saarbrücken)

Zusammenfassung

Math-Bridge ist eine e-Learning Plattform für mathematische online-Brückenkurse. Das System verfügt über einige einzigartige Features: es ermöglicht Zugriff auf die weltweit größte Sammlung mehrsprachiger, semantisch annotierter mathematischer Lernobjekte; es modelliert das Wissen des Benutzers und nutzt unterschiedliche Adaptationstechniken um effektiveres Lernen zu ermöglichen, etwa personalisierte Kursgenerierung, intelligente Hilfestellung bei der Aufgabenbearbeitung oder adaptive Linkannotation; es ermöglicht einfachen Zugriff auf Lernobjekte durch seine semantische und mehrsprachige Suchfunktion. Des Weiteren verfügt Math-Bridge über Funktionen zur Unterstützung der Lehrenden: Es ermöglicht die Verwaltung von Benutzern, Gruppen und Kursen sowie die Erzeugung unterschiedlicher Reports über Benutzeraktivität im System.

16.1 Einführung

Die Plattform Math-Bridge wurde als interdisziplinäres Gemeinschaftsprojekt von Mathematikern, Mathematikdidaktikern und Informatikern an neun Universitäten aus sieben Ländern entwickelt, um einen Beitrag zur Verbesserung der Mathematiklehre mit Blick auf den europäischen Bildungskontext zu leisten. Das Projekt zielte auf eins der dringlichsten Probleme ab, dem die meisten europäischen Länder gegenüberstehen: Ein großer Teil der Abiturienten und Studienanfänger verfügt nur über ungenügende beziehungsweise inkonsistente Mathematikkompetenz, was insbesondere in MINT-Studiengängen zu einem suboptimalen Studienverlauf führt.

Math-Bridge implementiert einen technischen Ansatz zur Lösung dieses Problems, der auf mehreren Zielsetzungen aufsetzt:

1. Zusammentragen, Harmonisieren und Verfügbarmachen hochqualitativen Brückenkursmaterials, das von Experten für mathematische Brückenkurse entwickelt wurde;
2. Mehrsprachige und interkulturelle Aufbereitung dieses Materials, um eine grenzüberschreitende Nutzung zu ermöglichen;
3. Motivierung technischer Wiederverwendung durch Nutzung eines offenen Quellformats und Annotation mit Standard-Metadaten;
4. Angebot verschiedener Arten personalisierten Zugriffs zur Unterstützung unterschiedlicher Nutzungsszenarien für die Plattform, etwa individuelle explorative Nutzung zu Hause oder Einsatz als Trainingsplattform in der Präsenzlehre;
5. Förderung des Einsatzes der Plattform durch Verbesserung der Nutzbarkeit, nicht nur für Lernende sondern auch für andere Interessenvertreter, insbesondere Lehrende und Verwaltungspersonal.

Nach einer Laufzeit von drei Jahren wurden diese Ziele erreicht. Die Math-Bridge-Plattform wurde implementiert und liegt in einer stabilen Version vor, die erfolgreich in realen Brückenkursen evaluiert wurde. In diesem Artikel stellen wir die wichtigsten technischen Charakteristika von Math-Bridge vor. Zum konkreten Einsatz von Math-Bridge in Brückenkursen verweisen wir auf den Artikel von Biehler, Fischer, Hochmuth und Wassong (vgl. Biehler et al. 2013).

16.2 Inhalte und Wissensbasis

16.2.1 Mathematische Inhalte

Der Inhalt von Math-Bridge deckt die Oberstufen-Mathematik und zu einem großen Teil die Grundvorlesungen zur Analysis und Algebra ab. Die im System hinterlegten Materialien basieren alle auf mathematischen Brückenkursen, die ursprünglich von Mathematikern und Mathematikdidaktikern entwickelt und eingesetzt wurden. Der gesamte zugrunde liegende Inhalt wurde in einzelne Lerneinheiten (Lernobjekte) segmentiert, in das OMDoc-Format (Kohlhase 2001) für semantische mathematische Dokumente umcodiert und mit Metadaten angereichert.

Zurzeit verfügt Math-Bridge über etwa 11.000 Lernobjekte, 5.000 davon sind interaktive Übungsaufgaben. Um diese Menge an Materialien verwalten zu können, bietet Math-Bridge eine Möglichkeit, Inhalte in „Collections“ zu gruppieren. Diese Struktur wird typischerweise verwendet, um Material eines Autors bzw. einer Autorengruppe zusammenzufassen. Insbesondere ist es möglich, eine Lizenz, für die gesamte Collection zu spezifizieren. Die Inhalte von Math-Bridge stehen unter Creative-Commons-Lizenzen zum Download[1] bereit.

16.2.2 Metadaten

Math-Bridge ermöglicht die Nutzung eines sehr reichhaltigen Metadaten-Vokabulars zur Annotation einzelner Lernobjekte sowie gesamter Collections. Die Metadaten lassen sich in drei Kategorien zusammenfassen:

- Deskriptive Metadaten zur Administration, Katalogisierung sowie Lizensierung. Diese werden hauptsächlich durch Dublin Core[2]-Angaben repräsentiert.
- Pädagogische Metadaten zur Spezifikation didaktischer Eigenschaften von Lernobjekten, z. B. Schwierigkeitsgrad, Lernkontext, Studienfeld oder trainierte Kompetenz. Innerhalb von Math-Bridge wird ein dediziertes Kompetenzmodell verwendet (Biehler et al. 2010).
- Semantische Metadaten zur Verbindung der Lernobjekte untereinander, etwa zur Angabe von Vorbedingungen für eine Aufgabe.

Insgesamt spielen Metadaten eine Schlüsselrolle in der Architektur und Funktionsweise der Plattform, da etwa die Suchfunktion, die Kursgenerierung oder das Lernermodell darauf zurückgreifen und somit auch der Adaptionsprozess erheblich hierdurch gesteuert wird.

Während die Annotation teilweise lediglich Fleißarbeit darstellt, etwa für die Punkte „Autor“ oder „Sprache“, ist für gewisse Metadaten jedoch unklar, wie genau die Festlegung erfolgen soll. Für das Kompetenzmodell wurde im Rahmen des Projektes ein Leitfaden (Biehler et al. 2010) entwickelt, der Anhand konkreter Beispiele die Annotation illustriert.

Eine Einschätzung für den Schwierigkeitsgrad einer Aufgabe abzugeben, ist eine recht anspruchsvolle und fehlerbehaftete Aufgabe. Hier unterstützt das System durch Reports, die unter anderem die empirische Lösungswahrscheinlichkeit der Aufgabe bereitstellen. Dies ermöglicht die Prüfung und Korrektur des ursprünglich angegebenen Wertes.

Abb. 16.1 zeigt den vollständigen Metadatenblock eines Lernobjekts aus Math-Bridge. Viele dieser Metadaten können für die gesamte Collection festgelegt werden, was insbesondere für die Creator- und Contributor-Angaben Schreibarbeit ersparen kann.

---

[1] http://www.math-bridge.org/downloads_platform.php
[2] http://www.dublincore.org

```
<example id="binomial-13" for="mbase://mb_concepts/mb_algebra_and_number_theory/_03_01_02_01_Binomial_Rules">
  <metadata>
    <Title xml:lang="de">Beispiel: Rechnen mit binomischen Formeln</Title>
    <Title xml:lang="en">Example: Calculating using binomial rules</Title>
    <Creator role="aut" xml:lang="de">Rolf Biehler</Creator>
    <Creator role="aut" xml:lang="de">Pascal Fischer</Creator>
    <Creator role="aut" xml:lang="de">Reinhard Hochmuth</Creator>
    <Creator role="aut" xml:lang="de">Thomas Wassong</Creator>
    <Contributor role="trc">Eric Andrès</Contributor>
    <Contributor role="trc">Thomas-Alexander Dietrich</Contributor>
    <Contributor role="trc">Andreas Sander</Contributor>
    <Contributor role="trc">Michael Dietrich</Contributor>
    <Contributor role="trc">Johannes Jacob</Contributor>
    <Contributor role="trl" xml:lang="fi" >Hanna Sarikka</Contributor>
    <Contributor role="trl" xml:lang="fi" >Aino Ylinen</Contributor>
    <Contributor role="trl" xml:lang="nl" >Peter Mijnheer</Contributor>
    <Contributor role="trl" xml:lang="es" >Tomás de la Rosa</Contributor>
    <Contributor role="trl" xml:lang="hu" >Gergely Wintsche</Contributor>
    <Contributor role="trl">Miriam Kunold</Contributor>
    <Contributor role="trl">Nadine Camin</Contributor>
    <Contributor role="trl">Sabrina Alexandra Lohmann</Contributor>
    <Rights>
      This content collection can be downloaded and copied along the terms of the
      <omlet type="hyperlink" data="http://creativecommons.org/licenses/by-nc-nd/3.0/deed.de">
        Creative Commons Attribution Noncommercial No Derivative Works License
      </omlet>
    </Rights>
    <extradata>
      <learningcontext value="university_first_year" />
      <relation type="domain_prerequisite" >
        <ref xref="mbase://mb_concepts/mb_numbers_and_computation/_01_02_03_Decimals" type="include" />
      </relation>
      <competency value="technical" level="1" />
      <competency value="solving" level="1" />
      <competency value="modeling" level="0" />
      <competency value="reasoning" level="0" />
      <difficulty value="easy" />
      <field value="mathematics" />
      <typicallearningtime value="00:03:30"/>
    </extradata>
  </metadata>
  <CMP xml:lang="de">
    <p style="plain">
      Mit den binomischen Formeln berechnen wir:
```

Abb. 16.1 Metadatenblock eines Lernobjekts

16.2.3 Math-Bridge-Ontologie

Zur Sicherstellung einer gemeinsamen Terminologie wurde eine Ontologie für die relevanten mathematischen Themengebiete erstellt. Sie dient als gemeinsamer Referenzpunkt für alle Collections und stellt das Vokabular für die abstraktesten semantischen Metadaten zur Verfügung. Die Lernermodellierungskomponente sowie der Kursgenerator greifen ebenfalls darauf zurück. Die Ontologie enthält etwas mehr als 600 Konzepte, die in einem öffentlichen Prozess erhoben wurden. Sie steht in OMDoc und OWL[3] zur Verfügung.

[3] http://www.math-bridge.org/content/mathbridge.owl

16.2.4 Interkulturelle Aspekte

Die Inhalte von Math-Bridge stehen in sieben Sprachen zur Verfügung: Englisch, Deutsch, Finnisch, Französisch, Niederländisch, Spanisch und Ungarisch. Lernobjekte werden in der vom Benutzer ausgewählten Sprache angezeigt. Um mehrsprachige Lernende zu unterstützen, kann die Sprache einzelner Lernobjekte direkt im Kontext umgestellt werden. Hierbei werden nicht nur der Text, sondern auch die Formeln übersetzt. Mathematik wird oft als universelle Sprache bezeichnet, dies ist aber nur eingeschränkt gültig. In unterschiedlichen Ländern werden manche mathematische Konzepte in Formeln mit anderen Symbolen dargestellt (Melis et al. 2009). Ein einfaches Beispiel liefert bereits ein Kurs zur Bruchrechnung: Das kleinste gemeinsame Vielfache zweier ganzer Zahlen wird typischerweise mit $kgV(x,y)$ bezeichnet. In einem französischen Kurs wird daraus $ppmc(x,y)$, die Abkürzung für die französische Übersetzung „plus petit multiple commun". Um dieses Problem zu lösen, ist in Math-Bridge die Semantik von der Präsentation getrennt. Im Inhalt wird die Formel mit einem wohldefinierten Symbol kodiert. Wenn das Lernobjekt einem Benutzer präsentiert werden soll, wird anhand seiner Spracheinstellung die korrekte Präsentation ausgewählt. Um kulturelle Unterschiede in der Notation mathematischer Formeln zu identifizieren, wurde im Rahmen des Projekts ein öffentlicher Notations-Zensus durchgeführt (Libbrecht 2010). Abb. 16.2 zeigt die Seite des Zensus, auf der alle gesammelten Notationen für ein beidseitig offenes Intervall gesammelt werden.

Das Übersetzen mathematischer Texte erweist sich als anspruchsvolle und zeitintensive Arbeit. Die Erfahrung zeigt, dass es nicht genügt einen Übersetzer an diese Aufgabe zu setzen, sondern es muss darauf geachtet werden, dass ein solides mathematisches Wissen vorhanden ist, damit die richtige Wortwahl und Form der Texte sichergestellt werden. Zur Koordination und Qualitätssicherung der Übersetzungen innerhalb des Math-Bridge-Projektes wurde ein Arbeitsablaufplan (siehe Abb. 16.3) erarbeitet und verwendet, der hier kurz vorgestellt wird.

Als Ausgangsmaterial der Übersetzung dienten die nach OMDoc umgewandelten Inhalte. Vor der Freigabe zur Übersetzung wurden diese auf technische Fehler überprüft und korrigiert. Nach dem Abschluss der Prüfung lagen diese Inhalte nun in ihrer ursprünglichen Sprache vor. In den Dateien wurden die zu übersetzenden Teile automatisch dupliziert (technische Vorbereitung) und dann an die Autoren zu Erstübersetzung gesendet.

Nach dem Beenden der Erstübersetzung wurden die Dateien für die Übersetzung in die übrigen Sprachen vorbereitet und an die Übersetzer gesendet.

Die Übersetzer waren dazu angehalten während ihrer Tätigkeit auch auf inhaltliche Fehler zu achten, diese zu melden und falls möglich zu beheben.

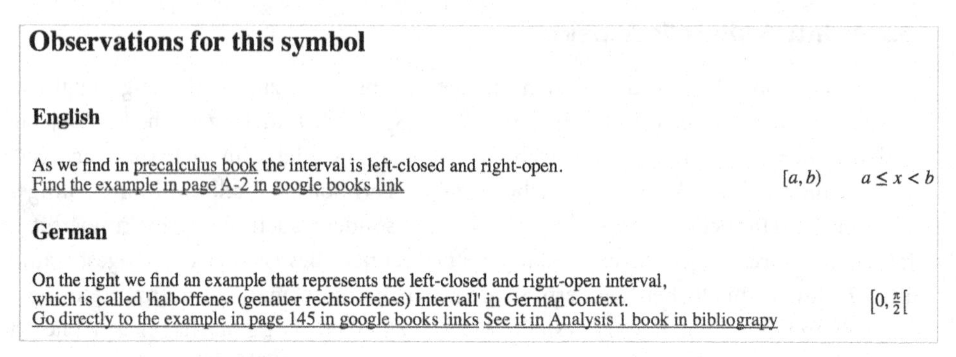

Observations for this symbol
English
As we find in precalculus book the interval is left-closed and right-open.
Find the example in page A-2 in google books link
$[a, b)$
$a \leq x < b$
German
On the right we find an example that represents the left-closed and right-open interval,
which is called 'halboffenes (genauer rechtsoffenes) Intervall' in German context.
Go directly to the example in page 145 in google books links See it in Analysis 1 book in bibliograpy
$[0, \frac{\pi}{2}[$

Abb. 16.2 Der Notationszensus

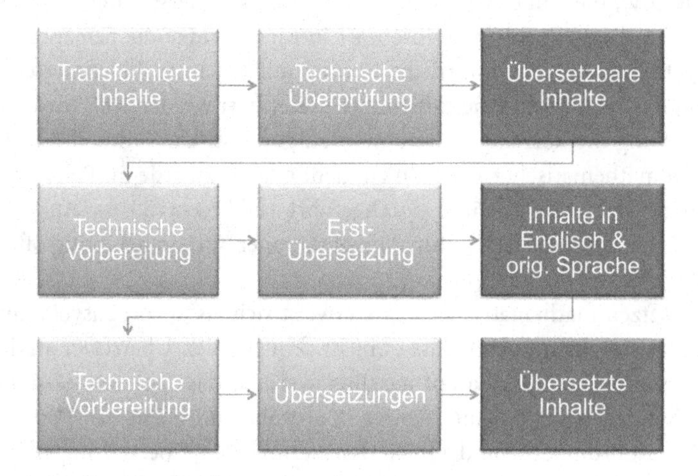

Abb. 16.3 Arbeitsablaufplan der Übersetzung

16.3 Technologiegestütztes Mathematiklernen

Abb. 16.4 zeigt die Hauptansicht der Math-Bridge-Benutzeroberfläche für Studenten. Sie besteht aus drei Bereichen: der linke Bereich wird zur Navigation benutzt; der mittlere Bereich zeigt die Lerninhalte an und dient zur Interaktion mit Übungsaufgaben; der rechte Bereich stellt detaillierte Informationen über das Lernobjekt sowie zusätzliche Funktionen, etwa die semantische Suche und Soziales Feedback, bereit.

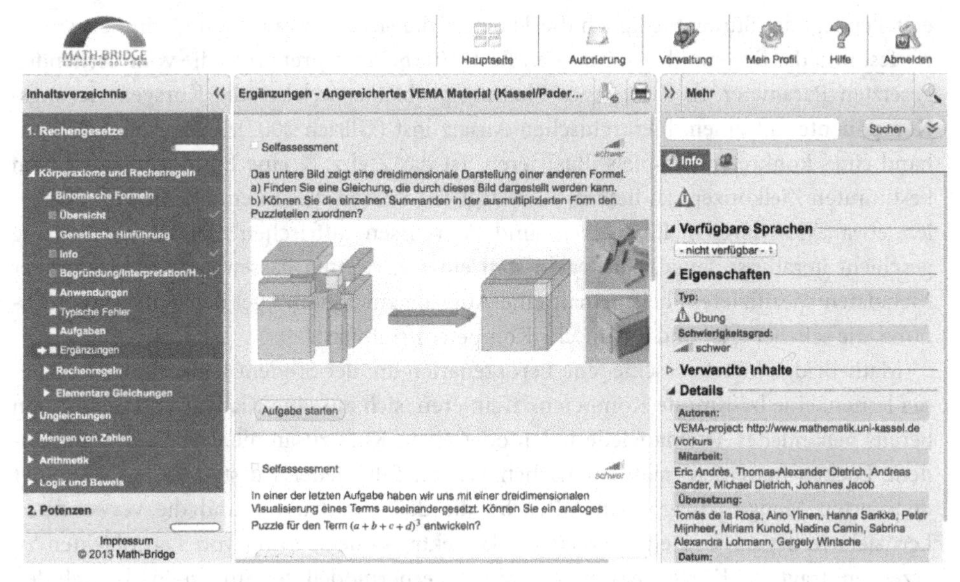

Abb. 16.4 Eine Kursseite in Math-Bridge

16.3.1 Fortschrittskontrolle und Wissensmodellierung

Math-Bridge protokolliert jede Interaktion der Studenten mit dem Lernmaterial: Das Laden einer Seite, die Bearbeitung von Übungsaufgaben sowie Zugriffe auf einzelne Lernobjekte über die Suchfunktion werden in der Log-Datei des Studenten abgelegt. Diese Informationen werden später dazu benutzt um seinen Fortschritt zu verfolgen.

Interaktionen mit Übungsaufgaben werden von der Lernermodell-Komponente verwendet, um eine aussagekräftigere Sicht auf den Fortschritt des Studenten zu erzeugen. Jede Math-Bridge-Übungsaufgabe ist mit einem oder mehreren Konzepten und/oder theoretischen Lernobjekten (wie Sätze und Definitionen) verknüpft. Eine richtig beantwortete Übungsaufgabe wird vom System als Beleg dafür gesehen, dass der Student das benötigte Fachwissen beherrscht, was einen Anstieg der Wissensstandseinschätzung der entsprechenden Konzepte im Lernermodell des Studenten bewirkt. Eine detaillierte Beschreibung der Logik des in Math-Bridge eingesetzten Lernermodells findet sich in Faulhaber und Melis (2008), Biehler et al. (2010) beschreibt das zugrunde liegende Kompetenzmodell.

16.3.2 Personalisierte Kurse

Die Kursgenerator-Komponente von Math-Bridge ermöglicht die automatische Zusammenstellung von Lernmaterial, welches speziell auf die Bedürfnisse und den derzeitigen Wissensstand der Studenten zugeschnitten ist. Hierbei kommt die Technologie der adaptiven Kursgenerierung zum Einsatz (Brusilovsky und Vassileva 2003). Um einen Kurs zu erstellen legt der Student lediglich die Themen, die er lernen möchte und ein Lernszenario fest und das System übernimmt den Rest. Hierbei interpretiert es die vom Lernenden gesetzten Parameter als Ziele eines Planungsproblems, welches die Kursgenerierungs-Komponente mit einem hierarchischen Ansatz löst (Ullrich 2007). Dieser lässt sich anhand eines konkreten Beispiels illustrieren. Ist das Ziel z. B. eine Einführung zu einem bestimmten Zielkonzept zu liefern, so zerlegt das System dies in eine Reihe von Subzielen, etwa „Motivieren", „Illustrieren" und „Vorwissen auffrischen". Diese Verfeinerung geschieht iterativ so lange, bis Regeln statt einer Zerlegung passende Lernobjekte über Metadaten spezifizieren, beispielhaft eine Aufgabe zur Kettenregel der Differentialrechnung, die schwierig ist und technische Kompetenz trainiert.

Math-Bridge bietet verschiedene Lernszenarien an: der Student kann ein neues Thema lernen, eine bestimmte Kompetenz trainieren, sich auf eine Klausur vorbereiten, ein bereits behandeltes Thema wiederholen oder einen Kurs zusammenstellen, der vorhandene Lücken in seinem mathematischen Wissen füllt. Jeder Kurstyp basiert auf einer dedizierten Menge pädagogischer Regeln, die die Kursstruktur und die verwendeten Lernziele festlegen. Um eine didaktisch korrekte Sequenzierung von Lernobjekten zu erzeugen, fragt der Kursgenerator sowohl das Lernermodell des Studenten als auch den Metadatenspeicher des Math-Bridge-Systems ab. Pädagogische Metadaten (wie z. B. der Schwierigkeitsgrad einer Übungsaufgabe) und semantische Metadaten (wie z. B. notwendiges Vorwissen) spielen in diesem Prozess eine zentrale Rolle. So wird etwa im Kurstyp „Neues Thema kennenlernen" nur notwendiges Vorwissen in den Kurs integriert, das der Student laut Lernermodell noch nicht sehr gut beherrscht.

16.3.3 Adaptive Navigationsunterstützung

Die Menge an Inhalten, die in Math-Bridge verfügbar sind, ist unüberschaubar. Einige der vorgefertigten Kurse bestehen aus tausenden Lernobjekten. Math-Bridge verwendet eine beliebte Navigationstechnik, um den Studierenden das Finden der richtigen Seite bzw. der nächsten Übungsaufgabe, die gelöst werden soll, zu erleichtern: adaptive Annotationen (Brusilovsky 2007).

Die Annotationssymbole zeigen den aktuellen Fortschritt des Studenten in Bezug auf den Teil des Lehrinhaltes an, zu dem das Symbol gehört. Hierbei berechnet Math-Bridge die Annotationen auf mehreren Ebenen: für jeden Kurs auf der Hauptseite (siehe Abb. 16.5), für alle Kapitel im Kursinhaltsverzeichnis, für jede Seite eines Kapitels und alle Übungsaufgaben auf den jeweiligen Seiten werden Fortschrittsanzeigen, welche die Lernaktivitäten des Studenten auf der jeweiligen Ebene wiederspiegeln, angezeigt.

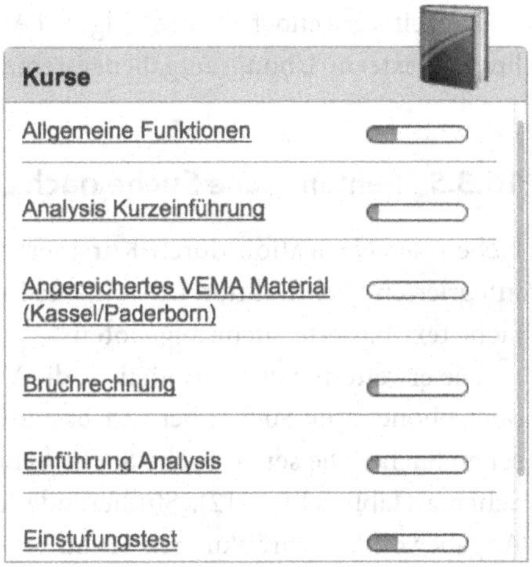

Abb. 16.5 Math-Bridge-Kursübersicht mit Fortschrittsanzeige

16.3.4 Interaktive Übungsaufgaben

Interaktive Übungsaufgaben übernehmen zwei wichtige Rollen in Math-Bridge. Erstens dienen sie der fortlaufenden Kompetenzprüfung des Studenten und liefern damit Informationen an das Lernermodell. Zweitens können Studierende mathematische Kompetenzen mit ihnen trainieren und das theoretische Wissen, das durch die Interaktion mit den restlichen Lehrinhalten erarbeitet wurde, praktisch einüben. Das Übungsaufgabensystem von Math-Bridge stellt mehrschrittige Aufgaben mit unterschiedlichen interaktiven Elementen und diagnostischen Möglichkeiten zur Verfügung (Goguadze 2011).

In jedem Schritt kann entsprechendes Feedback gegeben werden.Feedbacktypen reichen von einfacher Korrektheitsprüfung (Richtig/Falsch) bis hin zu an die Benutzereingabe angepasste Lösungshinweisen und Erklärungen.

Mit Hilfe von sogenannten Domain Reasonern kann Math-Bridge Übungsaufgaben teilweise oder komplett automatisch erzeugen. Momentan werden in Math-Bridge eine Reihe von IDEAS Domain Reasonern (Gerdes et al. 2008) eingesetzt, die in der Lage sind die Eingabe der Studenten schrittweise auszuwerten und damit erheblich zur Erzeugung von Lösungshinweisen bzw. des Feedbacks beitragen.

Die Math-Bridge-Plattform ermöglicht die Integration von externen Übungsaufgaben, die von Drittanbietern zur Verfügung gestellt werden. Studenten haben damit Zugang zu zwei Arten von Übungsaufgaben: native (von der systemeigenen Übungsaufgaben Komponente bereitgestellte) und von externen Diensten bereitgestellten Übungsaufgaben. Für Studierende ist nicht ersichtlich, ob eine externe oder eine native Übungsaufgabe bearbeitet wird, da weder beim Starten der Aufgaben noch bei der Übermittlung der ausgewerteten Daten Unterscheidungen gemacht werden.

Derzeit verwendet Math-Bridge STACK (Sangwin und Grove 2006) und MatheOnline[4] als externe Übungsaufgabensysteme.

16.3.5 Semantische Suche nach Lernobjekten

Neben der Navigation durch Kursthemen können Studierende durch Verwendung der integrierten Suchfunktion Lernobjekte finden. Als Standard-Suchfunktion wird eine einfache text-basierte Suche angeboten.

Die erweiterte Suche ermöglicht die Verfeinerung der Suchoptionen (exakte, teilweise oder phonetische Suche) bei text-basierter Suche und die Durchführung einer semantischen Suche. Die semantische Suche benutzt das in Math-Bridge hinterlegte Metadaten-Schema (Libbrecht 2012). Studierende können hier das zu findende Lernobjekt durch Angabe von Einschränkungen genau spezifizieren.

Bedingungen, die angegeben werden können, sind:

- der Typ des gesuchten Lernobjekts (z. B. Einschränkung auf Übungsaufgaben),
- der Schwierigkeitsgrad des Lernobjekts (z. B. nur einfache Aufgaben),
- das Studienfeld zu dem das Lernobjekt gehört (z. B. nur leichte Übungsaufgaben, die speziell für Physikstudenten erstellt wurden).

Abb. 16.6 zeigt die Liste der Treffer für den Suchbegriff „Funktion“, eingeschränkt auf den Objekttyp „Behauptung/Satz“.

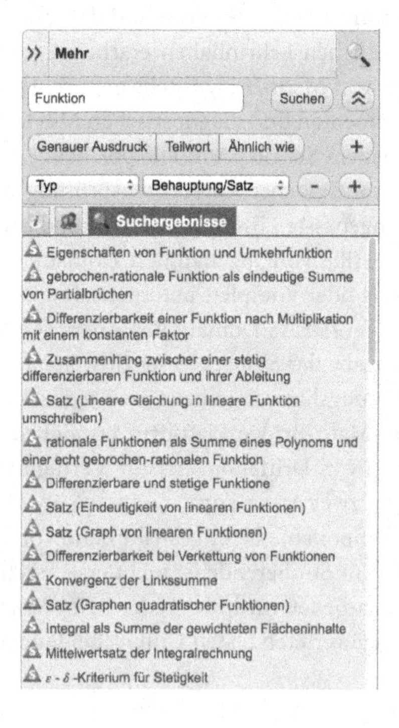

Abb.16.6 Suchergebnisse

[4] http://www.mathe-online.at

16.4 Technologische Unterstützung der Mathematiklehre

Math-Bridge stellt Lehrern und Institutionen Werkzeuge, die für die Einrichtung, Wartung und das Lehren von Online-Kursen benötigt werden, zur Verfügung.

16.4.1 Inhalt- und Kursverwaltung

Lehrer können ihre eigenen Lehrinhalte komplett neu erstellen oder aus bereits verfügbaren Kursen zusammenstellen. Sie können Einstufungstests, Klausuren und Fragebögen aufsetzen und einzelne Lernobjekte oder Collections mit neuem Material erstellen.

16.4.2 Benutzer- und Gruppenverwaltung

Die Benutzer des Math-Bridge-Systems werden in drei Kategorien eingeteilt:

- Studenten können alleine oder als Teil einer Kursgruppe auf Inhalte zugreifen. Die für Studenten verfügbaren Inhalte hängen von den Kursgruppen ab.
- Lehrer können ihre Kurse einschließlich der Sichtbarkeit von Lehrmaterialien und des Studentenregisters verwalten. Insbesondere können Lehrer eigene Materialen erstellen und diese gemeinsam mit bestehenden Lernobjekten zu Kursen kombinieren. Diese Kurse können, falls gewünscht, unterschiedlichen Gruppen zur Verfügung gestellt werden. So könnten z. B. unterschiedliche Kurse für Studienanfänger naturwissenschaftlicher bzw. technischer Studiengänge ermöglicht werden.
- Administratoren können Änderungen in allen Bereichen der Plattform vornehmen. Sie können Änderungen an Benutzern (wie z. B. Änderung des Passworts) vornehmen, Benutzern weitere Berechtigungen geben bzw. diese wieder entziehen, die Gruppenzugehörigkeit eines Benutzers ändern oder einen Lehrer einem Kurs zuordnen. Selbstverständlich können Administratoren auch alle Aktionen ausführen, die andere Benutzerkategorien auch ausführen können.

16.4.3 Reporting Tool

Für einen Lehrer ist es einfach, den Fortschritt seiner Studenten in Math-Bridge zu überwachen. Ein eigens implementiertes Reporting-Werkzeug erlaubt die Anzeige der Leistungen einzelner Studenten ebenso wie die Ergebnisse der gesamten Kursgruppe im Vergleich. Ebenfalls ist es möglich, sich Statistiken über die Bearbeitung einzelner Aufgaben erzeugen zu lassen, um potenziellen inhaltlichen Problemen auf die Spur zu kommen.

Die vom System erzeugten Reports können ins csv-Format exportiert und somit in eine Reihe von Programmen zur Weiterbearbeitung importiert werden, unter anderem Excel und SPSS.

16.5 Zusammenfassung

Math-Bridge ist eine vollwertige E-Learning-Plattform, die entwickelt wurde um selbstständig Lernenden, einzelnen Schulklassen, sowie gesamten Schulen und Universitäten dabei zu helfen ihre Lehr- und Lernziele zu erreichen. Math-Bridge benutzt eine Vielzahl fortschrittlicher Technologien um den adaptiven und semantischen Zugang zu den Lehrmaterialien zu ermöglichen.

16.6 Literaturverzeichnis

Biehler, R., Fischer, P. R., Hochmuth R., & Wassong, T. (2010). D1.1: Target Competencies. Math-Bridge Project Deliverable.

Biehler, R., Fischer, P. R., Hochmuth, R., & Wassong, T. (2010). Supplement to D1.1: Codebook for assigning mathematical competencies, achievement levels, domain ontology and difficulty levels, Math-Bridge Project Deliverable.

Biehler, R., Fischer, P. R., Hochmuth, R., & Wassong, T. (2013). Eine Vergleichsstudie zum Einsatz von Math-Bridge und VEMINT an den Universitäten Kassel und Paderborn. In: I. Bausch, R. Biehler, R. Bruder, P. R. Fischer, R. Hochmuth, W. Koepf, S. Schreiber, & T. Wassong (Hrsg.), Mathematische Vor- und Brückenkurse: Konzepte, Probleme und Perspektiven (S. 103–122).Wiesbaden: Springer Spektrum.

Brusilovsky, P., & Vassileva, J. (2003). Course sequencing techniques for large-scale web-based education. International Journal of Continuing Engineering Education and Life Long Learning, 13(1), 75–94.

Brusilovsky, P. (2007). Adaptive navigation support. The adaptive web, 263–290.

Faulhaber, A., & Melis, E. (2008). An Efficient Student Model Based on Students Performance and Metadata. ECAI 2008, 276–280.

Gerdes, A., Heeren, B., Jeuring, J., & Stuurman, S. (2008). Feedback services for exercise assistants. The Proceedings of the 7th European Conference on e-Learning, 402–410.

Goguadze, G. (2011). ActiveMath - Generation and Reuse of Interactive Exercises using Domain Reasoners and Automated Tutorial Strategies.Doctoral Dissertation, Saarland University.

Harris, M., Karper, E., Stacks, G., Hoffman, D., DeNiro, R., Cruz, P., et al. (2001). Writing labs and the Hollywood connection. Journal of Film Writing, 44(3), 213–245.

Kohlhase, M. (2001). OMDoc: Towards an Internet Standard for the Administration, Distribution, and Teaching of Mathematical Knowledge. In: J. A. Campbell, & E. Roanes-Lozano (Eds.), Artificial Intelligence and Symbolic Computation, Vol. 1930 (S. 32–52). Berlin, Heidelberg: Springer. doi:10.1007/3-540-44990-6_3.

Libbrecht, P. (2010). Notations around the world: census and exploitation. Intelligent Computer Mathematics, 398–410.

Libbrecht, P. (2012). Authoring of semantic mathematical content for learning on the web. Doctoral Dissertation, Saarländische Universitäts- und Landesbibliothek, Saarbrücken.

Melis, E., Goguadze, G., Libbrecht, P., & Ullrich, C. (2009). Culturally adapted mathematics education with ActiveMath. Artificial Intelligence in Society, 24(3), 251–265. doi:10.1007/s00146-009-0215-4.

Sangwin, C. J., & Grove, M. (2006). STACK: addressing the needs of the neglected learners. Proceedings of the Web Advanced Learning Conference and Exhibition, WebALT, 81–96.

Ullrich, C. (2007). Course generation as a hierarchical task network planning problem. Saarland University Faculty of Natural Sciences and Technology I Department of Computer Science.

17 Wiederholungs- und Unterstützungskurse in Mathematik für Ingenieurwissenschaften an der TU Braunschweig

Christiane Weinhold (Technische Universität Braunschweig, Institut Computational Mathematics)

Zusammenfassung

Die Wiederholungskurse zur Ingenieurmathematik sind eine Erhebungsgrundlage für das Projekt „Der Übergang von der schulischen zur universitären Ausbildung bei Ingenieurstudierenden im Bereich Mathematik" an der TU Braunschweig. In diesem Projekt werden mathematische Fähigkeiten und Fertigkeiten in ihrer zeitlichen Entwicklung untersucht.Es wird belegt, dass das Niveau des anwendungsbereiten, sicher verfügbaren Wissens der Studienanfänger/innen in den vergangenen fünf Jahren abgenommen hat. Dazu werden typische Fehler analysiert, katalogisiert und mittels Skalierung zur zugehörigen Klassenstufe vergleichbar gemacht. Die Fehlerhäufigkeit und der Einfluss des grafikfähigen Taschenrechners auf die Veränderung der mathematischen Fähigkeiten werden in diesem Zusammenhang diskutiert. Die Ergebnisse der Untersuchungen werden angewendet, um die Übergangsschwierigkeiten zwischen schulischer und universitärer Ausbildung abzumildern und die Vorlesungs- und Wiederholungsangebote am Anfang eines ingenieurwissenschaftlichen Studiums zu optimieren.

17.1 Einführung

An der Technischen Universität Braunschweig werden seit dem Wintersemester 2007/08 Wiederholungs- und Unterstützungskurse in Mathematik für Ingenieurwissenschaftler/innen angeboten und durchgeführt. Darin werden die Inhalte der Ingenieurmathematik des vorangegangenen Semesters wiederholt und gefestigt, um die Studierenden bei der Vorbereitung zur Wiederholungsprüfung zu unterstützen. Das Interesse an diesen Kursen ist seitens der Studierenden stetig gestiegen.

Nach einer Beschreibung des Veranstaltungsumfangs zur Ingenieurmathematik an der TU Braunschweig, wird auf die Konzeption der Wiederholungs- und Unterstützungskurse eingegangen. Danach werden die Anforderungsziele an diese Kurse erläutert und von den Erfahrungen berichtet. In Verbindung mit einem Projekt „Der Übergang von der schulischen zur universitären Ausbildung bei Ingenieurstudenten im Bereich Mathematik" werden drei Hypothesen zur Entwicklung mathematischer Fähigkeiten und Fertigkeiten von Studienanfängerinnen und Studienanfängern aufgestellt und diskutiert. Es werden typische Fehler exemplarisch dargestellt und erste Untersuchungsergebnisse präsentiert.

Der Artikel endet mit der Weiterentwicklung des Konzepts, die sich aus den Erfahrungen ergeben. Die Ergebnisse aus dem Projekt fließen in die Gestaltung künftiger Lehrangebote ein.

In diesem Artikel wird mit Wiederholungs- und Unterstützungskursen eine Art von Lehrangeboten bezeichnet, es handelt sich dabei nicht um zwei verschiedene Konzepte.

17.2 Konzeption der Wiederholungs- und Unterstützungskurse

17.2.1 Einordnung im Studium

Die Studienanfänger/innen können kurz vor Beginn ihres ingenieurwissenschaftlichen Studiums einen zweiwöchigen Mathematik-Vorkurs an der TU Braunschweig besuchen. Dieses Angebot besteht aus Vorlesungen, die die mathematischen Inhalte darstellen, und kleinen Übungen, in denen Übungsaufgaben bearbeitet werden. Die Teilnahme ist freiwillig und für Studienanfänger/innen aller Studienrichtungen zugänglich. Die Inhalte aus der gymnasialen Oberschule und Oberstufe (Sekundarstufe I und II) werden wiederholt und aufgefrischt. Dies beinhaltet z. B. die Bruchrechnung, das Lösen linearer und quadratischer Gleichungen sowie lineare Gleichungssysteme, mathematische Basisfunktionen, Differential- und Integralrechnung.

Die im jährlich wiederkehrenden Turnus stattfindenden Veranstaltungen der Ingenieurmathematik richten sich an Studierende aus den Bachelor-Studiengängen Maschinenbau, Wirtschaftsingenieurwesen Maschinenbau, Bauingenieurwesen, Wirtschaftsingenieurwesen Bauingenieurwesen, Bioingenieurwesen, Umweltingenieurwesen, Geoökologie sowie Mobilität und Verkehr. Durchschnittlich besuchen pro Jahrgang 1.000 Studierende die Veranstaltung Ingenieurmathematik.

Im Wintersemester werden die Veranstaltungen Ingenieurmathematik I und II (Analysis 1 bzw. Lineare Algebra) im wöchentlichen Wechsel besucht, im Sommersemester Ingenieurmathematik III und IV (Analysis 2 bzw. gew. Differentialgleichungen), und jeweils mit der Prüfungsleistung in Form einer Klausur abgeschlossen.

Das reguläre Angebot der Veranstaltungen besteht aus Vorlesungen, großen Übungen, in denen die Dozent/inn/en Beispielaufgaben zu den Vorlesungsinhalten vorführen, und kleinen Übungen, in denen die Studierenden Aufgaben eigenständig mit Hilfestellungen von geschulten Tutor/inn/en bearbeiten.

Die Abschlussklausuren der Ingenieurmathematik I bis IV bestehen seit vier Jahren jeweils aus zehn Aufgaben, die je nach mathematischem Teilgebiet kontinuierlich die vergleichbaren Themengebiete abfragen. Elektronische Hilfsmittel wie Taschenrechner sind nicht zugelassen, eine eigenständig erstellte Formelsammlung darf verwendet werden.

Die Wiederholungs- und Unterstützungskurse für die Ingenieurmathematik I bis IV sind zusätzliche Lernangebote. Die Abschlussklausuren werden im Gegensatz zu den Veranstaltungen einmal pro Semester angeboten.

17.2.2 Inhalte der Wiederholungs- und Unterstützungskurse

In den Kursen werden die inhaltlichen Kenntnisse aus der Vorlesung aufgegriffen und mittels Beispielaufgaben nach dem Prinzip des Inquiry-basedlearning geübt. Als Orientierung dienen die Aufgaben der Abschlussklausur sowie weitere Übungsaufgaben.

Die Teilnehmer/innen erarbeiten im Dialog mit dem/der Tutor/in die mathematischen Vorgehensweisen zum Lösen der Beispielaufgaben. Dazu stehen als Hilfsmittel alle Unterlagen aus den Veranstaltungen zur Verfügung. Dies sind die Vorlesungsskripte, eigene Mitschriften, Übungsaufgaben aus den Tutorien, Probeklausuren und Formelsammlungen.

In der Vorbesprechung der Aufgaben wird gemeinsam der Bezug zwischen theoretischem Hintergrund und Lösungsansatz erläutert. Im Anschluss daran erfolgt in einem vorgegebenen Zeitrahmen die selbstständige Bearbeitung der Aufgaben durch die Studierenden. Dies geschieht in Form der Einzel-, Partner- und Kleingruppenarbeit. Der/die Tutor/in kann bei auftretenden Problemen bzw. bei Lösungsschwierigkeiten individuelle Hilfestellungen geben.

Nach der Erarbeitungsphase werden die Lösungen im gemeinsamen Gespräch unter Anleitung verglichen und gegebenenfalls korrigiert. Allgemeine Schwierigkeiten, die dem/der Tutor/in in der Bearbeitungsphase aufgefallen sind, sowie Fragen der Teilnehmer/innen werden thematisiert.

Anschließend werden für jedes Thema weitere analoge Übungsaufgaben, meist in Form von freiwilligen Hausaufgaben gestellt, die nicht besprochen werden.

17.2.3 Teilnehmerinnen und Teilnehmer

Das Angebot der Wiederholungskurse richtet sich an Studierende, die entweder bei der vergangenen, regulär stattfindenden Abschlussklausur durchgefallen oder nicht angetreten sind. Ebenfalls daran teilnehmen können Studierende, die die Klausur bestanden haben, aber im nächsten Versuch ihre Note verbessern wollen.

Die Teilnahme an den Kursen ist freiwillig und ohne Anwesenheitspflicht, die Eigeninitiative und Eigenmotivation der Ingenieurstudierenden sowie selbstgesteuertes Lernen werden erwartet. Mit der Beteiligung ist ein zusätzlicher Zeitaufwand zum regulären Stundenplan verbunden. Dies umfasst ein zusätzliches Tutorium pro Woche sowie die freiwillige Bearbeitung von Hausaufgaben.

Etwa die Hälfte der Teilnehmer/innen eines Jahrgangs, die die Prüfungsleistung nicht erbracht haben, nimmt das Angebot der Wiederholungskurse an. Studierende, die ihre Prüfungsleistung verbessern wollen, machen etwa 5 % der Teilnehmer/innen in diesen Kursen aus.

17.2.4 Die Rolle der Tutorin/des Tutors

Die Kurse werden in der Regel von wissenschaftlichen Mitarbeiter/innen mathematischer Institute geleitet, da sie fachlich ausgebildet sind und ihre didaktischen Erfahrungen einbringen können. In einer Vorbesprechung werden sie in das Konzept für eine einheitliche Durchführung eingewiesen.

Die Tutorin oder der Tutor gestaltet den organisatorischen und inhaltlichen Ablauf der Kurse. Sie wählen die Übungsaufgaben aus und entscheiden über den Zeitrahmen der Bearbeitung. Während der Vor- und der Nachbesprechung der Übungsaufgaben führen sie den Dialog im Kurs und geben Impulse für erforderliche Lösungsansätze.

In der Bearbeitungsphase geben sie auf Nachfrage einzelner Studierender individuelle Hilfestellungen und Hinweise bei fachlichen Problemen. Die dabei gewonnenen Erfahrungen von allgemeinen und häufig auftretenden Fehlern und Schwierigkeiten werden in der Nachbesprechung aufgegriffen und thematisiert.

17.3 Ziele und Anforderungen der Wiederholungs- und Unterstützungskurse

17.3.1 Ziele

Die Wiederholungs- und Unterstützungskurse dienen im Gegensatz zu kurzfristig punktuellen Angeboten zur längerfristigen, kontinuierlichen Klausurvorbereitung der Wiederholungsprüfungen.

Um die Studierenden bei der erfolgreichen Prüfungsleistung zu unterstützen, werden die Inhalte aus den Vorlesungen aufgegriffen und durch Übung gefestigt. Durch die Bearbeitung von Übungsaufgaben werden die mathematischen Fähigkeiten und Fertigkeiten gefördert. Dabei sollen nicht nur Lösungsmethoden sondern auch die Verfahrensweise über das inhaltliche Verständnis geübt werden. Das Verständnis der mathematischen Inhalte und Konzepte sollen zu einem erhöhten Verständnis der Lösungsmethoden und damit zu einem sinnvolleren Umgang mit diesen führen. Die Studierenden können sich mit dem Ersetzen von auswendig gelernten, aufgabenspeziefischen Lösungsstrategien durch inhaltliche, allgemeinere Lösungsmethoden effektiver auf die Prüfungen vorbereiten.

Die Studierenden sollen ebenfalls die grundlegende Bedeutung von mathematischen Inhalten, Methoden und Strategien für ihr ingenieurwissenschaftliches Studium erkennen und nutzen lernen. Die Methode der Übung in Gruppen von durchschnittlich 20 Personen soll den Dialog zwischen den Teilnehmer/innen fördern und zum gegenseitigen Ideenaustausch animieren.

Die Studierenden überprüfen und ergänzen durch eigene Beiträge und Beteiligung am Unterrichtsgespräch ihren Kenntnisstand. Der Umgang mit der Fachsprache und das Wissen der Bedeutung von Fachbegriffen werden geschult. Auch die eigene Erarbeitung aus den zur Verfügung stehenden Materialien leitet zur Selbsthilfe an.

17.3.2 Projekt

Die Wiederholungskurse stellen neben weiteren Methoden eine Erhebungsgrundlage für das Forschungsthema „Der Übergang von der schulischen zur universitären Ausbildung bei Ingenieurstudenten im Bereich Mathematik" an der TU Braunschweig dar. Es werden mathematische Fähigkeiten und Fertigkeiten von Studienanfänger/innen in ihrer zeitlichen Entwicklung der letzten fünf Jahre untersucht und dokumentiert. Hier werden drei Hypothesen vorgestellt und erste Ergebnisse präsentiert.

Das Forschungsprojekt soll ein realistisches Bild der ingenieurwissenschaftlichen Studienanfänger/innen liefern. Die Ergebnisse werden angewendet, um die Übergangsschwierigkeiten zur universitären Ausbildung abzumildern. Vorlesungs- und Wiederholungsangebote zum Beginn eines ingenieurwissenschaftlichen Studiums können optimiert werden. Angebote zum alternativen Studieneinstieg wie dem beruflichen Bildungsweg, vgl. offene Hochschule, können die Erfahrungen aus dem Projekt für entsprechende Lehrangebote nutzen.

17.3.3 Hypothesen

Studierende der Ingenieurwissenschaften benötigen für ihr Studium mathematische Inhalte, die ihnen mit den Veranstaltungen der Ingenieurmathematik vermittelt werden. Mathematische Grundfertigkeiten der gymnasialen Oberschule und Oberstufe werden dafür benötigt. Die Dozent/inn/en der TU Braunschweig (Langemann 2011) sowie Professor/inn/en anderer Universitäten und Fachhochschulen beklagen die Mathematikkenntnisse von Studienanfängern (Büning 2004; Roppelt 2009; Schott 2011; Tartsch 2011).

Dies führt zu der ersten Hypothese, dass die Mehrheit der Studierenden der Ingenieurmathematik zunehmende Schwierigkeiten sowohl im darstellenden Verständnis als auch in den Anwendungen mathematischer Grundfertigkeiten hat.

Die Beobachtungen und Erfahrungen aus den Klausurleistungen und Wiederholungskursen machen auf die mangelnden mathematischen Fertigkeiten aufmerksam. Hier lässt sich eine quantitative und qualitative Veränderung feststellen. Durch Zuordnung der Fehler auf zugehörige Klassenstufen ergibt sich die zweite Hypothese. Die mangelnden Fertigkeiten lassen sich Inhalten niedriger Klassenstufen zurückführen.

Die frühe Einführung und die Verwendung des grafikfähigen Taschenrechners im Schulunterricht werden ebenfalls von vielen Universitätsprofessoren (Risse 2009, 2011; IHK Braunschweig 2007) kritisiert. Der intensive Gebrauch von grafikfähigen Taschenrechner oder Computeralgebrasysteme im Unterricht ergibt die dritte Hypothese, dass dies zu mangelnden mathematischen Fähigkeiten in immer niedrigeren Klassenstufen führt.

17.3.4 Methoden

Für das Projekt werden Klausurleistungen der Ingenieurmathematik I und II seit dem Wintersemester 2007/08 auf typische Fehler analysiert, katalogisiert und mittels Skalierung zur zugehörigen Klassenstufe in der Oberschule (Klasse 5 bis 10) und der gymnasialen Oberstufe (Klasse 11 bis 12/13) vergleichbar gemacht. Die Skalierung ordnet die auftretenden Fehler den durch die Rahmenrichtlinien und Kerncurricula (Kerncurriculum 2006, 2009, Rahmenrichtlinien 2003) vorgegebenen Ziele und Kompetenzen zu. Es werden die Vorgaben des Landes Niedersachsens herangezogen, weil der überwiegende Anteil von Studierenden hier ihre Hochschulzugangsberechtigung erworben hat. Die Veränderung der Fehlerhäufigkeit und die Fehlerentwicklung über den beobachteten Zeitraum werden ebenfalls anhand von Lösungen der Klausuraufgaben quantitativ erfasst. Die Vergleichbarkeit der Klausurleistungen ist trotz teilweise wechselnder Dozenten gegeben, sich weil die Klausuren strukturell und inhaltlich wenig unterscheiden.

Der Einfluss des grafikfähigen Taschenrechners wird im Zusammenhang mit den mathematischen Fähigkeiten untersucht. Dazu werden die Auswertungen aus standardisierten und freien Interviews sowie die Erfahrungen aus den Wiederholungskursen herangezogen.

17.4 Evaluationsergebnisse und Weiterentwicklung

17.4.1 Beobachtungen aus den Wiederholungskursen

Bei den Wiederholungskursen handelt es sich um ein zusätzliches Lernangebot, das wie oben dargestellt auf Freiwilligkeit und Eigenbeteiligung der Teilnehmer/innen basiert. Das Interesse der Studierenden an diesen Kursen hat sich seit Beginn dieses Angebots im Wintersemester 2007/08 mittlerweile auf circa 50 % der möglichen Teilnehmer/innen erhöht. Dies entsprach im Sommersemester 2011 etwa 250 Interessierte an den Unterstützungskursen.

Bezüglich motivationalen Voraussetzungen der Teilnehmer/innen werden drei unterschiedliche Motivationsgruppen dargestellt.

1. Es gibt die hoch motivierten Studierenden, die das Zusatzangebot zur Reduzierung der fachlichen Schwächen bewusst annehmen. Sie wollen ihren Wissensstand erweitern, festigen und ihre mathematischen Fähigkeiten ausbauen. Sie akzeptieren die Rahmenbedingungen und sind zur Eigeninitiative sowie zur Beteiligung in den Kursen bereit. Auch zusätzliche Angebote wie die freiwilligen Hausaufgaben werden angenommen und bearbeitet. Diese Studierenden tragen wesentlich zu den gemeinsamen Unterrichtsgesprächen durch eigene Lösungsansätze und Diskussionsbeteiligung bei. Sie haben die eigenen Unterlagen präsent, sind gut vorbereitet und erscheinen regelmäßig zu den Veranstaltungen. Sie bilden eine Unterstützung für den/die Tutor/in. Solche gut motivierten Teilnehmer/innen erreichen in den Wiederholungsklausuren teilweise gute und sehr gute Leistungen.

2. Den durchschnittlich motivierten Studierenden sind zwar ihre fachlichen Schwächen bewusst, sie werden jedoch als solche hingenommen und, laut eigener Aussage, als schwer überwindbar angesehen. Das vordergründige Ziel der Teilnehmer/innen besteht aus der Mitnahme „klausurrelevanter" Hinweise und Lösungsmethoden spezieller Aufgaben. Das eigene Lernziel besteht darin, eine genaue Vorstellung der Aufgaben zur Wiederholungsklausur zu erhalten und sich mit den zugehörigen, aufgabenspeziefischen Lösungswegen vorzubereiten. Das Bestreben, die mathematischen Sachverhalte zu verstehen, ist nur gering vorhanden. Die Eigeninitiative beschränkt sich auf die Mitarbeit in den Kursen. Die Beteiligung an Gesprächen zu Lösungsansätzen ist zurückhaltend. Weitere analoge Übungsaufgaben wie Hausaufgaben werden häufig in den ersten Veranstaltungen der Kurse von diesen Studierenden eingefordert, dann aber nicht bearbeitet. Es besteht dennoch der Wunsch, dass die Hausaufgaben ausführlich vorgerechnet werden, obwohl dies im organisatorischen und zeitlichen Ablauf der Kurse nicht vorgesehen ist. Die gewählte Strategie wird ihrerseits mit der Möglichkeit des Nachvollziehens von Lösungen und dem daraus resultierenden Lernerfolg argumentiert. Der/die Tutor/in hat neben der fachlichen Unterstützung dieser Teilnehmer/innen auch die Aufgaben, sie zur aktiven Beteiligung zu motivieren und ihre Einstellung zu den eigenen mathematischen Fähigkeiten zu stärken. Dies fordert von den Tutor/inn/en neben der inhaltlichen Vermittlung zusätzliche pädagogische Fähigkeiten. Die Handlungsbereitschaft der Beteiligten wird durch geeignete Anreize aktiviert. Als Methoden dienen z. B. Forderung von Beiträgen, Anerkennung von Leistungen und Fördern von Erfolgserlebnissen. Die Studierenden mit durchschnittlicher Motivation erreichen meist ausreichende Leistungen in den Wiederholungsprüfungen.

3. Neben den bereits beschriebenen Studierenden gibt es auch die gering motivierten Teilnehmer/innen. Sie sehen bei sich selbst eher keine mathematischen Schwächen, sondern bewerten die leistungsrelevanten Anforderungen in der Ingenieurmathematik, laut eigener Aussage in Gesprächen, durch die Dozenten als zu hoch. Sie erachten die meisten Inhalte für ihr weiteres Studium als nicht wichtig und betrachten die zu erbringende Prüfungsleistung als notwendiges Übel zu ihrer gewählten Studienrichtung. Das vorrangige Ziel ist die erfolgreiche Klausurleistung unabhängig von deren Qualität. Der eigene Aufwand für die Wiederholungskurse wird sehr gering gehalten. Die reine Anwesenheit dient vornehmlich dem eigenen Gewissen und der Mitnahme von Lösungswegen. Es erfolgt keine Beteiligung an Gesprächen zu Lösungsansätzen. Fragen beziehen sich auf einzelne Rechnungsschritte und die Bedeutung der Aufgabe für die Wiederholungsklausur. Die Hausaufgaben werden nicht bearbeitet. Die zur Verfügung stehenden Unterlagen sind nicht präsent. Die Teilnehmer/innen warten bis zur Lösungspräsentation, um diese abzuschreiben. Dabei wird der Wunsch geäußert, dass die Vortragenden alles sehr ausführlich vorrechnen und erklären sollen. Dies kann in der zur Verfügung stehenden Zeit und des thematischen Umfangs nicht geleistet werden. Folglich entsteht eine Unzufriedenheit mit dem/der Tutor/in und die Anwesenheit in den Kursen nimmt im Verlauf des Semesters ab. Solche Teilnehmer/innen stellen für die Gruppe und den/die Tutor/in eine hohe Belastung dar, weil sie das Konzept der Wiederholungskurse nicht annehmen. Sie versuchen dennoch, ihre eigenen Forderungen der Gestaltung der Übungsgruppen durchzusetzen. Die Motivationsversuche des/der Tutors/in erreichen diese Studierenden kaum. Die Erfolgsaussichten der Wiederholungsprüfungen sind bei diesem kleinstmöglichen eigenen Einsatz gering.

Die Erfahrungen bezüglich der Teilnehmer/innen aus den Wiederholungs- und Unterstützungskursen hat gezeigt, dass die Motivation mit der erfolgreichen Prüfungsleistung und den erzielten Noten stark zusammenhängt. Die freien Interviews, die Gespräche mit den Studierenden der Wiederholungskurse und der Austausch von Erfahrungen der Tutorinnen und Tutoren bestätigen diesen Zusammenhang. Je größer die Motivation ist, desto stärker entwickelt sich auch die Fähigkeit, mathematisch zu kommunizieren.

17.4.2 Erste Ergebnisse aus dem Projekt

Die Dozent/inn/en und Mitarbeiter/innen der Ingenieurmathematik stellen die Entwicklung der mathematischen Fähigkeiten und Fertigkeiten von Studienanfänger/innen in den Bewertungen der Klausurleistungen fest. Die Inhalte von Analysis 1 sind Folgen und Reihen, Grenzwerte, mathematische Standardfunktionen, Differential- und Integralrechnung. Die Lineare Algebra thematisiert algebraische Strukturen, Vektoren und Vektorräume, lineare Abbildungen und Matrizen, Gauß-Algorithmus, Eigenwerte und Eigenvektoren sowie Vektorrechnung der Geometrie.

Das erwähnte Projekt analysiert und dokumentiert die Entwicklung der mathematischen Fähigkeiten von Studienanfänger/innen an der TU Braunschweig mit weiteren Untersuchungsmethoden seit 2007. Einige typische Fehler, die in ihrer Art und Fehlercharakteristika das mangelnde Verständnis mathematischen Grundwissens vermitteln, werden exemplarisch präsentiert und die ersten Untersuchungsergebnisse zu den genannten drei Hypothesen werden hier diskutiert und vorgestellt.

17.4.3 Typische Fehler

- In den Klassenstufen 10 und 11 wird das Anfertigen von Skizzen thematisiert. Die Klausuraufgabe zu der abschnittsweise definierten linearen Funktion $f(x)=3x$ für $x\in(-2,2)$ und $f(x)=0$ für $|x|\in[2,4]$ hat zu 58 verschiedenen, falschen Skizzen geführt, darunter Sägezahnmuster, wellenförmige Kurven und diverse lineare Graphen. Ein weiteres Beispiel zur unzureichenden Fähigkeit des Skizzierens zeigt sich bei der Umsetzung berechneter Eigenschaften einer Klausuraufgabe (WS 2009/10) der rationalen Funktion $f(x)=(x+2)/(x^2-3)$.
  Die teilweise richtig berechneten Werte werden von dem Prüfling eingetragen und dann miteinander verbunden. Die Polstellen werden zu Nullstellen. Weiter tauchen Extremstellen auf, die nicht berechnet wurden.

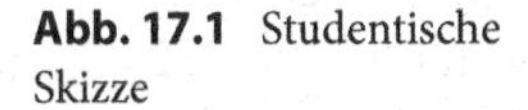

Abb. 17.1 Studentische Skizze

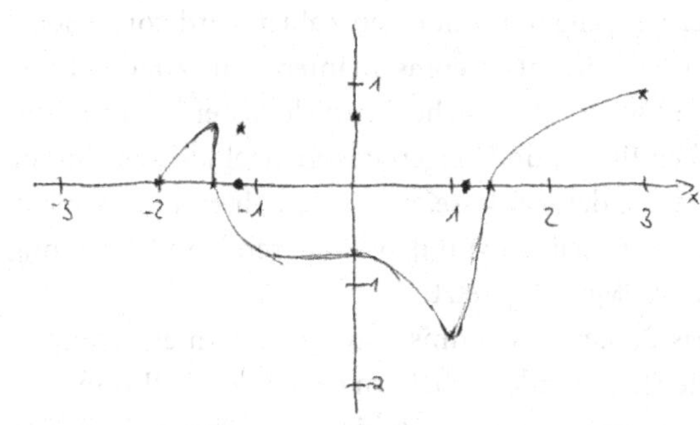

Abb. 17.2 Tatsächlicher Verlauf der Funktion

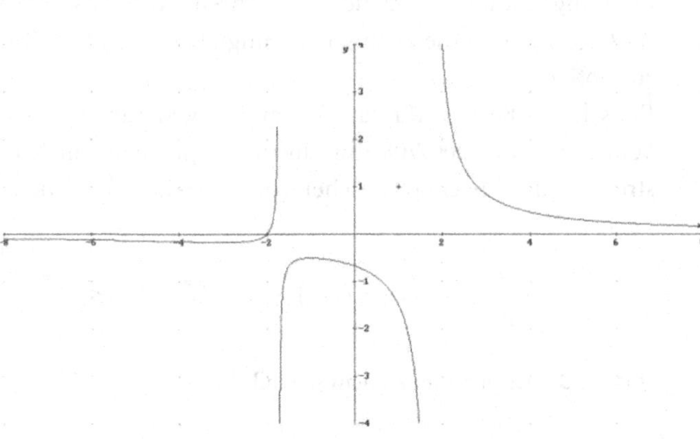

- Der Umgang mit mathematischen Basisfunktionen ist Gegenstand der Klassenstufen 9 und 10. Die Logarithmusfunktion und die trigonometrischen Funktionen werden teilweise nicht als Funktionen gedeutet. Die Rechenfertigkeit mit Funktionen ist nicht ausgeprägt, wenn z. B. log 3/log 6 durch Kürzen der Funktionsbezeichnung in 3/6 vereinfacht wird. In den Klausuren, kleinen Übungen und Wiederholungskursen lässt sich dieser Umgang ebenfalls bei trigonometrischen Funktionen und der Fakultät finden.
- Das Rechnen mit Betragsungleichungen aus der neunten Klassenstufe ist vielen Studierenden fremd. Die Betragsstriche werden mangels Kenntnis einfach weggelassen. Ein Student aus den Wiederholungskursen kommentierte ernst gemeint, dass „die Striche Druckfehler sind". Dieser Kommentar wurde durch zustimmende Äußerungen anderer Studierender bestätigt.
- Das Lösen einfacher linearer Gleichungen aus den Klassen 7 und 8 scheitert bei vielen Studierenden an der Rechenfertigkeit. Als Beispiel sei hier die Umformung von $3 + 1x$ genannt, das mit 4x gleichgesetzt wird.
- Die in der sechsten Klassenstufe geforderte Fertigkeit, Grundrechenarten zum Lösen einfacher Gleichungen umzukehren, ist nicht ausreichend ausgebildet. Dies zeigt das exemplarische Beispiel, bei dem aus $2x + y = 3$ die Lösung $y = 3/(2x)$ folgt. Dieses Beispiel zeigt ebenfalls Schwächen beim Auflöseverfahren von Gleichungen mit Hilfe der Rechengesetze aus der Klassenstufe 7 und 8.
- Der Umgang mit rationalen Zahlen wird von vielen Studierenden nicht beherrscht. Es werden hier als Repräsentanten nur zwei Beispiele aufgeführt: $(5/2)/2 = 5$ und $1 - 1/30 = 1/70$. Solche Beispiele lassen sich unzählig in Klausuren und Übungsaufgaben finden und zeigen das mangelnde Verständnis rationaler Zahlen. Die Kompetenz aus der 6. Klasse, rationale Zahlen unterschiedlich darzustellen ist zwar vorhanden, wird jedoch von den Studierenden nicht richtig umgesetzt, z. B. wird häufig 1/3 mit 30 % gleichgesetzt.
- Das Zahlenverständnis wird bei der Interpretation von Lösungsintervallen benötigt. Die Studierenden scheitern neben der Auflösung der Gleichung auch an der richtigen Ordnung rationaler Zahlen aus ihren Rechenergebnissen. Aus dem Ergebnis $4/3 < x \leq 3$ wird die Schlussfolgerung „Lösungsintervall nicht existent" in der Klausur notiert.

  Ein schönes Beispiel für das Verständnis von Zahlen ließ sich in der Klausur aus dem Wintersemester 2007/08 mit einem entsprechendem Kommentar und dem Durchstreichen des Gleichheitszeichens der Korrekteurin finden.

256 ≠ (1 + 0)
256 = 1 ? Der Fehler sollte ins Auge fallen...

Abb. 17.3 Beispiel zum Zahlenverständnis

17.4.4 Diskussion der Hypothesen

Die Hypothese der zunehmenden Schwierigkeiten der Studierenden im darstellenden Verständnis und der Anwendung mathematischer Grundfertigkeiten stützt sich auf die Untersuchung der Fehlerhäufigkeit aus den Klausuren seit 2007. In den Klausuren der Ingenieurmathematik I ist in jedem Jahrgang mindestens eine Aufgabe zur Kurvendiskussion enthalten. Bei der Untersuchung von rationalen Funktionen gelang den Studierenden in den Jahrgängen 2007 und 2008 die Nullstellenbestimmung nahezu immer. Dies trifft für den Jahrgang 2010 nur noch für 75 % zu.

Die richtige Anwendung von Ableitungsregeln wurde ebenfalls auf ihre Häufigkeit untersucht. Die Produkt- und Quotientenregel wurde im Jahrgang 2007 von 16 % der Studierenden nicht richtig umgesetzt. Dies hat sich 2008 auf etwa 25 %, 2010 und 2011 auf über 50 % erhöht. Diese Regeln werden zunehmend falsch angewendet oder ignoriert. Die korrekte Anwendung der Kettenregel hat sich anteilsmäßig seit 2007 kaum verändert, sie schwankt um 50 %.

Das Anfertigen von Skizzen zu den Rechenergebnissen aus der Kurvendiskussion gelingt den Studierenden des Jahrgangs 2007 und 2008 zu 40 bis 45 % nicht. Dieser Anteil erhöht sich in 2009 und 2010 auf ca. 70 %. Da die Fähigkeit der grafischen Interpretation untersucht wurde, fließen auch die fehlenden Skizzen in die Zählung mit ein. Die zunehmende mangelhafte Fähigkeit, berechnetes Grenzwertverhalten, Nullstellen, Extrem- und Wendestellen grafisch zu interpretieren, weist die zunehmenden Schwierigkeiten im darstellenden Verständnis von Studierenden nach.

Die Fehlerhäufigkeit beim Lösen von linearen und quadratischen Gleichungen wurde ebenfalls dokumentiert. Die Studierenden aus dem Jahrgang 2007 verfügten zu 90 % unter Verwendung entsprechender Rechengesetze über diese mathematischen Fähigkeiten. Der Anteil der falschen Auflöseverfahren durch Umkehrung der Grundrechenarten bei linearen Gleichungen sowie die korrekte Anwendung der p-q-Formel bei quadratischen Gleichungen hat sich tendentiell erhöht, lässt sich aber aufgrund unterschiedlichen Auftretens als Teilaspekt in Klausuraufgaben über die zeitliche Betrachtung nicht genau in Zahlen darstellen.

Die Beobachtungen aus den Wiederholungskursen und die freien Interviews stützen diese Bewertung. Die mangelnde Fähigkeit, quadratische Gleichungen zu lösen, ergibt sich auch aus der Entwicklung der Vorgaben des niedersächsischen Kultusministeriums. In den Rahmenrichtlinien von 2003 (Rahmenrichtlinien 2003) wird diese Fähigkeit nur noch für einfache quadratische Gleichungen der Form $x(ax+b)=0$ gefordert.

Die Auswertungen zu den mathematischen Grundfertigkeiten bei Kurvendiskussionen und beim Lösen linearer und quadratischer Gleichungen stützen die Hypothese der Verschlechterung dieser Fähigkeiten bei Studienanfängerinnen und Studienanfängern.

Für die zweite Hypothese wurden ebenfalls die Klausurleistungen zur Untersuchung sowie die Beobachtungen aus den Wiederholungskursen herangezogen. Für die Fehleranalyse lassen sich zwei Kategorien von Fehlern unterscheiden (Radatz 1980). Flüchtigkeitsfehler sind solche Fehler, die in entspannter Situation nicht passieren würden und die die betreffende Person bei Auffallen sofort korrigieren könnte. Unter Berücksichtigung, dass eine Prüfungssituation auch ein Stressfaktor darstellt, lassen sich in Klausuren aller Jahrgänge simple Rechenfehler finden. Im Gegensatz dazu stehen die systematischen Fehler, die dasselbe Fehlermuster bei gleichen Aufgabentypen aufweisen. Mit den mangelnden Fähigkeiten aus niedrigen Klassenstufen sind diese systematischen Fehler gemeint.

Betrachtet man die Fähigkeit Skizzen anzufertigen, so fällt auf, dass 2007/08 die meisten Studierenden stückweise definierte, lineare Funktionen zeichnen konnten. Das Gleiche gilt für die trigonometrischen Funktionen Sinus, Kosinus und Tangens. Das Klausurbeispiel aus dem Jahrgang 2010/11 mit den 58 verschiedenen falschen Skizzen zu einer linearen Funktion ist exemplarisch dafür, dass die Studierenden den Unterschied zwischen linearer und nichtlinearer Funktion nicht erkennen. Etwa 20 % der Prüflinge scheitert bereits an der Skizze zu $f(x)=3x$. Die trigonometrischen Funktionen sind vielen Studierenden vom Verlauf gegenwärtig, die Kenntnis der charakteristischen Werte jedoch nicht, so dass dies häufig zu falschen Skizzen führt.

Die Fähigkeit, lineare Funktionen grafisch darzustellen, ist für die 7. und 8. Klassenstufe mit der Kompetenz „Mathematische Darstellung verwenden" vorgesehen. Die Sinus- und Kosinusfunktionen werden in den Klassenstufen 9 und 10 thematisiert. (Rahmenrichtlinien 2003; Kerncurriculum 2006)

Fehler beim Kürzen lassen sich in allen Jahrgängen finden. Bei der Auswertung der Klausurleistungen ist aber eine deutliche Zunahme von Kürzungen in Summen festzustellen. Haben die Studierenden aus 2007, 2008 und 2009 dieses vorwiegend als Flüchtigkeitsfehler bewertet, so zeigen sich bei den Jahrgängen ab 2010 aus Unterrichtsgesprächen der Wiederholungskurse ein mangelndes Verständnis im Grundprinzip des Kürzens. Die Regeln zum Kürzen werden mit der Kompetenz „Zahlen und Operationen" bis zum Ende der sechsten Klassenstufe behandelt (Kerncurriculum 2006), sind aber bei den Studienanfänger/innen nicht ausreichend gefestigt und gegenwärtig. Die zunehmende fehlende Fähigkeit im Umgang mit rationalen Zahlen enthält die mangelnde Fähigkeit, sinnvolle Kürzungen vorzunehmen.

In den Klassenstufen 5 und 6 sind die Vermittlung der Fähigkeiten von Überschlagsrechnung und Plausibilitätsüberprüfungen vorgesehen (Kerncurriculum 2006). Die Untersuchungen zeigen bei diesen mathematischen Fähigkeiten nicht nur eine Verschlechterung, sondern auch eine abnehmende Akzeptanz der Sinnhaftigkeit der Plausibilitätsprüfung.

Die auftretende mangelnde Beherrschung der mathematischen Grundrechenarten aus den Grundschulklassen lässt sich nicht mehr allein mit Flüchtigkeitsfehlern begründen. Die Beobachtungen aus den Wiederholungskursen zeigen, dass auch mangelhaftes Verständnis ursächlich ist. Die Umkehrungen von Punkt- und Strichrechnung zum Lösen von Gleichungen werden von einzelnen Teilnehmer/innen hinterfragt. Da es sich um ein neu auftretendes Problem handelt, liegen noch keine Auszählungen aus Klausurleistungen vor.

Die genannten Erfahrungen werden als Bestätigung der zweiten Hypothese angesehen, dass sich die mangelnden Fähigkeiten auf Inhalte niedrigere Klassenstufen, ja sogar bis in die Grundschule zurückführen lassen.

Der schulische Einsatz des Taschenrechners hat sich in den letzten Jahren im Land Niedersachsen in niedrigere Klassenstufen verschoben. Auch die verwendete Art der Taschenrechner hat sich vom grafikfähigen Taschenrechner zum Computeralgebrasystem verändert. Die Studienanfänger/innen aus 2007/08 verwendeten keinen grafikfähigen Taschenrechner und wurden in der Regel ab der zehnten Klasse eingesetzt. Studienanfänger/innen aus 2009/10 benutzten einen grafikfähigen Taschenrechner bereits ab Klasse 7, dieser wurde in der gymnasialen Oberstufe durch ein Computeralgebrasystem ersetzt. Die Kerncurricula geben den Einsatz von elektronischen Hilfsmitteln zu verschiedenen Kompetenzen vor.

So erfolgt mittlerweile an vielen Schulen eine Kurvendiskussion ohne eigene Berechnungen von zugehörigen Eigenschaften oder damit verbundenen Ableitungen. Bei einem Eingangstest zu Beginn des Wintersemesters 2011/12 wurde die Aufgabe der Kurvendiskussion (Nullstellen,- Extrem- und Wendestellenbestimmung) mit „Das kann ich nur mit meinem TI" von Teilnehmer/innen kommentiert. Die Gespräche und die Äußerungen aus den Wiederholungskursen haben gezeigt, dass viele Studienanfänger/innen dem Ergebnis aus dem Taschenrechner mehr vertrauen als ihren eigenen Ergebnissen. Eigenen Rechnungen und Skizzen werden auch gerne mit der Begründung vermieden, dass es mit dem grafikfähigen Taschenrechner einfacher und schneller geht. Die mathematischen Fertigkeiten des Rechnens und die Fähigkeit des Skizzierens werden dabei verlernt. Als Selbsteinschätzung der Studierenden für das fehlende darstellende Verständnis wurde die intensive Benutzung des grafikfähigen Taschenrechners im Unterricht genannt. Die Benutzung des Taschenrechners macht für die Studierenden Plausibilitätsüberlegungen der Ergebnisse überflüssig. Dies führt seitens der Studierenden zu einer Abhängigkeit und zu blindem Vertrauen in den Taschenrechner sowie zu einem unreflektierten Umgang damit (Risse 2009).

Die Klausurleistungen sowie die Interviews stützen die dritte Hypothese, dass eine intensive Benutzung des grafikfähigen Taschenrechners für mangelnde mathematische Fähigkeiten und Fertigkeiten in immer niedrigeren Klassenstufen mit verantwortlich ist.

Die Auswahl an Beispielen und die Ergebnisse zu den drei Hypothesen belegen den Bezug zu den geforderten Kompetenzen der Kerncurricula. Die Kompetenz „mit symbolischen, formalen und technischen Elementen der Mathematik umgehen" (Kerncurriculum 2006, 2009) ist nicht ausreichend bei Studienanfänger/innen vorhanden, vergleiche die Fähigkeiten zum Lösen von Gleichungen. Die Verschlechterung der Kompetenz des „Funktionalen Zusammenhangs" in der gymnasialen Oberstufe (Kerncurriculum 2009) wurde mit der Bewertung zu den Fähigkeiten und Fertigkeiten bei der ersten Hypothese erläutert. Dies führt zu Schwierigkeiten in der universitären mathematischen Ausbildung. Die Studienanfänger/innen im Ingenieurbereich erwerben die geforderten Kompetenzen der curricularen Vorgaben nur teilweise.

17.4.5 Weiterentwicklung der Wiederholungs- und Unterstützungskurse

Die Gestaltung der Wiederholungs- und Unterstützungskurse wird aus den Erfahrungen und Beobachtungen weiterentwickelt. Die steigende Teilnehmerzahl an diesen Kursen und die unterschiedliche Motivation der Studierenden führten im Sommersemester 2012 zu einer Änderung des Konzepts.

Dieses Konzept setzt noch stärker auf die Freiwilligkeit und erhöht den Druck bezüglich der Eigeninitiative der Teilnehmer/innen. Die Wiederholungskurse sind für aktiv interessierte Teilnehmer/innen konzipiert.

Die mathematischen Inhalte und Konzepte werden in Form einer Saalübung für alle Interessenten vorgetragen und thematisiert. Als Orientierung dienen weiterhin die vorherigen Klausuraufgaben sowie weitere Übungsaufgaben. Eine aktive Beteiligung der Teilnehmer/innen ist nicht institutionalisiert.

Zur Festigung der Inhalte werden Hausaufgaben zur freiwilligen Bearbeitung gestellt, die abgegeben werden können. Die Studierenden, die diese Hausaufgaben abgeben, erhalten diese in kleinen Übungsgruppen durch den/die Tutor/in korrigiert zurück. Die Teilnehmer/innen sollen in den kleinen Übungen ihre Lösungen selbst vortragen und auf Fragen der KommilitonInnen eingehen. Der/die Tutor/in übernimmt hierbei nur die Rolle eines Moderators.

Das Angebot der freiwilligen Hausaufgabenabgabe wird von einigen Studierenden angenommen und trifft auf positive Resonanz. Ein Vergleich zu erzielten Prüfungsnoten der Teilnehmer/innen wird nach den Wiederholungsklausuren erfolgen. Eine Auswertung liegt noch nicht vor.

17.5 Zusammenfassung

Die Wiederholungs- und Unterstützungskurse an der TU Braunschweig führen zur Festigung der mathematischen Inhalte aus den universitären Veranstaltungen der Ingenieurmathematik sowie aus der gymnasialen Oberschule und Oberstufe. In den Kursen ergibt sich die Möglichkeit, individuelle und allgemeine mangelnde mathematischen Fähigkeiten und Fertigkeiten zu entdecken und diese gezielt zu verbessern.

Eine erfolgreiche Prüfungsleistung ist von der Bereitwilligkeit zur eigenen Beteiligung und von der Motivation der Teilnehmer/innen abhängig, wie dies nach Erkenntnissen der Leistungsmotivation zu erwarten ist (Hofer et al. 2006). Der Ausbau der Fähigkeit mathematisch zu kommunizieren ist ebenfalls motivationsabhängig.

Die von den Studierenden gewohnte Fixierung auf ausgewählte Aufgabentypen, Lösungsmethoden und die Benutzung des grafikfähigen Taschenrechners kann bei den motivierten Teilnehmer/innen zu einer allgemeineren Verwendung mathematischer Methoden umgewandelt werden. Dazu gehört auch ein sinnvoller Umgang mit dem Taschenrechner, der bei vielen mathematischen Konzepten entbehrlich ist.

Nicht zuletzt haben die Kurse auch das Vermittlungsziel, den Teilnehmer/innen die Angst vor der als schwer empfundenen Klausur zu nehmen.

Das Forschungsprojekt liefert mit konkreten Angaben von Schwierigkeiten aus den Beobachtungen und Erfahrungen der Wiederholungskurse und den weiteren Erhebungsgrundlagen ein realistisches Bild von Studienanfänger/innen im Bereich der Mathematik. Dies Erfahrungen werden für die weitere Entwicklung des Studienangebots und dem Aufbau von Vorlesungsinhalten genutzt.

Die zunehmenden Teilnehmerzahlen belegen den Bedarf der Studierenden an solchen Zusatzangeboten. Aufgabe der Universitäten bleibt es Methoden zu entwickeln, die Eigeninitiative und Aktivität der Studierenden einfordern und fördern.

17.6 Literaturverzeichnis

Büning, H. (2004). Breites Angebot an falschen Lösungen - Mathematikkenntnisse von Studienanfängern im Test, Forschung und Lehre 11/2004, 618–620.

Hofer, M., Pekrun, R., & Wild, E. (2006). Psychologie des Lernens. In: A. Krapp, & B. Weidenmann (Hrsg.), Pädagogische Psychologie: Ein Lehrbuch. 5. Auflage (S. 203-268). Weinheim: Beltz PVU.

IHK Braunschweig (2007). Ingenieurstudium: Mathematikkenntnisse.

Kerncurriculum für das Gymnasium - Schuljahrgänge 5–10, Mathematik, (2006). Niedersächsisches Kultusministerium, Hannover.

Kerncurriculum für das Gymnasium - gymnasiale Oberstufe, Mathematik (2009). Niedersächsisches Kultusministerium, Hannover.

Langemann, D. (2011). Die dunkle Seite der Schulmathematik - eine Parabel, IQ Journal des Braunschweiger VDI-Bezirksvereins 2, 17.

Radatz, H. (1980). Fehleranalysen im Mathematikunterricht. Braunschweig, Wiesbaden: Vieweg.

Rahmenrichtlinien für das Gymnasium - Schuljahrgänge 7–10, Mathematik (2003). Niedersächsisches Kultusministerium, Hannover.

Risse, T. (2009). Zu Risiken und Nebenwirkungen von Taschenrechnern im Mathematik-Unterricht, Vortrag TU Braunschweig, 26.11.2009.

Risse, T. (2011). Warum haben Jugendliche, die ständig online sind, so große Schwierigkeiten mit Mathematik, Source Talk Tage, Göttingen 30.08.-01.09.2011.

Roppelt, A.(2009). Alles vergessen nach dem Abitur? - Ein Vergleich der mathematischen Grundkompetenzen von Studierenden und Schülern. In: M. Neubrand (Hrsg.), Beiträge zum Mathematikunterricht. Münster: Waxmann.

Schott, D. (2011). Das Gottlob-Frege-Zentrum der Hochschule Wismar bricht eine Lanze für die Mathematik, Mathematikinformation Nr. 56, 48–56.

Tartsch, G. (2011). Notstand Mathematik, ein Projekt der Industrie- und Handelskammer Braunschweig, Mathematikinformation Nr. 55, 51–65.

Teil III

Assessment und Diagnostik vor/in/nach einem Kurs

18 VEMINT – Interaktives Lernmaterial für mathematische Vor- und Brückenkurse

Rolf Biehler (Universität Paderborn), Regina Bruder (Technische Universität Darmstadt), Reinhard Hochmuth (Universität Lüneburg),
Wolfram Koepf (Universität Kassel), Isabell Bausch (Technische Universität Darmstadt), Pascal Rolf Fischer (Universität Kassel) und
Thomas Wassong (Universität Paderborn)

Zusammenfassung

Im Jahr 2003 wurde an der Universität Kassel das Projekt „Multimedia-Vorkurs Mathematik" initiiert, seit Ende 2004 in Kooperation mit der TU Darmstadt unter dem Projekttitel „Virtuelles Eingangstutorium Mathematik" (VEMA) fortgeführt und im März 2009 mit dem Wechsel von Rolf Biehler um die Universität Paderborn als drittem Kooperationspartner erweitert. Mit dem Wechsel von Reinhard Hochmuth an die Leuphana-Universität Lüneburg im Oktober 2011 zählt nun eine vierte Partneruniversität zum Projekt. Ziel des Projekts ist es unter anderem, ein interaktives Buch auf multimedialer Basis zu entwickeln, das sowohl als Ergänzungsmaterial zu Lehrveranstaltungen als auch zum Selbststudium genutzt werden kann und mit dem Studienanfängerinnen und Studienanfänger die Möglichkeit erhalten, in ihrem eigenen Lerntempo neue Inhalte zu erarbeiten, bekannte Inhalte zu wiederholen und individuelle Defizite zu beseitigen. Das im Projekt entwickelte Lernmaterial enthält didaktisch reflektierte, interaktive Elemente und schlägt hinsichtlich gewählter Darstellungen von Mathematik eine Brücke von der Schule zur Universität. Das modularisierte Format erlaubt verschiedene Lernzugänge und kann auch studienbegleitend als Nachschlagewerk oder zur Vorlesungsergänzung eingesetzt werden. Um die Studierenden in ihrer Selbstregulations- und Selbsteinschätzungsfähigkeit zu unterstützen, wurden zudem modulbezogen elektronische Vor- und Nachtests entwickelt und via Moodle realisiert. Sowohl das interaktive Lernmaterial als auch die elektronischen Vor- und Nachtests haben unter anderem aufgrund ihres überzeugenden didaktischen Konzepts bereits Interesse bei Brückenkursverantwortlichen an weiteren Hochschulen gefunden und werden inzwischen nicht nur an den vier Partneruniversitäten, sondern auch an einigen weiteren Fachhochschulen, Dualen Hochschulen und Universitäten eingesetzt. Der Artikel beschreibt zunächst das im Projektkontext entwickelte Lernmaterial hinsichtlich seiner Inhalte, des didaktischen Aufbaus und seiner mediendidaktischen Elemente. In diesem Kontext wird auch das den VEMA-Materialien zugrundeliegende Kompetenzmodell beschrieben. Hierauf aufbauend werden dann die im Rahmen eines an VEMA angelagerten E-Learning-Projekts entwickelten elektronischen Vor- und Nachtests vorgestellt und in das entsprechende Kompetenzmodell eingeordnet.

18.1 Einleitung

Im Jahr 2003 wurde an der Universität Kassel das Projekt „Multimedia-Vorkurs Mathematik" initiiert, seit Ende 2004 in Kooperation mit der TU Darmstadt unter dem Projekttitel „Virtuelles Eingangstutorium Mathematik" (VEMA) fortgeführt und im März 2009 mit dem Wechsel von Rolf Biehler an die Universität Paderborn als drittem Kooperationspartner erweitert. Mit dem Wechsel von Reinhard Hochmuth an die Leuphana-Universität Lüneburg im Oktober 2011 zählt nun eine vierte Partneruniversität zum Projekt. Durch die verschiedenen Einsatzmöglichkeiten der innerhalb des Projekts entwickelten Lernmaterialien und die Eröffnung neuer Projektperspektiven wurde das Projekt VEMA im Jahr 2012 in das Projekt VEMINT (Virtuelles Eingangstutorium für Mathematik, Informatik, Naturwissenschaften und Technik) umbenannt.

Ziel des Projekts ist es unter anderem, ein interaktives Buch auf multimedialer Basis zu entwickeln, das sowohl als Ergänzungsmaterial insbesondere zu Vorkurs-Lehrveranstaltungen als auch zum Selbststudium genutzt werden kann, mit dem die Studienanfänger die Möglichkeit erhalten, in ihrem eigenen Lerntempo neue Inhalte zu erarbeiten, bekannte Inhalte zu wiederholen und individuelle Defizite zu beseitigen. Das im Projekt entwickelte Lernmaterial enthält didaktisch reflektierte, interaktive Elemente und schlägt hinsichtlich gewählter Darstellungen von Mathematik eine Brücke von der Schule zur Universität. Das modularisierte Format erlaubt verschiedene Lernzugänge und kann auch studienbegleitend als Nachschlagewerk oder zur Vorlesungsergänzung eingesetzt werden. Um die Studierenden in ihrer Selbstregulations- und Selbsteinschätzungsfähigkeit zu unterstützen, wurden zudem modulbezogen elektronische Vor- und Nachtests entwickelt und über die Lernplattform moodle realisiert und bereitgestellt.

Der Artikel beschreibt zunächst das im Projektkontext entwickelte Lernmaterial hinsichtlich seiner Inhalte, des didaktischen Aufbaus und seiner mediendidaktischen Elemente. Im Anschluss daran werden die im Rahmen eines an VEMINT angelagerten E-Learning-Projekts entwickelten elektronischen Vor- und Nachtests einschließlich des hier zugrunde gelegten Kompetenzmodells beschrieben. Im darauf folgenden Abschnitt werden dann verschiedene Lernzugänge zum VEMINT-Lernmaterial vorgestellt, ehe der Artikel mit einer Zusammenfassung sowie aktuellen Entwicklungsperspektiven endet. Beispiele für den Einsatz der VEMINT-Lernmaterialien in verschiedenen Blended-Learning-Szenarien werden von Bausch, Fischer und Oesterhaus vorgestellt.

18.2 Aufbau und Gestaltung der VEMINT-Module

Das im Kontext von VEMINT entwickelte interaktive Lernmaterial wurde in den Kasseler Mathematikvorkursen bereits seit 2003 und damit in einem frühen Entwicklungsstadium eingesetzt und durch Befragungen der Studienanfänger evaluiert. Diese erste Version des Materials baute auf „Vorlesungsmitschriften" aus früheren Präsenzvorkursen auf und war zunächst im Wesentlichen ein linear aufgebautes und durch interaktive Elemente angereichertes HTML-Buch, welches auf CD gebrannt und den Teilnehmern der Vorkurse als Zusatzmaterial zur Verfügung gestellt wurde (vgl. Biehler und Fischer 2006).

Die ersten Evaluationen zeigten dabei sowohl hinsichtlich des Lernmaterials als auch der Kurse selbst eine positive Bewertung durch die Teilnehmer. Zugleich belegten die Studien jedoch auch, dass das Material durch die Dozenten nur gelegentlich eingesetzt wurde: Die VEMINT-Lernmaterialien wurden eher als Ergänzungsmaterial zu den Vorkursen angeboten als intensiv in den Kurs integriert.

Um das Lernmaterial zum einen besser an die individuellen Bedürfnisse der Lernenden anzupassen und es zum anderen den Dozenten zu erleichtern, gezielt auf bestimmte Bestandteile des Lernmaterials auch in den Vorlesungen und Übungen zurückgreifen zu können, wurde in einem zweiten Schritt ein modularisiertes Format entwickelt, das verschiedene Lernzugänge ermöglichte: Die Lernmaterialien wurden in kleinere, in sich abgeschlossene Lernpakete - sogenannte Module - zerlegt, die je nach individuellen Bedürfnissen einzeln bearbeitet werden konnten. Darüber hinaus wurde auch ein für alle Module einheitliches Aufbauprinzip entwickelt und umgesetzt, welches unterschiedliche Lernzugänge zu den Inhalten ermöglicht. Im Folgenden werden der Aufbau und die inhaltliche Gestaltung der modularisierten VEMINT-Lernmaterialien näher erläutert.

18.2.1 Das modularisierte VEMINT-Lernmaterial (in Version 4.0)

Das VEMINT-Lernmaterial umfasst insgesamt sechs Kapitel, welche sich wiederum in verschiedene Unterkapitel gliedern, in denen letztlich die einzelnen Module eingebunden sind.

Im ersten Kapitel „Rechengesetze" werden grundlegende algebraische Manipulationen von Termen, Gleichungen und Ungleichungen, Mengen von Zahlen, Arithmetik sowie die Themen Logik und Beweis thematisiert. Besonders hervorzuheben sind hierbei die Module zur Arithmetik, in denen durch die Verallgemeinerung der bekannten Teilbarkeitsregeln im Dezimalsystem zu Regeln im b-adischen System, sowie durch die Verbindung verschiedener Argumentationsebenen vom einfachen Beispiel über operatives Beweisen bis hin zur formalen Beweisführung nicht nur ein Beitrag zur Verständlichkeit von Beweisen geleistet wird (vgl. Krivsky 2003, S. 33 ff.): Es wird damit auch ein wesentlicher Beitrag zur Erleichterung des fachlichen Übergangs von einer schulbezogenen zu einer universitären Darstellung von Mathematik geleistet (vgl. Biehler et al. 2012a).

Im zweiten Kapitel „Potenzen“ werden ganzzahlige und rationale Potenzen behandelt, ehe sich das dritte Kapitel „Funktionen“ zunächst mit linearen und quadratischen Funktionen sowie anschließend allgemeiner mit Eigenschaften von Funktionen beschäftigt. Kapitel 4 „Höhere Funktionen“ konzentriert sich auf Polynomfunktionen, Exponential- und Logarithmusfunktionen sowie trigonometrische Funktionen. Im fünften Kapitel „Analysis“ werden zunächst Folgen und Grenzwerte behandelt, ehe Grenzwerte von Funktionen und Stetigkeit sowie im Anschluss daran die Differentialrechnung, Funktionsuntersuchungen sowie die Integralrechnung in den Fokus rücken. Im letzten Kapitel „Vektorrechnung“ werden zunächst Vektoren eingeführt, danach die Darstellung von Geraden und Ebenen im euklidischen Vektorraum behandelt und abschließend Abstände und Winkel zwischen Punkten, Geraden und Ebenen thematisiert[1]. Weitere Kapitel zur Stochastik, zu Logik und Beweisen sowie zur Matrizenrechnung sind derzeit in der Entwicklung.

Wie eingangs bereits erwähnt, sind die VEMINT-Lernmodule stets in derselben Weise aufgebaut und umfassen die folgenden Wissensbereiche, sogenannte „Modulbereiche“ (vgl. Abb. 18.1): **Übersicht, Hinführung, Erklärung, Anwendung, typische Fehler, Aufgaben, Info, Ergänzungen** und **Visualisierungen.**

Jeder dieser Bereiche stellt eine eigene HTML-Seite dar, die das Thema des Moduls aus einer anderen Perspektive darstellt. Die Länge der Seite ist dabei je nach Umfang des Inhalts unterschiedlich. Sollte für einen bestimmten Modulbereich kein Inhalt verfügbar sein, bleibt dieser leer und das zugehörige Symbol wird ausgegraut. Auf diese Weise bleibt die Modulstruktur für den Lerner weiterhin sichtbar, gibt ihm somit Sicherheit im selbstständigen Lernen und verhindert den im Kontext von E-Learning auftretenden Effekt des „lost in space“ (vgl. Ludwigs et al. 2006, S. 18).

Hinter den einzelnen Modulbereichen verbergen sich folgende Lerninhalte:

Der Bereich **„Übersicht“** fasst stichwortartig die zentralen Themen und Lernziele des Moduls zusammen und gibt damit einen kurzen Überblick, was den Lerner erwartet. Dieser Bereich soll den Lerner bei der Auswahl der zu bearbeitenden Module unterstützen und die Modulüberschrift spezifizieren, um so zur Zieltransparenz beizutragen.

In der **„Hinführung“** wird dem Lerner mithilfe von Aufgaben und Beispielen ein entdeckender, induktiver bzw. exemplarischer Zugang zum Thema des Moduls ermöglicht. Ziel ist es, dass die Lernenden die zentralen Sätze und Definitionen des Moduls möglichst selbst vorab erarbeiten können. Wie verschiedene Autoren betonen, ist gerade die Korrektur von Ergebnissen im Lernen mit Computern und damit die Möglichkeit des explorativen Herangehens an ein Thema ein besonderer Vorteil computergestützter Lernmaterialien, der insbesondere in der Einführungsphase eines Themas gewinnbringend genutzt werden kann (vgl. Krivsky 2003).

---

[1] vgl. http://www.mathematik.uni-kassel.de/vorkurs/demo2/index.html [19.07.2012, 16:03]

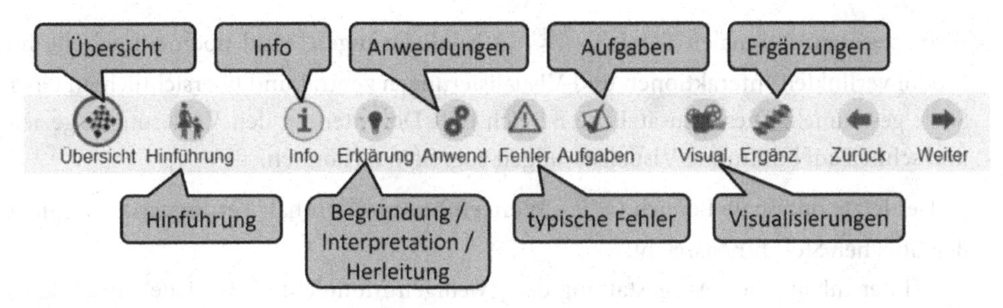

Abb. 18.1 Der Aufbau eines typischen VEMINT-Moduls

Im Bereich „**Erklärung**" finden sich nun alle Definitionen, Sätze und Algorithmen des Moduls. Diese sind mit Beispielen, Beweisen und Visualisierungen angereichert, die das Verständnis der Inhalte fördern sollen.

Der nächste Bereich „**Anwendungen**" ist eine Sammlung verschiedener inner- und außermathematischer Anwendungsbeispiele für die Inhalte des Moduls. Hierdurch wird zum einen die Bedeutung des Stoffes innerhalb der Mathematik und damit die innermathematische Vernetzung verdeutlicht (vgl. Stein et al. 2000). Zum anderen wird eine Praxisrelevanz des Stoffes und ein Transfer der mathematischen Kontexte (vgl. Stein et al. 2000, S. 182) mit Blick auf die verschiedenen Studienfächer ermöglicht.

Im Bereich „**Typische Fehler**" werden den Lernenden fehlerhafte Aufgabenlösungen und Aussagen präsentiert, die sie korrigieren sollen. Zudem sollen mögliche Ursachen der Fehler angegeben und identifiziert werden. Auf diese Weise werden erste diagnostische Fähigkeiten der Lernenden trainiert, um die häufigsten Fehler und Fehlvorstellungen frühzeitig bewusst zu machen und damit zu vermeiden.

Abschließend finden sich im Bereich **Aufgaben** verschiedene Übungsaufgaben, mit denen die Lernenden ihre Fertigkeiten im entsprechenden Themenbereich trainieren und ihre eigenen Lösungen durch Vergleich mit zugehörigen Musterlösungen selbst überprüfen können.

Im Anschluss an diese fünf Modulbereiche, welche die Lerner sukzessive durchlaufen können, finden sich drei zusätzliche Bereiche, die optional anwählbar sind.

Der erste optionale Bereich „**Info**" stellt eine Sammlung aller Sätze und Definitionen des Moduls dar und kann somit als eine Art Formelsammlung genutzt werden. In früheren Versionen des Materials war dieser Bereich zwischen der „Hinführung" und dem Bereich „Erklärung" eingeordnet und sollte die Lernenden bereits vorab über die zentralen Sätze und Definitionen überblicksartig informieren. Da jedoch die Lerner diesen Bereich nur optional wählten und nach der Hinführung meist mit dem Bereich „Erklärung" weiterarbeiteten, wird seit der Version 4.0 vom September 2011 dieser als optionales Angebot bereitgestellt.

Im zweiten optionalen Bereich „**Visualisierungen**" sind noch einmal alle im Modul verlinkten Interaktionen und Visualisierungen zentral und übersichtlich an einer Stelle gesammelt. Dieser zusätzliche Bereich hilft Dozenten, in den Vorlesungen gezielt und schnell auf bestimmte Visualisierungen zugreifen zu können.

Der letzte optionale Bereich „**Weiterführendes**" enthält Lernmaterial, das über den üblichen Stoff hinausreicht.

Bei der inhaltlichen Ausgestaltung der jeweiligen Module und Bereiche wurde dabei auf eine didaktisch ausgewogene Mischung multimedialer und interaktiver Elemente geachtet (vgl. Winkelmann 1999), um so ein lernerzentriertes Studieren (vgl. Mayer 2001) zu ermöglichen. Durch die Kombination unterschiedlicher Repräsentationsformen des Wissens wird es möglich, nicht nur verschiedene Abstraktionsebenen von Mathematik zu berücksichtigen, sondern auch unterschiedliche Lerntypen anzusprechen (vgl. Krivsky 2003). Zudem wurden Erfahrungen aus dem an der TU Darmstadt entwickelten E-Learning-Gütesiegel für computergestütze Lernmaterialien im Allgemeinen wie auch der Lerninhalte im Speziellen (vgl. Bruder et al. 2004) eingebracht.

Die VEMINT CD-ROM beinhaltet das Lernmaterial in verschiedenen Formaten: So ist hierauf das interaktive Buch im HTML-Format inklusive einer an das Lernmaterial angepasste Suchfunktion verfügbar. Zusätzlich sind zwei pdf-Skripte mit unterschiedlichen Schwerpunkten als druckbare Version bereitgestellt.

Das **Kurzskript** umfasst alle „Info"-Bereiche und damit alle Definitionen, Sätze und Algorithmen des Lernmaterials und lässt freien Platz für individuelle Notizen der Lerner. Damit kann das Kurzskript in ausgedruckter Form auch in Lehrveranstaltungen für zusätzliche Mitschriften genutzt werden. Das **Langskript** beinhaltet die Bereiche „Erklärung" und „Anwendungen" und umfasst damit alle Sätze, Definitionen und Algorithmen inklusive verständnisorientierter Erläuterungen und Beweise sowie Anwendungsbeispiele des Stoffes. Es kann damit in ausgedruckter Form auch zum Lernen ohne Computer genutzt werden.

18.3 Die diagnostischen Tests und die Einbindung in moodle

Mit den Mathematikvorkursen im Jahr 2007 wurde in Kassel erstmals eine E-Learning Variante mathematischer Vorkurse unter Einsatz der Lernplattform moodle durchgeführt (vgl. Fischer 2008). Die begleitenden Evaluationen zeigten dabei, dass eine schlichte Verlinkung auf die HTML-Seiten des VEMINT-Lernmaterials, die auf einem separaten Server bereitgestellt wurden, aus diversen Gründen für die Lernenden nicht praktikabel waren und dementsprechend eine in die Lernplattform integrierte Lösung sinnvoller ist:

Übersicht
Hinführung
Info
Erklärung
Anwend.
Fehler
Aufgaben
Visual.
Ergänz.
Zurück
Weiter
Fehler
Gegeben sind die Punkte (2;1) und (-4;0). Gesucht ist die Funktionsvorschrift der Geraden g(x) , die durch diese beiden Punkte verläuft. Die folgenden vier Lösungen zu dieser Aufgabe enthalten spezifische Fehler, die sie korrigieren und deren mögliche Ursachen sie aufdecken sollen:

Abb. 18.2 Die SCORM-Module und die Darstellung der Bearbeitungssymbole in moodle

So kann z. B. durch die Integration der Inhalte in moodle das mehrfache Anmelden mit Loginname und Kennwort vermieden werden und die Lernenden wie auch die Lehrenden erhalten eine direkte Rückmeldung von der Lernplattform, welche Module bereits wie intensiv bearbeitet wurden. Daraufhin wurde eine Software entwickelt, welche die Materialien modulweise in das SCORM-Format transformiert. Diese SCORM-Module konnten nun direkt in moodle integriert werden. Mit den Modulen im SCORM-Format wurde in moodle dokumentiert, wenn ein Lerner einen bestimmten Bereich eines Moduls vollständig (grüner Haken), teilweise (gelbes Fragezeichen) oder noch gar nicht bearbeitet hat (vgl. Biehler et al. 2012a und Abb. 18.2). Auf diese Weise behalten die Lerner den Überblick über den Fortschritt ihres Lernens und werden so in der Steuerung ihres selbstständigen Lernens unterstützt.

Um die Teilnehmer der E-Learning-Kurse in der Auswahl der für ihren jeweiligen Studiengang relevanten Module zu unterstützen, wurden an den verschiedenen VEMINT-Standorten Listen mit Modulempfehlungen für die jeweiligen Studiengänge entwickelt und via moodle bereitgestellt. Was bislang jedoch noch fehlte, war ein Unterstützungsangebot zur Identifikation individueller mathematischer Defizite und damit eine Hilfe bei der Auswahl der zu bearbeitenden Inhalte mit Blick auf das eigene Können. Um den Lerner auch in dieser Hinsicht in der Selbstregulation des Lernens zu unterstützen, wurden elektronische Vor- und Nachtests zu den verschiedenen Modulen in moodle entwickelt, die ein individuelles Feedback bezüglich des Leistungsstands einschließlich konkreter Bearbeitungsempfehlungen für die Lernenden bereitstellt. Ziel ist dabei, sowohl die Selbstregulations- wie auch die Selbsteinschätzungsfähigkeit der Lerner als einen der wesentlichen Faktoren für den Erfolg selbstregulierten Lernens zu unterstützen und zu verbessern (vgl. dazu Astleitner 2006; Ibabe und Jauregizar 2010; Nota, Sorei und Zimmermann 2005; Pintrich 2002 und Williams und Hellmann 2004).

Die beschriebenen Tests wurden im Rahmen des Dissertationsvorhabens vom fünften Autor des Artikels, P. R. Fischer, entwickelt und innerhalb des VEMINT-Projekts um zusätzliche Tests ergänzt und weiterentwickelt. Insgesamt wurden bislang 66 Tests mit rund 300 Aufgaben entwickelt, die als Vor- und Nachtests zu den einzelnen Modulen bereitstehen: In den ersten drei Kapiteln gibt es jeweils einen Vor- und einen Nachtest zu den einzelnen Modulen, ab Kapitel 4 ist in der Regel jeweils ein Vor- und Nachtest pro Unterkapitel in moodle verfügbar.

Diese Tests sind inhaltlich genau auf die zugehörigen Module zugeschnitten. Technisch gesehen lassen sich die dafür entwickelten Testitems in Anlehnung an das Klassifikationsschema von Vajda und György (2007) sowie mit Blick auf die bei verschiedenen Autoren beschriebenen Item-Formate (vgl. University of Bristol 2009; Alabama Department of Education 2003; UW-Madison Teaching Academy, University of Wisconsin 2004; Biehler et al. 2010) in folgende drei Typen klassifizieren:

1. **Automatisch auswertbare Testitems**
   Dieses Aufgabenformat umfasst Items im Multiple-Choice-Format, Zuordnungs-Aufgaben, Aufgaben mit numerischer Eingabe, Wahr-Falsch-Aufgaben oder sogenannte „Lückentextaufgaben" als eine Mischung dieser Aufgabentypen (vgl. Abb. 18.3). All diese Aufgabenformate können vom System automatisch ausgewertet werden und erfordern nach ihrer technischen Umsetzung keine weiteren Korrekturen durch einen Lerner oder Lehrer. Bei der Entwicklung der Tests wurden so viele Items wie möglich in diesem Format implementiert, da damit ein unmittelbares Feedback an den Lerner möglich ist.

2. **Selbstbewertungsitems**
   Dieses Format wurde für die Tests in Kapitel 4 verwendet. Hier erhält der Lerner eine komplexere Aufgabe, die er selbstständig auf Papier lösen muss (vgl. Abb. 18.4). Anschließend erhält er eine Musterlösung mit einem Bewertungsschema, mit Hilfe dessen er seine Lösung eigenständig bewertet und die erreichte Punktzahl in das System eingeben soll. Auf Basis seiner Eingabe erhält er dann ein Feedback vom System. Dieser Typ von Testitems ist vor allem für komplexere Aufgaben geeignet, deren Auswertung nicht automatisch erfolgen kann. Dieses Aufgabenformat ist ähnlich zu den statischen Übungsaufgaben in den Modulen gestaltet. Durch das zusätzliche Bewertungsschema und das systemgenerierte Feedback wird der Lerner zusätzlich in der Selbstbewertung seiner Lösung unterstützt.

3. **Items mit offenem Antwortformat**
   Dieses Format wurde insbesondere bei Begründungs- und Modellierungsaufgaben verwendet, da diese nur begrenzt automatisch auswertbar und in der Bewertung auch nicht einfach zu beschreiben sind. Der Lerner gibt hierbei die Aufgabenlösung online ein, danach korrigiert der Online-Tutor die Lösung in moodle und der Lerner erhält automatisch das Feedback, die Punktzahl und ggf. die Korrekturhinweise des Tutors (Abb. 18.5).

1
Punkte: 4 **Die Funktion f(x) ist aus der Normalparabel durch Spiegelung an der x-Achse, Streckung mit dem Faktor 4, Verschiebung um 3 nach rechts und um 2 nach unten entstanden.**

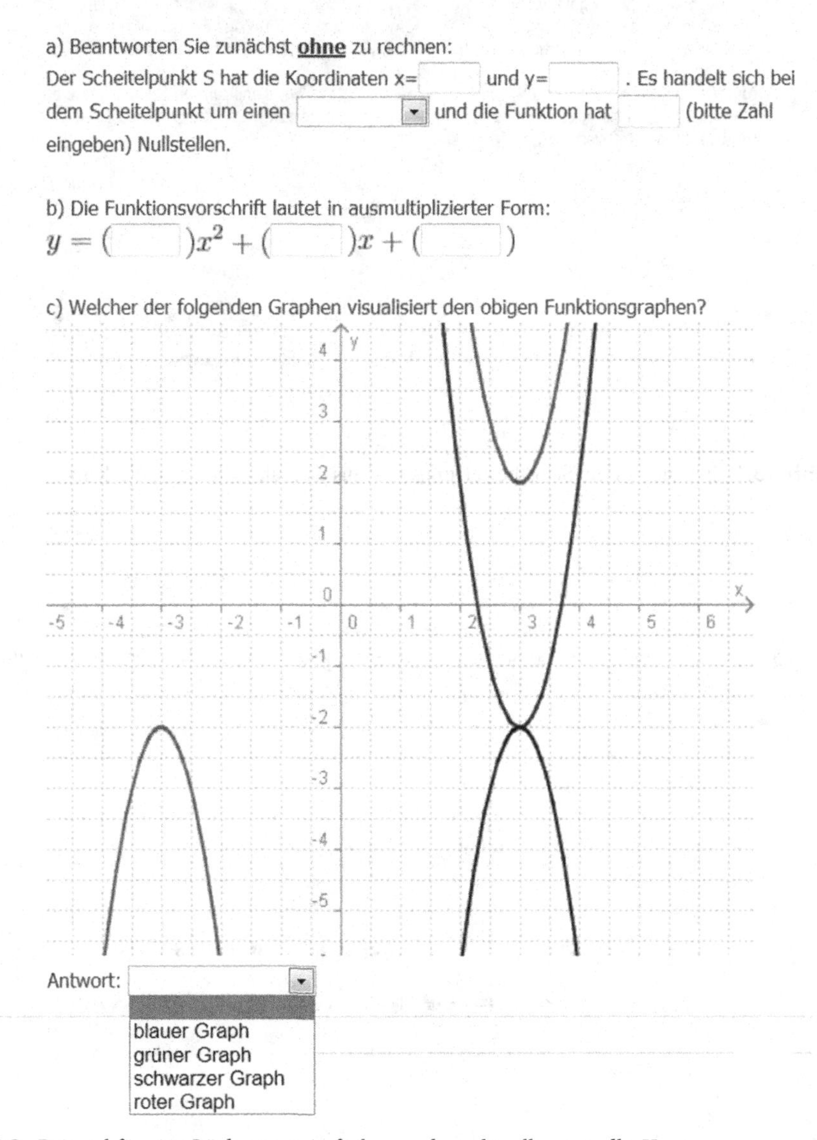

a) Beantworten Sie zunächst ohne zu rechnen:
Der Scheitelpunkt S hat die Koordinaten x= und y= . Es handelt sich bei dem Scheitelpunkt um einen und die Funktion hat (bitte Zahl eingeben) Nullstellen.
b) Die Funktionsvorschrift lautet in ausmultiplizierter Form:
$y = (\quad)x^2 + (\quad)x + (\quad)$
c) Welcher der folgenden Graphen visualisiert den obigen Funktionsgraphen?
y
x
Antwort:
blauer Graph
grüner Graph
schwarzer Graph
roter Graph

Abb. 18.3 Beispiel für eine Lückentext-Aufgabe aus dem aktuellen moodle-Kurs

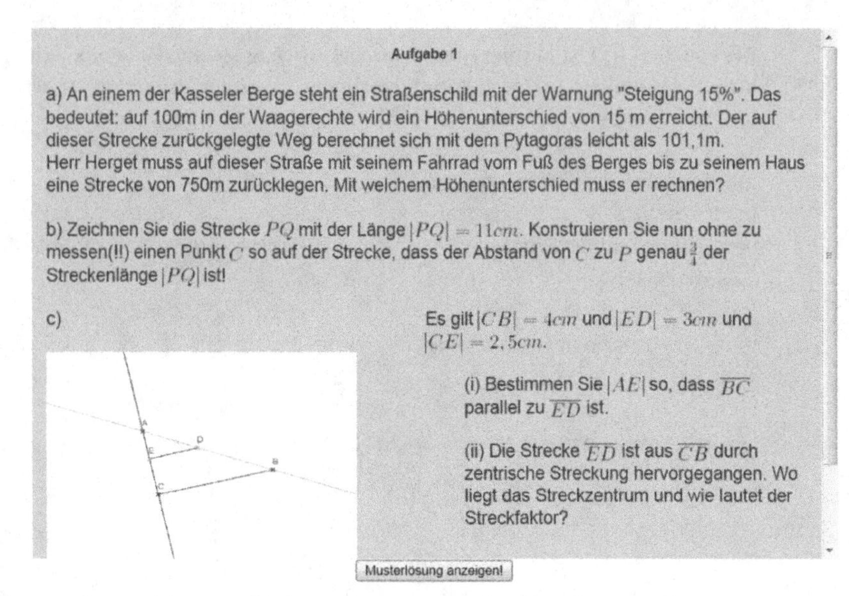

Abb. 18.4 Beispiel für ein Selbstbewertungsitem aus dem aktuellen moodle-Kurs

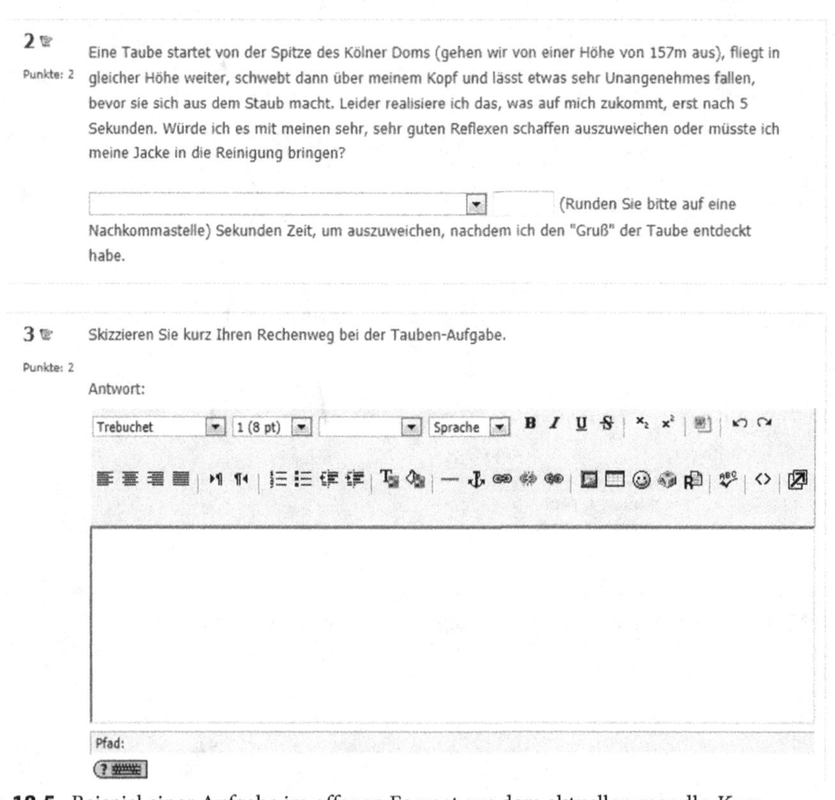

Abb. 18.5 Beispiel einer Aufgabe im offenen Format aus dem aktuellen moodle-Kurs

Bei allen Aufgabenformaten erhalten die Lernenden stets ein Feedback mit der erreichten Punktzahl, ein generelles Feedback über die empfohlene Bearbeitung des Moduls sowie detailliertere Bearbeitungsempfehlungen für das Lernen mit den jeweiligen Modulbereichen. Zudem wird stets eine Musterlösung zur Verfügung gestellt, damit die Lernenden auch ihre Lösungswege überprüfen können. Die Formen des in den Tests implementierten Feedbacks decken somit fast alle Formen des Feedbacks ab, wie sie in Susann Narciss Klassifikationsschema von Feedback-Komponenten beschrieben sind (vgl. Narciss 2006, S. 23): So erhält der Lerner in den Tests ein Feedback zum *Knowledge of performance* (P), *Knowledge of result/response* (KR), *Knowledge of the correct answer* (KCR), *Knowledge on task constraints* (KTC), *Knowledge on how to proceed* (KH), *Knowledge on meta-cognition* (KMC).

Dass die Tests statisch gestaltet sind und damit jeweils i. e. S. nur einmal verwendbar sind, ist nicht nur aufgrund der Fülle an zur Verfügung stehenden Tests unproblematisch: Da das Ergebnis nur dem Lerner selbst als Feedback für die Gestaltung seines eigenen Lernens dient, liegt die Weitergabe von Lösungen unter den Studierenden in der Verantwortung des einzelnen Lerners.

18.3.1 Zugrunde liegendes Kompetenzstrukturmodell

Um den Lernern mit den elektronischen Tests ein einfaches und speziell auf das VEMINT-Lernmaterial zugeschnittenes Feedback zu ermöglichen, welches nicht nur einen Überblick über den Leistungsstand gibt, sondern zugleich auch einfach formulierte Hinweise zum Weiterarbeiten mit dem Lernmaterial bereitstellt, wurde zu Beginn der Testentwicklung innerhalb des Promotionsprojekts des fünften Autors ein an der Struktur des VEMINT-Lernmaterials orientiertes, theoretisch begründetes Kompetenzstrukturmodell entworfen.

Dieses zweidimensionale Kompetenzmodell unterscheidet in der ersten Dimension vier verschiedene **mathematische Kompetenzen** und in der zweiten Dimension die **Inhalte** des VEMINT-Materials, wie sie durch die jeweiligen Module in der aktuellen VEMINT-Version repräsentiert werden (vgl. Biehler et al. 2009, S. 14 f.).

Zu den **mathematischen Kompetenzen** im Einzelnen:

a) **Rechnerisch-technische Kompetenz**
Dies umfasst kalkülorientierte Aufgaben, die ein mehr technisches Anwenden mathematischer Sätze erfordern. Beispiele dafür sind Aufgaben zur Termvereinfachung, Bruchrechenaufgaben, Aufgaben zum Lösen von Gleichungen oder zum Zeichnen von Graphen.

b) **Verständnis**
Bei Aufgaben aus diesem Kompetenzbereich ist ein tieferes Verständnis des Stoffes erforderlich. Die Lernenden müssen dabei Inhalte vernetzen können, um komplexere Aufgaben zu lösen oder Sachverhalte zu begründen.

c) **Anwenden**
Diese Kompetenz erfordert zur Lösung komplexerer Aufgabenstellungen den Transfer und die Vernetzung von Wissen im inner- und außermathematischen Anwendungsbereich.

d) **Fehlerdiagnose**
Dies betrifft die Fähigkeit, Fehler in Aufgabenlösungen und Aussagen zu identifizieren und mögliche didaktische Gründe für die Fehler zu identifizieren.

Vergleicht man das hier beschriebene Kompetenzstrukturmodell etwa mit dem international anerkannten Kompetenzmodell aus PISA (vgl. KMK 2003), so stellt sich das VEMINT-Modell hinsichtlich der Unterscheidung mathematischer Kompetenzen wesentlich gröber dar. Werden bei PISA noch acht Kompetenzen voneinander unterschieden, sind es im VEMINT-Modell lediglich vier. Allerdings lassen sich diese leicht den verschiedenen Unterbereichen eines VEMINT-Moduls zuordnen, was mit Blick auf das Feedback an die Lerner einige Vorteile mit sich bringt:

a) **Rechnerisch-technische Kompetenz**
Hier wird die Kenntnis aller Sätze und Definitionen eines Moduls vorausgesetzt. Diese werden im optionalen Bereich „Info" gesammelt und mit den „Aufgaben" trainiert.
b) **Verständnis**
Dies wird im Bereich „Hinführung" sowie im Bereich „Erklärung" trainiert.
c) **Anwenden**
Diese Kompetenz lässt sich eindeutig dem Bereich „Anwendung" zuordnen.
d) **Fehlerdiagnose**
Zu dieser Kompetenz finden sich Lerninhalte im Bereich „typische Fehler".

Bei den Tests zu den Modulen aus Kapitel eins bis drei wurde jeweils mindestens eine Aufgabe pro Kompetenzstrukturelement eingebunden, so dass ein Test jeweils in der Regel mindestens vier Aufgaben umfasst. Die Entwicklung von Aufgaben zu einzelnen Kompetenzen erlaubt ein einfaches Feedback zu den Kompetenzen eines Lerners mit Blick auf ein bestimmtes Thema (Modul). Durch die Zuordnung der Kompetenzen zu einzelnen Bereichen eines Moduls ist darüber hinaus auch eine automatisierte Rückmeldung mit gezielten Bearbeitungsempfehlungen für die Modulbereiche möglich.

Um den Lerner nicht zu verwirren, werden nur Aufgaben zu Kompetenzen gestellt, die in einem Modul auch trainiert wurden. Wenn die zu einer Kompetenz zugehörigen Modulbereiche leer sind, was manchmal der Fall ist, so enthielt der zugehörige Test auch keine Aufgaben aus dem jeweiligen Kompetenzbereich (z. B. zur Fehlerdiagnose).

Eine differenziertere Beschreibung der Tests inklusive einer theoretischen Einordung der entwickelten Items sowie des Feedbacks findet sich in der noch unveröffentlichten Dissertation des fünften Autors (Fischer, 2013).

18.4 Materialspezifische Lernzugänge

Das modularisierte Design der VEMINT-Lernmaterialien erlaubt den Vorkursteilnehmern, das Lernen entsprechend ihren individuellen Lerngewohnheiten zu gestalten. Dafür stehen unterschiedliche Lernzugänge zu den Inhalten zur Verfügung, die sich durch die jeweils gewählten Modulunterbereiche beschreiben lassen. Die im vorherigen Kapitel beschriebenen elektronischen Vortests dienen dabei stets dazu, die Lernenden bei der Auswahl des Moduls als Ganzes und des jeweiligen Lernzugangs im Speziellen zu unterstützen.

Folgende Zugänge lassen sich beim Lernen mit dem VEMINT-Lernmaterial voneinander unterscheiden (vgl. Biehler et al. 2012a und 2012b):

Der **Basiszugang mit Hinführung** besteht aus den „obligatorischen" Modulbereichen: So startet der Lerner mit der Übersichtsseite, um sich vorab über die zu lernenden Inhalte zu informieren und beschäftigt sich anschließend mit der „Hinführung", um die zentralen Sätze und Definitionen induktiv bzw. exemplarisch selbst erarbeiten zu können. Danach bearbeitet er den Bereich „Erklärung", in dem er alle zentralen Sätze und Definitionen nebst Erläuterungen, Herleitungen und Beweisen findet, um so ein tieferes Verständnis der Inhalte zu erarbeiten. Anschließend vernetzt er sein Wissen im Bereich „Anwendungen", ehe er sich im Bereich „typische Fehler" über mögliche Fehlvorstellungen informiert und das Erlernte im Bereich „Aufgaben" festigt. Abschließend kann man mit Hilfe des Nachtests noch verbliebene Defizite im Themenkomplex bei Bedarf zielgerichtet nacharbeiten. Dieser Lernzugang ist vor allem für Lerner geeignet, die sich im jeweiligen Thema eines Moduls neu einarbeiten müssen oder große Verständnisprobleme im jeweiligen Themenfeld aus der Schule mitbringen.

Der **Basiszugang ohne Hinführung** unterscheidet sich vom vorherigen Lernzugang lediglich darin, dass die „Hinführung" zum Modul übersprungen wird und damit direkt nach der Übersichtsseite mit dem Bereich „Erklärung" weitergearbeitet wird. Dieser eher deduktive Lernzugang ist insbesondere für Lernende gedacht, denen die Inhalte nicht völlig neu sind, die das Thema jedoch noch einmal vollständig wiederholen wollen.

Darüber hinaus ist das Material auch für weitere **selektive Zugänge** mit spezifischen Lernzielen geeignet.

So kann das Material als **Nachschlagewerk** (direkter Zugriff auf Bereich „Info"), als **Übungsbuch** (ausschließliche Nutzung des Bereichs „Aufgaben"), zur **Testvorbereitung** (Bereiche „Info" und „Aufgaben" sowie Nachtest), zur **Weiterentwicklung diagnostischer Kompetenzen** (Bereich „typische Fehler") sowie zur **Vertiefung des Wissens** (Bereiche „Info", „Anwendungen" und „Ergänzungen") genutzt werden.

18.5 Zusammenfassung und Ausblick

Der vorliegende Artikel beschreibt die verschiedenen im Kontext des Projekts VEMINT entwickelten Lernmaterialien für mathematische Vor- und Brückenkurse. Sowohl das Lernmaterial als auch die für die Lernmaterialien entwickelten Kurszenarien (vgl. Bausch, Fischer und Oesterhaus 2013) werden dabei jährlich evaluiert und die Ergebnisse kontinuierlich für deren Verbesserung und Weiterentwicklung verwendet. Der Erfolg des bereits seit 2003 erfolgreich eingesetzten und stets weiter entwickelten Lernmaterials zeigt sich dabei nicht nur durch die positiven Evaluationsergebnisse (vgl. Fischer 2007), sondern wird auch durch die weite Verbreitung des Lernmaterials belegt: So wird das Lernmaterial mittlerweile nicht nur an den Partneruniversitäten des Projekts VEMINT (Darmstadt, Kassel, Lüneburg und Paderborn), sondern auch an weiteren Hochschulen (unter anderem DHBW Mosbach, FH Kaiserslautern) verwendet. Dies belegt die hohe Qualität des Lernmaterials sowie dessen standortübergreifendes Einsatzpotenzial in verschiedensten Vorkursszenarien und an unterschiedlichen Hochschulen.

Die Erfahrungen und Evaluationen der letzten Jahre zeigen jedoch weiteres Entwicklungspotenzial, z. B. hinsichtlich einer stärkeren Ausdifferenzierung mit Blick auf studiengangspezifische Anforderungen. Aus diesem Grund wird derzeit nicht nur an einer Erweiterung des Lernmaterials um Module zur Stochastik, zur Matrizenrechnung und zur Logik gearbeitet, sondern es werden auch die vorhandenen Lernmaterialien hinsichtlich studiengangspezifischer Anforderungen weiter verfeinert und die vorhandenen interaktiven Elemente überarbeitet und weiterentwickelt. Zudem wird im Rahmen weiterer Kooperationen künftig daran gearbeitet, die Lernmaterialien auch in anderen Lernplattformen (z. B. Ilias) verfügbar zu machen.

In einem geplanten Kooperationsvorhaben mit dem MINT-Kolleg Baden-Württemberg wird zudem der Ausbau der Vorkursmaterialien um Inhalte zu den Themenfeldern Informatik, Naturwissenschaften und Technik vorangetrieben. Damit wird dem wachsenden Bedürfnis verschiedener Hochschulen Rechnung getragen, auch für diese Themenfelder Vorkurse anzubieten.

Die geplanten Entwicklungen laufen dabei in enger Kooperation mit dem Kompetenzzentrum Hochschuldidaktik Mathematik (http://www.khdm.de), in dem VEMINT ein assoziiertes Projekt ist.

Zudem wurden Teile des VEMINT-Lernmaterials auch in das internationale EU-Projekt Math-Bridge eingebracht, wodurch diese in eine adaptive Lernplattform integriert und in verschiedene Sprachen übersetzt wurden (Biehler et al. 2013). In Math-Bridge (http://www.math-bridge.org) wurden die bestehenden Lernzugänge zum VEMINT-Lernmaterial dabei um zusätzliche tutorielle Komponenten erweitert: So erlaubt das System auch die Generierung individueller und adaptiver Bücher, die sich während des Lernens an die Bedürfnisse des Lerners automatisch anpassen.

Um die Lernenden nicht nur hinsichtlich ihrer Selbstregulationsfähigkeit zu unterstützen, sondern diese Fähigkeit bereits im Vorkurs zu trainieren, entwickelt und beforscht in einem weiteren, an VEMINT angelagerten Dissertationsprojekt Henrik Bellhäuser von der TU Darmstadt ein Selbstregulationstraining (vgl. Bellhäuser und Schmitz 2013).

Darüber hinaus arbeitet die Projektgruppe VEMINT unter dem Motto „VEMINT mobile" zurzeit an einer technischen Umgestaltung des Materials mit Blick auf die Anforderungen mobiler Endgeräte. Ziel ist die Bereitstellung der VEMINT-Lernmaterialien auch für Smartphones und Tablets sowie die Durchführung und Evaluation des Einsatzes von VEMINT auf mobilen Endgeräten voraussichtlich im Kontext der Vorkurse 2012/2013. Damit wird die Projektgruppe auch hier frühzeitig Erfahrungen und Erkenntnisse im Einsatz der Geräte im Kontext von Vorkursen sammeln können. Das Projekt „VEMINT mobile" arbeitet dabei in enger Kooperation mit dem Projekt „mobiles Lernen" der Universität Kassel (http://www.uni-kassel.de/einrichtungen/service center-lehre/mobiles-lernen/startseite.html).

18.6 Literaturverzeichnis

Alabama Department of Education (2003). Module Table of Contents. http://web.utk.edu/~mccay/apdm/index.htm. Zugriff am 01.11.2012.

Astleitner, H. (2006). Standard-basiertes E-Lehren und selbstreguliertes E-Lernen. Selbstreguliertes Lernen als Voraussetzung für Qualitätsinnovationen. In: Sindler et al. (Hrsg.), Qualitätssicherung im E-Learning (S. 18–32). Münster.

Bausch, I., Fischer, P. R., & Oesterhaus, J. (2013). Facetten von Blended Learning Szenarien für das interaktive Lernmaterial VEMINT – Design und Evaluationsergebnisse an den Partneruniversitäten Kassel, Darmstadt und Paderborn. In: Bausch, I., Biehler, R., Bruder, R., Fischer, P. R., Hochmuth, R., Koepf, W., Schreiber, S., Wassong, T. (Hrsg.), Mathematische Vor- und Brückenkurse: Konzepte, Probleme und Perspektiven (S. 87–102). Wiesbaden: Springer Spektrum.

Bellhäuser, H., & Schmitz, B. (2013). Förderung selbstregulierten Lernens für Studierende in mathematischen Vorkursen: ein Web-Based-Training (WBT). In: Bausch, I., Biehler, R., Bruder, R., Fischer, P. R., Hochmuth, R., Koepf, W., Schreiber, S., Wassong, T. (Hrsg.), Mathematische Vor- und Brückenkurse: Konzepte, Probleme und Perspektiven (S. 343–358). Wiesbaden: Springer Spektrum.

Biehler, R., & Fischer, P. R. (2006). VEMA – Virtuelles Eingangstutorium Mathematik. In: Beiträge zum Mathematikunterricht 2006. Vorträge auf der 40. Tagung für Didaktik der Mathematik vom 06.03. bis 10.03.2006 in Osnabrück (S. 195–199). Hildesheim und Berlin.

Biehler, R., Hochmuth, R., Fischer, P. R., & Wassong, T. (2009). Math-Bridge: Deliverable 1.1 – target competencies. http://subversion.math-bridge.org/math-bridge/public/WP01_Pedagogical_Preparation/Deliverables/D1.1-target_competencies/D1 %201_target_competencies.pdf. Zugriff am 27.03.2013.

Biehler, R., Hochmuth, R., Fischer, P. R., Wassong, T., Pohjolainen, S., Dr. Nykänen, O., Silius, K., Miilumäki, T., Rautiainen, E. & Mäkelä, T. (2010). Math-Bridge: Deliverable 1.2 – Content and Assessment Tools. http://subversion.math-bridge.org/mathbridge/public/WP01_Pedagogical_Preparation/Deliverables/D1.2-content_and_assessment_tools/D_1_2_content_and_assessment_tools.pdf. Zugriff am 27.03.2013.

Biehler, R., Fischer, P. R., Hochmuth, R., & Wassong, T. (2012a). Self-regulated learning and self assessment in online bridging courses. In: Juan, A. A, Huertas, M. A., Trenholm, S., Steegman, C. (Hrsg.), Teaching Mathematics Online: Emergent Technologies and Methodologies. IGI Global.

Biehler, R., Fischer, P. R., Hochmuth, R., & Wassong, T. (2012b). Mathematische Vorkurse neu gedacht: Das Projekt VEMA. In: Zimmermann, M., Bescherer, C., & Spannagel, Ch. (2012), Mathematik lehren in der Hochschule - Didaktische Innovationen für Vorkurse, Übungen und Vorlesungen (S. 21–33). Hildesheim und Berlin: Franzbecker.

Biehler, R., Fischer, P. R., Hochmuth, R., & Wassong, T. (2013). Eine Vergleichsstudie zum Einsatz von Math-Bridge und VEMINT an den Universitäten Kassel und Paderborn. In: Bausch, I., Biehler, R., Bruder, R., Fischer, P. R., Hochmuth, R., Koepf, W., Schreiber, S., Wassong, T. (Hrsg.), Mathematische Vor- und Brückenkurse: Konzepte, Probleme und Perspektiven (S. 103–122). Wiesbaden: Springer Spektrum.

Bruder, R., Offenbartl, S., Osswald, K., & Sauer, S. (2004). Gütesiegel für computergestützte Lernarrangements (GCL). LEARNTEC 2004, im Rahmen des Spezialkongresses der AG-Fernstudien 2004.

Fischer, P. R. (2008). vem@-online: Ein E-Learning-Vorkurs zur individualisierten Beseitigung mathematischer Defizite. In: Beiträge zum Mathematikunterricht 2008 (S. 59–62). Budapest.

Fischer, P. R. (2007). E-Learning als effizienteres Mittel für den Brückenschlag zwischen Schule und Universität? In: Beiträge zum Mathematikunterricht 2007 (S. 779–782). Hildesheim und Berlin.

Fischer, P. (2013). Mathematische Vorkurse im Blended Learning Format. Konstruktion, Implementation und wissenschaftliche Evaluation. Unveröffentlichte Dissertation. Universität Kassel.

KMK (Kultusministerkonferenz) (2003). Beschlüsse der Kultusministerkonferenz. Bildungsstandards im Fach Mathematik für den Mittleren Schulabschluss vom 04.12.2003.

Ludwigs, S., Timmler, U., & Tilke, M. (2006). Praxisbuch E-Learning. Ein Reader des Kölner Expertennetzwerkes cel_C. Bielefeld.

Mayer, R. E. (2001). Multimedia Learning. Cambridge.

Narciss, S. (2006). Informatives tutorielles Feedback. Münster: Waxmann.

Stein, M, Ernst, A., & Niehaus, E. (2000). Nutzung neuer Medien für die Mathematikdidaktik. In: Beiträge zum Mathematikunterricht (S. 181–184).

The UW-Madison Teaching Academy, University of Wisconsin (2004). Exam questions types & students competencies: How to measure learning accurately. http://teachingacademy.wisc.edu/archive/Assistance/course/questions.htm.

University of Bristol (2009). Writing assessment questions for online delivery: Principles and guidelines. http://esu.bris.ac.uk/esu/e-assessment/writing_e-assessments/index.htm.

Vajda, I., & György, A. (2007). Electronic assessment in mathematics. In: An International Journal for Engineering and Information Sciences. Vol. 2, Suppl., 203–214.

Winkelmann, B. (1999). Wie kann Multimedia das Lernen von Mathematik allgemeinbildend unterstützen? Mathematische Bildung und neue Technologien. In: Kadunz, G. et al. (Hrsg.), Klagenfurter Beiträge zur Didaktik der Mathematik. Conference: 8. internationales Symposium zur Didaktik der Mathematik: Mathematische Bildung und neue Technologien, Klagenfurt (Austria), 28 Sep - 2 Oct 1998 (S. 361–380). Stuttgart: Teubner.

19 MathCoach: ein intelligenter programmierbarer Mathematik-Tutor und sein Einsatz in Mathematik-Brückenkursen

Barbara Grabowski und Melanie Kaspar
(Hochschule für Technik und Wirtschaft des Saarlandes)

Zusammenfassung

E-Learning kann die Überwindung von Kompetenzdefiziten auf dem Gebiet der Mathematik, insbesondere bei der sicheren Beherrschung erworbenen Wissens, unterstützen. An der Hochschule für Technik und Wirtschaft des Saarlandes wird dafür das Online-Übungssystem MathCoach genutzt. Wir demonstrieren die Funktionsweise von MathCoach und stellen besondere Leistungsmerkmale heraus, insbesondere die Hilfegenerierung mittels Domain Reasoner. Wir legen die bisher vorliegenden Erkenntnisse zum Erfolg des Vorgehens dar, schätzen den Nutzen ein und erörtern Zielstellungen für die weitere Entwicklung.

19.1 Der HTW-Ansatz für E-Learning in der Mathematik, insbesondere im Brückenkurs

19.1.1 Die Anforderung

Mathematik-Brückenkurse werden an der HTW des Saarlandes mindestens seit 2003 durchgeführt. Frühzeitig stellten wir uns die Frage, ob die Brückenkurse in ihrer Wirkung durch den Einsatz von E-Learning positiv beeinflusst werden können. Dazu ist es sinnvoll, sich die mit Brückenkursen zu erreichenden Ziele vor Augen zu führen. Brückenkurse sollen das Problem lösen helfen, das im Studium dadurch entsteht, dass die mathematischen Vorkenntnisse der Studienanfänger hinter den Anforderungen unserer Studienfächer zurückbleiben und auch immer unterschiedlicher geworden sind.

Nach unseren Beobachtungen erstrecken sich diese Defizite auf vier Bereiche:

1. *Stofflücken:* Ein Teil der Studierenden kennt bestimmte Fachinhalte, die bei Studienanfängern als bekannt vorausgesetzt werden, überhaupt nicht.
2. *Mängel in der Beherrschung*: Viele Studierende haben zwar die Fachinhalte schon kennen gelernt, sind aber noch nicht - oder nicht mehr - so intensiv damit vertraut, dass sie mit dem Wissen sicher umgehen können. Sie haben nur ein oberflächliches, nicht belastbares Verständnis der mathematischen Inhalte und Verfahren.
3. *Mängel in der Ausdrucksfähigkeit:* Manche Studienanfänger sind nicht in der Lage, Sachverhalte, die sie zu kennen glauben, zusammenhängend und präzise auszudrücken.
4. *Motivationsmängel*: Die Motivation zur Beschäftigung mit der Mathematik ist oft unterentwickelt.

Durch E-Learning können grundsätzlich die ersten beiden genannten Defizitbereiche direkt adressiert werden. Bei der Überwindung von „Stofflücken" sind die Möglichkeiten allerdings dadurch begrenzt, dass viele Studienanfänger eine starke persönliche Betreuung benötigen, um sich unbekannte mathematische Gebiete erfolgreich anzueignen.

Bessere Ergebnisse sind bei der Auffrischung und Festigung erworbenen Wissens zu erwarten. Indirekt wirkt sich dies dann auch auf die Defizitbereiche „Ausdrucksfähigkeit" und „Motivation" in gewissem Maße aus. Das sollte insgesamt dazu beitragen, dass die Folgen der ungünstigen Ausgangssituation im Verlauf des Studiums weniger gravierend sind und schneller abgebaut werden können. Deshalb konzentrieren sich unsere Bemühungen, die Brückenkurse mit E-Learning-Elementen anzureichern, auf diesen Bereich.

Dabei steht die *Übungsunterstützung* im Mittelpunkt. Jeder, der Mathematik auf Hochschulniveau gelehrt hat, weiß um die große didaktische Bedeutung des Übens für das Verständnis der Mathematik. Mathematik zu lernen bedeutet eine Konditionierung des Gehirns, vergleichbar mit dem Sprachenlernen oder der Entwicklung sportlicher oder musikalischer Fähigkeiten, und ist wie diese nicht ohne ausreichendes Üben zu erreichen.

Gerade bei der Übungsunterstützung kann die Mensch-Maschine-Interaktion ihr Potenzial am besten entfalten, indem sie die knappe Ressource menschlicher Tutorleistungen ersetzt bzw. ergänzt. Dazu muss das eingesetzte Tool gerade auf diesem Gebiet besonders leistungsfähig und auf die Spezifik der Übungsinhalte in den Teildisziplinen der Mathematik einstellbar sein.

19.1.2 Die Umsetzung

An der HTW werden die Brückenkurse zentral für die Studienanfänger aller 17 Bachelor-Studiengänge auf der Basis derselben Materialien angeboten. Dies ermöglicht, die Fakultäten davon zu entlasten und zentral die benötigten Kapazitäten zu rekrutieren. Die Inhaltsauswahl entsprechend dem Bedarf der einzelnen Fachrichtungen wird durch die jeweiligen Mathematik-Fachdozenten vorgegeben; die Anpassung der Methoden an die vorgefundenen Kompetenzen der jeweiligen Teilnehmergruppe und den Lernverlauf ist eigenständige Entscheidung der Tutoren.

2011 nahm etwa die Hälfte der 1500 Studienanfänger das Angebot wahr. Es wurden 36 Kursgruppen gebildet, die nach Fachrichtungen zusammengestellt wurden. Jede Gruppe mit höchstens 20 Teilnehmern wurde von einem eigens rekrutierten Tutor kontinuierlich betreut.

Der Einsatz von E-Learning im Brückenkurs begann im Jahr 2006. Heute ist der Kurs als Blended-Learning-Kurs konzipiert, wobei den Präsenzveranstaltungen die Leitfunktion zukommt, d. h. hier wird der Gesamtablauf gesteuert, der Inhalt strukturiert und ein regelmäßiges, intensives Feedback ermöglicht, während die E-Learning-Nutzung eine ergänzende Funktion hat.

Der Kurs besteht aus insgesamt 80 Unterrichtsstunden Präsenzveranstaltungen über vier Wochen. 90 % der Zeit wird in Hörsälen und 10 % in Computerräumen verbracht. Die E-Learning-Systeme können in den Computerräumen und am privaten PC genutzt werden. In den Computerräumen stehen jeweils zwei Betreuungspersonen zur Beantwortung von Fragen zur Verfügung.

Die Kursmaterialien stehen sowohl gedruckt als auch elektronisch in Form von E-Learning-(Online-)Content zur Verfügung. Die elektronische Version hat den Vorteil der direkten kontextabhängigen Verlinkung zu den interaktiven Übungen sowie zu Demonstrationsbeispielen mit grafischer Visualisierung. Zusätzlich stehen Onlinetests zur Verfügung, mit denen die Teilnehmer ihren Wissensstand testen können. Das gedruckte Material enthält nur einen geringeren Umfang von Übungsaufgaben. Lösungshinweise zu den Aufgaben gibt es nur online durch die lernbegleitende Hilfefunktion. Beide Versionen des Kursmaterials werden jedes Jahr überarbeitet und ergänzt.

Zu den Aufgaben der Tutoren gehört es, den Teilnehmern Hinweise zum selbstständigen Arbeiten zu geben, insbesondere also die jeweils empfohlenen interaktiven Übungseinheiten auszuwählen, die Funktionsweise des Systems zu erläutern und den Erfolg im Anschluss zu besprechen. Außerdem können sie das System direkt in der Lehrveranstaltung zur Präsentation von Inhalten nutzen. Die Tutoren erhalten dazu vor dem Kurs eine Einführung in das E-Learning-System. Während des gesamten Kurses steht die MathCoach-Gruppe als interdisziplinäres Supportteam zur Verfügung, das sowohl technische als auch fachlich-inhaltliche und didaktisch-methodische Fragen klären kann.

19.2 Das E-Learning-System MathCoach

19.2.1 Allgemeine Merkmale

MathCoach ist das an der HTW verwendete serverbasierte System für die Mensch-Maschine-Interaktion beim Mathematik-Lernen (MathCoach 2013). Schwerpunkt ist dabei die dynamische Generierung von Übungsaufgaben und die lernverlaufsabhängige Unterstützung für den Benutzer.

In den Brückenkursen werden unter anderem folgende Inhaltsbereiche durch Math-Coach-Übungen unterstützt:

Thema	**Übungsgegenstand (Auswahl)**
Grundlagen der Mathematik	
Mengenlehre	Mengenoperationen grafisch darstellen und berechnen
Logik	Rechnen mit aussagenlogischen Operationen
Arithmetik und Algebra	
Bruchrechnung	Bruchterme mit und ohne Variablen vereinfachen
Prozentrechnung	Anwendungsaufgaben lösen
Binomische Formeln	Ausdrücke mittels binomischer Formeln vereinfachen
Potenzen, Wurzeln, Logarithmen	Rechenregeln korrekt anwenden
Lineare Gleichungen	Anwendungsaufgaben lösen
Quadratische Gleichungen	Lösungsregeln korrekt anwenden, Anwendungsaufgaben lösen
Vektoren	Grafische und rechnerischen Operationen mit Vektoren ausführen
Analysis	
Elementare Funktionen	Graph einer Funktion aus der Formeldarstellung ableiten und umgekehrt
Grenzwerte von Zahlenfolgen	Grenzwerte nach bekannten Regeln berechnen
Ableitung elementarer Funktionen	Eigenschaften von Funktionen aufgrund der Ableitungen erkennen, grafische Darstellung herleiten; Differentiationsregeln korrekt anwenden
Integralrechnung	Stammfunktionen berechnen
Geometrie	
Dreiecke	Unbekannte Bestimmungsstücke aus bekannten errechnen
Strahlensatz	Anwendungsaufgaben lösen

Insgesamt sind in das Brückenkursskript über 180 MathCoach-Übungseinheiten integriert, die meisten davon als „Mehrfachaufgaben"; das sind Muster für die Generierung beliebig vieler gleichartiger Einzelaufgaben, z. B. beliebig vieler Aufgaben für die Vereinfachung rationaler Ausdrücke aus ganzen Zahlen oder für die Anwendung von Differentiationsregeln. Wählt der Benutzer eine solche Mehrfachaufgabe, wird die Einzelaufgabe, die ihm vorgelegt wird, vom System zufällig generiert; er kann diesen Vorgang beliebig oft wiederholen.

Lerner, die eine Aufgabe weniger gut beherrschen, können so zum einen die Aufgabenbearbeitung individuell öfter wiederholen, zum anderen können sie häufiger während der Bearbeitung Hilfe anfordern. Damit hilft MathCoach beim Abbau der Unterschiede in der Beherrschung der jeweiligen Verfahren; in der Präsenzveranstaltung würde für so ein differenziertes Vorgehen die Zeit oft nicht ausreichen.

Ein überaus nützlicher Nebeneffekt ergibt sich für die Lehrkräfte: sie können mit Hilfe von MathCoach mit minimalem Aufwand neue Beispielaufgaben zur Verwendung in Lehrveranstaltungen, auf Arbeitsblättern oder in Klausuren erzeugen und die Lösungen dazu überprüfen.

Für die Darstellung der mathematischen Inhaltseinheiten, d. h. Definitionen, Erläuterungen, Beispiele usw. des Brückenkurses, nutzen wir nicht MathCoach, sondern das vom DFKI entwickelte System ActiveMath (ActiveMath 2013). ActiveMath dient auch der Benutzeranmeldung und der Verbindung zum Lernmanagementsystem CLIX der HTW. Die MathCoach-Übungen sind an den passenden Stellen in die ActiveMath-Inhaltseinheiten integriert, vgl. Abb. 19.9.

19.2.2 Aufgabentypen und Interaktionsformen

Wir verwenden bei den Aufgaben bewusst unterschiedliche Darstellungs- und Interaktionsformen sowie Komplexitätsniveaus, um unterschiedliche Fertigkeiten zu trainieren, die für den jeweiligen Themenbereich relevant sind.

Für typische Lösungsschritte einer mathematischen Aufgabe sollen entsprechende Eingabemöglichkeiten bereitstehen, insbesondere

- die Eingabe aller Arten mathematischer Terme sowie
- die Eingabe grafischer Informationen, z. B. das Bewegen eines geometrischen Objekts oder einer Funktionskurve durch den Benutzer.
- Darüber hinaus stehen die herkömmlichen Eingabemöglichkeiten wie Multiple Choice und Zuordnung mittels Drag and Drop zur Verfügung.

Ausgaben können unter anderem in Form mathematischer Formeln, Grafiken und als natürlichsprachiger Text erfolgen, wobei die Ausgaben in der Regel nicht statisch hinterlegt sind, sondern passend zur Eingabe des Lerners erzeugt werden.

Hierauf aufbauend sind verschiedene Aufgabentypen realisierbar, die von den Lernern unterschiedliche Arten kognitiver Leistungen fordern. Gemeinsames Merkmal der Aufgabentypen ist die Hilfe-Generierung, bei der in Abhängigkeit vom Bearbeitungsstand der Aufgabe passende Hinweise für weitere Schritte erzeugt und ausgegeben werden.

Auf zwei Aufgabentypen – schrittweise Termumformung sowie Grafikmanipulation – wird in den nachfolgenden Abschnitten noch ausführlicher eingegangen, weil sie besonders innovative Merkmale aufweisen.

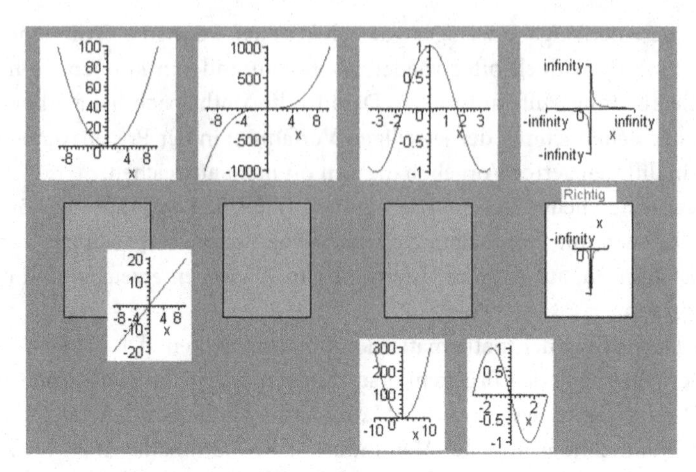

Abb. 19.1 Generierte Zuordnungsaufgabe, Objektpaare: Funktion (oben) und ihre Ableitung (unten)

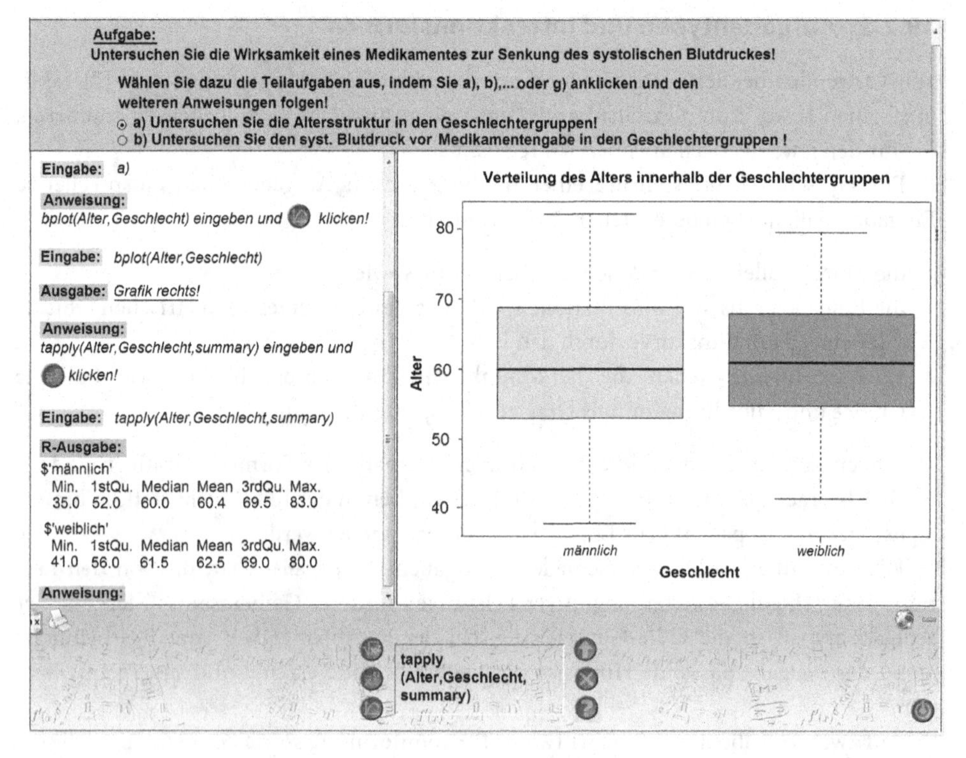

Abb. 19.2 Komplexe Aufgabe mit heterogenen Einzelschritten

Beispiele weiterer Aufgabentypen sind:

a) Generierte Zuordnungsaufgabe (siehe Abb. 19.1)
   Bei dieser Mehrfachaufgabe aus Zuordnungsaufgaben werden die zuzuordnenden Objektpaare (z. B. Funktionsausdrücke und Funktionsgraphen) zur Ausführungszeit dynamisch erzeugt.

b) Komplexe Aufgabe mit heterogenen Einzelschritten (siehe Abb. 19.2)
   Bei der „komplexen Aufgabe" sollen, bezogen auf die dem Benutzer vorgelegten Daten, unterschiedliche Teilleistungen erbracht werden, z. B. mehrere Einzelverfahren der Datenanalyse und schließenden Statistik.
   Die Hilfegenerierung liefert dem Benutzer Hinweise auf die noch ausstehenden Verfahrensschritte.

19.3 Termumformungsaufgaben mit Hilfegenerierung durch einen Domain Reasoner

Bei vielen mathematischen Standardaufgaben besteht der Lösungsweg in der zielorientierten Umformung mathematischer Terme bzw. Formeln. Das trifft z. B. auf die Vereinfachung von arithmetischen Brüchen, ganz-rationalen oder rationalen algebraischen Ausdrücken, die Ableitung elementarer Funktionen und die Lösung von Gleichungen zu. Einige dieser Aufgaben sind in MathCoach (als Mehrfachaufgaben) realisiert. Wir erklären diesen Aufgabentyp zunächst an einem Beispiel und dann noch einmal allgemein.

19.3.1 Beispiel: Vereinfachung von Termen durch Anwendung der Logarithmengesetze

Das System generiert eine Aufgabe zur Termvereinfachung und präsentiert sie dem Benutzer (Abb. 19.3).

Aufgabe

Vereinfachen Sie den folgenden Term unter Verwendung der Logarithmengesetze!

$$7 \cdot \log_2(4^2) - 5 \cdot \log_2(1) \cdot \log_4(2)$$

Abb. 19.3 Von MathCoach erzeugte Übungsaufgabe zu den Logarithmen-Gesetzen

Weiß der Lerner nicht, wie er bei dieser Aufgabe vorgehen soll, so kann er den Hilfe-Knopf drücken. Das System generiert dann eine Hilfe für den Lerner nach der vom Autor der Aufgabe festgelegten Hilfestrategie und dem momentanen Stand des Lernenden innerhalb der Aufgabe. Abb. 19.4 und Abb. 19.5 zeigen Hilfen, die in verschiedenen Phasen des Lösungsprozesses gegeben werden.

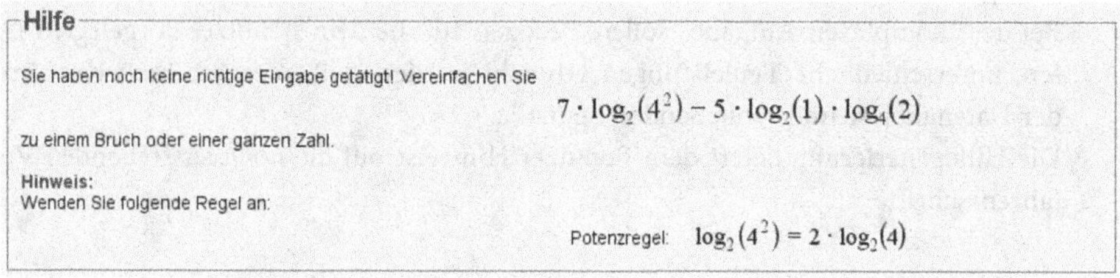

Hilfe

Sie haben noch keine richtige Eingabe getätigt! Vereinfachen Sie

$$7 \cdot \log_2(4^2) - 5 \cdot \log_2(1) \cdot \log_4(2)$$

zu einem Bruch oder einer ganzen Zahl.

Hinweis:
Wenden Sie folgende Regel an:

Potenzregel: $\log_2(4^2) = 2 \cdot \log_2(4)$

Abb. 19.4 Von MathCoach generierte Hilfe zu Beginn der Aufgabenbearbeitung

Das System ist in der Lage, Zwischenschritte und Endergebnisse zu unterscheiden und jeweils unterschiedliche Rückmeldungen zu geben. Abb. 19.5 zeigt die Antwort bei korrekter Eingabe eines Zwischenschritts.

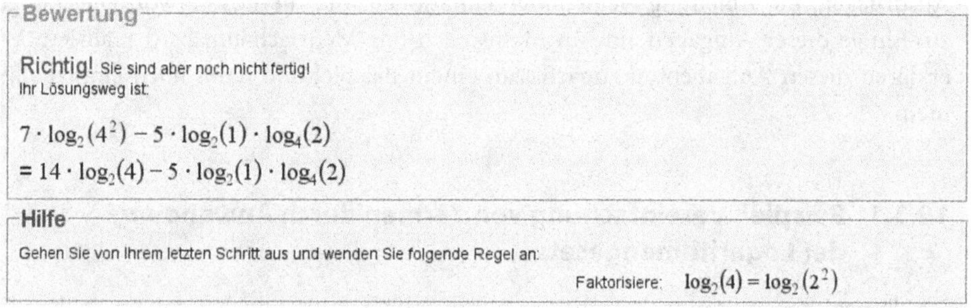

Bewertung

Richtig! Sie sind aber noch nicht fertig!
Ihr Lösungsweg ist:

$7 \cdot \log_2(4^2) - 5 \cdot \log_2(1) \cdot \log_4(2)$
$= 14 \cdot \log_2(4) - 5 \cdot \log_2(1) \cdot \log_4(2)$

Hilfe

Gehen Sie von Ihrem letzten Schritt aus und wenden Sie folgende Regel an:

Faktorisiere: $\log_2(4) = \log_2(2^2)$

Abb. 19.5 Antwort von MathCoach auf einen richtigen Zwischenschritt und Hilfe für den nächsten Schritt

In Abb. 19.6 ist die Reaktion des Systems auf die Eingabe des korrekten Endergebnisses zu sehen. Dabei präsentiert MathCoach dem Lernenden einen Überblick seines Lösungsweges und bietet ihm die Möglichkeit, eine weitere Aufgabe zum gleichen Thema zu üben.

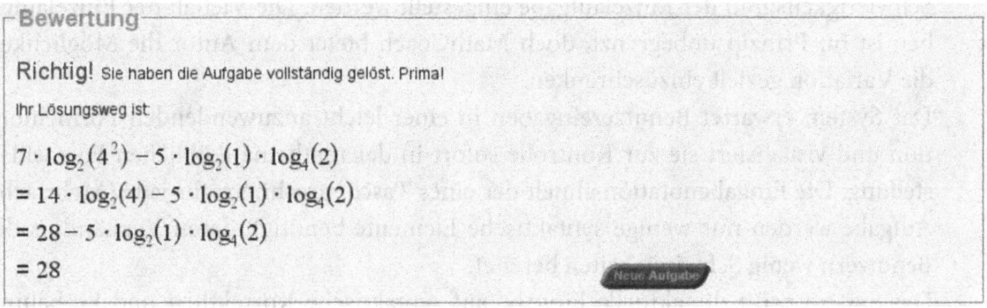

Bewertung

Richtig! Sie haben die Aufgabe vollständig gelöst. Prima!

Ihr Lösungsweg ist:

$$7 \cdot \log_2(4^2) - 5 \cdot \log_2(1) \cdot \log_4(2)$$
$$= 14 \cdot \log_2(4) - 5 \cdot \log_2(1) \cdot \log_4(2)$$
$$= 28 - 5 \cdot \log_2(1) \cdot \log_4(2)$$
$$= 28$$

Neue Aufgabe

Abb. 19.6 Rückmeldung von MathCoach bei der Eingabe eines korrekten Endergebnisses

Bei einer fehlerhaften Eingabe unterscheidet MathCoach zwischen unzulässigen Eingaben, beispielsweise Syntaxfehlern, zu denen es einen Korrekturhinweis gibt, und inhaltlichen Fehlern. Bei einem inhaltlichen Fehler verweist es den Benutzer auf seinen letzten richtigen Zwischenschritt (Abb. 19.7) und bietet außerdem bei Bedarf Hilfe an.

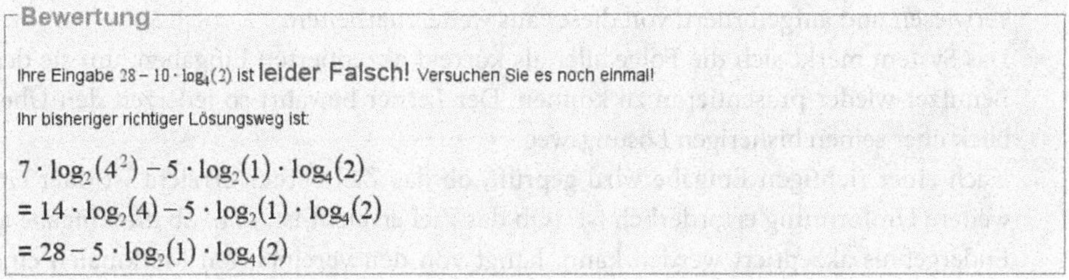

Bewertung

Ihre Eingabe $28 - 10 \cdot \log_4(2)$ ist leider Falsch! Versuchen Sie es noch einmal!

Ihr bisheriger richtiger Lösungsweg ist:

$$7 \cdot \log_2(4^2) - 5 \cdot \log_2(1) \cdot \log_4(2)$$
$$= 14 \cdot \log_2(4) - 5 \cdot \log_2(1) \cdot \log_4(2)$$
$$= 28 - 5 \cdot \log_2(1) \cdot \log_4(2)$$

Abb. 19.7 Rückmeldung des MathCoach-Systems auf eine fehlerhafte Eingabe

Am Ende kann der Lerner einen individuellen, druckbaren Report zu seinem Lösungsweg und den dabei gemachten Fehlern anfordern.

19.3.2 Allgemeine Beschreibung

Wir formulieren die Vorgehensweise, die am Beispiel demonstriert wurde, jetzt noch einmal in allgemeiner Form und geben zusätzliche Erläuterungen. Wie im Beispiel nehmen wir an, dass die Aufgabe in der schrittweisen Umformung von Termen mit einem bestimmten Ziel (z. B. Vereinfachung eines Bruchs oder eines Differentialquotienten) besteht.

- Das System generiert auf Knopfdruck zufällig eine neue Einzelaufgabe zu der vom Benutzer zuvor ausgewählten Mehrfachaufgabe. In Abhängigkeit von der zuvor gemessenen Anzahl der fehlerhaften Eingaben und angeforderten Hilfen kann der

Schwierigkeitsgrad der Einzelaufgabe eingestellt werden. Die Vielfalt der Einzelaufgaben ist im Prinzip unbegrenzt, doch MathCoach bietet dem Autor die Möglichkeit, die Variation gezielt einzuschränken.

- Das System erwartet Benutzereingaben in einer leicht anzuwendenden Formelnotation und visualisiert sie zur Kontrolle sofort in der mathematiküblichen Formeldarstellung. Die Eingabenotation ähnelt der eines Taschenrechners; für jede (Mehrfach-) Aufgabe werden nur wenige syntaktische Elemente benötigt, deren Verständnis den Benutzern wenig Schwierigkeiten bereitet.
- Das System prüft die aktuelle Eingabe auf syntaktische Korrektheit und Einhaltung vorgegebener Einschränkungen, z. B. dass der Term nur bestimmte Operanden und Operatoren enthalten darf. Ist die Bedingung verletzt, bekommt der Benutzer einen Hinweis, der nach Möglichkeit den Teilterm eingrenzt, in dem die Verletzung gefunden wurde.
- Das System prüft die aktuelle Eingabe auf Richtigkeit. Es wird geprüft, ob der aktuell eingegebene Term ein korrektes Zwischenergebnis für den Lösungsweg ist. Hierbei kümmert sich das System nicht um die Frage, wie der Benutzer auf das Zwischenergebnis gekommen ist, d. h. es prüft nicht auf richtige oder falsche Anwendung von Regeln. War die Eingabe falsch, so wird der Benutzer auf seine letzte richtige Eingabe verwiesen und aufgefordert, von dieser aus weiterzuarbeiten.
- Das System merkt sich die Folge aller als korrekt akzeptierten Eingaben, um sie dem Benutzer wieder präsentieren zu können. Der Lerner bewahrt so jederzeit den Überblick über seinen bisherigen Lösungsweg.
- Nach einer richtigen Eingabe wird geprüft, ob das Ziel bereits erreicht ist oder eine weitere Umformung erforderlich ist. (Ob das Ziel erreicht ist, d. h. ob die Eingabe als Endergebnis akzeptiert werden kann, hängt von den vereinbarten Merkmalen eines Endergebnisses ab. Soll z. B. ein Polynom vereinfacht werden, so kann verlangt sein, die Summanden nach absteigenden Koeffizienten zu sortieren, oder auch nicht. Die vereinbarten Merkmale müssen dem Benutzer mit der Aufgabenbeschreibung bekannt gemacht werden.)
- Ist das Ziel noch nicht erreicht, wird der Benutzer zu weiteren Eingaben aufgefordert. Auf Wunsch bekommt er eine Hilfestellung, die ihn auf einen weiteren anwendbaren Schritt hinweist. Die Formulierung der Hilfe kann aber vom Allgemeinen (Angabe einer anwendbaren Regel) zum Speziellen (Vorschlag einer konkreten Umformung) variieren. Dies steuert der Autor gemäß seinen didaktischen Vorstellungen.

Die Realisierung dieses Verfahrens ist stark von der jeweiligen (Mehrfach-)Aufgabe abhängig; sie macht von mathematischen Sachverhalten Gebrauch, die ein solches Vorgehen jeweils ermöglichen. Das Wissen darüber ist im System als „Domain Reasoner" für die jeweilige Aufgabe hinterlegt. Kernbestandteil des Domain-Reasoners ist meist ein regelbasiertes Termersetzungsverfahren, das jeden zulässigen Eingabeterm in endlich vielen Schritten in das geforderte Endergebnis überführt.

Für eine genauere Beschreibung unseres Vorgehens sei auf Grabowski et al. (2005a) verwiesen.

Der Einsatz von Domain-Reasonern in diesem Kontext geht auf eine Anregung von Zinn (2006) zurück. Er wird inzwischen auch in ActiveMath praktiziert (Heeren und Jeurig 2006; Goguadze 2011). Der „rohe" Output des Domain-Reasoners eignet sich allerdings oft nicht zur Weitergabe an den Benutzer als Hilfestellung. MathCoach bereitet den Output weiter auf (Umwandlung in natürliche Sprache, didaktisch angemessene Formulierung, Verzicht auf triviale Empfehlungen).

Die Entwicklung eines Domain-Reasoners und seine Verknüpfung mit dem Aufgaben-Skript erfordern genaue Kenntnisse des Anwendungsgebiets und gute Programmiererfahrung mit den Entwicklungstools. Die korrekte Implementation ist nicht trivial. Zwei Anforderungen an den „elektronischen Tutor" sind aus Anwendersicht essentiell und müssen immer erfüllt sein:

- Das System muss immer „weiter wissen", also einen brauchbaren Vorschlag machen können.
- Das System muss immer korrekt antworten. Es darf sich z. B. bei der Bewertung der Richtigkeit einer Benutzereingabe nicht irren.

19.4 Aufgaben zur Grafikmanipulation

MathCoach bietet starke Unterstützung für die grafische Repräsentation mathematischer Sachverhalte.

Besonders attraktiv sind Aufgaben, bei denen der Benutzer die Grafiken am Bildschirm selbst manipuliert, um ein bestimmtes Ergebnis zu erreichen. Abb. 19.8 zeigt eine solche Aufgabe.

Die Einzelaufgabe wurde dynamisch auf der Basis einer Mehrfachaufgabe generiert.

Der Student soll mit der Maus an speziell gekennzeichneten Punkten der Funktion ziehen und dadurch die Parameter (wie Amplitude und Phasenverschiebung) verändern.

Hat er auf diese Weise den richtigen Funktionsgraphen eingegeben, verändert die Kurve ihre Farbe von Rot zu Grün. Auf Wunsch kann das System auch hier Hilfen geben, indem es die einzelnen Parameter auf ihre Richtigkeit untersucht. In der Abb. 19.8 wird eine solche Hilfe gezeigt. Sie besteht im Hinweis auf einen Parameter, der noch verändert werden muss. Fordert der Student hier zusätzliche Hilfe an, erhält er Erläuterungen zum Zusammenhang zwischen den Parametern und der Grafik.

Wie immer bei Aufgaben, die nur eingeschränkte Eingabemöglichkeiten zulassen, stellt sich hier die Frage, ob die Studenten die richtige Eingabe leicht durch Probieren finden können, ohne die Zusammenhänge wirklich zu verstehen. Das trifft bei besonders einfachen Versionen auch zu, z. B. beim Festlegen einer linearen Funktion durch zwei Parameter. Bei drei Parametern (wie in unserem Beispiel) ist Probieren aber keine sinnvolle Option mehr. Es kommt also darauf an, die Aufgaben komplex und variabel genug zu gestalten, um ein bequemes Ausprobieren zu vermeiden. MathCoach ermöglicht dies in der Regel.

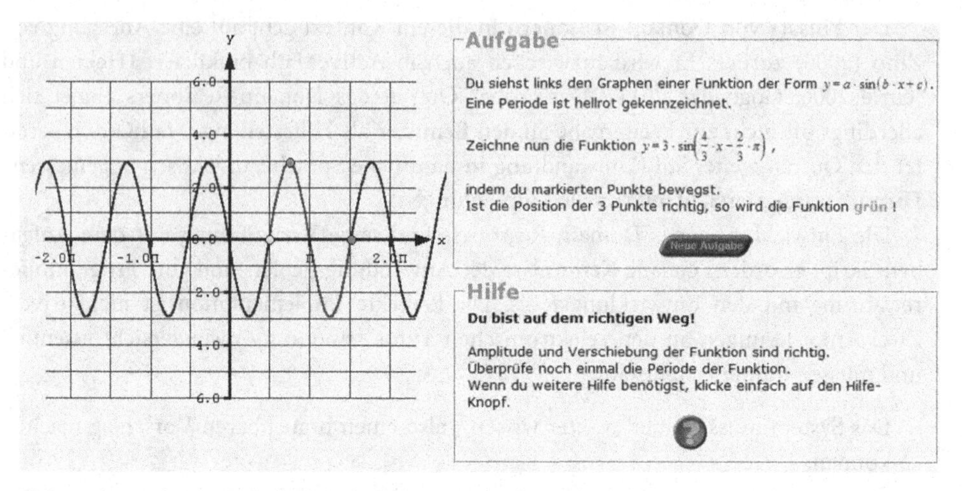

Abb. 19.8 Aufgabe zur grafischen Eingabe einer Sinusfunktion

Auch die grafische Manipulation dreidimensionaler Objekte wird unterstützt.

Eine besondere Variante sind sogenannte *Experimente mit anschließenden Multiple-Choice-Fragen*. Hierbei sollen die Lerner zunächst erkunden, wie sich die Variation von Parametern auf die Eigenschaften eines mathematischen Objekts (z. B. Funktion, Lösungsmenge einer Gleichung usw.) auswirkt; anschließend müssen sie Fragen zu diesem Zusammenhang beantworten. Die Hilfe gibt ihnen Empfehlungen, das Experiment in geeigneter Weise zu wiederholen.

19.5 Implementationsaspekte

Wir vermitteln hier nur eine grobe Vorstellung von der Implementation, die helfen soll, die Funktionsweise des Systems zu verstehen. Für weitere Details verweisen wir auf die Darstellung von Goguadze (2011) und Grabowski et al. (2005b).

19.5.1 Systembestandteile

Das Kernsystem von MathCoach ist ein serverbasiertes Java-Paket, das den Gesamtablauf steuert, die Benutzeroberfläche bedient und Aufgaben an andere Teilsysteme delegiert. Es enthält einen Interpreter für die Skriptsprache LaplaceScript, mit dem die einzelnen Übungseinheiten spezifiziert sind.

Angeschlossene externe Systeme sind

- SWI-Prolog als Interpreter für Ablaufsteuerungen, die in Prolog programmiert sind, insbesondere für die Domain Reasoner,
- ein Computeralgebrasystem, dies wird z. B. für die beschleunigte Prüfung der Richtigkeit von Termeingaben eingesetzt,
- R/web als Numerik- und Statistiksoftware, die insbesondere für die grafischen Visualisierungen genutzt wird.

Weiterhin sind für spezielle Aufgabentypen eigene zusätzliche Komponenten enthalten. Für die Grafikmanipulation nutzen wir eigene Java-Programme (Lin 2011), die dem System LiveGraphics von Kraus (2008) nachempfunden sind, jedoch zusätzlich über Schnittstellen zur Informationsübergabe verfügen, wodurch die Auswertung der Benutzereingaben und Hilfegenerierung erst ermöglicht wird.

19.5.2 Content-Entwicklung

MathCoach-Übungen werden in der Skriptsprache LaplaceScript spezifiziert, die syntaktisch auf XML basiert (Grabowski et al. 2005c; Abdulla 2010). Damit beschreibt der Autor den Aufgabentyp und steuert die Rückmeldungen und Hilfen für den Lerner nach seinem didaktischen Konzept.

LaplaceScript ermöglicht Einsteigern schon nach kurzer Zeit die Formulierung einfacher Übungseinheiten; komplexere Anwendungen erfordern dann eine tiefere Einarbeitung. Nach unseren Erfahrungen ist dies auch von Mathematik-Fachdozenten und -lehrern ohne Informatik-Spezialkompetenzen zu leisten.

19.5.3 Integration in andere Systeme

MathCoach übernimmt keine Aufgaben eines Lernmanagementsystems (LMS), d. h., es verwaltet nicht die Benutzer und deren Lernstände. Ebenso dient es nicht der Strukturierung des Contents, d. h. dem Aufbau von Lektionen und Kursen.

Dafür kann MathCoach jedoch aufgrund des modularen Aufbaus aus einzelnen Übungseinheiten flexibel in andere Systeme eingegliedert und damit an die Kursstrukturen und die technischen Standards der jeweiligen Institution angepasst werden. Im HTW-Brückenkurs erfolgt die Eingliederung, wie schon beschrieben, in ActiveMath und über dieses in CLIX. Für andere Institutionen praktizieren wir die Integration in die Systeme Moodle und Ilias. Abb. 19.9 und Abb. 19.10 zeigen Beispiele für die Einbettung von MathCoach-Übungen in Lerneinheiten von ActiveMath bzw. Moodle.

Damit ist es auch möglich, abweichend von unserer Praxis, die Kurse als reine E-Learning-Kurse ohne Präsenzveranstaltungen zu konzipieren.

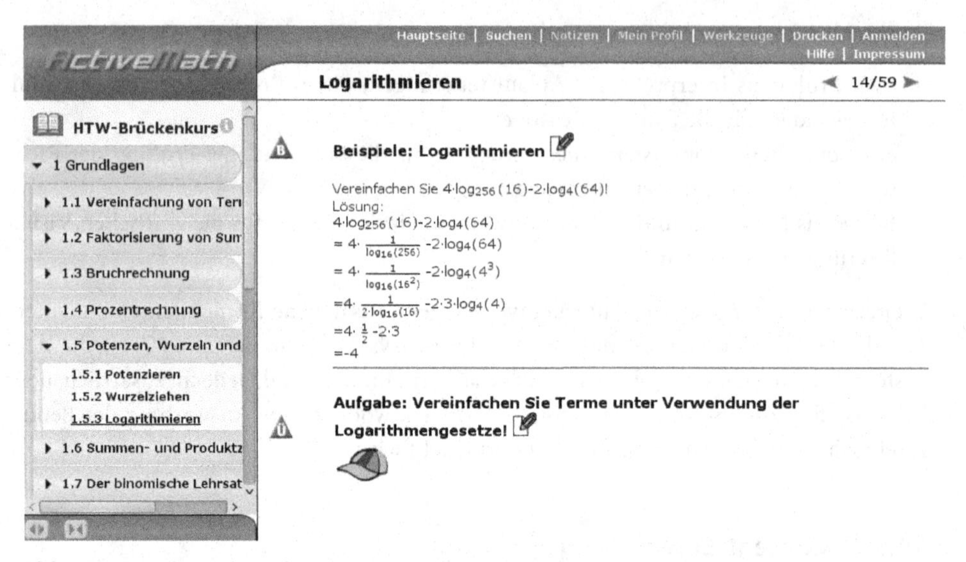

Abb. 19.9 MathCoach-Aufgabe integriert in ActiveMath

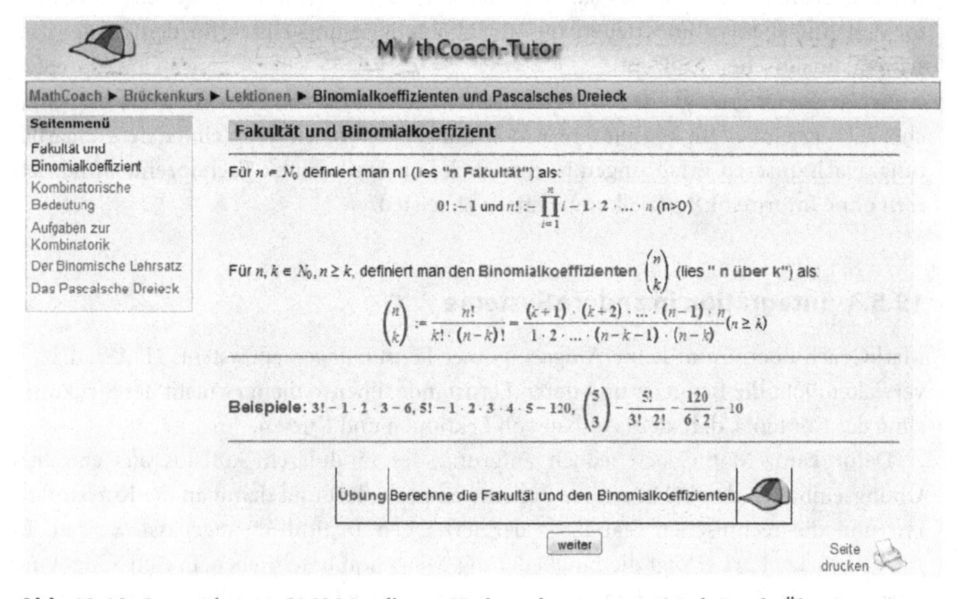

Abb. 19.10 Lerneinheit im LMS Moodle mit Verknüpfung zu einer MathCoach-Übung

MathCoach ist auch in der Lage, über eine SCORM-Schnittstelle mit dem LMS zu kommunizieren und Lernstandsdaten (wie erreichte Punktezahl, Dauer der Übungssession, usw.) an das LMS zu übergeben, wo sie von Lernenden und Tutoren einsehbar sind und auch zur Steuerung von Lernabläufen „im Großen" verwendet werden können.

19.6 Evaluation des Einsatzes von MathCoach

Mit der Konzeption von Evaluationen für den Brückenkurs wurde an der HTW erst spät begonnen, nachdem die Kräfte anfangs mit der Entwicklung der Verfahren, des Contents und der Schaffung organisatorischer und technischer Voraussetzungen ausgelastet waren.

Für erste Resultate einer allgemeinen Evaluierung des Brückenkurserfolgs verweisen wir auf den Beitrag von S. Pulham (2011). Eine umfassende Evaluierung, die den Einfluss der E-Learning-Methoden auf den Brückenkurs- und Studienerfolg erfasst, steht noch aus. Deshalb berichten wir hier nur über erste Datenerhebungen.

a) **Daten zur Nutzung**
Insgesamt wurde das E-Learning-System während der Brückenkurslaufzeit im Jahr 2011 von 697 verschiedenen Personen (98 % der Brückenkursteilnehmer) verwendet. Es wurde ca. 220.000-mal zugegriffen, dabei bearbeitete jeder Teilnehmer durchschnittlich 53 verschiedene Einfach- oder Mehrfachaufgaben. Dies ist umso erfreulicher, da die Brückenkurszeit durch Präsenzveranstaltungen (es lief in dieser Zeit zusätzlich ein Englisch-Brückenkurs) stark ausgefüllt war und Nutzung der E-Learning-Systeme keine zwingende Voraussetzung für die erfolgreiche Mitarbeit am Brückenkurs war.

b) **Daten zur Akzeptanz**
Auf die Frage „Wie nützlich fanden Sie die E-Learning-Systeme?" antworteten 78 % der befragten Brückenkursteilnehmer mit „sehr nützlich" bzw. „nützlich". 83 % der Befragten äußerten den Wunsch, die E-Learning-Systeme auch während des Studiums weiter nutzen zu können.
Ein Ziel der Brückenkurse in Bezug auf MathCoach ist, den Teilnehmern das System so vertraut zu machen, dass sie es auch später weiter nutzen. Wir befragten eine Gruppe von 76 Ingenieurstudenten der HTW während des laufenden Studiums, ob sie sich häufig, selten oder nie mit MathCoach beschäftigt haben. Diejenigen, die am Brückenkurs teilgenommen hatten, nutzen MathCoach im späteren Studium wesentlich häufiger als ihre Kommilitonen. Dieser Effekt wäre aber viel schwächer, wenn die Einführung in MathCoach während der Brückenkurse nicht zu einer positiven Akzeptanz des Systems geführt hätte, denn seine Nutzung ist völlig freiwillig.

c) **Daten zum Zusammenhang mit den Studienleistungen**
In derselben Stichprobe verglichen wir auch die Intensität der Beschäftigung mit MathCoach mit den Studienleistungen in Mathematik. Häufige Beschäftigung korreliert deutlich positiv mit besseren Quantilwerten bei den Klausurergebnissen (Abb. 19.11), ein Mediantest zeigte signifikante Unterschiede (Fehler erster Art 0,01) zu Gunsten der Gruppe, die sich häufiger mit MathCoach beschäftigt hatte.

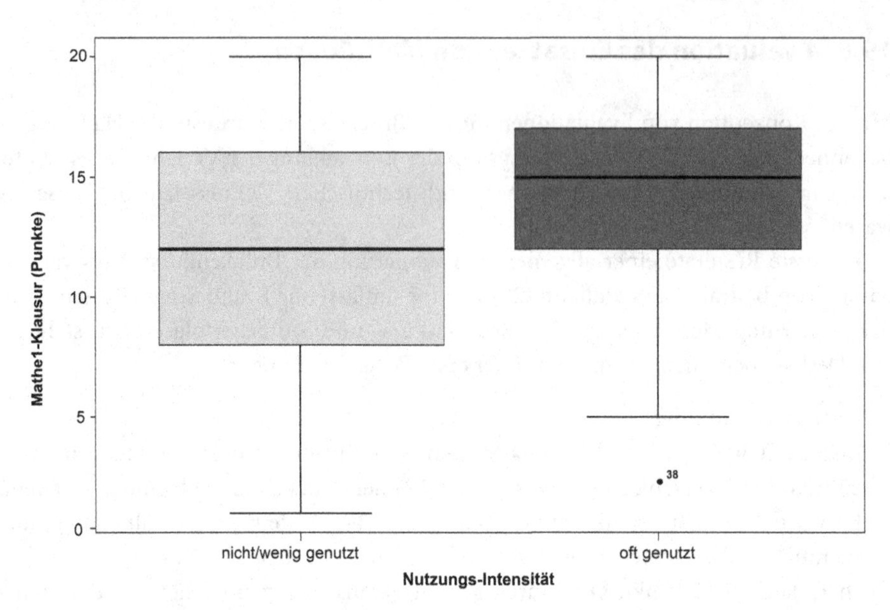

Abb. 19.11 Boxplot zum Vergleich der Klausurergebnisse und der Nutzungshäufigkeit von MathCoach in einer Gruppe von 76 Studierenden

Aus diesem Ergebnis lässt sich noch kein ursächlicher Zusammenhang zwischen Math-Coach-Nutzung und Studienleistungen ableiten. Für eine Prüfung einer derartigen Hypothese muss auch der Einfluss anderer Faktoren (z. B. Vorkenntnisse, Lernbereitschaft) kontrolliert werden.

19.7 Einschätzung und Ausblick

Obwohl wir noch nicht über ausreichendes statistisches Material zur Erfolgskontrolle unserer Methoden verfügen, schätzen wir ein, dass die in MathCoach verwirklichte Übungsunterstützung zur Festigung mathematischen Wissens wirksam beitragen kann. Wir führen dies insbesondere auf die gut ausgebauten Möglichkeiten zur Verarbeitung und Prüfung von Benutzereingaben, zur Hilfegenerierung und zum wiederholten Üben zurück.

Für die Weiterentwicklung von MathCoach gibt es zahlreiche Anforderungen, von denen wir nur eine Auswahl hier aufführen:

- Inhaltliche Erweiterung des Aufgabenbestands
- insbesondere: weiterer Ausbau der Mehrfachaufgaben mit Hilfegenerierung und Domain-Reasoner, auch für Textaufgaben

- Variation des Systemverhaltens nach dem Lernertyp und Vorkenntnissen bzw. Wissenslücken des Lerners.
- Nutzung der SCORM-Schnittstelle auch für Tests mit Leistungsbewertung

Die Wirkungen der Nutzung von MathCoach auf die Motivation und Studienleistung, insbesondere auf die Überwindung von Kompetenzdefiziten am Studienanfang, sind durch systematische Evaluation besser zu analysieren, um den Handlungsbedarf entsprechend zu bestimmen.

19.8 Schlussbemerkungen

Die effektivitäts- und qualitätssteigernden Möglichkeiten des Einsatzes von E-Learning in Brückenkursen – wie auch in der übrigen mathematischen Grundausbildung an Hochschulen – konnten hier nur ansatzweise beschrieben werden. Es sollte jedoch klar geworden sein, dass man auf diese Potenziale keinesfalls verzichten sollte. Wir laden die Mathematik-Didaktiker und Praktiker dazu ein, sich selbst davon zu überzeugen. Wir stellen ihnen MathCoach gern zur Erprobung und produktiven Nutzung zur Verfügung und bieten ihnen die Mitwirkung an der Content-Entwicklung an.

Weitere Informationen zu MathCoach finden Sie auf unserer Website: http://mathcoach.htw-saarland.de.

19.9 Literaturverzeichnis

Abdulla, M. (2010). Konzeptionierung und Erstellung eines grafischen Autorentools für die Erstellung von MathCoach (Bachelorarbeit, HTW des Saarlandes, Studiengang Praktische Informatik, Germany).

ActiveMath (2013). Zuletzt aufgerufen am 30.08.2013 unter http://www.activemath.org/.

Goguadze, G. (2011). Generation an Reused of Interactive Exercises using Domain Reasoners and Automated Tutorial Strategies (PHD Thesis, Universität des Saarlandes, Germany).

Grabowski, B., Gäng, S., Herter, J., & Köppen, T. (2005a). MathCoach and LaplaceScript: Advanced Exercise Programming for Mathematics with Dynamic Help Generation. In: Proceedings of the Workshop ICL2005 (published as CD-ROM), International Conference on Interactive Computer Aided Learning ICL, Villach, Austria.

Grabowski, B., Gäng, S., Herter, J., & Köppen, T. (2005b). MathCoach und LaplaceScript: Ein programmierbarer Mathematiktutor und eine XML-basierte Skriptsprache für interaktive Übungsaufgaben. In: Tagungsband der Leipziger Informatiktage (LIT 2005), 211 ff.

Grabowski, B., Gäng, S., Herter, J., & Köppen, T. (2005c). LaplaceScript: Eine XML-basierte Skriptsprache für interaktive Übungsaufgaben. Tagungsband der Leipziger Informatiktage (LIT 2005), 205 ff.

Heeren, B., & Jeurig, J. (2010). Adapting Mathematical Domain Reasoner's. Lecture Notes in Computer Science, Volume 6167/2010, DOI: 10.1007/978-3-642-14128-7_27, 315–330.

Kraus, M. (2008). Documentation of LiveGraphis3D, http://www.vis.uni-stuttgart.de/~kraus/Live Graphics3D/.

Lin, Bo (2011). Concept and Implementation of an Applet for the Interactive Manipulation of 2D Graphics including an XML based Control Language (Bachelorarbeit, HTW des Saarlandes, Studiengang Praktische Informatik, Germany).

MathCoach (2013). Zuletzt aufgerufen am 30.08.2013 unter http://mathcoach.htw-saarland.de.

Pulham, S., Detemple, E., & Kaspar, M. (2011). Bringen Brückenkurse in Mathematik einen Erfolg? Vortrag auf der khdm-Arbeitstagung „Mathematische Vor- und Brückenkurse: Konzepte und Perspektiven", Kassel.

Zinn, C. (2006). Supporting tutorial feedback to student help requests and errors in symbolic Differentiation. In: M. Ikeda, K. D. Ashley, & T.-W. Chan (eds.), ITS 2006, LNCS, vol. 4053 (S. 349–359). Heidelberg: Springer.

20 Ein diagnostischer Ansatz zur Ermittlung von Wissenslücken zu Beginn mathematischer Vorkurse

Stefan Halverscheid, Kolja Pustelnik, Susanne Schneider und Andreas Taake (Georg-August-Universität Göttingen)

Zusammenfassung

Wissenslücken von Studienanfänger/inne/n wird in diesem Konzept mit themenspezifischen Workshops begegnet. Die Einteilung erfolgt aufgrund eines Eingangstests zu folgenden Themen: Algebraische Grundlagen, Gleichungen und Gleichungssysteme, Polynome, Exponential- und Logarithmusfunktionen, Trigonometrische Funktionen, Vektorrechnung, Differenzialrechnung und Integralrechnung.

Auf der Basis des Einstufungstests von $N_{Prae} = 262$ Studienanfänger/inne/n in den Studiengängen BSc Mathematik, BSc Physik sowie dem Zwei-Fächer-Bachelor im Profil gymnasiales Lehramt mit Mathematik sowie eines Posttests am Ende des Propädeutikums werden die Vorkenntnisse untersucht.

20.1 Einleitung

Nach wie vor besteht eine Problematik im Studienabbruch des Mathematikstudiums in der Bundesrepublik (Dieter und Törner 2010). Der Studienbeginn in der Mathematikausbildung bedeutet eine gleichzeitige Umstellung in verschiedenen Bereichen: Bei den prozessbezogenen Kompetenzen gibt es einen Sprung in den Anforderungen an das deduktive Denken. Bezüglich der kognitiven Kompetenzen müssen viele in der Schule vermittelte Vorstellungen einem konzeptionellen Wandel unterzogen werden. Außerdem steigt die Vermittlungsdichte deutlich an. Diese Herausforderungen stellen wichtige Gründe für den Studienabbruch mathematischer Studiengänge dar (Dieter 2011 und Zimmermann 2008).

Seit mehr als drei Jahrzehnten gibt es an der Georg-August-Universität Göttingen ein Propädeutikum in Mathematik, das sich an Studienanfänger/innen in Physik und Mathematik richtet und auf die Veranstaltungen „Differenzial- und Integralrechung I" sowie „Analytische Geometrie und lineare Algebra I" vorbereitet. Nach diesem Propädeutikum findet für die zukünftigen Physik-Studierenden im Hauptfach ein zweiwöchiger Vorkurs statt, der auf mathematische Methoden für die Veranstaltung „Physik I" vorbereitet. Diese Vorkurse sollen innerhalb von drei Wochen eine Wiederholung wesentlicher Inhalte eines vierstündigen Mathematikkurses mit erhöhtem Anforderungsprofil bieten. Ziele der Propädeutika sind, die Studierenden an die formale Sprache der Mathematik heranzuführen und die unterschiedlichen Eingangskenntnisse an das Universitätsniveau anzugleichen und zu erhöhen.

Diese Ziele werden häufig in der Literatur genannt, um ein Mathematikstudium erfolgreich zu absolvieren (WSW 2008). Der in diesem Beitrag verfolgte Ansatz, der zu Änderungen in dem propädeutischen Angebot führte, geht von folgenden Prämissen aus:

1. Studienanfänger/innen kommen mit heterogenen Kenntnissen an die Universität.
2. „Den" Schulstoff innerhalb von wenigen Wochen mit allen durchzuarbeiten, birgt die Gefahr, Studienanfänger/innen mit geringen Vorkenntnissen zu überfordern und solche mit hohem Vorwissen zu unterfordern.
3. Eigene Lücken und Schwächen zu erkennen und an einer Verbesserung zu arbeiten stellt eine wichtige Voraussetzung für ein erfolgreiches Mathematikstudium dar.

Von diesen Prämissen ausgehend wurden für die Studienanfänger/innen im Wintersemester 2011/12 Aufgaben entwickelt, mit denen inhaltsbezogene Kompetenzen klassischer Schulmathematik und Themenbereiche ermittelt werden sollen, um darin dann die Studienanfänger/innen gezielt zu fördern. Sicherlich wird die Entwicklung eines ausgefeilten Testapparats durch Überarbeitung in den nächsten Durchgängen noch an Qualität gewinnen, doch ergeben sich schon bei dem ersten Durchgang einige interessante Aspekte zu den folgenden Fragen:

- Lässt sich nachweisen, dass die Differenzierung nach bestimmten Bereichen zu einer Angleichung der Kompetenzniveaus führt?
- Unterscheidet sich das mathematische Eingangswissen von Studienanfänger/inne/n mit achtjähriger (GY8) und neunjähriger (GY9) Gymnasialausbildung?
- Gibt es Hinweise darauf, dass ein Propädeutikum umso wichtiger wird, je weiter die Schulausbildung zurück liegt?

20.2 Ein Konzept zur diagnostischen Auswahl und propädeutischen Förderung inhaltsbezogener Kompetenzbereiche

Das Propädeutikum fand in den ersten drei Wochen des Septembers statt. Damit stellte diese Veranstaltung für die meisten Teilnehmer/innen die erste Veranstaltung im Rahmen ihres Studiums dar. Am ersten Tag des Propädeutikums, bzw. organisatorisch bedingt teilweise am Wochenende davor, nahmen die Teilnehmenden ($N_{Prae} = 262$) an einer 90-minütigen Übung im Multiple-Choice-Format zur Einstufung im Computerpool teil. In der Einstufung sollten die inhaltsbezogenen Kompetenzen in verschiedenen Bereichen ermittelt werden. In Abschnitt 20.2.1 werden diese Bereiche und das Testformat erläutert. Bis zum Morgen des nächsten Tages wurden die Ergebnisse ausgewertet und den Teilnehmenden Workshops vorgeschlagen, in denen Bereiche mit Entwicklungspotenzial besonders gefördert wurden. Die Teilnehmenden konnten auch vorschlagen, in welchen Gebieten sie selbst eine Förderung für sinnvoll erachteten. Die Einteilung wurde mit einer Beratung verbunden, wenn die Studierenden dies wünschten oder die Vorschläge der Betroffenen mit den Ergebnissen der Einstufungen nicht übereinstimmten. Das Förderkonzept in den Workshops wird in Abschnitt 20.2.2 und das Konzept der begleitenden Vorlesung in Abschnitt 20.2.3 erläutert. Nach dem Propädeutikum fand ein Posttest statt, dessen Design in Abschnitt 20.2.4 erläutert wird.

Zur Übersicht hier die zeitliche Planung der Veranstaltung:

Tab. 20.1 Zeitliche Planung

Einstufung (Prätest)	Gruppeneinteilung	Intensivworkshop	Vorlesung und Workshop	Klausur (Posttest)
Bis 1. Tag	Vor 2. Tag	2.–4. Tag	5.–15. Tag	26. Tag

20.2.1 Inhaltliche Bereiche der Einstufungsübung

In den einheitlichen Prüfungsanforderungen für das Abitur im Fach Mathematik (KMK 2002) hat die Kultusministerkonferenz länderübergreifend Anforderungen für die Abiturprüfungen festgelegt. Die darin formulierten Grundlagen sollten im Einstufungstest ebenso berücksichtigt werden wie Bereiche, die als Hintergrundwissen im Mathematikstudium hilfreich sind. Aus früheren Evaluationen und Befragungen von Dozent/inn/en, Übungsleiter/inne/n und Hilfskräften ist bekannt, dass hier große Wissensunterschiede unter den Studienanfänger/inne/n bestehen.

Bei der Auswahl geeigneter Bereiche wurden sowohl Erkenntnisse über die Situation im Mathematikunterricht der Sekundarstufe II (Borneleit et al. 2001) als auch neue Konzepte für die Anfängerausbildung wie für das gymnasiale Lehramt in Gießen und Siegen (Beutelspacher et al. 2011) betrachtet. Auch in Skripten zu mathematischen Vorkursen, die in den letzten Jahren erschienen sind, spielen die folgenden ausgesuchten Bereiche eine besondere Rolle (Cramer und Neslehova 2005; Erven und Hörwick 2004; Schichl und Steinbauer 2009):

- Bereich 1: Algebraische Grundlagen
- Bereich 2: Gleichungen und Gleichungssysteme
- Bereich 3: Polynome
- Bereich 4: Exponential- und Logarithmusfunktionen
- Bereich 5: Trigonometrische Funktionen
- Bereich 6: Vektorrechnung und analytische Geometrie
- Bereich 7: Differenzialrechnung
- Bereich 8: Integralrechnung

Zu diesen Bereichen wurden jeweils etwa 15 Items abgefragt, wobei die genaue Zahl zwischen den verschiedenen Bereichen leicht variierte. Das Ziel des Vorgehens bestand darin, in den jeweiligen Bereichen in der Einstufung etwaige Lücken auszumachen und dann für ausgewählte Gebiete Workshops anzubieten, in denen die jeweiligen Defizite aufgearbeitet werden.

20.2.2 Förderkonzept des mathematischen Vorkurses in Workshops

Das Propädeutikum begann für den/die Studienanfänger/in an den Tagen 2 bis 4 mit einem sechsstündigen Intensivworkshop zu dem Thema, bei dem besonderes Verbesserungspotenzial ermittelt worden war oder das sich der/die Teilnehmende gewünscht hatte. Es wurden vier verschiedene Schwerpunkte in Workshops angeboten:

- Vektorrechnung, analytische Geometrie
- Trigonometrische Funktionen
- Exponential- und Logarithmusfunktionen
- Teilnehmende ohne besonders auffällige Lücken

Der Bereich Vektorrechnung wurde von den Teilnehmenden am häufigsten gewünscht. Die einführenden Intensivworkshops umfassten auch Hinweise zum Universitätsleben und zum Studienalltag, wie eine Anleitung zur Nutzung der Bibliotheken.

Ab dem fünften Tag wurden die Workshops neben der zweistündigen Vorlesung vierstündig angeboten, und zwar mit drei Zielrichtungen:

- Etwa 50 % der Zeit wurde für das zentrale Thema und die Vernetzung zwischen diesem Thema und der Vorlesung verwendet sowie für weitere Differenzierungsmaßnahmen, die sich aus dem Ergebnis des Einstufungstests ergeben hatten.
- Etwa 50 % der Zeit wurde für die Nachbereitung der Vorlesung eingesetzt.
- Wissenschaftspropädeutische Elemente wie das gemeinsame Durcharbeiten mathematischer Texte oder der Vorlesung wurden geübt.

Im Laufe des Kurses hat sich der Anteil an der Zeit für die Nachbereitung der Vorlesung in den meisten Gruppen vergrößert.

20.2.3 Inhalte der begleitenden Vorlesung

Während die Workshops sich besonders durch die Förderung inhaltsbezogener Kompetenzen definierten, um Vorkenntnisse aus dem Schulbereich zu komplettieren, standen in der Vorlesung inhalts- und prozessbezogene Kompetenzen im Vordergrund, die für die Anfangsphase des Studiums eine besondere Umstellung bedeuten. Ein Vergleich der klassischen Oberstufenmathematik (Tietze, Klika und Wolpers 2000) mit den Anforderungen in einem Mathematik-Studium (Beutelspacher 2010), auf den an anderer Stelle gesondert eingegangen werden wird, führte zu dem Konzept, durch Mitmach-Elemente die Teilnehmenden behutsam in den folgenden Bereichen an die Anforderungen für ein Studium der Mathematik heran zu führen:

- Prozessbezogen: Logisches Schließen, Lesen mathematischer Texte, elementare mathematische Aussagen, Problemlösen.
- Inhaltsbezogen: Mengen und Abbildungen, reelle Zahlenfolgen, Stetigkeit, komplexe Zahlen.

Die inhaltsbezogenen Kompetenzen wurden vor allem als Gegenstand ausgewählt, den prozessbezogenen Kompetenzen einen genügend elementaren Zugang zu schaffen.

20.2.4 Posttest nach dem Propädeutikum

Zwei Wochen nach Ende des Propädeutikums fand ein Posttest statt, der als individuelle Rückmeldung diente und alle Schwerpunktthemen mit offenem Antwortformat im Stil des Einstufungstests mit veränderten Items erfasste.

20.3 Ergebnisse und Beobachtungen des Einstufungstests

In diesem Abschnitt sollen Ergebnisse aus dem Einstufungstest vorgestellt werden, um auf dieser Grundlage die Zielsetzungen des Propädeutikums erörtern zu können.

20.3.1 Unterschiede in den jeweiligen Kompetenzbereichen

Aufgrund der Einstufungsergebnisse wurden acht Gruppen im Propädeutikum gebildet. In den Gruppen 1 und 2 wurden Vektorrechnung und analytische Geometrie, in der Gruppe 3 Trigonometrie sowie in den Gruppen 4 und 5 Exponentialfunktionen zu den

Schwerpunktthemen angeboten. Den Gruppen 6 bis 8 wurde kein spezielles Schwerpunktthema gegeben, weil es keine spezifischen Schwierigkeiten gab. Dafür wurden diese Gruppen möglichst leistungshomogen (bezüglich des Einstufungstests) besetzt. Ein Themengebiet wurde als Schwerpunktthema vorgeschlagen, wenn weniger als 60 % der Rohpunkte erreicht wurden. Bei der Detektion von mehrfachen Schwächen erhielt die Vektorrechnung den Vorrang. Zunächst wurde für die Modellierung der acht Testbereiche jeweils das einfache Rasch-Modell verwendet. Die so für jede/n der Teilnehmer/innen erhaltenen Personenparameter wurden Z-transformiert, also der Mittelwert auf 0 und die Standardabweichung auf 1 gesetzt, auch wenn es zur Zulässigkeit dieses Vorgehens in der Literatur kontroverse Ansätze gibt, wie Strobl (2010) zeigt. Da die Personenparameter nur von den Rohpunkten abhängig sind, ändert dies nichts an der Homogenität der gebildeten Gruppen. Hervorgehoben wurden jeweils die Bereiche, in welchen eine Gruppe besondere Defizite aufweist. Entsprechend der Aufteilung sind diese in ihrer Spalte jeweils am geringsten.

Tab. 20.2 Personenparameter (Rasch-Skalierung, Z-transformiert) der acht Gruppen

Gruppe	Bereich 1 Algebra	Bereich 2 Gleich.	Bereich 3 Polyn.	Bereich 4 Exp/Log	Bereich 5 Trig.	Bereich 6 Vektorr.	Bereich 7 Diff.	Bereich 8 Int.
Gruppe 1	−0,74	−0,69	−0,71	−0,81	−0,44	**−1,16**	−0,60	−0,71
Gruppe 2	−0,17	−0,17	−0,04	0,15	−0,03	**−0,34**	−0,12	0,02
Gruppe 3	−0,35	−0,24	−0,14	−0,14	**−0,74**	−0,02	−0,23	−0,18
Gruppe 4	−0,27	−0,35	−0,72	**−1,14**	−0,46	0,12	−0,54	−0,68
Gruppe 5	−0,21	−0,10	−0,61	**−0,82**	−0,22	−0,13	−0,72	−0,58
Gruppe 6	0,26	0,44	0,31	0,52	0,49	0,51	0,23	0,24
Gruppe 7	0,90	0,53	0,72	0,84	0,80	0,84	1,03	0,83
Gruppe 8	1,42	1,33	1,62	1,45	1,22	1,24	1,24	1,47

Die folgende Übersicht der Standardabweichungen in Tab. 20.3 der jeweiligen Gruppen bringt Aufschluss darüber, dass das Ziel der Homogenität durch die Gruppeneinteilung zumindest die Schwerpunktthemen betreffend erreicht werden konnte. Dies zeigen die Standardabweichungen an, welche, mit vier Ausnahmen, innerhalb der Gruppen für die Bereiche unter eins liegen und für die geförderten Bereiche auf unter 0,6 sinken, nur für die Trigonometrie Gruppe 3 liegt sie mit 0,76 höher.

Tab. 20.3 Standardabweichung der Personenparameter (Rasch-Skalierung, Z-transformiert)

Gruppe	Bereich 1 Algebra	Bereich 2 Gleich.	Bereich 3 Polyn.	Bereich 4 Exp/Log	Bereich 5 Trig.	Bereich 6 Vektorr.	Bereich 7 Diff.	Bereich 8 Int.
Gruppe 1	0,68	0,76	0,73	0,71	0,81	**0,59**	0,70	0,74
Gruppe 2	0,67	0,83	0,86	0,84	0,95	**0,55**	0,94	0,91
Gruppe 3	0,81	0,89	0,84	0,69	**0,76**	0,79	0,68	0,80
Gruppe 4	0,92	0,98	0,74	**0,55**	0,79	0,79	0,66	0,66
Gruppe 5	1,04	0,83	0,60	**0,50**	1,02	0,72	0,62	0,64
Gruppe 6	0,87	0,80	0,90	0,75	0,62	0,78	0,87	0,85
Gruppe 7	0,76	0,83	0,65	0,63	0,73	0,69	0,85	0,84
Gruppe 8	0,71	1,05	0,50	0,38	0,72	1,01	0,85	0,43

20.3.2 Vergleich von GY8- und GY9-Abiturient/inn/en

Die Verkürzung der Gymnasialausbildung von neun auf acht Jahre war einer der Gründe für eine Ergänzung des herkömmlichen Ablaufs im Propädeutikum um eine diagnostische Komponente. Beim Einstufungstest gab es $N_8 = 83$ Teilnehmende mit einer achtjährigen Gymnasialausbildung und $N_9 = 174$ Teilnehmende mit neunjähriger Gymnasialausbildung. (Die anderen Teilnehmenden haben keine Angabe gemacht bzw. einen anderen, insbesondere internationalen Hochschulzugang.)

Tab. 20.4 Personenparameter und Standardabweichungen (Rasch-Skalierung, Z-transformiert) zu GY8 und GY9

Klasse	Bereich 1 Algebra	Bereich 2 Gleich.	Bereich 3 Polyn.	Bereich 4 Exp/Log	Bereich 5 Trig.	Bereich 6 Vektorr.	Bereich 7 Diff.	Bereich 8 Int.
„GY8" arithmetisches Mittel	-0,11	0,01	-0,08	0,00	0,06	0,01	0,02	0,00
Standardabweichung	0,95	0,97	0,96	0,96	1,02	1,02	0,97	1,03
„GY9" arithmetisches Mittel	0,06	0,02	0,04	0,00	-0,02	0,02	0,01	-0,01
Standardabweichung	1,02	1,01	1,02	1,02	0,99	0,99	1,03	0,97

Keiner der Unterschiede erweist sich bei genauerer Analyse als signifikant. Es können also keine Unterschiede der Leistungen aufgrund der verkürzten Schulzeit in den betrachteten Gebieten festgestellt werden. Bei dem Vergleich von Themenfeldern im Bereich der Sekundarstufe I wären genauere Untersuchungen wünschenswert.

20.3.3 Ein Indiz dafür, dass ein Propädeutikum umso wichtiger wird, je mehr Zeit seit dem Abitur vergangen ist

Oft wird besonders solchen Studienanfänger/inne/n zum Besuch eines Propädeutikums geraten, die in einem anderen Kalenderjahr ihr Abitur absolviert haben. Aus dem Abiturjahrgang 2010 nahmen $N_{2010} = 66$ und aus dem Abiturjahrgang 2011 $N_{2011} = 173$ Personen teil. Die weiteren Teilnehmenden machten ihren Schulabschluss vor 2010.

Tab. 20.5 Vergleich der Abiturjahrgänge 2010 und 2011

Abitur-jahrgang	Bereich 1 Algebra	Bereich 2 Gleich.	Bereich 3 Polyn.	Bereich 4 Exp/Log	Bereich 5 Trig.	Bereich 6 Vektorr.	Bereich 7 Diff.	Bereich 8 Int.
2010 arithmetisches Mittel	−0,04	0,06	−0,09	−0,20	−0,17	−0,18	−0,14	−0,07
Standardabweichung	0,99	0,87	1,04	0,98	0,91	1,01	1,03	0,93
2011 arithmetisches Mittel	0,05	0,06	0,09	0,12	0,12	0,13	0,13	0,11
Standardabweichung	1,01	1,02	0,99	1,00	1,04	0,97	0,98	0,98

Die Übersicht deutet an, dass die Abiturient/inn/en aus dem Jahr 2011, in dem das Propädeutikum untersucht wurde, in jedem Teilbereich bessere Ergebnisse als ihre Kolleg/inn/en aus dem Absolventenjahrgang 2010 erzielten.

Um abzuschätzen, wie signifikant die Unterschiede zwischen den Abiturjahrgängen sind, wurde ein T-Test bei unabhängigen Stichproben in der ursprünglichen Punkteskalierung durchgeführt. Dieser Test bestätigt, dass für die drei Bereiche Exponential- und Logarithmusfunktionen, Trigonometrie sowie Vektorrechnung und analytische Geometrie eine signifikant bessere Leistung bei den Teilnehmenden vorliegt, welche 2011 Abitur gemacht haben. Für die anderen fünf Bereiche können die Differenzen nicht abgesichert werden. Somit ergeben sich also genau in den ausgewählten Förderbereichen sichtbare Unterschiede nach einem Jahr zwischen Abitur und Studienbeginn.

20.3.4 Vorkenntnisse und Interesse

Die Angebote im mathematischen Propädeutikum sind in Göttingen nach den mathematischen Orientierungsmodulen organisiert: Unterschiedliche Orientierungsmodule in Mathematik erhalten auch unterschiedliche Propädeutika. Dabei sollte berücksichtigt werden, dass an diesem Standort für das Lehramt nur gymnasial (und für Berufsschulen) ausgebildet wird und die Orientierungsmodule im ersten Semester gemeinsam mit den Studierenden des BSc Mathematik und des BSc Physik gehört werden. Wesentlich ist außerdem, dass das Fach Mathematik im Zwei-Fächer-Bachelor an der Georg-August-Universität nicht zulassungsbeschränkt ist. Das Interesse an der Mathematik wurde erhoben über die Frage, ob das fachliche Interesse ein Grund für die Wahl des Studiengangs war.

Tab. 20.6 Fachliches Interesse bekundet

Beabsichtigter Studiengang	Fachliches Interesse an Mathematik
BSc Mathematik	100 %
BSc Physik	91,8 %
Fach Mathematik im Zwei-Fächer-BA (Profil Lehramt)	41,8 %
Sonstige	94,1 %

Studierende im Zwei-Fächer-Bachelor Profil Lehramt zeigen ein deutlich anderes Interessensprofil als Studierende der anderen Studiengänge. Entsprechend sind die damit verbundenen Leistungsunterschiede im Einstufungstest: Es bestehen signifikante Unterschiede der Ergebnisse im Einstufungstest zwischen den Lehramtsstudierenden, die die Frage nach ihrem fachlichen Interesse zurückhaltend beantworten, und den Lehramtsstudierenden, die ihr fachliches Interesse als hoch angeben. Hingegen zeigen die Ergebnisse des Einstufungstests keine Unterschiede für die Studienanfänger/innen im BSc Mathematik, im BSc Physik und bei hohem fachlichen Interesse Mathematik im Zwei-Fächer-Bachelor Profil Lehramt. Die Ergebnisse legen nahe, das fachliche Interesse bei Studienanfang differenzierter zu untersuchen. Darauf kommen wir in der Diskussion in Abschnitt 20.5 zurück.

20.4 Ergebnisse aus dem Posttest nach der Förderung

Die Ergebnisse aus dem Posttest sollen nun herangezogen werden, um die Wirksamkeit des Ansatzes zu hinterfragen. Am Posttest haben $N_{Post} = 202$ Personen teilgenommen. In dem Vergleich beschränken wir uns auch im Prätest auf diesen Personenkreis.

20.4.1 Fortschritte in den Fördergruppen zu Exponentialfunktionen

In den Workshop-Gruppen 4 und 5 bildete die Förderung zum Thema Exponential- und Logarithmusfunktionen einen Schwerpunkt. Die Ergebnisse aus dem Prätest und dem Posttest sollen nun in einem Rasch-Modell gegenüber gestellt werden. Dabei wurde wieder Rasch-skaliert und danach Z-transformiert.

Tab. 20.7 Entwicklung im Bereich Exponential- und Logarithmusfunktionen (Rasch-Skalierung, Z-transformiert)

Gruppe	Prätest	Posttest
Gruppe 1	−0,73	−0,85
Gruppe 2	0,19	−0,40
Gruppe 3	0,04	−0,46
Gruppe 4	−1,22	−0,11
Gruppe 5	−0,84	−0,32
Gruppe 6	0,33	−0,10
Gruppe 7	0,90	0,68
Gruppe 8	0,90	0,63

Für das Verständnis dieser Ergebnisse sollte unterstrichen werden, dass hier zwei verschiedene Rasch-Modelle für die unterschiedlichen Messzeitpunkte gewählt wurden, weil es sich um unabhängige Tests handelt. Ein Vergleich zwischen den beiden Skalen ist daher nicht zulässig. Aber man kann ordinal vergleichen. Gruppe 4 war beim Prätest im Bereich Exponential- und Logarithmusfunktionen die schlechteste Gruppe, Gruppe 5 die zweitschlechteste. Beim Posttest wird Gruppe 4 die fünftschlechteste bzw. viertbeste und Gruppe 5 die viertschlechteste. Interessant ist daran insbesondere, dass sich die Reihenfolgen unter den Gruppen umgekehrt haben. Gruppe 4 hat in diesem Bereich Gruppe 5 überholt und ist ein Beispiel dafür, dass die Workshops bei allen Anstrengungen mit Schulungen und Auswahl der Durchführenden unterschiedlich gut funktioniert haben. Insbesondere zeigt ein Vergleich mit der Gruppe 6 auch, dass hier die Lücke durch das Propädeutikum geschlossen werden konnte.

20.4.2 Der Bereich trigonometrischer Funktionen

Die Workshop-Gruppe 3 arbeitete mit dem Schwerpunkt trigonometrischer Funktionen. Der Vergleich in einem Rasch-Modell mit anschließender Z-Transformation liefert die Ergebnisse aus Tab. 20.8.

Tab. 20.8 Entwicklung im Bereich trigonometrischer Funktionen (Rasch-Skalierung, Z-transformiert)

Gruppe	Prätest	Posttest
Gruppe 1	-0,32	-0,04
Gruppe 2	0,07	0,12
Gruppe 3	-0,63	-0,05
Gruppe 4	-0,68	-0,30
Gruppe 5	-0,23	-0,06
Gruppe 6	0,24	-0,21
Gruppe 7	0,83	0,18
Gruppe 8	0,78	0,30

Hier zeigt sich, dass Gruppe 3 beim Prätest das zweitschlechteste Ergebnis aufwies und beim Posttest das viertschlechteste. Dabei ist zu berücksichtigen, dass in allen Workshops das Thema trigonometrische Funktionen vorkam, insbesondere bei der Einführung komplexer Zahlen und der Eulerschen Formel.

20.4.3 Das besondere Potenzial im Bereich der analytischen Geometrie

Viele hatten in der Vektorrechnung die größten Defizite gezeigt und diesen Bereich auch als denjenigen angegeben, in dem sie sich verbessern wollten. Als Schwerpunkt wurde die Vektorrechnung und analytische Geometrie in den Gruppen 1 und 2 behandelt. Grundsätzlich fällt (siehe Tab. 20.2) auf, dass diese Teilnehmenden auch in anderen Gebieten schwächer abschnitten.

Tab. 20.9 Entwicklung im Bereich Vektorrechnung und analytische Geometrie (Rasch-Skalierung, Z-transformiert)

Gruppe	Prätest	Posttest
Gruppe 1	-1,03	-0,53
Gruppe 2	-0,25	-0,14
Gruppe 3	0,07	-0,21
Gruppe 4	0,23	-0,82
Gruppe 5	-0,20	-0,53
Gruppe 6	0,25	-0,12
Gruppe 7	0,74	0,66
Gruppe 8	0,83	0,35

Beim Prätest schnitten die Teilnehmenden in den ersten beiden Gruppen in diesem Bereich am schlechtesten ab. Beim Posttest teilt sich Gruppe 1 den zweitschlechtesten Platz mit Gruppe 5. Gruppe 2 wird fünftschlechteste. Diese Gruppe hat außerdem das Niveau der Gruppe 6, ohne besondere Schwächen, erreicht.

20.5 Diskussion

20.5.1 Kritik an dem Konzept der Einstufung und Differenzierung

Das Konzept der Einstufung zu Beginn des Propädeutikums stieß auf einige Vorbehalte, die sich mit organisatorischen Problemen mischten. Die Workshops wurden von Hilfskräften durchgeführt, die in den vergangenen Jahren in den Propädeutika eine Bandbreite schulmathematischer Themen abgedeckt hatten. Die Umstellung auf eine Schwerpunktsetzung erforderte eine neue Sichtweise und machte selbst entwickeltes Übungsmaterial aus den vorherigen Durchgängen zum Teil überflüssig.

Unter den Bedenken wurde besonders seitens der beteiligten Hilfskräfte am häufigsten die Befürchtung laut, einige Studierende könnten durch frühe Testung als leistungsschwach abgestempelt werden. Die anschließende äußere Differenzierung werde dies noch verstärken. In der sozialen Dimension wurde ins Feld geführt, dass Bekanntschaften durch die Differenzierung auseinander gerissen würden.

Auch unter Gesichtspunkten der Motivation und des Interesses wurde die äußere Differenzierung kritisiert. Die Motivation sei höher, wenn nicht nur defizitorientiert gedacht werde. Interesse zu wecken sei wichtiger als eine inhaltliche Orientierung in einem speziellen Bereich zu geben.

In weiteren Durchgängen soll versucht werden, diesen Bedenken in Begleituntersuchungen nachzukommen. Wir denken auch über eine etwas spätere Durchführung des Prätests nach, um die Studienanfänger/innen in der ersten Woche nicht zu stark zu belasten und deutlicher machen zu können, welche Zielsetzung mit der Differenzierung verbunden ist.

Manchen Teilnehmenden machte die Sichtweise, eigene Defizite zur Kenntnis zu nehmen und auszuräumen, offenbar zu schaffen. Es gab vereinzelt Widerstand gegen die Einzelberatung auf der Grundlage des Prätests, weil diese Form der Kritik als unangemessen empfunden wurde. Zusammen mit dem Programm der professionalisierten Fachberatung in Göttingen wird diese Problematik erörtert.

20.5.2 Weiterentwicklung des Untersuchungsdesigns

Sicherlich werden noch einige Durchgänge benötigt, um das diagnostische Potenzial der Aufgaben zu verbessern. Mit Methoden der Kohortenverfolgung soll in zukünftigen Durchgängen der Zusammenhang mit Leistungen im Studium untersucht werden. Dann sollte es möglich sein, auf dieser Grundlage Kompetenzmodelle zu erstellen und zu validieren.

Dennoch ist das vorliegende Datenmaterial wertvoll, um die Veränderungen beim Übergang zwischen GY8 und GY9 fest zu halten. Hier haben die Ergebnisse deutlich gemacht, dass für die Unterschiede in den Grundlagen aus der Sekundarstufe I genauere Betrachtungen wünschenswert sind.

Bei Fragen nach dem fachlichen Interesse sind genauere Befragungsinstrumente notwendig, um zu klären, ob und worin genau die Zweiteilung der Studierenden im Zwei-Fächer-Bachelor hinsichtlich ihres fachlichen Interesses besteht. Wenn sich die Unterschiede in den fachlichen Vorkenntnissen als tragendes Merkmal auch in weiteren Zusammenhängen (Pieper-Seier et al. 2002 und Rösken 2009) in weiteren Untersuchungen bestätigen würden, könnte dies für eine stärkere Differenzierung in der gymnasialen Lehrerbildung im Fach Mathematik sprechen.

20.6 Literaturverzeichnis

Beutelspacher, A., Danckwerts, R., Nickel, G., Spies, S., & Wickel, G. (2011). Mathematik Neu Denken: Impulse für die Gymnasiallehrerbildung an Universitäten.Wiesbaden: Vieweg+Teubner.

Blum, W., Reiss, K., Scharlau, R., Stroth, G., & Törner, G. (2001). Denkschrift zur Lehrerbildung. http://madipedia.de/images/c/c3/2001_02b.pdf.

Borneleit, P., Danckwerts, R., Henn, H.-W., Weigand, H.-G. (2001). Expertise zum Mathematikunterricht in der gymnasialen Oberstufe. In: Tenorth, H. E. (Hrsg.), Kerncurriculum Oberstufe. (S. 26–53). Weinheim: Benz.

Cramer, E., & Neslehova, J. (2005). Vorkurs Mathematik. Springer.

Danckwerts, R., Prediger, S., & Vasarhely, E. (2004). Perspektiven der universitären Lehrerausbildung im Fach Mathematik für die Sekundarstufen. DMV-Mitteilungen 12–2.

Dieter, M. (2011). Der Studienabbruch in der Studieneingangsphase. Beiträge zum Mathematikunterricht 2011 (S. 195–198). Münster: WTM.

Dieter, M., & Törner, G. (2010). Figures about the Studies of Mathematics in European Countries and the USA. Newsletter of the European Mathematical Society 77, 25–30.

Erven, J., Erven, M., & Hörwick, J. (2005). Mathematik-Vorkurs. Oldenburg.

Heublein, U., Hutzsch, C., Schreiber, J., Sommer, D., & Besuch, G. (2010). Ursachen des Studienabbruchs in Bachelor- und in herkömmlichen Studiengängen. Hannover: HIS.

Kultusministeronferenz (2002). Einheitliche Prüfungsanforderungen im Fach Mathematik. http://www.kmk.org/fileadmin/veroeffentlichungen_beschluesse/1989/1989_12_01-EPA-Mathe.pdf

Pieper-Seier, I., Reiss, K., Curdes, B., & Jahnke-Klein, S. (2002). Zur Entwicklung von fachbezogenen Strategien, Einstellungen und Einschätzungen von Mathematikstudentinnen in den Studiengängen „Diplom Mathematik“ und „Lehramt an Gymnasien“. In: U. Paravicini, & Ch. Riedel (Hrsg.), Dokumentation – Forschungsprojekte 1. bis 3. Förderrunde 1997-2001. Wissenschaftliche Reihe NFFG Band 1 (S. 17-31). Hannover: NFFG.

Rösken, B. (2009). Die Profession der Mathematiklehrenden – Internationale Studien und Befunde von der Theorie zur Empirie. Expertise Mathematik entlang der Bildungskette. http://www.telekom-stiftung.de/dtag/cms/contentblob/Telekom-Stiftung/de/1258754/blobBinary/Lehrkr %25C3 %25A4fte+.pdf.

Schichl, H., & Steinbauer, R. (2009). Einführung in das mathematische Arbeiten. Springer 2009.
Strobl, C. (2010). Das Rasch-Modell. Eine verständliche Einführung für Studium und Praxis. München: Rainer Hampp.
Tietze, U., Klika, M., & Wolpers, H. (2000). Mathematikunterricht in der Sekundarstufe 2: Mathematikunterricht in der Sekundarstufe II, Bd.1, Fachdidaktische Grundfragen, Didaktik der Analysis. Vieweg.
WSW (2008). Studienvoraussetzungen in Mathematik. Ergebnisse der Befragungen von Professoren, Erstsemestern, Mathematiklehrern. Abschlussbericht Mai 2008, WSW Wirtschafts- und Sozialforschung, Kerpen.
Zimmerman, S. (2008). Gründe für den Studienabbruch an der ETH Zürich. Masterarbeit, ETH Zürich.

21 Mathe0 – der Einführungskurs für *alle* Erstsemester einer technischen Lehreinheit

Maria Krüger-Basener und Dirk Rabe
(Fachbereich Technik, Hochschule Emden/Leer)[1]

Zusammenfassung

Wie fast alle technisch-naturwissenschaftlichen Fachbereiche steht auch die Lehreinheit Elektrotechnik und Informatik der Hochschule Emden/Leer – einer Hochschule in Randlage mit begrenztem Studierendenaufkommen – vor dem Problem, dass ihre Studierenden nicht ausreichende fachliche Qualifikationen mitbringen. In der Vergangenheit nahmen insgesamt wenige an Vorkursen teil und gerade diejenigen mit den größten Defiziten erschienen zum Großteil überhaupt nicht.

Diese Beobachtungen und empirischen Ergebnisse aus dem Emder BMBF-Forschungsprojekt USuS führten ab 2010 zu einem neuen Vorkurs-Konzept, das bereits innerhalb des Projektes evaluiert wurde: Ein zweiwöchiger*Mathematik-Vollzeit-Vorkurs* vor Vorlesungsbeginn, hochschulintern als Mathe0 bezeichnet, wurde als Einführungsveranstaltung aufgebaut – mit begleitenden Informationen zum Studium selbst und zum Studienstandort und mit Elementen zum gegenseitigen Kennenlernen. Die Form der Einladung stellte sicher, dass eine Teilnehmerquote von über 95 % aller Erstsemester erreicht werden konnte.

Der am ersten Tag durchgeführte *Eingangstest* in Mathematik verdeutlichte allen, ob und wo sie ihre (meist zu positive) Selbsteinschätzung hinsichtlich ihrer Mathematik-Kenntnisse verändern müssten. Der nach dem Vorkurs erfolgte *Ausgangstest* (Vorklausur) zeigte dann den Lernerfolg, während die Befragung bei Teilnehmern und Lehrenden die hohe Zufriedenheit mit der Veranstaltung nachwies.

[1] Besonderer Dank gilt der Projektmitarbeiterin des BMBF-Forschungsprojektes, Luz Dorisa Ezcurra Fernandéz, M. Eng., für die Unterstützung bei der Entwicklung des Mathematik-Vorkurses und bei seiner Evaluation.

Die detaillierten Analysen belegen die folgenden Erfolgsfaktoren: die *„standortbestimmenden“ Tests*, ein *gezielter Mix aus aktivierenden Lehrmethoden vor Ort* (nach Vorlesung jeweils betreutes PairWorking in Gruppen und anschließende Besprechung der Lösungen in denselben Arbeitsgruppen), das *Engagement der Lehrenden*, die *Einbeziehung von studentischen Tutoren* und nicht zuletzt das *studienvorbereitende Gesamtkonzept*. Die vorhandene Heterogenität der Mathematik-Vorkenntnisse wurde innerhalb des gewählten didaktischen Konzeptes nicht zum Problem, sondern konnte sogar zur Steigerung der Lernergebnisse aller genutzt werden.

21.1 Ausgangslage

Mathematik-Vorkurse scheinen erst in den letzten Jahren als eine Herausforderung und ein notwendiges Zusatz-Lehrangebot in den *Blickpunkt der Hochschulen* gerückt zu sein: Bisher wurde es als *Aufgabe des Studierenden* gesehen, sich um das Schließen vorhandener Lücken zu kümmern. Wer dies nicht schaffte, wurde durch Prüfungen aus dem Studium „selektiert“.

21.1.1 Allgemeine Situation für Mathematik-Vorkurse – auch an der Hochschule Emden/Leer

Inzwischen haben sich die Hochschulpolitik und die Einstellung der Lehrenden zu Mathematik-Vorkursen geändert. Hochschulen verstehen sich zunehmend weniger als eine Institution, die nur ausnahmsweise mit einem Mathematik-Vorkurs einigen Wenigen zusätzliche Hilfe anbieten müsste, sondern begreifen zunehmend stärker die Förderung des Einzelnen zum Erwerb seiner Studierfähigkeit als „normale“ Aufgabe der Hochschule selbst (z. B. Förderprogramm der Niedersächsischen Regierung zur Erhöhung der Studierquote von Schülern mit Eltern ohne akademische Vorbildung 2012). Erkennen kann man diese Änderung nicht nur an den Schwerpunkten der vom BMBF geförderten Maßnahmen zur Verbesserung der Lehre (Krüger-Basener, Rabe und Freesemann 2013), sondern auch an der Menge der angebotenen Mathematik-Vorkurse – insbesondere in den Ingenieurstudiengängen (Gnirke 2012), an der zunehmenden Zahl von Veröffentlichungen zur Didaktik oder an der Eröffnung eines Kompetenzzentrums Hochschuldidaktik Mathematik (KHDM) der Universitäten Kassel und Paderborn in 2011 mit der darauffolgenden bundesweiten Konferenz zu Mathematik-Vorkursen.

Eine Ursache liegt sicherlich darin, dass eine breitere Schicht die Hochschulen besucht (so will das Land Niedersachsen eine Studierquote von 40 % eines Altersjahrgangs erreichen, Niedersächsischen Landtags, 2012), die aber nicht mehr alle Studierfähigkeiten mitbringt bzw. sich selbst erwirbt (Bülow-Schramm, Merkt und Rebenstorf 2011). Dazu kommt das Interesse der Hochschule, ihre Studierenden erfolgreich zum Abschluss zu führen – also die Schwund- oder Abbruchquote zu senken, ohne dabei das Leistungsniveau herabzusetzen. In den technischen Studienfächern übt zusätzlich auch noch der Arbeitsmarkt mit seinem Wunsch nach einer Erhöhung der Absolventenzahlen bei Ingenieuren und Naturwissenschaftlern einen Druck auf Maßnahmen zur Förderung des Studienerfolgs aus (VDI 2012). Für Fachhochschulen mit einem Klientel, das häufig über eine berufliche Lehre mit entsprechend weniger theoretischem Vorwissen zur Hochschule kommt, gilt dies besonders.

Dieser Situation der Hochschulen steht die Einstellung der Erstsemester-Studierenden gegenüber: Studienanfänger, so zeigen erste Interviews mit Nicht-Teilnehmern, besuchen in der Regel einen Vorkurs nur dann, wenn sie nicht zu den absoluten Spitzenschülern ihres bisherigen Schulsystems gehörten *und* wenn sie zusätzlich auch noch problem- und pflichtbewusst sind. Als Grund zur Nicht-Teilnahme an einem Vorkurs – trotz objektiven Bedarfs – wird für das mangelnde Problembewusstsein häufig eine Überschätzung der bis dahin erworbenen Mathematikkenntnisse und -fähigkeiten beobachtet: In der hier betrachteten Hochschule äußerten fast alle Studierenden sogar nach dem gerade absolvierten Vortest zunächst, dass sie ganz gut damit „klargekommen seien", obwohl die tatsächlichen Ergebnisse (siehe Werte in Abb. 21.3) später auf anderes hinwiesen.

Angesichts dieser Situation war es Ziel, möglichst *alle* Anfänger in eine Auffrischung und Ergänzung der schulischen Mathematik-Grundlagen einzubeziehen. Dahinter steckt die implizite Annahme, dass (fast) alle von dieser Auffrischung profitieren würden, obwohl es, so zeigen langjährigen Erfahrungen der Lehrenden, immer einen gewissen Prozentsatz gibt, der – mit welchen Unterstützungsmaßnahmen auch immer – es nicht zum Studienabschluss schaffen wird.

21.1.2 Spezielle Situation an der Hochschule Emden/Leer

Emden als Hochschulstandort liegt im Nordwesten der Bundesrepublik und direkt an der Grenze zu den Niederlanden. Wie alle Hochschulen bezieht auch die Hochschule Emden/Leer ihre Studierenden überwiegend aus der umgebenden Region und traditionell ist diese – so die Ergebnisse einer Untersuchung aus dem Jahre 2006 (Langer und Stuckrad 2008) – weniger technisch, sondern – als landwirtschaftlich geprägte Region – eher sozial- und wirtschaftswissenschaftlich orientiert.

Auch die Hochschule Emden/Leer erlebt bei den Studienanfängern in den technischen Studiengängen fachliche Defizite. Dies führt dann hier wie andernorts zu hohen Durchfallquoten z. B. bei den Mathematik-Klausuren und letztendlich zu hohen Studienabbruchquoten in den technischen Studiengängen. Insofern hat die Hochschule ein hohes Interesse daran, ihre Studierenden der technischen Fächer frühzeitig zum Studium zu befähigen und durch eine gezielte Haltestrategie die technischen Studiengänge auszulasten. Um dies zu erreichen, wurde für das WS 2010/2011 ein neues Mathematik-Vorkurs-Konzept entwickelt, das alle Erstsemester erreichen und in einen „Lernmodus" versetzen sollte – auch über den Vorkurs hinaus.

21.1.3 Ziel des vorliegenden Beitrags

Im vorliegenden Beitrag werden Wege aufgezeigt, wie von der Schule, aus der Lehre oder aus dem Berufsleben kommende Studienanfänger erfolgreich an ihr Studium an einer Hochschule herangeführt werden können. Dazu werden sowohl die inhaltlichen Bausteine wie auch die didaktischen Rahmenbedingungen und die Lehrformen dargestellt. In einem abschließenden Teil werden die ermittelbaren Erfolgsfaktoren ausführlicher beschrieben.

21.2 Ausgestaltung eines Mathematik-Vorkurses als Erstsemestereinführung

Wie bereits oben erläutert, soll der Mathematik-Vorkurs in der hier betrachteten Hochschulsituation mehr als eine nur fachliche Vorbereitung des Studiums herbeiführen, obwohl er nicht als verpflichtendes (abschreckendes?) Element in der Prüfungsordnung enthalten ist. Trotz dieser formalen Freiwilligkeit sollen alle Erstsemester teilnehmen. Dazu zählen dann auch diejenigen, die aufgrund ausreichender fachlicher Grundlagen nicht zur klassischen Teilnehmergruppe gehören, aber auch diejenigen, die sich - aus den oben schon teilweise angeführten typischen Gründen wie Eigenüberschätzung, Desorganisaton, mangelndem „Pflichtbewusstsein" und mangelnder Motivation - nicht anmelden würden. Allen Gruppen soll dieser Vorkurs eine fachliche Ausrichtung in der Mathematik bieten, wie auch den Einstieg ins Studium erleichtern. Dies erfordert eine gut durchdachte Didaktik, die im Rahmen der vorhandenen Hochschulorganisation stattfinden muss.

21.2.1 Organisatorische Rahmenbedingungen für die Gestaltung eines Mathematik-Vorkurses

Die hier betrachtete Hochschule besteht aus vier Fachbereichen an zwei Standorten: Soziale Arbeit und Gesundheit, Technik, Wirtschaft und Seefahrt. Im Fachbereich Technik gibt es drei Abteilungen: *Elektrotechnik und Informatik*, *Naturwissenschaftliche Technik* und *Maschinenbau*.

Der im Folgenden vorgestellte Mathematik-Vorkurs wurde bzw. wird in den *Präsenz*-Bachelor-Studiengängen *Elektrotechnik*, *Informatik* und *Medientechnik* der Abteilung Elektrotechnik und Informatik durchgeführt. Dort nehmen in jedem Wintersemester zwischen 140 und 180 Studierende ihr Studium auf.

21.2.2 Mathematische Themen des Mathematik-Vorkurses

Die im Studium geforderten ingenieurmathematischen Kenntnisse legen ihren Schwerpunkt auf die Anwendung der Mathematik. Ein Studierender sollte deshalb ein „belastbares" Mathematik-Schulwissen mitbringen. Wie Erfahrungen mit früheren Studienjahrgängen zeigen, müssen die Themen des Mathematik-Vorkurses dazu alle klassischen Mittelstufen-Themen umfassen, deren Beherrschungsgrad schon im *Eingangstest* („Bestandsaufnahme") des ersten Tages individuell ermittelt wird. Nach dem Vorkurs wird der Lernfortschritt anhand eines *Ausgangstest*s evaluiert, der dem Eingangstest vergleichbar konzipiert ist.

Konkret werden folgende Themen adressiert (Wendeler 2002; Cramer und Neslehová 2004; Sting 2009; Rapp und Rapp 2007), die jeweils in einer Vorlesung vorgestellt und in den folgenden Einheiten vertieft werden (siehe Kap. 21.2.3):

Thema 1: Terme, Klammern, Brüche, Prozentrechnung
Thema 2: Binomische Formeln, lineare Gleichungen, n lineare Gleichungen mit n Unbekannten und Geometrie
Thema 3: Trigonometrie
Thema 4: Lineare Funktionen, Umkehr- und Betragsfunktionen
Thema 5: Darstellung von Funktionen, einfache Transformationen
Thema 6: Potenz- und Exponential-Funktion
Thema 7: Exponentialfunktion (Anwendungen), Logarithmusfunktion und Skizzen (auch logische Darstellung)
Thema 8: Ungleichungen, Textaufgaben

In Abb. 21.1 sind exemplarisch drei Beispiele und die Beherrschung dieser Aufgabentypen durch die Erstsemester im Eingangstest dargestellt, wobei es für die Hochschule unklar bleibt, inwieweit Exponential- und Un-Gleichungen bei ihren Erstsemestern im Lehrplan der unterschiedlichen Schultypen überhaupt enthalten sind. So wurde in Aufgabe 8 im Schnitt nur 0,8 von 10 Punkten erreicht, während die einfache Textaufgabe (Aufgabe 9 in Abb. 21.1) relativ gut gelöst wurde. Zwei Aufgaben zu Ungleichungen bzw. Beträgen fielen dagegen wiederum wesentlich schlechter aus.

21.2.3 Ablauf des zweiwöchigen Mathematik-Vorkurses

Um den Zielen des Kurses gerecht zu werden und um alle Studierenden zu gewinnen, wurde sich für eine *zweiwöchige Veranstaltung* entschieden, die *direkt vor Vorlesungsbeginn* und daher schon nach dem offiziellen Semesterbeginn am 1. September, aber noch in der vorlesungsfreien Semesterzeit liegt. Damit ist es möglich, fast alle Neu-Immatrikulierten zu erfassen, und den Studierenden außerdem die Möglichkeit eines vorherigen Ferienjobs zu geben.

Bereits mit Zusendung der Zulassungsbescheinigung wird die Einführungsveranstaltung den Studierenden als wichtiger Bestandteil des Studiums dargestellt („Teilnahme selbstverständlich") und eine aktive Bestätigung der Teilnahme per E-Mail eingefordert. Es gelingt so, Teilnahmequoten von über 95 % aller Erstsemester (174 Studierende in 2011) zu erreichen.

	Mittlere Punktzahl bei Eingangstest
Aufgabe 8: **(10 Punkte)**	
Lösen Sie die folgende Exponentialgleichung nach x auf! $2^{5x-3} = 4^{x-3}$	**8 %**
Aufgabe 9: **(5 Punkte)**	
Ein Auto fährt auf der Landstraße mit der konstanten Geschwindigkeit vonv = 90 km/h. Welche Distanz legt das Auto in genau 12 Sekunden zurück?	**63 %**
Aufgabe 10: **(11 Punkte)**	
Lösen Sie die Ungleichungen nach x auf und geben Sie die Lösungsmenge an! a) $\|x-2\|>1$ b) $8x \geq \frac{2(6x-1)}{3}$	**15 %**

Abb. 21.1 Durchschnittliche Punktzahl bei drei Aufgaben des Eingangstests („Bestandsaufnahme") – WS 2010/2011

Das Konzept dieser Erstsemestereinführung wurde im Rahmen des BMBF-Projektes USuS (Untersuchung des Studienverlaufs und Studienerfolgs; Krüger-Basener, Ezcurra und Gössling 2013) in Zusammenarbeit mit Professoren und wissenschaftlichen Mitarbeitern der Abteilung Elektrotechnik und Informatik konzipiert und im WS 2010/11 erstmalig umgesetzt. Im WS 2011/12 wurde der Vorkurs ein zweites Mal durchgeführt.

Da dieser Kurs eine Erstsemestereinführung darstellt, werden – wie oben bereits erläutert – neben den mathematischen Aspekten zusätzlich Ziele zur Einführung ins Studium verfolgt:

- Bekanntmachen mit der Hochschule, mit dem Studienort und mit der Studienumgebung,
- gezielte Förderung des Kennenlernens der Studierenden untereinander, der Dozent/-inn/en, der wissenschaftlichen Mitarbeiter/innen, der Fachschaft, der Erstsemesterpaten (Betreuung während der Erstsemestereinführung und in den ersten Semesterwochen) und der Mentoren (Ansprechpartner für individuelle Fragen und Probleme im Studium),
- Arbeiten in Lerngruppen als Lernform, die auch über die Erstsemestereinführung hinaus weiter praktiziert werden sollte,
- Anwendung zusätzlicher – den Studierenden oft kaum bewusst gewordener – Maßnahmen einer aktivierenden Lehre zur Steigerung des Lernerfolgs.

In Abb. 21.2 ist der Ablauf des zweiwöchigen Vorkurses dargestellt: Am ersten Tag erfolgt nach der *Begrüßung* durch den Studiendekan und der Vorstellung organisatorischer Details zum Kursverlauf der *Eingangstest*, der aber bewusst *Bestandsaufnahme* und nicht Test genannt wird, um hier den Eindruck des Prüfungscharakters zu vermeiden. Der Eingangstest – klassisch auf Papier – hat zwei Ziele, die sich an der zu erwartenden Heterogenität der Studierendengruppe orientieren:

- den Studierenden, die eine oft zu positive Selbsteinschätzung haben, ein Feedback zu geben,
- den Studierenden mit sehr guten Grundkenntnissen spezielle Herausforderungen zu bieten.

Am Nachmittag des ersten Tages wird der Eingangstest von den an der Erstsemestereinführung beteiligten wissenschaftlichen Mitarbeitern korrigiert.

Der *Ausgangstest*, der nach Einschätzung der Dozenten hinsichtlich Themen und Schwierigkeitsgrad analog zum Eingangstest gestaltet ist, lässt für Studierende und Lehrende den Lernzuwachs des Vorkurses abschätzen und wird im Übrigen in der zweiten regulären Vorlesungswoche geschrieben.

Abb. 21.2 zeigt auch den prinzipiellen Ablauf des Vorkurses ab dem zweiten Tag. In ihm ist ein Lehrmethodenmix gewählt, bei dem die Studierenden für die Themen der Mathematik auf unterschiedliche Weise angesprochen werden:

Jeder für den Vorkurs ausgewählte Themenbereich der Mathematik wird zunächst in einer klassischen *Vorlesung* vorgestellt.

Nach der Mittagspause erfolgt dann die *betreute Aufgabenbearbeitung* zu den vorher behandelten Themen in Gruppen mit jeweils etwa 20 Studierenden. Die Betreuung pro Gruppe wird dabei durch einen wissenschaftlichen Mitarbeiter und ein bis zwei studentische Tutoren aus dem dritten bzw. fünften Semester gewährleistet. Innerhalb der Gruppen werden wiederum Zweiergruppen gebildet, die die – für alle gleichen – Aufgaben im *PairWorking* bearbeiten. Im Unterschied zur der aus dem Schulunterricht bekannten Tandemarbeit wird hier zwar auch eine gegenseitige Unterstützung erwartet; im Vordergrund steht jedoch die gemeinsam abzugebende richtige Lösung, die anschließend auch für beide mit der gleichen Punktzahl bewertet in die Mathematik1-Vorleistungen eingeht. Die Aufgabenblätter werden gezielt erst in der Veranstaltung an die Paare ausgegeben (nur ein Papier-Exemplar pro Paar), um Versuche zu erschweren, aus dem PairWorking auszubrechen. Bei den Aufgaben – einer Mischung von Aufgaben zur Anwendung von Rechenregeln und von Textaufgaben – wird bewusst eine Papierlösung gefordert und auf rechnergestützte Aufgaben verzichtet, die dann in der Folgeveranstaltung Mathematik1 mit LonCapa (http://www.lon-capa.org/) durchaus flächendeckend eingesetzt werden. Den Studierenden ist die Nutzung aller gedruckten Medien erlaubt – elektronische Hilfsmittel sind nicht gestattet. Außerdem werden die *Partner des PairWorkings täglich und zufällig gewechselt* – dies wird von den Gruppenbetreuern überwacht.

	1. Tag	ab 2. Tag
08:30		Übungsbesprechung des Vortags - Gruppen à ca. 20 Studierende - Betreuung WiMi (ab 3. Tag)
09:00	Begrüßung (Studiendekan)	
09:30	Vorstellung der Vorkurs-Veranstaltung	
10:00	Pause	Pause
10:30	Mathematik: Bestandsaufnahme	Vorlesung Mathematik
11:00		
11:30		
12:00	Mittagessen in der Mensa	Mittagessen in der Mensa
12:30		
13:00	Freizeitaktivitäten: Erkundung Studienort/erste Kontakte	betreute Übungsbearbeitung - Gruppen à ca. 20 Studierende, Betreuung WiMis + Tutoren - Pair-Working (täglicher Partnerwechsel) - Paper-Work – bewusst keine rechnergestützten Übungen - Übungsabgabe/anschließende Übungskorrektur durch WiMis
13:30		
14:00		
14:30		
15:00		Pause
15:30		Freizeitaktivitäten

Abb. 21.2 Aufbau des zweiwöchigen Mathematik-Vorkurses

Ansonsten haben die Mitarbeiter und Tutoren eine eher passive Rolle bei der Bearbeitung. Sie stehen in Fällen, bei denen innerhalb einer Zweiergruppe Fragen nicht geklärt werden können, als Ansprechpartner zur Verfügung. Ihre Unterstützung beschränkt sich darauf, bei entstandenen Fragen der Studierenden Tipps zu geben, die dazu befähigen sollen, die Aufgaben eigenständig zu lösen. Die bearbeiteten Lösungen (pro Paar eine Lösung) werden im Anschluss an die jeweilige Übung von den wissenschaftlichen Mitarbeitern – zum Teil zusammen mit den Tutoren – korrigiert.

Mit dieser Vorgehensweise werden folgende Ziele verfolgt:

- Kennenlernen von verschiedenen und unterschiedlichen Kommilitonen zum Abbau der Anonymität,
- aktive Auseinandersetzung mit den mathematischen Themen durch das gemeinsame Bearbeiten und die damit verbundene Diskussion der Lösungswege mit dem (jeweils neuen) Arbeitspartner – in Gruppen von mehr als zwei Studierenden neigt erfahrungsgemäß ein Teil der jeweiligen Gruppenmitglieder zur Passivität,

- (zufällige) Mischung der Studierenden (durch die täglich wechselnden Lernpartner) mit zumeist unterschiedlich hohen Vorkenntnissen zur gegenseitigen Unterstützung wie auch zum Kennenlernen von und Sicheinstellen auf unterschiedliche Herangehensweisen bei mathematischen Problemlösungen und bei der Gruppenarbeit,
- Lernen durch Lehren, besonders für die besser qualifizierten Studierenden, und damit gezielter Einsatz der Heterogenität,
- Motivierung, auch bei schwierigen Aufgaben Lösungen zu finden, indem immer dann, wenn Aufgaben mit dem Partner allein nicht geklärt werden können, Betreuer (wissenschaftliche Mitarbeiter oder Tutoren) angesprochen werden können,
- persönliches Feedback durch die Rückgabe der detailliert korrigierten Ergebnisse.

Als Anreiz zur Abgabe der berechneten Übungsblätter werden im Rahmen der Übungen zusätzlich Punkte vergeben, die auf den unbenoteten Mathematik1-Übungsschein des folgenden ersten Semesters angerechnet werden.

Die korrigierten Übungsblätter werden erst am Folgetag zurückgegeben und in den Übungsgruppen (20er-Gruppen) mit den wissenschaftlichen Mitarbeitern besprochen. In dieser *Übungsbesprechung* gibt es eine Anwesenheitsregistrierung.

Nach den langen Mathematik-Tagen werden zusätzlich *Freizeitaktivitäten* wie Bowling, gemeinsames Grillen oder Kneipentouren durch den neuen Studienort angeboten und von den Studierenden, insbesondere von den Nicht-Pendlern, gerne angenommen.

21.3 Ergebnisse

Für die Erfolgsüberprüfung des Mathematik-Vorkurses bieten sich verschiedene Kriterien an, wie man sie auch aus der betrieblichen Weiterbildung kennt (Stiefel 1980; Witthauer und Saller 2012). Die am einfachsten zu erhebende Größe ist der *Zufriedenheitserfolg*, den man bei den Beteiligten feststellt – also bei den Studierenden und Lehrenden. Eine weitere Größe ist die des erreichten *Lernerfolgs*. Hierbei wird gemessen, inwieweit die Teilnehmer im gleichen Feld etwas „dazugelernt" haben und ihre Kompetenz in der Anwendung der Rechenregeln erhöhen konnten. Darüber hinaus kann man auch messen, ob es den Lernenden gelungen ist, das Gelernte auf weitere Gebiete wie spätere Klausuren, anzuwenden *(Transfererfolg)*. Für die genannten Kriterien wurden hier Messungen vorgenommen. Als weitere Größe könnte man auch noch die *Effektivität*, also das Kosten-Nutzen-Verhältnis, zur Erfolgsmessung heranziehen, was bisher noch nicht verfolgt werden konnte.

Wenn man den Erfolg des Mathematik-Vorkurses als fachlichen Lernzuwachs *(Lernerfolg)* misst, zeigt Abb. 21.3 das Ergebnis: Es ist deutlich zu erkennen, dass im Eingangstest (rote Balken vorne) eine knappe Mehrheit der Studierenden weniger als 30 % der Punkte erreichte. Auch der Mittelwert der erreichten Punkte liegt mit 29,4 % noch unter dieser 30-%-Grenze. *Nur 17 % der Studierenden erreichten die 50-%-Schwelle* und einige wenige Studierende (4 %) brachten gute Grundkenntnisse (≥ 70 % der erreichbaren Punkte) ins Studium mit.

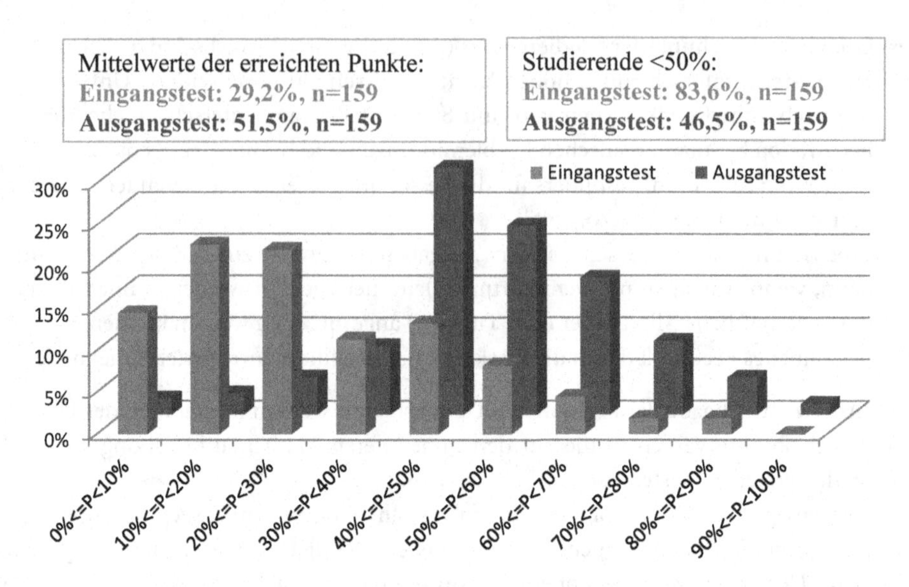

Abb. 21.3 ErfolgskriteriumLernzuwachs – Punktezuwachs von Eingangstest zu Ausgangstest (WS 2011/12)

Im gleich gestalteten Ausgangstest, der Vorklausur in der zweiten Vorlesungswoche (grüne Balken hinten), haben von denjenigen, die beide Tests mitgeschrieben, 93 % besser als im Eingangstest abgeschnitten. Außerdem kann man eine durchschnittliche Leistungssteigerung von gut 20 Prozentpunkten auf 51,5 % feststellen. Die 50-%-Schwelle haben nun 54 % der Studierenden erreicht (Steigerung um mehr als das Dreifache gegenüber den Werten des Eingangstests). Außerdem haben 15 % der Studierenden beim Ausgangstest 70 % der Punkte oder mehr erreicht, so dass im Vergleich zum Eingangstest auch bei der Zahl der Studierenden, die eine gute Leistung erbringen konnten, eine Steigerung um mehr als das Dreifache festzustellen ist. Diese Ergebnisse zeigen, dass die Vorkurs-Teilnehmer ihre Grundkenntnisse deutlich steigern konnten.

In Abb. 21.4 lassen sich gewisse Hinweise für eine Langfristwirkung des Mathematik-Vorkurses *(Transfererfolg)* auf die folgenden *Mathematik-Klausuren* erkennen – und damit die unerwartete Potenziale, die in einigen „schlummern": Betrachtet werden hier diejenigen, die im Eingangstest nur 0 bis 25 % der möglichen 80 Punkte erreichten und sich zu mindestens einer der beiden Mathematik1-Klausuren am Ende des WS 2011/12 anmeldeten. Von diesen Studierenden hatten nach der ersten Mathematik1-Klausur im Januar 2012 immerhin schon 42 % die Klausur bestanden und weitere 4 % taten dies bei der zweiten Klausur im März. Alle anderen hatten mindestens noch einen schriftlichen Klausurversuch vor sich, an dem sie diese Prüfung bestehen konnten. Andere Erfolgsindikatoren, wie Vergleiche mit Durchfallquoten früherer Jahre, ließen sich aufgrund der großen Kohortenunterschiede nicht sinnvoll heranziehen.

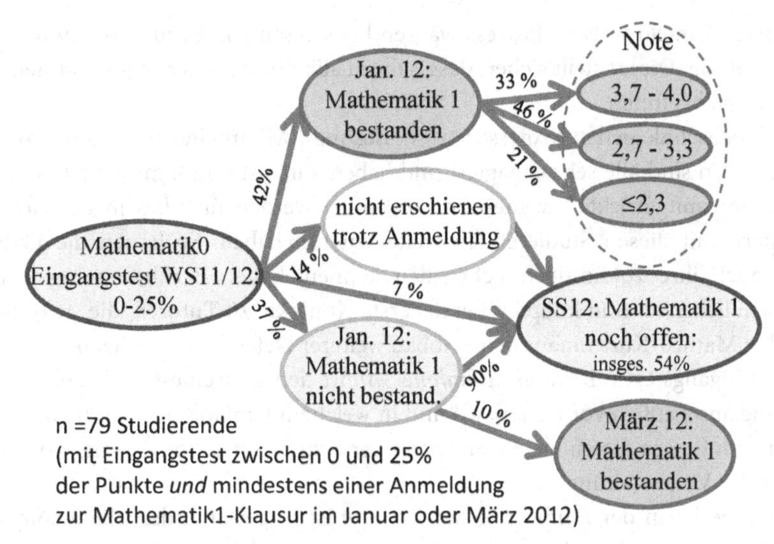

Abb. 21.4 ErfolgskriteriumTransfererfolg (Bestehen der Klausur) WS 2011/2012

Auch konnte keine Kontrollgruppe gebildet werden, da es politisch problematisch gewesen wäre, den Mathematik-Vorkurs einem Teil der der Studienanfängern vorenthalten zu wollen.

Als Letztes sei noch das Ergebnis des Vorkurses als *Zufriedenheitserfolg* erläutert. Sowohl Befragungen der Studierenden mit Hilfe von Gruppendiskussionen und anonymen Einzelbefragungen wie auch individuelle Rückmeldungen zeichnen ein sehr positives Bild: Alle Befragten antworteten z. B. im Fragebogen auf die Frage „Wie hat es Ihnen gefallen?" auf einer fünfstelligen Skala mit „sehr gut" (1) oder „gut" (2). Dies gilt auch für die beteiligten Mitarbeiter/innen und Tutor/inn/en, die sich alle bei der Abschlussbefragung ebenfalls positiv äußerten und sich im Übrigen in den folgenden Jahren freiwillig wieder zur Verfügung stellten.

21.4 Erfolgsfaktoren

Um den Mathematik-Vorkurs erfolgreich zu wiederholen und an anderen Fachbereichen einzusetzen, versuchten die Veranstalter zusammen mit den Lehrenden durch Beobachtungen und Diskussionen diejenigen Faktoren zu identifizieren, die für die Wirksamkeit verantwortlich sein könnten.

An die Stelle eines reinen Mathematik-Vorkurses mit freiwilliger Teilnahme, bei dem zumeist diejenigen, die ihn dringend benötigt hätten, nicht vertreten waren, tritt im neuen Konzept eine *quasi-verpflichtende Einführungsveranstaltung*. Erreicht wird dies durch ein entsprechend geschicktes Anschreiben an die Erstsemester und durch einen intensiven Anmelde-Mahn-Prozess während des gesamten Augusts bis zum Beginn der Veranstaltung. Dieser stellt sicher, dass nahezu alle Erstsemester schon mit dem Vorkurs ihr Studium beginnen.

Die hochschuleigenen Professoren (Vorlesung), Mitarbeiter/innen und studentische Tutor/inn/en sind alle sehr engagiert und haben zumeist schon im Vorfeld der Mathe0-Konzeption mitgewirkt. Die meisten von ihnen werden überdies in den kommenden Semestern mit diesen Studierenden weiter zu tun haben. So lernen die Erstsemester gleich auch ihre zukünftigen Lehrenden kennen, bauen Berührungsängste mit dem Hochschulleben ab und knüpfen bereits erste Kontakte zu Tutoren, die sie oftmals auch über den Mathe0-Kurs hinaus beim Abbau weiterer Defizite unterstützen.

Der Eingangstest („*Bestandsaufnahme*") führt den Erstsemestern im neuen Konzept erstmalig anschaulich vor Augen, wo und in welchem Umfang sie noch nicht „fit" für ihr Studium sind, was für einige ein notwendiger Schritt zur „Motivierung" ist – gleich zu Anfang der Veranstaltung.

Auch die Form der *Einführung ins Studium* ist so gewählt, dass die Anonymität der ersten Tage weitestgehend abgebaut ist (siehe oben) und der Studienbeginn bereits in die wesentlich persönlichere Atmosphäre des Vorkurses vorverlegt ist.

Das didaktisch durchkonstruierte Design, in dem sich die Studierenden ständig mit Mathematik, aber in jeweils unterschiedlicher Weise, aktiv auseinandersetzen, führt dazu, dass sich niemand der Erkenntnis verschließen kann, was er wirklich beherrscht, wo er bereits Fortschritte gemacht hat und wo immer noch Lücken sind.

In Abb. 21.5 lässt sich im linken Bild erkennen, wie beim *PairWorking* auch der Erklärende sein mathematisches Wissen erweitert und als zusätzliche Schlüsselqualifikation das „gute Erklären" dazulernt, was einigen wirklich Spaß und Erfolgserlebnisse brachte. Das rechte Bild verdeutlicht die beratende Rolle der studentischen Tutoren.

Ein solches didaktisches Konzept gibt die Möglichkeit, Heterogenität gezielt zu nutzen und damit das, was als *Binnendifferenzierung* in der Schuldidaktik diskutiert wird, in die Hochschule einzuführen: Die Leistungsunterschiede, aber auch die Unterschiede in Herangehensweise oder Kommunikation werden gezielt eingesetzt, um das Mathematikwissen wie auch sonstige Qualifikationen zu vermitteln. Im Übrigen können sich die wenigen, die im Eingangstest mindestens 70 % der Punkte erreichten, im Selbststudium mit den Themengebieten von Mathematik1 beschäftigen und bereits zu Beginn des Wintersemesters die Mathematik1-Prüfung ablegen. Von diesem Angebot hat die Hälfte der Betroffenen Gebrauch gemacht. Interessanter Weise nahmen diese Studierenden trotzdem freiwillig weiterhin zusätzlich am Mathematik-Vorkurs teil und profitierten selbst vom Lernen durch Lehren. Während des ersten Semesters besuchten diese sonst wahrscheinlich unterforderten Studierenden dann bereits eine weiterführende Mathematik-Veranstaltung und schlossen diese ebenfalls mit der Prüfung ab. Hochschuldidaktisch gesehen wurden so gezielt individuell unterschiedlich schnelle Studienverläufe eingeführt (sogenannte *Fast Tracks* (Technische Universität München 2012)).

Abb. 21.5 Neue Didaktik – hier PairWorking und tutorielle Unterstützung

Außerdem ermöglicht gerade das PairWorking eine *Motivation* dadurch, dass – wenn auch mit unterschiedlich hoher Anstrengung und mit unterschiedlich hoher Hilfe – alle Paare die Aufgaben auch tatsächlich lösen können (Curdes, Marx, Schleier und Wiesner 2007). Die Teilnehmer sitzen also nicht „verzweifelt alleine zu Hause“ oder warten einfach die entsprechende Übung am Folgetag ab, um sich dort vom Übungsleiter die Aufgaben vorrechnen zu lassen. So kann beim PairWorking auch nicht der trügerische Eindruck entstehen, den Inhalt verstanden zu haben, obwohl man ihn nur von anderen vorgerechnet bekam. Außerdem fällt insbesondere der Transfer auf anders geartete Problemstellungen denjenigen, die eigenständig zu einer – zumindest teilweisen – Lösung der Übungsaufgaben gekommen sind, deutlich leichter als den nur „zuschauenden“ Studierenden.

Des Weiteren erfüllt eine solche Didaktik auch eine hohe *soziale Funktion* und hilft, frühzeitig potenzielle Lernpartner „auszuprobieren“ und sich auf spätere Projektarbeiten mit unterschiedlichen Mitstudierenden vorzubereiten. Für einige Studierende und in einigen Studiengängen ist der verordnete Zwang zur Kommunikation in den Paaren sehr hilfreich, da sonst nur auf Einzelarbeit gesetzt würde und die anregende Funktion durch die Mitstudierenden entfallen würde.

Trotzdem scheint auch die leichte *Motivierung von außen* (Punkteanrechnung und Anwesenheitsregistrierung) die Anwesenheitsquote und die Leistungsbereitschaft gefördert zu haben, wie die mitlaufenden Evaluationsbeobachtungen zeigen.

In diesem Kontext darf nicht unerwähnt bleiben, dass der schon oben beschriebene Eingangstest den Bedarf an einem solchen Vorkurs bei den Studierenden zu wecken versteht und den Lehrenden einen Einblick in die aktuellen mathematischen Kenntnisstände gibt. Bei dieser Rückmeldung muss allerdings auf das Gleichgewicht zwischen dem „Aufwachen“ der Selbstüberschätzer (nach dem Eingangstest ein „Kam recht gut klar“ bei einer Leistung von unter 50 % der erreichbaren Punkte) und dem „Abschrecken“ der schlecht Vorbereitenden („Das schaffe ich nie ...“) geachtet werden.

21.5 Ausblick

Der hier beschriebene Vorkurs bringt – nach bisherigen Beobachtungen der Lehrenden – Studenten hervor, die im Mathematik-Vorkurs vielleicht gelernt haben, dass sich Anstrengung im Studium lohnen wird (immerhin haben sich die meisten im Ausgangstest deutlich verbessert), die dazu auch schon Kommilitonen aus dem PairWorking kennen und die teilweise sogar Lerngemeinschaften für die nächsten Semester oder selbst für ihr Studium gefunden haben.
Von der Abteilung Elektrotechnik und Informatik werden den Studierenden in der Studieneingangsphase zusätzlich zum Mathematik-Vorkurs weitere Maßnahmen über den Vorkurs hinaus angeboten:

- ein *quasi-verpflichtendes Mathe0-Repetitorium* während des ersten Semesters für diejenigen, die weder im Eingangs- noch im Ausgangstest mindestens 50 % der Punkte erreichen,
- gezielte *Fach-Tutorien* wie Mathematik1 oder Programmieren1 insbesondere in der Studieneingangsphase, die erst dann eingerichtet werden, wenn die Studierenden Bedarf äußern und sie dann auch besuchen,
- fachübergreifende betreute *Lern„cafés“*, bei denen man dann mit Tutorenunterstützung seine Aufgabenblätter oder Versuchsauswertungen gemeinsam ausarbeiten kann,
- durch das Projekt MentorING (2012) gezielte *Einzelunterstützung* derjenigen, die typischerweise wegen ihrer Arbeitstechnik bzw. ihres Zeitmanagements besonderer Aufmerksamkeit bedürfen.

Als letztes soll aber festgehalten werden, dass trotz aller sichtbaren Erfolge ein zweiwöchiger Mathematik-Vorkurs allein nicht die fehlenden Mathematik-Kenntnisse eines Mittel- und Oberstufenunterrichts für technische Hochschulstudiengänge ersetzen kann. Auch der personalintensive Aufbau des Vorkurses muss kritisch betrachtet werden. Die Frage danach, wie die Studierenden bei diesem strengen methodischen Konzept Selbstständigkeit für ihr Studium erlernen können, führte bereits zu ersten Ansätzen, weitere weniger „geleitete“ Lernformen zu erproben.

21.6 Literaturverzeichnis

BEST4EHL (2012). http://www.hs-emden-leer.de/forschung-transfer/projekte/best4hel.html, Stand: 19.05.2012.

Bülow-Schramm, M., Merkt, M., & Rebenstorf, H. (2011). Studienerfolg aus Studierendensicht – Ergebnisse der ersten Erhebungswelle des Projekts USuS. In: Nickel, S. (Hrsg.) (2011), Der Bologna-Prozess aus Sicht der Hochschulforschung. Analysen und Impulse für die Praxis. CHE-Bericht Nr. 148, 167–177.

Cramer, E., & Neslehová, J. (2004). Vorkurs Mathematik. Berlin (Springer Verlag) 4. Auflage.

Curdes, B., Marx, S., Schleier, U., & Wiesner, H. (2007). Gender lehren – Gender lernen in der Hochschule. Von BIS-Verlag der Carl von Ossietzky Universität Oldenburg.

Gnirke, H. (2012). Formen der Mathematik-Vorkurse in deutschen ingenieurwissenschaftlichen Studiengängen. Unveröffentlichte Studienarbeit an der Hochschule Emden/Leer. WS 2011/12.

Krüger-Basener, M., Ezcurra, L., & Gössling, I. (2013). Heterogenität als Herausforderung für Lehrende der Informatik. In: Bülow-Schramm, M., Studienverläufe und Studienerfolg in Bachelor-Studiengängen (S. 162–190). Heidelberg: Springer.

Krüger-Basener, M., Rabe, D., & Freesemann, F. (Hrsg.) (2013). Qualitätsoffensive Lehre in Niedersachsen. Tagungsband des Workshops „Best Practice“ am 23.–24.02.2012 in Wolfenbüttel. Hochschule Emden/Leer Emden 2013 (in Vorbereitung).

Krüger-Basener, M., & Totzauer, G. (2010). Studienverläufe und Studienerfolg von Informatikern. Vortrag auf dem 15. Norddeutschen Kolloquium für Informatik an Fachhochschulen. Wolfenbüttel, 10.–12.06.2010. http://www.ostfalia.de/cms/de/i/Nordd_Kolloquium/Programm.html.

Langer, M., & von Stuckrad, T. (2008). Datenatlas für das deutsche Hochschulsystem – Schnellinformation „Fächerpräferenzen“. Präferenzen der Studienanfänger/innen auf der Ebene von Fächergruppen und Kreisen/kreisfreien Städten für das Studienjahr 2006. CHE.

MentorING (2012):http://www.hs-emden-leer.de/forschung-transfer/projekte/mentoring.html, Stand: 19.05.2012.

Niedersächsischer Landtag (2012):Drucksache 16/3562 des Niedersächsischen Landtags – 16. Wahlperiode, 15.02.2012.

Rapp, H., & Rapp, J. M. (2007). Übungsbuch Mathematik für Fachschule Technik und Berufskolleg: Anwendungsorientierte Aufgaben mit ausführlichen Lösungen. Wiesbaden: Vieweg.

Stiefel, R. (1980). Management Management-Bildung auf dem Prüfstand. Strategie zur Evaluierung der betrieblichen und überbetrieblichen Management-Bildung. Köln: Hanstein.

Stingl, P. (2009). Einstieg in die Mathematik für Fachhochschulen, 4. Auflage. München: Hanser.

Technische Universität München: http://portal.mytum.de/studium-und-lehre/agenda-lehre/massnahmen_html/. Stand: 19.05.2012.

USUS (2012): http://usus.technik-emden.de/, Stand: 19.05.2012.

VDI (2012): http://www.vdi.de/44033.0.html?&no_cache=1&tx_ttnews[tt_news]=57576. Stand: 19.05.2012.

Wendeler, J. (2002). Vorkurs der Ingenieurmathematik, 2. Auflage. Frankfurt a. M.: Verlag Harri Deutsch.

Witthauer, H. C., & Saller, Th. (2012). Initiative „In Führung gehen“. http://www.kienbaum.de/Portaldata/3/Resources/documents/pdf/veranstaltung/FuehrungSteuerung_BA.pdf. Stand: 19.05.2012.

Teil IV

Unterstützungsmaßnahmen in der Studieneingangsphase

22 Das Projekt „Mathematik besser verstehen“

Ein Begleitprogramm zu den Vorlesungen Analysis und Lineare Algebra im Studienfach Mathematik LA für GyGeBK

Christoph Ableitinger (Universität Wien) und
Angela Herrmann (Universität Duisburg-Essen)

Zusammenfassung

Das durch die Deutsche Telekom Stiftung geförderte Projekt „Mathematik besser verstehen“ wurde in den Studienjahren 2009/10 und 2010/11 an der Universität Duisburg-Essen durchgeführt. Es wurden Maßnahmen entwickelt, die den Studierenden des Lehramts für Gymnasien, Gesamtschulen und Berufskollegs den Einstieg in das erste Studienjahr erleichtern sollten. Diese Maßnahmen wurden begleitend zu den Vorlesungen Analysis und Lineare Algebra angeboten, um möglichst wenig Einfluss auf den bestehenden Lehrbetrieb zu nehmen. Das Design des Projektes, einige ausgewählte Materialien sowie Erfahrungen aus der Projektarbeit werden im Artikel vorgestellt.

22.1 Mathematik besser verstehen

22.1.1 Die Motivation hinter dem Projekt

Diskontinuität – das ist derzeit *das* Schlagwort, wenn man Vorträge zur Studieneingangsphase Mathematik hört bzw. entsprechende Publikationen liest. Diskontinuierlich – das bedeutet „unterbrochen“ bzw. „ohne Zusammenhang“ (siehe z. B. Back et al. 2006). Und es macht wirklich häufig den Eindruck, als bliebe die Mathematikausbildung an der Universität für viele Studierende weitgehend ohne Zusammenhang mit jener Mathematik, die sie an der Schule genossen haben. Sie werden im ersten Ausbildungsjahr mit einer für sie größtenteils fremden Disziplin konfrontiert, in der plötzlich etwas anderes im Zentrum steht, als das bloße Anwenden praktischer Werkzeuge auf wohlbekannte Aufgabentypen. Beispielsweise nimmt das Exaktifizieren von in der Schule eher intuitiv genutzten Begriffen einen wichtigen Platz in der universitären Mathematik ein, man denke etwa an die Begriffe „Grenzwert", „Stetigkeit" oder „Vektorraum". Generell nimmt der Grad der Abstraktheit sprunghaft zu, es ist zuweilen gar von einem Abstraktionsschock die Rede (Schichl und Steinbauer 2009). Und nicht zuletzt stellen auch das Bewältigen eines neuen Typus von Aufgaben an der Universität (Ableitinger 2012) sowie die Tätigkeit des Beweisens (Hemmi 2008; Weber 2002) zum Teil unüberwindbare Herausforderungen für viele Studierende dar.

Neben der *fachlichen* gibt es aber auch noch andere Perspektiven, aus denen das Lernen von Mathematik an Schule und Universität unverbunden zu sein scheint. Hier sei z. B. der folgende *soziale* Aspekt genannt: Lernende werden an der Schule durch ihre Lehrer[1] betreut, beim Namen gekannt und in ihrem Lernfortschritt ständig begleitet, während das an der Universität natürlich aus kapazitären Gründen gar nicht möglich ist. Es sei auch auf die veränderte Art der Leistungsfeststellung an der Universität hingewiesen. Abgesehen von den Korrekturanmerkungen zu den Hausübungen (die in vielen Fällen zu zweit oder gar in Kleingruppen abgegeben werden dürfen), bekommen die Studierenden im Wesentlichen erst am Ende des ersten Semesters individuelle Rückmeldungen zur eigenen Leistungsfähigkeit.

Erhalten die Studierenden dann erstes Feedback, so führt dies in vielen Fällen zu herben Enttäuschungen – und dies sogar teils in wörtlichem Sinne, insofern zahlreiche Studienanfänger zunächst tatsächlich einer Täuschung unterliegen. Sie sind es aus der Schule gewohnt, zu den Besten im Fach Mathematik zu zählen, an der Universität werden plötzlich Defizite sichtbar, die sich nicht innerhalb des ersten Semesters ausgleichen lassen. Dies führt oft schon nach kurzer Zeit zu Frustrationen, leider auch bei Studierenden, die prinzipiell das Zeug dazu hätten, ihr Mathematikstudium erfolgreich zu bestehen.

Und schließlich hat der Bruch zwischen Schule und Universität auch einen *lernstrategischen* Aspekt. Das Lernen wird zum großen Teil in die Selbstverantwortung der Studierenden gelegt – viele von ihnen müssen aber erst lernen, wie man bezogen auf ein Mathematikstudium erfolgreich lernt. Wie bereitet man eine Vorlesung nach? Wie gelangt man zu einem tieferen Begriffsverständnis? Wie lernt man Beweisen? Wie bereitet man sich effektiv für eine Klausur oder eine Zwischenprüfung vor? Etc.

Nebenbei erwähnt ist die derzeitige Situation an Universitäten im deutschsprachigen Raum nicht nur für die Studierenden unzufriedenstellend, sondern auch für die Dozenten, die den heterogenen Leistungen ihrer Studienanfänger oftmals ratlos gegenüberstehen (siehe z. B. Hefendehl-Hebeker 2013; Luk 2005).

Es stellt sich nun umgekehrt die Frage, ob eine (wie auch immer geartete) Diskontinuität nicht auch ihre guten Seiten hat. Die Selektion der für den Lehrberuf am besten geeigneten Studierenden (dazu gehört unbestritten auch das fachliche Können) und die

---

[1] Alle personenbezogenen Aussagen gelten – sofern nicht explizit anders formuliert – stets für Frauen und Männer gleichermaßen.

Förderung der studentischen Selbstständigkeit sind sicher begrüßenswerte Folgen eines anspruchsvollen Mathematikstudiums. Diese beiden Argumente werden von Dozentenseite sowie von erfolgreichen Absolventen auch tatsächlich häufig angeführt. Andererseits gehen - gerade in Zeiten eines akuten Mangels an Mathematiklehrkräften - viele Studierende mit Potenzial auf dem Weg verloren. Gerade diese Klientel gilt es durch Innovationen im Lehrbetrieb zu unterstützen. Sie sind das eigentliche Zielpublikum von Projekten wie „Mathematik besser verstehen".

22.1.2 Charakteristika von „Mathematik besser verstehen"

Am Campus Essen der Universität Duisburg-Essen lief in den beiden Studienjahren 2009/10 und 2010/11 ein Projekt, das den Anspruch hatte, passend zu den Lehrveranstaltungen Analysis und Lineare Algebra Unterstützungsmaterialien für die Studierenden des Lehramtes Mathematik für Gymnasien, Gesamtschulen und Berufskollegs anzubieten. Wir werden nicht müde zu betonen, dass dieses Projekt *begleitend* zum bestehenden Lehrbetrieb gelaufen ist, dass wir also in die Konzeptionen der Lehrenden in keiner Weise eingreifen wollten. Es sollte dadurch ein Modell für Fachbereiche entwickelt werden, die Innovationen in der Studieneingangsphase umsetzen möchten, für strukturelle Änderungen im Lehrbetrieb allerdings keine weitreichenden zusätzlichen finanziellen und personellen Kapazitäten haben. Es sei im Kontrast dazu auf das viel stärker in die Lehre eingreifende Leuchtturmprojekt „Mathematik neu denken" der Universitäten Siegen und Gießen verwiesen (Beutelspacher et al. 2011).

Ein zweites Charakteristikum war, dass für die Studierenden *kein zusätzlicher Aufwand* durch die Projektmaßnahmen entstehen sollte. Gerade Studierende des Lehramtes sind in ihrem ersten Studienjahr gut ausgelastet (wenn nicht sogar überfordert), wir wollten diese Situation nicht verschärfen. Die Projektinitiativen wurden also so angelegt, dass sie die Studierenden bei jenen Tätigkeiten unterstützen sollten, die sie ohnehin durchführen mussten.

Das Projekt „Mathematik besser verstehen" beinhaltete eine starke *E-Learning-Komponente.* Viele der in Abschnitt 22.2 beschriebenen Projektmaterialien wurden den Studierenden über eine Moodle-Plattform zur Nutzung bzw. zum Download angeboten. Dabei wurden jeweils zum Inhalt der laufenden Vorlesungen passende Unterstützungsangebote gemacht, die von den Studierenden in aller Regel *freiwillig* genutzt werden konnten. Lediglich die in Abschnitt 22.2.1 beschriebenen Aufgaben waren für alle Studierenden verpflichtend zu bearbeiten.

Die *Rahmenbedingungen* am Universitätsstandort Essen lassen sich wahrscheinlich als „typisch" für deutsche Verhältnisse bezeichnen. Die Vorlesungen waren nach dem klassischen Schema „Definition-Satz-Beweis" aufgebaut, selbstverständlich flankiert durch Beispiele, Erklärungen und historische Elemente im üblichen Ausmaß (siehe dazu Schmidt-Thieme 2009). Die Dozenten standen dem Projekt durchwegs positiv gegenüber, waren an Entwicklungen interessiert und versorgten uns dankenswerterweise regelmäßig mit Informationen zum Stand der Vorlesung.

22.1.3 Aufbau des Projektes

Das Projekt „Mathematik besser verstehen“ wurde durch Prof. Lisa Hefendehl-Hebeker und Prof. Gebhard Böckle ins Leben gerufen und konzeptionell geplant. Die Deutsche Telekom Stiftung hat das Projekt für einen Zeitraum von insgesamt drei Jahren durch Finanzierung einer Mitarbeiterstelle gefördert. Zusätzlich wurde von der Fakultät eine Doktorandenstelle bereit gestellt, die inhaltlich dem Projekt zugeordnet war. Eine pensionierte Gymnasiallehrerin, die ehrenamtlich im Projekt mitgearbeitet hat, komplettierte das Team.

Die ersten beiden Projektjahre dienten wie oben beschrieben der Materialentwicklung, das letzte Jahr der Auswertung und Dokumentation des Projektes. Die inhaltliche Arbeit folgte dem Paradigma des *Design Researchs* (van den Akker et al. 2006; Selter und Wittmann 1999). Dieses zeichnet sich durch seinen zyklischen Aufbau aus, in dem Forschung und Lehre eng miteinander verzahnt sind und einander gegenseitig befruchten sollen. Wichtige Merkmale sind z. B. die Gestaltung von Interventionen direkt in der Lehr-Lern-Situation, der iterative Charakter des Entwickelns, Durchführens und Bewertens sowie der Überarbeitung der Interventionen, und nicht zuletzt der Fokus darauf, die Wirkungsweise der Interventionen zu durchleuchten (van den Akker et al. 2006).

Im Projekt gab es zwei grobe Entwicklungszyklen, nämlich die ersten beiden Projektjahre. Die im ersten Jahr entwickelten und eingesetzten Materialien und Interventionen wurden einer informellen Evaluation durch die Studierenden bzw. einer kritischen Analyse durch die Projektmitarbeiter unterworfen. Danach wurden sie überarbeitet, um neue Aspekte ergänzt und von wenig wirkungsvollen Maßnahmen gesäubert, bevor sie im zweiten Durchgang den neuen Erstsemestern zur Unterstützung angeboten wurden. Doch auch innerhalb der beiden großen Zyklen gab es Weiterentwicklungen, auf die in den Abschnitten 22.2.1 bis 22.2.6 gegebenenfalls gesondert eingegangen wird.

22.1.4 Evaluierung der Projektmaßnahmen

Jedes Projekt, das die Verbesserung der Lehre und damit zusammenhängend eine Leistungssteigerung der betroffenen Studierenden zum Ziel hat, muss sich die Frage nach der Wirksamkeit ihrer Initiativen gefallen lassen. Dass eine Gesamtevaluation des Projektes per se schwierig ist, muss man allerdings nicht extra betonen. Zu viele Parameter nehmen Einfluss auf den tatsächlichen Output bei den Studierenden, darunter z. B. die Art und Weise der Lehre des Dozenten (was eine Kohorte schon prinzipiell schwer vergleichbar mit einer anderen macht), die schlechte Erfassbarkeit, welcher Student welches Angebot in welchem Umfang und mit welcher Intensität genutzt hat, usw. Wir scheuen uns trotzdem nicht davor, das Projekt extern durch die Universität Hamburg evaluieren zu lassen und so einen Vergleich zu den Universitäten Siegen und Gießen (Mathematik neu denken) sowie zu weiteren Vergleichsuniversitäten mit herkömmlicher Lehre ziehen zu können. Entsprechende Ergebnisse stehen noch aus und werden andernorts veröffentlicht.

Parallel dazu wurde allerdings versucht, einzelne Projektaktivitäten sowohl durch Befragungen der Studierenden, als auch durch qualitativ empirische Analysen auf ihre Wirksamkeit hin zu untersuchen. Auch diese Teilevaluationen finden sich gegebenenfalls an Ort und Stelle bei den Projektaktivitäten in den Abschnitten 22.2.1 bis 22.2.6. Für eine umfassende Darstellung reicht allerdings der Platz nicht aus.

22.2 Projektaktivitäten

Dieser Abschnitt ist der Vorstellung konkreter Projektmaßnahmen gewidmet, die im Laufe der beiden Projektjahre entwickelt wurden. Es werden dabei jeweils die Ziele der Initiativen benannt, die Art und Weise der Umsetzung im Projekt beschrieben sowie eventuelle Evaluationsergebnisse präsentiert. Viele der Maßnahmen sind keine genuine Erfindung des Projektes. Vielmehr beziehen sie sich auf ähnliche Initiativen an anderen Standorten bzw. auf theoretische Konzepte aus der Mathematikdidaktik, den Bildungswissenschaften oder der Kognitionspsychologie. Wir werden an geeigneten Stellen darauf hinweisen.

22.2.1 Schulbezogene Aufgaben

Viele Studierende sind nicht in der Lage die Mathematik, die sie an der Hochschule neu lernen, mit der ihnen bereits bekannten Schulmathematik in Verbindung zu bringen. Dies führt zu der eingangs beschriebenen Diskontinuität. An verschiedenen Universitätsstandorten wurden deshalb eigene Veranstaltungen oder zumindest spezielle Aufgaben für die Lehramtsstudierenden entwickelt, die Brücken zwischen diesen beiden „Welten der Mathematik" schlagen (vgl. beispielsweise Beutelspacher et al. 2011; Leufer und Prediger 2007; Bauer und Partheil 2009). Angelehnt an diese Konzepte wurde im Projekt pro Übungsblatt eine Aufgabe entwickelt, die von allen Studierenden verpflichtend zu bearbeiten war. Zum Teil wurden diese Aufgaben auch als Präsenzübungen gestellt. Die Aufgaben sollten dabei mindestens einen der folgenden drei Aspekte aufgreifen:

- Schulmathematik vom höheren Standpunkt (vgl. Beutelspacher et al. 2011)
- Fokussierung auf spätere Lehrerrolle
- Einstiegs- oder Veranschaulichungsaufgaben zu neuen Themenbereichen

Wir wollen nun zwei Beispiele für solche schulbezogenen Aufgaben geben[2]:

[2] Eine Veröffentlichung weiterer Beispielaufgaben finden Sie in Ableitinger et al. (2013).

Im ersten Beispiel sollten die Studierenden zum Themenbereich der Eigenwerttheorie in der Linearen Algebra die folgende Schulbuchaufgabe (aus: Baum et al. 2001, S. 193) einerseits mittels geometrischer Überlegungen und andererseits mit den Mitteln der Eigenwerttheorie aus der Vorlesung bearbeiten.

> Bestimmen Sie die Eigenwerte und Eigenvektoren der affinen Abbildung:
> a) Spiegelung an der x_1-Achse,
> b) Spiegelung an a: $x_2 = x_1$,
> c) Drehung um O um 90°,
> d) Zentrische Streckung von O aus mit dem Streckfaktor $k = 2$,
> e) Scherung mit der Achse a: $x_2 = 0$, der Punkt $P(0|3)$ wird auf $P'(4|3)$ abgebildet.

Diese Aufgabe greift gleich zwei der oben genannten Aspekte auf. Die (größtenteils) aus der Schule bekannten Abbildungen in dieser Aufgabe dienen als Veranschaulichung des Konzepts des Eigenvektors und Eigenwertes. Diese Anschauung sollen die Studierenden explizit durch die geometrischen Überlegungen im ersten Aufgabenteil aufbauen. Des Weiteren wird hier die Schulmathematik vom höheren Standpunkt betrachtet. Durch das Übersetzen der Abbildungsvorschriften in die Matrizenschreibweise wird die Aufgabe den Methoden der Hochschulmathematik zugänglich gemacht und kann somit mit deren Mitteln gelöst werden. Ein weiterer Nebeneffekt dieser Aufgabe ist, dass den Studierenden die mögliche Relevanz der Eigenwerttheorie für die Schule verdeutlicht wird. Dies kann sich durchaus motivierend auf die Studierenden auswirken, auch wenn diese Aufgabe „nur" für Leistungskurse in Frage kommt.

Das zweite Beispiel fokussiert dagegen eher auf die zukünftige Lehrerrolle. Die Studierenden wurden aufgefordert in gegebenen Lösungen Fehler zu finden.

> **Vorsicht – Fehler haben sich eingeschlichen**
> Nachdem Ihre Hausaufgaben in der Schule immer von der Lehrperson korrigiert worden sind, dürfen Sie jetzt einmal die andere Rolle kennenlernen. In den Aufgabenbearbeitungen auf der nächsten Seite haben sich Fehler eingeschlichen. Finden Sie diese und geben Sie jeweils eine komplette, korrekte Musterlösung an!
> a) Bestimmen Sie die Lösungsmenge der folgenden Ungleichung in $\mathbb{N}$:
> $$x^2 + 9x + 14 < 0$$
> b) Bestimmen Sie die Lösungsmenge der folgenden Gleichung in $\mathbb{R}$:
> $$\sqrt{x^2} = x^2 - 2$$
> c) Gilt folgende Gleichung für beliebige Mengen N und M? Begründen Sie Ihre Antwort! (Hinweis: $P(A)$ bezeichnet die Potenzmenge von A.)
> $$P(M \times N) = P(M) \times P(N)$$

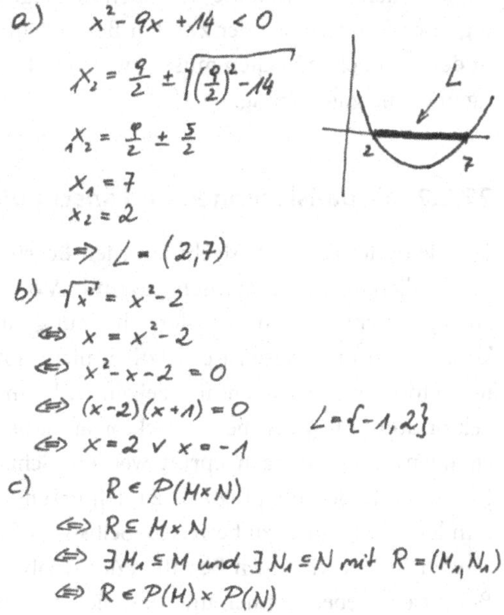

Abb. 22.1 Fehlerhafte Lösungen zur Hausaufgabe

a) $x^2 - 9x + 14 < 0$

$x_{1,2} = \frac{9}{2} \pm \sqrt{\left(\frac{9}{2}\right)^2 - 14}$

$x_{1,2} = \frac{9}{2} \pm \frac{5}{2}$

$x_1 = 7$

$x_2 = 2$

$\Rightarrow L = (2,7)$

L

2 7

b) $\sqrt{x^2} = x^2 - 2$

$\Leftrightarrow x = x^2 - 2$

$\Leftrightarrow x^2 - x - 2 = 0$

$\Leftrightarrow (x-2)(x+1) = 0$

$\Leftrightarrow x = 2 \vee x = -1$

$L = \{-1, 2\}$

c) $R \in \mathcal{P}(M \times N)$

$\Leftrightarrow R \subseteq M \times N$

$\Leftrightarrow \exists M_1 \subseteq M$ und $\exists N_1 \subseteq N$ mit $R = (M_1, N_1)$

$\Leftrightarrow R \in \mathcal{P}(M) \times \mathcal{P}(N)$

Diese Art von Aufgaben haben die Intention, dass sich die Studierenden nicht mehr damit beschäftigen müssen selbst eine Lösung zu finden, sondern sich nun ganz auf bestimmte Aspekte der Aufgabe konzentrieren können. Neben der „Korrektur-Kompetenz" spielt in dieser Aufgabe auch die fachliche Kompetenz eine wichtige Rolle. Zunächst müssen die Studierenden erkennen, worin die Fehler liegen, um dann eine eigene korrekte Lösung zu erstellen. In Teil a) besteht der Fehler darin, dass die Lösungsmenge als Intervall angegeben wurde, jedoch nur nach den Lösungen aus $\mathbb{N}$ gefragt war. Die Studierenden sollen somit auf die nötige Präzision hingewiesen werden, die in der Mathematik verlangt wird, und so lernen eigene Lösungen dahingehend kritisch zu betrachten. Aufgabenteil c) sollte dazu anregen, sich zunächst mit den vorkommenden Objekten auseinanderzusetzen. Nur so kann erkannt werden, dass die Elemente der beiden Mengen unterschiedliche Objekte sind und somit die Mengen in keiner Inklusionsbeziehung zueinander stehen können. Solche Analysen der auftretenden Objekte begleiten mathematische Lösungsprozesse und sind für ein Vorankommen häufig entscheidend. Dessen sollten sich die Studierenden in dieser Aufgabe gewahr werden.

Eine Evaluierung der Projektmaßnahme „schulbezogenen Aufgaben" gestaltet sich eher schwierig. Eine mögliche Auswertung von Studierendenlösungen ist sehr aufwendig, wird aber noch in Betracht gezogen. In einer Befragung der Studierenden zu den Projektmaßnahmen wurde auch ihre Meinung zu den schulbezogenen Aufgaben erhoben. Die Reaktionen sind größtenteils positiv ausgefallen, es gab aber auch hin und wieder Stimmen, die die Relevanz der Aufgaben, den Bezug zur Vorlesung oder die Schwierigkeit (sowohl zu schwierig als auch zu leicht) kritisierten. Die meisten Studierenden empfanden diese Aufgaben als motivierend, da sie einen Schulbezug herstellen oder einfach auch, weil sie diese Aufgaben im Gegensatz zu den anderen Aufgaben selbstständig lösen konnten. Zu der zweiten Beispielaufgabe bemerkte ein Student: „Die Aufgabe, in der man Fehler suchen musste, war gerade für die Lehramtsstudenten natürlich wichtig und eine gute Übung."

22.2.2 Visualisierungen und anschauliche Beispiele

Gerade in der linearen Algebra werden Begriffe häufig abstrakt definiert, ohne dass sich bei Studierenden automatisch passende Vorstellungen dazu ausbilden. Und oft ist das auch gar nicht nötig, um erfolgreich Übungsaufgaben bearbeiten bzw. Beweise führen zu können. Beispielsweise ist es letztlich nicht nötig, eine Vorstellung vom Begriff des Untervektorraums zu haben, um zeigen zu können, dass eine gegebene Menge ein Untervektorraum eines gegebenen Vektorraums ist. Dazu müssen einfach nur die entsprechenden Kriterien nachgeprüft werden. Schließlich ist es auch eine große Stärke der Mathematik, Begriffe prägnant zu definieren und Aussagen über diese Begriffe mit Hilfe rein logischer Mittel zu beweisen. Selbstverständlich wird aber erwartet, dass die Studierenden zu den wichtigen Begriffen der Analysis und der Linearen Algebra prototypische Beispiele angeben können und dass sie – übertragen in den Raum bzw. die Ebene – eine geometrische Vorstellung zu den zentralen Konzepten im Kopf haben. Ziel ist also eine vorstellungsorientierte Begriffsbildung, die auf die Vorerfahrungen und Vorstellungen aus der Schulmathematik aufbaut (vgl. Leufer und Prediger 2007).

Wir haben versucht, dies im Projekt durch das Angebot entsprechender Visualisierungen zu unterstützen. Eine damit verbundene Hoffnung wäre, dass sich für die Studierenden durch die Arbeit mit diesen Modellen die Sinnfrage beantwortet, warum man sich mit den betrachteten Objekten überhaupt auseinandersetzen sollte und inwiefern die abstrakten Definitionen Bezug zu jenen Begriffen haben, mit denen sie sich in der Schule beschäftigt haben.

Wir sind uns dessen gewahr, dass das bloße Angebot solcher Visualisierungen noch nicht automatisch dazu führt, dass sich bei den Studierenden die gewünschten Vorstellungen tatsächlich ausbilden und sich mit dem vorhandenen Begriffsnetz verbinden. Letztlich sind dafür auch wieder Transferprozesse nötig, die in manchen Fällen das Lernen sogar eher behindern können (siehe z. B. Ainsworth 1999; Tabachneck et al. 1994).

Aus diesem Grund waren die angebotenen Visualisierungen in vielen Fällen mit Arbeitsaufträgen für die Studierenden versehen. Zu den Applets wurden beispielsweise immer Bedienungsanleitungen mitgeliefert, die die Studierenden befolgen sollten. Es wurde implizit oder explizit auf zu beobachtende Phänomene aufmerksam gemacht und auf Grenzen der visuellen Darstellbarkeit eines Begriffs hingewiesen.

Beispiel einer Visualisierung

In der Vorlesung Lineare Algebra wurde der Begriff des Quotientenraumes definiert. Wir werden diesen Begriff nun anhand eines konkreten Unterraumes $U \subseteq \mathbb{R}^2$ veranschaulichen:

$$U := \left\{ \begin{pmatrix} x \\ y \end{pmatrix} \mid x, y \in \mathbb{R}, x - 2y = 0 \right\}$$

Falls Sie uns nicht glauben, dass dies ein Unterraum ist, überprüfen Sie es!

Wir betrachten nun den Quotientenraum $\mathbb{R}^2 / U$. Dieser ist definiert als $\mathbb{R}^2 / U = \{v + U \mid v \in \mathbb{R}^2\}$. Dabei ist $v + U$ eine Menge, die wie folgt gebildet wird: $v + U = \{v + u \mid u \in U\}$. In unserem Beispiel ist U eine Gerade in der Ebene, die durch den Ursprung verläuft. Anschaulich bedeutet $v + U$, dass wir die Gerade U um den Vektor v verschieben. $v + U$ ist also eine zu U parallele Gerade, die im Allgemeinen nicht mehr durch den Ursprung verläuft (es sein denn, v ist ein Vektor aus U). Der Quotientenraum besteht also aus allen zu U parallelen Geraden. Das soll im folgenden Applet verdeutlicht werden. Sie können im Applet den Vektor v durch Verschieben der entsprechenden Pfeilspitze verändern. Abhängig davon verändert sich auch $v + U$. (Vier weitere Elemente von $\mathbb{R}^2 / U$ sind schon fest eingezeichnet.) Sie können im Applet auch mit der rechten Maustaste auf die Gerade $v + U$ klicken und die Option „Spur ein" auswählen. Danach werden alle Geraden $v + U$ eingezeichnet, die beim Verschieben von v durchlaufen werden.

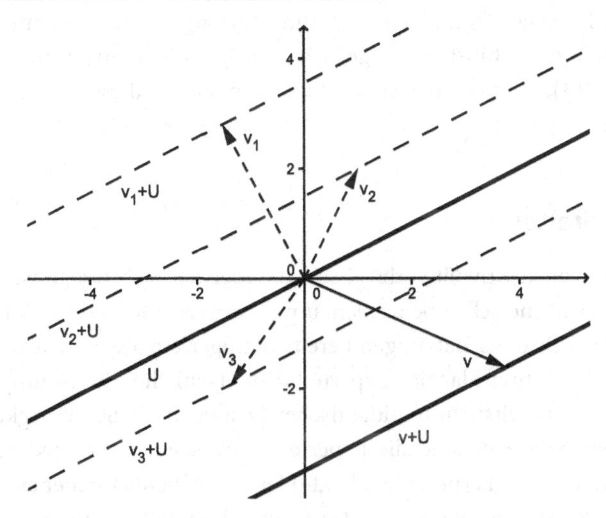

Arbeitsaufträge für die Verwendung des Applets:

1. Für welche Vektoren v kommt die Gerade $v + U$ auf U zu liegen?
2. Für welche Vektoren v kommt die Gerade $v + U$ auf $v_1 + U$ zu liegen?
3. Gilt $\mathbb{R}^2 = \bigcup_{v \in \mathbb{R}^2} (v + U)$?

Gegen Ende des ersten Semesters (1. Projektjahr) wurde unter allen Nutzern der E-Learning-Plattform eine informelle Befragung durchgeführt. Diese hat zu dem Ergebnis geführt, dass etwa 39 % der an der Befragung teilnehmenden Studierenden bis zu fünf der insgesamt 20 bis dahin online gestellten Visualisierungen genutzt haben, ungefähr 29 % haben mit sechs bis zehn Visualisierungen gearbeitet und etwa 32 % haben mehr als elf Visualisierungen genutzt. Es gab keine Person, die nicht zumindest einmal auf dieses Angebot zurückgegriffen hätte. Auf die Frage, wie hilfreich sie diese Projektaktivität fanden, antworteten 92 % der Befragten mit „Hilfreich" oder „Sehr hilfreich". Ganz ähnliche Ergebnisse lieferte eine Befragung der Studierenden im zweiten Projektjahr.

22.2.3 Ausführliche Musterlösungen und Demonstrationsaufgaben

Der Vollständigkeit halber sei in diesem Artikel auch auf die beiden Projektmaßnahmen „Ausführliche Musterlösungen" und „Demonstrationsaufgaben" hingewiesen, die sich auf die theoretische Basis des Example-Based Learnings (siehe z. B. Renkl et al. 2009) bzw. auf das Konzept des Cognitive Apprenticeships stützen. Dabei wurden zu ausgewählten Aufgaben ausführliche Lösungen erstellt, die die Studierenden entweder in Form von Demonstrationsaufgaben zur Vorbereitung auf ähnliche, selbst zu lösende Aufgaben oder in Form von Musterlösungen zur Nachbereitung der eigenen Lösungen bekommen haben. Es wurde dabei versucht, die zugrunde liegenden, in knapp verfassten Musterlösungen meist nicht explizierten Ideen und Lösungsansätze nachvollziehbar darzustellen. Da diese Initiativen und zum Teil auch ihre Wirkungsweisen allerdings andernorts schon ausführlich dargestellt wurden (Ableitinger und Herrmann 2011; Ableitinger 2013), verzichten wir aus Platzgründen an dieser Stelle auf eine genauere Beschreibung.

22.2.4 Kapiteltests

Hinter dieser Projektaktivität verbirgt sich die Idee der Selbstdiagnose. Die Studierenden sollen ihren Lernstand selbst beurteilen, um dann gezielt lernen zu können. In der Schule werden solche Selbsteinschätzungen bereits häufiger eingesetzt. Nach Büchter und Leuders 2011 ist der Lehrer klar der Experte für die fachliche Einordnung der Relevanz der Themen und die Bereitstellung didaktischer Lösungen für Schwierigkeiten im Lernprozess. Die Schüler dagegen sind die Experten ihres eigenen Lernens, sie stellen selbst am besten fest, wo es beim Lernen noch hakt oder wo sie bereits sicher sind. Zur Umsetzung der Idee der Selbsteinschätzung an der Hochschule wurden im Rahmen des Projektes Multiple-Choice-Tests entworfen, die den Studierenden über die Moodle-Plattform zur freiwilligen Nutzung zur Verfügung gestellt wurden. Das Konzept der Selbsttests sah vor, möglichst exemplarisch den Stoff der Veranstaltungen zu durchlaufen, wobei natürlich kein Anspruch auf Vollständigkeit erhoben werden konnte. Während sich dieses grundlegende Konzept im Laufe des Projektes nicht geändert hat, so wurde doch die Form der Befragung auf vielerlei Rückmeldung durch die Studierenden geändert. Im ersten halben Jahr waren die Multiple-Choice-Fragen so gestellt, dass es vier bis fünf Antwortmöglichkeiten gab, wobei auch mehrere gleichzeitig richtig sein konnten. Da es systembedingt nicht möglich war die richtige Antwortenkombination einzublenden, konnten die Studierenden bei eigener falscher Antwort nur durch Probieren die richtige Antwort erhalten. Dies konnte durch die große Anzahl an Kombinationsmöglichkeiten mitunter sehr zeitaufwendig sein. Daraufhin wurde dazu übergegangen, Fragen mit nur einer richtigen unter drei Antwortmöglichkeiten zu stellen. Wir möchten hier noch bemerken, dass wir uns bewusst sind, dass mit diesem Aufgabenformat nicht jede Art des mathematischen Wissens überprüft werden kann (z. B. die Kompetenz des Beweisens) und man recht häufig an der Oberfläche bleiben muss. Anhand einiger Beispiele wollen wir demonstrieren, welches Potenzial dennoch in solchen Selbsttests stecken kann[3].

Welches der folgenden Integrale lässt sich mit Hilfe von partieller Integration berechnen?

a) $\int_1^2 (x^2)e^{x^2}dx$

b) $\int_3^4 (x^3 \log x)dx$

c) $\int_3^4 (x \sin x^2)dx$

Dieses Item zielt darauf ab, dass die Studierenden schnell erkennen sollen, welches Hilfsmittel bzw. welcher Zugang bei der Bearbeitung einer Aufgabe eines bestimmten Formats weiterhilft. In diesem Fall muss z. B. anhand der Struktur des Integrals entschieden werden, ob die partielle Integration ein geeignetes Hilfsmittel zur Berechnung ist. Obwohl eine ähnliche Aufgabe wie b) in den Übungsaufgaben mit partieller Integration gelöst wurde, haben nur 31 % der Studierenden, die den Test bearbeiteten, Antwort b) ausgewählt (37 % Antwort a) und 31 % Antwort c)).

Die Aufgaben können aber auch auf die Verbalisierung einer mathematischen Aussage abzielen[4].

---

[3] Die jeweils richtige Antwortmöglichkeit ist durch einen fettgedruckten Itembuchstaben gekennzeichnet.

[4] In den eckigen Klammern hinter den Antwortmöglichkeiten ist der Prozentsatz der Studierenden angegeben, die diese Antwort wählten.

Eine Teilmenge $M \subset V$ eines K-Vektorraums V heißt genau dann Erzeugendensystem von V, wenn ...

a) ... jeder Vektor aus V als Linearkombination von Vektoren aus M geschrieben werden kann. [47 %]

b) ... jeder Vektor aus M *eindeutig* als Linearkombination von Vektoren aus V geschrieben werden kann. [10 %]

c) ... jeder Vektor aus V *eindeutig* als Linearkombination von Vektoren aus M geschrieben werden kann. [43 %]

Neben der Verbalisierung spielt hier auch die Wichtigkeit exakter Formulierungen bei Definitionen und Sätzen der Mathematik eine Rolle. Darauf zielten andere Items noch deutlicher ab, indem Definitionen oder Sätze abgefragt wurden und sich die verschiedenen Antwortmöglichkeiten nur in kleinen Details unterschieden.

Des Weiteren wurde versucht auch typische Fehler und Fehlvorstellungen der Studierenden zu thematisieren.

Welche der Aussagen liefert eine richtige Begründung für die lineare (Un-)Abhängigkeit?

Die Vektoren $\begin{pmatrix}1\\0\\3\end{pmatrix}, \begin{pmatrix}1\\-1\\4\end{pmatrix}, \begin{pmatrix}3\\-2\\11\end{pmatrix} \in \mathbb{R}^3$ ...

a) ... sind linear unabhängig, da $\begin{pmatrix}0\\0\\0\end{pmatrix} = 0 \cdot \begin{pmatrix}1\\0\\3\end{pmatrix} + 0 \cdot \begin{pmatrix}1\\-1\\4\end{pmatrix} + 0 \cdot \begin{pmatrix}3\\-2\\11\end{pmatrix}$ ist. [25 %]

b) ... sind linear abhängig, da $\begin{pmatrix}0\\0\\0\end{pmatrix} = 1 \cdot \begin{pmatrix}1\\0\\3\end{pmatrix} + 2 \cdot \begin{pmatrix}1\\-1\\4\end{pmatrix} + (-1) \cdot \begin{pmatrix}3\\-2\\11\end{pmatrix}$ ist. [61 %]

c) ... sind linear abhängig, da $\lambda, \mu, \nu \in \mathbb{R}$ existieren mit

$\begin{pmatrix}0\\0\\0\end{pmatrix} = \lambda \cdot \begin{pmatrix}1\\0\\3\end{pmatrix} + \mu \cdot \begin{pmatrix}1\\-1\\4\end{pmatrix} + \nu \cdot \begin{pmatrix}3\\-2\\11\end{pmatrix}$. [14 %]

22.2.5 Betreutes Arbeiten im Lern- und Diskussionszentrum

Das Lern- und Diskussionszentrum (kurz: LuDi) der Fakultät für Mathematik besteht im Wesentlichen aus zwei Räumen für Studierende, in denen sie in Ruhe arbeiten können. Sie werden dabei von studentischen Hilfskräften oder wissenschaftlichen Mitarbeitern betreut, die (nicht nur) für fachliche Fragen zur Verfügung stehen. Außerdem stehen Lehrbücher und andere Literatur bereit. Einer Umfrage unter den Mathematikstudierenden des Campus Essen aus dem Wintersemester 2007/08 zufolge, besteht der überwiegende Teil der LuDi-Besucher aus Lehramtsstudierenden (87 %) und aus Studierenden des ersten Semesters (57 % aller LuDi-Benutzer). Es handelt sich also zum Großteil genau um das Zielpublikum des Projektes. Deshalb übernahmen Projektmitarbeiter sechs Stunden der wöchentlichen Betreuungszeiten, um gezielt auf Fragen der Studierenden im ersten und zweiten Semester einzugehen. Das informelle Reden über Mathematik sollte sowohl zwischen Studierenden als auch zwischen Studierenden und Mitarbeitern des Projektes angeregt werden. Wir erachten dies als wichtigen Bestandteil des Mathematiklernens, der in herkömmlichen Ausbildungsgängen manchmal zu kurz kommt. Wir wissen aufgrund eigener Erfahrungen aus mündlichen Prüfungen, dass viele Studierende nicht in der Lage sind, mathematische Sachverhalte exakt zu verbalisieren. Andererseits gründet unsere Meinung auch auf bereits bestehender Literatur zu dieser Thematik (vgl. Luk 2005), die hervorhebt, dass informelles Reden innerhalb der Peergroup dazu beitragen kann, sich auf die zentralen Verständnisschwierigkeiten zu konzentrieren und den anstrengenden Weg gemeinsam leichter zu ertragen.

22.2.6 Anleitungen zum Durcharbeiten des Vorlesungsstoffes

Angesichts des großen Arbeitsaufwandes im ersten Studienjahr, konzentrieren sich erfahrungsgemäß viele Studierende fast ausschließlich auf die Bearbeitung der wöchentlichen Hausaufgaben. Versuchen einige dennoch, auch die Vorlesungen nachzuarbeiten, so fällt es ihnen meist schwer, eine sinnvolle Auswahl zu treffen, eine Struktur hinter den Inhalten zu entdecken bzw. einzelne Beweise nachzuvollziehen. Anleitungen sollen dabei helfen, den Blick auf die interessanten Stellen zu richten, die Bedeutung einzelner Bearbeitungsschritte in einem Beweis einzuschätzen sowie zu klären, inwiefern der betrachtete Inhalt auch für das eigene zukünftige Beweisen oder Problemlösen von Interesse sein könnte (vgl. Luk 2005).

Das folgende Beispiel zeigt eine Anleitung, die den Studierenden gleich zu Beginn des ersten Semesters über die E-Learning-Plattform angeboten wurde. Entsprechende Antworten zu den Fragen konnten abgerufen werden.

Beispiel einer Anleitung zum Durcharbeiten des Vorlesungsstoffes

Sie werden in dieser Anleitung auf eine Beweisidee hingewiesen, die Sie in Ihrem Studium noch sehr häufig anwenden werden: Wie beweist man, dass zwei Mengen gleich sind?

Frage 1: Falls Sie die Definition der Gleichheit zweier Mengen A und B aus der Vorlesung vergessen haben – umso besser! Wann würden Sie selbst zwei Mengen als gleich bezeichnen? Formulieren Sie einfach aus dem Bauch heraus – es kann nichts passieren!

Frage 2: Schlagen Sie nun im Kapitel 1 Ihrer Mitschrift die Definition der Gleichheit zweier Mengen nach! Formulieren Sie in eigenen Worten, was diese Definition aussagt! Überlegen Sie weiterhin, wie man diese Definition zum Beweis der Gleichheit zweier Mengen nutzen könnte!

Frage 3: Zum ersten Mal wurde das in der Vorlesung beim Beweis der Aussage $M_1 \cap (M_2 \cup M_3) = (M_1 \cap M_2) \cup (M_1 \cap M_3)$ ausgenutzt. Setzen Sie zunächst die „gröbste Brille" auf und identifizieren Sie die beiden Hauptteile des Beweises! Welche beiden Teilaussagen werden dabei bewiesen?

Frage 4: Nun setzen Sie bitte eine etwas „feinere Brille" auf – wir sehen uns nämlich den ersten Teil des Beweises etwas detaillierter an! Wie beweist man denn, dass $M_1 \cap (M_2 \cup M_3) \subseteq (M_1 \cap M_2) \cup (M_1 \cap M_3)$ gilt, dass also eine Menge Teilmenge einer anderen Menge ist?

Hier ein kleiner Tipp: Wann immer Sie nicht genau wissen, was in einem vorliegenden Beweis eigentlich genau passiert, sehen Sie sich nur den Beginn und das Ende des Beweises an! Versuchen Sie das gleich mal selbst!

Frage 5: Jetzt heißt es nur noch, eine Brücke vom Anfang zum Ende des Beweises zu schlagen. Dazu arbeiten Sie nun bitte den Beweis Schritt für Schritt durch – Sie werden sehen, er verwendet nur noch die Definitionen von Durchschnitt und Vereinigung zweier Mengen.

Was sollen Sie sich davon mitnehmen?

- Die Beweisidee dafür, wann zwei Mengen gleich sind.
- Die Beweisidee dafür, wann eine Menge Teilmenge einer anderen Menge ist.
- Das erfolgreiche „Lesen" eines Beweises kommt häufig durch das Betrachten seines Beginns und seines Endes in Gang.
- Verstricken Sie sich beim Durcharbeiten eines Beweises nicht sofort in Details, sondern starten Sie immer mit der „gröbsten Brille".

22.3 Zusammenfassung

Wir haben nun relativ umfassend die vielfältigen Projektaktivitäten von „Mathematik besser verstehen" vorgestellt. Mit dieser Vielfalt und der überwiegend freiwilligen Nutzung wurde versucht verschiedene Lernertypen unter den Studierenden anzusprechen. Jeder sollte sich unter den Maßnahmen diejenigen aussuchen, die ihm persönlich am hilfreichsten erschienen. Dass dies auch so umgesetzt wurde, zeigt die Beantwortung der Frage nach den Auswahlkriterien für die genutzten Projektmaßnahmen (Mehrfachantworten waren möglich). 73 % der Studierenden, die an der Umfrage im zweiten Projektjahr teilnahmen, gaben an, Angebote zu Themen auszuwählen, die sie noch nicht verstanden hatten. 31 % wählten die Angebote nach ihrer Nützlichkeit für die Übungsaufgaben aus und 12 % nach dem Fach (Analysis oder Lineare Algebra). 12 % gaben an, die Angebote wahllos zu nutzen.

Durch die Vielfalt ist eine empirische Auswertung der einzelnen Maßnahmen und des gesamten Konzepts schwierig. Anhand der Befragung und individueller Rückmeldungen der Studierenden lässt sich aber sagen, dass das Projekt von den Studierenden positiv wahrgenommen wurde. Sie fühlten sich durch das Projekt mit ihren Problemen und Schwierigkeiten ernst genommen. Natürlich können die Probleme nicht alleine durch das Projekt ausgeräumt werden, dennoch werden die Studierenden in diesem Prozess unterstützt. Wir sehen deshalb auch einen wichtigen Effekt des Projektes in der Abschwächung der Frustration, die viele Studierende zu Beginn des Studiums erfahren und die nicht selten auch zum Studienabbruch führt. Es bleibt jedoch unbestritten, dass das Mathematikstudium sehr herausfordernd ist und von den Studierenden hohe Einsatzbereitschaft, Begabung und Durchhaltevermögen verlangt. Dies konnte und sollte durch das Projekt nicht verändert werden.

Danksagung Wir möchten ganz herzlich Prof. Lisa Hefendehl-Hebeker und Prof. Gebhard Böckle danken, die das Projekt „Mathematik besser verstehen" am Campus Essen auf den Weg gebracht haben. Unser Dank gilt auch der Deutschen Telekom Stiftung für die finanzielle Unterstützung des Projektes und die vertrauensvolle Zusammenarbeit.

22.4 Literaturverzeichnis

Ableitinger, C., & Herrmann, A. (2011). Lernen aus Musterlösungen zur Analysis und Linearen Algebra. Ein Arbeits- und Übungsbuch. Wiesbaden: Vieweg+Teubner.

Ableitinger, C. (2012). Typische Teilprozesse beim Lösen hochschulmathematischer Aufgaben. Kategorienbildung und Ankerbeispiele. Journal für Mathematik-Didaktik, 33(1), 87–111.

Ableitinger, C. (2013). Demonstrationsaufgaben im Projekt „Mathematik besser verstehen“. In: C. Ableitinger, J. Kramer, & S. Prediger (Hrsg.), Zur doppelten Diskontinuität in der Gymnasiallehrerbildung. Ansätze zu Verknüpfungen der fachinhaltlichen Ausbildung mit schulischen Vorerfahrungen und Erfordernissen. Wiesbaden: Springer Spektrum.

Ableitinger, C., Hefendehl-Hebeker, L., & Herrmann, A. (2013). Aufgaben zur Vernetzung von Schul- und Hochschulmathematik. In: H. Allmendinger, K. Lengnink, A. Vohns, & G. Wickel, Mathematik verständlich unterrichten. Wiesbaden: Springer Spektrum.

Ainsworth, S. (1999). The functions of multiple represantations. Computers and Education, 33, 131–152.

Back, O., Benedikt, E., Blüml, K., Ebner, J., Hornung, M., Möcker, H., Pohl, H.-D., & Tatzreiter, H. (2006). Österreichisches Wörterbuch. 40. Auflage. Wien: öbvhpt.

Bauer, Th., & Partheil, U. (2009). Schnittstellenmodule in der Lehramtsausbildung im Fach Mathematik. Mathematische Semesterberichte, 56(1), 8 103

Baum, M., Lind, D., Schermuly, H., Weidig, I., & Zimmermann, P. (2001). Lineare Algebra und Analytische Geometrie - Leistungskurs. Lambacher Schweizer, Stuttgart: Ernst Klett.

Beutelspacher, A., Danckwerts, R., Nickel, G., Spies, S., & Wickel, G. (2011). Mathematik neu denken. Impulse für die Gymnasiallehrerbildung an Universitäten. Wiesbaden: Vieweg+ Teubner.

Büchter, A., & Leuders, T. (2011). Mathematikaufgaben selbst entwickeln. Lernen fördern - Leistung überprüfen. Berlin: Cornelsen Verlag Scriptor

Hefendehl-Hebeker, L. (2013). Doppelte Diskontinuität oder die Chance der Brückenschläge. In: C. Ableitinger, J. Kramer, & S. Prediger (Hrsg.), Zur doppelten Diskontinuität in der Gymnasiallehrerbildung. Ansätze zu Verknüpfungen der fachinhaltlichen Ausbildung mit schulischen Vorerfahrungen und Erfordernissen. Wiesbaden: Springer Spektrum.

Hemmi, K. (2008). Students encounter with proof: the condition of transparency. ZDM, 40(3), 413–426.

Leufer, N., & Prediger, S. (2007). „Vielleicht brauchen wir das ja doch in der Schule“. Sinnstiftung und Brückenschläge in der Analysis als Bausteine zur Weiterentwicklung der fachinhaltlichen gymnasialen Lehrerbildung. In: A. Büchter, H. Humenberger, S. Hußmann, & S. Prediger (Hrsg.), Realitätsnaher Mathematikunterricht vom Fach aus und für die Praxis (S. 265–276). Hildesheim: Franzbecker.

Luk, H. S. (2005). The gap between secondary school and university mathematics. International Journal of Mathematical Education in Science and Technology, 36(2–3), 161–174.

Renkl, A., Hilbert, T., & Schworm, S. (2009). Example-Based Learning in Heuristic Domains: A Cognitive Load Theory Account. Educational Psychology Review, 21(1), 67–78.

Schichl, H., & Steinbauer, R. (2009). Einführung in das mathematische Arbeiten. Heidelberg: Springer.

Schmidt-Thieme, B. (2009). „Definition, Satz, Beweis“. Erklärgewohnheiten im Fach Mathematik. In: R. Vogt (Hrsg.), Erklären. Gesprächsanalytische und fachdidaktische Perspektiven (S. 123–131). Tübingen: Stauffenburg.

Selter, C., & Wittmann, E. C. (Hrsg. 1999). Mathematikdidaktik als design science. Leipzig: Grundschulverlag.

Tabachneck, H. J. M., Leonardo, A. M., & Simon, H. A. (1994). How does an expert use a graph? A model of visual & verbal inferencing in economics. In: A. Ram, & K. Eiselt (Hrsg.), Proceedings of the 16th annual conference of the cognitive science society (S. 842–847). Hillsdale: Erlbaum.

Van den Akker, J., Gravemeijer, K., McKenney, S., & Nieveen, N. (2006). Educational design research. London: Routledge.

Weber, K. (2002). Student difficulty in constructing proofs: the need for strategic knowledge. In: Educational Studies in Mathematics, 48, 101–119.

23 Förderung selbstregulierten Lernens für Studierende in mathematischen Vorkursen – ein web-basiertes Training

Henrik Bellhäuser und Bernhard Schmitz
(Technische Universität Darmstadt)

Zusammenfassung

Mathematische Vorkurse, insbesondere als E-Learning-Veranstaltung, stellen hohe Anforderungen an die Studierenden, selbstreguliert zu lernen. Selbstreguliertes Lernen (SRL) ist jedoch eine Kompetenz, in der Studierende häufig Defizite aufweisen, woraus sich ein Förderungsbedarf ergibt. Trainingsmaßnahmen haben sich als effektiv in der Förderung der SRL-Kompetenzerwiesen (Schmitz und Wiese 2006), erfordern aber einen hohen personellen und zeitlichen Aufwand. Web-basierte Trainings (WBT) können diesen Aufwand reduzieren, indem sie über das Internet distribuiert und von den Nutzern zeitlich flexibel eingesetzt werden (Sitzmann, Kraiger, Stewart und Wisher 2006).

In unserem Projekt wurde ein WBT entwickelt, das die SRL-Kompetenz angehender Studierender fördern soll. Das Training basiert auf dem Prozessmodell des Lernens nach Schmitz (2001) und vermittelt in drei Lektionen insbesondere metakognitive, aber auch kognitive, volitionale und motivationale Strategien. Die Trainingsinhalte (z. B. Zielsetzung, Zeitmanagement, Umgang mit Störungen) werden mit Hilfe von Präsentationen, Videos, Übungen und Spielen auf der Plattform Moodle vermittelt. Dabei wird den Studierenden zusätzlich Feedback zum individuellen Lernverhalten durch einen Coach geboten, sowie gegenseitige Unterstützung in Lerngruppen angeregt.

In bereits zwei Evaluationsstudien an der TU Darmstadt im Herbst 2010 und Herbst 2011 wurden Teilnehmer des Virtuellen Eingangstutoriums Mathematik (VEMA, Fischer 2009) mit einem randomisierten Prä-Post-Versuchsdesign untersucht. Die Ergebnisse zeigten, dass die Teilnehmer sehr zufrieden mit dem Training waren und es einen signifikanten Einfluss auf die investierte Zeit, die eingesetzten Lernstrategien und den Lernerfolg hatte.

In dem Artikel sollen das Konzept und die Inhalte des SRL – Trainings näher dargestellt und auf Evaluationsergebnisse eingegangen werden. Zudem werden die technische Umsetzung in Moodle sowie die weiteren eingesetzten Medien dargestellt.

23.1 Einleitung

Die *khdm*-Tagung zu mathematischen Vor- und Brückenkursen zeigte ein großes Spektrum unterschiedlicher Ansätze, die allerdings eine Gemeinsamkeit aufweisen: die Studienanfänger haben ein hohes Maß an Eigenverantwortung. Insbesondere in den Szenarien, die als Blended-Learning- oder reine E-Learning-Veranstaltungen konzipiert sind, müssen die Teilnehmer selbst entscheiden, was sie lernen, wann und wo sie lernen, wie sie lernen – und allzu oft stellen sich die Teilnehmer die Frage, ob sie überhaupt lernen wollen. Aber auch in Präsenzveranstaltungen ist es beispielsweise bei der Hausaufgabenbearbeitung oder der Klausurvorbereitung erforderlich, das eigene Vorgehen zu strukturieren, zu überwachen und dessen Erfolg zu evaluieren. Insbesondere bei komplexen Inhaltsgebieten wie Mathematik ist dies von herausragender Bedeutung.

Die Fähigkeit zum selbstregulierten Lernen, die in solchen Situationen benötigt wird, ist leider vielfach nur defizitär ausgebildet und entscheidet oft über den langfristigen Studienerfolg, zeigt sich in schlechten Noten, langer Studiendauer oder gar dem Studienabbruch. Solche Verläufe bergen nicht nur für die betreffende Person Probleme im privaten und beruflichen Bereich, sie sind auch in Zeiten strenger Evaluationen im Bildungssektor für die jeweilige Institution kostspielig.

Derartige Folgen sind jedoch vermeidbar, denn, wie eine Reihe von Studien belegen, die Selbstregulationskompetenz von Studierenden kann wirksam gefördert werden, indem geeignete Trainingsmaßnahmen ergriffen werden. Teilnehmer solcher Trainings eignen sich dabei neue kognitive, metakognitive und motivationale Lernstrategien an oder reaktivieren bereits bekannte Strategien, um diese auf eine konkrete Situation wie beispielsweise einen Vorkurs anzuwenden.

Die meisten dieser Konzepte setzen allerdings ein Präsenztraining voraus, das im Rahmen von Vorkursen oft nicht umsetzbar wäre. Wir haben daher ein web-basiertes Selbstregulationstraining entwickelt, das an der TU Darmstadt seit 2010 ergänzend zum Vorkurs VEMINT angeboten wird und sich in bereits zwei Evaluationsstudien bewährt hat.

23.2 Selbstreguliertes Lernen

23.2.1 Theoretischer Hintergrund

Selbstreguliertes Lernen, häufig auch als *selbstgesteuertes, selbstbestimmtes* oder *selbstorganisiertes Lernen* bezeichnet, wird von unterschiedlichen Autoren mit unterschiedlichem Schwerpunkt definiert (Boekaerts 1999; Friedrich und Mandl 1997; Zimmerman und Schunk 2011). Einigkeit besteht allerdings darin, dass Kognition, Metakognition und Motivation zentrale Komponenten für das Erreichen von Lernzielen sind. Dem Lerner kommt eine aktive Rolle zu, da er die Verantwortung für seinen Lernerfolg in hohem Maße selbst trägt. Vor allem in Situationen mit viel Entscheidungsspielraum, wie es beim E-Learning typischerweise der Fall ist, ist es wichtig, dass sich der Lerner dieser Verantwortung bewusst ist. Darüber hinaus ist sie in unserer komplexen Gesellschaft mit der Forderung nach lebenslangem Lernen auch für beruflichen Erfolg verantwortlich.

Wir betrachten selbstreguliertes Lernen als einen Prozess, der aus einer zyklischen Abfolge von drei Phasen besteht (Schmitz und Wiese 2006). In der präaktionalen Phase findet die Lernvorbereitung statt. Dabei werden Lernziele gesetzt, ein Handlungsplan entwickelt und die notwendige Motivation hergestellt. In der aktionalen Phase findet das eigentliche Lernen statt. Neben kognitiven Strategien (z. B. Memorierungstechniken) werden hier auch metakognitive Strategien (z. B. kritisches Prüfen des eigenen Verständnisses) und ressourcenorientierte Strategien (z. B. das gemeinsames Lernen mit anderen) eingesetzt. Zudem spielt in dieser Phase die volitionale Kontrolle (z. B. Anstrengung) eine wichtige Rolle, um sich von Störungen abzuschirmen. In der postaktionalen Phase schließlich findet die Evaluation statt. Dabei wird ein Ist-Soll-Vergleich zwischen Lernzielen und Ergebnissen vorgenommen und Vorsätze für zukünftiges Lernen gebildet. Je nach Ergebnis der Reflexion können für den nächsten Lernprozess andere Strategien eingesetzt oder auch eine Modifikation der Ziele vorgenommen werden.

23.2.2 Empirische Befunde zum selbstregulierten Lernen

Selbstregulationskompetenz kann nach umfangreicher Studienlage als Schlüsselkompetenz für erfolgreiches Lernen gelten (Benz 2010; Dignath und Büttner 2008; Richardson et al. 2012; Zimmerman 1990). So konnte in einer Metaanalyse gezeigt werden, dass mehrere Facetten selbstregulierten Lernens (z. B. Selbstwirksamkeit, Anstrengungsregulation und Zeitmanagement) höhere Zusammenhänge zu akademischem Erfolg aufweisen als beispielsweise Intelligenz oder sozioökonomischer Status (Richardson et al. 2012). Da allerdings vielfach Selbstregulationsdefizite sowohl bei Schülern als auch bei Studenten nachgewiesen wurden (Peverly et al. 2003; Stark und Mandl 2005), ergibt sich ein Bedarf an Selbstregulationsförderung.

Selbstregulationsinterventionen haben sich für unterschiedliche Altersklassen wiederholt als wirksam gezeigt und führen nicht nur zu einer Verbesserung des selbstberichteten Lernverhaltens, sondern auch zu objektiv messbaren Leistungssteigerungen (Benz 2010; Dignath und Büttner 2008). Typischerweise wird dabei ein Präsenztraining durchgeführt, das über einen längeren Zeitraum mehrere Sitzungen umfasst (Perels et al. 2005; Schmitz und Perels 2011). Dieses Vorgehen bedeutet allerdings einen relativ hohen zeitlichen Aufwand für den Trainer und setzt die gemeinsame Anwesenheit aller Lerner voraus.

23.2.3 Relevanz des selbstregulierten Lernens im E-Learning

Insbesondere im E-Learning ist Selbstregulationskompetenz von entscheidender Bedeutung, da hier die Lerner üblicherweise autonom entscheiden, was sie lernen, wann und wo sie lernen möchten, wie sie dabei vorgehen und ob sie überhaupt lernen möchten. Zudem kann in vielen multimedialen Lernumgebungen das Phänomen „Lost in Hyperspace" auftreten (Dillon und Gabbard 1998), bei dem eine zu große Komplexität der Lernumgebung zu Desorientierung beim Lerner führt.

Bisherige Ansätze, die Selbstregulation im E-Learning zu unterstützen, haben meist automatisiertes Feedback eingesetzt und Selbstregulationsprozesse durch gezielte Hinweise angestoßen (Azevedo et al. 2006; Greene und Winters 2011; Narciss et al. 2007). Solches *Prompting* ist hochspezifisch an eine bestimmte Lernsituation (z. B. eine spezielle Lernsoftware) angepasst und unterstützt den Lerner während des Lernprozesses, indem beispielsweise das Formulieren von Lernzielen gefordert wird, Kontrollfragen gestellt oder der eigene Lernerfolg reflektiert werden soll. Insbesondere wenn hierbei ein *Scaffolding*-Ansatz (Vygotsky 1978) verfolgt wird, also die Unterstützung im Laufe der Zeit immer mehr reduziert wird, kann die Selbstregulation der Lerner innerhalb dieses Bereiches erfolgreich gefördert werden. Ein Nachteil liegt allerdings in der mangelnden Übertragbarkeit auf andere Lernsituationen.

23.3 Darstellung des web-basierten Selbstregulationstrainings

23.3.1 Zielsetzung

Unser Ziel ist die Entwicklung eines web-basierten Trainings zur Förderung der Selbstregulationskompetenz von Studierenden. Ein solches Training kann von den Teilnehmern zeitlich und räumlich flexibel eingesetzt werden und soll Strategien vermitteln, die neben dem konkreten Anwendungsszenario auch auf andere Situationen im Studium verallgemeinert werden können. Das Training soll zu einem möglichst frühen Zeitpunkt eingesetzt werden, um neue Lerngewohnheiten herauszubilden, vorzugsweise im Rahmen von Vor- und Brückenkursen. Da die vermittelten Strategien des selbstregulierten Lernens grundsätzlich auf alle Inhaltsbereiche angewendet werden können, wurde bei der Entwicklung des Trainings besonders darauf geachtet, einen direkten Bezug zum Gebiet der Mathematik herzustellen. Die Anwendungsbeispiele wurden daher konkret für das Szenario an der TU Darmstadt gewählt.

23.3.2 Szenario an der TU Darmstadt: VEMINT

Das Selbstregulationstraining wird in Form einer freiwilligen Teilnahme an einer wissenschaftlichen Studie parallel zum vierwöchigen Vorkurs VEMINT an der TU Darmstadt angeboten (siehe Bausch et al. 2012). Als Besonderheit ist hier anzusehen, dass es sich um ein reines E-Learning-Szenario handelt, das besonderen Anspruch an die Selbstregulationskompetenz stellt.

Die Teilnahme an der Studie beinhaltet das Ausfüllen von diagnostischen Fragebögen und die Teilnahme an einem Mathematiktest sowohl vor als auch nach dem Vorkurs. Durch Randomisierung werden die Teilnehmer in Experimentalgruppe (EG) und Wartekontrollgruppe (KG) eingeteilt, wobei die Experimentalgruppe während des Vorkurses Zugang zu den Lektionen erhält, die Wartekontrollgruppe hingegen erst nach Abschluss der Studie. Auf diese Weise wird eine experimentelle Evaluation des Trainingseffektes ermöglicht, da die zufällige Einteilung der zwei Gruppen bewirkt, dass sich zu Beginn der Studie keine signifikanten Unterschiede zwischen den Gruppen finden lassen (z. B. in Bezug auf die Mathematikkenntnisse oder die Selbstregulationskompetenz schon vor Beginn der Studie). Werden nun am Ende der Studie Gruppenunterschiede in den interessierenden abhängigen Variablen gefunden, können diese auf die Manipulation der unabhängigen Variable (also die Teilnahme am Training) zurückgeführt werden.

Das Trainingskonzept ist orientiert am Prozessmodell des selbstregulierten Lernens (Schmitz und Wiese 2006) und gliedert sich in drei Lektionen: Vor dem Lernen (präaktionale Phase), während des Lernens (aktionale Phase) und nach dem Lernen (postaktionale Phase). Jede der Lektionen ist auf eine Dauer von ca. 90 Minuten ausgelegt und wird in der Experimentalgruppe im Abstand von einer Woche freigeschaltet, um den Teilnehmern die Möglichkeit zu geben, schrittweise die vermittelten Strategien in ihrem Lernalltag umzusetzen.

Das Training ist ebenso wie der Vorkurs auf der Lernplattform *Moodle* realisiert. In den Lektionen werden verschiedene Medien eingesetzt wie Videos (unter anderem erstellt mit Hilfe von www.goanimate.com), Slideshows (unter anderem erstellt mit Hilfe von www.prezi.com), Flash-Animationen, interaktive Übungen, Wikis und Diskussionsforen.

23.3.3 Darstellung des web-basierten Selbstregulationstrainings

23.3.3.1 Lektion 1: Vor dem Lernen (präaktionale Phase)

Die erste Lektion enthält die Kapitel „Einführung", „Ziele setzen" und „Zeitmanagement".

Im Kapitel „Einführung" soll den Teilnehmern einen Überblick über das gesamte Training und dessen Relevanz vermittelt werden. Zunächst treten in einem Comic-Video der Trainer Tom und die virtuelle Teilnehmerin Lisa auf. Der Trainer heißt die Teilnehmer willkommen, beschreibt kurz die Inhalte des gesamten Trainings sowie insbesondere die der ersten Lektion und motiviert die Teilnehmer zu einer positiven Einstellung dem Training gegenüber. Anschließend wird in einer Präsentation das Lernprozessmodell erklärt. Die zentrale Erkenntnis dabei soll sein, dass zum Prozess des Lernens nicht nur die aktionale Phase gehört, sondern auch die präaktionale Phase und die postaktionale Phase. Verdeutlicht wird dies an einem von den Teilnehmern selbst wählbaren Beispiel. So wird beim Beispiel „Fußball" gezeigt, dass zur erfolgreichen Arbeit eines Fußballtrainers nicht nur die aktionale Phase während eines Spiels gehört, sondern präaktional bereits Ziele formuliert werden und ein Trainingsplan erstellt wird. Zudem reflektiert der Fußballtrainer in der postaktionalen Phase nach dem Spiel über das Ergebnis und beschließt zukünftige Veränderungen in der Taktik. Neben „Fußball" können sich die Teilnehmer auch für die Beispiele „Musik" und „Kochen" entscheiden und so anhand ihrer eigenen Interessen die Analogie zum Lernprozess verstehen.

Das Kapitel „Ziele setzen" soll die Relevanz von Zielen für den eigenen Erfolg verdeutlichen, eine explizite Zielsetzung für den Vorkurs anregen und vermitteln, wie Ziele SMART formuliert werden. Das Kapitel beginnt mit einem Spiel: Die Teilnehmer sollen sich vorstellen, dass sie von einem Freund spontan zu einem Wochenendausflug eingeladen werden, ohne das genaue Ziel zu kennen. Anschließend wird ein Zimmer mit einer Vielzahl von Kleidungsstücken präsentiert, aus denen die Teilnehmer eine Auswahl in einen Koffer legen können. Ist der Koffer voll, erscheint die Auflösung des Reiseziels. Dabei wählt ein Algorithmus das Ziel dynamisch so aus, dass die gewählten Kleider nicht passen: wurde vorwiegend sportliche Kleidung eingepackt, so ist das Reiseziel eine Städtereise mit Opernbesuch; bei überwiegend eleganter Kleidung wird eine Bergwanderung als Reiseziel bekanntgegeben. Die zunächst eintretende Frustration bei den Teilnehmern wird aufgegriffen und in die Erkenntnis überführt, dass ohne die Kenntnis des Ziels nicht die richtigen Handlungen durchgeführt werden können und dass dies für das Lernen analog gilt. Daher werden die Teilnehmer nun aufgefordert, explizite Ziele für ihr Studium und den Vorkurs zu formulieren. Anschließend wird in einer Präsentation die SMART-Technik (Doran 1981) vermittelt, wonach Ziele spezifisch, messbar, anspruchsvoll, realistisch und terminiert formuliert sein sollen. Anhand dieser Technik sollen die Teilnehmer nun ihre bereits gesetzten Ziele überarbeiten. Da die Abwägung zwischen anspruchsvollen und realistischen Zielen eine gute Selbsteinschätzung voraussetzt, wird anschließend eine Übung durchgeführt: Die Teilnehmer sollen schätzen, wie viele Kopfrechenaufgaben im dreistelligen Bereich sie in einem Zeitlimit von zwei Minuten lösen können. Diese Übung wird wiederholt, weil die Schwierigkeit der Aufgaben unbekannt ist. Im anschließenden Feedback wird nicht die Leistung in der Aufgaben, sondern die Korrektheit der Selbsteinschätzung thematisiert und im Falle einer zweimaligen Über- bzw. Unterschätzung die Frage aufgeworfen, ob es sich hierbei um eine systematische Fehleinschätzung der eigenen Leistungsfähigkeit handeln könnte. Die eigene Zielsetzung für den Vorkurs kann nach dieser Reflexion überarbeitet werden.

Vor dem nächsten Kapitel werden die Teilnehmer zu einer Pause mit körperlicher Aktivität und Frischluft angeregt. Lernziel im Kapitel „Zeitmanagement" ist, aus den gesetzten Zielen Handlungspläne abzuleiten, ein Bewusstsein für den eigenen Umgang mit Zeit zu erlangen und einen konkreten Lernplan für die Dauer des Vorkurses zu erstellen, der wissenschaftliche Erkenntnisse und Selbsterfahrung berücksichtigt. Zunächst werden die Teilnehmer angeleitet, eine Mindmap über ihre eigenen Aktivitäten und Verpflichtungen anzulegen, wie z. B. Lernen, Haushaltsführung und Hobbies. Dabei sollen die jeweilige Dauer und Wichtigkeit der Aktivitäten eingeschätzt und Zeitdiebe identifiziert werden. In einer moderierten Forumsdiskussion sollen eigene Zeitdiebe beschrieben und gegenseitige Hilfestellungen geboten werden. In der darauffolgenden Präsentation werden Tipps zum Zeitmanagement gegeben, die speziell an die Vorkursbedingungen angepasst wurden. Beispielsweise werden regelmäßige Lernzeiten und angemessene Pausen angeregt, ein Schwerpunkt auf kontinuierliches Lernen gesetzt und regelmäßige Überprüfung und gegebenenfalls Veränderungen des Zeitplans empfohlen. Als Hilfsmittel wird die ALPEN-Technik (Seiwert 2004) vermittelt, wonach alle Aufgaben aufgelistet, ihre Länge geschätzt, Pufferzeit eingeplant, Entscheidungen getroffen und Nachkontrollen eingesetzt werden. Mit Hilfe dieser Kenntnisse soll nun ein detaillierter Zeitplan für den Vorkurs angelegt werden, in dem alle Vorkurskapitel eingeplant sind, die zur eigenen Zielsetzung gehören.

Zum Abschluss der Lektion gibt der Comic-Trainer eine Zusammenfassung der Inhalte und regt an, in einem Strategiehandbuch zu notieren, welche der dargebotenen Strategien man in den nächsten Tagen umsetzen möchte.

23.3.3.2 Lektion 2: Während des Lernens (aktionale Phase)

Die zweite Lektion beschäftigt sich mit den Kapiteln „Prokrastination", „Umgang mit Störungen", „Volition" und „Lernstrategien".

Zum Einstieg in das Kapitel „Prokrastination" wird eine Bildergeschichte über die virtuelle Teilnehmerin Lisa gezeigt. Sie schiebt das Lernen für eine Prüfung mehrfach auf in dem Glauben, noch ausreichend viel Zeit zu haben – macht sich dann jedoch Vorwürfe, nicht früher begonnen zu haben. Als Störungen von außen hinzukommen, scheitert das Lernen vollends. Die Teilnehmer werden durch diese Darstellung, die zur Identifikation anregen soll, für das Thema Prokrastination sensibilisiert. Um ein eigenes Problembewusstsein zu schaffen, werden die Teilnehmer gebeten, Situationen zu beschreiben, in denen sie Aufgaben aufgeschoben haben, Gemeinsamkeiten zwischen diesen Situationen zu finden sowie Vor- und Nachteile des Aufschiebens zu erarbeiten. In einer Präsentation werden Tipps gegen Prokrastination vermittelt, wie z. B. vermeintliche Entschuldigungen für Aufschiebeverhalten laut auszusprechen oder sich für erledigte Aufgaben zu belohnen. Zum Abschluss verpflichten sich die Teilnehmer einem anderen gegenüber, eine unangenehme Aufgabe bis zu einem vereinbarten Termin zu erledigen.

Das Kapitel „Umgang mit Störungen" beginnt mit einem kognitiven Leistungstest, der mit und ohne Störgeräusche bzw. Musik im Hintergrund durchgeführt wird. Die Teilnehmer erhalten ein objektives Feedback über ihre Leistung und können somit den Einfluss von Störungen auf ihre eigene Leistungsfähigkeit erfahren. Mit Hilfe einer Checkliste können die Teilnehmer analysieren, wie hoch ihre Gefahr ist, beim Lernen gestört zu werden. Dabei werden nicht nur äußere Störquellen, wie z. B. Telefonanrufe oder ein unaufgeräumter Schreibtisch, sondern auch innere Störquellen, wie z. B. Müdigkeit oder Bewegungsdrang, thematisiert. In der abschließenden Präsentation werden innere und äußere Störquellen systematisch erklärt und Tipps zum Umgang mit ihnen gegeben.

Nach einer angemessenen Pause wird die Lektion mit dem Kapitel „Volition" fortgesetzt. Den Einstieg bietet ein Video, das Kinder beim sogenannten Marshmallow-Test zeigt (Mischel et al. 1989). Dabei wird den Kindern ein Marshmallow gegeben und ein weiterer in Aussicht gestellt, wenn sie den ersten für einen gewissen Zeitraum unberührt lassen. Das Video zeigt, wie einige Kinder der Versuchung nicht widerstehen können und den Marshmallow sofort essen, während andere unter großer Willensanstrengung auf die Belohnung warten. Nach dem Video wird den Teilnehmern die Analogie zum Lernen erläutert (kurzfristiger Genuss vs. Erreichen langfristiger Ziele) und sie werden über die Trainierbarkeit der Volition aufgeklärt. In einer Übung erproben die Teilnehmer den Einfluss auf ihre eigene Leistungsfähigkeit: Während einer Sportübung sollen sie sich ein positives Bild vorstellen und sich mit dem Satz „Ich schaffe noch mehr!" motivieren, in einem weiteren Durchgang sich ein negatives Bild vorstellen und sich den Satz „Ich will nicht mehr!" vorsagen. Anschließend werden die Teilnehmer zur Reflexion ihrer Erfahrung angeregt und formulieren eine eigene Selbstinstruktion, die sie zur Motivation im Vorkurs einsetzen können.

Das Kapitel „Lernstrategien" behandelt *kognitive, metakognitive und ressourcenorientierte Lernstrategien*, die anhand von konkreten, auf den Vorkurs angewendeten Beispielen erläutert und anschließend eingeübt werden.

1. Die *kognitiven Lernstrategien* gliedern sich in die Bereiche *Strukturieren*, *Zusammenfassen*, *Elaborieren* und *Wiederholen*. Beim *Strukturieren* sollen die Struktur und die Zusammenhänge des Themengebiets verstanden werden. Dazu können z. B. Mindmaps, Diagrammen und Skizzen eingesetzt werden, um einen Überblick über alle Kapitel des Vorkurses zu erhalten. Das *Zusammenfassen* ist eine Strategie, die dabei hilft, die wesentlichen Erkenntnisse eines Kapitels zu verstehen. Zum Beispiel können die Teilnehmer versuchen, die ausführliche Herleitung einer Formel auf wenige entscheidende Schritte zu reduzieren. Unter *Elaboration* wird das vertiefte Erarbeiten der Materie verstanden, beispielsweise durch eigenständiges Finden von Anwendungsbeispielen. Im Vorkurs können die Teilnehmer diese Strategie anwenden, indem sie eigene Übungsaufgaben generieren. Das *Wiederholen* ist schließlich eine Strategie, mit der bereits angeeignetes Wissen langfristig gesichert werden kann. Auf den Vorkurs angewendet empfiehlt sich, nach jedem Lerntag kurz zu wiederholen, welche Themen bearbeitet wurden, und am Ende einer Woche alle Themen einmal ausgiebig zu wiederholen.
2. Die *metakognitiven Lernstrategien* behandeln das Nachdenken über den eigenen Lernfortschritt. In der aktionalen Phase sind dabei insbesondere die Selbstbeobachtung und das kritische Prüfen relevant. Im Kontext des Vorkurses bedeutet dies z. B., auf wirkliches Verständnis der Materie zu achten und nicht nur eine oberflächliche Bearbeitung von Aufgaben zu betreiben. Eine hilfreiche Maßnahme zur Prüfung des eigenen Verständnisses besteht darin, die Inhalte anderen Menschen zu erklären oder sie für sich selbst laut zu wiederholen. Wird bei einer solchen Überprüfung mangelndes Verständnis festgestellt, ist es entscheidend, die Ursachen dafür zu identifizieren, wie z. B. fehlendes Vorwissen, Unkonzentriertheit oder mangelnde Motivation, um

dann anschließend eine geeignete Lösung zu finden, wie z. B. die Lernstrategie zu wechseln oder eine Pause einzulegen.

3. Die *ressourcen-orientierten Lernstrategien* beziehen sich auf die äußeren Ressourcen, auf die ein Lerner zurückgreifen kann. Dazu zählen Experten, andere Lerner sowie Literaturquellen. Im Vorkurs sind als Experten insbesondere die betreuenden Tutoren zu nennen. Die Teilnehmer werden hier motiviert, ihre Fragen offen zu äußern und dies als Zeichen von Engagement und nicht als Zeichen mangelnder Intelligenz zu interpretieren. Andere Vorkursteilnehmer in den eigenen Lernprozess einzubinden ist aus mehreren Gründen sinnvoll: So können Verständnisprobleme gemeinsam gelöst werden, z. B. durch Diskussionen in Foren, wovon sowohl der Hilfesuchende als auch der Helfer profitieren. Ebenso ist gegenseitige Motivation als ein Vorteil anzusehen, beispielsweise durch das Gründen von Lerngruppen mit Vereinbarungen über das angestrebte Lernpensum. Schließlich sind die Literaturquellen eine zu beachtende Ressource. Auf den Vorkurs angewendet bedeutet dies, dass bei mangelndem Verständnis eines Moduls auf andere Quellen wie z. B. die eigenen Schulbücher oder das Internet zurückgegriffen werden kann.

Die Teilnehmer werden in einer Präsentation über diese Lernstrategien aufgeklärt und in anschließenden Übungen angeleitet, diese auf ihr aktuelles Vorkursmodul anzuwenden. Dabei werden auch Foren eingesetzt, in denen über die Anwendbarkeit der Strategien auf verschiedene mathematische Inhalte diskutiert wird.

Die Lektion schließt mit einer Zusammenfassung der wichtigsten Inhalte. Abschließend werden die Teilnehmer gebeten, sich wieder wie nach Lektion 1 im Strategiehandbuch zu notieren, welche der vermittelten Lernstrategien sie als besonders hilfreich empfinden und daher in den nächsten Tagen einsetzen möchten.

23.3.3.3 Lektion 3: Nach dem Lernen (postaktionale Phase)

Die dritte Lektion enthält die Kapitel „Umgang mit Erfolg und Misserfolg", „Reflexion" und „Motivation".

Im Kapitel „Umgang mit Erfolg und Misserfolg" sollen sich die Teilnehmer mit den Themen *Attribution* und *Bezugsnormen* auseinandersetzen, ihren eigenen typischen Attributionsstil erkennen und gegebenenfalls ihre Einstellungen ändern. Anhand eines Videos wird zunächst dargestellt, wie die virtuelle Teilnehmerin Lisa mit verschiedenen Misserfolgserlebnissen umgeht. Entsprechend der Attributionstheorie (Peterson et al. 1982), die in der folgenden Präsentation erläutert wird, werden die Ursachen für Misserfolg entweder bei sich selbst (internal) oder bei der Umwelt (external) verortet und können entweder als unveränderbar (stabil) oder als veränderbar (variabel) angesehen werden. So ergeben sich die vier Attributionsstile *internal stabil* (z. B. „Mir fehlt das Talent."), *internal variabel* (z. B. „Ich habe mich nicht genug angestrengt."), *external stabil* („Der Lehrer war schlecht.") und *external variabel* (z. B. „Ich hatte Pech mit den Fragen, die drankamen."). Als motivational förderlich gilt der internal variable Attributionsstil, da hier die Verantwortung vom Lerner selbst übernommen wird, aber eine Veränderbarkeit für die Zukunft erkannt wird. Die Teilnehmer werden gebeten, eigene Misserfolgserlebnisse nach diesem Schema zu analysieren und günstige Attributionen für mögliche Misserfolge im Vorkurs, wie z. B. mangelndes Verständnis eines Moduls, zu formulieren. Im Anschluss wird auf Bezugsnormen eingegangen und die Unterscheidung zwischen Kriterien orientierter, sozialer und individueller Bezugsnorm erläutert. Hierbei wird die eigene Leistung verglichen mit objektiven Maßstäben (z. B. die Prozentzahl korrekt gelöster Aufgaben in einem Modul), mit der Leistung anderer Lerner (z. B. mit der Dauer der Lernzeit von Kommilitonen) bzw. mit eigenen früheren Leistungen (z. B. mit dem eigenen Kenntnisstand vor der Bearbeitung eines Moduls). Obwohl jede dieser Bezugsnormen praktische Relevanz hat, gilt die individuelle Bezugsnorm als besonders motivationsfördernd (Lüdtke und Köller 2002). Die Teilnehmer werden in einer anschließenden Übung angeleitet, ihre individuelle Bezugsnorm hinsichtlich ihrer Lernzeit zu betrachten, indem sie ihre mittlere Lerndauer der letzten Woche berechnen und den Vorsatz bilden, diese in der kommenden Woche zu übertreffen.

Im Kapitel „Reflexion" wird erneut das Lernprozessmodell (Schmitz und Wiese 2006) aufgegriffen und der zyklische Charakter des Modells hervorgehoben. Die Teilnehmer sollen erkennen, dass es von zentraler Bedeutung ist, am Ende einer Lernphase über den eigenen Erfolg zu reflektieren und gegebenenfalls für die nächste Lernphase eine andere Herangehensweise zu wählen. Dieses Prinzip wird auf drei zeitliche Ebenen (kurzfristig, mittelfristig und langfristig) bezogen und von den Teilnehmern konkret auf ihre Situation im Vorkurs angewendet. Bei der kurzfristigen Reflexion wird eine spezifische Aufgabe zugrunde gelegt und nach der Bearbeitung analysiert, ob die Vorgehensweise zum Erfolg geführt hat oder nicht. Im Erfolgsfall soll reflektiert werden, welche genauen Bedingungen gegeben waren (z. B. gute Konzentration und Vorhandensein aller notwendigen Unterlagen), um diese Bedingungen bei der nächsten Aufgabe wieder herzustellen. Im Falle eines Misserfolgs sollen die Bedingungen analog reflektiert werden (z. B. störende Gedanken oder Müdigkeit), um diese beim nächsten Mal zu vermeiden. Mittelfristige Reflexion bezieht sich auf die Ergebnisse eines Lerntages oder einer Lernwoche. Hier wird der Einsatz eines Lerntagebuchs empfohlen. Auf den Vorkurs bezogen bedeutet dies beispielsweise, abends zu kontrollieren, ob man alle Module bearbeitet hat, die man sich für einen bestimmten Tag vorgenommen hatte, und bei einer Abweichung die Zielsetzung am nächsten Tag entsprechend anzupassen. Langfristige Reflexion bezieht sich auf Ziele, die sich über Monate oder Jahre erstrecken. Im Falle des Vorkurs ist hier angesprochen, welche Module die Teilnehmer für sich als besonders wichtig eingeschätzt haben und ob sie diese zum Ende des Vorkurs bearbeitet haben werden. In einer Übung werden die Teilnehmer an ihre eigenen Zielsetzungen erinnert und angeregt, diese gegebenenfalls zu überarbeiten.

Zum Abschluss der dritten Lektion und damit des gesamten Trainings wird das Kapitel „Motivation" behandelt. Dabei sollen die Teilnehmer erkennen, dass die eigene Motivation aktiv verbessert werden kann. Da Motivation in allen Phasen des Lernprozessmodells eine wichtige Rolle spielt, enthält dieses Kapitel zudem eine Zusammenfassung des Selbstregulationstrainings. Das Kapitel beginnt mit einer Imaginationsübung. Dabei sollen die Teilnehmer sich vorstellen, wie sie sich fühlen werden, wenn sie ihre selbst formulierten Ziele erreicht haben. Anschließend sollen Hindernisse benannt werden, die diesen Zielen im Weg stehen können. Durch mehrfaches Abwechseln dieser beiden Perspektiven soll die Motivation, die Ziele zu erreichen, gesteigert und zudem eine Vorbereitung auf mögliche Hürden geschaffen werden (Oettingen et al. 2001). Anschließend werden in der Übung sog. Implementationsintentionen (Gollwitzer 1999) formuliert, die festlegen, wie auf den Eintritt einer solchen Hürde reagiert wird. Beispielsweise könnte das Ziel, ein Modul des Vorkurses an einem bestimmten Tag zu bearbeiten, bedroht sein durch den Wunsch, draußen das schöne Wetter zu genießen. Die Implementationsintention könnte in diesem Fall lauten: „Wenn schönes Wetter ist und ich keine Lust habe zu lernen, dann schließe ich den Rollladen und belohne mich nachmittags mit einem Eis im Park." Nach der Übung wird in einer Präsentation die Unterscheidung zwischen intrinsischer und extrinsischer Motivation eingeführt und erläutert, dass extrinsische Motivation (z. B. Belohnung für gute Leistung mit Geld oder Bestrafung durch schlechte Noten) zwar kurzfristig auch zum Erfolg führen kann, man aber mit intrinsischer Motivation (z. B. Spaß an einem Fach oder Interesse für ein Gebiet) langfristig die besseren Ergebnisse mit weniger Mühe erzielt (Benabou und Tirole 2003). Anschließend werden Tipps zur Herstellung einer intrinsischen Motivation vermittelt wie z. B. Erfolgserlebnisse zu schaffen und diese gezielt in Erinnerung zu rufen oder durch vorurteilsfreie Beschäftigung mit einem Thema zu erleben, wie zunehmendes Wissen über das Thema auch zu zunehmendem Interesse an dem Thema führt. Schließlich werden Techniken beschrieben, wie die eigene Körperhaltung und Mimik zur Selbstmotivation eingesetzt werden kann. In der darauffolgenden Gruppendiskussion im Forum werden die Teilnehmer gebeten, mögliche Selbstbelohnungen gemeinsam zu sammeln und sich eine solche für das Erreichen ihrer nächsten Tagesziele zu versprechen.

Nachdem die Teilnehmer in ihr Strategiehandbuch erneut eintragen, welche der Erkenntnisse aus der Lektion sie in den letzten Tagen des Vorkurses umsetzen möchten, endet die Lektion mit dem Verfassen eines Briefes an sich selbst. Dieser Brief, der vom Leiter der Studie zu einem unbekannten zukünftigen Termin an die Teilnehmer zurückgesandt wird, soll den langfristigen Transfer der Strategien in den Lernalltag sicherstellen und beispielsweise nach drei Monaten an das Umsetzen der eigenen Vorsätze erinnern.

23.3.3.4 Lerntagebuch

Das Lerntagebuch ist eine weitere Komponente des Trainings und besteht aus einem zweiteiligen standardisierten Fragebogen, der jeden Tag vor und nach dem Lernen ausgefüllt werden soll. Die Bearbeitung beider Teile benötigt zu Beginn pro Tag durchschnittlich etwa 10 Minuten, mit etwas Routine später dann nur noch 5 Minuten. Durch offene Fragen (wie z. B. im Teil vor dem Lernen „Welche Ziele haben Sie für den heutigen Tag?" oder im Teil nach dem Lernen „Was haben Sie heute getan, um Ihre Ziele zu erreichen?") werden gezielt Selbstregulationsprozesse angestoßen und durch die tägliche Präsentation zur Gewohnheit gemacht. Geschlossene Frageformate (wie z. B. vor dem Lernen „Wie motiviert sind Sie heute auf einer Skala von 0 bis 100?" oder nach dem Lernen „Zu wie viel Prozent haben Sie heute Ihre Ziele erreicht?") bieten zudem reichhaltige Informationen über die Entwicklung der Selbstregulation im Laufe des Trainings und erlauben eine elaborierte statistische Auswertung mittels Zeitreihenanalysen (Schmitz 2006).

23.3.4 Evaluationsergebnisse

Evaluationsergebnisse der Studie von 2010 zur varianzanalytischen und zeitreihenanalytischen Auswertung des Trainingseffektes auf selbstreguliertes Lernen und mathematisches Wissen werden an anderer Stelle detailliert berichtet (Bellhäuser, Winter, Lösch und Schmitz 2012) und hier nur zusammengefasst dargestellt. An der Studie nahmen N = 81 Versuchspersonen teil. Es zeigte sich ein signifikanter, positiver und bedeutsamer Effekt auf das im Fragebogen angegebene selbstregulierte Lernen in der Experimentalgruppe (n = 55), nicht aber der Kontrollgruppe (n = 36), der durch signifikante Interventionseffekte der drei Lektionen anhand der Tagebuchdaten zusätzlich gestützt werden konnte. Dies ging einher mit einem signifikant höheren Lernpensum der Experimentalgruppe im Vergleich zur Kontrollgruppe. Im Mathematiktest konnte dagegen kein Unterschied zwischen den Gruppen gezeigt werden, was eventuell auf die Konstruktion des eingesetzten Mathematiktests zurückzuführen ist, der nicht alle Module des Vorkurses abdeckte. Erste Analysen der Nachfolgestudie 2011 mit einem umfangreicheren Mathematiktest weisen hier jedoch auf positive Effekte durch das Training hin.

In einer abschließenden Befragung zeigte sich eine hohe Zufriedenheit mit der Studienteilnahme (siehe Tab. 23.1). Die Experimentalgruppe berichtete darüber hinaus über eine höhere Zufriedenheit mit dem Vorkurs als die Kontrollgruppe.

In der Experimentalgruppe wurden zudem die Lektionen sowie das Lerntagebuch evaluiert. Lektion 2 wurde dabei von 49 % der Teilnehmer als am besten wahrgenommen, vor Lektion 1 (31 %) und Lektion 3 (20 %). Insbesondere die Kapitel Zeitmanagement (67 %), Motivation (49 %) und Ziele setzen (44 %) wurden dabei von den Teilnehmern als hilfreich bezeichnet (Mehrfachangabe möglich).

Tab. 23.1 Zufriedenheit mit Studienteilnahme und Vorkursteilnahme in EG und KG

	EG	KG
Der Vorkurs hat mir Spaß gemacht.	4,7	4,0
Es hat mir Spaß gemacht, an der Studie teilzunehmen.	5,0	4,5
Ich würde bei späteren Studien wieder mitmachen.	5,1	5,3

Gemittelte Zustimmung auf einer Skala von 1 (trifft nicht zu) bis 6 (trifft zu)
EG = Experimentalgruppe
KG = Kontrollgruppe

Da die Teilnahme am Training Zeit in Anspruch nahm, die für die Bearbeitung des Vorkurses nicht mehr zur Verfügung stand, wurden die Teilnehmer befragt, ob diese Investition von Zeit als lohnend empfunden wurde (siehe Tab. 23.2). Hier gaben 25,4 % der Experimentalgruppenteilnehmer die höchstmögliche Zustimmung (6 Punkte auf einer Skala von 1 bis 6), weitere 41,8 % stimmten stark zu (5 Punkte); lediglich 4 von 55 Teilnehmern stimmten der Aussage wenig, nicht oder gar nicht zu (3, 2 oder 1 Punkte).

Tab. 23.2 Zufriedenheit mit dem Selbstregulationstraining

	EG
Es hat sich gelohnt, die Zeit für die Lektionen zu investieren.	4,8
Ich würde das Training weiterempfehlen.	5,1
Ich habe mehr über mich selbst erfahren.	4,1
Die Darstellung des Trainers als Comicfigur hat mir gefallen.	4,9
Ich werde versuchen, im Studium die vermittelten Lernstrategien anzuwenden.	5,1

Gemittelte Zustimmung auf einer Skala von 1 (trifft nicht zu) bis 6 (trifft zu)
EG = Experimentalgruppe

Das Lerntagebuchwurde ebenfalls positiv evaluiert (siehe Tab. 23.3) als hilfreiches Mittel zur Zeitplanung, Reflexion und Motivation. Der wahrgenommene Aufwand für das Lerntagebuch reduzierte sich im Laufe der Studie.

Tab. 23.3 Zufriedenheit mit dem Lerntagebuch

	EG
Es hat mich am Anfang viel Überwindung gekostet, das Tagebuch auszufüllen.	2,7
Es hat mich am Ende viel Überwindung gekostet, das Tagebuch auszufüllen.	2,3
Das Tagebuch hat mir geholfen, meine Tage zu strukturieren.	3,5
Das Tagebuch hat mir geholfen, über meinen Lernfortschritt nachzudenken.	4,0
Das Tagebuch hat mir geholfen, mich zum Lernen zu motivieren.	3,7

Gemittelte Zustimmung auf einer Skala von 1 (trifft nicht zu) bis 6 (trifft zu)
EG = Experimentalgruppe

23.3.5 Geplante Weiterentwicklung

Geplante Weiterentwicklungen betreffen die Adaptivität und Individualisierbarkeit des Trainings, eine Feedback-Funktion für das Lerntagebuch sowie die Einführung von Lerngruppen.

Ein Vorteil, den web-basierte Trainings gegenüber Präsenztrainings aufweisen, ist die Möglichkeit, die Inhalte stärker auf die individuellen Bedürfnisse der Teilnehmer anzupassen. Wir planen, anhand einer Diagnostik zu Beginn des Trainings die Selbstregulationskompetenz der Teilnehmer zu erheben und ihnen individuelle Empfehlungen zu geben, in welchen Facetten der Selbstregulation ihr größter Förderungsbedarf besteht. So könnte das Training noch detaillierter auf bestimmte Bereiche eingehen, ohne die Gesamtdauer zu erhöhen.

Im Gegensatz zu Lerntagebüchern auf Papier besteht bei Online-Tagebüchern die Möglichkeit, unmittelbares Feedback zum Lernverhalten zu geben, was sich bereits als wirksame Maßnahme gezeigt hat (Schmidt et al. 2011). Wir planen aus diesem Grund die Entwicklung eines Lerntagebuch-Tools, bei dem die Teilnehmer fortlaufend ihren Lernprozess in Form von automatisch generierten Graphen inspizieren können. Computerisiertes Feedback zum Lernverhalten (z. B. „Gestern haben Sie Ihre Lernziele nicht erreicht. Möchten Sie heute Ihre Ziele niedriger setzen?") soll die Selbstregulation anregen. Zusätzlich soll Peer-Feedback eingesetzt werden, um beispielsweise die Zielformulierung gemäß der SMART-Kriterien einzuüben.

Ein Nachteil, den web-basierte Trainings gegenüber Präsenztrainings haben, liegt in der häufig fehlenden sozialen Unterstützung durch andere Teilnehmer. Wir planen daher die Einführung von Lerngruppen, die sich nicht nur in Bezug auf die mathematischen Inhalte unterstützen, sondern insbesondere Motivation und Zeitmanagement gegenseitig beobachten und gegebenenfalls helfend eingreifen.

23.4 Zusammenfassung und Ausblick

In diesem Artikel wurde das Konzept eines web-basierten Trainings dargestellt, das im Kontext des Vorkurses VEMINT an der TU Darmstadt eingesetzt wird, um die Selbstregulationskompetenz der Teilnehmer zu verbessern. Der Erfolg dieser Fördermaßnahme konnte bereits in zwei Evaluationsstudien demonstriert werden und zeigte sich unter anderem in höherer Zufriedenheit mit dem Vorkurs, größerem Engagement und strukturierterem Vorgehen der Teilnehmer beim Lernen.

Weiterer Forschungsbedarf besteht in der Frage, wie das Training adaptiv auf den einzelnen Nutzer angepasst werden kann. Dazu ist es erforderlich, zu untersuchen, welche Teilnehmer von welchen Trainingsinhalten am meisten profitieren, um das Training in Zukunft individuell optimal zu gestalten.

Zur Untersuchung der langfristigen Effekte des Trainings auf den Studienerfolg (beispielsweise auf Studienzufriedenheit, Abschlussnoten oder Abbruchquote) sind Follow-up-Erhebungen erforderlich, die zurzeit in Planung sind.

Darüber hinaus möchten wir die Generalisierbarkeit des Trainingseffekts auch in weiteren Vorkursszenarien untersuchen, um zu demonstrieren, dass auch die Teilnehmer in Präsenzveranstaltungen oder Blended-Learning-Szenarien von einer Förderung der Selbstregulationskompetenz profitieren.

23.5 Literaturverzeichnis

Azevedo R., Cromley J. G., Winters, F. I., et al. (2006). Using computers as metacognitive tools to foster students' self-regulated learning. Technology, Instruction, Cognition and Learning 3:97.

Bellhäuser, H., Lösch, T. C., & Schmitz, B. (submitted). Applying Web-Based Training to Foster Self-Regulated Learning – Temporal and Sequential Aspects Investigated by Time-Series Analysis.

Benabou R., & Tirole, J. (2003). Intrinsic and Extrinsic Motivation. Review of economic studies 70:489–520. doi: 10.1111/1467-937X.00253.

Benz, B. F. (2010) Improving the Quality of E-Learning by Enhancing Self-Regulated Learning. A Synthesis of Research on Self-Regulated Learning and an Implementation of a Scaffolding Concept. TU Darmstadt, Germany.

Boekaerts M. (1999). Self-regulated learning: where we are today. International Journal of Educational Research 31:445–457. doi: 10.1016/S0883-0355(99)00014-2.

Dignath C., & Büttner, G. (2008). Components of fostering self-regulated learning among students. A meta-analysis on intervention studies at primary and secondary school level. Metacognition and Learning 3:231–264.

Dillon A., & Gabbard, R. (1998). Hypermedia as an Educational Technology: A Review of the Quantitative Research Literature on Learner Comprehension, Control, and Style. Review of Educational Research 68:322–349. doi: 10.3102/00346543068003322.

Doran, G. (1981). There's a SMART way to write management goals and objectives. Management Review 70:35–36.

Friedrich, H. F., & Mandl, H. (1997). Analyse und Förderung selbstgesteuerten Lernens. Psychologie der Erwachsenenbildung Enzyklopädie der Psychologie, Themenbereich D Praxisgebiete, Serie I Pädagogische Psychologie 4:237–293.

Gollwitzer, P. (1999). Implementation intentions: strong effects of simple plans. American Psychologist 7:493–503. doi: 10.1037/0003-066X.54.7.493.

Greene, J. A, & Winters, F. I. (2011). Adaptive Content and Process Scaffolding: A key to facilitating students ' self-regulated learning with hypermedia. Assessment 53:106–140.

Lüdtke, O., & Köller, O. (2002). Individuelle Bezugsnormorientierung und soziale Vergleiche im Mathematikunterricht. Zeitschrift für Entwicklungspsychologie und Pädagogische Psychologie 34:156–166. doi: 10.1026//0049-8637.34.3.156.

Mischel, W., Shoda, Y., & Rodriguez MI (1989). Delay of gratification in children. Science (New York, NY) 244:933–8. doi: 10.1126/science.2658056.

Narciss, S., Proske, A., & Koerndle H. (2007). Promoting self-regulated learning in web-based learning environments. Computers in Human Behavior 23:1126–1144.

Oettingen, G., Pak, H., & Schnetter K. (2001). Self-regulation of goal setting: turning free fantasies about the future into binding goals. Journal of personality and social psychology 80:736–53.

Perels, F., Gürtler, T., & Schmitz, B. (2005). Training of self-regulatory and problem-solving competence. Learning and Instruction 15:123–139. doi: 10.1016/j.learninstruc.2005.04.010.
Peterson, C., Semmel, A., Von Baeyer, C., et al. (1982). The attributional Style Questionnaire. Cognitive Therapy and Research 6:287–299. doi: 10.1007/BF01173577.
Peverly, S. T., Brobst, K. E., Graham, M., & Shaw, R. (2003). College adults are not good at self-regulation: A study on the relationship of self-regulation, note taking, and test taking. Journal of Educational Psychology 95:335–346. doi: 10.1037/0022-0663.95.2.335.
Richardson, M., Abraham, C., & Bond, R. (2012). Psychological correlates of university students' academic performance: A systematic review and meta-analysis. Psychological bulletin 138:353–87. doi: 10.1037/a0026838.
Schmidt, K., Allgaier, A., Lachner, A., et al. (2011). Diagnostik und Förderung selbstregulierten Lernens durch Self-Monitoring-Tagebücher Einleitung. 6:246–269.
Schmitz, B. (2006). Advantages of studying processes in educational research. Learning and Instruction 16:433–449. doi: 10.1016/j.learninstruc.2006.09.004.
Schmitz, B., & Perels, F. (2011). Self-monitoring of self-regulation during math homework behaviour using standardized diaries. Metacognition and Learning 6:255–273. doi: 10.1007/s11409-011-9076-6.
Schmitz, B., & Wiese, B. S. (2006). New perspectives for the evaluation of training sessions in self-regulated learning: Time-series analyses of diary data. Contemporary Educational Psychology 31:64–96. doi: 10.1016/j.cedpsych.2005.02.002.
Seiwert, L. (2004). Das 1x1 des Zeitmanagement, 24th ed. Frankfurt a. M.: MVG Verlag.
Stark, R., & Mandl, H. (2005). Lernen mit einer netzbasierten Lernumgebung im Bereich empirischer Forschungsmethoden. Unterrichtswissenschaft 33:3–29.
Vygotsky, L. S. (1978). Mind in society: The development of higher psychological processes. Mind in Society The Development of Higher Psychological Processes Mind in So:159. doi: 10.1007/978-3-540-92784-6.
Zimmerman, B. J. (1990). Self-regulated learning and academic achievement: An overview. Educational Psychologist 25:3–17.
Zimmerman, B. J., & Schunk, D. H. (2011). Handbook of self-regulation of learning and performance. Routledge: Taylor & Francis Group, New York, NY; London.

24

Self-Assessment-Test-Mathematik für Studierende der Physik an der Universität Wien

Franz Embacher (Universität Wien, Fakultät für Physik, Fakultät für Mathematik)

Zusammenfassung

Welche der mathematischen Kompetenzen, die in den ersten Semestern eines Physikstudiums traditionellerweise von den Studierenden erwartet werden, bringen diese zu Beginn ihres Studiums mit? Im Wintersemester 2010/11 wurde an der Fakultät für Physik der Universität Wien auf breiter Basis ein **Self-Assessment-Test zur Erhebung der mathematischen Kompetenzen von Studienanfänger/innen** (SAM) durchgeführt. Während die von den Studierenden erzielten Ergebnisse nicht signifikant vom Geschlecht und nur schwach signifikant von der gewählten Studienrichtung (Bachelor Physik, Lehramt Physik mit/ohne Mathematik, Astronomie, Meteorologie, …) abhängen und hinsichtlich der schulischen Vorbildung eine breite Streuung besteht, die kein signifikantes Gesamtbild zulässt, zeigten sich sehr große Unterschiede zwischen den Leistungen in unterschiedlichen mathematischen Themenbereichen. Die Problemfelder liegen vor allem in den – gerade für naturwissenschaftliche Studien wichtigen – Kernbereichen der Geometrie und der Analysis. Sie umfassen sowohl rechentechnische Kompetenzen als auch das Verständnis der zugrunde liegenden mathematischen Konzepte (wie etwa ein allgemeines Funktionsverständnis, Fertigkeiten in Vektorrechnung sowie ein grundlegendes Verständnis des Ableitungs- und Integralbegriffs). Im Mittelfeld liegen Kompetenzen im Umgang mit speziellen Funktionen (lineare Funktionen, Logarithmus-, Exponential- und Winkelfunktionen), während die besten Ergebnisse im Bereich der elementaren algebraischen Grundlagen (Zahlen, Terme, Gleichungen) erzielt wurden. Aus den Ergebnissen lassen sich Rückschlüsse auf die kurz- bis mittelfristige Wirkung des schulischen Mathematikunterrichts ziehen, und sie weisen den Weg zu geeigneten Förderungsmaßnahmen für Studienanfänger/innen.

24.1 Einleitung

Im Wintersemester 2010/11 wurde an der Fakultät für Physik der Universität Wien im Rahmen der zweiwöchigen Block-Lehrveranstaltung „**Einführung in die Physikalischen Rechenmethoden I**", die alle Studienanfänger/innen der Studienrichtungen Bachelor Physik, Lehramt Physik und Meteorologie Bachelor/Master zu absolvieren haben, ein **Self-Assessment-Test zur Erhebung der mathematischen Grundkompetenzen** (**SAM**) durchgeführt. Sein Sinn bestand einerseits darin, angesichts der beträchtlichen Unterschiede in der mathematischen Vorbildung der Studienanfänger/innen– einem Phänomen, das an zahlreichen weiterführenden Bildungsinstitutionen besteht, siehe etwa Cramer und Walcher (2011) und Meyer (2011) – den Studierenden möglichst früh eine Rückmeldung über den Stand ihrer mitgebrachten Kompetenzen und Vorkenntnisse – gemessen an den Methoden und Schwierigkeitsgraden, mit denen sie traditionellerweise in Einführungs-Lehrveranstaltungen der Physik konfrontiert sind – zu geben. Andererseits sollte damit eine Orientierung über allfällige Anpassungen in der – den Beginn des Studiums begleitenden – mathematischen Grundausbildung erzielt werden.

Im Jänner 2011 wurde der gemeinsam mit Peter Reisinger und unter Mitwirkung von Hildegard Urban-Woldron und Ingrid Krumphals verfasste Ergebnisbericht vorgelegt (Embacher und Reisinger 2011).

Der Testwurde im Laufe des Wintersemesters 2009/10 im Auftrag der Fakultät entwickelt. Er entsprang weniger mathematikdidaktischem Interesse oder bildungstheoretischen Erwägungen als vielmehr dem praktischen Motiv, Anpassungen in der begleitenden Mathematik-Ausbildung vorzunehmen. Zudem konnte eine Validierung der Testfragen aus Zeitgründen nicht durchgeführt werden. Der Test wurde unter jenen Lehrenden der Fakultät für Physik, die in Lehrveranstaltungen für die ersten Semester des Physikstudiums tätig sind, akkordiert und widerspiegelt – sowohl hinsichtlich der Auswahl mathematischer Teilbereiche als auch hinsichtlich des Schwierigkeitsgrades der einzelnen Fragen – dem unter den Lehrenden vorherrschenden Erwartungen. Der so entstandene Fragenkatalog wurde im Sommer 2010 als Online-Test implementiert. Er bestand aus 19 Themenbereichen, die jeweils für sich absolviert werden konnten und jeweils einem Bündel an Kompetenzen, Wissen und Fertigkeiten entsprechen (siehe Abb. 24.1).

Dabei wurden rechentechnische Fertigkeiten, konzeptuelles Wissen und mathematische Detailkenntnisse, die dem „Schulstoff" entsprechen, abgefragt. Die einzelnen Themenbereiche waren in Unterabschnitte (die einigermaßen genau umrissenen Gruppen von Kompetenzen entsprechen) gegliedert und beinhalteten unterschiedlich viele Einzelfragen (die meisten auf Single-Choice-Basis, einige auf Multiple-Choice-Basis, einige wenige erforderten Zahleneingaben), für die drei Optionen zur Verfügung standen:

- Jeder Versuch, das gestellte Problem zu lösen, wurde als richtig oder falsch klassifiziert. Eine richtige Antwort wurde mit 1 Punkt bewertet.
- Zudem war bei den meisten Fragen (ausgenommen Fragen mit numerischer Eingabe) die Möglichkeit vorgesehen, mit „Ich weiß die Antwort nicht" und „Ich verstehe die Frage nicht" zu antworten.

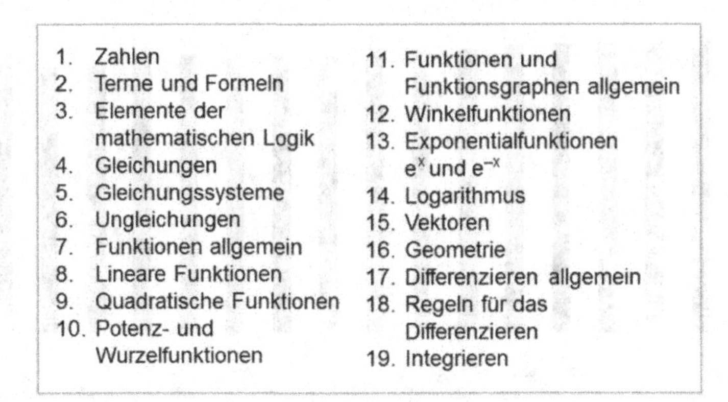

1. Zahlen
2. Terme und Formeln
3. Elemente der mathematischen Logik
4. Gleichungen
5. Gleichungssysteme
6. Ungleichungen
7. Funktionen allgemein
8. Lineare Funktionen
9. Quadratische Funktionen
10. Potenz- und Wurzelfunktionen
11. Funktionen und Funktionsgraphen allgemein
12. Winkelfunktionen
13. Exponentialfunktionen e^x und e^{-x}
14. Logarithmus
15. Vektoren
16. Geometrie
17. Differenzieren allgemein
18. Regeln für das Differenzieren
19. Integrieren

Abb. 24.1 Die Themenbereiche des Self-Assessment-Tests

Zur Illustration hier ein Beispiel für eine Testfrage aus dem Bereich *Vektoren*, Unterabschnitt *Pfeildarstellung, geometrische Interpretation von Linearkombinationen*:

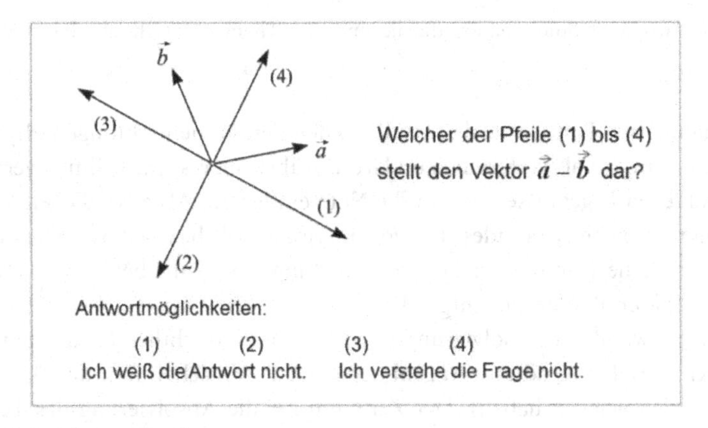

$\vec{b}$
(4)
(3)
$\vec{a}$
(1)
(2)
Welcher der Pfeile (1) bis (4) stellt den Vektor $\vec{a} - \vec{b}$ dar?
Antwortmöglichkeiten:
(1) (2) (3) (4)
Ich weiß die Antwort nicht. Ich verstehe die Frage nicht.

Abb. 24.2 Beispiel einer Testfrage

Insgesamt umfasste der Test **353 Einzelfragen**, was daher auch der **maximal erreichbaren Punktezahl** entsprach.

Nach Bearbeitung eines Themenbereichs erhielten die Studierenden vom System eine Rückmeldung per E-Mail, in der ihnen ihr Punktestand (aufgeschlüsselt nach den Unterabschnitten des Themenbereichs) mitgeteilt wurde. Zusätzlich zu den Antworten auf die Einzelfragen wurde erhoben bzw. ist aufgrund des Authentifizierungsvorgangs (Login) bekannt:

- die Identität der Studierenden (und daher auch das Geschlecht),
- die Vorbildung (Schultyp, in dem die Reifeprüfung [Abitur] abgelegt wurde bzw. ein Bildungsgang im zweiten Bildungsweg) sowie
- die gewählte Studienrichtung.

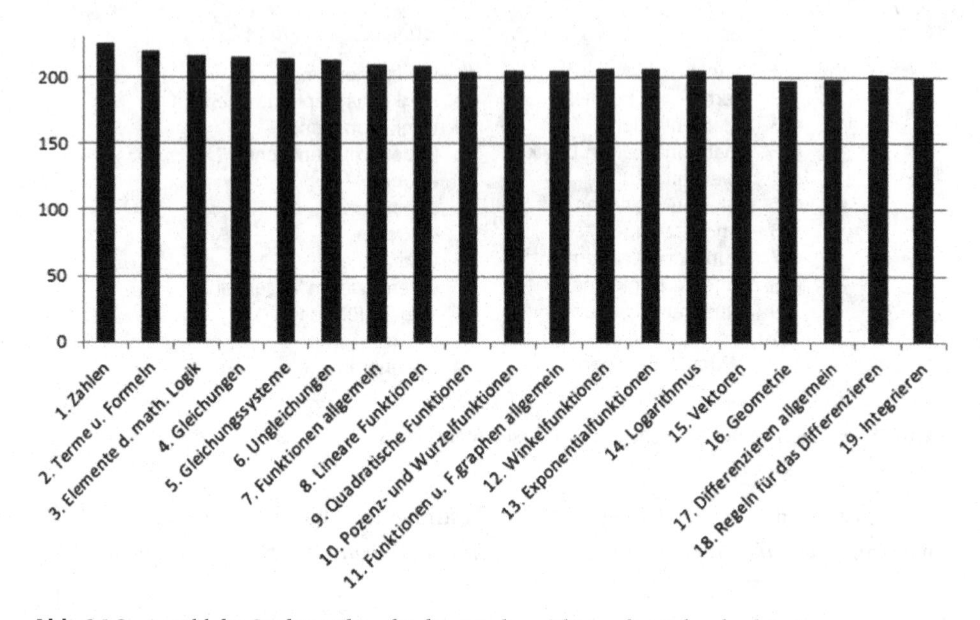

Abb. 24.3 Anzahl der Studierenden, die die einzelnen Themenbereiche absolvierten

Die Teilnahme am Test wurde den Studierenden der Studienrichtungen Physik Bachelor und Physik Lehramt als verbindlich erklärt. Darüber hinaus wurde ihnen versichert, dass die individuellen Ergebnisse nicht in die Note einfließen. Als zusätzlicher Anreiz wurde den Studierenden bei zumindest 17 (von insgesamt 19) bearbeiteten Themenbereichen für die schriftliche Prüfung der Lehrveranstaltung ein „Guthaben" von 15 % der insgesamt erreichbaren Punktezahl gutgeschrieben.

Der Zeitaufwand zur Absolvierung des Tests war beträchtlich (er dürfte im Schnitt – je nach Schwierigkeitsgrad und Anzahl der Fragen – zwischen fünf und 30 Minuten pro Themenbereich gelegen haben). Der Zeitraum für die Absolvierung des Tests lag zwischen 04. und 15. Oktober 2010 (Beginn und Ende der Block-Lehrveranstaltung).

Nach einer ersten Bereinigung der am Server gesammelten Daten (Ausschluss von Probeläufen durch Lehrende und ältere Studierende) blieb eine Gesamtzahl von **219** Studierenden, die zumindest einen Themenbereich absolviert hatten. Von diesen lagen in **172** Fällen die Datensätze zu allen 19 Themenbereichen vor, d. h. **47** Studierende haben nicht alle Themenbereiche absolviert. Abbildung 24.3 zeigt die Anzahl der Studierenden, die die einzelnen Themengebiete absolvierten.

Die 172 Studierenden, über die Daten zu allen Themenbereichen vorliegen (davon 51 weiblich und 121 männlich), wurden in die statistische Analyse aufgenommen. Die Ergebnisse werden im Folgenden vorgestellt.

24.2 Testergebnisse gesamt

Die Gesamtverteilung der erreichten Punktezahlen ist in Abb. 24.4 dargestellt (wobei, wie bereits erwähnt, eine Höchstpunktezahl von 353 möglich war).

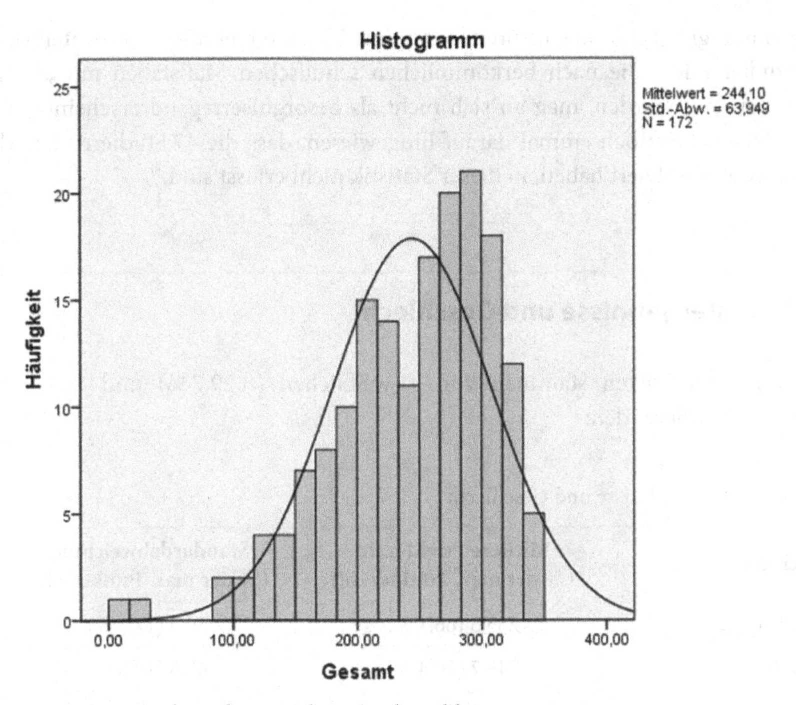

Abb. 24.4 Gesamtverteilung der erreichten Punktezahlen

Die wichtigsten Kennzahlendieser Verteilung sind:

- Im **Mittel** wurden von den Studierenden 244,1 von 353 Punkten erzielt (das sind 69,2 % der maximal erreichbaren Punktezahl). Die **Standardabweichung** lag bei 63,9 Punkten (18,1 % der maximal erreichbaren Punktezahl).
- Der **Maximalwert** lag bei 339 Punkten (96,0 % der erreichbaren Punktezahl), der **Minimalwert** bei 16 Punkten (4,5 % der erreichbaren Punktezahl).[1]
- Der **Median** lag bei 254 Punkten (72,0 % der maximal erreichbaren Punktezahl). Das bedeutet, dass die Hälfte aller Studierenden zumindest 72,0 % der maximal erreichbaren Punktezahl erzielten.

---

[1] Da die Ergebnisse nicht in die Noten der Studierenden einflossen, ist es schwierig, derart schwache Ergebnisse (sie betreffen nur zwei Personen) zu interpretieren. Neben geringen Kompetenzen sind im Prinzip auch mangelnde Motivation oder technische Fehler bzw. PC-Bedienungsprobleme mögliche Gründe dafür.

- **14,5 %** der Studierenden (absolut: 25) erzielten **weniger als die Hälfte** der erreichbaren Punktezahl. (Das entspricht nach langjähriger Praxis der schulischen Leistungsbeurteilung der Note „nicht genügend".[2])
- **9,9 %** der Studierenden (absolut: 17) erzielten **mehr als 90 %** der erreichbaren Punktezahl.

Insgesamt ergibt sich also eine breite Streuung der Testergebnisse. Der Anteil von 14,5 % der Studierenden, die nach herkömmlichen schulischen Maßstäben mit „nicht genügend" bewertet würden, mag an sich nicht als besorgniserregend erscheinen. Es sei an dieser Stelle aber noch einmal darauf hingewiesen, dass die 47 Studierenden, die nicht alle 19 Tests absolviert haben, in dieser Statistik nicht erfasst sind.

24.3 Testergebnisse und Geschlecht

Die erhobenen Daten stammen von 51 weiblichen (= 29,7 %) und 121 männlichen (= 70,3 %) Studierenden:

Tab. 24.1 Testergebnisse und Geschlecht

Geschlecht	Mittlere Punktezahl (% der max. Punktezahl)	Standardabweichung (% der max. Punktezahl)	N
Weiblich	233,3 (66,1 %)	59,9 (17,0 %)	51
Männlich	248,7 (70,4 %)	65,3 (18,5 %)	121
Gesamt	244,1 (69,2 %)	63,9 (18,1 %)	172

Aufgrund der großen Streuung innerhalb der beiden Gruppen ist der Unterschied in den mittleren Punktezahlen für weibliche und männliche Studierende nicht signifikant. (Die Irrtumswahrscheinlichkeit[3] liegt bei $p = 0{,}15$). Die **Effektstärke**, die den durch den Faktor „Geschlecht" bewirkten Anteil an der Gesamtvarianz misst, wurde zu $\eta^2 = 0{,}012$ ermittelt.[4] Der Unterschied in den erhobenen mittleren Punktezahlen ist daher ein kleiner, nicht signifikanter Effekt.

Die Verteilungen der Punktezahlen von weiblichen und männlichen Studierenden sind in Abb. 24.5 und 24.6 gegenübergestellt.

[2] In jüngster Zeit gibt es Bestrebungen, die Minimalerfordernis für ein „genügend" auf 60 % der erreichbaren Punktezahl zu erhöhen.

[3] Als Irrtumswahrscheinlichkeit wird hier der so genannte p-Wert bezeichnet. Von einem signifikanten Ergebnis wird erst gesprochen, wenn er kleiner als 0.05 ist.

[4] $\eta^2 = 0.01$ weist auf einen kleinen Effekt hin, $\eta^2 = 0.06$ auf einen mittelgroßen und $\eta^2 = 0.37$ auf einen großen.

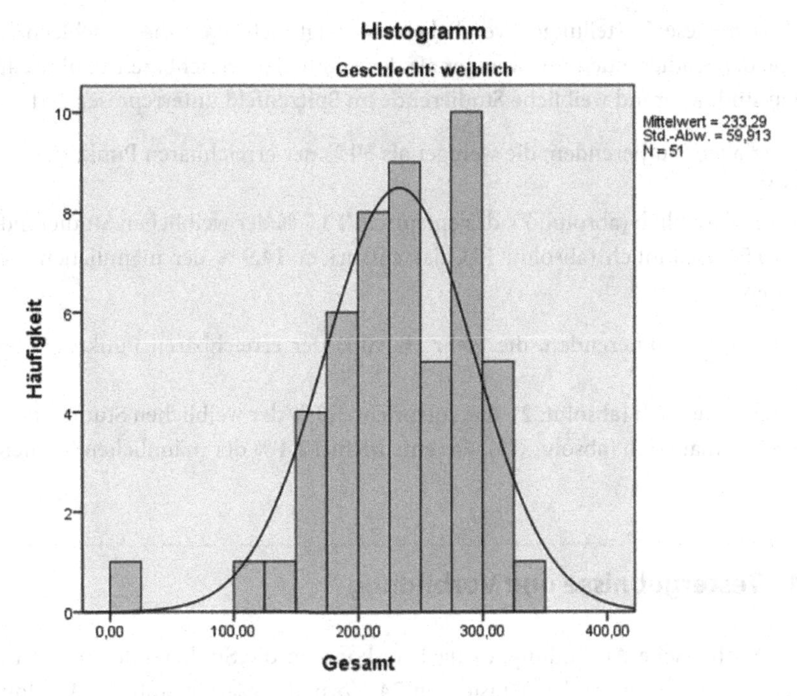

Abb. 24.5 Verteilung der Punktezahlen von weiblichen Studierenden

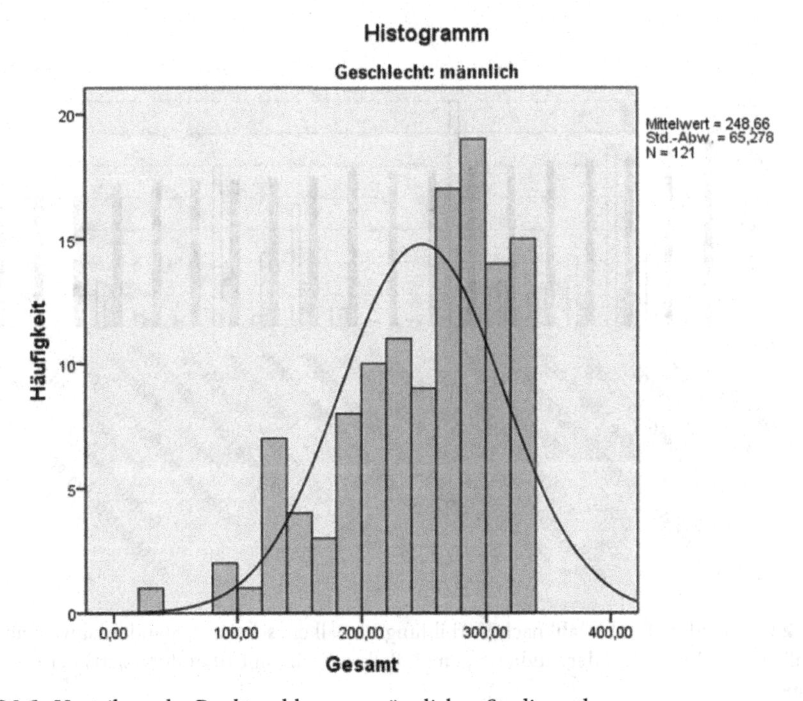

Abb. 24.6 Verteilung der Punktezahlen von männlichen Studierenden

Werden diese Verteilungen verglichen, so zeigt sich, dass die Geschlechter in der Gruppe der Studierenden mit weniger als der Hälfte der erreichbaren Punktezahl ausgeglichen sind, während weibliche Studierende im Spitzenfeld unterrepräsentiert sind:

- Unter allen Studierenden, die weniger als 50 % der erreichbaren Punktezahl erzielten, sind
  - 4,1 % weiblich (absolut: 7), das entspricht **13,7 %** der weiblichen Studierenden, und
  - 10,5 % männlich (absolut: 18), das entspricht **14,9 %** der männlichen Studierenden.
- Unter allen Studierenden, die mehr als 90 % der erreichbaren Punktezahl erzielten, sind
  - 1,2 % weiblich (absolut: 2), das entspricht **3,9 %** der weiblichen Studierenden, und
  - 8,7 % männlich (absolut: 15), das entspricht **12,4 %** der männlichen Studierenden.

24.4 Testergebnisse und Vorbildung

Um ihre schulische Ausbildung anzugeben, konnten die Studierenden aus der von der Universität Wien verwendeten Liste von 34 Vorbildungsarten wählen. Abbildung 24.7 zeigt die Ergebnisse der durch ihre Vorbildung definierten Studierendengruppen.

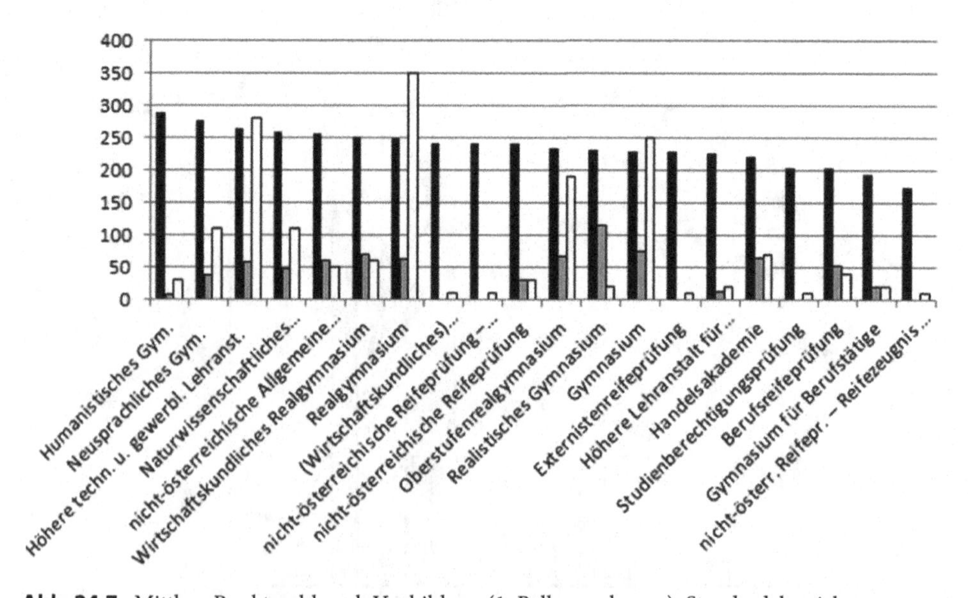

Abb. 24.7 Mittlere Punktezahl nach Vorbildung (1. Balken, schwarz), Standardabweichung (2. Balken, grau) und Zahl der Studierenden (3. Balken, weiß, mit 10 multipliziert) der jeweiligen Gruppe

Da die einzelnen Gruppen zum Teil sehr klein sind, lassen sich zwischen ihnen kaum sinnvolle statistische Vergleiche anstellen. Unter den drei Gruppen mit zumindest 20 Studierenden rangiert die HTL (Höhere technische Lehranstalt) hinsichtlich der mittleren Punktezahl vor dem Realgymnasium und dieses vor dem Gymnasium.

Die **Effektstärke**, die den durch den Faktor „Schulbildung“ bewirkten Anteil an der Gesamtvarianz misst, wurde zu $\eta^2 = 0{,}181$ermittelt (was einem mittelgroßen Effekt entspricht). Da aber die **Irrtumswahrscheinlichkeit** mit $p = 0{,}062$ eher groß ist, ergibt sich aus den Daten kein signifikantes Gesamtbild. Insbesondere ergeben die mittleren Punktezahlen der zahlenmäßig kleinen Gruppen keinen statistisch signifikanten Aufschluss über die typischerweise aus den entsprechenden Bildungsgängen zu erwartenden mathematischen Kompetenzen.

24.5 Testergebnisse und Studienrichtung

Abbildung 24.8 zeigt die Ergebnisse der durch die gewählte Studienrichtung definierten Studierendengruppen.

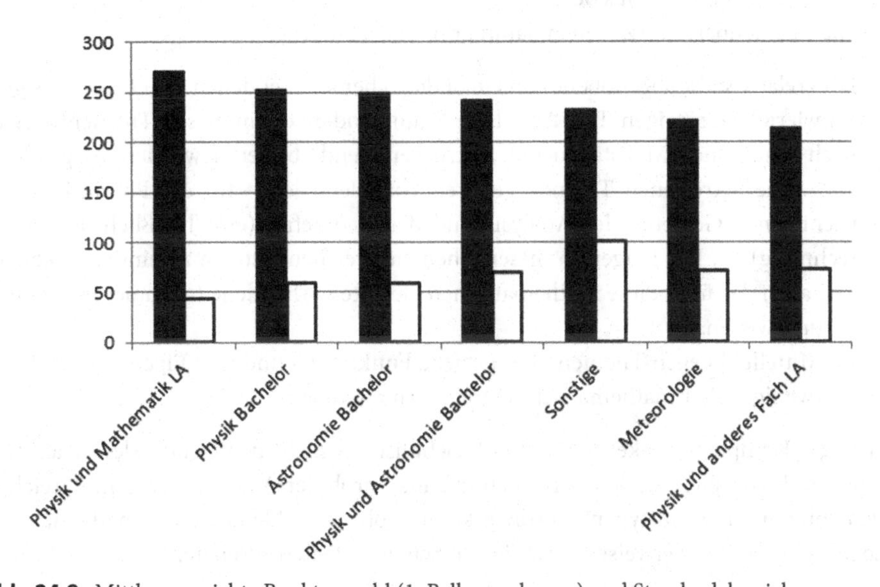

Abb. 24.8 Mittlere erreichte Punkteanzahl (1. Balken, schwarz) und Standardabweichung (2. Balken, weiß) je Studienrichtung (LA = Lehramt)

Die **Effektstärke**, die den durch den Faktor „Studienrichtung“ bewirkten Anteil an der Gesamtvarianz misst, wurde zu $\eta^2 = 0{,}086$ ermittelt. Es handelt sich also um einen schwachen Effekt, der mit einer **Irrtumswahrscheinlichkeit** von $p = 0{,}02$ allerdings signifikant ist.

Die Gruppe der Lehramts-Studierenden fällt – je nachdem, ob Mathematik als zweites Fach gewählt wurde oder nicht – in zwei Teilgruppen auseinander, die an den entgegengesetzten Enden des Spektrums platziert sind. Die Gruppe der Physik-Bachelor-Studierenden belegt den zweiten Rang. Im Mittelfeld liegen Studierende anderer Bachelor-Studien (zum Teil in Kombination mit Physik).

24.6 Testergebnisse nach Themenbereichen

Um die Themen, die den Studierenden eher leicht oder eher schwer fallen, zu identifizieren, wurden die 19 Themenbereiche des Tests getrennt ausgewertet. Die Punkteverteilungen dieser 19 Bereiche werden hier nicht im Einzelnen wiedergegeben, sie sind im Ergebnisbericht unter http://homepage.univie.ac.at/franz.embacher/PhysikDidaktik/ enthalten.

Das aussagekräftigste Ergebnis der Untersuchung tritt zutage, wenn als Maßstab für vorhandene Kompetenzlücken[5] der Anteil jener Studierenden genommen wird, die weniger als die Hälfte der maximalen Punktezahl erreicht haben. Es ergibt sich die Reihung der 19 Themenbereiche aus der Tab. 24.2.

Die Themenbereiche zerfallen damit grob in drei Blöcke:

- Die (relativ stark abgehobene) Spitze bilden Themen, bei denen sich besonders große Schwierigkeiten zeigen. Der Anteil der Studierenden, die in diesen Themenbereichen nach schulischen Maßstäben mit „nicht genügend" bewertet würden, ist größer als 30 %. Die betroffenen Themen gehören vor allem den – für die Physik besonders wichtigen – Gebieten der Analysis und der Geometrie (einschließlich der Vektorrechnung) an. Die Fragen in diesen Themenbereichen testeten zu einem erheblichen Teil auch das über diese mathematischen Gebiete vorhandene (grundlegende) Orientierungswissen.
- Im Mittelfeld liegen Themen, die spezielle Funktionen und ihre Eigenschaften betreffen, weniger aber mathematisches Orientierungswissen.

Weniger Kompetenzlücken (Anteil der „schulischen nicht genügend" kleiner als 10 %) zeigen sich vor allem in den Bereichen, die man grob der Algebra und dem Bereich der elementaren Funktionstypen zuordnen kann (wobei die „Elemente der mathematischen Logik" überraschenderweise die wenigsten Schwierigkeiten bereiteten).

[5] Es sei hier noch einmal darauf hingewiesen, dass die betroffenen Kompetenzen den in der Physik-Lehre üblicherweise an die Studierenden gestellten Anforderungen, so wie sie im Vorbereitungs- und Akkordierungsprozess des SAMzum Ausdruck kamen, entsprechen.

Tab. 24.2 Testergebnisse nach Themenbereichen

Themenbereich	Anteil der Studierenden mit weniger als der Hälfte der erreichbaren Punktezahl
19. Integrieren	42,4 %
16. Geometrie	36,6 %
5. Gleichungssysteme	35,5 %
11. Funktionen und Funktionsgraphen allgemein	34,9 %
15. Vektoren	34,3 %
17. Differenzieren allgemein	32,0 %
18. Regeln für das Differenzieren	32,0 %
7. Funktionen allgemein	31,4 %
13. Exponentialfunktionen e^x und e^{-x}	15,1 %
12. Winkelfunktionen	14,5 %
8. Lineare Funktionen	14,10 %
14. Logarithmus	13,4 %
9. Quadratische Funktionen	8,10 %
10. Potenz- und Wurzelfunktionen	7,60 %
4. Geichungen	7,00 %
6. Ungleichungen	5,80 %
2. Terme und Formeln	4,10 %
1. Zahlen	1,70 %
3. Elemente der mathematischen Logik	1,70 %

Dieser Befund spiegelt zum Teil Tendenzen im Mathematikunterricht wider, die Analysis (inklusive der Behandlung der Funktionen) zugunsten der Stochastik (die im Test keine Rolle spielte) weniger stark zu gewichten, als dies noch vor wenigen Jahrzehnten der Fall war. Auch die ungünstige Positionierung des für die Physik so wichtigen Bereichs der Vektorenfällt auf. Durch die Einführung der standardisierten Reifeprüfung („Zentralmatura") in Österreich wird sich diese Tendenz hin zu Themen, die für die Einführungsvorlesungen der Physik weniger relevant sind, möglicherweise noch verstärken.

Die graphische Darstellung in Abb. 24.9 zeigt noch einmal eindrucksvoll, wo die Problemfelder liegen.

Damit relativiert sich auch die im Abschnitt 24.2 getroffene Aussage, dass ein Anteil von 14,5 % der erfassten Studierenden, die nach herkömmlichen schulischen Maßstäben auf den Gesamt-Test die Note „nicht genügend" bekämen, nicht besorgniserregend erscheint: Werden die „leichteren" Themenbereiche nicht berücksichtigt (oder wären sie gar nicht im Test enthalten gewesen), so wäre dieser Anteil wesentlich höher.

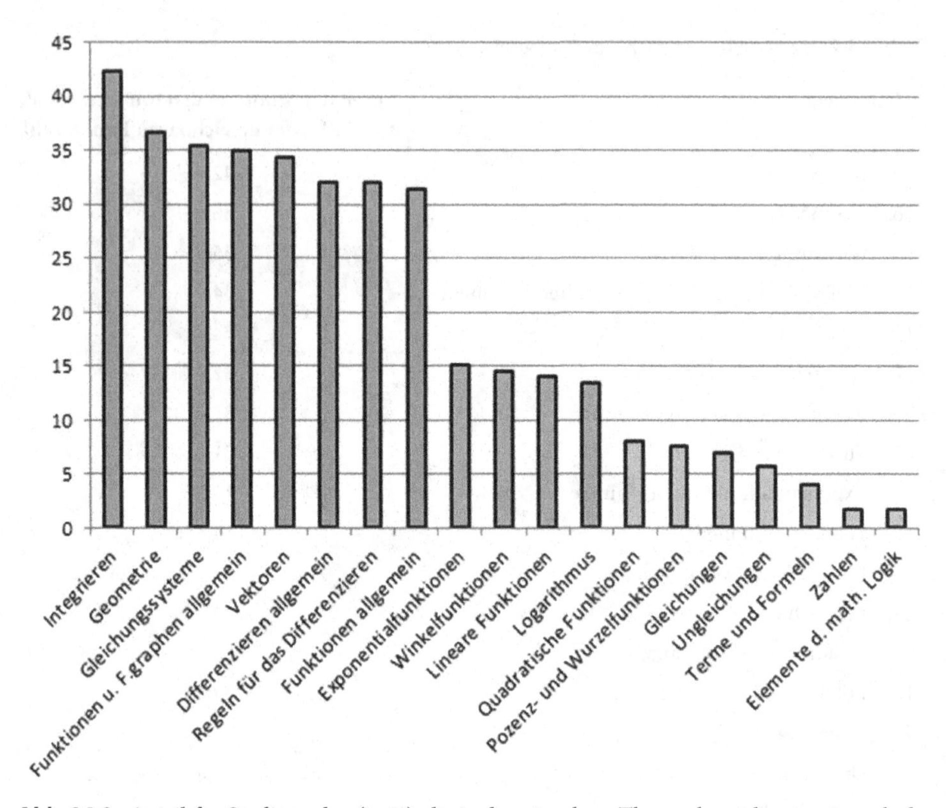

Abb. 24.9 Anteil der Studierenden (in %), die in den einzelnen Themenbereichen weniger als der Hälfte der erreichbaren Punktezahl erzielten

Auch eine genauere Bestandsaufnahme der **Einzelfragen mit den schlechtesten Ergebnissen** illustriert die besonderen Problembereiche. Werden missverständlich formulierte Fragen nicht berücksichtigt[6], so sind die sieben Fragen, die von den wenigsten Studierenden richtig beantwortet wurden, die folgenden:

1. **Themenbereich 1: Zahlen/Unterabschnitt 4/Frage 4**
   (0,6 % richtige Antworten, absolut: 1):

   Eine Antwort ist richtig: $\frac{\frac{6}{7}}{3} =$

   Antwortmöglichkeiten: $\frac{42}{3}, \frac{18}{7}, \frac{2}{7}$ (richtige Antwort).

[6] So musste bei der Antwort auf eine Frage die Tatsache benutzt werden, dass der Kreis eine Ellipse ist.

2. **Themenbereich 1: Zahlen/Unterabschnitt 5/Frage 5**
   (2,3 % richtige Antworten, absolut: 4):
   Mehrere Antworten können richtig sein: $\frac{1}{3}-\frac{1}{2}=$
   Antwortmöglichkeiten: $\frac{1}{5}, \frac{1}{6}, -\frac{1}{5}, -\frac{1}{6}$ (richtige Antwort).

3. **Themenbereich 13: Exponentialfunktionen e^x und e^{-x} /Unterabschnitt 1/Frage 4**
   (12,8 % richtige Antworten, absolut: 22):
   Eine Antwort ist richtig:
   Für alle positiven x gilt:
   Antwortmöglichkeiten: $e^{-x} > 0$ (richtige Antwort).
   $e^{-x} > 0$,
   e^{-x} kann beide Vorzeichen annehmen.

4. **Themenbereich 17: Differenzieren allgemein/Unterabschnitt 1/Frage 4**
   (12,8 % richtige Antworten, absolut: 22):
   Mehrere Antworten können richtig sein:
   Die Ableitung der Funktion f an der Stelle x_0 ist definiert durch …
   Antwortmöglichkeiten:
   $\lim\limits_{x\to x_0}\frac{f(x)-f(x_0)}{x-x_0}$ (richtige Antwort), $\lim\limits_{x\to x_0}\frac{f(x)+f(x_0)}{x+x_0}$
   $\lim\limits_{\varepsilon\to 0}\frac{f(x_0+\varepsilon)-f(x_0)}{\varepsilon}$ (richtige Antwort), $\lim\limits_{\varepsilon\to 0}\frac{f(x_0+\varepsilon)+f(x_0)}{\varepsilon}$

5. **Themenbereich 7: Funktionen allgemein/Unterabschnitt 2/Frage 1**
   (14,0 % richtige Antworten, absolut: 24):
   Eine Antwort ist richtig:
   Welche Proportionalität zwischen unabhängiger Variable und Funktionswert drückt die Funktion $f(x)=3x+1$ aus?
   Antwortmöglichkeiten: direkte, indirekte, keine (richtige Antwort).

6. **Themenbereich 7: Funktionen allgemein /Unterabschnitt 2/Frage 6**
   (14,0 % richtige Antworten, absolut: 24):
   Eine Antwort ist richtig:
   Welche Proportionalität zwischen unabhängiger Variable und Funktionswert drückt die Funktion $G(H)=\frac{2}{H+1}$ aus?
   Antwortmöglichkeiten: direkte, indirekte, keine (richtige Antwort).

7. **Themenbereich 16: Geometrie/Unterabschnitt 2/Frage 3**
   (18,0 % richtige Antworten, absolut: 31):
   Eine Antwort ist richtig:
   Die Menge aller Punkte des Raumes mit Koordinaten (x,y,z), die erfüllen, ist $y=2x+1$
   Antwortmöglichkeiten: eine Kugel, eine Ebene (richtige Antwort), eine Gerade.

Vier dieser sieben Fragen entstammen den problematischen Themenbereichen, in denen mehr als 30 % der Studierenden weniger als die Hälfte der erreichbaren Punktezahl erzielten.

24.7 Empfehlungen für die Lehre

Im Ergebnisbericht wurden folgende Empfehlungen für die Lehre ausgesprochen:

- Die Identifizierung besonders problematischer Themenbereiche der Analysis, Geometrie und Vektorrechnung legt nahe, diese in den Lehrveranstaltungen der mathematischen Grundausbildung **ausführlicher zu behandeln**, als dies derzeit der Fall ist, oder den Studierenden andere Formen der Hilfestellung anzubieten.
- Aufgrund der beträchtlichen Streuung der Kompetenzen stellt sich für die Lehre die Frage, in welchem Ausmaß die Lehrveranstaltungen der mathematischen Grundausbildung in der Lage sind, einen diesbezüglichen **Ausgleich** zu schaffen. Von der Annahme ausgehend, dass derzeit auch in höheren Semestern problematische Unterschiede bestehen, könnten Lernformen, die die Studierenden verstärkt aktivieren (und kontinuierliches „Mitlernen" in höherem Maß erfordern als das konventionelle Übungssystem), hinsichtlich der Angleichung der mathematischen Kompetenzen Erfolge bringen.
- Ein Mittel zur Erleichterung für alle Beteiligten könnte darin bestehen, die für das Physikstudium nötigen mathematischen Kenntnisse und Kompetenzen (also auch solche, die in den einführenden Lehrveranstaltungen vermittelt werden) in einem vernünftigen Umfang zu **standardisieren** und damit sowohl den Lehrenden (für die Planung der Lehre im Einzelnen, auch in Lehrveranstaltungen höherer Semester) als auch den Studierenden (zum allfälligen Nachlernen) die nötige Orientierung zu geben. Die günstigste Form eines solchen Wissens- und Kompetenzkatalogs wäre die eines Online-Angebots, auf das jederzeit verwiesen werden kann, und das zusätzlich Hinweise und Ressourcen zum Nachlernen und Auffrischen zur Verfügung stellt.

- Generell wäre bei zukünftigen Einsätzen des SAM eine zusätzliche **Erhebung des Lernfortschritts** sinnvoll. Ein Abgleich mit den Noten in den physikalischen Einführung-Lehrveranstaltungen (etwa der ersten zwei Semester) könnte erweisen, inwieweit mathematische Kompetenzlücken sich auf den Fortschritt im **Studienfach Physik** auswirken.
- Schließlich könnte **ein längerfristiges Monitoring** helfen, frühzeitig Trends zu erkennen, die von den derzeit (in Österreich) stattfindenden Veränderungen im Mathematikunterricht herrühren, und es könnte Aufschluss darüber geben, ob und in welchem Maß mangelnde mitgebrachte mathematische Kompetenzen zu einer erhöhten Drop-Out-Bereitschaft auch in späteren Semestern führen.

24.8 Literaturverzeichnis

Cramer, Erhard, & Walcher, Sebastian (2011). Schulmathematik und Studierfähigkeit, Mathematikinformation 54, 3–7.

Embacher, Franz, & Reisinger, Peter (2011). Self-Assessment-Test Mathematik (SAM) an der Fakultät für Physik der Universität Wien WS 2010/11, Ergebnisbericht http://homepage.univie.ac.at/franz.embacher/PhysikDidaktik/SAM-WS2010-Ergebnisbericht.pdf.

Meyer, Karlhorst (2011). Brückenkurse an deutschen Hochschulen, Mathematikinformation 54, 8–14, http://www.mathematikinformation.info/pdf/MI54MeyerBrueckenkurse.pdf.

„Was ist Mathematik?“ Einführung in mathematisches Arbeiten und Studienwahlüberprüfung für Lehramtsstudierende

25

Tanja Hamann, Stephan Kreuzkam, Barbara Schmidt-Thieme und Jürgen Sander (Universität Hildesheim)

Zusammenfassung

Die Kluft, die den angehenden Studierenden des Faches Mathematik den Übergang von der Schule zur Universität schwer macht und sie mitunter scheitern lässt, liegt nicht nur in fehlenden mathematischen (Basis-)Kenntnissen begründet, sondern in einem offenbar in der Schule eingeübten, tief eingeprägten „Verständnis“ von Mathematik und mathematischem Arbeiten als verfahrensorientiertem Rechnen. Dies steht insbesondere Studierenden mit Ziel Lehramt an Grund-, Haupt- oder Realschulen bei einem erfolgreichen Mathematikstudium dann im Weg, wenn die Beweggründe zur Wahl des Studienfaches Mathematik nicht oder nicht in erster Linie im Fach selbst liegen. Um zukünftigen Schülergenerationen einen Mathematikunterricht anbieten zu können, der verstärkt die strukturellen und kreativen Aspekte mathematischen Denkens vermittelt, ist es augenscheinlich von zentraler Bedeutung, den derzeitigen Lehramtsstudierenden eine Brücke zwischen deren eigener Schulerfahrung mit Mathematik und den gewünschten Zielen zu bauen. Diese Ziele möglichst von Beginn an klar herauszustreichen, soll den Übergang erleichtern, ggf. aber auch den Lehramtsstudierenden die Möglichkeit eröffnen, sich ohne zu großen Zeitverlust noch gegen ein Fach zu entscheiden, mit dem sie selbst und in der Folge auch ihre Schülerinnen und Schüler über Jahre unzufrieden sind.

Für die Bewältigung dieser doppelten Aufgabe – Einführung in mathematisches Arbeiten und Studienwahlüberprüfung – kann ein Brücken- oder Vorkurs nur der Anfang eines länger andauernden und mehrschrittigen Programmes sein. Der Entwicklung eines solchen Programmes geht die Bestimmung der Ziele eines Lehramtsstudiums in Mathematik, von Methoden zur Bestimmung der kognitiven, emotionalen und motivationalen Voraussetzungen der Studierenden und von Methoden zur

Erlangung der Ziele voraus. Ein an der Universität Hildesheim entwickeltes und nun im dritten Jahr laufendes Konzept umfasst – verteilt auf das gesamte erste Studienjahr – neben Vorkurs und abgestimmtem Übungsbetrieb mathematische Workshops, mathematische Projekttage (Mathe-Hütte) und ein mathematisches Gespräch.

25.1 Die Ausgangslage

In den Hildesheimer Lehramtsstudiengängen zeigt sich eine Gruppenzusammensetzung, die als durchaus typisch für Grund-, Haupt- und Realschullehramtsstudierende gelten kann: Der Frauenanteil ist hoch, und der Großteil der Studienanfänger hat im selben Jahr erst die Schule abgeschlossen, was dazu führt, dass schulische Gewohnheiten im Zusammenhang mit dem Fach Mathematik hier noch besonders präsent sind. Erfahrungen lassen darauf schließen, dass die Ergebnisse der Studie von Fischer und Biehler (2011) übertragbar sind, nach der GHR-Studierende zwar mit den besseren Leistungsdaten im Abitur, aber auch den schlechteren Testergebnissen in der Studieneingangsphase und der schlechteren Selbsteinschätzung als Mathematikstudierende anderer Fachrichtungen aufwarten.

Gerade diese Kombination aus den angesprochenen kognitiven Voraussetzungen – mangelnden mathematischen Basiskenntnissen (in der Masterarbeit von Kreuzkam (2011) stellten sich vor allem Misskonzepte in den Bereichen des schriftlichen Rechnens sowie dem Verständnis von Brüchen, Potenz- und Wurzelgesetzen heraus, die Zuordnung von Funktionstermen und deren graphischer Darstellung wurde ebenfalls nicht in erhofftem Maße bewältigt) wie wenig ausgebildeten prozessbezogenen Kompetenzen – und negativer Selbsteinschätzung kann zur Folge haben, dass sich die Studierenden nur sehr oberflächlich bzw. ohne Engagement und Ausdauer mit Aufgaben beschäftigen, die sie vorschnell als „zu schwer“ und „nicht lehramtsrelevant“ bewerten.

Ebenfalls den emotionalen Voraussetzungen zuzuordnen ist das mathematische Weltbild. Hier konnte eine Studie mit 370 Studierenden im Rahmen einer Masterarbeit an der Universität Hildesheim (Herrmann 2012) zeigen, dass ein nicht unerheblicher Teil der Teilnehmer des Hildesheimer Vorkurses nicht über ein realistisches Bild seines Faches verfügt: Die Hälfte konnte keine bedeutende mathematische Entdeckung nennen, 12 % keinen einzigen bedeutenden Mathematiker. Jeweils über ein Viertel sieht keinen Nutzen des Faches für die Ingenieurs-, Natur- sowie Wirtschaftswissenschaften, und knapp die Hälfte findet keine Mathematik beim Autofahren sowie der Beschäftigung mit dem Computer wieder. Nur 13 % halten Mathematik für eine lebendige, sich verändernde Disziplin.

Das Interesse am Fach wird im Schnitt mit 2,5 (nach Schulnoten, wobei 1 sehr großem Interesse entspricht) bewertet, 10 % der befragten Studienanfänger haben die Note 4 oder 5 vergeben, so dass sich die Frage nach der Motivation zur Aufnahme eines Mathematikstudiums stellt. Eine Antwort liegt offensichtlich darin, dass Studienbewerber für das Grund-, Haupt- oder Realschullehramt in Niedersachsen eines der Hauptfächer (Mathematik, Deutsch, Englisch) schwerpunktmäßig belegen müssen, obwohl viele den Berufswunsch Lehrer ohne fachspezifisches Interesse zu verfolgen scheinen und keine adäquaten Vorstellungen über die benötigten Kompetenzen eines Fachlehrers haben. Nach welchen Aspekten die Wahl des Schwerpunktfaches erfolgt, ist noch zu untersuchen. Es ist aber davon auszugehen, dass in der Annahme, ein Lehrer benötige – insbesondere im Primarbereich – nicht viel mehr als schulisches Wissen, eine gute Note häufig den Ausschlag gibt; dies lässt sich mit den oben genannten Ergebnissen aus der Studie von Fischer und Biehler hinsichtlich der Schulnoten von GHR-Studierenden vereinbaren. Diese Form der Erwartung an das Studium der Mathematik entspricht jedoch nicht der Realität des Faches. Bedeutsame Anforderungen an einen guten Lehrer werden nicht gesehen, darunter vor allem die Fachkompetenz, die für einen ausreichenden Überblick, die Fähigkeit weitergehende fachliche Fragen zu klären sowie vor allem für ein Verständnis des Gesamtzusammenhangs notwendig ist. (vgl. Bruner 1970) Es muss also davon ausgegangen werden, dass mangelndes Interesse am Fach und daraus folgende fehlende Motivation ein Scheitern der Studierenden begünstigen.

Im Hildesheimer Konzept zur Studieneingangsphase sollen alle drei Bereiche der Studieneingangsvoraussetzungen – kognitiv, emotional, motivational – weitergehend erhoben und evaluiert werden, damit das bestehende Konzept der Lehrveranstaltungen an die speziellen Anforderungen der Zielgruppe angepasst werden kann. Zu diesem Zweck wird zu Beginn der Studieneingangsphase ein Vorkurs angeboten, an dessen Anfang und Ende je ein Test zur Erhebung des mathematischen Basiswissens und der Selbsteinschätzung der Studienanfänger steht. Dieser Test, der inhaltlich Themen wie Bruchrechnung, Terme, Funktionsbegriff u. a. umfasst, ist kein Zulassungstest, bietet uns jedoch die Möglichkeit, die kognitiven Fähigkeiten der neuen Gruppe von Studienanfängern im fachlichen Bereich einzuschätzen und Aufschluss über die Beweggründe zum Studium der Mathematik zu geben. Auf der anderen Seite soll den Studienanfängern mithilfe des Tests vermittelt werden, welche mathematischen Basiskenntnisse ein Studium des Faches als Minimum voraussetzt.

25.2 Die Ziele des Lehramtsstudiums Mathematik

Die Ziele eines Lehramts-Studiums sind sicherlich so intensiv und kontrovers diskutiert worden wie die notwendigen und gewünschten Kenntnisse zu Studienbeginn. Dabei beschränkt sich die Diskussion über die Lehramts-Studiengänge nicht nur auf inhaltliche oder mathematikdidaktische Inhalte, sondern betrifft auch den Praxisbezug der Studieninhalte. Durch die geforderte Berufsorientierung der Masterstudiengänge ist die Theorie-Praxis-Debatte gerade in letzter Zeit neu aufgeflammt. In den Bundesländern existieren verschiedene Modelle, Praxis in Studienzeiten zu integrieren oder beides miteinander zu verzahnen. Die Debatten und Modelle stehen oftmals stark unter ideologischen und politischen Zwängen, die unterschiedlichen Positionen kristallisieren sich jedoch deutlich heraus. Unsere – universitär orientierte – Sichtweise lässt sich wie folgt formulieren:

1. Lehramts-Studium ist nicht Vorbereitungsdienst oder Referendariat, ist auch nicht Vorbereitung dieser beiden; Berufsorientierung bzw. Praxisbezug muss also anders gestaltet werden.
2. Verschiedene Praxisbegriffe unterschiedlicher Personengruppen (Seminarleiter, Politiker, Wissenschaftler an Universitäten) treffen aufeinander. Im Rahmen der Konzeption verschiedener Lehrveranstaltungen mit Videoeinsatz an der Universität Hildesheim wurde versucht, Praxisarten nach der unterschiedlichen Teilhabe der Studierenden an der Praxis einzuteilen, dabei ergaben sich folgende Kategorienpaare: unterrichtend/hospitierend, alltäglich/besonders und zeitgleich/aufgezeichnet. Daraus ergeben sich acht verschiedene Kombinationen der Kategorien, in die verschiedene Veranstaltungen (Allgemeines Schulpraktikum, Fachpraktikum, Videoseminare) während des Studiums eingeordnet werden können. Abweichungen vom Unterrichtsalltag sind nicht gravierend, wenn man sich ihrer bewusst ist.
3. Praxisbezug darf dabei nicht als isoliertes Element im Studium auftreten, sondern muss stets eingebunden sein in eine Theorie-Praxis-Verzahnung. Dann wird auch für Studierende sichtbar, wie Theorie aus Beobachtung der Praxis entsteht und wie Praxis durch Theorie planbar oder verstehbar wird.

Drei mögliche Zwecke/Ziele, die durch Integration von Praxis erreicht werden können, sind

a) Veranschaulichung fachdidaktischer Theorien und deren Nutzung zur Analyse von Lehr-Lern-Prozessen (Voraussetzung für b) und c))
b) Gewinnung (neuer) Forschungsfragen (Forschungsorientierung)
c) Unterstützung bei der Planung eigenen Unterrichts (Berufsorientierung)

Bevor die Umsetzung der Theorie in die Praxis geübt werden kann, ist allerdings theoretisches Wissen selbst nötig, sowohl fachmathematisches wie mathematikdidaktisches. Als grundlegend gilt hier die für den Mathematikunterricht differenzierte und konkretisierte Beschreibung des Professionswissens nach dem Projekt COACTIV (vgl. Krauss et al. 2004; Neubrand 2006):

1. Fachwissen: vertieftes Hintergrundwissen und Verständnis der schulischen Fachinhalte (gemäß Felix Kleins „Elementarmathematik vom höheren Standpunkte aus" sind fachwissenschaftliche Kenntnisse die Voraussetzung hierfür)
2. Fachdidaktisches Wissen: Wissen darüber, wie Fachinhalte Schülern verfügbar gemacht werden können; dabei unterscheidet man drei Facetten: (a) Wissen über das Erklären und Repräsentieren von mathematischen Inhalten, d. h. über fachspezifische Instruktionsstrategien, (b) Wissen über das Potenzial des Schulstoffs für die Lernprozesse, z. B. Wissen über das multiple Lösungspotenzial von Mathematikaufgaben, (c) Wissen über fachbezogene Schülerkognitionen, z. B. Wissen über typische Schülerfehler und Schülerschwierigkeiten

3. Pädagogisches Wissen: generelles, fachübergreifendes Wissen, welches zur Gestaltung und Optimierung der Lehr-/Lernsituation notwendig ist (Wissen über individuelle Verarbeitungsprozesse, über Unterrichtsmethoden oder Klassenführungsstrategien)

Obwohl Diskussionen um die nötigen Inhalte eines Lehramtsstudiums bereits geführt werden, werden alte, etablierte Inhalte des Mathematikstudiums der jeweiligen Universitäten stillschweigend bewahrt und weiterhin festgeschrieben, modifiziert lediglich mehr oder weniger stark durch einige Erkenntnisse aus der mathematikdidaktischen Forschung. Eine gewisse Kanonisierung liegt insbesondere bei den fachwissenschaftlichen Veranstaltungen vor, wenn auch in den Lehramtsstudiengängen für die Grund-, Haupt- und Realschulen eine leichte Verschiebung gegenüber dem etablierten Mathematikstudium zur Schulmathematik hin stattgefunden hat. Dies äußert sich z. B. in einem Angebot an Veranstaltungen zur Geometrie; Themen der weiterführenden oder grundlegenden Mathematik wie Differentialgeometrie, Analysis III, Logik werden dagegen meist nicht verlangt (und damit auch nicht angeboten).

Veranstaltungen mathematikdidaktischen Inhalts sind bei weitem noch nicht so kanonisiert und unterscheiden sich zudem in stärkerem Maße nach dem Stufenschwerpunkt des Lehramtsstudiums. Die Gestaltung des Studiums mit Lehramtsbezügen unterliegt zudem ländereigenen Vorgaben, z. B. den schulischen Curricula oder den konkreten Vorgaben zu von den Studierenden geforderten Kompetenzen für die Aufnahme des Vorbereitungsdienstes (MaVO-Lehr in Niedersachsen). Als Beispiel seien daher hier die Inhalte des Mathematikstudiums der Universität Hildesheim genannt:

- Fachwissenschaftlich: Vorlesungen zu Linearer Algebra, Arithmetik, Analysis, Algebra und Zahlentheorie, Stochastik, Geometrie, Algorithmen und Modellierung; Auswahl- und Vertiefungsmöglichkeiten in Zahlentheorie, Stochastik, Analysis und Numerik, Geschichte der Mathematik, Graphentheorie
  Diese Veranstaltungen ermöglichen den „höheren Standpunkt" im Hinblick auf die in den Kerncurricula geforderten inhaltsbezogenen Kompetenzen (Zahlen und Operationen, Daten und Zufall, Raum und Form, Muster und Strukturen/funktionaler Zusammenhang, Größen und Messen) sowie in ihrer Summe einen Überblick über wesentliche Teilgebiete der Mathematik und deren Zusammenhänge untereinander. Hierin liegt eine unabdingbare Voraussetzung dafür, fundamentale Ideen der Mathematik zu erkennen und entsprechend als solche in der Schule zu vermitteln bzw. schulische Inhalte als exemplarisch für übergeordnete Ideen zu identifizieren.

- Fachdidaktisch: Zwei Überblicksvorlesungen, zwei bis vier Seminare zu verschiedenen Themen
  In diesen Veranstaltungen wird neben stoffdidaktischen Themen zu den oben genannten mathematischen Bereichen die schulische Vermittlung der prozessbezogenen Kompetenzen (Modellieren; Problemlösen; Argumentieren; Kommunizieren; Verwendung von Darstellungen; Umgang mit symbolischen, formalen und technischen Elementen) thematisiert (Niedersächsisches Kultusministerium 2006a, 2006b). Not-

wendig ist es auch hier, die Beherrschung der Kompetenzen zunächst von den Studierenden selbst zu fordern, da diese nach der Schule nur lückenhaft ausgebildet sind. Da es sich hierbei um realistische mathematische Tätigkeiten handelt, kann dieser didaktische Aspekt des Studiums nicht vom fachmathematischen getrennt werden; um ein angemessenes Bild des Faches zu erwerben und später vermitteln zu können, sind fundierte Kenntnisse dieser mathematischen Arbeitsweisen zwingend notwendig. Ein besonderer Fokus in Hildesheim liegt auf den Kompetenzen Sprachgebrauch und Erklären, welche über alle Semester hinweg in verschiedenen Veranstaltungen gefördert werden.

25.3 Hildesheimer Stufen zum Einstieg in die Mathematik (HiStEMa)

25.3.1 Ziele und Grundprinzipien

Trotz typischer Merkmale der Hildesheimer Studienanfänger zeigt sich diese Gruppe im Bezug auf mathematische Basiskenntnisse sehr heterogen. Darunter fallen sehr begabte Studierende, die sich intentional für das Studium der Mathematik beworben haben, aber auch die Studierenden, die sich auf Grund der vorgeschriebenen Fächerkombinationen dazu genötigt sehen, Mathematik als notwendiges Übel zu studieren. HiStEMa soll zunächst gezielt die Basiskenntnisse mit Hilfe eines Tests prüfen und evaluieren. Durch die Rückmeldung an die Studienanfänger darüber, in welchen Bereichen sie Nachholbedarf haben, soll eine explizite Auseinandersetzung mit dem (Schul-)Stoff angeregt werden, um Defizite gleich in der Studieneingangsphase zu beseitigen. Mit Hilfe der Rückmeldung sollen die Studierenden allerdings auch aufgefordert werden, über ihre persönliche Fachwahl nachzudenken und diese eventuell, wenn sie nicht im Fach selber begründet ist, zu revidieren.

Ein anderes wichtiges Ziel, welches nicht auf die fachwissenschaftlichen Vorkenntnisse abzielt, ist es, die Selbstständigkeit im mathematischen Arbeiten zu fördern und zu verbessern oder auch in einigen Fällen vorzubereiten. Für diesen Schritt wurde ein besonderes Konzept entwickelt: die „Mathe-Hütte". Dieses Konzept gibt den Studierenden die Möglichkeit, sich in kleinen Arbeitsgruppen intensiv über mehrere Tage mit einem neuen mathematischen Lerngegenstand auseinanderzusetzen, ohne dabei auf eine Klausur oder Note/Bewertung fixiert zu sein. Mathematische Kommunikation und das Einüben von Fachsprache sollen sowohl durch die Gruppenarbeit wie auch durch Präsentation des Erlernten und Verstandenen im Rahmen einer Poster-Session am Ende der Mathe-Hütte gefördert werden. Ebenfalls gibt es während der Zeit der Mathe-Hütte ein Betreuungsangebot durch Studierende, die kurz vor ihrem Abschluss stehen, wissenschaftlichen Mitarbeitern und Professoren, wie in Abschnitt 25.4.3 näher ausgeführt werden wird.

Um die oben genannten Vorhaben umsetzen zu können, wurde das Programm für die Studienanfänger auf das gesamte erste Studienjahr ausgeweitet und kann, wenn gewünscht, von den Studierenden freiwillig in Form von Portfolios fortgeführt werden.

Das Programm muss sich natürlich in den laufenden Lehrbetrieb integrieren lassen und wird auch an diesen angepasst. Genauer bedeutet das, dass der laufende Lehrbetrieb und das neue Konzept miteinander harmonieren müssen. Beispielsweise wurde der Übungsbetrieb der Erstsemester-Vorlesung (Lineare Algebra) dahingehend verändert, dass die Studierenden zum selbstständigen Üben angeregt und aufgefordert werden und bei konkreten Fragen der nächste Schritt, aber nicht die Lösung zusammen erarbeitet wird. Dieser Teilaspekt wird als „Übungsmarkt" in Abschnitt 25.4.2 näher beschrieben.

Der zusätzliche Aufwand, den dieses Programm mit sich bringt, kann selbstverständlich nur dann erbracht werden, wenn dieser im „normalen" Lehrbetrieb zu leisten ist und keine nennenswerten neuen Kosten verursacht. Dazu werden nicht nur die eigenen Erkenntnisse aus den Vorkursen und Lehrveranstaltungen der vergangenen Jahre, sondern auch die Ergebnisse der Forschungen und Erprobungen anderer Universitäten verwendet. Um den durch Wiederholer verursachten Bedarf an Lehrkapazitäten zu reduzieren, sollen im Rahmen verbesserter und innovativer Lehre neben dem mathematischen Inhalt auch Methoden des selbstständigen Lernens vermittelt werden. Eine weitere wichtige Forderung ist, dass sich das Programm unabhängig von bestimmten Personen trägt. Es muss in die Veranstaltungsformen integriert und in die Studienordnungen aufgenommen werden, um leistungsschwächere Studierende verstärkt zur Teilnahme zu bewegen. Mithilfe der zur Verfügung stehenden Funktionen des moodle-Learnwebs können die Studierenden auch im späteren Verlauf des Studiums auf Materialien aus dem ersten Studienjahr zurückgreifen und sich die Inhalte noch einmal vergegenwärtigen.

25.3.2 Das Programm im Überblick

HiStEMa setzt sich aus mehreren ineinandergreifenden Bestandteilen zusammen. Zum einen gibt es die besonderen, einmalig stattfindenden Veranstaltungen. Hierzu zählen der Vorkurs, der vor dem Studienbeginn stattfindet, die Mathe-Hütte in der Pfingst-/Exkursionswoche und das mathematische Gespräch am Ende des zweiten Semesters. Außerdem finden mehrere Tests statt, die am Anfang sowie am Ende des Vorkurses stehen, geplant ist ein weiterer Test am Ende des ersten Semesters.

Des Weiteren werden besondere Formen von Veranstaltungen, die curricular verankert sind, mit den Studierenden durchgeführt. Beispielsweise sind in den ersten beiden Semestern (Lineare Algebra, Arithmetik und Geometrie) die Tutorien als freiwilliger Übungsmarkt organisiert. Die Studierenden haben also die Möglichkeit sich ihre Zeit zur Übung frei einzuteilen und entsprechend ihrer Bedürfnisse Hilfe von Tutoren in Anspruch zu nehmen. Vorgesehen ist zudem, in die Mathematikklausuren K.o.-Kriterien einzubauen. Es soll zukünftig vor Klausuren ein kurzer allgemeiner Teil zum Schulwissen (beispielsweise Bruchrechnung) stehen, sodass die Studierenden beim Nichterfüllen dieser Aufgaben die Klausur nicht angerechnet bekommen.

Studienbegleitend wird ein Portfolio (siehe 25.4.1) angeboten, ein Mentoren-Programm ist im Gespräch. Das Mentoren-Programm hat zum Ziel, dass die Studienanfänger beginnend mit dem Vorkurs durch Studierende aus dem fünften Semester betreut und ihre Lernprozesse kompetent begleitet werden.

Die Formen curricular verankerter Veranstaltungen und die studienbegleitenden Angebote dienen der Fortsetzung und Konsolidierung des Kompetenzerwerbs. Die Einbindung des Schulstoffs sichert z. B. die Wiederholung und Festigung mathematischer Basiskenntnisse und verdeutlicht die weitergehende Differenzierung und Vernetzung mathematischer Inhalte im Sinne des Spiralprinzips von J. S. Bruner (1970, S. 44).

Der zweiwöchige Vorkurs, dessen Konzept an dieser Stelle nicht genauer beschrieben werden kann, verfolgt mehrere Ziele, die einerseits wichtig für die Studierenden, andererseits auch wichtig für die Lehrenden sind. Durch einen Test zu Beginn des Vorkurses werden z. B. die Basiskenntnisse der Studierenden diagnostiziert. Dies ist wichtig für die Studierenden, da sie konkrete Rückmeldungen zu ihrem Vorwissen erhalten und dementsprechend selber tätig werden können. Für die Lehrenden liefert diese Diagnose zudem Hinweise, wie die Studierenden mathematisch aufgestellt sind und in welche Richtung sie mehr Zeit und Mühe investieren müssen, damit Schwierigkeiten und Defizite für das Studium möglichst früh behoben werden. Zu diesem Zweck angebotene, themenspezifische Kurse für die Studierenden finden während des Semesters in Blöcken von jeweils ein bis zwei Tagen statt und werden von Tutoren geleitet. Diese Kurse werden allerdings nur kostenpflichtig, in Form studentischer Nachhilfe, angeboten.

Weitere Ziele sind die Propädeutik mathematischer Kenntnisse und mathematischen Arbeitens, Transparenz gegenüber den Studierenden sowie die Vorstellung der Universität als Lernort.

Der Vorkurs wurde zum Wintersemester 2012/13 zum ersten Mal zweiwöchig und nach einem neuen Schema durchgeführt, welches Erfahrungen aus Vorkursen an anderen Universitäten einbindet. Neben Stoffvermittlung in Vorlesungsform enthält er verschiedene Formen des Übungsbetriebs, in denen die zukünftigen Studierenden universitäre Formen mathematischen Arbeitens kennenlernen. Bei den Übungen spielen ältere Studierende als Tutorinnen bzw. Tutoren eine wichtige Rolle, da sie die einzuübenden Formen mathematischen Arbeitens bereits – aber noch nicht lange – kennen und praktizieren und die Anfänger ihnen als Mitstudierenden mit weniger Hemmungen als den Dozierenden begegnen. Folgende Übungsformen kommen dabei zum Einsatz:

- Übungsmarkt A: Die Studierenden bearbeiten in Kleingruppen Aufgaben zum Vorlesungsstoff.
- Übungsmarkt B: In Kleingruppen erarbeiten sich die Studierenden anhand von Aufgaben Lerninhalte eigenständig, notieren die Ergebnisse und versprachlichen diese somit.
- Übungsmarkt C: Gegenseitige Präsentation von Aufgaben und Lösungen innerhalb der Arbeitsgruppen.

Ein Test mit Fragen zu mathematischen Inhalten und anschließender Selbstauswertung (Lösung bzw. Auswertungshinweise im Internet) wird ebenso angeboten wie eine Führung zum Kennenlernen der Universität als Lernort (Computerräume, Mediothek, Hörsäle, Sekretariat, Briefkästen, Zeitschriften und Bücher in Universitätsbibliothek, ...).

Die Tests am Anfang und Ende des Vorkurses werden derzeit im Rahmen einer Masterarbeit am Institut in Hinblick auf die fachliche Wirksamkeit des Vorkurses sowie dessen Einschätzung durch die Studierenden evaluiert.

25.4 Die Hauptbestandteile von HiStEMa

25.4.1 Portfolio

Das Portfolio dient der Dokumentation und Reflexion des eigenen, individuellen Wissensaufbaus und Kompetenzerwerbs. In ihm werden die Dokumente der eigenen Entwicklung mathematischer und mathematikdidaktischer Professionalität gesammelt; zu solchen Dokumenten gehören Bögen für Veranstaltungen und Semesterplanung, Selbsttests, Protokolle über Feedbackgespräche (z. B. mathematisches Gespräch), Plakate und Protokolle aus der Mathe-Hütte. Die Führung ist freiwillig.

Das Führen eines studienbegleitenden Portfolios im Sinne eines Ausbildungsportfolios wird von Veith und Schmidt (2010, S. 17) für die Ausbildung einer Professionalität in der Lehrerbildung empfohlen. Verbindlich für die zweite Phase der Lehramtsausbildung z. B. in Hessen seit 2003 eingeführt, laufen derzeit verschiedene Projekte für das Mathematikstudium (erste Phase der Lehrerbildung) wie das ePortfolio an der Universität Frankfurt (Vogel und Schneider 2010).

25.4.2 Übungsmarkt

Der Übungsmarkt ist der wesentliche Baustein von HiStEMa während des gesamten ersten Semesters. Je nach Dozent wird dieses Konzept auch noch in den höheren Semestern verfolgt. Dort haben die Studierenden einmal pro Woche ganztags Zeit, sich mit Aufgaben zur Vorlesung „Lineare Algebra" zu beschäftigen und darüber mit anderen Studierenden zu diskutieren. Über die Dauer ihrer Anwesenheit können die Studierenden von Woche zu Woche selbst entscheiden und damit den Übungsaufwand ihren jeweiligen Bedürfnissen anpassen. Es stehen während der gesamten Zeit Tutoren und/oder Dozenten für Fragen und Hilfestellungen zur Verfügung, die jedoch nicht mit einer direkten Antwort zur Lösung der Aufgaben aufwarten, sondern sich mit den Studierenden über die Probleme in der Vorgehensweise unterhalten oder andere Wege zur Lösung mit den Studierenden erarbeiten. Ergänzt wird der Übungsmarkt durch Aufgaben, die alle zwei bis drei Wochen freiwillig abgegeben werden können. Diese werden – besonders auch im Hinblick auf formale Schreibweisen – sorgfältig korrigiert, und es gibt für jede (Abgabe-)Gruppe eine detaillierte schriftliche und mündliche Rückmeldung zur Vorgehens- und Arbeitsweise sowie zu den Aufgaben selbst.

Das Ziel dieses Schrittes in HiStEMa ist es somit, dass die Studierenden selbst mathematisch tätig werden und nicht lediglich das in den Aufgaben der Vorlesungen, Übungen und Tutorien weitergegebene Wissen rezipieren bzw. vorgegebene Verfahrensweisen reproduzieren. Die Studierenden sollen lernen, Verantwortung für das eigene Arbeiten sowie die Ergebnisse ihrer Arbeit zu übernehmen und ein tieferes Verständnis für die zentralen Begriffe des jeweiligen mathematischen Gebiets zu entwickeln.

Ähnliche Gestaltungsmerkmale zeigt die Lehrmethode TAU (Think Ask Understand), insbesondere in dem Ansatz „Kooperative Aufgabenbearbeitung mit Kooperationsskript" (Westermann und Rummel 2010). Hier werden in der Schulpraxis mittlerweile mehrfach erprobte und evaluierte Ansätze kooperativen Lernens am Beispiel der Mathematik in einen hochschuldidaktischen Rahmen gelegt. Die hierbei beobachteten Ergebnisse – „dass die Lehrmethode TAU geeignet ist, den Wissenserwerb im Mathematikstudium zu verbessern" (ebd., S. 242) – sollte sich auch bei der Evaluation des Übungsmarktes beobachten lassen (siehe Abschnitt 25.5.2).

25.4.3 Mathe-Hütte

Die Mathe-Hütte stellt das Kernstück des Programms dar. In diesem Bereich sollen sich die Studierenden frei von Klausuren oder Noten innerhalb einer Kleingruppe (drei bis vier Studierende) mit der Erarbeitung eines mathematischen Themas beschäftigen. Während der Exkursionswoche (Pfingstwoche) verbringen die Studierenden drei Tage in einer „Hütte" in der Nähe, aber abgeschieden von der Universität, und werden dabei von Dozenten, Mitarbeitern sowie studentischen Hilfskräften begleitet. Jede Kleingruppe bekommt ein eigenes Zimmer und kann dort in Ruhe oder im Gemeinschaftsraum (mit Internetzugang) mit anderen Gruppen zusammen arbeiten.

Die Mathe-Hütte hat das Ziel, dass sich die Studierenden einem unbekannten mathematischen Problem stellen und dies selbstständig literaturbasiert bearbeiten. Hierbei erleben sie sowohl Frustration als auch Erfolg und lernen damit umzugehen und nicht vorschnell aufzugeben. Ebenfalls lernen sie die Arbeit und Arbeitsweise mathematischer Wissenschaftler kennen und können diese für ihr weiteres Studium übernehmen. Hierzu gehören eine hohe Frustrationstoleranz, Ausdauer und die Erkenntnis, dass auch das (teilweise) Scheitern beim Lösen mathematischer Probleme dann sinnvoll und lehrreich sein kann, wenn unüberwindbare Hemmnisse erkannt und klar formuliert werden.

Das Konzept ist darauf angelegt, insbesondere die prozessbezogenen Kompetenzen Problemlösen (Welche Strategien helfen mir, wenn ich nicht weiter weiß? Ein Beispiel, eine Skizze, ein allgemeiner Term, die Betrachtung eines Spezialfalls …?) und Argumentieren bzw. Kommunizieren (in der Gruppenarbeit wie in der abschließenden Präsentation) zu fördern.

Das selbstständige Arbeiten ohne die zeitliche und inhaltliche Fragmentierung des Studienalltags in Lehramtsstudiengängen (verschiedene „Schul"fächer, Pädagogik, Psychologie, ...) ermöglicht den Studierenden somit ihr Bild von Mathematik und Mathematikmachen zu überdenken und ggf. zu verändern, die Selbsteinschätzung ihres Wissens und Könnens in Mathematik anhand der konkreten Arbeit zu reflektieren und ihre Studienwahl zu überprüfen.

25.4.4 Mathematisches Gespräch

Vorläufig am Abschluss von HiStEMa steht das mathematische Gespräch. Dies findet im bzw. nach dem zweiten Semester zwischen einer Kleingruppe von Studierenden und Dozenten statt. Die Studierenden bekommen dabei ein elementares mathematisches Problem gestellt, das sie - beobachtet von den Lehrenden - zunächst untereinander lösen müssen, Unklarheiten werden anschließend im gemeinsamen Gespräch geklärt. Die Lehrenden haben so die Möglichkeit, Basiskenntnisse zu überprüfen sowie Arbeitsweisen und Kommunikationskompetenz einzuschätzen und im abschließenden Einzelgespräch eine persönliche Einschätzung über die Eignung zum gewählten Beruf sowie eine Empfehlung zum Fortgang des Studiums auszusprechen. Die mathematischen Gespräche haben bisher nur vereinzelt, noch nicht wie geplant für alle Studierenden stattgefunden und befinden sich noch in einer Testphase.

25.5 Erfahrungen und Evaluationen

25.5.1 Erwartete Zielerfüllung

Da, wie unter 25.2 beschrieben, eine erfolgreiche Theorie-Praxis-Verzahnung im Lehramtsstudium zunächst fundierte theoretische Kenntnisse sowohl im fachmathematischen wie im fachdidaktischen Bereich voraussetzt - wobei das Wissen über mathematische Arbeitsweisen beiden Bereichen zuzuordnen ist -, muss sichergestellt werden, dass die Studierenden diese Kenntnisse erwerben. Da viele Studienanfänger unter falschen Erwartungen und mit einem inadäquaten Bild ihres Faches im Kopf das Studium an der Universität Hildesheim aufnehmen, ist frühestmöglich korrigierend einzugreifen. Den Studierenden wurde dem Eindruck nach Mathematik in der Schule häufig als verfahrensorientierte „Wissenschaft vom Rechnen" gelehrt, prozessbezogene Kompetenzen wurden nicht in ausreichendem Maße vermittelt, ebenso wenig das ausgewogene Bild eines Faches, in dem „Verständnis" Begriffsverständnis meint (nicht Imitation schematischer Vorgehensweisen) und dessen Errungenschaften sich überall in unserer realen Alltagswelt finden. Diese Voraussetzungen verbinden sich in vielen Fällen mit Desinteresse am, zum Teil sogar regelrechter Angst vor dem Fach.

Hier setzt HiStEMa mit den beschriebenen Maßnahmen an. Um ein angemessenes Bild des Faches Mathematik zu fördern, werden gezielt typische mathematische Arbeitsweisen geübt, darunter zunächst schwerpunktmäßig die grundlegenden Kompetenzen

Problemlösen und Kommunizieren. Verständnisorientierte Aufgaben werden im ersten Semester in einem kooperativen Arrangement bearbeitet, vertieftes und selbstständiges, dennoch gemeinsames mathematisches Arbeiten findet außerhalb der Universität auf der Mathe-Hütte statt. Beide Angebote sind (bisher) freiwillig und somit geeignet, den Studierenden ohne Zeit- und Notendruck einen neuen Blick auf die Mathematik zu ermöglichen und somit ihr Interesse am Fach zu wecken. Die Einsicht in die Notwendigkeit fundierter Basiskenntnisse sollte beim Bearbeiten mathematischer Probleme erfolgen. Um aus diesbezüglichen Defiziten entstehende Hürden und Frustration zu vermeiden, werden die mathematischen Grundkenntnisse bereits im Vorfeld des Studiums im Zusammenhang mit dem Vorkurs diagnostiziert und Möglichkeiten zur Behebung der Defizite bereitgestellt.

Da Identifikation mit dem Fach als grundlegende Voraussetzung für die Eignung zum Fachlehrer und für eine erfolgreiche Überführung der Theorie in die Praxis gelten muss, wird in einem Gespräch zwischen Lehrenden und Studierenden zum Ende des ersten Studienjahrs ermittelt, inwiefern die Studierenden die Mathematik mit ihren Inhalten und Arbeitsweisen als „ihr" Fach angenommen haben. Wird die Einstellung gegenüber der Mathematik oder werden die fundamentalen fachlichen Fähigkeiten auch nach bereits zwei absolvierten Semestern als schwer defizitär eingeschätzt, muss davon ausgegangen werden, dass eine Verzahnung zwischen Theorie und Praxis nicht mit Erfolg gelingen kann. In diesem Fall steht am Ende des Gesprächs eine Empfehlung zum Fachwechsel.

25.5.2 Evaluationsstand und Ausblick

Die erste Durchführung der Mathe-Hütte im Sommer 2011 wurde mittels eines Fragebogens in Ansätzen evaluiert. Dabei standen jedoch zunächst den Ablauf betreffende, organisatorische Fragen im Vordergrund. Es lässt sich aber festhalten, dass die Rückmeldungen bezüglich des Angebots insgesamt positiv waren. Die Rückmeldungen decken sich also hier mit Erfahrungen aus Projektseminaren zur Mathematik (Rosebrock und Schmidt-Thieme 2009). Weitere aufschlussreiche Erkenntnisse hat die Evaluation der Mathe-Hütte 2012 ergeben. Diese ist im Rahmen einer Masterarbeit erfolgt und beruht auf einer Datenerhebung mittels Fragebogen vor und nach der Veranstaltung sowie einer begleitenden Beobachtung und einem Leitfadeninterview (Rasche 2012). Die Ergebnisse der Auswertung werden in naher Zukunft vorgestellt.

Derzeit evaluiert wird der neu gestaltete Vorkurs in Verbindung mit den Elementen zur Diagnose und Förderung der mathematischen Basiskompetenzen. Die in dieses Vorhaben implementierten Test- und Fragebögen werden hier als Evaluationsinstrument dienen. Darüber hinaus soll am Ende des ersten Semesters ein weiterer Test stattfinden und ausgewertet werden.

Intensiviert werden momentan die mathematischen Gespräche mit den Studierenden, mit dem Ziel diese für alle verbindlich zu etablieren.

25.6 Literaturverzeichnis

Bruner, J. S. (1970). Der Prozeß der Erziehung. (A. Harttung, Übers.). Berlin: Berlin Verl.

Fischer, P. R., & Biehler, R. (2011). Über die Heterogenität unserer Studienanfänger: Ergebnisse einer empirischen Untersuchung von Teilnehmern mathematischer Vorkurse. In: R. Haug, & L. Holzäpfel (Hrsg.), Beiträge zum Mathematikunterricht 2011: Vorträge auf der 45. Tagung für Didaktik der Mathematik vom 21.02. bis 25.02.2011 in Freiburg (S. 255–258). Münster: WTM.

Herrmann, J. (2012). Mathematische Weltbilder und Vorstellungen über Mathematiker bei Studierenden sowie Schülerinnen und Schülern der Sekundarstufe II (Unveröffentlichte Masterarbeit). Universität Hildesheim, Hildesheim.

Krauss, S., Brunner, M., Kunter, M., Baumert, J., Blum, W., Jordan, A., & Neubrand, M. (2004). COACTIV: Professionswissen von Lehrkräften, kognitiv aktivierender Mathematikunterricht und die Entwicklung von mathematischer Kompetenz. In: J. Doll, & M. Prenzel (Hrsg.), Bildungsqualität von Schule: Lehrerprofessionalisierung, Unterrichtsentwicklung und Schülerförderung als Strategien der Qualitätsverbesserung (S. 31–53). Münster: Waxmann.

Kreuzkam, S. (2011). Mathematische Grundkenntnisse von Studierenden an der Universität Hildesheim (Unveröffentlichte Masterarbeit). Universität Hildesheim, Hildesheim.

Neubrand, M. (2006). Professionalität von Mathematik-Lehrerinnen und -Lehrern: Konzeptualisierungen und Ergebnisse aus der COACTIV- und der PISA-Studie. In: Beiträge zum Mathematikunterricht 2006: Vorträge auf der 40. Tagung für Didaktik der Mathematik vom 06.03. bis 10.03.2006 in Osnabrück. Hildesheim und Berlin: Franzbecker, 5–12.

Niedersächsisches Kultusministerium (2006a). Kerncurriculum für die Grundschule Schuljahrgänge 1–4: Mathematik Niedersachsen. Hannover.

Niedersächsisches Kultusministerium (2006b). Kerncurriculum für die Realschule Schuljahrgänge 5–10: Mathematik Niedersachsen. Hannover.

Rasche, A. (2012). Die Hildesheimer Mathe-Hütte als Angebot zur Überwindung der Diskrepanz zwischen Schule und Studium (Unveröffentlichte Masterarbeit). Universität Hildesheim, Hildesheim.

Rosebrock, S., & Schmidt-Thieme, B. (2009). Projektseminare in der Mathematiklehrerausbildung. Karlsruher pädagogische Beiträge 71, 129–143.

Rummel, N., Diziol, D., & Westermann, K. (2010). Kooperative Lernformen im Mathematikunterricht. PM 35, 25–28.

Veith, H., & Schmidt, M. (2010). Pädagogische Professionalität und qualitätsbewusste Kompetenzentwicklung in der Lehrerausbildung: Zur theoretischen Begründung und praktischen Anwendung von Auswahlverfahren, Eignungsuntersuchungen und studienbegleitenden Beratungsmodellen im Lehramtsstudium (Kurzgutachten). Göttingen.

Vogel, R., & Schneider, A. (2010). Portfolio: Ein Weg zu einer kompetenzorientierten Grundschullehrer und -lehrerinnenausbildung im Fach Mathematik. In: K.-H. Arnold, K. Hauenschild, B. Schmidt-Thieme, & B. Ziegenmeyer (Hrsg.), Zwischen Fachdidaktik und Stufendidaktik: Perspektiven für die Grundschulpädagogik (S. 233–236). Wiesbaden: VS Verlag.

Westermann, K., & Rummel, N. (2010). Kooperatives Lernen in der Hochschulmathematik. Mitteilungen der DMV 18, 240–243.

26 Fünftsemester als Mentoren für Erstsemester

Ein Kaskaden-Mentoring-Ansatz

Walther Paravicini
(Westfälische Wilhelmsuniversität Münster, Mathematisches Institut)

Zusammenfassung

In diesem Beitrag geht es um ein Mentorenprogramm am Mathematischen Institut der Universität Münster, welches in einer ersten Ausbaustufe (für Lehramtsstudierende für Gymnasium und Gesamtschule) seit dem Wintersemester 2005/06 läuft. Hierbei betreuen erfahrenere Bachelorstudierende, in der Regel Fünftsemester, Erstsemester in sehr kleinen Gruppen. Im Fokus steht dabei die fachliche Unterstützung, aber auch (Studien-)Beratung und soziale Aspekte können ins Blickfeld geraten. Die Mentorinnen und Mentoren selbst werden betreut und haben, wie auch ihre Schützlinge, zu Semesterende eine fachliche Prüfung.

Bisher wurde das Programm noch nicht wissenschaftlich begleitet, weshalb ich mich darauf beschränken muss, das Programm in seiner jetzigen Form zu beschreiben, Ziele und Überlegungen für den weiteren Ausbau zu formulieren sowie auf konkretere Planungen für die Zukunft einzugehen.

26.1 Der Ausgangspunkt und das jetzige Mentorensystem

An der Westfälischen Wilhelms-Universität Münster studieren von insgesamt etwa 40.000 Studierenden etwa 850 das Fach Mathematik im Rahmen eines Lehramtsstudiums[1] für das Gymnasium, die Gesamtschule oder das Berufskolleg. In jedem Jahr gibt

[1] Wenn ich im Folgenden von Lehramtsstudium schreibe, dann schränke ich mich bewusst auf diese Gruppe von Studierenden ein und klammere die Studierenden für das Lehramt an anderen Schulformen zunächst aus. Außerdem setze ich, für diesen Artikel, vereinfachend Lehramtsstudium und 2Fach-Bachelor gleich.

es bei uns zwischen 150 und 200 Anfängerinnen und Anfänger[2] für diesen Studiengang (genauer: für das Fach Mathematik im Rahmen des sogenannten „2Fach-Bachelor"-Studiums). Ein nicht unerheblicher Anteil der fachlichen Ausbildung im Bachelorbereich findet zurzeit gemeinsam mit denjenigen Studierenden statt, die Mathematik für ihren „1Fach-Bachelor"-Abschluss studieren.

Man beobachtete jedoch, dass Lehramtsstudierende des siebten Semesters auch grundlegende Definitionen und Zusammenhänge aus den Anfängervorlesungen nicht wiedergeben konnten. Prof. Langmann, der sich außerordentlich für die fachlich-mathematische Lehramtsausbildung in Münster engagiert, hat daraufhin das Mentorenprogramm ins Leben gerufen, das ich hier im Folgenden beschreiben und dessen Weiterentwicklung ich diskutieren möchte. Hauptsächliches Ziel des Programms war es zunächst einmal, das Grundlagenwissen der Lehramtsstudierenden höherer Semester soweit zu fördern, dass sie mit Gewinn die späteren Vertiefungsveranstaltungen belegen können.

Im Wintersemester 2005/06 wurde das Mentorenprogramm (genannt Propädeutikum) eingerichtet, bei dem Lehramtsstudierende höherer Semester (meist Fünftsemester) die zentralen Inhalte der Wintersemester-Grundvorlesungen in Analysis und linearer Algebra wiederholen und gemeinsam mit Erstsemesterstudierenden durchgehen. Das Propädeutikum wird von praktisch allen beginnenden Lehramtsstudierenden in Anspruch genommen, ebenso nimmt praktisch jeder Lehramtsstudierende im Laufe seines Studiums als Mentor teil. Hierbei werden Erstsemester den Mentoren zugelost, das Zahlenverhältnis liegt, je nach Jahrgangsstärken, irgendwo zwischen 1 zu 1 und 2 zu 1. Diese Kleingruppen aus Mentor und einem oder zwei „Mentees" sollen sich regelmäßig über das Wintersemester verteilt treffen und besprechen nicht nur fachliche Fragen: der Mentor kann auch Ansprechpartner in Fragen der Studienorganisation, des Lernverhaltens etc. sein; gelegentlich gehen die Mentorengruppen auch zusammen aus, dann meist mehrere Kleingruppen im Verein.

Die Betreuuungsintensität im Laufe des Semesters ist bis jetzt nicht systematisch erhoben worden; was sich aber klar sagen lässt, ist, dass sie von Mentor zu Mentor und von Mentee zu Mentee stark variiert. Engagierte Mentoren treffen sich sehr regelmäßig, vielleicht sogar wöchentlich. Wenig engagierte Mentoren versuchen ihren Arbeitsaufwand zu minimieren und treffen sich kaum. Auf dieses Problem kommen wir noch zu sprechen, wenn es weiter unten um die Fortentwicklung des Programms geht.

Die Mentoren schreiben zu ihrer Mentorentätigkeit einen Bericht. Zum Ende des Semesters gibt es dann einen kurzen Test, den Mentoren und Mentees gleichermaßen und in der Regel sogar gleichzeitig bestehen müssen. In diesem Test werden die zentralen Begriffe und Sätze der Grundvorlesung abgefragt. Darüber hinaus geben die Mentoren

[2] Wenn ich im Folgenden aus Prägnanzgründen von Anfängern schreibe, dann meine ich damit Anfängerinnen und Anfänger; speziell in den Lehramtsstudiengängen sind weibliche Studierende in der Überzahl, aber ich konnte mich nicht dazu durchringen, immer die weibliche Form zu benutzen (selbiges gilt auch für Mentorinnen etc.).

Einschätzungen über den Leistungsstand ihrer jeweiligen Mentees ab; diese Einschätzungen sind aber in der Regel ziemlich ungenau, in der Regel zu positiv.

Sowohl die Mentoren als auch die Mentees belegen diese Veranstaltung als Pflichtveranstaltung im Rahmen des Bachelorstudiums: Für die Erstsemester geht sie mit einem Leistungspunkt in das erste Analysis-Modul ein, für die Fünftsemester ist die Veranstaltung als „Betreuungskompetenz/Beurteilungskompetenz" verpflichtend Teil der allgemeinen Studien und in Zukunft eines Moduls „Mathematik vermitteln und vernetzen", in beiden Fällen mit fünf Leistungspunkten. Das letztgenannte Modul wurde in der neuen Prüfungsordnung für den 2Fach-Bachelor eingeführt, welche für Anfänger aus dem Wintersemester 2011/12 gilt.

Bis jetzt verdankt das Propädeutikum nicht nur seine Existenz Prof. Langmann, sondern auch die Planung und Durchführung lag in seinen Händen. In Zukunft soll das Projekt allerdings reorganisiert werden, und auch andere Dozenten des Mathematischen Instituts sind inzwischen mit dem Mentorenprogramm befasst.

Es bietet sich also die Gelegenheit, die Ziele neu zu setzen und das Programm entsprechend neu auszurichten; insbesondere könnte langfristig das Mentorenprogramm auf andere Studiengänge am Fachbereich Mathematik und Informatik der Universität Münster ausgedehnt werden.

Was die Ziele angeht, die für das Mentorenprogramm in seiner jetzigen Form anfangs gesetzt worden sind, so wurde bisher nicht gründlich untersucht, inwiefern diese erreicht wurden. Die vorliegenden allgemein verfügbaren Daten geben kaum Aufschluss darüber. So fällt die Umstellung auf das BA/MA-System im Lehramtsbereich zeitlich mit der Einführung des Propädeutikums im Wintersemester 2005/06 zusammen, und es ist nicht klar, wie gut man z. B. die Abbrecherzahlen der älteren Lehramtsstudiengänge, die noch nicht im BA/MA-System eingeordnet waren, mit den entsprechenden Zahlen für die Bachelor-Studiengänge vergleichen kann.

Ein Hinweis auf die Wirksamkeit des Mentorenprogramms könnte sein, dass die Zahl der Abbrecher innerhalb der Zeit, die das Bachelorstudium nun läuft, deutlich gesunken ist, und zwar im gleichen Maße, wie sich das Mentorenprogramm fest etabliert hat und Studierende, die das Programm als Mentees durchlaufen haben, nun selbst als Mentoren tätig geworden sind. Von den Anfängern des Jahres 2005 haben nur knapp 25 % in Regelstudienzeit abgeschlossen, eine grobe Schätzung für die Anfänger des Jahres 2008 liegt bei etwa 50 %. Es gibt aber diverse andere Einflussfaktoren, die in die gleiche Richtung gewirkt haben, z. B. die inzwischen vorhandenen Zulassungsbeschränkungen für den Studiengang. Eine abschließende Beurteilung kann so nicht getroffen werden.

Unzweifelhaft ist jedoch, dass der individuelle Nutzen des einzelnen Mentees sehr stark davon abhängt, welchem Mentor er zugelost worden ist. (Unsystematische) Befragungen der Mentees zeigten eine insgesamt positive bis sehr positive Einstellung gegenüber dem Mentorenprogramm, wobei es sehr auf den Einsatz und die Qualitäten des jeweiligen Mentors ankommt.

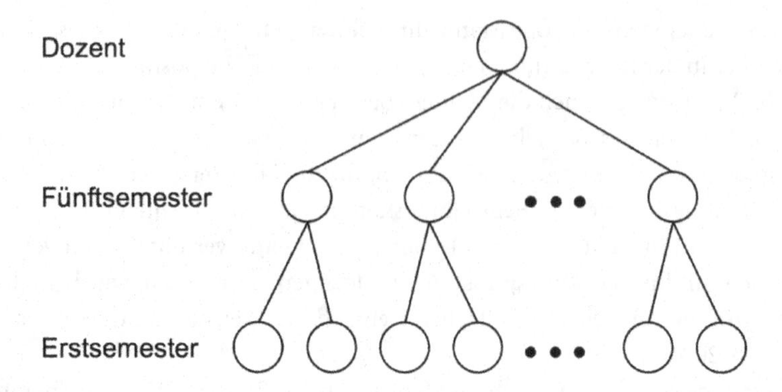

Abb. 26.1 Schematischer Aufbau des bisherigen Mentorenprogramms

26.2 Allgemeine Ziele und Überlegungen

Die Zielsetzung für ein Mentorenprogramm auf das rein Inhaltlich-Mathematische zu reduzieren greift meines Erachtens zu kurz. Ein solches Mentorenprogramm bietet die einzigartige Möglichkeit, die Studieneingangsphase zu gestalten und den Übergang von der Schule zur Hochschule zu begleiten. Um dies zielgerichtet tun zu können, sollte man am besten Ziele für die Bachelor-Phase des Lehramtsstudiums in Mathematik formulieren, um die Ziele für das Mentorenprogramm dann daraus abzuleiten. Dies ist offenbar ein weites Feld, aber ich möchte zumindest drei Punkte herausgreifen, die mir in diesem Kontext besonders wichtig erscheinen:

1. **Ein tragfähiges Wissensnetz zur höheren Mathematik:** Ein Ziel muss es natürlich sein, dass die Studierenden mit dem Erhalt des Bachelorgrades alle wichtigen mathematischen Teilgebiete kennengelernt haben, welche für die höhere Schulmathematik von Bedeutung sind, also insbesondere die Analysis, die lineare Algebra und Geometrie, sowie die Stochastik. Wie tief die Beschäftigung im einzelnen sein sollte, ist diskussionswürdig, aber Konsens besteht sicherlich insofern, dass die grundlegenden Denkweisen und Denkeigenarten der einzelnen Disziplinen kennengelernt und die wesentlichen Begriffe und Zusammenhänge aus einem nicht zu grobmaschigen Wissensnetz abrufbar sein sollten.

2. **Ein positives Bild von Mathematik/Motivation:** Es ist sicherlich notwendig, sich darüber Gedanken zu machen, wie man das positive Bild von Mathematik, welches viele Anfänger mitbringen, durch das Studium hindurch aufrechterhalten und vertiefen kann (vergleiche die ernüchternden Resultate in Pieper-Seier, 2002). Nicht deckungsgleich, aber damit eng verbunden ist für mich die Frage, wie man die Motivation der Studierenden im Bachelorstudium aufrechterhalten und fördern kann.

Ein positives Bild von Mathematik zu haben ist sicherlich eine Voraussetzung dafür, dass die Studierenden intrinsisch für ein Studium der Mathematik motiviert sind und bleiben. Das Mentorenprogramm scheint mir aber nicht die Stelle zu sein, wo man ansetzen muss, das Bild der Studierenden von Mathematik direkt zu beeinflussen. Wohl aber scheint es mir nicht unvernünftig zu sein, zu hoffen, dass sich eine bessere Motivation der Studierenden z. B. über den Umweg über das Erleben der eigenen Kompetenz in einem positiveren Bild von Mathematik niederschlägt.

3. **Ein gültiges Bild von Mathematik/Reflexionsfähigkeit:** Ein Ziel jedes universitären Studiengangs in Mathematik sollte es sein, dass die Studierenden ein gültiges Bild von Mathematik als Wissenschaft und eine aktive Beziehung zu den dafür typischen Tätigkeiten wie das Definieren, Vermuten oder Beweisen gewinnen.
   Zu einem gültigen Bild sollte auch die Prozesshaftigkeit der Wissenschaft Mathematik gehören: Statt Mathematik als etwas Fertiges und Unwandelbares zu erfahren, sollten Studierende der Mathematik diese als etwas historisch Entstandenes und immer noch Werdendes kennenlernen (Beutelspacher et al. 2010). Bei einer tieferen Beschäftigung, etwa im Rahmen einer fachlich orientierten Masterarbeit oder einer Doktorarbeit, erfährt der Studierende dies meist automatisch, da er selbst neue Mathematik schafft und z. B. eine neue Definition ausspricht.
   Das Bachelorstudium, zumal im Lehramtsbereich, ist nicht notwendigerweise so angelegt, dass diese Erfahrung von den Studierenden gemacht werden kann. Deshalb sollte etwa die historische Genese der behandelten Mathematik zumindest exemplarisch in den Bachelorvorlesungen thematisiert werden und allgemein zur Reflexion über den behandelten Stoff aktiv angeregt werden.

Man könnte diese Ziele unter dem Schlagwort „mathematische Mündigkeit" zusammenfassen, wobei der erste und der dritte der obengenannten Punkte integrale Bestandteile dieser Mündigkeit sind, während der zweite eine notwendige Voraussetzung dafür ist, dass mathematische Mündigkeit erreicht werden kann.

26.3 Was bedeutet dies alles für das Mentorenprogramm?

Versuchen wir nun, die obengenannten Ziele für das Mentorenprogramm zu konkretisieren.

1. **Ein tragfähiges Wissensnetz zur höheren Mathematik.** Angesichts der Komplexität der behandelten Stoffe erscheint es ratsam, dem Mentorenprogramm eine deutliche Inhaltsorientierung mit auf den Weg zu geben, wie es ja bisher auch getan wurde und wie es dem Vernehmen nach auch im bekundeten Interesse der Studierenden liegt. Ein Nebeneffekt, der bei Fachmathematikern auf große Zustimmung stößt, ist, dass die Mentoren in ihrem 5. Semester den Stoff des ersten Semesters wiederholen müssen und auch darüber geprüft werden. Der Effekt ist vergleichbar mit dem einer Zwi-

schenprüfung aus der Zeit vor der Einführung des Bachelor, und viele gestandene Mathematiker geben im persönlichen Gespräch an, dass das Lernen für die Zwischen- oder die Vordiplomsprüfung ein wichtiger und fruchtbarer Teil ihres Studiums gewesen sei.
Ein weiterer interessanter Ansatz ist die Steigerung der Selbstkompetenz der Anfängerinnen und Anfänger, insbesondere die Fähigkeit, ihr eigenes Lernen zu organisieren. Ein Ansatz wäre hier, die Mentoren als Multiplikatoren anzusehen und ihnen (oder zumindest den interessierten unter ihnen) Elemente des Lerncoachings (Pallasch und Hameyer 2008) nahezubringen.

2. **Ein positives Bild von Mathematik/Motivation:** Wendet man sich an das klassische Modell von Deci und Ryan (1993), dann eröffnen sich drei Handlungsfelder:

   - **Förderung der sozialen Eingebundenheit:** Bei der Ausgestaltung des Mentorenprogramms sollte darauf geachtet werden, dass die teilnehmenden Erstsemester nicht nur den Kontakt zu ihrem jeweiligen Mentor pflegen, sondern dass die Mentoren auch untereinander in Austausch treten und dass Angebote existieren, welche die Kleingruppen aus Mentor und ein oder zwei Mentees gelegentlich in größeren Gruppen zusammenführen.
     Ein Problem stellt in diesem Zusammenhang das Zulosen der Mentees zu ihren Mentoren dar, für welches aber nicht leicht ein tragfähiger Ersatz zu finden ist. Hier bin ich für einen Vorschlag dankbar, der im Rahmen der khdm-Tagung aufkam, zu welcher dieser Tagungsband herausgegeben wird: Man könnte ja immerhin darauf achten, dass die Zweitfächer von Mentor und Mentee in den meisten Fällen deckungsgleich sind, um so einen Grundkanon an gemeinsamen Interessen und gemeinsamen Problemen z. B. in der Studienorganisation sicherzustellen.

   - **Möglichkeit zum Kompetenzerleben:** Denken wir hier an inhaltliche Kompetenzen, so sollte man vielleicht in erster Linie das Kompetenzerleben der Mentoren in den Blick nehmen. Es ist immer wieder vorgekommen, dass Mentoren ihre Pflichten im Rahmen des Programms vernachlässigt haben, und ein Grund dafür könnte sein, dass sie selbst das Gefühl hatten, mit dem Stoff des ersten Semesters noch kämpfen zu müssen. Ein semesterbegleitendes Repetitorium, also eine unterstützende Veranstaltung, welche den Mentoren die Möglichkeit bietet, den Stoff der Grundvorlesungen zu wiederholen und Fragen zu stellen, wird hier hoffentlich Abhilfe schaffen.

   - **Bewahrung der Autonomie:** Die Anfängerinnen und Anfänger werden mit sehr unterschiedlichen Biographien und Bedürfnissen in ihr Studium einsteigen. Das Angebot des Mentorenprogramms sollte also möglichst individuell sein und auch die Ausgestaltung der Beziehung Mentor-Mentee sollte den Beteiligten soweit wie möglich selbst überlassen werden. Ein Kontrollsystem, welches garantiert, dass sich die Mentorengruppen an bestimmten Tagen oder in bestimmten Abständen getroffen haben, widerspräche dem Wunsch nach Autonomie. Eine (Qualitäts-)Kontrolle sollte im Semester eher indirekt erfolgen, z. B. durch Berichte der Mentoren zu ihren Mentees zu Semestermitte oder -ende und durch Treffen der Mentoren untereinander in größeren Abständen über das Semester verteilt.

3. **Ein gültiges Bild von Mathematik/Reflexionsfähigkeit:** Eine gelungene Mentor-Mentee-Beziehung sollte sich nicht darin erschöpfen, dass der Mentee eine Liste von Begriffen und Sätzen an die Hand bekommt, die er gemeinsam mit dem Mentor durchgeht und dann auswendiggelernt. Wünschenswert wäre auch, wenn die Mentoren ihren Schützlingen die zentralen Arbeitstechniken des Mathematikers näherbringen, etwa das Definieren, das Aufstellen von Vermutungen, das Argumentieren, das Problemlösen und das Modellieren. Dies wird natürlich auch andernorts angegangen, etwa im Rahmen von Übungsgruppen, aber die Mentoren könnten hier mindestens ergänzend tätig werden. Wünschenswert wäre es, wenn die Mentoren Materialien zur Verfügung hätten, welche zur Reflexion über die genannten Tätigkeiten Anlass gäben und welche ergänzend zur Unterstützung etwa bei der Bearbeitung von konkreten Übungsaufgaben zu den Grundvorlesungen eingesetzt würden.

26.4 Wie könnte also das Mentorenprogramm weiterentwickelt werden?

Wenn wir darüber nachdenken wollen, wie das oben beschriebene Programm weiterentwickelt werden kann, dann sollte man dabei eines im Hinterkopf behalten. Die praktische Umsetzung des Mentorenprogramms hat drei limitierende Faktoren: Die finanziellen Mittel, die der Fachbereich Mathematik und Informatik für die Umsetzung des Programms im Rahmen des „Bund-Länder-Programms für bessere Studienbedingungen und mehr Qualität in der Lehre“ für den Zeitraum 2011–2016 erhalten hat, die zeitlichen Ressourcen, welche die beteiligten Studierenden zur Verfügung haben und die Zeit und Energie, welche die beteiligten Dozenten in das Projekt stecken können. Was den Zeitaufwand der Mentoren anbelangt, so sei angemerkt, dass die anstehende Neuauflage für die Studienordnung der Lehramtsstudierenden vorsieht, dass die Mentoren ein Modul „Mathematik vermitteln und vernetzen“ belegen und für ihre Mentorentätigkeit 5 Leistungspunkte erhalten; der Zeitaufwand für die tatsächliche Betreuung der Mentees ist vor diesem Hintergrund noch zu bestimmen, wobei auch einfließen wird, welche anderen Verpflichtungen die Mentoren haben werden (eigenes Lernen für die Abschlussprüfung und der Besuch der unten beschriebenen Veranstaltungen). Um bei etwa 300 beteiligten Studierenden den Aufwand für die Dozenten noch vertretbar zu halten, wäre ein Kaskaden-Mentoring-Ansatz die wahrscheinlich langfristig tragfähigste Lösung.

Das bedeutet, dass es zunächst einmal einen Dozenten oder ein Team von Dozenten gibt, das sich zentral um den Ablauf des Programms kümmert. Ein Dozent bietet dabei ein regelmäßiges sogenanntes Repetitorium für die Mentoren an, in welchem die wesentlichen Begriffe der Grundvorlesungen noch einmal vorgestellt und miteinander vernetzt werden. Diese Veranstaltung wird einen Umfang von 2 SWS haben. Ein (anderer?) Dozent kümmert sich um die nicht rein fachlichen Aspekte des Programms, etwa um Materialien zur didaktischen Unterweisung der Mentoren, aber auch um neu einzuziehende Ebene in der Mentoring-Kaskade:

Nach wie vor betreut jeder Fünftsemester-Studierende einen oder zwei Erstsemester. Hinzu kommt aber eine Anzahl von „Mentoren-Mentoren", nennen wir sie „Coaches", die aus den wissenschaftlichen Mitarbeitern oder Master-Studierenden rekrutiert werden und denen jeweils eine Gruppe von 20 bis 30 Fünftsemestern zugeordnet wird. Kleinere Gruppen wären vermutlich günstiger, aber neben der Finanzierungsfrage ist auch zu bedenken, dass es nicht trivial ist, eine ausreichende Anzahl motivierter und qualifizierter Kandidaten für diese Aufgabe zu finden.

Diese Coaches bringen die Mentoren zu regelmäßigen Treffen zusammen, die verschiedene Funktionen haben:

1. Ergänzend zum Repetitorium kann man inhaltliche Fragen zu den Anfängervorlesungen angehen.
2. Man kann die Treffen dazu nutzen, um Elemente des Lerncoachings (weiter) zu vermitteln.
3. Man kann Reflexionsaufgaben zu Arbeitstechniken (Argumentieren, Problemlösen etc.) oder zur Geschichte der Mathematik bearbeiten und entsprechende Materialien für die Mentees zur Verfügung stellen.
4. Die regelmäßigen Treffen sind eine Möglichkeit, eine gewisse Verbindlichkeit des Programms innerhalb des Semesters herzustellen und das Engagement der Mentoren sanft zu kontrollieren.

Die Coaches werden zu Multiplikatoren für das Lerncoaching weitergebildet, soweit sich dieses in einer überschaubaren Anzahl von Workshop-Sitzungen machen lässt. Sie belegen auch Workshops zur Reflexion von Arbeitstechniken.

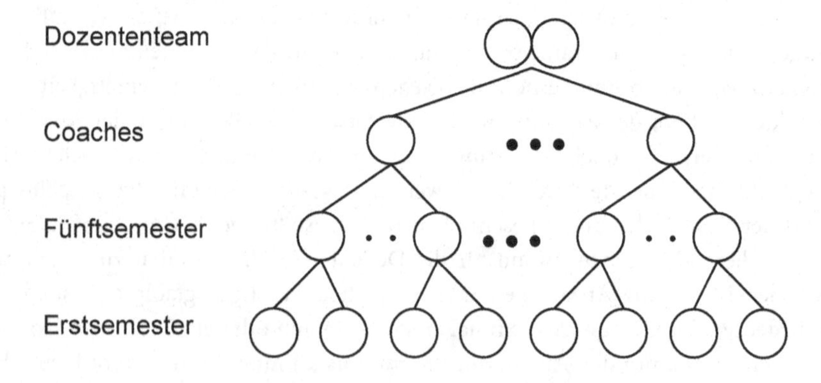

Abb. 26.2 Schematischer Aufbau des geplanten Mentorenprogramms

26.5 Anmerkungen zur Qualitätskontrolle

Es ist nicht einfach, das oben beschriebene Programm wissenschaftlich sauber zu evaluieren. Die Installation einer zufällig ausgewählten Kontrollgruppe von Erstsemestern, die keinem Mentoren zugewiesen werden, verbietet sich alleine schon aus Gründen der Studienordnung. Ein Vergleich von Jahr zu Jahr ist schwierig, da man diverse Variablen kaum kontrollieren kann: Die Umstellung der Studienordnung, die Zulassungsbeschränkung etc.

Einen Hinweis werden zumindest Befragungen der Studierenden geben. Hierbei wäre es zweckmäßig, auch die tatsächliche Intensität der Betreuung der Mentees durch ihren jeweiligen Mentor (anonym) zu erfassen und mit der Note im Abschlusstest in Beziehung zu setzen. So könnte man zumindest abklären, ob der Erfolg im Test mit der Betreuungsintensität (wie oft haben sich Mentor und Mentee getroffen) korreliert. Es stellt sich dann nur die Frage, warum die Intensität variiert, und durch geeignete Evaluationsfragen sollte man versuchen, diejenigen Fälle zu separieren, bei denen eine niedrige Intensität hauptsächlich in der Person des zugelosten Mentors begründet ist (Mentor war krank oder Ähnliches). Diese Gruppe mit niedriger Betreuungsintensität könnte man dann ersatzweise als Kontrollgruppe nehmen, um zu sehen, ob die Betreuung in der Mentorengruppe einen signifikanten positiven Effekt hat.

Wir gehen aber davon aus, dass, auch wenn es nicht einfach werden wird, es nach wissenschaftlichen Maßstäben zu belegen, sich das Mentorenprogramm trotzdem bewähren wird.

26.6 Literaturverzeichnis

Beutelspacher, A., Danckwerts, R., Hefendehl-Hebeker, L., Neubrand, M., Nickel, G., Sjuts, J., & Walther, H. O. (2010). Mathematik Neu Denken - Empfehlungen zur Neuorientierung der universitären Lehrerbildung im Fach Mathematik für das gymnasiale Lehramt. Bonn: Deutsche Telekom Stiftung.

Beutelspacher, A., Danckwerts, R., Nickel, G., Spies, S., & Wickel, G. (2011). Mathematik Neu Denken - Impulse für die Gymnasiallehrerbildung an Universitäten. Wiesbaden: Vieweg+ Teubner.

Deci, E., & Ryan, R. (1993). Die Selbstbestimmungstheorie der Motivation und ihre Bedeutung für die Pädagogik. In: Zeitschrift für Pädagogik, 39, 223–238.

Pallasch, W., & Hameyer, U. (2008). Lerncoaching - Theoretische Grundlagen und Praxisbeispiele zu einer didaktischen Herausforderung. Weinheim und München: Juventa Verlag.

Pieper-Seier, I. (2002). Lehramtsstudierende und ihr Verhältnis zur Mathematik. In: Peschek, W. (Hrsg.): Beiträge zum Mathematikunterricht (S. 395–398). Hildesheim: Franzbecker.

27

Brauchen Ingenieure Mathematik? – Wie Praxisbezug die Ansichten über das Pflichtfach Mathematik verändert

Aeneas Rooch, Christine Kiss und Jörg Härterich
(Ruhr-Universität Bochum, Fakultät für Mathematik)

Zusammenfassung

Dieser Artikel beschreibt das Modellprojekt *MathePraxis* an der Ruhr-Universität Bochum, das das Ziel verfolgt, unnötigen Studienabbruch in ingenieur- und naturwissenschaftlichen Fächern zu verhindern. In Kooperation mit ingenieurwissenschaftlichen Lehrstühlen wurden an der Fakultät für Mathematik semesterbegleitende Projektarbeiten für Studierende in Maschinenbau, Bauingenieurwesen und Umwelttechnik entwickelt, mit denen die Studierenden bereits im ersten Studienjahr Anwendungen mathematischer Verfahren in praxisnahen Situationen selbst entdecken und deren Nutzen nachvollziehen können. Eine begleitende Evaluation in Anlehnung an (Grigutsch et al. 1998) zeigt, dass dieser anwendungsorientierte Ansatz ein tieferes Verständnis mathematischer Konzepte vermittelt, die Ansichten über das Fach Mathematik verändert, auf diese Weise die Motivation steigert und schon früh eigenständiges Lernen fördert.

27.1 Mathematik in den Ingenieurwissenschaften

Die Mathematikausbildung nimmt in den meisten technischen und ingenieurwissenschaftlichen Studiengängen eine wichtige Rolle ein. Zusammen mit Vorlesungen und Übungen zur Technischen Mechanik und Experimentalphysik werden dort die Grundlagen für die stärker technisch orientierten Lehrveranstaltungen und vor allen Dingen die Bewältigung von Aufgaben und Problemen im späteren Berufsalltag gelegt. Allerdings wird in den Vorlesungen der Bezug zu diesen Anwendungen oft nicht sichtbar. Auch die Aufgaben, die zur Festigung und Vertiefung des Vorlesungsstoffes in Tutorien oder als

Hausaufgaben behandelt werden, haben in der Regel keine direkten Anknüpfungspunkte zum Studienfach. Die Verknüpfung mit den praktischen Anwendungen geschieht üblicherweise in den Spezialvorlesungen höherer Semester und wird regelmäßig dadurch erschwert, dass die in den Grundlagenvorlesungen behandelten Inhalte als träges Wissen zu diesem Zeitpunkt nicht mehr aktiv verfügbar sind (siehe Engelbrecht et al. 2007). Dies hängt auch damit zusammen, dass ein großer Teil der Studierenden in den Wochen vor den Abschlussklausuren Formeln paukt und Standardaufgaben auswendig lernt. Daher verwundert es nicht, dass die Wirtschaft einen Mangel an anwendbarem Wissen bei Berufsanfängerinnen und -anfängern beklagt (siehe auch Preißler et al. 2010).

Diese kurze Bestandsaufnahme zeigt, dass es notwendig ist, die Mathematikausbildung in technischen und naturwissenschaftlichen Studiengängen zumindest teilweise nach modernen lerntheoretischen Anforderungen neu auszurichten. Essentiell sowohl für die Motivation der Lernenden als auch für die Lernergebnisse selbst ist unserer Ansicht nach dabei, den Stoff der Grundlagenvorlesung Mathematik an die im beruflichen Alltag auftretenden Problemstellungen anzubinden.

In Vorlesungen und Übungsgruppen haben wir zudem in den letzten Jahren immer wieder beobachtet, dass Mathematik von Studienanfängerinnen und -anfängern in ingenieurwissenschaftlichen Studiengängen nicht als nützliches und nötiges Hilfsmittel wahrgenommen, sondern als theoretische Wissenschaft zum Selbstzweck empfunden wird; das Wissen oder zumindest die Überzeugung, dass mathematische Verfahren in vielen ingenieurwissenschaftlichen Anwendungen unabdingbar sind, scheinen Vorlesungen, Übungsgruppen und Hausaufgaben kaum zu vermitteln. Erst recht scheinen sie die konkrete Anwendung und den Nutzen wichtiger mathematischer Konzepte wie Näherungsverfahren oder Differentialgleichungen im Ingenieursalltag nicht darstellen zu können. Die Frage „Wofür braucht man das?" – oder noch schlimmer: „Braucht man das überhaupt?" – wird in den Übungsgruppen Jahr für Jahr aufs Neue gestellt.

Leider bleibt es nicht dabei, dass die Anfängerinnen und Anfänger den Nutzen der Mathematik als Werkzeug eines Ingenieurs nicht erkennen: Immer wieder begegnet man der irrigen Ansicht, die Mathematikkurse zu Anfang des Studiums dienten nur dazu, schlechte Studierende „auszusieben". Tatsächlich sind die Mathematik-Klausuren in den ersten zwei Semestern für viele Anfängerinnen und Anfänger eine Hürde. Nicht selten ist zu beobachten, dass Studierende, die ihre selbstgesteckten Ziele nicht erreichen, das Fach Mathematik für ihr Scheitern verantwortlich machen – zu schwer, zu viel, zu abstrakt, lauten häufige Klagen.

Wir glauben nicht nur, dass diese Interpretation in vielen Fällen falsch ist (die Gründe für ein Scheitern sind unserer Ansicht nach vielfältiger und äußern sich lediglich im Fach Mathematik besonders schnell und deutlich), sondern auch, dass ein Scheitern in Mathematik oft unnötig ist: Weder ist der Stoffumfang prinzipiell zu groß noch der Inhalt prinzipiell zu abstrakt, so dass es für einen überwiegenden Teil der Studierenden mit Schwierigkeiten letzten Endes eine Frage der Motivation und der Lernstrategie ist, die Klausuren erfolgreich zu absolvieren.

Das Ziel des Projektes *MP² – Mathe/Plus/Praxis*, das an der Ruhr-Universität Bochum für Studierende in den beiden ersten Semestern angeboten wird, ist, hier die nötige Starthilfe zu geben und dadurch einen unnötigen Abbruch des Studiums im ersten Studienjahr zu verhindern.

27.2 Typische Probleme bei Studienabbruch

Das Projekt *Mathe/Plus/Praxis* basiert auf zwei Hypothesen zum Studienabbruch. Studierende mit erheblichen Anfangsschwierigkeiten im Studium haben in der Vergangenheit dafür immer wieder zwei Ursachen genannt:

1. Ihnen fällt der Übergang von der Schule zur Hochschule schwer. Sie übertragen Lernmuster, mit denen sie in der Schule erfolgreich waren, an die Universität (z. B. Lernen erst kurz vor der Klausur, in letzter Zeit unter dem Schlagwort *Bulimielernen* oft im Zusammenhang mit der Bologna-Reform genannt) und scheitern damit meist direkt in der Startphase des Studiums. Obwohl aufgrund der gewichtigen Rolle der Mathematik im Grundlagenstudium[1] eine ausreichende Lernveranlassung vorliegen sollte, wird die Hürde entweder nicht ernst genug genommen oder die Lernstrategien reichen nicht aus, mit den veränderten Rahmenbedingungen zurechtzukommen.
2. Sie verlieren die Motivation, weil sie den Anwendungsbezug der mathematischen Verfahren nicht sehen. Sie interessieren sich für Technik und Maschinen und sehen in Formeln und Rechenverfahren keinen Nutzen. Diese Demotivation tritt typischerweise im Laufe des zweiten Semesters auf; im ersten Semester akzeptieren die Studierenden noch, dass sie Grundlagen lernen müssen, die erst später benötigt werden.

Zwei konkrete Maßnahmen setzen im Projekt *Mathe/Plus/Praxis* genau bei diesen beiden Ursachen für Studienabbruch an. In der ersten Projektstufe, *MathePlus*, bekommen Anfängerinnen und Anfänger des ersten Semesters Hilfe beim Einüben erfolgversprechender Lerntechniken (siehe Glasmachers et al. 2011); in der zweiten Stufe, *MathePraxis*, erhalten Studierende des zweiten Semesters im Rahmen kleiner Projekte die Möglichkeit, sich zu erarbeiten, wie Mathematik in der Praxis Anwendung findet. Üblicherweise erkennen Studentinnen und Studenten die Anwendung der gelernten Grundlagen erst in höheren Semestern, da in Deutschland zunächst das Basiswissen bereitgestellt wird, um in der zweiten Hälfte des Studiums anwendungsnahe Probleme bearbeiten zu können, in denen Verfahren und Konzepte aus ganz verschiedenen Disziplinen wie Materialkunde, Mechanik und Mathematik zusammenspielen. Ein Vorziehen eines solchen Einblicks mit dem zugehörigen „Aha"-Effekt, soll bei den Anfängerinnen und Anfängern die Bereitschaft anregen, sich auch mit abstrakten Themen zu beschäftigen, und verste-

[1] Die Veranstaltung ist in den ersten beiden Semestern mit jeweils 9 ECTS-Punkten kreditiert.

hendes Lernen fördern. Die vorliegende Arbeit befasst sich mit der Implementierung dieser zweiten Maßnahme *MathePraxis*, ersten Erfahrungen und Evaluierungen sowie einem Ausblick.

27.3 Der organisatorische Rahmen

In Kooperation mit verschiedenen ingenieurwissenschaftlichen Lehrstühlen wurden zu drei Projekten Lerneinheiten entwickelt, mit denen sich Studentinnen und Studenten in den Studiengängen Maschinenbau, Bauingenieurwesen und Umwelttechnik im zweiten Semester parallel zu ihren regulären Lehrveranstaltungen freiwillig befassen können. Im Unterschied zu anderen Modellprojekten (siehe Diercksen 2005; Verner et al. 2008), bei denen Mathematikveranstaltungen mit Anwendungen aus unterschiedlichem Kontext verzahnt werden, wurde bei *MathePraxis* großen Wert auf den Bezug zu Arbeits- und Forschungsgebieten an der eigenen Universität gelegt. Soweit bei dem frühen Stadium in der Ausbildung möglich, haben sich die Projekte an den Forschungsrichtungen der kooperierenden Lehrstühle orientiert, entsprechend dem im Leitbild Lehre der Ruhr-Universität Bochum verankerten Motiv des „forschenden Lernens". Darüber hinaus erwerben die Studierenden im Rahmen des Projekts diverse Schlüsselqualifikationen wie die Fähigkeit zu Teamwork sowie Präsentations- und Selbstorganisationstechniken.

Die Projekte sollten in kleinen Gruppen von etwa fünf Personen bearbeitet werden, wobei ein Schwerpunkt von *MathePraxis* darauf liegt, dass die Studentinnen und Studenten sich das nötige Wissen weitgehend eigenständig erarbeiten. Um allen Teilnehmerinnen und Teilnehmern eine adäquate Betreuung bieten zu können, wurde die maximale Teilnehmerzahl auf 30 festgelegt, entsprechend jeweils zwei Gruppen à fünf Personen zu jedem der Projektthemen.

Da nicht auf Erfahrungen ähnlicher Maßnahmen an anderen Universitäten zurückgegriffen werden konnte, wurden in den unterschiedlichen Projektgruppen verschiedene Formen der Anleitung erprobt. Während eine Gruppe einen umfangreichen Leittext erhielt, orientierte sich die zweite an einer groben Anleitung mit zu lösenden Aufgaben und die dritte Gruppe bekam lediglich Wochenaufgaben. In kurzen wöchentlichen Treffen diskutierten die Projektleiter, wissenschaftliche Mitarbeiterinnen und Mitarbeiter der Fakultät für Mathematik, mit den Teilnehmerinnen und Teilnehmern Fragen, die sich bei der Bearbeitung der Materialien ergeben hatten, und gaben, soweit nötig, in kurzen Präsentationen Einführungen in Themen und Verfahren, die sich nur schwer selbstständig erschließen lassen. Den Projektteilnehmerinnen und -teilnehmern wurde auf diese Weise eine sehr große Freiheit gelassen, sich selbst zu organisieren.

Mit einer kurzen Informationsveranstaltung in der Vorlesung, Flyern und Plakaten wurde zu Anfang des Semesters unter den Hörerinnen und Hörern der Vorlesung *Mathematik für Maschinenbauer, Bauingenieure und Umwelttechniker (MB, BI, UTRM) 2* für das Projekt *MathePraxis* geworben; Interessierte konnten sich über eine Homepage um die Teilnahme bewerben. Von den circa 600 Teilnehmerinnen und Teilnehmern der Vorlesung bewarben sich 32 Anfängerinnen und Anfängern für das Projekt, von denen schließlich 29 in *MathePraxis* aufgenommen wurden. Voraussetzung für die Aufnahme war unter anderem, dass die Abschlussklausur zur Vorlesung *Mathematik für MB, BI und UTRM 1* erfolgreich bestanden war, da anderenfalls eine Konzentration auf das Bestehen der Wiederholungsklausuren zu diesem Modul empfehlenswert ist. Betrachtet man die Klausurergebnisse der Teilnehmenden an *MathePraxis*, so zeigt sich eine deutliche Zweiteilung: Während ungefähr eine Hälfte der Teilnehmerinnen und Teilnehmer zur Spitzengruppe der Studierenden in Mathematik gehört, hat die andere Hälfte die erste Klausur mit deutlich schlechteren Zensuren bestanden. Für das ursprünglich geplante Ziel, vorrangig Teilnehmerinnen und Teilnehmer mit schwächeren Leistungen in der ersten Mathematikklausur zu *MathePraxis* zuzulassen, war die Anzahl der Bewerberinnen und Bewerber nicht groß genug.

Für die aktive Teilnahme am gesamten Projekt inklusive dem Erstellen einer Abschlusspräsentation und einer kurzen mündlichen Prüfung wurden in Zusammenarbeit mit den entsprechenden Fakultäten 3 ECTS-Punkte vergeben, die in einem Modul im späteren Studienverlauf als Wahlfach anrechenbar sind.

27.4 Motivation durch realistischen Praxisbezug

Während des ersten Durchlaufs von *MathePraxis* im Sommersemester 2011 wurden drei unterschiedliche Projekte angeboten, wobei zu jedem Projekt zwei Gruppen eingerichtet wurden:

- **Ausbalancieren mit Differentialgleichungen: Der Segway**
  In diesem Projekt gingen die Teilnehmerinnen und Teilnehmer der Frage nach, wieso ein Segway, ein selbstbalancierender Roller auf zwei nebeneinander stehenden Rädern, nicht umfällt (siehe Abb. 27.1).
  Dazu berechneten sie, wie ein Inverses Pendel durch eine Regelung stabilisiert werden kann. Ein solches „kopfstehendes" Pendel ist an einer beweglichen Aufhängung befestigt, wird nach oben ausgelenkt und dann durch eine geschickte Regelung, die den Aufhängepunkt hin- und herbewegt, in der instabilen oberen Gleichgewichtslage gehalten. Dieses Problem verdeutlicht, wie ein Segway funktioniert (beim Segway arbeitet eine solche Regelung, die gleichzeitig noch auf Bewegungen des Fahrers reagiert, prinzipiell auf die gleiche Weise, ist aber natürlich komplizierter).
  Um eine geschickte Regelung zu finden, muss ein System von Differentialgleichungen linearisiert und gelöst werden. Hier sind die Themen Eigenwerte, Eigenvektoren, Hauptvektoren und Matrizenrechnung aus den Mathematikvorlesungen nötig.

Abb. 27.1 Am Praxistag konnten die Teilnehmerinnen und Teilnehmer die Regelung der Segways praktisch erproben (Foto: Pressestelle der Ruhr-Universität Bochum)

- **Immer cool bleiben: Der Rippenkühler**
  Im zweiten Projekt beschäftigten sich die Teilnehmerinnen und Teilnehmer mit der Frage, wie ein Kühlkörper beschaffen sein muss, um eine optimale Wärmeübertragung einer Maschine an die Umgebung zu gewährleisten, ohne einen Lüfter zu benötigen. Als Beispiel diente dabei ein Passivkühler mit Kühlrippen wie er für Prozessoren in Computern Verwendung findet. Dabei galt es, zwei Größen zu berechnen, zum einen die Maße des Kühlers, also Dicke und Höhe der Rippen, um die Wärmeabgabe an die Umluft zu maximieren, zum anderen den Rippenwirkungsgrad. Ausgangspunkt war die allgemeine Wärmeleitungsgleichung, die unter praxisnahen Annahmen vereinfacht und gelöst wurde. Hierzu sind Kenntnisse zur Lösung von Differentialgleichungen und zur Taylorentwicklung notwendig.
- **Mit Trigonometrie schaukelfrei ans Ziel: Geschickte Kransteuerung**
  Im dritten Projekt untersuchten die Teilnehmerinnen und Teilnehmer, wie man eine (feste, nicht adaptive) Kransteuerung programmieren muss, damit die Last, die bewegt wird, beim Bremsen nicht zu pendeln beginnt. In zwei vorgegebenen Beschleunigungsmodellen, mit denen die Krankatze gesteuert werden kann (und die einem sanften und einem abrupten Anfahren/Bremsen entsprechen), haben die Teilnehmerinnen und Teilnehmer die entsprechenden Bewegungsgleichungen für ein bewegtes Pendel linearisiert und gelöst, die passenden Parameter gesucht, die die Randbedingungen, dass die Last zu Anfang und zu Ende des Transportes ruht, nicht verletzen, und beide Beschleunigungsarten anhand von Zahlenbeispielen verglichen.

Zu den mathematischen und didaktischen Details der beiden ersten Projekte (siehe Härterich et al. 2012).

27.5 Begleitende Evaluation

Um den Effekt des Projektes zu quantifizieren, wurde es begleitend evaluiert. Alle Teilnehmerinnen und Teilnehmer füllten zu Anfang und zu Ende des Projektes einen Fragebogen aus, der ihre Ansichten über das Fach Mathematik abfragt. Zum Vergleich wurde der Fragebogen auch von einer Kontrollgruppe aus Hörerinnen und Hörern der Vorlesung *Mathematik für MB, BI, UTRM II* ausgefüllt, die nicht am Projekt teilgenommen haben.

Die Gestaltung des Fragebogens orientiert sich an (Grigutsch et al. 1998), die das mathematische Weltbild von Lehrern untersucht haben, da wie in unserem Fall hier nicht allein ein intrinsisches Interesse an Mathematik angenommen werden kann. Drei Aspekte stehen im Zentrum der Fragen: Wie wird der Anwendungsbezug mathematischer Verfahren eingeschätzt, wie wird Mathematik als Prozess wahrgenommen, und in welcher Weise wird Mathematik als Werkzeugkasten empfunden? Jeder dieser drei Aspekte wurde durch fünf Items operationalisiert, die einander semantisch ähneln oder widersprechen, um eingrenzen zu können, wie gültig Aussagen über bestimmte Merkmale sind. Die Items waren auf dem Fragebogen ungruppiert und zufällig sortiert. Bei jedem Item konnten sich die Teilnehmerinnen und Teilnehmer zwischen den Möglichkeiten „stimmt genau", „stimmt großteils", „unentschieden", „stimmt nur teilweise" und „stimmt gar nicht" entscheiden.

Zum *Anwendungsbezug mathematischer Verfahren* lauteten die zu bewertenden Aussagen:

- Mathematik hilft, alltägliche Aufgaben und Probleme zu lösen.
- Nur wenige Dinge aus den Mathe-Vorlesungen kann man später wirklich verwenden. (*)
- Mathematik ist nützlich, egal wo man später arbeitet.
- Viele Teile der Mathematik haben einen praktischen Nutzen oder direkten Anwendungsbezug.
- Mathematik ist ein zweckfreies Spiel und beschäftigt sich mit Objekten, die mit der Wirklichkeit nichts zu tun haben. (*)

Mit einem (*) markierte Items werden bei der anschließenden Auswertung umgekehrt sortiert wie die unmarkierten Items.

Zum Aspekt *Mathematik als Prozess* wurde die Einschätzung zu folgenden Themen abgefragt:

- In der Mathematik kann man viele Dinge selbst finden und ausprobieren.
- Mathematik lebt von Einfällen und neuen Ideen.
- Mathematik betreiben heißt: Sachverhalte verstehen, Zusammenhänge sehen, Ideen haben.
- Mathematische Aufgaben und Probleme können auf verschiedenen Wegen richtig gelöst werden.
- Um eine Matheaufgabe zu lösen, gibt es meist nur einen einzigen richtigen Lösungsweg, den man finden muss. (*)

Schließlich lauteten die Items zum Aspekt *Werkzeugkasten Mathematik*:

- Mathematik ist eine Sammlung von Verfahren und Regeln, die genau angeben, wie man Aufgaben löst. (*)
- Wer Mathematik betreibt, muss viel Übung darin haben, Rechenschemata zu befolgen und anzuwenden. (*)
- Fast alle mathematischen Probleme können durch direkte Anwendung von bekannten Regeln, Formeln und Verfahren gelöst werden. (*)
- Mathematik verlangt viel Übung im korrekten Befolgen von Regeln und Gesetzen.
- Wenn man eine Mathematikaufgabe lösen soll, muss man das einzig richtige Verfahren kennen, sonst ist man verloren. (*)

Darüber hinaus wurde nach dem Nutzen konkreter mathematischer Verfahren und Themen gefragt. Diese Items stehen jeweils nur für sich und werden nicht gruppiert:

- Differentialgleichungen spielen eine Rolle in vielen alltäglichen Dingen und im Berufsalltag eines Ingenieurs.
- Vektorrechnung zu lernen, ist für die spätere Berufspraxis wichtig.
- Eigenwerte sind ein wichtiges Werkzeug bei Problemen im Ingenieursalltag.
- Ein Ingenieur hat es im Berufsalltag oft mit Ableitungen zu tun.
- Bei vielen technischen Problemen sind Taylorentwicklungen von Bedeutung.

Auf diese Weise ergibt sich ein Fragebogen mit 20 Fragen, der schnell und ohne große Mühe ausgefüllt werden kann, so dass eine hohe Rücklaufquote erzielt werden konnte. Er ist jedoch ausführlich genug, um prägnante Rückschlüsse über die tendenzielle Einstellungen gegenüber Mathematik und dem Nutzen von Mathematik in der Ingenieurswelt zuzulassen.

27.6 Ergebnisse

Für die Auswertung wurde eine fünfstufige Lickert-Skala verwendet. Um die innere Konsistenz der Skalen zu kontrollieren, wurden mit dem Paket `ltm` in `R` die Korrelation der einzelnen Items und Cronbachs Alpha berechnet. Dabei ergaben sich folgende Werte:

Skala	Cronbachs Alpha
Nutzen mathematischer Verfahren	0,752
Anwendungsbezug	0,652
Mathematik als Prozess	0,697
Mathematik als Werkzeugkasten	0,247

Die ersten drei Skalen sind nach der üblichen Faustregel zur Interpretation der Alpha-Werte ($\alpha > 0{,}65$) gerade noch als akzeptabel einzustufen, während *Mathematik als Werkzeugkasten* dieses Kriterium weit verfehlt. Zu möglichen Gründen siehe die detailliertere Analyse unten.

Von Studierenden der Projektgruppe wurden 23 auswertbare Fragebögen abgegeben, während aus der Kontrollgruppe 37 Fragebögen zur Verfügung standen.

In Abb. 27.2 und 27.3 sind die Gruppen-Mittelwerte der Kontrollgruppe (gestrichelt) und der Projektgruppe (durchgezogen) vor bzw. nach der Projektdurchführung aufgetragen und zur Verdeutlichung durch eine Gerade verbunden.

Nutzen konkreter mathematischer Verfahren Bei allen fünf Items ist ein klarer Unterschied zwischen der Kontroll- und der Projektgruppe zu erkennen. Beispielsweise herrscht bei der Bewertung der Bedeutung der Themen *Vektorrechnung* und *Taylorentwicklung* sogar ein gegenläufiger Trend vor: Während die Kontrollgruppe beide Themen bei der Vorbefragung wichtiger einschätzt als bei der Nachbefragung am Ende des Semesters, ist es bei der Projektgruppe genau umgekehrt, und die Bedeutung wird am Ende des Semesters höher eingeschätzt. Besonders auffällig ist dies beim Item *Taylorentwicklung*, das sich auf eine Methode bezieht, mit der komplizierte, schwer berechenbare Zusammenhänge durch einfachere angenähert werden. Eine mögliche Erklärung ist, dass Beispiele in allen drei Teilprojekten die Anwendung der Approximation von Funktionen verdeutlichen und die Studierenden der Projektgruppe so erleben konnten, wie die Approximation durch Taylorentwicklung in einem praxisnahen Kontext eingesetzt werden kann.

Für die Items *Differentialgleichungen*, *Eigenwerte* und *Ableitungen* lässt sich beobachten, dass die Bedeutung in beiden Gruppen am Ende des Semesters höher eingeschätzt wird als zu Beginn. Während der Trend in der Kontrollgruppe nur leicht in Richtung „wichtiger" geht, ist diese Tendenz bei der Projektgruppe weitaus deutlicher ausgeprägt.

Anwendungsbezug mathematischer Verfahren Auch hier zeigt sich eine stärkere Veränderung in der Projektgruppe: Der Anwendungsbezug wird nach Durchlaufen des Projekts stärker eingeschätzt als vorher, wohingegen sich bei der Kontrollgruppe die Einschätzung nur unwesentlich ändert und der Anwendungsbezug weiterhin als nur gering eingestuft wird. Da dieses Item auf den Kern der gesamten *MathePraxis*-Maßnahme zielt, sind die Unterschiede der beiden Gruppen in diesem Punkt nicht überraschend. Unsere Ausgangshypothese, dass Anwendungsbezug für Studierende technischer Fächer besonders wichtig ist und großen Einfluss auf die Motivation besitzt, wird hier bestätigt.

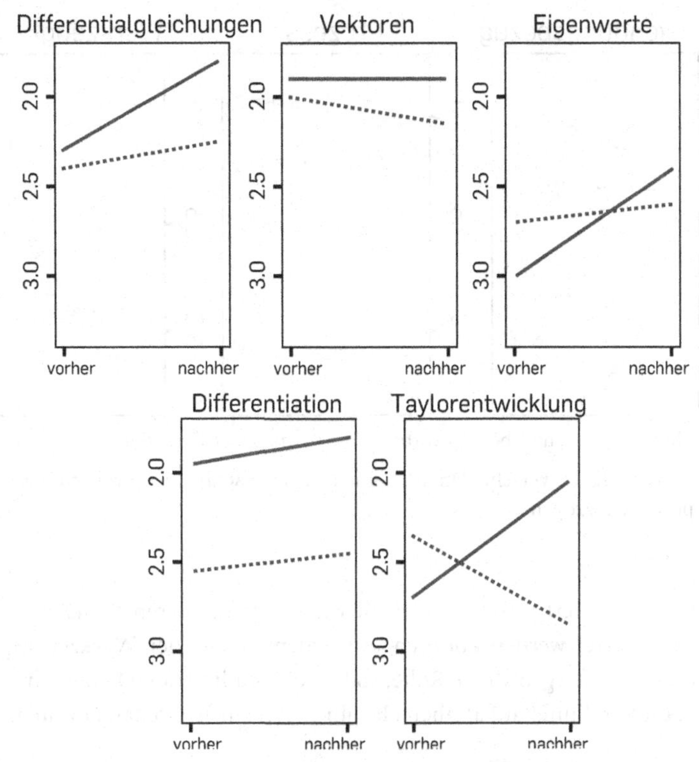

Abb. 27.2 Bewertung der verschiedenen mathematischen Verfahren vorher/nachher. Kontrollgruppe: gestrichelt; Projektgruppe: durchgezogen. Die Werte 2.0 bzw. 3.0 entsprechen dabei den Einschätzungen „stimmt großteils" bzw. „unentschieden" zu der These, die Verfahren seien wichtig

Mathematik als Prozess Hier ist die Differenz zwischen Projekt- und Kontrollgruppe nicht groß, jedoch ist bei der Projektgruppe ein Trend hin zu einer mehr problem- und prozessorientierten Sichtweise der Mathematik zu erkennen. Mathematik wird am Ende des Projekts mehr als vorher als Lösungsprozess angesehen. Da zumindest in zwei der drei Projekte auch die mathematische Modellierung und Herleitung der verwendeten Gleichungen breiten Raum einnimmt, ist die unterschiedliche Entwicklung der beiden Gruppen in diesem Punkt gut erklärbar.

Werkzeugkasten Mathematik Bei dieser Skala kann nur ein geringer Unterschied zwischen Projekt- und Kontrollgruppe festgestellt werden. Während in der Projektgruppe kein Unterschied vorher/nachher besteht, nimmt die Zustimmung in der Kontrollgruppe leicht zu. Allerdings ist die Zustimmung zu diesem Punkt insgesamt geringer als zu den anderen Items, obwohl dieser Aspekt aus Sicht der Autoren eine wichtige Rolle für das Bestehen von Mathematikklausuren spielt. Erklären lässt sich die „mittige" Einstufung des Items eventuell dadurch, dass die entsprechenden Aussagen auf dem Frage-

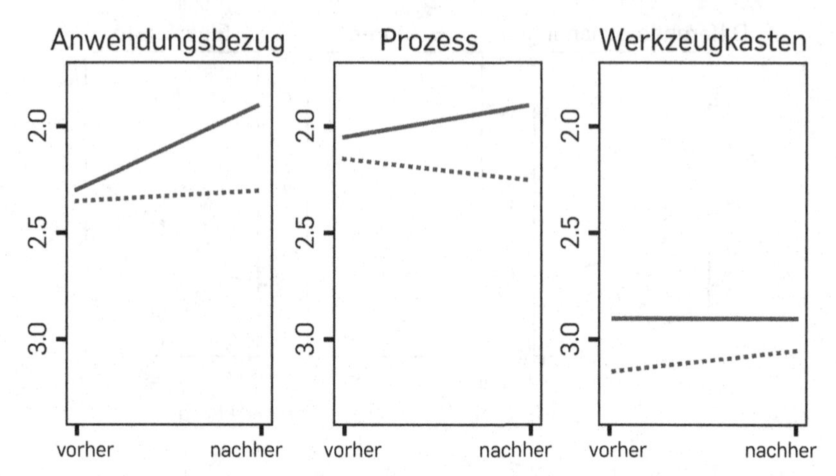

Abb. 27.3 Bewertung der verschiedenen Themen vorher/nachher. Kontrollgruppe: gestrichelt; Projektgruppe: durchgezogen

bogen neutral formuliert waren, und nicht wie bei den anderen Items eindeutig positiv oder negativ bewertet werden konnten. Außerdem spielte der Werkzeugaspekt in *MathePraxis* nur eine untergeordnete Rolle, sodass die Studierenden beider Gruppen für die Aussagen zu diesem Punkt auf ähnliche Erfahrungen zurückgreifen konnten.

27.7 Fazit und Ausblick

Das Projekt *MathePraxis* wurde im Sommersemester 2011 an der Ruhr-Universität Bochum zum ersten Mal angeboten. Aufgrund der vorgesehenen engen Betreuung richtet es sich nur an einen kleinen Teil der Studierenden in der Vorlesung *Mathematik für MB, BI und UTRM 2.* Von den anfangs 29 Teilnehmerinnen und Teilnehmern blieben die meisten bis zum Ende dabei, nur drei Studierende zogen sich in einer sehr frühen Phase aus *MathePraxis* zurück. Als Gründe wurden starke private Belastungen und eine völlig andere Erwartung an das Projekt angegeben. Ob das Projekt dazu beiträgt, Studienabbruch zu verhindern, kann wegen der geringen Teilnehmerzahl nach diesem ersten Durchlauf noch nicht eingeschätzt werden. Die Motivation der Studierenden war bis zum Ende des Projekts hoch und führte dazu, dass die Abschlusspräsentationen eine hohe fachliche und auch technische Qualität aufwiesen. Auch die mündlichen Prüfungen verliefen erfreulich, so dass am Ende durchwegs sehr gute und gute Noten vergeben werden konnten.

Die Studierenden äußerten sich überwiegend positiv zum Verlauf des Projekts und regten nur wenige Modifikationen für weitere Durchführungen des Projekts an. Unter anderem wünschten sie sich mehr Experimente oder praktische Phasen.

Neben einem weiteren Durchlauf von *MathePraxis* mit neuen Projekten im Sommersemester 2012 ist geplant, ähnliche Maßnahmen für weitere Fächer umzusetzen und in die regulären Lehrveranstaltungen zu integrieren, um eine Weiterentwicklung der Mathematikausbildung mit aktuellem Anwendungsbezug zu ermöglichen. Dies entspricht nicht nur dem Wunsch vieler Studentinnen und Studenten, sondern bringt auch weitere positive Effekte mit sich, wie unser erster Modelldurchlauf gezeigt hat. Insbesondere werden erste wichtige Schlüsselqualifikationen und ein umfassendes, realistisches Bild vom eigenen Studienfach vermittelt.

Danksagung Die Autoren bedanken sich bei Bettina Rösken-Winter für die Unterstützung bei der Konzeption der Evaluierung. Das Projekt *Mathe/Plus/Praxis* wird gefördert vom Stifterverband für die Deutsche Wissenschaft und der Heinz-Nixdorf-Stiftung.

27.8 Literaturverzeichnis

Diercksen, C. (2005). Mathematik im Technik-Grundstudium – neue Ansätze unter Berücksichtigung von Gender-Aspekten. Glob. J. Eng. Educ., 9 (3), 223–226.

Engelbrecht, J., Harding, J., & du Preez, J. (2007). Long-term retention of basic mathematical knowledge and skills with engineering students. Eur. J. Eng. Educ. 32(6), 735–744.

Glasmachers, E., Griese, B., Kallweit, M., & Rösken, B. (2011). Supporting Engineering Students in Mathematics. In: B. Ubuz (Ed.), Proceedings of the 35th Conference of the International Group for the Psychology of Mathematics Education, Vol. 1 (S. 304). Ankara, Turkey: PME.

Grigutsch, S., Raatz, U., & Törner, G. (1998). Mathematische Weltbilder bei Mathematiklehrern. Journal für Mathematikdidaktik 19(1), 3–45 (1998).

Härterich, J., Kiss, C., Mönnigmann, M., Rooch, A., Schulze Darup, M., & Span, R. (2012). MathePraxis – Connecting first year mathematics with engineering applications. Eur. J. Eng. Educ. 37 (3), 255–266.

Preissler, I., Müller, R., Hammerschmidt, J., & Scholl, S. (2010). Treibstoff für die Ingenieurausbildung – fachübergreifende Didaktik. Zeitschrift für Hochschulentwicklung ZFHE 5, 105–115.

Verner, I., Aroshas, S., & Berman, A. (2008). Integrating supplementary application-based tutorials in the multivariable calculus course. Int. J. Math. Ed. In: Science and Technology 39, 427–442.

Einführung in das mathematische Arbeiten – der Passage-Point an der Universität Wien

28

Roland Steinbauer, Evelyn Süss-Stepancik und Hermann Schichl
(Universität Wien, Fakultät für Mathematik)

Zusammenfassung

Wir beschreiben die Studieneingangsphase der Mathematikstudien an der Universität Wien und präsentieren erste Ergebnisse einer begleitenden empirischen Studie aus dem Wintersemester 2010/11.

28.1 Einleitung

Die Mathematikstudien an der Universität Wien verfügen seit einer Studienplanänderung im Studienjahr 2000/01 über eine Studieneingangsphase[1]. Diese wurde gemäß den Ergebnissen einer (vor allem von Hans-Christian Reichel initiierten) Analyse der traditionellen Anfänger/innenausbildung am Standort Wien konzipiert und über die Jahre hinweg weiterentwickelt sowie an wechselnde gesetzliche und curriculare Rahmenbedingungen angepasst. In diesem Artikel beschreiben wir detailliert die nunmehrige Ausformung dieser Studieneingangsphase, insbesondere die didaktischen und methodischen Aspekte ihres Herzstücks, der Vorlesung „Einführung in das mathematische Arbeiten" und präsentieren erste Ergebnisse einer begleitenden empirischen Studie aus dem Win-

[1] Wir verwenden diesen Terminus sinngemäß und nicht exakt gemäß seiner studienrechtlichen Definition, die ohnehin über die Jahre hinweg mehreren Änderungen unterworfen war.

tersemester 2010/11[2]. Wir beginnen mit einer kurzen Zusammenfassung der oben angesprochenen Analyse der traditionellen Wiener Anfänger/innenausbildung.

28.2 Probleme der traditionellen Anfänger/innenausbildung

Klarerweise können und wollen wir an dieser Stelle keine umfassende Analyse der mathematischen Anfänger/innenausbildung und ihrer Probleme vornehmen (für ein klassisches Zitat siehe etwa den ersten Teil der doppelten Diskontinuität bei: Klein 1924), sondern nur die wesentlichen zwei Aspekte herausstreichen, die grundlegend für die Konzeption der Studieneingangsphase an der Universität Wien waren.

Die Notwendigkeit zur Reform des Studienbeginns war in den Jahren 2000/01 aufgrund der alarmierend hohen Abbrecherquoten und auch der von vielen Lehrenden konstatierten fachlichen Schwächen der höhersemestrigen Studierenden offensichtlich geworden. Diese wurden auf einige Spezifika der „klassischen" Anfänger/innenausbildung in ihrer Wiener Ausprägung zurückgeführt. Diese sah als alleinige Vorlesungen für das erste Semester sowohl im Diplom- als auch im Lehramtsstudium die jeweils ersten Teile (je fünf Semesterwochenstunden) eines dreisemestrigen Analysiszyklus sowie eines zweisemestrigen Zyklus zur Linearen Algebra und Geometrie plus jeweils begleitenden Übungen (je zwei Semesterwochenstunden) vor.

In der Analyse wurden vor allem zwei Hauptaspekte herausgearbeitet:

(A) **Abstraktionsschock:** Das in der universitären Lehre übliche Abstraktionsniveau steht in scharfem Gegensatz zum Schulunterricht, in dem mathematische Inhalte hauptsächlich anhand von Beispielen entwickelt werden. Viele Studierende gehen schon in den ersten Wochen ihres Mathematikstudiums im Definition-Satz-Beweis-Dschungel eines unkommentiert auf sie einwirkenden abstrakten Zugangs verloren.

(B) **Beherrschung des Schulstoffs:** Der Wissensstand der Maturant/inn/en (Abiturient/inn/en) stellt sich je nach Schultyp und wohl auch Qualität des Unterrichts sehr unterschiedlich dar. Insbesondere klafft bei der Mehrheit der Studienanfänger/innen eine deutliche Lücke zwischen dem tatsächlich aus der Schule mitgebrachten Wissen und dem in den traditionellen Anfängervorlesungen vorausgesetzten und unkommentiert verwendeten „Schulstoff".

[2] Im darauffolgenden Studienjahr 2011/12 musste die Studieneingangsphase aufgrund einer Gesetzesänderung zum Hochschulzugang in Österreich zur sogenannten Studieneingangs- und Orientierungsphase (StEOP) umgebaut werden. Die damit einhergehenden curricularen Änderungen wurden höchst kontrovers diskutiert und stellen unserer Ansicht nach einen hochschuldidaktischen Rückschritt dar. Da sich unsere Studie auf das vorangegangene Studienjahr bezieht und die StEOP nach derzeitigem Stand nur als Provisorium bis zum Studienjahr 2013/14 eingerichtet wurde, verzichten wir darauf diese Diskussion hier zu führen, verweisen aber etwa auf (ÖH 2011, Steinbauer 2012).

28.3 Curriculare Neugestaltung der Studieneingangsphase

Um die oben beschriebenen Mängel zu beheben, wurde eine Studieneingangsphase eingeführt, die den traditionellen Vorlesungszyklen aus Analysis und Linearer Algebra vorgelagert ist. Sie findet in den ersten sechs Wochen des ersten Semesters statt, und erst danach beginnen die (stundenmäßig etwas abgespeckten) ersten Teile der Hauptvorlesungszyklen. Erklärtes Ziel der Studieneingangsphase ist es, die Anfänger/innen hinsichtlich beider Aspekte (A) und (B) auf das Niveau der Hauptvorlesungen vorzubereiten.

Eines der Grundkonzepte dabei ist es, sich den beiden Aspekten auf getrennten Wegen zu nähern. Daher besteht die Studieneingangsphase einerseits aus einer Pflichtvorlesung mit dem Titel „Einführung in das mathematische Arbeiten" (EMA) im Umfang von 3 Semesterwochenstunden (6 ECTS), deren Hauptaufgabe darin besteht, ein geeignetes Abstraktionsniveau herzustellen. Ihre Inhalte und Methodik diskutieren wir unten im Detail. Andererseits werden freiwillige „Workshops zur Aufarbeitung des Schulstoffs" (3 ECTS) angeboten, die in den ersten vier Wochen des Semesters stattfinden. Nach Ende der Intensivphase der Workshops beginnen ab der dritten Woche die Übungen zu den Hauptvorlesungen, die allerdings zunächst inhaltlich die EMA begleiten. Den „Workshops zur Aufarbeitung des Schulstoffs" geht ein freiwilliger und anonymer Online-Einstufungstest[3] voraus, der die individuellen Schwächen im Schulstoff für jeden einzelnen Studierenden und jede einzelne Studierende bestimmt. Bei der (ausschließlich automatisiert und anonym erfolgenden) Auswertung wird je nach Detailergebnis der Besuch einzelner von 15 angebotenen Workshops empfohlen. Diese beschäftigen sich in jeweils zwei bis vier Stunden mit einem klar umrissenen Stoffgebiet, wie etwa Primzahlen und Teilbarkeit, Kurvendiskussion, Geraden und Ebenen oder komplexe Zahlen. Die Präsentation orientiert sich an der schulmathematischen Praxis des beispielorientierten Lernens. Die Workshops werden von erfahrenen Studierenden gestaltet und weisen (unter teilweisem Einsatz von e-Learning) einen stark interaktiven Charakter auf, insofern stellen sie eine Phase stärker individualisierten Lernens dar (vgl. Holzkamp 1995; Meyer 2004). Auf diese Weise werden die Studienanfänger/innen in die Lage versetzt und motiviert, gezielt an ihren Schwächen zu arbeiten. Die Beherrschung des Schulstoffs wird sodann in einer Klausur nach der Studieneingangsphase zusammen mit den Inhalten der EMA überprüft.

[3] Ein Großteil der Studenten/innen nimmt daran teil.

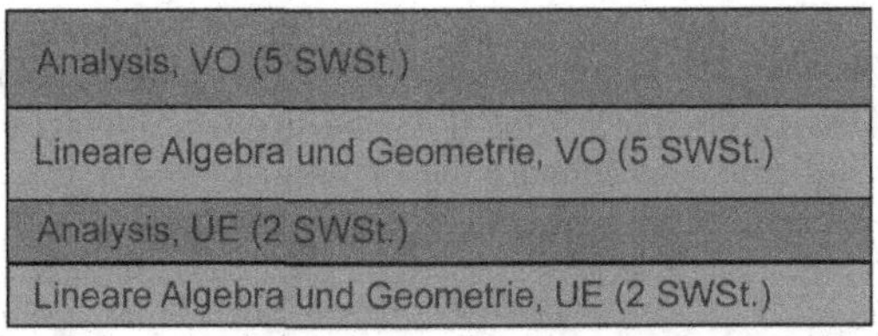

Analysis, VO (5 SWSt.)
Lineare Algebra und Geometrie, VO (5 SWSt.)
Analysis, UE (2 SWSt.)
Lineare Algebra und Geometrie, UE (2 SWSt.)

Abb. 28.1 Semester ohne Studieneingangsphase

Einführung in das mathematische Arbeiten (3 SWSt., 6 ECTS)
Workshops Schulstoff (3 ECTS)
Einführung in die Analysis, VO (3 SWSt., 5 ECTS)
Einführung i. d. Lin. Algebra, VO (3 SWSt., 5 ECTS)
Einführung in die Analysis, UE (2 SWSt., 4 ECTS)
Einführung i. d. Lin. Algebra, UE (2 SWSt., 4 ECTS)
Hilfsmittel aus der EDV, UE (2 SWSt., 3 ECTS)

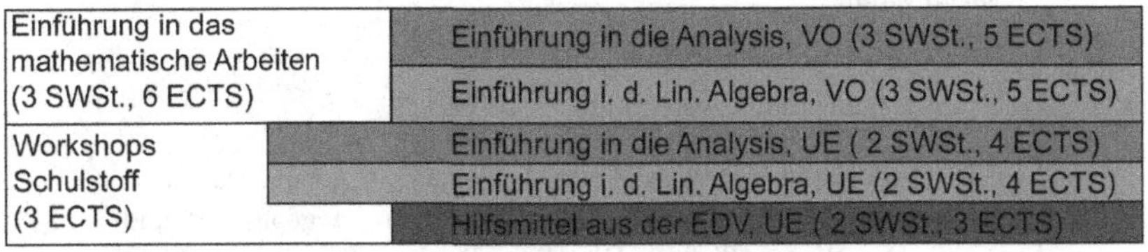

Abb. 28.2 1. Semester mit Studieneingangsphase

28.3.1 Inhalte und Methodik der EMA

Inhaltlich deckt die EMA jene Themen ab, die typischerweise den beiden Hauptvorlesungszyklen vorgelagert sind bzw. an ihrem Anfang stehen: grundlegende mathematische Ideen und Schreibweisen, Aussagenlogik, (naive) Mengenlehre, (einfache) algebraische Strukturen, Zahlenmengen und analytische Geometrie. Ihr wesentliches Merkmal ist es, dass die Mathematik gemeinsam mit ihrer Methodik, ihrer Sprache und ihren Konventionen präsentiert wird, also dem „Was" das „Wie" gleichberechtigt zur Seite gestellt wird: Am Beginn stehen sehr ausführliche Beweise einfachster Inhalte, wobei parallel dazu der Aufbau mathematischer Texte und die Bedeutung typischer Formulierungen erklärt werden. Die Aussagen- und Prädikatenlogik wird ausführlich motiviert, und erst nachdem Sinn und Prinzip mathematischer Beweise erklärt sind, wird schrittweise der Abstraktionsgrad erhöht und im Gleichklang das Ausmaß an erläuternden „Zusatztexten" reduziert. Ziel dieses Aufbaus ist es, den Abstraktionsschock zu mildern, indem die Anfänger/innen behutsam in die abstrakte mathematische Denkweise eingeführt werden, bis sie ein Abstraktionsniveau erreichen, auf dem die traditionellen Vorlesungszyklen ansetzen können. All dies geschieht anhand später in beiden Vorlesungen benötigter mathematischer Inhalte, und so ist es möglich, in der Analysis und der Linearen Algebra annähernd denselben Stoff zu vermitteln wie im traditionellen Aufbau.

Die Lehrveranstaltung ist als klassische Vorlesung gestaltet und stellt somit im Gegensatz zu den Workshops eine Phase der direkten Instruktion dar (vgl. Gagné 1973). Zur Vorlesung wurde von den beiden Autoren Schichl und Steinbauer ein Skriptum gestaltet, das über die Jahre hinweg weiterentwickelt und schließlich 2009 inhaltlich deutlich erweitert auch als Lehrbuch (Schichl und Steinbauer 2012) erschienen ist.

Im Zusammenhang mit Implikationen tauchen in mathematischen Texten oft die Wörter **notwendig** und **hinreichend** auf. Wenn für Aussagen p und q die Implikation $p \Rightarrow q$ gilt, so heißt p *hinreichend* für q, und q heißt *notwendig* für p.

[...]

Weitere wichtige Formulierungen sind **dann, wenn** und **nur dann, wenn**. Wir nehmen wieder an, dass $p \Rightarrow q$ gilt. Wir sagen dann:

- „q gilt dann, wenn p gilt", und
- „p gilt nur dann, wenn q gilt".

Um ein Beispiel für diese Formulierungen zu geben, betrachten wir die Aussagen: q sei „Der Wasserhahn ist geöffnet." und p sei „Das Wasser fließt.". Die Formulierung „Das Wasser fließt **nur dann, wenn** der Wasserhahn geöffnet ist" entspricht dann der Folgerung $p \Rightarrow q$. Wenn wir den Satz umdrehen, so ergibt das die Aussage „Wenn das Wasser fließt, dann ist jedenfalls der Wasserhahn geöffnet." Seien Sie in jedem Fall vorsichtig, wenn Sie Formulierungen mit dann und wenn benutzen.

Abb. 28.3 Textbeispiel aus Schichl und Steinbauer (2012, S. 85)

Der nun vorliegende Text verwendet dem Geist der Vorlesung entsprechend verschiedene Stilelemente, um Fachspezifika und vor allem die Fachsprache gezielt zu vermitteln. Zum Beispiel werden Erklärungen zu fachsprachlichen Regeln sowie methodische Hinweise in grauen Boxen in den laufenden Text eingeflochten (siehe Textbeispiel in Abb. 28.3). Immer wieder wird explizit auf die hohe Informationsdichte mathematischer Texte hingewiesen und das richtige Lesen und Rezipieren mathematischer Inhalte thematisiert.

Die Einführung neuer Begriffe wird nicht nur ausführlich motiviert und mit sinnstiftenden Beispielen unterfüttert, sondern auch so gestaltet, dass Sinn und Zweck der Abstraktion sichtbar werden. So soll Abstraktion nicht (nur) als Hürde, sondern auch als denkökonomischer und ästhetischer Gewinn positiv erfahrbar werden.

28.3.2 Erste Ergebnisse und Einsichten

Eine verlässliche quantitative Analyse der Wirksamkeit der oben beschriebenen Neugestaltung des Studienbeginns auf Grundlage der von der Administration erhobenen Daten scheint aus prinzipiellen Gründen nicht möglich zu sein. Die Zahl der Abschlüsse im ersten Studienabschnitt des Diplom- bzw. Lehramtsstudiums (nach vier Semestern) bzw. der Bachelorabschlüsse (nach sechs Semestern) im Verhältnis zur Anzahl der Studienanfänger/innen misst zwar auch die Qualität der Anfänger/innenausbildung und der Studieneingangsphase, aber sicherlich nicht nur diese. Zusätzlich ist es nur schwer möglich, den Einfluss der mehrfachen Studienplanänderungen, die über die Jahre hinweg erfolgt sind, auszufiltern[4].

Aufgrund der mageren Datenlage haben Schichl und Steinbauer die Auswirkungen der oben beschriebenen Studieneingangsphase in einem Erfahrungsbericht (siehe Schichl und Steinbauer 2009) beschrieben, der auf den Ergebnissen der institutionalisierten Lehrveranstaltungsevaluation, Rückmeldungen von Studierenden und Lehrenden sowie eigenen Beobachtungen basiert. Dieser diente auch als Grundlage für die unten vorzustellende empirische Untersuchung. An dieser Stelle begnügen wir uns damit, zwei uns wesentlich erscheinende Aspekte dieses Erfahrungsberichts herauszustreichen:

Das Konzept der EMA bedingt eine Akzentuierung in der Stoffauswahl. Für den Studienbeginn grundlegende Inhalte wie mathematische Sprache und Konventionen (elementare) Aussagenlogik, Beweisführung etc. werden geordnet und systematisch vermittelt und nicht nur im Rahmen einer Vorlesung zur Analysis bzw. Linearen Algebra gerade in jenem Ausmaß gestreift, wie das im Verlauf dieser Vorlesungen an der entsprechenden Stelle gerade notwendig ist. Viele Studierende schätzen dieses geordnete Vorgehen sowie die explizite Thematisierung der fachsprachlichen und methodischen Aspekte.

Der Zeitpunkt der ersten Prüfung hat sich vom Ende des ersten Semesters in sein zweites Drittel vorverschoben. Es hat sich für viele Studierende als vorteilhaft erwiesen, schon früh eine Rückmeldung über den individuellen Lern- und Verstehensfortschritt zu erhalten. Zu diesem Zeitpunkt sind Korrekturen eher möglich als nach Ende einer fünfstündigen Vorlesung, wo alleine die Stofffülle erdrückend wirkt. Auch kann beobachtet werden, dass eine Entscheidung zum Studienabbruch nun tendenziell früher erfolgt.

28.4 Empirische Studie

Um das Problem der mageren Datenlage zu beheben und mehr über das Lernverhalten und die Art der Prüfungsvorbereitung zu erfahren, haben Steinbauer und Süss-Stepancik eine begleitende Fragebogenuntersuchung zur Studieneingangsphase im Wintersemester 2010/11 durchgeführt. Die EMA wurde in diesem Semester von Steinbauer gelesen, der auch gemeinsam mit der Studienassistentin das sechsköpfige Team der Tutor/inn/en für die Workshops koordinierte. Dabei wurden die Studierenden am Ende der EMA-Prüfung um das Ausfüllen eines einseitigen Fragebogens gebeten. Um die Ergebnisse der Prüfung mit denen der Befragung korrelieren zu können, musste diese im Zuge der Prü-

[4] Etwa ist die EMA zwar im Lehramtsstudium seit dem Wintersemester 2002/03 Pflicht, sie war aber im bis ins Sommersemester 2007 gültigen Diplomstudienplan nur empfohlenes Wahlfach. Erst seit dem Wintersemester 2007/08 ist sie in beiden aktuellen Curricula (Bachelor und Lehramt) Pflichtvorlesung und von zwei auf drei Semesterwochenstunden aufgestockt.

fung erfolgen. Das setzt harte Grenzen an die Länge des Fragebogens, soll eine hohe Rücklaufquote erreicht werden. Der Fragebogen war so konzipiert, dass ein Ausfüllen in drei bis fünf Minuten möglich war. Diese Situation bedingte, dass der Fragebogen nur aus geschlossenen Fragen, die leicht und schnell zu beantworten sind, bestand. Dabei wurde eingangs die absolvierte Schulform erhoben. Der zweite Fragebblock widmete sich mit einer vierstufigen Skala den von den Studierenden verwendeten Lernunterlagen. Danach wurde die Anzahl der besuchten Workshops abgefragt. Bei den letzten zwei Items baten wir die Studierenden einzuschätzen, wie viel Prozent ihrer Lernzeit sie alleine, zu zweit oder in Gruppen gelernt haben und wie viel Prozent ihrer Lernzeit sie dem Schulstoff bzw. dem Vorlesungsstoff gewidmet haben. Die Fragebögen verblieben bis nach der Korrektur bei der Prüfungsarbeit. Danach wurden Geschlecht, Studienrichtung, die Prüfungsergebnisse und die Anzahl der Prüfungsantritte im Fragebogen vermerkt und dieser von der Prüfungsarbeit getrennt und somit anonymisiert.

Im Anschluss an die Auswertung der Prüfungsergebnisse und Fragebogen konzipierten Steinbauer und Süss-Stepancik ein Leitfadeninterview, das sich auf die Naht- bzw. Bruchstelle Schule-Universität, die Inhalte der Studieneingangsphase sowie die Vorbereitung auf die Prüfung zur EMA konzentrierte. Dieses qualitative Evaluationsinstrument wurde in Ergänzung zum kurzen Fragebogen gewählt, damit auch jene Aspekte, die den Studierenden im Zusammenhang mit der Studieneingangsphase wichtig sind, zur Sprache kommen konnten (vgl. Flick 2011). Die entsprechenden Ergebnisse dazu sind im Anschluss an die quantitativen dargestellt.

28.4.1 Prüfungsresultate und Auswertung der Fragebögen

Bevor wir die Ergebnisse der Fragebogenauswertung diskutieren, stellen wir die Ergebnisse der Prüfungen mit ihren Besonderheiten vor. Die Prüfung ist in die Abschnitte Vorlesungs- und Schulstoff unterteilt, bei jedem dieser Abschnitte sind 20 Punkte zu erreichen. Es muss jeder der beiden Teilbereiche mit 11 Punkten positiv abgeschlossen werden, damit auch die Gesamtbeurteilung positiv ist. Insgesamt kam es zu 306 Prüfungen[5] von 91 im Bachelorstudium (30 %) und 215 im Lehramtsstudium (70 %).

Von allen 306 Prüfungen waren 161 (53 %) negativ. Bei den Lehramtsstudierenden konnten 54 von 130 Studierenden (32 %) ihre negative Note bei einem zweiten oder dritten Prüfungsantritt verbessern, bei den Bachelorstudierenden waren es sogar 18 von 31 (58 %). Insgesamt also hat sich etwas mehr als die Hälfte der Studierenden, die beim ersten Prüfungsantritt negativ waren, beim Wiederholen der Prüfung verbessert, jedoch mit deutlichen Unterschieden zwischen den beiden Studienrichtungen.

[5] Das entspricht aufgrund von Mehrfachantritten nicht 306 Studierenden.

Da ein eventueller dritter Prüfungsantritt individuell gehandhabt wurde (z. B. mündliche Prüfung nach einem ausführlichen Beratungsgespräch), fließen diese Daten nicht in die folgende Darstellung (Abb. 28.5) ein, die noch einmal die Bedeutung des zweiten Prüfungsantritts zeigt. Etwas mehr als die Hälfte der Studierenden, die beim ersten Prüfungsantritt nicht bestehen, absolvieren den zweiten Antritt positiv.

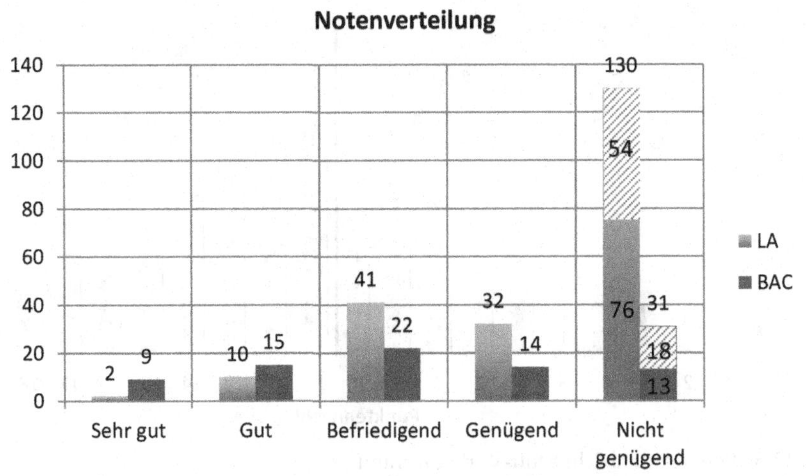

Abb. 28.4 Prüfungsresultate – Lehramt, Bachelor

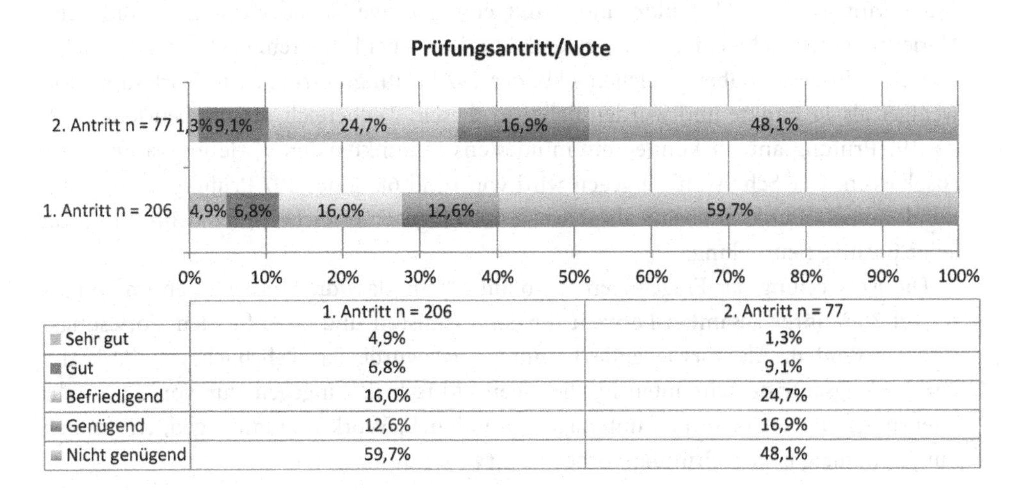

	1. Antritt n = 206	2. Antritt n = 77
Sehr gut	4,9%	1,3%
Gut	6,8%	9,1%
Befriedigend	16,0%	24,7%
Genügend	12,6%	16,9%
Nicht genügend	59,7%	48,1%

Abb. 28.5 Prüfungsantritte/Note

Von den 306 Prüfungen erhielten wir 197 ausgefüllte Fragebögen[6] (Rücklaufquote 64 %), wovon 103 auf weibliche Studierende (davon 76 Lehramt (74 %), 27 Bachelor (26 %)) und 94 auf männliche Studierenden (58 Lehramt (62 %), 36 Bachelor (38 %)) entfielen.

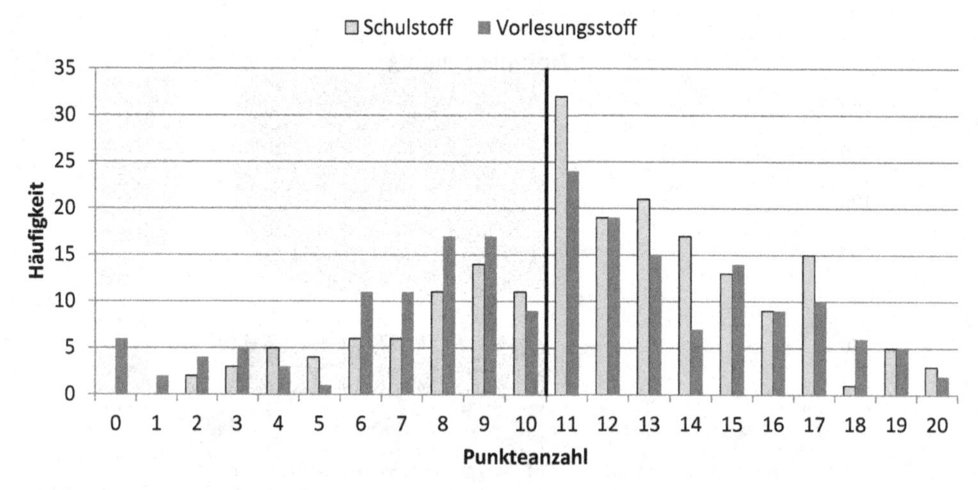

Abb. 28.6 Punkteanzahl Schulstoff-Vorlesungsstoff

Interessant ist, dass 11 Punkte und damit eine positive Teilbeurteilung sowohl beim Vorlesungs- als auch beim Schulstoff am häufigsten – bei Letzterem besonders deutlich – auftreten. Insgesamt aber erreichen 44 % der 197 Prüfungsantritte beim Vorlesungsstoff weniger als 11 Punkte und wurden daher in diesem Teilbereich negativ beurteilt. 56 % der 197 Prüfungsantritte können mit mindestens 11 Punkten den Vorlesungsstoff positiv absolvieren. Der Schulstoff hingegen wird von rund 68 % der 197 Prüfungsantritte mit mindestens 11 Punkten positiv absolviert, 32 % hingegen erreichen auch beim Schulstoff keine positive Beurteilung.

Die Auswertung der Fragebögen ergab außerdem, dass die Studierenden im Durchschnitt 30 % ihrer gesamten Lernzeit für den Schulstoff und 70 % für den Vorlesungsstoff verwenden. Als vorwiegende Lernunterlage wurde das Lehrbuch von 70 % der 197 Prüfungsantritte sehr intensiv, die eigene Mitschrift hingegen nur von 22 % sehr intensiv genützt. Andere Lernunterlagen (Schulbuch, Workshopunterlagen, …) kamen nur geringfügig bei der Prüfungsvorbereitung zum Einsatz.

[6] Das entspricht aufgrund von Mehrfachantritten nicht 197 Studierenden.

28.4.2 Typisches „Sehr gut" und typisches „Nicht genügend"

Bei sieben der 197 ausgefüllten Fragebögen ergab die Beurteilung der Prüfung ein „Sehr gut". Zur plakativen Darstellung, wer ein „Sehr gut" bei der Prüfung erlangt, betrachteten wir die arithmetischen Mittel einzelner Aspekte. Für ein „Sehr gut" ergaben sich dabei folgende typische Merkmale:

- Männlicher Bachelorstudent
- Lernt ausgiebig nach dem Lehrbuch und verwendet kaum weitere Lernunterlagen
- Besucht höchstens 3 Workshops
- Lernt zu 70 % alleine
- Widmet 85 % seiner Lernzeit dem Vorlesungsstoff und 15 % dem Schulstoff
- Hat 18 Punkte beim Vorlesungsstoff und 19 Punkte beim Schulstoff

Bei 103 (45 männlich, 58 weiblich) der 197 ausgefüllten Fragebögen konnte die Prüfung nicht positiv beurteilt werden. Zur plakativen Darstellung, wer ein „Nicht genügend" bei der Prüfung erlangt, betrachteten wir die arithmetischen Mittel einzelner Aspekte. Für ein „Nicht genügend" ergaben sich dabei folgende typische Merkmale:

- Weibliche Lehramtsstudentin
- Lernt ausgiebig nach dem Lehrbuch und verwendet geringfügig weitere Lernunterlagen (Schulbuch, Mitschrift, Workshopunterlagen)
- Besucht ein bis fünf Workshops
- Lernt zu 80 % alleine
- Widmet 67 % ihrer Lernzeit dem Vorlesungsstoff und 33 % dem Schulstoff und
- Hat 8 Punkte beim Vorlesungsstoff und 10 Punkte beim Schulstoff

Die Auswertung der Notenstatistik und der Fragebögen der EMA lässt einerseits einen Gender-Gap und andererseits eine Diskrepanz zwischen Lehramts- und Bachelorstudierenden ganz deutlich erkennen. Beachtenswert ist auch der deutlich höhere dem Schulstoff gewidmete Anteil der Vorbereitung im Fall eines typischen „Nicht genügends".

28.4.3 Leitfadeninterview

Für die Leitfadeninterviews wählten wir je drei Bachelorstudierende (zwei männlich, eine weiblich) und drei Lehramtsstudierende (zwei weiblich, einer männlich) aus. Wichtig war uns bei der Auswahl, dass Studierende vertreten waren, die schon beim ersten Prüfungsantritt eine sehr gute bzw. gute Leistung erbracht hatten und Studierende, die sich beim zweiten oder dritten Prüfungsantritt deutlich verbessert hatten. Die Auswertung der qualitativen Leitfadeninterviews wurde nach der Methode der qualitativen Inhaltsanalyse (vgl. Mayring 2008) durchgeführt.

28.4.4 Aspekte der Leitfadeninterviews

28.4.4.1 Studienmotivation

Die erste Frage des Leitfadeninterviews war: „Mit welcher Motivation/Erwartung hast du das Mathematikstudium angetreten? Wurden diese Erwartungen erfüllt?"

Dabei zeigte sich, dass sich vor allem die weiblichen Lehramtsstudierenden ganz wesentlich in ihrer Erwartung an und Motivation für das Mathematikstudium von den anderen Studierenden unterscheiden. Die weiblichen Lehramtsstudierenden wählen das Studium, weil

- sie in der Schule schon immer in Mathematik gut waren,
- ihnen die Mathematik leicht gefallen ist und Spaß gemacht hat,
- sie Spaß daran hatten, anderen den (Schul-)Stoff zu erklären und
- das Berufsbild ihren Vorstellungen entspricht.

Für den einen verbleibenden Lehramtsstudierenden und die anderen drei Bachelorstudierenden waren neben dem Spaß an der Mathematik auch die Wissbegierde, also das Bestreben, die Mathematik jetzt einmal so *„richtig wirklich von Anfang an"* verstehen und die Grundlagen lernen zu wollen, die wichtigste Motivation für das Studium. Dementsprechend sind auch die Erwartungen an das Studium ganz andere.

Bei den Bachelorstudierenden deckt sich die Erwartung an das Studium mit der Motivation für das Studium. Sie erhofften eine strukturiert, aufbauende Einführung in die Mathematik, die in ihren Augen von der EMA auch erfüllt wird. Die Lehramtskandidatinnen hingegen hätten erwartet, dass in der EMA viel mehr an die Schulmathematik angeknüpft wird und sehen diesbezüglich ihre Erwartungen kaum erfüllt, die strukturierte Einführung in die Mathematik wird allerdings auch von ihnen positiv vermerkt.

28.4.4.2 Schule versus Hochschule

Bei der zweiten Frage der Interviews standen die Unterschiede zwischen der eigenen Schulerfahrung und den Erfahrungen an der Universität hinsichtlich der Organisation, dem Inhalt und der Lehrpersonen im Zentrum. Bei den Unterschieden bezüglich der Organisation sind sich alle Befragten einig – an der Universität wird deutlich mehr Selbstständigkeit als in der Schule verlangt. Das große, recht unübersichtliche Gebäude erschwert die Orientierung zu Beginn und auch der Wechsel der verschiedenen Lehrveranstaltungsorte stellt anfangs eine zusätzliche Hürde dar.

Wie zu erwarten war, zeigen sich inhaltlich die größten Unterschiede zwischen Schule und Universität. Egal ob Bachelor- oder Lehramtsstudierende – beide Gruppen formulieren ganz deutlich, dass sie die Schul- und Hochschulmathematik als unterschiedliche Welten erleben. Während die Bachelorstudierenden den lückenlosen Aufbau der Mathematik, so wie er in der EMA vorgenommen wird, schätzen (*„Zum Rechnen bin ich nicht Studieren gegangen"*), kämpfen die Lehramtsstudierenden mit der Fülle an Theorie, dem Tempo der Lehrveranstaltung und den Verpflichtungen im zweiten Studienfach. Während in der Schule Neues mehrfach wiederholt und anhand von Beispielen erarbeitet wird, hört man an der Universität Neues nur einmal, und das gewohnte beispielorientierte Lernen wird zugunsten des Definition-Satz-Beweis-Stils verdrängt. Die Bachelorstudierenden haben in ihrer Schulzeit zumeist schon freiwillig weiterführende bzw. vertiefende Mathematikmodule oder die Vorbereitungskurse für die Mathematikolympiade besucht und haben dort auch grundlegende Beweistechniken kennen gelernt. Daher sind sie auf den hohen Theorieanteil der EMA besser vorbereitet.

Der wesentliche Unterschied zwischen den Lehrenden an der Schule und der Universität wird auf der persönlichen Ebene sichtbar. Den Studierenden fällt es anfangs schwer, Sympathie für die Lehrenden an der Universität zu entwickeln, da die gesamte Atmosphäre zu Beginn als unpersönlich empfunden wird. Zum Beispiel dauert es lange, bis eine Lehrperson der Universität den Namen eines/einer Studierenden kennt. Als großen Vorteil der Universität gibt ein Bachelorstudierender an, dass man jetzt *„an der richtigen Quelle"* ist, da für jedes Fachgebiet Spezialist/inn/en vorhanden sind.

28.4.4.3 Inhaltlich und methodische Aspekte der Studieneingangsphase

Im zweiten Teil des Leitfadeninterviews baten wir die Studierenden, die inhaltlichen und methodischen Aspekte der EMA sowie die Qualität der Workshops zur Aufbereitung des Schulstoffs zu beurteilen.

Da sich die gesamte Lehrveranstaltung am begleitenden Buch (Schichl und Steinbauer 2012) orientierte, bezogen sich alle Befragten in den Interviews zuerst einmal auf das Lehrbuch. Dieses wird von allen Studierenden als äußerst positiv bewertet, zum einen weil die schon erwähnten grauen Kästen ein *„super gemütliches Hineinrutschen in das Abstrakte"* ermöglichen, zum anderen weil das Buch vom ständigen Mitschreiben entlastet hat.

Insgesamt ist es der Vorlesung sowohl aus Sicht der Bachelor- als auch der Lehramtsstudierenden gelungen, wichtige Grundlagen und einen guten Überblick für das weitere Studium zu vermitteln. Besonders betont wurde von den Studierenden, dass die Lebendigkeit des Vortrags die EMA *„zu einer angenehmen Stunde"* machte, dass das Herausstreichen besonders wichtiger Aspekte sehr hilfreich war und dass sie sich aufgrund des geduldigen Beantwortens aller Fragen ernst genommen fühlten.

Da nur zwei der sechs Befragten fast alle Workshops besucht haben, die anderen vier hingegen keinen einzigen, lässt sich auch aus den Interviews wenig über die Qualität der Workshops sagen, insbesondere da die Zufriedenheit der beiden Betroffenen sehr unterschiedlich ist. Ein Bachelorstudent war mit den Workshops aufgrund des Arbeitstempos sehr unzufrieden. Bedingt durch seinen speziellen Bildungsweg (Abitur im zweiten Bildungsweg) konnte er mit den Workshops seine Wissenslücken nicht schließen. Die Workshopunterlagen empfand er als wenig hilfreich, da er ihr Niveau deutlich höher als das der Schulbücher einschätzte, mit denen er dann aber erfolgreich den fehlenden Schulstoff bewältigen konnte. Die Lehramtsstudentin, die auch fast alle Workshops besucht hatte, war mit diesen jedoch zufrieden. Sie schätze an den Workshops, dass sie gut darauf vorbereiten, wie der Schulstoff für die schriftliche Prüfung zu lernen ist.

Im dritten Teil des Leitfadeninterviews wurden das Lernverhalten bzw. die Vorbereitung auf die EMA-Prüfung erörtert. Da die Prüfung aus den zwei Teilen Schulstoff und Vorlesungsstoff bestand, zeigten sich auch hier zwei unterschiedliche Aspekte. Beim Lernen des Vorlesungsstoffes war allen Befragten wichtig, das nötige Grundwissen, bestehend aus Definitionen, Sätzen und Beweisen, zuerst einmal alleine zu erwerben. Dabei wurden das Buch langsam durchgelesen, die Inhalte selbst durchdacht und vor allem Definitionen und Sätze auswendig gelernt. Erst mit dieser Wissensgrundlage empfehlen die Studierenden ein Arbeiten bzw. Lernen in Gruppen, welches vorrangig dem Besprechen von Zusammenhängen und Beweisen diente. Der Schulstoff hingegen wurde von einigen unter dem Motto *„Die Matura ist ja noch nicht so lang her – da muss ich das ja können!"* beim ersten Prüfungsantritt unterschätzt. Insgesamt reduzierte sich das Lernen des Schulstoffs durchgehend auf das Lösen vergangener Prüfungen.

28.5 Resümee

Die vorliegende Datenlage zeigt eindeutig, dass das Konzept der EMA ausgereift ist und diese Lehrveranstaltung sowohl von den Bachelor- als auch Lehramtsstudierenden als wichtige Grundlage für das Mathematikstudium empfunden wird. Ein (noch) deutlicheres Anknüpfen der EMA an die Schulmathematik wäre aus der Sicht der weiblichen Lehramtsstudierenden wünschenswert.

Obwohl die Workshops zur Aufbereitung des Schulstoffs nicht im unmittelbaren Fokus der empirischen Untersuchung lagen, können aus den Ergebnissen dazu wichtige Schlüsse gezogen werden.

1. Die Workshops werden aus verschiedenen Gründen (Zeitmangel, Qualität, Einsicht in die Notwendigkeit, ...) nicht ausreichend, oder nicht vom vorrangig intendierten Publikum besucht.
2. Die Qualität der Workshopunterlagen erscheint verbesserungswürdig.

Da aber gerade der Schulstoff für viele Studierende eine Hürde bei der Prüfung darstellt, sollten weitere Ressourcen zur Qualitätssteigerung der Workshops frei gemacht und diese auch im Hinblick auf die standardisierte kompetenzorientierte Reifeprüfung in Mathematik (die in Österreich 2014 eingeführt werden soll) neu überdacht werden.

Den auch in dieser Studie deutlich auftretenden divergierenden Erwartungen der bzw. Anforderungen an die Studierenden des Lehramts und Bacheloriats legen eine stärkere Differenzierung der Lehrveranstaltungen nahe. Daraus ergibt sich unserer Ansicht nach die Notwendigkeit einer Trennung der Lehrveranstaltungen der beiden Studienrichtungen schon ganz zu Beginn des Studiums.

28.6 Literaturverzeichnis

Flick, U. (2011). Qualitative Sozialforschung. Eine Einführung. Reinbek bei Hamburg: Rowohlt Taschenbuch.

Gagné, R. M. (1969). Die Bedingungen des menschlichen Lernens. Hannover: Schröedel.

Holzkamp, K. (1995). Lernen. Subjektwissenschaftliche Grundlegung. Frankfurt a. M.: Campus.

Klein, F. (1924). Elementarmathematik vom höheren Standpunkte. Bd. 1. Berlin, Göttingen, Heidelberg: Springer.

Mayring, P. (2008). Qualitative Inhaltsanalyse. Grundlagen und Techniken. Weinheim und Basel: Beltz.

Meyer, H. (2004). Was ist guter Unterricht?. Berlin: Cornelsen.

Schichl, H., & Steinbauer, R. (2009). Einführung in das mathematische Arbeiten. Ein Projekt zur Gestaltung der Studieneingangsphase an der Universität Wien, Mitt. DMV 17(4), 244–246.

Schichl, H., & Steinbauer, R. (2012). Einführung in das mathematische Arbeiten, 2. Auflage. Berlin: Springer.

Steinbauer, R. (2012). Bemerkungen eines Mathematikers zur STEOP an der Universität Wien, Aus der Praxis der Personalvertretung, 1–2/2012, 5–6.

ÖH. (2011). Steopwatch, Evaluationsbericht der ÖH Bundesvertretung zur STEOP, http://www.oeh.ac.at/fileadmin/user_upload/pdf/Presse/STEOPWATCH_Evaluationsbericht.pdf.